"十三五"国家重点出版物出版规划项目
名校名家基础学科系列
北京理工大学"十三五"规划教材
北京理工大学精品教材

概率论与数理统计

房永飞 赵 颖 田玉斌 编

机械工业出版社

本书根据"概率论与数理统计"课程的教学基本要求,按照全国硕士研究生入学统一考试数学一的考试大纲要求,根据编者多年的教学实践经验,在充分考虑教学实际的基础上编写而成.

全书共分 10 章,前 5 章为概率论的基本内容,包含:随机事件与概率、随机变量及其分布、多维随机变量及其分布、随机变量的数字特征、大数定律和中心极限定理;后 5 章为数理统计的基本内容,包含:数理统计的基本概念、参数估计、假设检验、回归分析、方差分析.

全书着眼于概率论与数理统计的基本原理和方法,注重基本概念的直观解释,重视应用背景,配备了大量的例题和习题,并力求紧密结合实际.本书可作为高等院校本科生［理科类(非数学类)、工科类、经管类等］概率论与数理统计课程的教材或参考书,也可供概率统计初学者参考.

图书在版编目(CIP)数据

概率论与数理统计/房永飞,赵颖,田玉斌编. —北京:机械工业出版社,2021.8(2023.7 重印)

(名校名家基础学科系列)

"十三五"国家重点出版物出版规划项目

ISBN 978-7-111-68760-3

Ⅰ.①概⋯　Ⅱ.①房⋯②赵⋯③田⋯　Ⅲ.①概率论-高等学校-教材②数理统计-高等学校-教材　Ⅳ.①O21

中国版本图书馆 CIP 数据核字(2021)第 144809 号

机械工业出版社(北京市百万庄大街 22 号　邮政编码 100037)

策划编辑:韩效杰　责任编辑:韩效杰　张　超

责任校对:张　薇　封面设计:王　旭

责任印制:郜　敏

北京富资园科技发展有限公司印刷

2023 年 7 月第 1 版第 4 次印刷

184mm×260mm·26.25 印张·634 千字

标准书号:ISBN 978-7-111-68760-3

定价:69.90 元

电话服务　　　　　　　　　　网络服务

客服电话:010-88361066　　　机　工　官　网:www.cmpbook.com

　　　　　010-88379833　　　机　工　官　博:weibo.com/cmp1952

　　　　　010-68326294　　　金　书　网:www.golden-book.com

封底无防伪标均为盗版　　机工教育服务网:www.cmpedu.com

前　言

概率论与数理统计是研究随机现象数量规律的数学学科，其理论与思想方法已经渗透到国民经济、社会发展和人们生活的各个领域中．概率论与数理统计不断地与其他学科相互融合，其应用范围涵盖了经济、管理、信息科学与技术、兵器科学与技术、航空航天、医学、心理学等领域，而在大数据、人工智能、机器学习等新兴学科和前沿领域也得到了广泛的应用．

本书根据教育部高等学校大学数学课程教学指导委员会最新修订的《大学数学课程教学基本要求》，在总结编者多年的教学实践经验并结合工科院校实际需求的基础上编写而成．在本书的编写过程中，编者参考了近年来国内外出版的多本同类教材，吸取了它们在编写方式、内容安排、例题配置等方面的优点，重视基本概念和基本理论的背景和实际意义的解释说明，力图做到内容由浅入深、例题新颖典型、解题过程条理清晰．

党的二十大报告指出："加强基础学科、新兴学科、交叉学科建设，加快建设中国特色、世界一流的大学和优势学科．""加强基础研究，突出原创，鼓励自由探索．"本教材在每章设置了视频观看学习任务，帮助学习者感知相关"中国创造"的辉煌成果，了解基础学科与新兴学科的交叉融合情况，增强其应用所学知识解决实际问题的意识和能力，深刻体会伟大的"延安精神"．

全书共分 10 章，第 1 章至第 5 章是概率论的基本内容，包括：随机事件与概率、随机变量及其分布、多维随机变量及其分布、随机变量的数字特征、大数定律和中心极限定理．第 6 章至第 10 章是数理统计的基本内容，包括：数理统计的基本概念、参数估计、假设检验、回归分析、方差分析．本书每一章都注重对问题的背景和概率统计思想方法的阐述，各章均配有适量例题和习题，习题题型多样，书后有习题解答．根据不同专业的需要，可适量选取部分内容，加"＊"号的内容可选学．本书可作为高等学校理科类（非数学类）、工科类、经管类等各专业概率论与数理统计课程的教材或者参考书．

本书由房永飞编写第 1 章至第 5 章，赵颖编写第 6 章至第 10 章，田玉斌统稿．在编写过程中，北京理工大学数学与统计学院学生尚俊廷和陈思懿详细检查了书中例题和习题的答案，在此表示衷心的感谢．

由于编者水平有限，书中难免存在不妥和错误之处，恳请广大读者指正．

编　者

目 录

在自然界和人类社会活动中，存在着很多种现象，其中一种是在一定条件下必然发生（出现）某一结果，我们称之为确定性现象，如：在一个标准大气压下，水加热到100℃会沸腾；平面三角形的内角和为180°；同性电荷一定不互相吸引等．其特点是在相同的条件下，重复进行试验或观察，它的结果总是确定不变的．与之相对应，存在着结果不确定的现象，也就是说，在条件相同的情况下，重复进行试验或观察，结果未必是相同的，如果我们进一步要求能够明确知道这类现象的所有可能的结果，那么称这类现象为随机现象．如：抛掷同一枚有正反两面的硬币，结果是正面朝上还是反面朝上，具有一定的随机性，但是我们知道每次试验的所有可能的结果为正面朝上和反面朝上两种；某城市每月发生的交通事故的次数，具有不确定性，但我们可以将自然数作为其可能次数的全体；多次测量一物体的长度时，由于仪器及观察受到环境等因素的影响，每次测量的结果可能有所不同，具有一定的随机性，但我们可以认为其取值范围为大于等于零的实数全体．虽然随机现象在一次观察中出现什么结果具有偶然性、随机性、不可预测性的特点，但在大量重复试验或观察中，这种结果的出现具有一定的规律性．例如，多次抛掷一枚均匀的硬币，正面向上的次数约占抛掷总次数的一半；火炮在一定条件下的射击试验中，个别炮弹的弹着点可能偏离目标而有随机性的误差，但大量炮弹的弹着点则表现出一定的规律性，如一定的分布规律等；再如，测量一物体的长度，虽然每次测量的结果可能是有差异的，但多次测量结果的平均值随着测量次数的增加逐渐稳定于一常数，并且测量值大多落在此常数的附近，越远则越少，因而其分布状况呈现"两头小，中间大，左右基本对称"．这种规律性是客观存在的，称之为统计规律性．概率论与数理统计正是研究大量随机现象统计规律的数学分支．

在客观世界中，随机现象是普遍存在的．例如："向上抛掷一枚均匀硬币，观察正面向上或者反面向上"；"掷骰子出现的点

▶ 随机现象

数";"某城市每月出现的交通事故的数量";"一个医学试样中白细胞的个数";"某网站每天被点击的次数";"同一工艺条件下生产的某电子产品的使用寿命"等等,这些都是随机现象.

1.1 样本空间和随机事件

1.1.1 随机试验

由于随机现象的统计规律性会在大量试验下呈现出来,由此确定了概率论研究随机现象独特的方法.它不是企图追索出现每一结果的一切物理因素,从而像研究确定性现象那样确定无疑地预报出在哪些条件下出现某一确定的结果,而是通过对随机现象的大量试验,揭示其统计规律性.下面首先给出随机试验的概念以及与之相关的其他概念.

▶ 随机试验

对随机现象进行一次观察或试验,统称为随机试验(random experiment),简称为试验,用 E 表示.

下面是一些随机试验的例子.

E_1:将一枚硬币抛掷一次,观测正面 H、反面 T 出现的情况;

E_2:将一枚硬币抛掷三次,观测正面 H、反面 T 出现的情况;

E_3:将一枚硬币抛掷三次,观测正面出现的次数;

E_4:掷一枚骰子,观测出现的点数;

E_5:某网站每天被点击的次数;

E_6:在同一批电子元件中任意抽取一只,测试其寿命;

E_7:测量一物体的长度产生的误差;

E_8:在一批炮弹中任意抽取一枚射击,观测其弹着点的位置.

不同的试验由试验条件和观测目的加以区分.如果试验条件不同,尽管观测目的相同,视之为不同的随机试验,如 E_1 和 E_2,这两个试验的观测目的相同,都是观测正面 H、反面 T 出现的情况,但 E_1 的试验条件为"将一枚硬币抛掷一次",而 E_2 的试验条件为"将一枚硬币抛掷三次",即这两个试验的试验条件不同,因此是不同的随机试验.另外,尽管有些试验的试验条件相同,但观测目的不同,也是不同的随机试验,如 E_2 和 E_3.这两个试验的试验条件都是将一枚硬币抛掷三次,但 E_2 是观测正面 H、反面 T 出现的情况,而 E_3 是观测正面出现的次数,也就是说它们的观测目的不同,因此 E_2 和 E_3 是不同的随机试验.以后常提到,在一定条件下进行一次试验或者重复进行试验，实际上都包括了试验条件和观测目的两个方面的内容.

由以上例子可以看出，随机试验应满足如下条件：

（1）可重复性：试验应该可以在相同的条件下重复进行；

（2）可预知性：每次试验的结果不止一个，但是试验之前我们能够明确知道试验所有可能的结果；

（3）随机性：每次试验必发生全部可能结果中的一个且仅发生一个，但在进行某次试验前，不能确定哪个结果会出现.

关于可预知性做一个简短的说明，在不少情况下，我们不能确切知道一个试验的全部可能结果，但可以知道它不超出某个范围，这时可以用这个范围作为该试验的全部可能结果. 如在 E_5 中，我们不容易确定网站的点击次数上限的确切值，但我们知道它肯定是自然数中的某个值，因此可以将试验的可能结果取为所有的自然数.

1.1.2　样本空间

随机试验所有可能结果组成的集合称为样本空间（sample space），记为 S. 而样本空间中的每一个元素，即试验的每一个结果称为样本点（sample point），通常用 ω 表示. 易知，在每次试验中必出现一个且只能出现一个样本点，任何两个样本点都不可能同时出现，具有互斥性的特点. 可以看出，样本空间是所有样本点组成的集合，即：$S=\{\omega\mid\omega$ 为试验的样本点$\}$.

▶ 样本空间

下面给出前面几个随机试验的样本空间.

例 1.1.1　试验 E_1：掷一枚硬币，观测正面 H、反面 T 出现的情况.

用 ω_1 表示正面 H 朝上，ω_2 表示反面 T 朝上，则该试验的样本空间为

$$S_1=\{\omega_1,\omega_2\},$$

或者直接用字母表示为

$$S_1=\{H,T\},$$

或者用汉字表示为

$$S_1=\{正面,反面\}.$$

例 1.1.2　试验 E_2：将一枚硬币抛掷三次，观测正面 H、反面 T 出现的情况.

可以用树形图表示该试验的所有可能的结果

故样本空间为

$$S_2 = \{HHH, HHT, HTH, HTT, THH, THT, TTH, TTT\}.$$

例 1.1.3 试验 E_3：将一枚硬币抛掷三次，观测正面出现的次数.

用 ω_i 表示正面朝上的次数为 i，$i = 0,1,2,3$，则该试验的样本空间为

$$S_3 = \{\omega_0, \omega_1, \omega_2, \omega_3\},$$

或者直接用数字表示为

$$S_3 = \{0,1,2,3\}.$$

例 1.1.4 试验 E_4：掷一枚骰子，观测出现的点数.

用 ω_i 表示出现的点数为 i，$i = 1,2,3,4,5,6$，则该试验的样本空间为

$$S_4 = \{\omega_1, \omega_2, \cdots, \omega_6\},$$

或者直接用数字表示为

$$S_4 = \{1,2,3,4,5,6\}.$$

例 1.1.5 试验 E_5：某网站每天被点击的次数.

$$S_5 = \{0,1,2,3,\cdots\}.$$

例 1.1.6 试验 E_6：在同一批电子元件中任意抽取一只，测试其寿命.

用 t 表示取出的电子元件的寿命，则该试验的样本空间为

$$S_6 = \{t \mid t \geqslant 0\}.$$

例 1.1.7 试验 E_7：测量一物体的长度产生的误差.

用 ε 表示测量误差，则该试验的样本空间为

$$S_7 = \{\varepsilon \mid -\infty < \varepsilon < +\infty\}.$$

例 1.1.8 试验 E_8：在一批炮弹中任意抽取一枚射击，观测其弹着点的位置.

用 (x,y) 表示弹着点的位置，设射击目标为坐标原点，则该试验的样本空间为

$$S_8 = \{(x,y) \mid (x,y) \in G \subset \mathbf{R}^2\}.$$

由以上各例可以看出，样本空间中的样本点可以是数也可以

不是数, 如 S_1 的样本点不是数; 样本点的个数可以为有限个, 也可以为无限个, 无限个的情况又分为可数多个和不可数多个, 如 $S_1 \sim S_4$ 为样本点是有限个的情形, S_5 为样本点为无穷可数多个的情形, $S_6 \sim S_8$ 为无穷不可数多个的情形.

1.1.3　随机事件

在进行随机试验时, 人们常关心的是试验全部可能结果中的某一确定部分, 也即满足某种条件的那些样本点所组成的集合. 例如: 在 E_6 中, 若规定电子元件的寿命(小时)小于 8000 为次品, 我们常关心电子产品的寿命是否为 $t \geqslant 8000$. 满足这一条件的样本点组成 S 的一个子集 $A = \{t \mid t \geqslant 8000\}$, 这样的子集称为随机事件.

▶ 随机事件

随机试验 E 的样本空间的某些子集称为随机事件(sample event), 简称事件. 常用大写字母 A, B, C 等表示. 可见, 随机事件是随机试验的某些结果(样本点)组成的集合.

在一次试验中, 随机事件 A 发生是指 A 中一个样本点在此次试验中发生或出现. 事件 A 发生也称为事件 A 出现. 例如, 在试验 E_4 中, $A =$ "出现偶数点"是一个随机事件, 且 $A = \{2,4,6\}$, 它是样本空间 S_4 的一个子集. 若在一次试验中, 掷出的点数为 2, 4, 6 中的一个, 则表示此次试验中随机事件 A 发生; 若掷出的点数为 1, 3, 5 中的一个, 则表示此次试验中随机事件 A 没有发生.

特别地, 由一个样本点组成的单点集 $\{\omega\}$, 称为基本事件. 而样本空间 S 本身也是 S 的子集, 而且在每次试验中必出现 S 中的一个样本点, 即在每次试验中 S 必发生, 因此称 S 为必然事件. 空集 $\varnothing$ 也是样本空间 S 的子集, 由于 $\varnothing$ 不包含任何样本点, 所以在每次试验中 $\varnothing$ 都不发生, 因此称 $\varnothing$ 为不可能事件.

注意: 任意随机事件都是样本空间的某一个子集. 反之, 不一定成立.

1.1.4　事件的关系与运算

在一个随机试验中, 可以有很多个随机事件, 有的简单, 有的复杂, 我们自然希望通过研究简单事件的规律去掌握复杂事件的规律, 为此, 需要研究事件之间的关系以及事件之间的一些运算.

▶ 事件的关系与运算

事件是样本空间的子集, 因此, 事件是一个集合, 它们之间的关系与运算自然可以按照集合之间的关系和运算来处理. 需要注意的是这些关系与运算在概率论中的提法，并根据"事件发生的含义"，给出它们在概率论中的含义.

以下的讨论假定在同一个样本空间 S 下进行，而 A,B,C，$A_k(k=1,2,\cdots)$ 都是随机事件，即都是样本空间 S 的子集.

为了更清楚地表达事件的关系和运算，以下用长方形表示样本空间 S，用椭圆表示随机事件，这种图称为维恩（Venn）图.

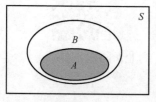

图　1.1.1

（1）若 $A \subset B$，则称事件 B 包含事件 A，或者称事件 A 包含于事件 B. 易知此时事件 A 中的样本点都在 B 中，即在一次试验中，如果 A 发生了，则 B 一定发生，因此包含关系的概率论含义为：事件 A 发生必然导致 B 发生.

（2）若 $A \subset B$ 且 $B \subset A$，则称事件 A 与事件 B 相等，记作 $A=B$. 此时，事件 A 和 B 含有相同的样本点，也就是说，他们完全是同一个事件，只不过是表面上看来两种不同的表述而已. 例如，掷两颗骰子，令 A 表示"两次得到的点数一次为奇数点一次为偶数点"，B 表示"两次得到点数之和为奇数"，易知 A 和 B 为同一件事. 由此定义可以看出证明两个事件相等的方法有两种，第一种方法是先设事件 A 发生，由此推出 B 发生；再反过来，由假定 B 发生推出 A 发生，即可证明 $A=B$. 第二种方法是证明互相包含，即设任意的样本点 $\omega \in A$，若能推出 ω 必属于 B，则说明 $A \subset B$；同样的，对任意的 $\omega \in B$，若能推导出 ω 必属于 A，则说明 $B \subset A$，即可证明 $A=B$. 后面会举例说明.

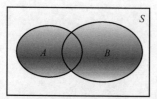

图　1.1.2

（3）事件 $A \cup B$ 称为事件 A 与事件 B 的并（或和）事件. 事件 $A \cup B$ 包含了事件 A 和 B 的所有的样本点. 表示的含义是事件 A 和 B 至少有一个发生（可能是 A 发生，可能是 B 发生，或者二者同时发生），即事件 $A \cup B$ 发生当且仅当 A、B 中至少有一个发生."A 和 B 至少有一个发生"也可以表述为"A 发生或 B 发生".

类似地，称 $\displaystyle\bigcup_{k=1}^{n} A_k$ 为 n 个事件 $A_1,A_2,\cdots,A_n$ 的和事件，表示在一次试验中，n 个事件 $A_1,A_2,\cdots,A_n$ 至少有一个发生；

称 $\displaystyle\bigcup_{k=1}^{\infty} A_k$ 为可数个事件 $A_1,A_2,\cdots,A_k,\cdots$ 的和事件，表示在一次试验中，可数个事件 $A_1,A_2,\cdots,A_k,\cdots$ 至少有一个发生.

（4）事件 $A \cap B$ 称为事件 A 与事件 B 的交（或积）事件，也记作 AB. 事件 AB 包含了 A 和 B 的共同的样本点. 表示的含义为 A

和 B 同时发生，即事件 AB 发生当且仅当 A 和 B 同时发生. "事件 A 和 B 同时发生"也可以表述为"事件 A 和 B 都发生".

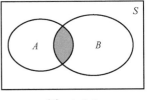

图　1.1.3

类似地，称 $\bigcap\limits_{k=1}^{n} A_k$ 为 n 个事件 $A_1, A_2, \cdots, A_n$ 的积事件，表示在一次试验中，n 个事件 $A_1, A_2, \cdots, A_n$ 同时发生；

称 $\bigcap\limits_{k=1}^{\infty} A_k$ 为可数个事件 $A_1, A_2, \cdots, A_k, \cdots$ 的积事件，表示在一次试验中，可数个事件 $A_1, A_2, \cdots, A_k, \cdots$ 同时发生.

（5）事件 $A-B$ 称为事件 A 与事件 B 的差事件. 事件 $A-B$ 包含了在 A 中但不在 B 中的样本点. 表示的含义为事件 A 发生而 B 不发生，即事件 $A-B$ 发生当且仅当 A 发生而 B 不发生.

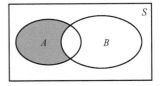

图　1.1.4

（6）若 $A \cap B = \varnothing$，则称事件 A 与事件 B 为互不相容或互斥事件. 表示的含义为事件 A 和 B 不能同时发生.

类似地，若 n 个事件 $A_1, A_2, \cdots, A_n$ 中任意两个都是互不相容的（互斥的），则称这 n 个事件是互不相容的（互斥的）；若可数个事件 $A_1, A_2, \cdots, A_n, \cdots$ 中任意两个事件是互不相容的（互斥的），则称这可数个事件是互不相容的（互斥的）.

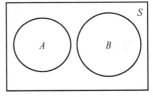

图　1.1.5

（7）若事件 A 和 B 满足 $A \cup B = S$ 且 $A \cap B = \varnothing$，则称事件 A 与事件 B 为对立事件. 显然在每次试验中，事件 A、B 中必有一个发生，且仅有一个发生.

事件 A 的对立事件也称为 A 的逆事件，记为 $\bar{A}$，表示的含义为 A 不发生.

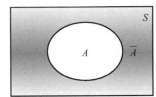

图　1.1.6

注意：1. 两个对立事件肯定是互斥事件，反之不一定成立；

2. 差事件有如下的等价表示方法：$A-B = A\bar{B} = A-AB$；

3. 和事件可以表示为互斥事件的和：$A \cup B = A\bar{B} \cup B = \bar{A}B \cup A = A\bar{B} \cup AB \cup \bar{A}B$. 如图 1.1.7 所示.

事件间的运算满足以下规则：

（1）交换律 $A \cup B = B \cup A$，$A \cap B = B \cap A$.

（2）分配律 $A \cap (B \cup C) = AB \cup AC$，$A \cup (B \cap C) = (A \cup B) \cap (A \cup C)$，$A \cap (B-C) = AB-AC$.

（3）结合律 $A \cap (B \cap C) = (A \cap B) \cap C$，$A \cup (B \cup C) = (A \cup B) \cup C$.

（4）德·摩根律（De Morgan's law）：

$$\overline{A \cup B} = \bar{A} \cap \bar{B}, \ \overline{A \cap B} = \bar{A} \cup \bar{B}.$$

下面以 $A(B-C) = AB-AC$ 和 $\overline{A \cup B} = \bar{A} \cap \bar{B}$ 为例分别利用事件相等的定义中列举的两种方法证明两个事件相等，其他运算性质可以仿照证明.

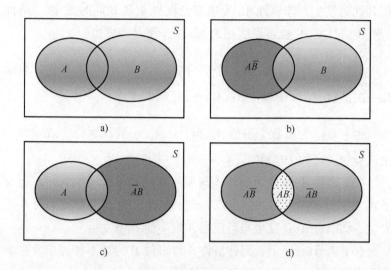

图 1.1.7

首先证明 $A(B-C)=AB-AC$.

若 $A(B-C)$ 发生，则 A 和 $B-C$ 同时发生，又由 $B-C$ 发生，知 B 发生而 C 不发生，因此 A 和 B 同时发生而 A 和 C 不同时发生，故 AB 发生而 AC 不发生，按事件差的定义，即 $AB-AC$ 发生，所以有 $A(B-C)\subset AB-AC$；反之，若 $AB-AC$ 发生，则 AB 发生而 AC 不发生，由 AB 发生知 A 发生且 B 发生，又由 AC 不发生知，C 不发生，故 $B-C$ 发生，所以 A 和 $B-C$ 同时发生，即 $A(B-C)$ 发生，所以有 $(AB-AC)\subset A(B-C)$. 由事件等价的定义知 $A(B-C)=AB-AC$.

下面证明 $\overline{A\cup B}=\overline{A}\cap\overline{B}$.

设任意的样本点 $\omega\in\overline{A\cup B}$，则说明 $\omega\notin A\cup B$，即样本点 ω 既不属于 A 也不属于 B，也就是说 ω 不属于 A 和 ω 不属于 B 同时成立，所以有 ω 属于 $\overline{A}$ 和 ω 属于 $\overline{B}$ 同时成立，也即有 $\omega\in\overline{A}\cap\overline{B}$，所以 $\overline{A\cup B}\subset\overline{A}\cap\overline{B}$；反之，设任意的样本点 $\omega\in\overline{A}\cap\overline{B}$，即 $\omega\in\overline{A}$ 同时 $\omega\in\overline{B}$，也就意味着 ω 既不属于 A 也不属于 B，即 $\omega\notin A\cup B$，所以 $\omega\in\overline{A\cup B}$，因此 $\overline{A}\cap\overline{B}\subset\overline{A\cup B}$. 故有 $\overline{A\cup B}=\overline{A}\cap\overline{B}$.

上述运算性质，对多个事件以及可数个事件也是成立的. 如有限个事件和可数个事件的德·摩根律为

$$\overline{\bigcup_{k=1}^{n}A_k}=\bigcap_{k=1}^{n}\overline{A}_k,\quad \overline{\bigcap_{k=1}^{n}A_k}=\bigcup_{k=1}^{n}\overline{A}_k,\quad \overline{\bigcup_{k=1}^{\infty}A_k}=\bigcap_{k=1}^{\infty}\overline{A}_k,\quad \overline{\bigcap_{k=1}^{\infty}A_k}=\bigcup_{k=1}^{\infty}\overline{A}_k$$

例 1.1.10   从一批产品中任取两件，观察合格品的情况. 记 $A=\{$两件产品都是合格品$\}$，$B_i=\{$取出的第 i 件是合格品$\}$，$i=1,2$. 问：(1) $\overline{A}$ 如何表述；(2) 如何用 B_i 表示 A 和 $\overline{A}$.

解　(1) $\bar{A} = \{$两件产品不都是合格品$\}$，也可叙述为

$\bar{A} = \{$两件产品中至少有一件是不合格品$\}$.

它又可写为两个互斥事件之和：

$\{$两件产品中恰有一件是不合格品$\} \cup \{$两件产品都是不合格品$\}$

(2) A 为两件产品都是合格品，意味着第一件产品是合格品同时第二件产品也是合格品，即 B_1 和 B_2 同时发生．所以有

$$A = B_1 B_2,$$

由德·摩根律知

$$\bar{A} = \overline{B_1 B_2} = \bar{B}_1 \cup \bar{B}_2.$$

事件 $\bar{A}$ 又可理解为，两件都是不合格品或第一件是合格品且第二件是不合格品或者第一件是不合格品且第二件是合格品．因此 $\bar{A}$ 又可表示为

$$\bar{A} = \bar{B}_1 \bar{B}_2 \cup B_1 \bar{B}_2 \cup \bar{B}_1 B_2.$$

▶▮ 部分例题

例 1.1.11　设 A、B、C 为三个事件，用 A、B、C 的运算关系表示下列各事件：

(1) A 发生，B 与 C 不发生；

(2) A 与 B 都发生，而 C 不发生；

(3) A、B、C 都发生；

(4) A、B、C 中至少有一个发生；

(5) A、B、C 中至少有两个发生；

(6) A、B、C 都不发生.

解　(1) $A\bar{B}\bar{C}$ 或 $A-B-C$；

(2) $AB\bar{C}$ 或 $AB-C$；

(3) ABC；

(4) $A\cup B\cup C$ 或 $A\bar{B}\bar{C}\cup\bar{A}B\bar{C}\cup\bar{A}\bar{B}C\cup AB\bar{C}\cup A\bar{B}C\cup\bar{A}BC\cup ABC$；

(5) $AB\bar{C}\cup A\bar{B}C\cup\bar{A}BC\cup ABC$ 或 $AB\cup BC\cup AC$；

(6) $\bar{A}\bar{B}\bar{C}$ 或 $\overline{A\cup B\cup C}$.

例 1.1.12　袋中装有 2 只白球和 1 只黑球．从袋中依次任意地摸出 2 只球．设球是有编号的：白球为 1 号、2 号，黑球为 3 号．(i,j) 表示第一次摸得 i 号球，第二次摸得 j 号球．则这一试验的样本空间为：$S = \{(1,2),(1,3),(2,1),(2,3),(3,1),(3,2)\}$ 如下随机事件的含义为

$A = \{(3,1),(3,2)\} = \{$第一次摸得黑球$\}$；

$B_1 = \{(1,2),(1,3),(2,1),(2,3)\} = \{$第一次摸得白球$\}$；

$B_2 = \{(1,2),(2,1),(3,1),(3,2)\} = \{$第二次摸得白球$\}$;

$C = \{(1,2),(2,1)\} = \{$两次都摸得白球$\} = B_1 B_2 = \{$没有摸到黑球$\}$;

$D = \{(1,3),(2,3)\} = \{$第一次摸得白球,第二次摸得黑球$\}$.

1.2 事件的概率

在大量重复一个随机试验时,我们会发现,有些事件发生的次数多一些,而另一些事件发生的次数少一些,也就是说在一次试验中事件发生的可能性有大有小.比如,在掷骰子试验中,事件"掷得偶数点"的可能性要大于"掷得 2 点"的可能性,因为后一个事件要包含在前一个事件中.我们自然想到用一个数来表征事件可能性的大小.我们称这个数为事件的概率.那么,对于给定的随机事件,如何确定这个概率值呢?下面我们在不同的背景下,给出概率的定义.

1.2.1 古典概率

古典概率

设随机试验 E 有有限个可能的结果 $\omega_1,\omega_2,\cdots,\omega_n$,假定从该试验的条件及实施方法上去分析,我们找不到任何理由认为其中某一结果出现的机会比任一其他结果出现的机会大或小,只好认为所有结果在试验中有同等可能的出现机会,即 $1/n$ 的出现机会.满足这两个条件的随机试验称为古典概型.

> **定义 1.2.1** 若随机试验 E 满足:(1)试验只有有限个基本事件,记为 $\{\omega_1\},\{\omega_2\},\cdots,\{\omega_n\}$,即试验的样本空间 $S = \{\omega_1,\cdots,\omega_n\}$;(2)试验中每个基本事件的发生是等可能的.则称 E 为等可能概型,简称古典概型.

在古典概型下,我们可以给出概率的如下定义.

> **定义 1.2.2** 设随机试验 E 为古典概型,样本空间 S 含有 n 个样本点,A 为试验 E 的任一样本点,且 A 包含 k 个样本点,则事件 A 的概率为
> $$P(A) = \frac{k}{n}.$$

古典概型是概率论发展初期的主要研究对象,在此模型下由定义 1.2.2 确定的概率又称为古典概率.由定义可以看出,求任

何一个事件 A 的概率归结为计算 A 中含有的样本点的个数和样本空间中样本点的个数，当样本点的总数较小时，只需一一列出 S 和 A 中的样本点即可，而当样本点的总数较大时，需要以排列组合为工具.

排列组合的计算主要基于两条计数原理.

加法原理　设完成一件事情有 m 种方式，第一种方式有 n_1 种方法，第二种方式有 n_2 种方法，$\cdots$，第 m 种方式有 n_m 种方法，无论通过哪种方法都可以完成这件事情，则完成这件事情总共有 $n_1+n_2+\cdots+n_m$ 种不同的方法.

乘法原理　设完成一件事情有 m 个步骤，第一个步骤有 n_1 种方法，第二个步骤有 n_2 种方法，$\cdots$，第 m 个步骤有 n_m 种方法，必须通过每一步骤才算完成这件事情，则完成这件事情共有 $n_1\times n_2\times\cdots\times n_m$ 种不同的方法.

排列组合的区别在于，排列要考虑次序而组合不考虑次序，如 ab 和 ba 是不同的排列，但它们是相同的组合.下面给出几个常用的排列组合的公式：

(1) 从 n 个不同的元素中，不放回地抽取 k 次，每次取一个，则取出的 k 个元素的排列数为 $A_n^k=P_n^k=n(n-1)\cdots(n-k+1)$.

可以这样考虑，先从 n 个元素中取第一个，共有 n 种取法；由于是不放回抽取，再从剩下的 $n-1$ 中取第二个，共有 $n-1$ 种取法，依此类推，最后在剩下的 $n-k+1$ 个元素中取第 k 个，有 $n-k+1$ 种取法，完成上述每一步才算完成整个事情，所以由乘法原理，得到 k 个元素的排列总数为 $n(n-1)\cdots(n-k+1)$.

特别地，当 $k=n$ 时，$A_n^n=P_n^n=n(n-1)\cdots2\cdot1$，记为 $n!$.

(2) 从 n 个不同的元素中，有放回地抽取 k 次，每次取一个，则取出的 k 个元素的排列数为 n^k.

这是因为从 n 个元素中取第一个，共有 n 种取法；由于是有放回抽取，第二次还是从 n 个元素中任取一个，共有 n 种取法，也就是说，每次取出的元素都有 n 种取法.由乘法原理，得到 k 个元素的排列总数为 $n\times n\times\cdots\times n=n^k$.

(3) 从 n 个不同的元素中，不放回地抽取 k 次，每次取一个，则取出的 k 个元素的组合数为 $C_n^k=\dfrac{A_n^k}{k!}=\dfrac{n!}{k!(n-k)!}$.

这是因为每一个包含 k 个元素的组合，都可以产生 $k!$ 个不同的排列，故排列数应为组合数的 $k!$ 倍，所以有上式.

(4) 将 n 个不同的元素分成有次序的 k 组，不考虑每组中元素的次序，第 i 组恰有 $r_i(1\leqslant i\leqslant k)$ 个元素，不同的分法总数为

$$C_n^{r_1} C_{n-r_1}^{r_2} \cdots C_{r_k}^{r_k} = \frac{n!}{r_1! r_2! \cdots r_k!}.$$

例 1. 2. 1   将一枚硬币抛掷两次, 求出现一个正面和一个反面的概率.

解   设 A 表示出现一个正面一个反面.

易知此试验的样本空间为

$$S = \{(\text{正},\text{正}),(\text{正},\text{反}),(\text{反},\text{正}),(\text{反},\text{反})\}.$$

即基本事件的总数为 4.

而 $A = \{(\text{正},\text{反}),(\text{反},\text{正})\}$.

所以

$$P(A) = \frac{2}{4} = \frac{1}{2}.$$

此题中试验的样本点的个数较少, 因此可以将样本点一一列出. 但应注意的是, 不能将样本空间写为 {两正,一正一反,两反}, 这是因为这三个样本点的发生不是等可能的.

例 1. 2. 2   在一袋中有 10 个相同的球, 分别标有号码 $1,2,\cdots,$ 10. 今不放回抽取 3 个球, 求这 3 个球的号码均为偶数的概率.

解   解法 1: 试验为从袋中不放回抽取 3 个球, 这相当于从 10 个不同的数中任取 3 个做排列, 排列数为 $n = A_{10}^3$

设 $A = \{$不放回抽取的 3 个球的号码均为偶数$\}$, 相当于从 5 个偶数中取 3 个排列, 排列数为 $k = A_5^3$, 则

$$P(A) = \frac{A_5^3}{A_{10}^3} = \frac{1}{12}.$$

解法 2: "不放回抽取" 还有另外一种理解, 不放回抽取 3 个球可以用下述方式实现, "从袋中一次性取出 3 个球". 由此, 从袋中不放回抽取 3 个球, 相当于从 10 个不同的数中任取 3 个进行组合, 组合数为 $n = C_{10}^3$.

设 $A = \{$不放回抽取的 3 个球的号码均为偶数$\}$, 相当于从 5 个偶数中取 3 个进行组合, 组合数为 $k = C_5^3$. 则

$$P(A) = \frac{C_5^3}{C_{10}^3} = \frac{1}{12}.$$

例 1. 2. 3   设一批同类型的产品共有 N 件, 其中次品有 M 件. 今从中不放回地任取 n(假定 $n \leqslant N-M$) 件, 求次品恰有 k 件的概率 $(0 \leqslant k \leqslant \min(M,n))$.

解   令 $B = \{$取出的 n 件产品中恰有 k 件次品$\}$.

易知此试验的样本空间中样本点的个数, 即从 N 件产品中不

放回地取 n 件的方法总数为 C_N^n.

而对于事件 B, 意味着有 k 件次品及 $n-k$ 件正品, k 件次品需要从 M 件次品中取出, 共有 C_M^k 种取法, 而 $n-k$ 件正品需要从 $N-M$ 件正品中取得, 共有 C_{N-M}^{n-k} 种取法, 所以 B 的样本点的总数为 $C_M^k C_{N-M}^{n-k}$. 所以

$$P(B) = \frac{C_M^k C_{N-M}^{n-k}}{C_N^n}.$$

例 1.2.4　将 15 名新生随机地平均分配到三个班级中, 这 15 名新生中有 3 名是优秀生. 问 (1) 每个班级各分配到一名优秀生的概率是多少? (2)3 名优秀生分配在同一班级的概率是多少?

解　设 A 表示每个班级各分配到一名优秀生; B 表示 3 名优秀生分配在同一班级. 易知将 15 名新生平均分配到 3 个班级就是一个分组问题, 方法总数为

$$C_{15}^5 \cdot C_{10}^5 \cdot C_5^5 = \frac{15!}{5!5!5!}.$$

(1) 满足事件 A 的分法, 可以分两步进行, 第一步, 将 3 名优秀生分配到 3 个班级, 每个班各 1 人, 共有 3! 种分法; 第二步, 将剩余的 12 个人平均分到三个班, 这又是一个分组问题, 共有 $C_{12}^4 \cdot C_8^4 \cdot C_4^4 = \frac{12!}{4!4!4!}$ 种分法, 由乘法原理, 满足事件 A 的分法总数为 $\frac{3!12!}{4!4!4!}$ 种.

故事件 A 的概率为

$$P(A) = \frac{3!12!}{4!4!4!} \Big/ \frac{15!}{5!5!5!} = \frac{25}{91}.$$

(2) 对于满足事件 B 的分法, 也分两步进行, 第一步, 将 3 名优秀生分配到同一个班级, 共有 3 种分法; 第二步, 将剩余的 12 个人分到三个班, 其中 1 个班分 2 名, 2 个班各分 5 名, 这也是一个分组问题, 共有 $C_{12}^2 C_{10}^5 C_5^5 = \frac{12!}{2!5!5!}$ 种分法, 由乘法原理, 满足事件 B 的分法总数为 $\frac{3 \times 12!}{2!5!5!}$ 种.

故事件 B 的概率为

$$P(B) = \frac{3 \times 12!}{2!5!5!} \Big/ \frac{15!}{5!5!5!} = \frac{6}{91}.$$

下面讨论古典概率的基本性质.

设试验 E 是古典概型, 其样本空间为 $S = \{\omega_1, \omega_2, \cdots, \omega_n\}$; A,

$A_1, A_2, \cdots, A_m$ 是 E 中的事件，则有

（1）非负性：$P(A) \geqslant 0$.

证明：由于事件 A 是样本空间的 S 的子集，且由古典概率的定义知 $0 \leqslant k \leqslant n$，故

$$P(A) = \frac{k}{n} \geqslant 0.$$

（2）归范性：$P(S) = 1$.

证明：根据古典概率的定义，S 发生的概率就是 S 中样本点的个数除以样本空间中样本点的个数，所以有

$$P(S) = \frac{n}{n} = 1.$$

（3）可加性：若 $A_1, A_2, \cdots, A_m$ 是互不相容的事件，则有

$$P(A_1 \cup A_2 \cup \cdots \cup A_m) = P(A_1) + P(A_2) + \cdots + P(A_m).$$

证明：设 $A_1, A_2, \cdots, A_m$ 中包含的样本点个数分别为 $k_1, k_2, \cdots, k_m$，由于 $A_1, A_2, \cdots, A_m$ 互不相容，所以 $\bigcup\limits_{i=1}^{m} A_i$ 中包含的样本点的个数为 $k_1 + k_2 + \cdots + k_m$，所以

$$P(A_1 \cup A_2 \cup \cdots \cup A_m) = \frac{k_1 + k_2 + \cdots + k_m}{n} = \frac{k_1}{n} + \frac{k_2}{n} + \cdots + \frac{k_m}{n} = P(A_1) + P(A_2) + \cdots + P(A_m).$$

此性质也称为有限可加性.

由以上性质可以得到一个有用的推论.

推论 1. $P(A) = 1 - P(\overline{A})$.

此式表明，在古典概率的模型中，当一个事件的概率不容易求出时，我们可以考虑先求它对立事件的概率.

例 1.2.5 有 10 件同类型的产品，其中 6 件正品，4 件次品，现从中任取 4 件，求（1）"取得的 4 件产品中次品不超过 1 件"的概率；（2）取得的 4 件产品中至少有 1 件次品的概率.

解 设事件 A 为取得的 4 件产品中次品不超过 1 件；事件 B 为取得的 4 件产品中次品至少有 1 件；A_i 为取得的 4 件产品中恰好有 i 件次品，$i = 0, 1, 2, 3, 4$. 则有

（1）$A = A_0 \cup A_1$ 且 A_0，A_1 互不相容

$$P(A) = P(A_0 \cup A_1) = P(A_0) + P(A_1) = \frac{C_6^4}{C_{10}^4} + \frac{C_6^3 \times C_4^1}{C_{10}^4} = \frac{19}{42}.$$

（2）$B = A_1 \cup A_2 \cup A_3 \cup A_4$，且 A_1, A_2, A_3, A_4 互不相容，由可加性得

$$P(B) = P(A_1 \cup A_2 \cup A_3 \cup A_4) = P(A_1) + P(A_2) + P(A_3) + P(A_4)$$

$$= \sum_{i=1}^{4} \frac{C_6^{4-i} \times C_4^i}{C_{10}^4} = \frac{13}{14}.$$

另外由推论 1 知

$$P(B) = 1 - P(\bar{B}) = 1 - P(A_0) = 1 - \frac{C_6^4}{C_{10}^4} = \frac{13}{14}.$$

例 1.2.6　　设有 n 个球，每个球都以同样的概率 $1/N$ 落入到 N 个盒子 $(N \geq n)$ 的每一个中，规定每个盒子的容量不限. 试求

（1）指定的 n 个盒子中各有一球的概率；

（2）恰好有 n 个盒子中各有一球的概率；

（3）某指定的一个盒子中没有球的概率.

解　设 A 表示指定的 n 个盒子中各有一球；B 表示恰好有 n 个盒子中各有一球；C 表示某指定的一个盒子中没有球.

由于每个盒子可以放多个球，所以每个球都可以放入到 N 个盒子中的任意一个，即每个球都有 N 种放法，所以将 n 个球投入 N 个盒子中，共有 $N \times N \times \cdots \times N = N^n$ 种放法，即样本点的总个数为 N^n.

（1）事件 A 表示将 n 个球放入到指定的 n 个盒子中，每个盒子各有一个球，总共有 $n!$ 种放法，所以有

$$P(A) = \frac{n!}{N^n}.$$

（2）对于事件 B，分两步进行，第一，先选出 n 个盒子，共有 C_N^n 种方法；第二，对于选中的 n 个盒子，每个盒子各放一个球，放球方法的总数为 $n!$ 种. 所以 B 中有 $C_N^n n!$ 个样本点. 所以

$$P(B) = \frac{C_N^n n!}{N^n}.$$

（3）事件 C 表示 n 个球中的每一个球可以并且只可以放入到除了指定的那个盒子的其余的 $N-1$ 个盒子中. 放球方法的总数为 $(N-1)^n$ 种.

所以

$$P(C) = \frac{(N-1)^n}{N^n}.$$

下面利用例 1.2.6 的结论，讨论概率论历史上著名的"生日问题".

例 1.2.7　　在一个班级中有 $n(n < 365)$ 位同学，若两位同学的生日在同月同日，则认为他们的生日相同，求（1）至少有两位同学生日相同的概率；（2）至少有一个人与"我"生日相同的概率.

解 （1）设 A 表示至少有两位同学生日相同，则 $\bar{A}$ 表示这 n 位同学的生日都不相同. 设一年有 365 天. 可以把 n 位同学看作 n 个球，365 天看作 365 个盒子，则 n 位同学的生日都不相同，意味着恰好有 n 个盒子各有一个球，所以

$$P(\bar{A}) = \frac{C_{365}^{n} n!}{365^{n}}.$$

故

$$P(A) = 1 - P(\bar{A}) = 1 - \frac{C_{365}^{n} n!}{365^{n}}.$$

（2）设 B 表示 n 个人中至少有一个人与我生日相同，则 $\bar{B}$ 表示没有人与我生日相同. 则可以认为我的生日所在的盒子没有球，即将 n 个球放到其余的 364 个盒子中. 于是

$$P(\bar{B}) = \frac{(365-1)^{n}}{365^{n}} = \left(\frac{364}{365}\right)^{n}.$$

所以

$$P(B) = 1 - P(\bar{B}) = 1 - \left(\frac{364}{365}\right)^{n}.$$

此例的第二小题常被称为生日悖论问题，主要是因为，人们考虑生日问题的时候，一般首先想到的是有没有人和我的生日相同. 可以看出这两个概率值的大小相差是很大的. 如表 1.2.1 所示.

表 1.2.1　生日问题的数值比较

人数 n	10	20	30	40	50
$P(A)$	0.1169	0.4114	0.7063	0.8912	0.9704
$P(B)$	0.0271	0.0534	0.0790	0.1039	0.1282
人数 n	60	70	80	90	100
$P(A)$	0.9941	0.9992	0.999914	0.999993	0.999999
$P(B)$	0.1518	0.1747	0.1971	0.2188	0.2399

为了更加直观地表示二者的大小差异，将这些数值画在图 1.2.1 中.

1.2.2　几何概率

在概率论发展早期，人们就已经注意到只考虑那种仅有有限个样本点的随机试验是不够的，还必须考虑试验结果是无穷多个的情形，其中最简单的一类是试验结果是无穷多个，而又有某种"等可能性"的情形，这就是几何概型.

▶ 几何概率

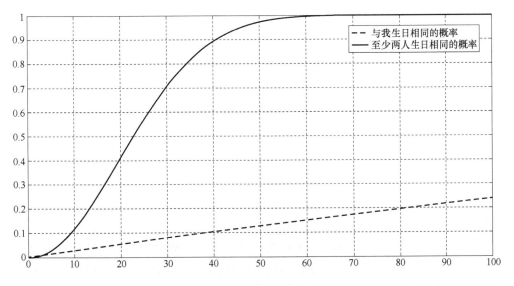

图 1.2.1 生日问题的比较

定义 1.2.3 向任一可度量区域 G 内投一点，如果所投的点落在 G 中任意可度量区域 g 内的可能性与 g 的度量成正比，而与 g 的位置和形状无关，则称这个随机试验为几何型随机试验，简称为几何概型.

定义 1.2.4 在几何概型中，样本空间为 $S=G$，G 中的点是样本点，设 $A = \{$投点落入区域 g 内$\}$，则有

$$P(A) = \frac{g \text{ 的度量}}{G \text{ 的度量}}.$$

称之为几何概率.

几何概率的"等可能性"可解释为"等度量(长度、面积、体积)等概率"，而由几何概率的定义可以看出，求几何概率的关键是对样本空间和所求事件用图形描述清楚，然后再计算相关图形的度量(长度、面积或体积).

例 1.2.8 (会面问题)甲乙二人约定于 12 时到 13 时在某地会面，先到者等 20 分钟后离去，试求两人能会面的概率?

解 设 x，y 分别为两人到达的时刻，建立平面直角坐标系，如图 1.2.2 所示.

由于甲乙二人分别"等可能"地在 12 时~13 时的任何时刻到达，故可看作几何概型.(x,y) 的所有可能的取值是边长为 60 的正方形 G，即样本空间为

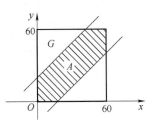

图 1.2.2 会面问题

$$S = G = \{(x,y): 0 \leqslant x \leqslant 60, 0 \leqslant y \leqslant 60\},$$

其面积为

$$S_G = 60^2 = 3600.$$

设 A 表示"甲乙二人能会面"，则有 $A = \{(x,y): |x-y| \leqslant 20\}$，而 A 的面积为 $S_A = 60^2 - 40^2 = 2000$，所以

$$P(A) = \frac{S_A}{S_G} = \frac{5}{9}.$$

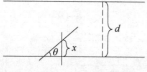

图 1.2.3　蒲丰投针试验

例 1.2.9　（蒲丰投针问题）设平面上画满了间距为 d 的等距平行线，向该平面内任意投掷一枚长度为 $l(l<d)$ 的针，求该针与任一平行线相交的概率.

解　可将此问题的试验视为几何概型. 设 x 表示针的中点与最近一条平行线的距离，θ 表示针与此线的夹角，如图 1.2.3 所示. 则样本空间为

$$G = \left\{(x,\theta): 0 < x < \frac{d}{2}, 0 < \theta < \pi\right\}$$

且 G 的面积为

$$S_G = \frac{d\pi}{2}.$$

设事件 A 表示针与一条平行线相交. 易知满足的条件为

$$x < \frac{l}{2}\sin\theta.$$

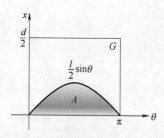

图 1.2.4　蒲丰投针

如图 1.2.4 的阴影部分，仍记为 A，且 A 的面积为

$$S_A = \int_0^\pi \frac{l}{2}\sin\theta\mathrm{d}\theta = l.$$

由几何概率的定义知，

$$P(A) = \frac{S_A}{S_G} = \frac{l}{\dfrac{d\pi}{2}} = \frac{2l}{d\pi}.$$

在此例中，如果 l、d、π 的值已知，则可以计算出相应的概率值；反之，如果 l、d 和 $P(A)$ 的值已知，则可计算出无理数 π 的值. 即有

$$\pi = \frac{2l}{d \cdot P(A)}.$$

如果在实际中我们进行了 n 次的投针试验，且发现有 m 次是针与线相交的，则可以用 $\dfrac{m}{n}$ 近似 $P(A)$（即为频率近似概率，后面会介绍）. 此时有

$$\pi = \frac{2l}{d} \cdot \frac{n}{m}.$$

历史上有一些学者曾做过这个试验,并利用上述公式得到了无理数 π 的近似值,表 1.2.2 列出了相应的一些结果.

表 1.2.2　投针试验的一些结果

试验者	年份	l/d	投掷次数	相交次数	π 的近似值
Wolf	1850	0.8	5000	2532	3.1596
Fox	1884	0.75	1030	489	3.1595
Lazzerini	1901	0.83	3408	1808	3.1415
Reina	1925	0.54	2520	859	2.1795

在这个问题中,相当于设计一个随机试验,将其中的一个随机事件(A)与未知数(π)联系在一起,然后通过大量重复试验,用事件的频率近似事件的概率,从而得到未知数的近似值. 可以想象,随着重复试验次数的增加,近似的效果会越来越好. 实际中我们不可能进行大量的真实试验,但是人们可以利用计算机对随机试验进行大量的模拟,利用模拟结果代替真实试验的结果,从而计算未知数的值,该方法称为蒙特卡洛(Monte Carlo)方法,蒙特卡洛方法已经在自然科学、社会科学等领域中得到广泛的应用.

几何概率具有如下的基本性质.

(1) 非负性. 对任意的事件 A,有 $P(A) \geqslant 0$.

(2) 规范性. 对于样本空间 S,有 $P(S) = 1$.

(3) 可加性. 若 $A_1, A_2, \cdots, A_n$ 是互斥的事件,则有

$$P\Big(\bigcup_{i=1}^{n} A_i \Big) = \sum_{i=1}^{n} P(A_i).$$

由几何概率的定义,性质(1),(2)和(3)的证明是显然的.

1.2.3　频率

在古典概率和几何概率的定义中,基本事件的"等可能性"是一个基本假定. 然而在许多实际问题中,这一基本假定并不成立或者不知道是否满足这个假定. 例如,从同一型号的反坦克弹中任取一发射击目标,观察命中情况. 易知此试验的样本空间为 $S = $ {命中,不命中},可以看出该试验不是古典概型,也不是几何概型,那么如何来确定命中的概率呢? 实际应用中,在条件允许的

频率

情况下，可以取若干发这种反坦克弹进行射击试验，观察命中的次数，并用实际命中率作为命中概率的近似值. 这里所说的实际命中率就是频率. 那么，用频率近似概率是否合理？如果是合理的，依据是什么？

> **定义 1.2.5**　设随机试验 E 的样本空间为 S，A 为 E 的一个事件. 在相同的条件下，将试验 E 重复进行 n 次，在这 n 次试验中，事件 A 发生的次数 n_A 称为事件 A 发生的频数. 比值 n_A/n 称为在这 n 次试验中，事件 A 发生的频率，记作 $f_n(A)$.

事件 A 的频率反映事件 A 发生的频繁程度，频率越大，事件 A 发生越频繁，意味着在一次试验中 A 发生的可能性越大，反之亦然.

显然，随着 n 的不同，或者说对于不同的 n 次试验，频率的大小会有所不同.

例 1.2.10　掷一枚有正反两面的均匀硬币，观测正面朝上的次数并计算其频率.

我们将一枚硬币抛掷 5 次，20 次，50 次，100 次，500 次为一组，每组各做 20 次试验，将试验结果的频率列在表 1.2.3 中，其中 n_A 表示正面朝上的频数，$f_n(A)$ 表示正面朝上的频率（本次试验数据为模拟数据）.

表 1.2.3　抛掷硬币试验的频率

序号	$n=5$		$n=20$		$n=50$		$n=100$		$n=500$	
	n_A	$f_n(A)$	n_A	$f_n(A)$	n_A	$f_n(A)$	n_A	$f_n(A)$	n_A	$f_n(A)$
1	2	0.4	9	0.45	24	0.48	42	0.42	240	0.480
2	3	0.6	11	0.55	32	0.64	48	0.48	237	0.474
3	1	0.2	10	0.50	26	0.52	53	0.53	254	0.508
4	0	0	9	0.45	24	0.48	45	0.45	239	0.478
5	1	0.2	10	0.50	27	0.54	54	0.54	245	0.490
6	3	0.6	11	0.55	24	0.48	47	0.47	238	0.476
7	2	0.4	14	0.70	22	0.44	48	0.48	264	0.528
8	2	0.4	12	0.60	25	0.50	45	0.45	222	0.444
9	2	0.4	9	0.45	29	0.58	57	0.56	261	0.522
10	2	0.4	11	0.55	22	0.44	60	0.60	266	0.532
11	3	0.6	13	0.65	24	0.48	46	0.46	244	0.488

（续）

序号	n = 5		n = 20		n = 50		n = 100		n = 500	
	n_A	$f_n(A)$	n_A	$f_n(A)$	n_A	$f_n(A)$	n_A	$f_n(A)$	n_A	$f_n(A)$
12	3	0.6	10	0.50	26	0.52	47	0.47	250	0.500
13	1	0.2	9	0.45	19	0.38	48	0.48	260	0.520
14	4	0.8	8	0.40	20	0.40	40	0.40	242	0.484
15	2	0.4	9	0.45	26	0.52	42	0.42	236	0.472
16	4	0.8	14	0.70	21	0.42	53	0.53	249	0.498
17	2	0.4	8	0.40	24	0.48	49	0.49	271	0.542
18	4	0.8	12	0.60	25	0.50	52	0.52	266	0.532
19	1	0.2	11	0.55	27	0.54	57	0.56	258	0.516
20	4	0.8	9	0.45	21	0.42	49	0.49	254	0.508

  为了更加直观，将试验结果画在图 1.2.5 中．其中横坐标 0—20 的数据为 n = 5 时的频率，21—40 的数据为 n = 20 时的频率，41—60 的数据为 n = 50 时的频率，61—80 的数据为 n = 100 时的频率，81—100 的数据为 n = 500 时的频率．

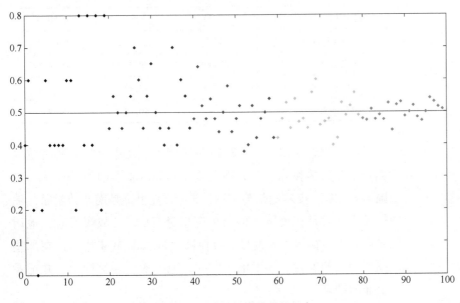

图 1.2.5 抛掷硬币试验的频率

  可以看出，所有的值都以 0.5 为中心上下波动，但在重复试验次数 n = 5 时，频率的最小值为 0，最大值为 0.8，波动的幅度较大；当 n 增大到 20 时，频率的最小值为 0.4，最大值为 0.7，波动的幅度变小了；当 n 增大到 50 时，频率的最小值为 0.38，最大值为 0.64，波动的幅度进一步变小；当 n 增大到 100 时，频率的最小值为 0. 40，最大值为 0. 60，波动的幅度更小了；而当 n 增大到 500 时，频率的最小值和最大值分别为 0. 444 和 0. 542，波动的幅度已经非常小了，也就是说随着 n 的增大，频率的波动幅度越来越小，逐渐稳定于 0. 5.

长期实践表明，在相同的条件下，重复进行试验，事件 A 发生的频率 $f_n(A)$ 总在一个常数值附近波动，而且随着重复试验次数 n 的增加，频率的波动幅度越来越小. 观测到的大偏差越来越稀少，呈现出一定的稳定性，这就是频率的稳定性特点.

历史上，有些学者真正进行了投硬币试验，现将结果列在表 1. 2. 4 中.

表 1. 2. 4 投硬币试验的一些结果

实验者	投币次数 n	正面次数 n_A	频率 f_A
德摩根（De Morgan）	2048	1061	0. 5181
蒲丰（Buffon）	4040	2048	0. 5069
克里奇（J. Kerrich）	7000	3516	0. 5022
克里奇（J. Kerrich）	8000	4034	0. 5042
克里奇（J. Kerrich）	9000	4538	0. 5042
克里奇（J. Kerrich）	10000	5067	0. 5067
费勒（Feller）	10000	4979	0. 4979
卡尔·皮尔逊 K. Pearon	12000	6019	0. 5016
卡尔·皮尔逊 K. Pearon	24000	12012	0. 5005
罗曼诺夫斯基	80640	40173	0. 4982

这里的德摩根（1806—1871）是印度人，在逻辑学方面有重要的创新，在数学和数学史方面有重要贡献. 蒲丰（1701—1788）是法国博物学家. 皮尔逊是英国统计学家. 克里奇是南非数学家，他的掷硬币试验是在德国人的集中营里进行的. 二战爆发时，他访问哥本哈根，德国人入侵丹麦时他被关进 Jutland 集中营，在那里渡过了漫长的岁月，为了消磨时间，他一次次地掷硬币，并记录了上面的结果.

很容易知道频率具有下述性质：

（1）非负性. 对任意的事件 A，有 $f_n(A) \geqslant 0$.

（2）归范性. 对样本空间 S，$f_n(S) = 1$.

（3）可加性. 若 $A_1, A_2, \cdots, A_m$ 是互不相容的事件，则有

$$f_n\left(\bigcup_{i=1}^m A_i\right) = \sum_{i=1}^m f_n(A_i).$$

由频率的稳定性特点可以给出概率的统计定义.

> **定义 1.2.6**　在一组不变的条件下，重复作 n 次试验，记 n_A 是 n 次试验中事件 A 发生的次数. 当试验次数 n 很大时，频率 $f_n(A) = n_A / n$ 稳定地在某数值 p 附近波动，而且一般地说，随着试验次数的增加，这种波动的幅度越来越小，称数值 p 为事件 A 在这一组不变的条件下发生的概率，记作 $P(A) = p$. 也称这个概率为统计概率.

由统计概率可知，对于任何随机事件，只要在相同的条件下进行大量的试验，就可以用频率近似概率，即 $f_n(A) \approx P(A)$. 因此，统计概率提供了一种可广泛应用的近似计算事件概率的方法. 另外，统计概率提供了一种检验理论正确与否的准则. 假设我们通过理论的方法得出某事件的概率为常数 p，那么这个结果是否与实际相符呢？此时，如果条件允许，在相同的条件下，进行大量的试验，如果得到这个事件的频率和 p 比较接近，则认为试验结果支持了理论值，否则的话，可以认为理论值可能有误.

1.2.4　概率的公理化定义

在前面的分析中，我们给出了古典概率、几何概率和统计概率的定义和性质，它们是从三种不同的角度给出了概率的定义，这在理论研究和应用研究中都存在着很大的限制，因此需要给出一种统一的概率的定义. 苏联数学家柯尔莫哥洛夫于 1933 年提出了举世公认的概率公理化体系，从而明确定义了概率论的基本概念，使概率论成为一门严谨的数学分支，为现代概率论的蓬勃发展奠定了坚实的基础.

▶️ 概率的公理化定义

我们在 1.1.3 小节中指出，随机事件是样本空间 S 的子集，但是并不是 S 的所有子集都是随机事件，那么可以把这些是随机事件的样本空间的子集(包括样本空间 S 本身和不可能事件∅)组成一个大的集合，称之为事件域，记为 $\mathscr{F}$. 也就是说事件域 $\mathscr{F}$ 中的元素是事件，且是样本空间的子集，不在 $\mathscr{F}$ 中的样本空间的子集就不是事件. 因此只需要对在事件域 $\mathscr{F}$ 中的事件给出概率值即可. 另外，从上述三个概率的定义可以看出，无论哪种背景下给出的概率的定义，都可以认为是事件域到实数域上的映射，且都具有非负性、规范性和可加性三条性质. 把这些共同性质抽象出来，可以给出概率的一个数学定义，也就是概率的公理化定义.

定义 1.2.7 设试验 E 的样本空间为 S，事件域为 $\mathscr{F}$，P 为定义在事件域 $\mathscr{F}$ 上的实值函数，即

$$P:\mathscr{F}\to\mathbf{R}^1,$$

$$A\to P(A).$$

如果该实值函数满足下面三条公理：

公理 1 （非负性）对任一事件 A，有 $P(A)\geqslant 0$.

公理 2 （规范性）对必然事件 S，有 $P(S)=1$.

公理 3 （可列可加性）若可列个事件 $A_1,A_2,\cdots,A_i,\cdots$ 两两互不相容，有

$$P\Big(\bigcup_{i=1}^{\infty}A_i\Big)=\sum_{i=1}^{\infty}P(A_i).$$

那么称 $P(A)$ 为事件 A 的概率，称 $(S,\mathscr{F},P)$ 为一个概率空间.

由概率的公理化定义可知，概率是定义域为事件域 $\mathscr{F}$ 的函数，而事件域中的元素是集合，所以概率是一个集函数. 因此，只要给出一个定义在事件域上的集函数且满足这三条公理，就可以被称为概率；当这个函数不能满足上述三条公理中任意一条，就被认为不是概率. 但应该注意到，概率的公理化定义只是界定了概率这个概念所必须满足的一般性质，它没有告诉人们在特定场合下如何确定概率的问题，它的意义在于它为一种普遍而严格的数学化概率理论奠定了基础.

以上我们介绍了概率的定义，下面给出在概率的公理化定义下的一些重要的性质.

1.2.5 概率的性质

性质 1 不可能事件的概率为 0，即：$P(\varnothing)=0$.

证明 令 $A_n=\varnothing(n=1,2,\cdots)$，则

$$\bigcup_{n=1}^{\infty}A_n=\varnothing,\ A_iA_j=\varnothing,\ i\neq j,i,j=1,2,\cdots,$$

即说明 $A_n,n=1,2,\cdots$ 是两两互斥的随机事件序列.

由公理 3 的可列可加性知

$$P(\varnothing)=P\Big(\bigcup_{n=1}^{\infty}A_n\Big)=\sum_{n=1}^{\infty}P(A_n)=\sum_{i=1}^{\infty}P(\varnothing),$$

即

$$P(\varnothing)+P(\varnothing)+P(\varnothing)+\cdots=0.$$

所以有

概率的性质

$$P(\varnothing) = 0.$$

性质 2　若随机事件 A_1，A_2，$\cdots$，A_n 两两互斥，则

$$P\Big(\bigcup_{i=1}^{n} A_i\Big) = \sum_{i=1}^{n} P(A_i),$$

称此性质为有限可加性.

证明　令 $A_{n+1} = A_{n+2} = \cdots = \varnothing$，则有 $A_i A_j = \varnothing, i \neq j, i, j = 1, 2, \cdots$
于是

$$\bigcup_{i=1}^{\infty} A_i = \Big(\bigcup_{i=1}^{n} A_i\Big) \cup \Big(\bigcup_{i=n+1}^{\infty} A_i\Big)$$

$$= \Big(\bigcup_{i=1}^{n} A_i\Big) \cup \Big(\bigcup_{i=n+1}^{\infty} \varnothing\Big)$$

$$= \Big(\bigcup_{i=1}^{n} A_i\Big) \cup \varnothing = \bigcup_{i=1}^{n} A_i,$$

由公理 3 的可列可加性及性质 1 可得

$$P\Big(\bigcup_{i=1}^{n} A_i\Big) = P\Big(\bigcup_{i=1}^{\infty} A_i\Big) = \sum_{n=1}^{\infty} P(A_n) = \sum_{i=1}^{n} P(A_i) + \sum_{i=n+1}^{\infty} P(A_i)$$

$$= \sum_{i=1}^{n} P(A_i) + \sum_{i=n+1}^{\infty} P(\varnothing) = \sum_{i=1}^{n} P(A_i) + 0$$

$$= \sum_{i=1}^{n} P(A_i),$$

即有

$$P\Big(\bigcup_{i=1}^{n} A_i\Big) = \sum_{i=1}^{n} P(A_i).$$

性质 3　对随机事件 A，有

$$P(A) = 1 - P(\overline{A}).$$

证明　因为 $A \cap \overline{A} = \varnothing$，所以由性质 2 得

$$P(A \cup \overline{A}) = P(A) + P(\overline{A}).$$

又因为 $A \cup \overline{A} = S$，由公理 2 得

$$P(A) + P(\overline{A}) = P(S) = 1,$$

所以

$$P(A) = 1 - P(\overline{A}).$$

由此性质可知，当一个事件的概率不易求出时，可以先求其对立事件的概率.

性质 4　若随机事件 A 包含于事件 B，即 $A \subset B$，则有 $P(B-A) = P(B) - P(A)$.

证明　因为 $A \subset B$，所以 $B = A \cup (B-A)$，且 $A \cap (B-A) = \varnothing$. 由性质 2 知

$$P(B) = P(A) + P(B-A).$$

所以

$$P(B-A) = P(B) - P(A).$$

推论 1　设 A 为任一随机事件，且 $A \subset B$，则 $P(A) \leqslant P(B)$，且 $P(A) \leqslant 1$.

注意，性质 4 中两个事件差的概率等于概率的差的前提条件是它们有包含关系.

性质 5　若 A 和 B 为任意两个随机事件，则有
$$P(B-A) = P(B) - P(AB).$$

证明　由事件的关系和运算知

$$B-A = B-AB \quad 且 \ AB \subset B,$$

由性质 4 可得

$$P(B-A) = P(B-AB) = P(B) - P(AB).$$

性质 6　若 A 和 B 为任意两个随机事件，则有
$$P(A \cup B) = P(A) + P(B) - P(AB),$$
这一结果称为概率的加法法则（加法公式）.

证明　由事件的关系和运算知

$$A \cup B = A \cup (B-AB) \quad 且 \ A \cap (B-AB) = \varnothing.$$

由有限可加性可得

$$P(A \cup B) = P(A \cup (B-AB)) = P(A) + P(B-AB).$$

又因为 $AB \subset B$，再由性质 4，得

$$P(A \cup B) = P(A) + P(B) - P(AB).$$

可以由两个事件的加法公式得到三个事件的加法公式. 设 A_1，A_2，A_3 为任意三个随机事件，则有

$$P(A_1 \cup A_2 \cup A_3) = P(A_1 \cup A_2) + P(A_3) - P((A_1 \cup A_2) \cap A_3)$$
$$= P(A_1 \cup A_2) + P(A_3) - P(A_1 A_3 \cup A_2 A_3)$$
$$= P(A_1) + P(A_2) - P(A_1 A_2) + P(A_3) - [P(A_1 A_3) + P(A_2 A_3) - P(A_1 A_2 A_3)]$$
$$= P(A_1) + P(A_2) + P(A_3) - P(A_1 A_2) - P(A_1 A_3) - P(A_2 A_3) + P(A_1 A_2 A_3).$$

即

$$P(A_1 \cup A_2 \cup A_3) = P(A_1) + P(A_2) + P(A_3) - P(A_1A_2) - P(A_1A_3) -$$
$$P(A_2A_3) + P(A_1A_2A_3).$$

由此利用归纳法可得任意 n 个事件的加法公式. 若 $A_1, A_2, \cdots,$ A_n 为任意 n 个随机事件，则有

$$P\Big(\bigcup_{k=1}^{n} A_k \Big) = \sum_{k=1}^{n} P(A_k) - \sum_{1 \le k_1 < k_2 \le n} P(A_{k_1}A_{k_2}) + \cdots +$$
$$(-1)^{m-1} \sum_{1 \le k_1 < \cdots < k_m \le n} P(A_{k_1}A_{k_2} \cdots A_{k_m}) + \cdots +$$
$$(-1)^{n-1} P\Big(\bigcap_{k=1}^{n} A_k \Big).$$

例 1.2.11　已知 $P(A) = p$，$P(B) = q$，$P(AB) = r$，求下列各事件的概率：$\overline{A} \cup \overline{B}$，$\overline{A}B$，$\overline{A} \cup B$，$\overline{A}\,\overline{B}$.

解　$P(\overline{A} \cup \overline{B}) = P(\overline{A \cap B}) = 1 - P(AB) = 1 - r$；

$P(\overline{A}B) = P(B - A) = P(B) - P(AB) = q - r$；

$P(\overline{A} \cup B) = P(\overline{A}) + P(B) - P(\overline{A}B) = 1 - p + q - (q - r) = 1 - p + r$；

$P(\overline{A}\,\overline{B}) = P(\overline{A \cup B}) = 1 - P(A \cup B) = 1 - P(A) - P(B) + P(AB)$
$\qquad = 1 - p - q + r.$

例 1.2.12　设元件盒中装有 50 个电阻、20 个电感、30 个电容，从盒中任取 30 个元件，求所取元件中至少有一个电阻同时至少有一个电感的概率.

解　设 A 表示所取的元件中至少有一电阻，B 表示所取元件中至少有一电感. 则所求概率为 $P(AB)$.

$$P(AB) = 1 - P(\overline{AB}) = 1 - P(\overline{A} \cup \overline{B}) = 1 - [P(\overline{A}) + P(\overline{B}) - P(\overline{A}\,\overline{B})]$$
$$= 1 - \Big(\frac{C_{50}^{30}}{C_{100}^{30}} + \frac{C_{80}^{30}}{C_{100}^{30}} - \frac{1}{C_{100}^{30}} \Big) \approx 0.9997.$$

例 1.2.13　甲、乙两人先后从 52 张扑克牌（去掉了大小王）中各抽取 13 张，分别就以下两种情况，（1）甲抽后不放回，乙再抽；（2）甲抽后将牌放回，乙再抽. 求甲或乙拿到 4 张 A 的概率.

解　设 $A = \{$甲拿到 4 张 $A\}$，$B = \{$乙拿到 4 张 $A\}$，所求概率为 $P(A \cup B)$.

（1）易知此时 A、B 互斥

$$P(A \cup B) = P(A) + P(B) = \frac{C_{48}^9}{C_{52}^{13}} + \frac{C_{48}^{13}C_{35}^9}{C_{52}^{13}C_{39}^{13}} = 0.005282.$$

（2）此时 A、B 相容

$$P(A \cup B) = P(A) + P(B) - P(AB) = \frac{2C_{48}^9}{C_{52}^{13}} - \frac{C_{48}^9 C_{48}^9}{C_{52}^{13}C_{52}^{13}} = 0.005275.$$

例 1.2.14 （配对问题）某人将三封写好的信随机装入三个写好地址的信封中，一个信封只能装一封信. 问三封信都没有装对地址的概率是多少？

解 设 $A_i = \{$第 i 封信装入第 i 个信封$\}$，$i = 1, 2, 3$，$A = \{$三封信都没有装对地址$\}$.

则 $\bar{A} = \{$至少有一封信装对了地址$\}$. A_i 表示第 i 封信和第 i 个信封配对，则意味着第 i 封信只有 1 种装法，而剩余的两封信有 $2!$ 种装法，所以有

$$P(A_1) = P(A_2) = P(A_3) = \frac{2!}{3!} = \frac{1}{3}.$$

同样的道理得到

$$P(A_1 A_2) = P(A_1 A_3) = P(A_2 A_3) = \frac{1}{3!} = \frac{1}{6},$$

$$P(A_1 A_2 A_3) = \frac{1}{3!} = \frac{1}{6}.$$

由三个事件的加法公式得：

$$
\begin{aligned}
P(\bar{A}) &= P(A_1 \cup A_2 \cup A_3) \\
&= P(A_1) + P(A_2) + P(A_3) - P(A_1 A_2) - P(A_1 A_3) - \\
&\quad P(A_2 A_3) + P(A_1 A_2 A_3) \\
&= 3 \times \frac{1}{3} - 3 \times \frac{1}{6} + \frac{1}{6} = \frac{2}{3}.
\end{aligned}
$$

于是

$$P(A) = 1 - P(\bar{A}) = \frac{1}{3}.$$

例 1.2.14 的方法可以推广到 n 封信和 n 个信封的配对问题（请读者自行完成解答），以及其他的配对问题.

例 1.2.15 设有 m 位听众随机走进 $n(n \leqslant m)$ 个会场，求每个会场都至少有一位听众的概率？

解 设 B 表示每个会场至少有一位听众，A_i 表示第 i 个会场没有听众，$i = 1, 2, \cdots, n$，$\bar{B}$ 表示至少有一个会场没有听众. 易知 $\bar{B} = \bigcup_{i=1}^{n} A_i$，易知 m 个人进入到 n 个会场，总共的方法数为 n^m. A_i 表示第 i 个会场没有人，则意味着 m 个人进入到其余的 $n-1$ 个会场，方法总数为 $(n-1)^m$，所以

$$P(A_i) = \frac{(n-1)^m}{n^m}, \ i = 1, 2, \cdots, n.$$

对于任意的 $A_i A_j, i \neq j$，表示第 i 会场和第 j 个会场都没有听

众, 则意味着 m 个人进入到其他的 $n-2$ 个会场, 方法总数为 $(n-2)^m$, 所以

$$P(A_i A_j) = \frac{(n-2)^m}{n^m}.$$

依此类推得到

$$P(A_{i_1} A_{i_2} \cdots A_{i_k}) = \frac{(n-k)^m}{n^m}, \ 1 \leqslant k \leqslant n-1,$$

且有

$$P(A_1 A_2 \cdots A_n) = 0.$$

所以由加法公式得

$$
\begin{aligned}
P(B) &= 1 - P(\overline{B}) \\
&= 1 - P\Big(\bigcup_{i=1}^{n} A_i \Big) \\
&= 1 - \Big[\sum_{i=1}^{n} P(A_i) - \sum_{1 \leqslant i_1 < i_2 \leqslant n} P(A_{i_1} A_{i_2}) + \cdots + (-1)^{k-1} \\
&\quad \sum_{1 \leqslant i_1 < \cdots < i_k \leqslant n} P(A_{i_1} A_{i_2} \cdots A_{i_k}) + \cdots + (-1)^{n-1} P\Big(\bigcap_{i=1}^{n} A_i \Big) \Big] \\
&= 1 - \Big[C_n^1 \frac{(n-1)^m}{n^m} - C_n^2 \frac{(n-2)^m}{n^m} + \cdots + \\
&\quad (-1)^{k-1} C_n^k \frac{(n-k)^m}{n^m} + \cdots + (-1)^{n-3} C_n^{n-2} \frac{2^m}{n^m} + \\
&\quad (-1)^{n-2} C_n^{n-1} \frac{1^m}{n^m} + (-1)^{n-1} 0 \Big] \\
&= 1 - \Big[C_n^1 \frac{(n-1)^m}{n^m} - C_n^2 \frac{(n-2)^m}{n^m} + \cdots + \\
&\quad (-1)^{k-1} C_n^k \frac{(n-k)^m}{n^m} + \cdots + \\
&\quad (-1)^{n-3} C_n^{n-2} \frac{2^m}{n^m} + (-1)^{n-2} \frac{1}{n^{m-1}} \Big].
\end{aligned}
$$

1.3　条件概率与乘法定理

1.3.1　条件概率

　　条件概率是概率论中一个重要而又实用的概念. 例如, 保险公司可以根据不同年龄阶段人群的某种疾病的概率的大小, 确定他们应付的保费额度. 条件概率是指在事件 B 已经发生的条件下, 事件

▶ 条件概率

A 发生的概率,记为 $P(A\mid B)$. 而原来的概率 $P(A)$ 一般称为无条件概率. 一般来说二者是不同的.下面通过一个例子来比较他们的差异.

例 1.3.1   试验 E 为抛掷一颗均匀的骰子,观察出现的点数,若事件 A 表示掷出 2 点,事件 B 表示掷出偶数点,求 $P(A)$ 和 $P(A\mid B)$.

解   易知该试验的样本空间为 $S=\{1,2,3,4,5,6\}$,则事件 A 和 B 包含的样本点为 $A=\{2\}$, $B=\{2,4,6\}$. 所以有

$$P(A)=\frac{1}{6}.$$

若已知事件 B 发生,此时试验所有可能的结果构成的集合就是 B,即此时的样本空间缩减为 $B=\{2,4,6\}$,于是

$$P(A\mid B)=\frac{1}{3}.$$

也就是说,此时

$$P(A\mid B)\neq P(A).$$

条件概率 $P(A\mid B)$ 实际上是在缩减的样本空间上事件的概率,由于已知事件 B 已经发生,试验条件发生了改变,原样本空间 S 缩减为 B,条件概率就是在该空间上计算事件 A 发生的概率.

我们首先在古典概型下分析条件概率. 设试验 E 为古典概型,且样本空间包含了 n 个样本点,事件 A 包含的样本点个数为 n_1,事件 B 包含的样本点个数为 $n_2(n_2>0)$,而 AB 包含的样本点个数为 n_{12}. 根据条件概率的含义,B 已经发生了,所以试验的样本空间就缩小为 B,即此时试验 E 只有 n_2 个可能的结果,而此时对 A 有利的样本点个数为 n_{12},所以

$$P(A\mid B)=\frac{n_{12}}{n_2}.$$

又因为 $P(AB)=\dfrac{n_{12}}{n}$, $P(B)=\dfrac{n_2}{n}$,所以

$$\frac{P(AB)}{P(B)}=\frac{n_{12}/n}{n_2/n}=\frac{n_{12}}{n_2},$$

即有

$$P(A\mid B)=\frac{P(AB)}{P(B)}.$$

在一般场合,将上述公式作为条件概率的定义.

定义 1.3.1　设 A，B 是两个事件，且 $P(B)>0$，称

$$P(A \mid B) = \frac{P(AB)}{P(B)}$$

为事件 B 发生的条件下事件 A 发生的条件概率.

容易验证条件概率满足概率定义中的三条公理，设 B 是一事件，且 $P(B)>0$，则有

（1）非负性. 对任一事件 A，$P(A \mid B) \geqslant 0$.

（2）规范性. 对必然事件 S，$P(S \mid B)=1$.

（3）可列可加性. 设 $A_1, A_2, \cdots, A_i, \cdots$ 互不相容，则

$$P\left(\bigcup_{i=1}^{\infty} A_i \mid B \right) = \sum_{i=1}^{\infty} P(A_i \mid B).$$

从而条件概率也具有三条公理导出的一切性质，如

$$P(\bar{A} \mid B) = 1 - P(A \mid B),$$

$$P(A \cup C \mid B) = P(A \mid B) + P(C \mid B) - P(AC \mid B).$$

有两种方法可以计算条件概率，第一，根据条件概率的定义计算；第二，根据条件概率的含义，直接从加了条件后改变了的情况去计算. 一般情况下，用第二种方法更为方便.

例 1.3.2　一盒子装有 4 只产品，其中 3 只一等品，1 只二等品. 现从盒中取产品 2 次，每次任取一件，做不放回抽取. 设事件 A 为"第一次取到的是一等品"，事件 B 为"第二次取到的是一等品"，试求 $P(B \mid A)$.

解　解法 1：首先利用条件概率定义求解. 易知

$$P(AB) = \frac{A_3^2}{A_4^2} = \frac{1}{2}, \quad P(A) = \frac{A_3^1 A_3^1}{A_4^2} = \frac{3}{4}.$$

所以

$$P(B \mid A) = \frac{P(AB)}{P(A)} = \frac{1/2}{3/4} = \frac{2}{3}.$$

解法 2：易知在 A 发生了之后，盒子中还有 3 只产品，其中 2 只一等品，1 只二等品，所以

$$P(B \mid A) = \frac{2}{3}.$$

例 1.3.3　已知 $P(A)=a$，$P(B)=b$，$P(B \mid \bar{A})=c$，且 $a<1$，$b<1$. 求 $P(A \mid \bar{B})$.

解　由条件概率的定义得

$$P(B \mid \overline{A}) = \frac{P(B\overline{A})}{P(\overline{A})} = \frac{P(B)-P(AB)}{1-P(A)} = \frac{b-P(AB)}{1-a} = c.$$

所以有

$$P(AB) = b - c(1-a).$$

故有

$$P(A \mid \overline{B}) = \frac{P(A\overline{B})}{P(\overline{B})} = \frac{P(A)-P(AB)}{1-P(B)} = \frac{a-b+c(1-a)}{1-b}.$$

1.3.2 乘法定理

▶ 乘法定理

> **定理 1.3.1** 设 A，B 是两个随机事件，当 $P(A) > 0$ 时，有
> $$P(AB) = P(A)P(B \mid A).$$
> 当 $P(B) > 0$ 时，有
> $$P(AB) = P(B)P(A \mid B).$$
> 称以上两个公式为概率的乘法公式或概率的乘法定理.

根据条件概率的定义可以很容易地证明此定理，请读者自行完成.

乘法公式说明两个事件乘积的概率等于一个事件发生的概率乘以这个事件发生的条件下另一个事件发生的条件概率.

下面给出三个事件的乘法公式. 设 A，B，C 为事件，且 $P(AB) > 0$，则有
$$P(ABC) = P(A)P(B \mid A)P(C \mid AB).$$
事实上，由于 $AB \subset A$，所以 $P(AB) \leqslant P(A)$，故 $P(A) > 0$. 利用两个事件的乘法定理得
$$P(ABC) = P(AB)P(C \mid AB).$$
又由于 $P(A) > 0$，所以
$$P(AB) = P(A)P(B \mid A).$$
综上，有
$$P(ABC) = P(A)P(B \mid A)P(C \mid AB).$$

利用同样的方法可以将乘法公式推广到任意有限个事件的积事件的情况.

设 $A_1, A_2, \cdots, A_n$ 是 $n(n \geqslant 2)$ 个随机事件，且 $P(A_1 A_2 \cdots A_{n-1}) > 0$，则有
$$P(A_1 A_2 \cdots A_n) = P(A_1)P(A_2 \mid A_1)P(A_3 \mid A_1 A_2) \cdots P(A_n \mid A_1 A_2 \cdots A_{n-1}).$$

例 1.3.4　一场精彩的足球赛将要举行，5 个球迷好不容易才搞到一张入场券．大家都想去，只好用抽签的方法来解决．于是大家做了 5 张签，其中有一张写入场券，其余 4 四张为空白，试比较每个人抽到入场券的概率的大小?

解　用 A_i 表示"第 i 个人抽到入场券"，$i=1,2,3,4,5$.则 $\overline{A_i}$ 表示"第 i 个人未抽到入场券"．显然

$$P(A_1)=\frac{1}{5},\ P(\overline{A_1})=\frac{4}{5}.$$

也就是说，第 1 个人抽到入场券的概率是 $\frac{1}{5}$.

由题意可知若第 2 个人抽到了入场券，则第 1 个人肯定没抽到．所以 $A_2=\overline{A_1}A_2$. 由于第一个人没有抽到入场券，所以此时还剩下 4 张签，其中 1 张是入场券，所以第二人抽到入场券的概率为 $\frac{1}{4}$，即

$$P(A_2\mid\overline{A_1})=\frac{1}{4}.$$

由乘法公式

$$P(A_2)=P(\overline{A_1}A_2)=P(\overline{A_1})P(A_2\mid\overline{A_1})=\frac{4}{5}\times\frac{1}{4}=\frac{1}{5}.$$

同样的道理，若第 3 个人抽到了入场券，则必须是第 1、第 2 个人都没有抽到．因此 $A_3=\overline{A_1}\,\overline{A_2}A_3$.

易知若第一个人没有抽到入场券，所以此时还剩下 4 张签，其中 1 张是入场券，所以第二个人没有抽到入场券的概率为 $\frac{3}{4}$，即 $P(\overline{A_2}\mid\overline{A_1})=\frac{3}{4}$；第 3 个人抽时，还剩下 3 张签，其中一张是入场卷，所以第三个人抽到入场券的概率为 $\frac{1}{3}$，即 $P(A_3\mid\overline{A_1}\,\overline{A_2})=\frac{1}{3}$.

由三个事件的乘法公式得

$$P(A_3)=P(\overline{A_1}\overline{A_2}A_3)=P(\overline{A_1})P(\overline{A_2}\mid\overline{A_1})P(A_3\mid\overline{A_1}\,\overline{A_2})=\frac{4}{5}\times\frac{3}{4}\times\frac{1}{3}=\frac{1}{5}.$$

继续做下去就会发现，每个人抽到"入场券"的概率都是 $\frac{1}{5}$. 也就是说"抽签与顺序无关".

例 1.3.5　一个袋子中装有 a 个红球，b 个白球，依次做不放回抽取，每次抽取一个，求第 k 次取到红球的概率.

解 利用抽签原理，相当于共有 $a+b$ 个签，a 个真签，b 个空白签. 由于抽签与顺序无关，所以第 k 次取到红球的概率与第 1 次取到红球的概率相同，容易算得都为 $\dfrac{a}{a+b}$.

例 1.3.6 设一口袋中有 1 个白球、1 个黑球. 从中任取 1 个，若取出白球，则试验停止；若取出黑球，则把取出的黑球放回的同时，再加入 1 个黑球，如此下去，直到取出的是白球为止，试求下列事件的概率(1)取到第 n 次时，试验没有结束；(2)取到第 n 次时，试验恰好结束.

解 设 A_i 表示第 i 次取到黑球，$i=1,2,\cdots$.

(1) 若取到第 n 次试验还没有结束，意味着从第 1 次到第 n 次取到的都是黑球，所以所求事件可以表示为 $A_1A_2\cdots A_n$.

由乘法公式得

$$P(A_1A_2\cdots A_n)=P(A_1)P(A_2\,|\,A_1)P(A_3\,|\,A_1A_2)\cdots P(A_n\,|\,A_1A_2\cdots A_{n-1})$$
$$=\frac{1}{2}\cdot\frac{2}{3}\cdot\,\cdots\,\cdot\frac{n}{n+1}=\frac{1}{n+1}.$$

(2) 若取到第 n 次时，试验恰好结束，意味着第 n 次恰好取到白球，而前面 $n-1$ 次取到的都是黑球，所以该事件可以表示为 $A_1A_2\cdots A_{n-1}\overline{A_n}$.

由乘法公式得

$$P(A_1A_2\cdots A_{n-1}\overline{A_n})=P(A_1)P(A_2\,|\,A_1)P(A_3\,|\,A_1A_2)\cdots$$
$$P(A_{n-1}\,|\,A_1A_2\cdots A_{n-2})P(\overline{A_n}\,|\,A_1A_2\cdots A_{n-1})$$
$$=\frac{1}{2}\cdot\frac{2}{3}\cdot\frac{3}{4}\cdot\,\cdots\,\cdot\frac{n-1}{n}\cdot\frac{1}{n+1}=\frac{1}{n(n+1)}.$$

1.4 独立性

1.4.1 两个事件的独立性

▶ 独立性

对于两个事件 A 和 B，条件概率 $P(A\,|\,B)$ 和非条件概率 $P(A)$ 一般是不相等的，这反映了两个事件之间存在着一定的关系，例如：在例 1.3.1 中，$P(A\,|\,B)>P(A)$，说明了 B 的发生使事件 A 发生的可能性增大了，也就是说事件 B 促进了 A 的发生. 那么，我们自然要问，有没有 $P(A)=P(A\,|\,B)$ 的情形.

例 1.4.1 盒子中有 3 个黑球，2 个白球，每次取一个，有放回地取两次，记 $B=\{$第一次取到白球$\}$，$A=\{$第二次取到白球$\}$，求

$P(A)$ 和 $P(A\mid B)$.

解　由古典概率知

$$P(A)=\frac{A_5^1\times A_2^1}{5^2}=\frac{2}{5}.$$

第一次取到白球后，又把此球放回盒子中，所以第二次在取球时，盒子中依然有 3 个黑球和 2 个白球，根据条件概率的含义，所以

$$P(A\mid B)=\frac{2}{5}$$

所以

$$P(A\mid B)=P(A).$$

例 1.4.1 说明，存在条件概率和非条件概率相等的情况，这意味着事件 B 的发生对事件 A 发生的概率没有影响，此时在概率上称为事件 A 和 B 独立. 然而，按照上述分析，事件 A、B 独立，应该包含两层含义：

第一，事件 B 的发生，不影响 A 发生的概率，可用等式 $P(A)=P(A\mid B)$ 表示；

第二，事件 A 的发生，不影响 B 发生的概率，可用等式 $P(B)=P(B\mid A)$ 表示.

用两个公式作为独立性的定义显得比较烦琐，同时由于两个公式中条件概率的存在，必然要求 $P(A)>0$ 且 $P(B)>0$，这样对概率为 0 的事件就无法定义独立性.

不难证明，当 $P(B)>0$ 时，$P(A)=P(A\mid B)$ 成立的充要条件是 $P(AB)=P(A)P(B)$；而当 $P(A)>0$ 时，有 $P(B)=P(B\mid A)$ 成立的充要条件也是 $P(AB)=P(A)P(B)$. 因此 $P(AB)=P(A)P(B)$ 表征了 A 和 B 之间具有一个发生不影响另一个发生的概率的特征. 同时，公式 $P(AB)=P(A)P(B)$ 不受 $P(A)>0$，$P(B)>0$ 的限制，因此，将其作为独立性的定义是合理的.

定义 1.4.1　设 A 和 B 是两个随机事件，若满足
$$P(AB)=P(A)P(B),\qquad(1.4.1)$$
则称事件 A 与事件 B 相互独立，简称独立.

特别地，必然事件 S 与任意事件 A 相互独立；不可能事件 $\varnothing$ 与任意事件 A 相互独立.

性质 1　若事件 A 与 B 独立，则 $\bar{A}$ 与 B，A 与 $\bar{B}$，$\bar{A}$ 与 $\bar{B}$ 相互独立.

证明 仅证 A 与 $\bar{B}$ 独立，其他可仿照证明.

$$P(A\bar{B}) = P(A - AB) = P(A) - P(AB)$$
$$= P(A) - P(A)P(B) = P(A)[1 - P(B)]$$
$$= P(A)P(\bar{B}),$$

所以 A 与 $\bar{B}$ 独立.

此性质很容易理解，既然 A 和 B 相互独立，则说明 A 的发生不影响 B 发生的概率，那么，自然也不影响 B 不发生的概率；同样的道理，B 的发生也不影响 A 不发生的概率，A 不发生也不影响 B 不发生的概率.

实际应用中常常不是根据式(1.4.1)来判断事件的独立性，而是根据实际意义加以判断，如果从事件发生的实际角度去分析判断他们没有关联或者关联很弱，就可以认为事件发生是独立的. 然后就可以利用式(1.4.1)进行相关的计算. 如：甲、乙两人向同一目标射击，而且彼此互不影响，则甲、乙两人是否击中目标相互独立；在一个城市中相距很远的两个地段是否发生交通事故，也是相互独立的.

例 1.4.2 据某日天气预报，甲城市明天下雨的概率为 0.8，乙城市明天下雨的概率为 0.7，且甲乙两个城市相距非常遥远. 求(1) 甲乙两个城市明天都下雨的概率；(2) 甲乙两个城市至少有一个下雨的概率.

解 设 A 表示甲城市明天下雨，B 表示乙城市明天下雨. 由于两个城市相距遥远，可以认为两个城市明天是否下雨关系不大，即认为 A 和 B 是相互独立的. 所以有

(1) $P(AB) = P(A)P(B) = 0.8 \times 0.7 = 0.56$；

(2) $P(A \cup B) = P(A) + P(B) - P(AB) = 0.8 + 0.7 - 0.56 = 0.94$.

例 1.4.3 设事件 A 和 B 独立，且 A 和 B 都不发生的概率为 $\dfrac{1}{9}$，A 发生 B 不发生的概率与 B 发生 A 不发生的概率相等，求 $P(A)$.

解 因为事件 A 和 B 相互独立，所以 $\bar{A}$ 与 B，A 与 $\bar{B}$，$\bar{A}$ 与 $\bar{B}$ 都相互独立. 所以有

$$P(\bar{A}B) = P(\bar{A})P(B),\ P(A\bar{B}) = P(A)P(\bar{B}),\ P(\bar{A}\,\bar{B}) = P(\bar{A})P(\bar{B}),$$

由题意知

$$P(A\bar{B}) = P(\bar{A}B).$$

由独立性得

$$P(A)P(\bar{B}) = P(\bar{A})P(B),$$

故有

$$P(A)[1-P(B)]=[1-P(A)]P(B),$$

所以有

$$P(A)=P(B).$$

又因为

$$P(\overline{A}\ \overline{B})=\frac{1}{9},$$

由独立性有

$$P(\overline{A})P(\overline{B})=\frac{1}{9},$$

故有

$$[1-P(A)][1-P(B)]=\frac{1}{9},$$

所以有

$$1-2P(A)+[P(A)]^2=\frac{1}{9}.$$

解方程得

$$P(A)=\frac{2}{3}\text{或者}P(A)=\frac{4}{3}.$$

因为事件的概率不能大于 1,所以 $P(A)=\dfrac{4}{3}$ 舍掉,即 $P(A)=\dfrac{2}{3}$.

1.4.2　多个事件的独立性

先分析任意三个事件 A、B、C 的独立性.首先需要满足任意一个事件的发生不影响其他任何一个事件发生的概率,即任意两个事件都是独立的,有以下等式成立.

$$P(AB)=P(A)P(B),P(AC)=P(A)P(C),P(BC)=P(B)P(C).$$

其次,任意两个事件同时发生,也不影响另外一个事件发生的概率,即有

$$P(C)=P(C\mid AB),P(A)=P(A\mid BC),P(B)=P(B\mid AC).$$

容易验证上述三个等式等价于

$$P(ABC)=P(A)P(B)P(C).$$

> **定义 1.4.2**　对任意三个随机事件 A,B,C,若
> $$\begin{cases}P(AB)=P(A)P(B),\\P(AC)=P(A)P(C),\\P(BC)=P(B)P(C),\\P(ABC)=P(A)P(B)P(C).\end{cases}$$
> 则称事件 A,B,C 相互独立,简称 A,B,C 独立.

由该定义可以看出，三个事件相互独立，可以推出他们之间两两独立，反之，不一定成立.

例 1.4.4   一个均匀的正四面体，其第一面染成红色，第二面染成白色，第三面染成黑色，而第四面同时染上红、白、黑三种颜色. 现以 A，B，C 分别表示投一次四面体出现红、白、黑颜色朝下的事件，问 A，B，C 是否相互独立？

解   由于在四面体中红、白、黑分别出现在两个面，因此
$$P(A) = P(B) = P(C) = 1/2,$$
又由题意知
$$P(AB) = P(BC) = P(AC) = 1/4；\ P(ABC) = 1/4.$$
从而有
$$P(AB) = P(A)P(B) = 1/4,\ P(BC) = P(B)P(C) = 1/4,$$
$$P(AC) = P(A)P(C) = 1/4.$$
即 A，B，C 两两独立.

但是
$$\frac{1}{4} = P(ABC) \neq P(A)P(B)P(C) = \frac{1}{8},$$
即 A，B，C 不相互独立.

类似可以给出 n 个事件的独立性的定义.

定义 1.4.3   设 $A_1, A_2, \cdots, A_n$ 是 $n(n \geq 2)$ 个随机事件，若对于任意的 $k(2 \leq k \leq n)$ 和任意一组数 $1 \leq i_1 < i_2 < \cdots < i_k \leq n$，有
$$P(A_{i_1}A_{i_2}\cdots A_{i_k}) = P(A_{i_1})P(A_{i_2})\cdots P(A_{i_k}),\qquad (1.4.2)$$
则称 n 个事件 $A_1, A_2, \cdots, A_n$ 相互独立.

注意：$n(n \geq 2)$ 个事件相互独立需要 $2^n - n - 1$ 个等式来保证，并且这些等式是各自独立的，不能相互推出. 实际上，由相互独立的定义，需要满足的等式如下：
$$P(A_{i_1}A_{i_2}) = P(A_{i_1})P(A_{i_2})，\ \text{共 } C_n^2 \text{ 个.}$$
$$P(A_{i_1}A_{i_2}A_{i_3}) = P(A_{i_1})P(A_{i_2})P(A_{i_3})，\ \text{共 } C_n^3 \text{ 个.}$$
$$\vdots$$
$$P(A_1A_2\cdots A_n) = P(A_1)P(A_2)\cdots P(A_n)，\ \text{共 } C_n^n \text{ 个.}$$
等式的总个数为
$$C_n^2 + C_n^3 + \cdots + C_n^n = (1+1)^n - C_n^1 - C_n^0 = 2^n - n - 1.$$
对于 n 个事件的独立性有如下性质.

性质 1　若事件 $A_1, A_2, \cdots, A_n (n \geq 2)$ 相互独立，则其中任意 $k(2 \leq k \leq n)$ 个事件也相互独立，即 $\forall \{j_1, j_2, \cdots, j_k\} \subset \{1, 2, \cdots, n\}$，有 $A_{j_1}, A_{j_2}, \cdots, A_{j_k}$ 相互独立.

性质 2　若事件 $A_1, A_2, \cdots, A_n (n \geq 2)$ 相互独立，则将 $A_1, A_2, \cdots, A_n$ 中任意多个事件换成它们的对立事件，所得 n 个事件仍相互独立，也即 $B_1, B_2, \cdots, B_n$ 相互独立，其中 $B_i = A_i$ 或 $\overline{A}_i$.

性质 3　若事件 $A_1, A_2, \cdots, A_n (n \geq 2)$ 相互独立，将这 n 个事件分成 k 组，同一个事件不能同时属于两个不同的组，则对每组事件进行和、差、积、逆等运算所得到的新的 k 个事件也是相互独立的.

这些性质从直观上看是显然的，详细的证明比较烦琐，在此省略.

在相互独立的场合，对于 n 个事件的并的概率有如下的简单算法.

性质 4　若事件 $A_1, A_2, \cdots, A_n$ 相互独立，则
$$P\left(\bigcup_{k=1}^{n} A_k \right) = 1 - \prod_{k=1}^{n} \left[1 - P(A_k) \right].$$

证明　由独立性的性质知，随机事件 $\overline{A}_1, \overline{A}_2, \cdots, \overline{A}_n$ 相互独立. 所以有
$$P\left(\bigcup_{k=1}^{n} A_k \right) = 1 - P\left(\overline{\bigcup_{k=1}^{n} A_k} \right) = 1 - P\left(\bigcap_{k=1}^{n} \overline{A}_k \right)$$
$$= 1 - \prod_{k=1}^{n} P(\overline{A}_k) = 1 - \prod_{k=1}^{n} \left[1 - P(A_k) \right].$$

例 1.4.5　甲、乙、丙三人同时独立地向同一目标射击，他们射中目标的概率分别为 0.4、0.5、0.7. 求 (1) 至少有一人射中目标的概率；(2) 恰有一人射中目标的概率.

解　设 A、B、C 分别表示甲、乙、丙射中目标，则 A、B、C 相互独立.

(1) $P(A \cup B \cup C) = 1 - P(\overline{A})P(\overline{B})P(\overline{C}) = 1 - 0.6 \times 0.5 \times 0.3 = 0.91$；

(2) $P(A\overline{B}\,\overline{C} \cup \overline{A}B\overline{C} \cup \overline{A}\,\overline{B}C) = P(A\overline{B}\,\overline{C}) + P(\overline{A}B\overline{C}) + P(\overline{A}\,\overline{B}C)$
$= P(A)P(\overline{B})P(\overline{C}) + P(\overline{A})P(B)P(\overline{C}) + P(\overline{A})P(\overline{B})P(C)$

$$= 0.4×0.5×0.3+0.6×0.5×0.3+0.6×0.5×0.7 = 0.36.$$

例 1.4.6   如图 1.4.1 所示是一个串并联电路示意图. 1、2、3、4、5、6、7、8 是 8 个独立工作的元件. 它们正常工作的概率分别为 0.95，0.95，0.70，0.70，0.70，0.75，0.75，0.95. 求电路正常工作的概率.

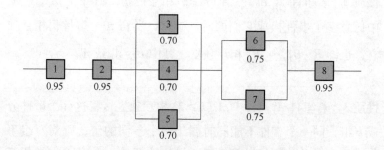

图 1.4.1   电路示意图

解   设以 A_i 分别表示上述 8 个元件中第 i 个元件正常工作，$i=1,2,\cdots,8$. B 表示电路正常工作，易知 A_i 是相互独立的.

由于元件 3、4、5 以及 6 和 7 是并联，所以 3、4、5 至少有一个正常，6 和 7 至少有一个正常，就能保证他们所在线路是正常的，它们可表示为

$$A_3 \cup A_4 \cup A_5 \text{ 和 } A_6 \cup A_7$$

所以有

$$B = A_1 A_2 (A_3 \cup A_4 \cup A_5)(A_6 \cup A_7) A_8.$$

且由独立的性质知

$$A_1、A_2、A_3 \cup A_4 \cup A_5、A_6 \cup A_7、A_8 \text{ 相互独立.}$$

且有

$$P(A_3 \cup A_4 \cup A_5) = 1 - P(\bar{A}_3)P(\bar{A}_4)P(\bar{A}_5) = 1 - 0.3×0.3×0.3 = 0.973,$$

$$P(A_6 \cup A_7) = 1 - P(\bar{A}_6)P(\bar{A}_7) = 1 - 0.25×0.25 = 0.9375.$$

所以

$$P(B) = P(A_1 A_2 (A_3 \cup A_4 \cup A_5)(A_6 \cup A_7) A_8)$$
$$= P(A_1)P(A_2)P(A_3 \cup A_4 \cup A_5)P(A_6 \cup A_7)P(A_8)$$
$$= 0.95×0.95×0.973×0.9375×0.95 \approx 0.7821.$$

最后再说明一点，大家要注意两个事件互斥和独立的关系. 互斥强调的是两个事件不能同时发生，而独立是考察两个事件发生的概率是否有影响. 可以证明，若 A、B 互斥，且 $P(A)>0$，$P(B)>0$，则 A 与 B 不独立；反之，若 A 与 B 独立，且 $P(A)>0$，$P(B)>0$，则 A、B 不互斥. 但若 A 和 B 互斥，且 $P(A)$ 和 $P(B)$ 至

少一个为 0 时，由于 $P(AB) = P(\varnothing) = 0$，且 $P(A)P(B) = 0$，所以 A 与 B 独立. 若 A 与 B 独立，且 $P(A)$ 和 $P(B)$ 至少有一个为 0 时，虽然 $P(AB) = P(A)P(B) = 0$，但 AB 不一定为 $\varnothing$，所以 A 和 B 不一定互斥. 综上所述，在一般情况下，互斥和独立之间没有确切的关系.

1.5　全概率公式和贝叶斯公式

1.5.1　全概率公式

全概率公式是概率论中一个重要的公式，它提供了一种计算复杂事件概率的有效方法，使得复杂事件的概率的计算简单化.

▶ 全概率公式

> **定义 1.5.1**　设 S 为试验 E 的样本空间，$A_1, A_2, \cdots, A_n$ 为一组事件，若 $A_1, A_2, \cdots, A_n$ 满足
>
> (1) $A_i A_j = \varnothing$，$i \neq j, i,j = 1,2,\cdots,n$；(2) $\bigcup\limits_{i=1}^{n} A_i = S.$
>
> 则称 $A_1, A_2, \cdots, A_n$ 为样本空间 S 的一个划分，或称 $A_1, A_2, \cdots, A_n$ 为一个完备事件组.

可见，若 $A_1, A_2, \cdots, A_n$ 为样本空间 S 的一个划分，则在每次试验中必有一个且只有一个 A_i 发生. 易知对任意随机事件 A，A 和 $\bar{A}$ 就组成了一个样本空间 S 的划分.

> **定理 1.5.1**　设 S 为试验 E 的样本空间，$A_1, A_2, \cdots, A_n$ 为 S 的一个划分，且 $P(A_i) > 0, i = 1,2,\cdots,n$，则对任一事件 B，有
>
> $$P(B) = \sum_{i=1}^{n} P(A_i) P(B \mid A_i). \qquad (1.5.1)$$
>
> 式 (1.5.1) 称为全概率公式.

证明　由于 $A_1, A_2, \cdots, A_n$ 为 S 的划分，所以：$A_1, A_2, \cdots, A_n$ 是互斥的，且 $\bigcup\limits_{i=1}^{n} A_i = S$，所以有

$$B = B \cap S = B \cap (A_1 \cup A_2 \cup \cdots \cup A_n) = BA_1 \cup BA_2 \cup \cdots \cup BA_n,$$

且 $BA_1, BA_2, \cdots, BA_n$ 互不相容，由概率的有限可加性得

$$P(B) = P\left(\bigcup_{i=1}^{n} BA_i \right) = \sum_{i=1}^{n} P(BA_i).$$

又因为 $P(A_i) > 0, i = 1,2,\cdots,n$，由乘法公式

$$P(BA_i) = P(A_i)P(B \mid A_i),$$

所以有

$$P(B) = \sum_{i=1}^{n} P(A_i)P(B \mid A_i).$$

全概率公式的名字可以理解为："全"部概率 $P(B)$ 被分解为许多部分之和.

根据定理 1.5.1，利用全概率公式求解复杂事件 B 的概率，关键在于寻找样本空间的一个划分，我们先看一个例子.

例 1.5.1　有三个箱子，分别编号为 1，2，3，1 号箱装有 1 个红球 4 个白球，2 号箱装有 2 个红球 3 个白球，3 号箱装有 3 个红球. 某人从三个箱子中任取一个箱子，从中任意摸出一球，求取得红球的概率.

解　记 $B = \{$ 从取出的箱子中任意摸出一球为红球 $\}$，$A_i = \{$ 任意摸出的球取自 i 号箱子 $\}$，$i = 1, 2, 3$. 若将 1 号箱子中的球编号为 $1, 2, \cdots, 5$，二号箱子中的球编号为 $6, 7, \cdots, 10$，3 号箱子中的球编号为 11，12，13. 则样本空间为：$S = \{1, 2, 3, 4, 5, 6, 7, 8, 9, 10, 11, 12, 13\}$，注意此时摸到第 i 号球的可能性不全相等.

但此时易知 $A_1 = \{1, 2, 3, 4, 5\}$　$A_2 = \{6, 7, 8, 9, 10\}$　$A_3 = \{11, 12, 13\}$，即 $A_i, i = 1, 2, 3$ 构成了 S 的一个划分.

所以由全概率公式可得

$$P(B) = \sum_{i=1}^{3} P(A_i)P(B \mid A_i) = \frac{1}{3} \times \frac{1}{5} + \frac{1}{3} \times \frac{2}{5} + \frac{1}{3} \times 1 = \frac{8}{15}.$$

在例 1.5.1 中，当摸出的球取自不同的箱子时，取得红球的概率是不同的，因此，可以认为诸 $A_i (i = 1, 2, 3)$ 是引起事件 B 的概率发生变化的原因，也就是说，所有引起事件 B 的概率发生变化的原因就是样本空间的划分，这为寻找样本空间的划分提供了一个简单的途径.

例 1.5.2　发报机发出"."的概率为 0.60，发出"—"的概率为 0.40；收报机将"."收为"."的概率为 0.99，将"—"收为"."的概率为 0.02. 求收报机将任一信号收为"."的概率.

解　令 $B = \{$ 收报机将任一信号收为"." $\}$，由题意知，发出的信号的不同是引起 B 的概率大小发生变化的原因，因此，令 $A_1 = \{$ 发报机发出"." $\}$，$A_2 = \{$ 发报机发出"—" $\}$，则 A_1 和 A_2 就组成了样本空间的一个划分. 且知

$P(A_1) = 0.6$，$P(A_2) = 0.4$，$P(B \mid A_1) = 0.99$，$P(B \mid A_2) = 0.02$.

由全概率公式可得

$P(B) = P(A_1)P(B \mid A_1) + P(A_2)P(B \mid A_2) = 0.6 \times 0.99 + 0.4 \times 0.02 = 0.602.$

若将事件 B 看作试验的一个结果，诸 $A_i(i=1,2,\cdots,n)$ 是引起 B 发生的原因(途径、条件等)，每个原因都有可能引起结果 B 的发生，在每个原因 A_i 下 B 发生的概率 $P(B\,|\,A_i)$ 是不同的，而试验结果 B 最终发生的概率就是各个原因 A_i 下 B 发生的概率 $P(B\,|\,A_i)$ 以 $P(A_i)$ 为权的加权平均值. 由此可以形象地把全概率公式看成"由原因推结果"，每个原因对结果的发生有一定的"作用"，即结果发生的可能性与各种原因的"作用"大小有关，全概率公式表达了它们之间的关系.

例 1.5.3　据一份资料报道，在某地区总的来说患肺癌的概率是 0.1%，在人群中有 20% 是吸烟者，他们患肺癌的概率为 0.4%. 求不吸烟者患肺癌的概率.

解　设 B 表示一个人患肺癌，A 表示此人吸烟，则可以认为患肺癌是试验的结果，而此人吸烟和不吸烟是影响这个结果的两个原因.

又由题意可知，
$$P(B)=0.001,\ P(A)=0.20,\ P(B\,|\,A)=0.004.$$
由全概率公式有
$$P(B)=P(A)P(B\,|\,A)+P(\overline{A})P(B\,|\,\overline{A}).$$
所以有
$$0.001=0.20\times0.004+0.80\times P(B\,|\,\overline{A}).$$
解方程得
$$P(B\,|\,\overline{A})=0.00025.$$
即，不吸烟者患肺癌的概率为 0.00025. 可见吸烟者患肺癌的概率，比不吸烟者患肺癌的概率高很多.

例 1.5.4　关于敏感问题的调查. 在生活中有很多敏感性问题："你是同性恋吗""你是单亲家庭吗""你有暴力倾向吗"等，对于这类问题，被调查者往往不愿意直接给出真实的答案，但是这类人群的比例是值得关注的一个重要数据. 那么如何设计一个方案，即能够让被调查者如实地回答问题，且又能保守住这类人的个人隐私呢？经过多年的研究和实践，一些心理学家和统计学家设计了一种调查方案，解决了这个问题. 做法如下：对被调查者提出两个问题，一个是敏感性问题 S，一个是无关紧要的问题 T，如 S：你是同性恋？T：你的电话号码的最后一位数是偶数吗？一般来说，问题 T 的可能性的大小是已知的. 然后要求被提问者投掷一枚硬币，出现正面要求正确回答 S，出现反面要求正确回答 T. 这时提问者并不知道被提问者回答的是哪一个问题，这个信息是保密的，每个被提问者只是回答"是"或"否"，从这些结果，可以估计出同性恋人群的比例．下面利用全概率公式给出解答．

解 设 B 表示回答"是"，A_1 表示掷硬币正面朝上，A_2 表示掷硬币反面朝上；此时 $P(B|A_1)$ 就是我们关心的同性恋人群的比例，$P(B|A_2)$ 表示人群中电话号码最后一位为偶数的概率，是已知的．则由全概率公式

$$P(B) = P(A_1)P(B|A_1) + P(A_2)P(B|A_2)$$
$$= \frac{1}{2}P(B|A_1) + \frac{1}{2}P(B|A_2).$$

所以有

$$P(B|A_1) = 2P(B) - P(B|A_2).$$

所以调查结束后，可以用回答"是"的比率代替 $P(B)$，从而得到同性恋人群的比例．

1.5.2　贝叶斯公式

由条件概率和全概率公式，可以得到重要的贝叶斯公式．

贝叶斯公式

> **定理 1.5.2** 设 S 为试验 E 的样本空间，B 为一个事件，$A_1,A_2,\cdots,A_n$ 为样本空间 S 的一个划分，且 $P(B)>0,P(A_i)>0,i=1,2,\cdots,n$，则
>
> $$P(A_i|B) = \frac{P(A_i)P(B|A_i)}{\sum_{j=1}^{n} P(A_j)P(B|A_j)}, \quad i=1,2,\cdots,n, \quad (1.5.2)$$

公式 (1.5.2) 称为贝叶斯 (Bayes) 公式．由条件概率的定义和全概率公式可以很容易地证明此定理，请读者自行完成．

如果将 B 视为试验的一个结果，而把 $A_1,A_2,\cdots,A_n$ 看成导致结果 B 发生的可能的原因，则可以将贝叶斯公式形象地看作"由结果推原因"．$P(A_i)$ 表示各种"原因"发生的可能性大小，是在没有进一步信息（不知道事件 B 是否发生）的情况下，人们对 $A_1,A_2,\cdots,A_n$ 发生的可能性大小的认识，称其为先验概率；现在有了新的信息（事件 B 发生）后，人们对 $A_1,A_2,\cdots,A_n$ 发生的可能性的大小有了一个新的认识，即为 $P(A_i|B)$，通常称其为后验概率．贝叶斯公式从数量上刻画了这种变化．

人们依据贝叶斯公式的思想发展了一整套统计推断方法，叫作贝叶斯统计．可见其在统计上的作用．

例 1.5.5　对以往数据分析结果表明, 当机器调整的良好时, 产品的合格品率为 98%. 当机器发生某种故障时, 产品的合格品率为 55%. 根据以往经验, 每天早上机器开动时, 机器调整良好的概率为 95%. 这一日早上生产了一件产品, 发现是合格品, 问该日机器调整良好的概率是多少?

解　设 B 表示这一日早上生产了一件合格品, A_1 表示该日早上机器调整良好, A_2 表示该日早上机器发生某种故障, 则有

$$P(A_1) = 0.95, P(A_2) = 1 - P(A_1) = 0.05,$$
$$P(B \mid A_1) = 0.98, P(B \mid A_2) = 0.55.$$

易知 B 为试验的一个结果, 而 A_1 和 A_2 是引起 B 的概率发生变化的原因, 此题就是当结果 B 已经发生的条件下, 求由第一个原因 A_1 引起的概率.

由贝叶斯公式得

$$P(A_1 \mid B) = \frac{P(A_1)P(B \mid A_1)}{P(A_1)P(B \mid A_1) + P(A_2)P(B \mid A_2)}$$
$$= \frac{0.95 \times 0.98}{0.95 \times 0.98 + 0.05 \times 0.55} = 0.9713.$$

说明在知道已经生产了一件合格品后, 机器调整良好的概率由 0.95 调整为 0.9713.

例 1.5.6　据调查某地区居民患肝癌的概率为 0.0004, 现用一方法检查该种疾病, 若呈阴性, 表明不患病; 若呈阳性, 表明患病. 由于技术和操作不完善等原因, 有病者未必检出阳性, 无病者也有可能呈阳性反应. 根据经验, 已知有病者检出阳性的概率为 0.99, 无病者被错检为阳性的概率为 0.05. 现设某人已检出阳性, 问此人患肝癌的概率是多少?

解　记事件 B 表示"一居民检验出阳性", 事件 A 表示"一居民患该种疾病". 则有

$$P(A) = 0.0004, \ P(\overline{A}) = 0.9996, \ P(B \mid A) = 0.99, \ P(B \mid \overline{A}) = 0.05.$$

由贝叶斯公式得

$$P(A \mid B) = \frac{P(A)P(B \mid A)}{P(A)P(B \mid A) + P(\overline{A})P(B \mid \overline{A})}$$
$$= \frac{0.99 \times 0.0004}{0.99 \times 0.0004 + 0.05 \times 0.9996} = 0.00786.$$

这个结果表明, 在检查结果呈阳性的人中, 真的患有该癌症的人不到 0.8%, 这个结果会让人感到吃惊, 是否意味着这种试验

对于诊断一个人是否患有癌症无意义呢？如果不做试验，抽查一人，他真的患癌症的概率（先验）：$P(A) = 0.0004$，若试验后得阳性反应，则根据试验得来的信息，此人真的患癌症的概率（后验）为 $P(A \mid B) = 0.00786$，从 0.0004 增加到 0.00786，增加将近 20 倍. 说明这种试验对于诊断一个人是否患有癌症是有意义的. 但就试验结果来看，即使试验结果为阳性，也不必太害怕，此时真正患癌症的概率只有 0.786%，也就是说，10000 个人中大约只有 78 人确实患有癌症.

▶️ 中国创造：
无人驾驶

进一步降低错检的概率是提高检验精度的关键，但在实际中由于技术和操作等原因，这是很困难的. 实际中，常常采用复查的方法来降低错误率. 此时先验概率变为 $P(A) = 0.00786$，再利用贝叶斯公式计算得

$$P(A \mid B) = \frac{0.99 \times 0.00786}{0.99 \times 0.00786 + 0.05 \times 0.99214} = 0.1356,$$

这时大大提高了准确率.

习题 1

1. 写出下列随机试验的样本空间：

（1）一个盒子中有红、白、黑球各 1 个，先从中任取一个球，放回后再任取一个球，观测球的颜色；

（2）一个盒子中有红、白、黑球各 1 个，先从中任取一个球，从剩下的球里再取下一个，观测球的颜色；

（3）掷三颗骰子，观测三颗骰子点数的和；

（4）对同一目标进行射击，直到击中 2 次为止，记录射击的次数；

（5）某个城市的用电量；

（6）明天的最高温度和最低温度.

2. 先抛掷一枚硬币，若出现正面，则再掷一颗骰子，试验停止；若出现反面，则再抛掷一次硬币，试验停止，那么该试验的样本空间是什么？

3. 从一批产品中随机取出四件，令 A_i 表示第 i 件是合格品，$i = 1, 2, 3, 4$，用 A_i 表示下列各事件：
（1）第一、二件是合格品，三、四件是不合格品；
（2）四件都是合格品；（3）至少有一件是合格品；
（4）只有一件是合格品；（5）至少有两件是合格品；

（6）至少有一件是不合格品.

4. 某人向目标射击三次，记 A_i 表示第 i 次命中目标，$i = 1, 2, 3$，说明下列事件的含义.
（1）$\overline{A_1 \cup A_2}$；（2）$A_2 - A_1 - A_3$；（3）$\overline{A_2 A_3}$；
（4）$A_1 A_2 \cup A_1 A_3 \cup A_2 A_3$；（5）$A_3 - (A_1 \cup A_2)$.

5. 从 6 个正数和 8 个负数中不放回地任取 4 个数，并将它们相乘，问乘积是正数的概率是多少？

6. 某班级有 10 名女生和 20 名男生，从中任选 3 名学生代表，求恰好选出 1 位女生 2 位男生的概率是多少？

7. 袋中有 5 个白球和 3 个黑球，从中不放回地任取 2 个球，求（1）取得的 2 个球同色的概率；（2）取得的 2 个球至少有 1 个白球的概率.

8. 袋中有 $2n-1$ 个白球，$2n$ 个黑球，今随机地不放回地从袋中任取 n 球，求下列事件的概率：

（1）所取的 n 个球中有 1 个球与其余的 $n-1$ 个球颜色不同；（2）n 个球中至少有 1 个黑球；（3）n 个球中至少有 2 个黑球.

9. 将 10 个球随机地放入 12 个盒中，每个盒容纳球的个数不限，求下列事件的概率：（1）$A = \{$ 没

有球的盒的数目恰好是 2$\}$；（2）$B = \{$没有球的盒的数目恰好是 10$\}$.

10. 袋中装有编号 $1, 2, \cdots, n (n \geq 2)$ 的 n 个球，有放回地抽取 r 次，求：（1）1 号球不被抽到的概率；（2）1 号球和 2 号球均被抽到的概率.

11. 考虑一元二次方程 $x^2 + bx + c = 0$，其中 b、c 分别是将一枚骰子接连掷两次先后出现的点数，求该方程有实根的概率和有重根的概率.

12. 在 5 双不同的鞋子中任取 4 只，问 4 只鞋子中至少有 2 只鞋子配成一双的概率是多少？

13. 某班有学生 35 名，其中女生 15 名，现需选 5 人组建班委会，试求该班委会中至少有一个女生的概率.

14. 从区间 $(0,1)$ 内任取两个数，求这两个数的乘积小于 0.5 的概率.

15. 把长度为 l 的木棒任意折成 3 段，求它们可以构成一个三角形的概率.

16. 有三个人，每个人都以相同的概率被分配到 5 个房间中的任一间中，试求：（1）三个人都分配到同一个房间的概率；（2）三个人分配到不同的房间的概率.

17. 若随机事件 A、B 满足 $P(AB) = P(\overline{A}\,\overline{B})$，且知 $P(A) = p$ $(0 < p < 1)$. 求 $P(B)$.

18. 设随机事件 A、B 及其和事件 $A \cup B$ 的概率分别为 0.4、0.3 和 0.6，求 $P(A\overline{B})$.

19. 已知 $P(A) = P(B) = P(C) = 1/4$，$P(AB) = 0$，$P(AC) = P(BC) = 1/8$，求事件 A、B、C 都不发生的概率.

20. 对于随机事件 A，B，C，已知 $P(AB) = P(BC) = P(AC) = 1/4$，$P(ABC) = 1/16$. 求事件 A，B，C 中至多有一个发生的概率.

21. 已知 A、B 为两个随机事件，且 $P(A) = 0.5$，$P(B) = 0.4$，$P(A\overline{B}) = 0.3$，求 $P(\overline{A} \cup \overline{B})$ 和 $P(A \cup B)$.

22. 某班 n 个战士各有 1 支枪，枪的外形完全一样，在一次夜间紧急集合中，每人随机地取 1 支枪，求至少有 1 人拿到自己的枪的概率.

23. 设 A，B，C 为任意三个随机事件，证明：（1）$P(AB) \geq P(A) + P(B) - 1$；（2）$P(AB) + P(BC) + P(AC) \geq P(A) + P(B) + P(C) - 1$.

24. 设 A，B 为两个随机事件，且 $P(A) = 0.6$，$P(B) = 0.7$，问在何条件下，$P(AB)$ 取得最大值和最小值，其最大值和最小值分别是多少？

25. 设 A，B，C 是随机事件，A 与 C 互不相容，$P(AB) = 0.5$，$P(C) = 1/3$. 求 $P(AB \mid \overline{C})$.

26. 某班学生的考试成绩中，高等数学不及格的占 15%，线性代数不及格的占 10%，这两门都不及格的占 5%.

（1）已知一个学生高等数学不及格，求他线性代数也不及格的概率；

（2）已知一个学生线性代数不及格，求他高等数学也不及格的概率.

27. 设 10 件产品中有 4 件不合格品，从中任取两件，已知所取的两件产品中有一件是不合格品，求另一件也是不合格品的概率.

28. 在空战中，甲机先向乙机开火，击落乙机的概率是 0.2，若乙机未被击落就进行回击，击落甲机的概率是 0.3；若甲机未被击落，则再次进攻乙机，击落乙机的概率是 0.4. 求这几个回合中，甲机被击落的概率及乙机被击落的概率.

29. 为了防止意外，某矿内同时设有 2 种报警系统甲和乙，每种系统单独使用时，系统甲有效的概率为 0.92，系统乙有效的概率为 0.93. 在系统甲失灵的情况下，系统乙有效的概率为 0.85. 求（1）发生意外时，这 2 个报警系统至少有一个有效的概率；（2）在系统乙失灵的情况下，系统甲有效的概率.

30. 以往资料表明，一个 3 口之家，患某种传染病有以下规律，孩子得病的概率为 0.6，孩子得病的条件下母亲得病的概率为 0.5，母亲及孩子都得病的情况下，父亲得病的概率为 0.4. 求母亲及孩子得病但父亲未得病的概率.

31. 设 $P(A) > 0$，证明：$P(B \mid A) \geq 1 - \dfrac{P(\overline{B})}{P(A)}$.

32. 若 $P(A \mid B) = 1$，证明 $P(\overline{B} \mid \overline{A}) = 1$.

33. 已知 $0 < P(A) < 1$，$0 < P(B) < 1$，$P(A \mid B) + P(\overline{A} \mid \overline{B}) = 1$. 问 A 与 B 是否独立？

34. 设随机事件 A、B、C 两两独立，$ABC = \varnothing$，$P(A) = P(B) = P(C) < 1/2$，$P(A \cup B \cup C) = 9/16$，求 $P(A)$.

35. 设随机事件 A、B、C 相互独立，且 $P(A \cup B) =$

$1/3$，$P(A\cup C)=3/4$，$P(B\cup C)=2/3$. 求 A、B、C 至少有一个发生的概率.

36. 已知 A、B 相互独立，且 $P(\bar{B})=\dfrac{1}{4}$，$P(\bar{A})>0$，求 $P(A\cup B\,|\,\bar{A})$.

37. 有甲、乙两批种子，发芽率分别为 0.8 和 0.9，在两批种子中各任取一粒，求：（1）两粒都能发芽的概率；（2）至少有一粒能发芽的概率；（3）恰好有一粒能发芽的概率.

38. 学生 A 和 B 都选修了同一门课，A 上课的概率是 0.8，B 上课的概率为 0.6，且两个学生缺勤与否是相互独立的.（1）求两个学生中今天有人上课的概率；（2）已知今天两个学生有人上课，求是学生 A 上课的概率？

39. 甲、乙、丙三人组队参加比赛回答问题，由考官随机地挑选出一人来回答问题. 已知甲、乙、丙能正确回答的概率分别为 0.8，0.4 和 0.3. 试问：（1）该团队能正确回答问题的概率是多少？（2）已知该团队答对了问题，则该问题是由甲正确回答的概率是多少？

40. 设甲、乙两名射手轮流独立地向同一目标射击，命中率分别为 p_1 和 p_2. 甲先射，谁先命中谁获胜，试分别求甲获胜的概率和乙获胜的概率.

41. 设一门高射炮击中飞机的概率为 0.6，不同高射炮是否击中相互独立.（1）设有两门高射炮同时各发射一发炮弹，求飞机被击中的概率是多少？（2）若有一架敌机入侵领空，欲以 99% 以上的概率击中它，问至少需要多少门高射炮？

42. 某血库急需 AB 型血，要从身体合格的献血者中获得，根据经验，每 100 名献血者中有 2 名是 AB 型的.（1）求在 20 名献血者中至少有 1 名是 AB 型血的概率；（2）若要以 95% 的把握至少能获得一份 AB 型血，需要多少位身体合格的献血者.

43. 假设 n 个射手的命中率相应为 $p_1,p_2,\cdots,p_n$，现在各自独立进行一次射击，求（1）都未命中的概率；（2）至少一人命中的概率.

44. 设 A、B 为随机事件，且 $0<P(B)<1$，证明 A 与 B 独立的充要条件是 $P(A\,|\,B)=P(A\,|\,\bar{B})$.

45. 设随机事件 A、B、C、D 相互独立，证明下列事件是相互独立的：（1）$A\cup B$ 与 C；（2）$A-B$ 与 C；（3）$A\cup B\cup C$ 与 D；（4）$A\cup B$ 与 $C-D$.

46. 有 5 个独立工作的元件，它们的可靠性分别为 p_1，p_2，p_3，p_4，p_5，它们分别按下图中 a 和 b 两种方式连接组成两个系统，试分别求两个系统的可靠性.

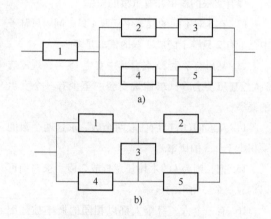

a)

b)

47. 两台车床加工同样的零件，第一台出现不合格品的概率是 0.03，第二台出现不合格品的概率是 0.06，加工出来的零件放在一起，已知第一台加工的零件数比第二台加工的零件数多一倍.（1）求任取一个零件是合格品的概率；（2）如果取出的零件是不合格品，求它是由第二台车床加工的概率.

48. 某班教师发现考试及格的学生中有 80% 的学生按时交作业，而考试不及格的学生中只有 30% 的学生按时交作业，现在知道有 85% 的学生考试及格，从这个班的学生中随机地抽取一位学生.（1）求抽到的这位学生是按时交作业的概率；（2）若已知抽到的这位学生是按时交作业的，求他是考试及格的学生的概率.

49. 一个罐子中装有黑白两种颜色的球，其个数均为 $m(m\geq3)$ 个，现在，罐子中的球丢失一个，但不知是什么颜色，为了猜测它的颜色，从罐子中随机地摸出 2 个球，结果都是白球，请推断一下丢失的球是什么颜色的可能性大？

50. 设玻璃杯整箱出售，每箱 20 只，各箱含 0，1，2 只残次品的概率分别为 0.8，0.1，0.1，一位顾客欲购买一箱玻璃杯，由售货员任取一箱，给顾客开箱随机查看 4 只，若无残次品，则买下此箱玻璃杯，否则不买. 求（1）顾客买下此箱玻璃杯的概率？（2）在顾客买下的此箱玻璃杯中确实没有次品的概率？

51. 某厂的甲、乙车间生产一批同类型的产品，它们产品的产量分别为总数的 30% 和 70%，又已知甲、乙车间的优质品率分别为 0.9 和 0.7，产品混放在一起且无区分标志. 问从这批产品中任取一件是优质品的概率是多少？

52. 已知甲袋有 30 只红球 5 只白球，乙袋内装有 24 只红球 5 只白球，现从甲袋先取一球放入乙袋，再从乙袋任取一球放回甲袋内. 试求：（1）甲袋内红球个数增加的概率；（2）甲袋内红球个数不变的概率.

53. 甲袋中装有 5 只白球，6 只黑球，乙袋中装有 10 只白球，12 只黑球，现从甲袋中摸出 3 只球放入乙袋中，然后从乙袋中摸出一个球. 求从乙袋中摸出的是白球的概率.

54. 设一大炮对某目标的命中率为 p，现进行 n 次独立轰击，若目标被击中 k 次，则目标被摧毁的概率为 $1-\dfrac{1}{5^k}$，$k=0,1,2,\cdots,n$. 求轰击 n 次后，目标被摧毁的概率.

55. 设男女两性的人口比例为 $51:49$，又设男性色盲率为 2%，女性色盲率为 0.25%，现随机抽到一个人为色盲，问该人为男性的概率是多少？

56. 假定某种病菌在人口中的带菌率为 10%，在检测时，带菌者呈阳性和阴性反应的概率为 0.95 和 0.05，而不带菌者呈阳性和阴性反应的概率为 0.01 和 0.99. 今某人独立地检测 3 次，发现 2 次呈阳性反应，1 次呈阴性反应. 问"该人为带菌者"的概率是多少？

57. 甲、乙二人约定了这样一个赌博规则，有无穷多个盒子，编号为 n 的盒子中有 n 个红球和 1 个白球，$(n=1,2,\cdots)$，甲抛掷一枚均匀的硬币，直到出现正面为止，若这时甲抛掷了 n 次，则甲在编号为 n 的盒子中抽出 1 个球，如果抽到白球甲获胜，否则乙获胜，问这个规则对谁更有利.

第 2 章

随机变量及其分布

在第 1 章中，主要介绍了随机事件及其概率的一些基本概念和性质. 我们用样本空间的子集来表示随机事件，并将所有随机事件的集合称为事件域，而概率是事件域到实数域上的一个映射，并要满足三条公理. 也就是说给定一个事件 A，有一个实数 $P(A)$ 与之相对应. 容易看出，此时求 $P(A)$，只是孤立地研究一个个事件的概率，对随机试验 E 的统计规律性不了解. 同时，A 是集合，$P(A)$ 是数，无法用图形和其他数学工具，对其研究受到限制. 因此，为了深入研究随机现象，认识随机现象的整体性质，需要将随机试验的结果数量化，为此引入随机变量的概念.

冯如的飞机

2.1 随机变量

随机变量

如何将随机试验的结果数量化呢? 我们知道随机事件是样本空间的子集，而样本空间又是由样本点组成的，因此，只要将随机试验的样本点数量化，就可以将任意随机试验的结果量化表示. 为此，我们只需要引入一个映射关系，将样本空间中的每个样本点与实数对应起来，如图 2.1.1 所示.

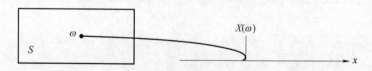

图 2.1.1　随机变量示意

那么这种想法能否实现呢? 一般来说，随机试验的结果有两类：定量的和定性的. 所谓试验结果是定量的，就是表示试验结果本身就是数值. 例如，手机上每天收到的微信条数、在任取的 n 件产品中合格品的个数、每天观看手机的时长、任意取到的一件电子产品的寿命等. 而定性的试验结果表示该结果本身不是数值，例如，抛掷一枚有正反两个面的硬币，其结果是正面朝上或者反面朝上；任取一件产品，结果是合格品或者不合格品等. 下面的两个例子表明，无论是定量的还是定性的试验结果，我们都可以建立从样本空间到实数域上的映射，即都可以将试验结果数量化.

例 2.1.1　设试验 E 为掷一枚有正反两面的硬币，观察其面朝上的情况.

　　解　易知此试验的样本空间为 $S=\{$正面,反面$\}$. 定义映射

$$X：\qquad S\to \mathbf{R}^1.$$

满足：

$$X(\text{正面})=1,\ X(\text{反面})=0.$$

　　其中 $\{\omega:X(\omega)=1\}=\{$正面$\}$，$\{\omega:X(\omega)=0\}=\{$反面$\}$.也就是说用 0 和 1 两个数表示了样本空间中的样本点，即建立了样本空间到实数域上的映射关系，将定性的试验结果数量化了. 另外，易知 X 的取值是随机的，由试验结果确定，但是我们知道它所有的可能的取值为 0 和 1，同时，X 有其确切的含义，表示掷一枚硬币出现正面的次数.

例 2.1.2　设随机试验 E 为从某型电子元件中，任抽一件，观测其寿命.

　　解　易知此试验的样本空间为 $S=\{t:t\geqslant 0\}$. 定义映射

$$X：\qquad S\to \mathbf{R},$$

$$t\to t.$$

此时我们也建立了样本空间到实数域上的一一映射关系，而 X 的取值也是由试验结果而定，是随机的. 可以看出 X 在某一范围内的取值可以表达 E 中的事件，如 $\{\omega:X(\omega)\in[a,b]\}=\{t:t\in[a,b]\}$，同时 X 表示任抽一电子元件的寿命，其可能取值的范围为 $[0,+\infty)$.

> **定义 2.1.1**　设 E 是随机试验，$S=\{\omega\mid\omega$ 为试验的样本点$\}$ 为其样本空间，如果对于 S 中的任何一个样本点 ω，都有唯一一个实数 $X(\omega)$ 与之相对应，称这个定义在 S 上的单值实值函数 $X=X(\omega)$ 为随机变量.

　　本书中，随机变量常用 $X,Y,Z,\cdots$ 表示或用希腊字母 $\xi,\eta,\zeta,\cdots$ 表示，而随机变量所取的值，一般用小写字母 $x,y,z,\cdots$ 表示.

　　注：（1）随机变量 X 随试验结果的不同而取不同的值，因而在试验之前只知道它可能取值的范围，而不能预先肯定它将取哪个值；

（2）随机变量 X 的自变量是样本点，可以是数，也可以不是数，定义域是样本空间，与一般实函数的定义域不同；

（3）由于试验结果的出现具有一定的概率，于是这种实值函数取每个值和每个确定范围内的值也有一定的概率.

引入随机变量 X 以后，就可以用 X 来描述随机事件. 一般地，设 L 是实数域上一个集合，将 X 在 L 上的取值写成 $\{X \in L\}$，它表示事件

$$\{\omega : X(\omega) \in L\},$$

即

$$\{X \in L\} = \{\omega : X(\omega) \in L\}.$$

随机事件这个概念实际上是包含在随机变量这个更广的概念之内，也可以说随机事件是从静态的观点来研究随机现象，而随机变量则是一种动态的观点，因此，引入随机变量后，对随机现象统计规律性的研究，就从研究一些孤立的事件及其概率扩大为研究随机变量及其取值规律，从而发展成了一个更高的理论体系.

2.2 离散型随机变量及其分布律

2.2.1 离散型随机变量

▶ 离散型随机变量

在随机变量中有一类简单的随机变量，它们可能的取值只有有限个，如被访问者的性别、年龄、职业，掷骰子一次掷出的点数，一批产品中次品的个数等；还有一些量，理论上讲能取无限个值，但是这些值都可以毫无遗漏地一个接一个地排列出来. 例如，手机一天中收到的微信条数，某网站一天中被点击的次数，一个医学试样中白细胞的个数，打靶时首次命中目标时的射击次数等. 这种类型的随机变量我们称之为离散型随机变量.

定义 2.2.1 若随机变量 X 所有可能的取值为有限个或可数个，则称 X 为离散型随机变量，简称为离散随机变量.

离散型随机变量的统计规律性用其分布律来描述.

定义 2.2.2 若随机变量 X 所有可能的取值为 $x_1, x_2, \cdots, x_i, \cdots$ 且 X 取这些值的概率为

$$P\{X = x_i\} = p_i, i = 1, 2, \cdots, \qquad (2.2.1)$$

则称式（2.2.1）为离散型随机变量 X 的概率分布，或称其为 X 的概率分布律（列），简称分布律（列）.

分布律也可以用表格的形式表示如下：

X	x_1	x_2	$\cdots$	x_i	$\cdots$
P	p_1	p_2	$\cdots$	p_i	$\cdots$

概率分布律有以下两条性质：

性质 1　$p_i \geqslant 0, i = 1, 2, \cdots$.

性质 2　$\sum\limits_i p_i = 1$.

证明　由概率的非负性，可得性质 1 的结论．下面证明性质 2. 令

$$A_i = \{X = x_i\} = \{\omega : X(\omega) = x_i\}, i = 1, 2, \cdots.$$

易知 $A_i \cap A_j = \varnothing$，$i \neq j$ 且 $\bigcup\limits_i A_i = S$，且有

$$\sum_i p_i = \sum_i P(A_i) = P\left(\bigcup_i A_i\right) = P(S) = 1.$$

证明过程也说明了事件 $A_i, i = 1, 2, \cdots$ 构成了样本空间 S 的一个划分.

概率分布中"分布"一词的含义：它是指全部概率 1 是如何分布在（分配到）随机变量 X 的各个可能值 x_i 上的.

若已知离散型随机变量 X 的分布律，则我们可以计算 X 取某值或落入某实数集合内的概率．它完全描述了 X 取值的概率规律.

例 2.2.1　一汽车沿一街道行驶，需要通过四个均设有信号灯的路口（忽略黄灯），设汽车在每个路口遇到红灯的概率为 p，各信号灯的工作是相互独立的．以 X 表示该汽车首次停下时，它已通过的路口的个数，求 X 的分布律.

解　易知 X 所有可能的取值为：$0, 1, 2, 3, 4$. 设 A_k 表示汽车在第 k 个路口遇到绿灯，$k = 1, 2, 3, 4$，则 A_1, A_2, A_3, A_4 相互独立. 于是

$$P\{X = 0\} = P(\bar{A}_1) = p;$$

$$P\{X = 1\} = P(A_1 \bar{A}_2) = P(A_1) P(\bar{A}_2) = (1-p)p;$$

$$P\{X = 2\} = P(A_1 A_2 \bar{A}_3) = P(A_1) P(A_2) P(\bar{A}_3) = (1-p)^2 p;$$

$$P\{X = 3\} = P(A_1 A_2 A_3 \bar{A}_4) = P(A_1) P(A_2) P(A_3) P(\bar{A}_4) = (1-p)^3 p;$$

$$P\{X = 4\} = P(A_1 A_2 A_3 A_4) = P(A_1) P(A_2) P(A_3) P(A_4) = (1-p)^4.$$

所以 X 的分布律为

X	0	1	2	3	4
P	p	$(1-p)p$	$(1-p)^2p$	$(1-p)^3p$	$(1-p)^4$

例 2.2.2 设随机变量 X 所有可能取的值为 $1,2,\cdots,n$，且已知 $P\{X=k\}$ 与 k 成正比，求 X 的分布律.

解 由题意可设 $P\{X=k\}=ak$，其中 a 为正比例常数.
又因为

$$\sum_{k=1}^{n} P\{X=k\} = \sum_{k=1}^{n} ak = a\frac{n(n+1)}{2} = 1,$$

所以

$$a = \frac{2}{n(n+1)}.$$

所以 X 的分布律为

$$P\{X=k\} = \frac{2k}{n(n+1)}, k=1,\cdots,n.$$

例 2.2.3 设一袋子中装有大小形状相同的 10 个球，其中编号为 0 的球 4 个，编号为 1 的球 2 个，编号为 2 的球 4 个，设 X 表示任取一球的号码数.

求 (1) X 的分布律；(2) $P\{X\leqslant1/2\}$，$P\{1\leqslant X\leqslant3\}$.

解 (1) X 可能的取值为 0，1，2，且

$$P\{X=0\} = 2/5,\ P\{X=1\} = 1/5,\ P\{X=2\} = 2/5,$$

所以 X 的分布律为

X	0	1	2
P	2/5	1/5	2/5

(2) 易知 $X\leqslant1/2$ 意味着取到的球的号码数小于等于 $1/2$，只有取到编号为 0 的球才满足这个条件. 所以

$$P\{X \leqslant 1/2\} = P\{X=0\} = 2/5.$$

$1\leqslant X\leqslant3$ 意味着取到的球的号码数大于等于 1 且小于等于 3，可见取得编号为 1 的球和编号为 2 的球都满足这个条件，所以有

$$P\{1 \leqslant X \leqslant 3\} = P\{X=1 \cup X=2\}$$
$$= P\{X=1\} + P\{X=2\} = 3/5.$$

一般地，设 L 是实数域上一个集合，则有

$$P\{X \in L\} = \sum_{x_i \in L} P\{X=x_i\} = \sum_{x_i \in L} p_i.$$

例 2.2.4　设离散型随机变量 X 的分布律为

$$P\{X = i\} = \frac{a}{i(i+1)},\ i = 1,2,\cdots,$$

求 $P\{X<5\}$.

解　先求常数 a 的值，因为

$$1 = \sum_{i=1}^{+\infty} P\{X=i\} = \sum_{i=1}^{+\infty} \frac{a}{i(i+1)} = a\sum_{i=1}^{+\infty} \frac{1}{i(i+1)},$$

令

$$S_n = \sum_{i=1}^{n} \frac{1}{i(i+1)}.$$

易知

$$\begin{aligned}
S_n &= \sum_{i=1}^{n} \left(\frac{1}{i} - \frac{1}{i+1} \right) \\
&= \left(1 - \frac{1}{2} \right) + \left(\frac{1}{2} - \frac{1}{3} \right) + \cdots + \left(\frac{1}{n} - \frac{1}{n+1} \right) \\
&= 1 - \frac{1}{n+1},
\end{aligned}$$

所以有

$$a\sum_{i=1}^{+\infty} \frac{1}{i(i+1)} = a\lim_{n\to\infty} S_n = a\lim_{n\to\infty} \left(1 - \frac{1}{n+1} \right) = a,$$

即有

$$a = 1.$$

即得 X 的分布律为

$$P\{X=i\} = \frac{1}{i(i+1)},\ i = 1,2,\cdots,$$

所以

$$\begin{aligned}
P\{X<5\} &= \sum_{i=1}^{4} P\{X=i\} = \sum_{i=1}^{4} \frac{1}{i(i+1)} = \sum_{i=1}^{4} \left(\frac{1}{i} - \frac{1}{i+1} \right) \\
&= \left(1 - \frac{1}{2} \right) + \left(\frac{1}{2} - \frac{1}{3} \right) + \left(\frac{1}{3} - \frac{1}{4} \right) + \left(\frac{1}{4} - \frac{1}{5} \right) \\
&= 1 - \frac{1}{5} = \frac{4}{5}.
\end{aligned}$$

2.2.2　几种常见的离散型随机变量

1. 单点分布

　　若随机变量 X 只取一个常数值 c，即 $P\{X=c\}=1$，则称 X 服从单点分布，也称退化分布. 此时 X 的取值已经失去了随机性，但是可以看作随机变量的特殊情况.

▶️ 常见的离散型随机变量

2. 0-1 分布

若随机变量 X 只可能取 0 或 1 两个值, 其分布律为

X	0	1
P	q	p

其中 $0<p<1$, $q=1-p$, 或记为

$$P\{X=k\} = p^k q^{1-k}, \quad k=0,1,$$

则称 X 服从参数为 p 的两点分布或 0-1 分布, 记作 $X\sim b(1,p)$ 或 $B(1,p)$.

这是一个除单点分布外, 最简单的分布类型, 它虽然简单但实际中很常见, 如新生婴儿是男是女, 射击一发炮弹是否命中目标, 某一股票明天是涨还是跌, 种子是否发芽等等. 任何一个只有两种互逆结果的随机现象, 都可以用一个服从两点分布的随机变量来描述. 此时若两个互逆的结果为 A 和 $\bar{A}$, 记 $p=P(A)$, 令 X 表示在一次试验中事件 A 发生的次数, 记

$$X = \begin{cases} 1, & \text{事件 } A \text{ 发生}, \\ 0, & \text{事件 } A \text{ 不发生}, \end{cases}$$

则 $X\sim b(1,p)$.

3. 二项分布

若随机变量 X 可能的取值为 $0,1,2,\cdots,n$, 其分布律为

$$P\{X=k\} = C_n^k p^k q^{n-k}, \quad k=0,1,2,\cdots,n, \qquad (2.2.2)$$

其中 $0<p<1$, $q=1-p$, 称 X 服从参数为 n 和 p 的二项分布, 记为 $X\sim b(n,p)$ 或 $X\sim B(n,p)$.

由于 $C_n^k p^k q^{n-k}$ 是 $(p+q)^n$ 按二项式展开其中含因子 p^k 的那一项, 故分布得名为二项分布.

显然, 当 $n=1$ 时, $X\sim b(1,p)$, 此时, X 服从两点分布. 这说明, 两点分布是二项分布的一个特例.

二项分布和伯努利(Bernoulli)试验有很大的关系, 下面给出伯努利试验的相关定义和结论.

> **定义 2.2.3**　若随机试验 E 只有两个可能结果 A 和 $\bar{A}$, 且 $P(A)=p(0<p<1)$, 则称 E 为伯努利试验.

有些随机试验本身就是伯努利试验, 如: 抛掷一枚有正反两个面的硬币, 每次的试验结果只有两种可能, 正面朝上和反面朝上. 而也有些随机试验本身的试验结果多于两个, 但有时候为了研究问题的需要, 可以把它构造为伯努利试验. 如: 掷一枚骰子一次, 观测得到的点数, 易知此试验有 6 个可能的结果, 所以不

是伯努利试验，但是如果定义 A 表示掷出偶数点，$\overline{A}$ 表示掷出奇数点，则此时就构造了一个伯努利试验.

定义 2.2.4　设 E 为一个伯努利试验，它的两个可能的结果为 A 和 $\overline{A}$，$P(A)=p$. 把 E 在相同条件下，独立地重复进行 n 次，作为一个试验，称这个试验为 n 重伯努利试验，记为 E^n.

注意：（1）n 重伯努利试验 E^n 的可能结果可用长为 n 的 A 与 $\overline{A}$ 的序列表示. 如 3 重伯努利试验的所有可能结果为

$$AAA,\overline{A}AA,A\overline{A}A,AA\overline{A},\overline{A}\,\overline{A}A,\overline{A}\,A\,\overline{A},A\,\overline{A}\,\overline{A},\overline{A}\,\overline{A}\,\overline{A}.$$

易知每个结果发生的概率不一定相等，故该模型不是古典概型.

（2）"重复"是指每次试验的条件相同，且 $P(A)=p$ 保持不变.

（3）"独立"是指各次试验的结果是相互独立的，若以 C_i 记第 i 次试验的结果，C_i 为 A 或 $\overline{A}$，$i=1,\cdots,n$. 则 $C_1,C_2,\cdots,C_n$ 相互独立.

在 n 重伯努利试验 E^n 中，记 $P(A)=p(0<p<1)$，设 X 表示在 n 次试验中事件 A 发生的次数，则 $X\sim b(n,p)$. 即

$$P\{X=k\}=\mathrm{C}_n^k p^k q^{n-k},\ k=0,1,2,\cdots,n.$$

事实上，事件 $\{X=k\}$ 表示"在 n 次试验中 A 恰好发生了 k 次，且 $\overline{A}$ 恰好发生了 $n-k$ 次"，易知此事件发生的方式共有 C_n^k 种，而每一个特定的情况的概率都为 $p^k q^{n-k}$，所以有式（2.2.2）成立.

二项分布的概率分布律如图 2.2.1 所示.

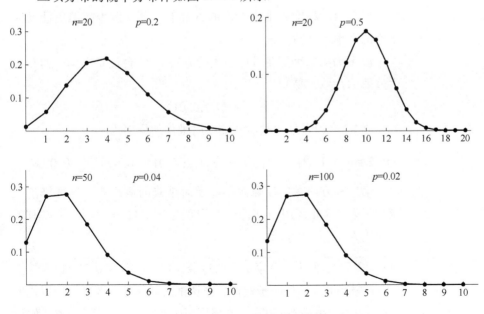

图 2.2.1　二项分布的概率分布律

例 2.2.5　某射手的命中率为 0.9，他独立重复向目标射击 5 次，求他恰好没有命中 2 次的概率.

解　设 A 表示某射手单发不命中，X 表示 5 次射击中没有命中的次数，则有 $P(A) = 0.1$ 且 $X \sim b(5, 0.1)$.

所以

$$P\{X = 2\} = C_5^2 (0.1)^2 (0.9)^3 = 0.0729.$$

例 2.2.6　为保证设备正常工作，需要配备适量的维修工人，现有同类型设备 80 台，各台工作是相互独立的，且各台发生故障的概率都是 0.01. 在通常情况下，一台设备的故障可由一人来处理. 考虑两种配备维修工人的方法，其一是由 4 人维护，每人负责 20 台；其二是由 3 人共同维护 80 台. 试比较这两种方法在设备发生故障时不能及时维修的概率的大小.

解　设 X 为第 1 个人维护的 20 台设备同一时刻发生故障的台数，易知

$$X \sim b(20, 0.01)$$

设 A_i 表示"第 i 个人维护的 20 台设备发生故障不能及时维修"，$i = 1, 2, 3, 4$. 由题意知，A_1, A_2, A_3, A_4 相互独立.

则 80 台设备发生故障不能及时维修的概率为

$$
\begin{aligned}
P(A_1 \cup A_2 \cup A_3 \cup A_4) &= 1 - P(\overline{A_1}\,\overline{A_2}\,\overline{A_3}\,\overline{A_4}) = 1 - P(\overline{A_1})P(\overline{A_2})P(\overline{A_3})P(\overline{A_4}) \\
&= 1 - [P\{X \leqslant 1\}]^4 = 1 - [P\{X = 0\} + P\{X = 1\}]^4 \\
&= 1 - [C_{20}^0 (0.01)^0 (0.99)^{20} + C_{20}^1 (0.01)^1 (0.99)^{19}]^4 \\
&= 1 - 0.9831^4 = 0.0659.
\end{aligned}
$$

即在第一种配备维修工人的方法下，设备发生故障不能及时维修的概率为 0.0659.

设 Y 为第二种配备维修工人的方法下 80 台设备在同一时刻发生故障的台数，易知

$$Y \sim b(80, 0.01).$$

则 80 台设备发生故障不能及时维修的概率为

$$P\{Y \geqslant 4\} = 1 - P\{Y \leqslant 3\} = 1 - \sum_{i=0}^{3} C_{80}^i (0.01)^i (0.99)^{80-i} = 0.0087.$$

第二种方法发生故障而不能及时维修的概率小，且维修工人减少一人. 因此运用概率论的知识讨论国民经济问题，可以有效地使用人力、物力资源.

例 2.2.7　假设一厂家生产的每台仪器，以概率 0.7 可以直接出厂，以概率 0.3 需进一步调试，经调试后以概率 0.8 出厂，以概率 0.2 视为不合格品不能出厂. 现该厂新生产了 $n(n \geqslant 2)$ 台仪器（假设

各台仪器的生产过程是相互独立的），求（1）这 n 台仪器全部能出厂的概率 α；（2）这 n 台仪器恰有两台不能出厂的概率 β；（3）这 n 台仪器至少有两台不能出厂的概率 γ.

解　设 $A=\{$一台仪器可直接出厂$\}$，$B=\{$一台仪器可出厂$\}$，则 $\overline{A}=\{$产品要调试$\}$，且有

$$P(A)=0.7,\ P(\overline{A})=0.3,\ P(B\,|\,\overline{A})=0.8,$$

则一台仪器能出厂可表示为 $B=A\cup\overline{A}B$.

$$P(B)=P(A\cup\overline{A}B)=P(A)+P(\overline{A}B)$$

$$=P(A)+P(\overline{A})P(B\,|\,\overline{A})=0.7+0.3\times0.8=0.94.$$

设 X 表示新生产的 n 台仪器中能出厂的台数，则 $X\sim b(n,0.94)$. 所以有

$$\alpha=P\{X=n\}=C_n^n 0.94^n 0.06^0=0.94^n,$$

$$\beta=P\{X=n-2\}=C_n^{n-2}0.94^{n-2}0.06^2=C_n^2 0.94^{n-2}0.06^2,$$

$$\gamma=P\{n-X\geqslant2\}=P\{X\leqslant n-2\}$$

$$=1-P\{X>n-2\}$$

$$=1-P\{X=n-1\}-P\{X=n\}$$

$$=1-C_n^{n-1}0.94^{n-1}0.06-C_n^n 0.94^n$$

$$=1-0.06\times0.94^{n-1}\times n-0.94^n.$$

4. 几何分布

设随机变量 X 可能的取值为 $1,2,\cdots$，它的分布律为

$$P\{X=k\}=q^{k-1}p,\quad k=1,2,\cdots,$$

几何分布泊松分布

其中 $0<p<1$，$q=1-p$，称 X 服从参数为 p 的几何分布. 记为 $X\sim G(p)$. 因为概率的和组成一个几何级数，分布因此得名.

我们来看几何分布的概率背景. 在一个伯努利试验中，事件 A 出现的概率为 p，试验一个接着一个独立地进行，用 X 表示事件 A 第一次发生时所进行的试验次数，则 X 服从几何分布.

几何分布的分布律的图形如图 2.2.2 所示.

性质： 设随机变量 $X\sim G(p)$，若 n，m 为任意两个正整数，则 $P\{X>n+m\,|\,X>n\}=P\{X>m\}$.

证明　$P\{X>n\}=\displaystyle\sum_{j=n+1}^{\infty}P\{X=j\}=\sum_{j=n+1}^{\infty}(1-p)^{j-1}p$

$$=p\sum_{j=n+1}^{\infty}(1-p)^{j-1}=p\,\frac{(1-p)^n}{1-(1-p)}=(1-p)^n.$$

同理有

$$P\{X>n+m\}=(1-p)^{n+m}.$$

由条件概率的定义得

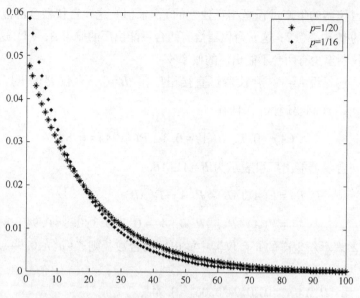

图 2.2.2　几何分布的分布律

$$P\{X>n+m \mid X>n\} = \frac{P\{X>n+m, \ X>n\}}{P\{X>n\}} = \frac{P\{X>n+m\}}{P\{X>n\}}$$

$$= \frac{(1-p)^{n+m}}{(1-p)^n} = (1-p)^m = P\{X>m\}.$$

这条性质称为几何分布的无记忆性. 可以理解为: 若已经进行了 n 次试验, 事件 A 没有发生, 则又进行 m 次试验 A 依然没有发生的概率与已知的信息 (前 n 次试验 A 没有发生) 无关, 这就是说, 并不因为已经进行了 n 次试验 A 没有发生, 而会使得在第 $n+1, n+2, \cdots, n+m$ 次试验中 A 首次发生的概率会因此而提高.

例 2.2.8　同时掷两枚骰子, 直到一颗骰子出现 6 点为止, 试求抛掷次数 X 的分布律.

解　设 A 表示"第一颗骰子出现 6 点", B 表示"第二颗骰子出现 6 点", C 表示出现 6 点.

$$p=P(C)=P(A\cup B)=P(A)+P(B)-P(AB)=\frac{1}{6}+\frac{1}{6}-\frac{1}{36}=\frac{11}{36}.$$

易知 X 服从几何分布 $G(p)$, 即其分布律为

$$P\{X=n\} = (1-p)^{n-1}p = \left(1-\frac{11}{36}\right)^{n-1}\frac{11}{36} = \frac{11\times 25^{n-1}}{36^n}, n=1,2,\cdots.$$

5. 超几何分布

设 n, M, N 为已知的常数, 且为正整数, $n\leqslant N$, $M\leqslant N$, 若离散型随机变量 X 的分布律为

$$P\{X=m\} = \frac{C_M^m C_{N-M}^{n-m}}{C_N^n}, \ \max(0, M+n-N)\leqslant m\leqslant \min(M,n), \ 且$$

m 为整数, 称 X 服从超几何分布, 记作 $X \sim H(n, M, N)$.

超几何分布对应于不放回的抽样模型. 设一批同类型的产品共有 N 件, 其中次品有 M 件. 今从中任取 n, 则这 n 件中所含的次品数 X 服从超几何分布.

6. 泊松(Poisson)分布

若离散型随机变量 X 的分布律为

$$P\{X = k\} = \frac{\lambda^k}{k!} e^{-\lambda}, \quad k = 0, 1, 2, \cdots.$$

其中常数 $\lambda > 0$, 则称 X 服从参数为 λ 的泊松分布, 记为 $X \sim \pi(\lambda)$ 或者 $X \sim P(\lambda)$, 如图 2.2.3 所示.

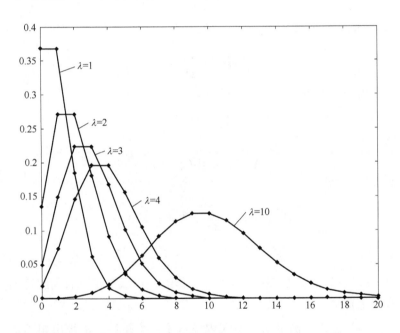

图 2.2.3　泊松分布的分布律

泊松分布是概率论中重要的分布之一, 自然界及工程技术中的许多随机变量都服从或近似地服从泊松分布. 一般认为在一定的时间和空间内出现的事件的个数服从泊松分布. 例如, 放射物在某一时间间隔内发射的粒子数; 容器内在某一时间间隔内产生的细菌数; 每米布的瑕疵点数; 纺织机上每小时的断头数; 每件钢铁铸件的缺陷数等, 在一定条件下, 都服从或近似服从泊松分布.

例 2.2.9　假设电话交换台每小时接到的呼叫次数 X 服从参数为 3 的泊松分布, 求(1) 一小时内恰有 4 次呼叫的概率; (2) 一小时内呼叫不超过 5 次的概率.

解 （1）由泊松分布的分布律可得

$$P\{X = 4\} = \frac{3^4 e^{-3}}{4!} \approx 0.168.$$

（2）$P\{X \leqslant 5\} = \sum_{k=0}^{5} P\{X = k\} = \sum_{k=0}^{5} \frac{3^k e^{-3}}{k!} \approx 0.9161.$

例 2.2.10 设随机变量 $X \sim P(\lambda)$，且已知 $P\{X=1\} = P\{X=2\}$，求 $P\{X=4\}$.

解 随机变量 X 的分布律为

$$P\{X = k\} = \frac{\lambda^k}{k!} e^{-\lambda}, \ k = 0, 1, \cdots$$

由 $P\{X=1\} = P\{X=2\}$，得

$$\frac{\lambda^1}{1!} e^{-\lambda} = \frac{\lambda^2}{2!} e^{-\lambda}.$$

由此得方程

$$\lambda^2 - 2\lambda = 0.$$

解得

$$\lambda = 2, \ \lambda = 0(舍去),$$

所以

$$P\{X = 4\} = \frac{2^4}{4!} e^{-2} \approx 0.0902.$$

例 2.2.11 设一辆出租车一天内穿过的路口数服从泊松分布 $P(\lambda)$，各个路口的红绿灯是独立工作的，在每个路口遇到红灯的概率是 p.

（1）已知一辆出租车一天内经过了 k 个路口，求该出租车遇到的红灯数的分布；

（2）求一辆出租车一天内遇到的红灯数的分布.

解 设这辆出租车一天内路过的路口数是 Y，遇到的红灯数是 X.

（1）此时相当于固定了 $Y = k$，所以遇到的红灯数的可能的取值为 $0, 1, \cdots, k$. 而每到一个路口是否遇到红灯相当于做一次伯努利试验，遇到红灯的概率为 p，由二项分布的性质有

$$P\{X = m \mid Y = k\} = C_k^m p^m (1 - p)^{k-m}, m = 0, 1, \cdots, k.$$

此即为问题（1）中遇到红灯数的分布.

（2）此时没有限定路口数，所以 X 的可能的取值为 $0, 1, \cdots, m, \cdots$，而事件 $\{X = m\}$ 的概率的大小受其经过的路口数的影响，所以 $\{Y = k\}$，$k = 0, 1, 2, \cdots$ 构成完备事件组. 利用全概率公式得到

$$
\begin{aligned}
P\{X = m\} &= \sum_{k=0}^{\infty} P\{Y = k\} P\{X = m \mid Y = k\} \\
&= \sum_{k=m}^{\infty} P\{Y = k\} P\{X = m \mid Y = k\} \\
&= \sum_{k=m}^{\infty} \frac{\lambda^{k} \mathrm{e}^{-\lambda}}{k!} \mathrm{C}_{k}^{m} p^{m} (1-p)^{k-m} \\
&= \sum_{k=m}^{\infty} \frac{\lambda^{k} \mathrm{e}^{-\lambda}}{k!} \frac{k!}{m!(k-m)!} p^{m} (1-p)^{k-m} \\
&= \frac{\mathrm{e}^{-\lambda} p^{m}}{m!} \sum_{k=m}^{\infty} \frac{\lambda^{k}}{(k-m)!} (1-p)^{k-m} \\
&= \frac{\mathrm{e}^{-\lambda} p^{m}}{m!} \sum_{k=m}^{\infty} \frac{\lambda^{m} \lambda^{k-m}}{(k-m)!} (1-p)^{k-m} \\
&= \frac{(\lambda p)^{m} \mathrm{e}^{-\lambda}}{m!} \sum_{k=m}^{\infty} \frac{[\lambda(1-p)]^{k-m}}{(k-m)!} \\
&= \frac{(\lambda p)^{m} \mathrm{e}^{-\lambda}}{m!} \sum_{j=0}^{\infty} \frac{[\lambda(1-p)]^{j}}{j!} \quad (\text{其中 } j = k-m) \\
&= \frac{(\lambda p)^{m} \mathrm{e}^{-\lambda}}{m!} \mathrm{e}^{\lambda(1-p)} \\
&= \frac{(\lambda p)^{m}}{m!} \mathrm{e}^{-\lambda p}, \quad m = 0, 1, 2, \cdots,
\end{aligned}
$$

即 $X \sim P(\lambda p)$.

例 2.2.12　设有 15000 件产品,其中有 150 件次品. 现任取 100 件,求次品数恰好为两件的概率.

解　设 X 表示 100 只元件中的次品数,则 X 服从超几何分布,所以有

$$
P\{X = 2\} = \frac{\mathrm{C}_{150}^{2} \mathrm{C}_{14850}^{98}}{\mathrm{C}_{15000}^{100}} \approx 0.1855.
$$

在例 2.2.12 中, 产品总数 15000 很大, 150 相对较小, 所以每次抽取后的次品率的变化应该不大, 那么能否做如下近似呢?

$$
P\{X = 2\} = \frac{\mathrm{C}_{150}^{2} \mathrm{C}_{14850}^{98}}{\mathrm{C}_{15000}^{100}} \approx \mathrm{C}_{100}^{2} (0.01)^{2} (0.99)^{98} \approx 0.1849.
$$

下面的两个定理说明了超几何分布与二项分布, 二项分布与泊松分布的近似计算方法.

定理 2.2.1　设 $\lim\limits_{N \to \infty} \dfrac{M}{N} = p$, $0 < p < 1$, 对固定的正整数 n 和 $m = 0$, $1, \cdots, n$ 都有

$$\lim_{N \to \infty} \frac{C_M^m C_{N-M}^{n-m}}{C_N^n} = C_n^m p^m (1 - p)^{n-m}.$$

证明 易知

$$\frac{C_M^m C_{N-M}^{n-m}}{C_N^n} = \frac{\dfrac{M!}{m!\ (M-m)!}\ \dfrac{(N-M)!}{(n-m)!\ (N-M-(n-m))!}}{\dfrac{N!}{n!\ (N-n)!}}$$

$$= \frac{n!}{m!\ (n-m)!}\ \frac{\dfrac{M!}{(M-m)!}\ \dfrac{(N-M)!}{(N-M-(n-m))!}}{\dfrac{N!}{(N-n)!}}$$

$$= \frac{n!}{m!\ (n-m)!}\ \frac{M(M-1)\cdots(M-m+1)(N-M)(N-M-1)\cdots(N-M-(n-m)+1)}{N(N-1)\cdots(N-n+1)}$$

$$= C_n^m \overbrace{\left[\frac{M}{N} \cdot \frac{M-1}{N} \cdots \frac{M-m+1}{N} \right]}^{m项} \overbrace{\left[\frac{N-M}{N} \cdot \frac{N-M-1}{N} \cdots \frac{N-M-(n-m)+1}{N} \right]}^{n-m项}$$

$$\overbrace{\left[\frac{N}{N} \cdot \frac{N}{N-1} \cdots \frac{N}{N-n+1} \right]}^{n项}.$$

由于 $\lim\limits_{N \to \infty} \dfrac{M}{N} = p$，所以上式第一个括号 $\to p^m$，第二个括号 $\to$ $(1-p)^{n-m}$，第三个括号 $\to 1$. 所以有

$$\lim_{N \to \infty} \frac{C_M^m C_{N-M}^{n-m}}{C_N^n} = C_n^m p^m (1 - p)^{n-m}.$$

由定理 2.2.1，当 N 很大，n 较小时，可以用二项分布近似计算超几何分布. 若设 $X \sim H(n, M, N)$，令 $p = \dfrac{M}{N}$，则

$$P\{X = m\} = \frac{C_M^m C_{N-M}^{n-m}}{C_N^n} \approx C_n^m p^m (1 - p)^{n-m}.$$

定理 2.2.2 （泊松定理）设 $\lambda > 0$ 是常数，n 是任意的正整数，且 $\lim\limits_{n \to +\infty} np_n = \lambda$，则对于任意的非负整数 k，均有

$$\lim_{n \to +\infty} C_n^k p_n^k (1 - p_n)^{n-k} = \frac{\lambda^k e^{-\lambda}}{k!}.$$

证明 记 $\lambda_n = np_n$，有

$$C_n^k p_n^k (1-p_n)^{n-k} = \frac{n(n-1)\cdots(n-k+1)}{k!} \left(\frac{\lambda_n}{n}\right)^k \left(1 - \frac{\lambda_n}{n}\right)^{n-k}$$

$$= \frac{\lambda_n^k}{k!} \frac{n(n-1)\cdots(n-k+1)}{n^k} \left(1-\frac{\lambda_n}{n}\right)^{n-k}.$$

对于固定的正数 k，当 $n \to +\infty$ 时

$$\frac{n(n-1)\cdots(n-k+1)}{n^k} \to 1, \quad \left(1-\frac{\lambda_n}{n}\right)^{n-k} \to e^{-\lambda},$$

故有 $\lim\limits_{n \to +\infty} C_n^k p_n^k (1-p_n)^{n-k} = \dfrac{\lambda^k e^{-\lambda}}{k!}.$

定理的条件 $\lim\limits_{n \to +\infty} np_n = \lambda$，意味着当 n 很大时，p_n 很小，此时可以用泊松分布近似计算二项分布. 若设 $X \sim b(n,p)$，令 $\lambda = np$，则有

$$P\{X = k\} = C_n^k p_n^k (1-p)^{n-k} \approx \frac{\lambda^k}{k!} e^{-\lambda}, k = 0, 1, \cdots, n.$$

一般的统计书籍中认为，$n \geqslant 50$，$np < 5$ 时就有很好的近似效果.

例 2.2.13　设有 15000 件产品，其中有 150 件次品. 现任取 100 件，求次品数恰好为两件的概率.

解　设 X 为任取 100 件产品中的次品数，则易知 X 服从超几何分布，所以有

$$P\{X = 2\} = \frac{C_{150}^2 C_{14850}^{98}}{C_{15000}^{100}}.$$

由定理 2.2.1，$p = \dfrac{150}{15000} = 0.01$，即可以用二项分布 $b(100, 0.01)$ 近似 X，所以有

$$P\{X = 2\} = \frac{C_{150}^2 C_{14850}^{98}}{C_{15000}^{100}} \approx C_{100}^2 (0.01)^2 (0.99)^{98} \approx 0.1849.$$

又由定理 2.2.2 知，取 $\lambda = 100 \times 0.01 = 1$，则可以用泊松分布 $P(1)$ 近似二项分布 $b(100, 0.01)$. 所以有

$$P\{X = 2\} = \frac{C_{150}^2 C_{14850}^{98}}{C_{15000}^{100}} \approx C_{100}^2 (0.01)^2 (0.99)^{98} \approx \frac{e^{-1}}{2} \approx 0.1839.$$

图 2.2.4 展示了三个分布之间的近似效果.

例 2.2.14　某人进行射击，设每次射击的命中率为 0.001，他独立射击了 5000 次，试求他至少命中两次的概率.

解　设 X 为 5000 次射击中命中的次数，则有 $X \sim b(5000, 0.001)$，则

$$P\{X \geqslant 2\} = 1 - P\{X < 2\} = 1 - P\{X = 0\} - P\{X = 1\}$$

$$= 1 - C_{5000}^0 (0.001)^0 (0.999)^{5000} - C_{5000}^1 (0.001)^1 (0.999)^{4999}$$

$$\approx 1 - \frac{5^0 e^{-5}}{0!} - \frac{5 e^{-5}}{1!} \approx 0.9596.$$

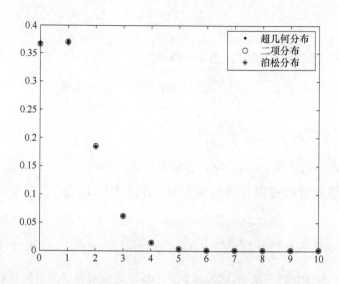

图 2.2.4   例 2.2.13 中三个分布的近似

三个分布的近似
计算

在每次试验中出现概率很小的事件称作稀有事件(小概率事件). 例 2.2.14 表明稀有事件在单次试验中虽然不易发生,但重复次数多了,就成了大概率事件. 由泊松定理,n 重伯努利试验中稀有事件出现的次数近似地服从泊松分布. 泊松分布可以作为描绘大量试验中稀有事件出现次数的概率分布的数学模型.

2.3   随机变量的分布函数

对于离散型随机变量,用分布律可以描述其所表示的随机现象的统计规律性,方法是枚举出每一个可能的取值,并指出取每个值的概率;但是有些随机变量的取值不能一一列出,如:测量时的误差 X、元件的寿命 T 等,这类随机变量的取值充满一个区间,因此不能用分布律描述其统计特性;而且对于这类随机变量,我们考察它取某一值的概率是没有意义的,如测量某一物体的长度时,要求误差必须为 0.01,这在原则上不能排除,但实际中可能性极小,只能认为是 0. 在实际应用中,对于这类随机变量,我们更关心的是它取值在某个区间之内的概率. 如:在测量某一物体的长度时,关心测量误差 X 在给定常数 a,b 之间的概率,即 $P\{a < X \leqslant b\}$;当考察元件的寿命时,若规定寿命大于 8000h 为合格品,则我们感兴趣的是合格品率,即 $T > 8000$ 的概率. 为此,引入随机变量分布函数的概念.

> **定义 2.3.1** 设 X 为一随机变量，x 为任意实数，称函数
> $$F(x) = P\{X \leqslant x\}, \quad -\infty < x < \infty$$
> 为随机变量 X 的分布函数.

▶ 分布函数

对于任意的实数 $x_1, x_2 (x_1 < x_2)$，有

$$P\{x_1 < X \leqslant x_2\} = P\{X \leqslant x_2\} - P\{X \leqslant x_1\} = F(x_2) - F(x_1).$$

这说明 X 落在区间 $(x_1, x_2]$ 内的概率等于分布函数在区间端点的函数值的差，也就是说只要知道了分布函数，我们就可以求出 X 在 $(x_1, x_2]$ 上的概率，从这个意义上说分布函数能够完整、全面地描述 X 的统计特性.

分布函数是一个普通的函数，正是通过它，我们可以用数学分析的工具来研究随机变量. 如果将 X 看作数轴上随机点的坐标，那么分布函数 $F(x)$ 的值就表示 X 落在区间 $(-\infty, x]$ 的概率.

若离散型随机变量 X 的分布律为

$$P\{X = x_i\} = p_i, i = 1, 2, \cdots,$$

则 X 分布函数为

$$F(x) = P\{X \leqslant x\} = \sum_{x_i \leqslant x} P\{X = x_i\} = \sum_{x_i \leqslant x} p_i.$$

例 2.3.1 将一枚硬币抛掷三次，X 表示三次中正面出现的次数，求 X 的分布律及分布函数；并求 $P\{1 < X < 3\}$，$P\{X \geqslant 5.5\}$.

解 易知 X 服从二项分布 $b(3, 1/2)$，且其分布律为

X	0	1	2	3
P	1/8	3/8	3/8	1/8

下面求 X 的分布函数：

当 $x < 0$ 时，$F(x) = P\{X \leqslant x\} = 0$;

当 $0 \leqslant x < 1$ 时，$F(x) = P\{X \leqslant x\} = P\{X = 0\} = \dfrac{1}{8}$;

当 $1 \leqslant x < 2$ 时，$F(x) = P\{X \leqslant x\} = P\{X = 0\} + P\{X = 1\} = \dfrac{1}{8} + \dfrac{3}{8} = \dfrac{1}{2}$;

当 $2 \leqslant x < 3$ 时，$F(x) = P\{X \leqslant x\} = P\{X = 0\} + P\{X = 1\} + P\{X = 2\} = \dfrac{1}{8} + \dfrac{3}{8} + \dfrac{3}{8} = \dfrac{7}{8}$;

当 $x \geqslant 3$ 时，$F(x) = P\{X \leqslant x\} = P\{X = 0\} + P\{X = 1\} + P\{X = 2\} + P\{X = 3\} = 1$.

所以

$$F(x) = \begin{cases} 0, & x<0, \\ \dfrac{1}{8}, & 0 \leqslant x<1, \\ \dfrac{4}{8}, & 1 \leqslant x<2, \\ \dfrac{7}{8}, & 2 \leqslant x<3, \\ 1, & x \geqslant 3, \end{cases}$$

于是

$$P\{1<X \leqslant 3\} = F(3) - F(1) = 1 - \frac{4}{8} = \frac{1}{2}.$$

$$P\{X \geqslant 5.5\} = 1 - P\{X<5.5\} = 1 - F(5.5) + P\{X=5.5\} = 1 - 1 + 0 = 0.$$

例 2.3.1 中的随机变量 X 的分布函数图像如图 2.3.1 所示

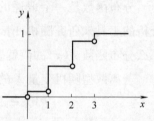

图 2.3.1 X 的分布函数图像

可以看出，离散型随机变量 X 的分布函数是单调增加的阶梯函数，在 X 的可能取值的点 $\{x_i, i=1,2,\cdots\}$ 处不连续，但右连续，而且 $\{x_i, i=1, 2,\cdots\}$ 属于跳跃型间断点，在间断点处的跳跃度恰好为 X 取 x_i 的概率 $P\{X=x_i\}$，即

$$p_i = P\{X = x_i\} = F(x_i) - F(x_i - 0).$$

而任一随机变量的分布函数 $F(x)$ 具有如下性质：

（1）单调不减性：对任意实数 x_1，x_2，且 $x_1<x_2$，总有 $F(x_1) \leqslant F(x_2)$.

这是因为当 $x_1<x_2$ 时，事件 $\{X_1 \leqslant x_1\}$ 和 $\{X_2 \leqslant x_2\}$ 具有包含关系，即

$$\{X_1 \leqslant x_1\} \subset \{X_2 \leqslant x_2\},$$

所以有

$$P\{X \leqslant x_1\} \leqslant P\{X \leqslant x_2\},$$

即有

$$F(x_1) \leqslant F(x_2).$$

（2）对任意的实数 x，均有 $0 \leqslant F(x) \leqslant 1$，且

$$F(-\infty) = \lim_{x \to -\infty} F(x) = 0, \quad F(+\infty) = \lim_{x \to +\infty} F(x) = 1.$$

事实上，由概率的公理化定义及其性质知，对任意的实数 x，$0 \leqslant P\{X \leqslant x\} \leqslant 1$，即有 $0 \leqslant F(x) \leqslant 1$. 另外，当 $x \to +\infty$ 时，事件 $\{X \leqslant x\}$ 越来越接近于必然事件，故其概率值 $F(x)$ 应趋于必然事件的概率 1. 同理，当 $x \to -\infty$ 时，事件 $\{X \leqslant x\}$ 越来越接近于不可能事件，其概率值 $F(x)$ 应趋于不可能事件的概率 0.

（3）右连续性：$F(x)$是 x 的右连续函数，对任意的实数 x_0，有

$$\lim_{x \to x_0^+} F(x) = F(x_0),$$

即

$$F(x_0 + 0) = F(x_0).$$

证明略.

注：如果一个函数具有上述性质，则它一定是某个随机变量 X 的分布函数. 也就是说，上述三条性质是判断一个函数是否是某随机变量分布函数的充分必要条件.

给定随机变量 X 的分布函数的概念后，有关 X 的一些事件的概率可以表示如下

$P\{a < X \leqslant b\} = F(b) - F(a), P\{a < X < b\} = F(b-0) - F(a)$；

$P\{a \leqslant X \leqslant b\} = F(b) - F(a-0), P\{a \leqslant X < b\} = F(b-0) - F(a-0)$；

$P\{X > a\} = 1 - F(a), P\{X \geqslant a\} = 1 - F(a-0)$；

$P\{X = a\} = F(a) - F(a-0)$.

特别地，若 $F(x)$ 在 a 处连续，则 $P\{X = a\} = 0$.

例 2.3.2　设函数

$$F(x) = \begin{cases} \sin x, & 0 \leqslant x \leqslant \pi, \\ 0, & \text{其他.} \end{cases}$$

问 $F(x)$ 能否是某个随机变量的分布函数.

解　注意到函数 $F(x)$ 在区间 $[\pi/2, \pi]$ 上单调下降，不满足性质（1），故 $F(x)$ 不能是分布函数；或者 $F(+\infty) = \lim_{x \to +\infty} F(x) = 0$，不满足性质（2），可见 $F(x)$ 也不能是分布函数.

例 2.3.3　设随机变量 X 的分布函数为

$$F(x) = A + B \arctan x, \quad -\infty < x < +\infty,$$

其中 A 和 B 为常数. 试求（1）常数 A 和 B 的值；（2）$P\{-1 < X \leqslant 1\}$.

解　（1）易知

$$\lim_{x \to -\infty} F(x) = \lim_{x \to -\infty} [A + B \arctan(x)] = A + B \cdot \left(-\frac{\pi}{2}\right),$$

$$\lim_{x \to +\infty} F(x) = \lim_{x \to +\infty} [A + B \arctan(x)] = A + B \cdot \left(\frac{\pi}{2}\right).$$

又由分布函数的性质知

$$\lim_{x \to -\infty} F(x) = 0 \text{ 且 } \lim_{x \to +\infty} F(x) = 1.$$

因此得方程组

$$\begin{cases} A + B \cdot \left(-\dfrac{\pi}{2}\right) = 0, \\ A + B \cdot \dfrac{\pi}{2} = 1. \end{cases}$$

解得

$$A = \frac{1}{2}, B = \frac{1}{\pi}.$$

（2）$P\{-1 < X \leqslant 1\} = F(1) - F(-1) = \frac{1}{2}.$

例 2.3.4　设离散型随机变量 X 的分布函数为

$$F(x) = \begin{cases} 0, & x < -1, \\ a, & -1 \leqslant x < 1, \\ \dfrac{2}{3} - a, & 1 \leqslant x < 2, \\ a + b, & x \geqslant 2. \end{cases}$$

且 $P\{X = 2\} = 0.5$. 试确定常数 a、b 的值，并求 X 的分布律.

　解　由分布函数的性质 $F(+\infty) = 1$ 知

$$a + b = 1.$$

又由右连续性得

$$P\{X = 2\} = F(2) - F(2 - 0) = a + b - \left(\frac{2}{3} - a\right) = \frac{1}{2},$$

解方程组得

$$a = \frac{1}{6}, \qquad b = \frac{5}{6},$$

所以分布函数为

$$F(x) = \begin{cases} 0, & x < -1, \\ \dfrac{1}{6}, & -1 \leqslant x < 1, \\ \dfrac{1}{2}, & 1 \leqslant x < 2, \\ 1, & x \geqslant 2. \end{cases}$$

易知分布函数的间断点就是 X 可能的取值：-1，1，2. 且有

$$P\{X = -1\} = F(-1) - F(-1 - 0) = \frac{1}{6} - 0 = \frac{1}{6};$$

$$P\{X = 1\} = F(1) - F(1 - 0) = \frac{1}{2} - \frac{1}{6} = \frac{1}{3};$$

$$P\{X = 2\} = F(2) - F(2 - 0) = 1 - \frac{1}{2} = \frac{1}{2}.$$

所以 X 的分布律为

X	-1	1	2
P	1/6	1/3	1/2

例 2.3.5　　一个靶子是半径为 2m 的圆盘, 设击中靶上任一同心圆盘上的点的概率与该盘的面积成正比, 并设每次射击都能中靶. 以 X 表示弹着点与圆心的距离, 试求随机变量 X 的分布函数.

解　设 X 的分布函数为 $F(x)$. 依题意, 当 $x<0$ 时, $F(x)=P\{X\leqslant x\}=0$;

当 $0\leqslant x\leqslant 2$ 时, $F(x)=P\{X\leqslant x\}=P\{X<0\}+P\{0\leqslant X\leqslant x\}=0+kx^2=kx^2$;

当 $x>2$ 时, $F(x)=P\{X\leqslant x\}=1$;

另外, $F(2)=P\{X\leqslant 2\}=k\cdot 2^2=1$,

解得

$$k=\frac{1}{4}.$$

所以

$$F(x)=\begin{cases}0, & x<0,\\[2mm] \dfrac{x^2}{4}, & 0\leqslant x\leqslant 2,\\[2mm] 1, & x>2.\end{cases}$$

图 2.3.2 为该分布函数的图像.

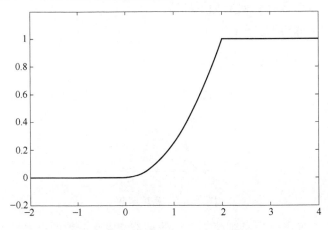

图 2.3.2　例 2.3.5 中 X 的分布函数

易知 X 的分布函数在数轴上的任何一点都是连续函数. 此时, 若令

$$f(x)=\begin{cases}\dfrac{x}{2}, & 0\leqslant x\leqslant 2,\\[2mm] 0, & \text{其他.}\end{cases}$$

则说明存在一个非负可积的函数 $f(x)$, 使得下式成立

$$F(x)=\int_{-\infty}^{x}f(t)\,\mathrm{d}t.$$

对于满足此条件的随机变量，就是下一节要介绍的连续型随机变量.

2.4 连续型随机变量及其分布

2.4.1 连续型随机变量及其密度函数

连续型随机变量 1

> **定义 2.4.1** 设随机变量 X 的分布函数为 $F(x)$，如果存在一个非负可积函数 $f(x)$，使对任意的实数 x，均有
> $$F(x) = \int_{-\infty}^{x} f(t)\,\mathrm{d}t. \qquad (2.4.1)$$
> 则称 X 为连续型随机变量，$f(x)$ 称为 X 的概率密度函数，简称密度函数或概率密度.

易知此时分布函数 $F(x)$ 是连续函数，即连续型随机变量的分布函数是连续函数. 此性质可以判断一个非离散型随机变量是否为连续型随机变量，即若求得一个非离散型随机变量的分布函数含有不连续的点，则此随机变量为非连续型随机变量.

密度函数 $f(x)$ 具有如下性质：

（1）非负性：$f(x) \geqslant 0$；

（2）归范性：$\displaystyle\int_{-\infty}^{+\infty} f(x)\,\mathrm{d}x = 1$.

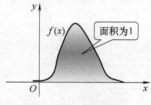

图 2.4.1 密度函数

以上两条性质是判断某个函数是否为密度函数的充要条件.

（3）对任意的实数 x_1, x_2，且 $x_1 < x_2$

$$
\begin{aligned}
P\{x_1 < X \leqslant x_2\} &= F(x_2) - F(x_1) \\
&= \int_{-\infty}^{x_2} f(x)\,\mathrm{d}x - \int_{-\infty}^{x_1} f(x)\,\mathrm{d}x \\
&= \int_{x_1}^{x_2} f(x)\,\mathrm{d}x.
\end{aligned}
$$

推广到一般情况，设 $G \subset \mathbf{R}$，则

$$P\{X \in G\} = \int_G f(x)\,\mathrm{d}x.$$

例如, 对任意的实数 x_1,
$$P\{X > x_1\} = \int_{x_1}^{+\infty} f(x)\, \mathrm{d}x.$$

连续型随机变量 2

(4) 对于 $f(x)$ 的连续点 x, 有 $f(x) = F'(x)$.

由此性质知
$$f(x) = \lim_{\Delta x \to 0} \frac{F(x + \Delta x) - F(x)}{\Delta x} = \lim_{\Delta x \to 0} \frac{P\{x < X \le x + \Delta x\}}{\Delta x}.$$

也就是说, $f(x)$ 的函数值的大小表示 X 在 x 点处的(无穷小区段内)单位长的概率, 或者说, 它反映了概率在点 x 处的"密集程度".

(5) 对任意的实数 x_0, $P\{X = x_0\} = 0$.

事实上, 由于连续型随机变量的分布函数在整个数轴上都是连续函数, 所以有
$$P\{X = x_0\} = F(x_0) - F(x_0 - 0) = 0.$$

这说明, 连续型随机变量 X 取任何一点 x 的概率都为 0. 因此计算连续型随机变量在一个区间之内的概率时, 可不必区分区间的开闭情况.

例如, 对于任意的实数 x_1, x_2, 有
$$P\{x_1 < X \le x_2\} = P\{x_1 < X < x_2\} = P\{x_1 \le X < x_2\}$$
$$= P\{x_1 \le X \le x_2\} = F(x_2) - F(x_1)$$
$$= \int_{x_1}^{x_2} f(x)\, \mathrm{d}x.$$

例 2.4.1 设连续型随机变量 X 的概率密度为
$$f(x) = \begin{cases} a - \dfrac{a}{2}x, & 0 < x < 2, \\ 0, & \text{其他}. \end{cases}$$

其中 a 为常数. 求(1) 常数 a 的值; (2) X 的分布函数; (3) $P\{1 < X < 3\}$.

解 (1) 由 $\int_{-\infty}^{+\infty} f(x)\, \mathrm{d}x = 1$ 得
$$\int_{-\infty}^{+\infty} f(x)\, \mathrm{d}x = \int_0^2 a - \frac{a}{2}x\, \mathrm{d}x = a,$$

所以
$$a = 1.$$

(2) 由于 $F(x) = \int_{-\infty}^{x} f(t)\, \mathrm{d}t$,

当 $x \le 0$ 时, $F(x) = \int_{-\infty}^{x} f(t)\, \mathrm{d}t = 0$;

当 $0 < x < 2$ 时, $F(x) = \int_{-\infty}^{x} f(t)\, \mathrm{d}t = \int_{-\infty}^{0} 0\mathrm{d}t + \int_0^x 1 - \frac{1}{2}t\, \mathrm{d}t = x - \frac{1}{4}x^2$;

当 $x \geqslant 2$ 时，$F(x) = \int_{-\infty}^{x} f(t) \mathrm{d}t = \int_{-\infty}^{0} 0 \mathrm{d}t + \int_{0}^{2} 1 - \frac{1}{2} t \mathrm{d}t + \int_{2}^{x} 0 \mathrm{d}t = 1.$

所以

$$F(x) = \begin{cases} 0, & x \leqslant 0, \\ x - \dfrac{1}{4} x^2, & 0 < x < 2, \\ 1, & x \geqslant 2. \end{cases}$$

（3）$P\{1 < X < 3\} = \int_{1}^{3} f(x) \mathrm{d}x = \int_{1}^{2} \left(1 - \frac{1}{2} x \right) \mathrm{d}x + \int_{2}^{3} 0 \mathrm{d}x = \frac{1}{4},$

或者

$$P\{1 < X < 3\} = F(3) - F(1) = 1 - \left(1 - \frac{1}{4} \times 1^2 \right) = \frac{1}{4}.$$

例 2.4.2   设连续型随机变量 X 的分布函数为

$$F(x) = \begin{cases} 0, & x < 0, \\ Cx^2, & 0 \leqslant x < 1, \\ 1, & x \geqslant 1. \end{cases}$$

求（1）常数 C 值；（2）X 取值于 $(0.3, 0.7)$ 内的概率；（3）X 的密度函数.

解 （1）应用连续型随机变量 X 的分布函数的连续性，有 $F(1) = F(1-0)$，即，$1 = F(1) = F(1-0) = C$，

所以 $C = 1$.

（2）$P\{0.3 < X < 0.7\} = F(0.7) - F(0.3) = 0.7^2 - 0.3^2 = 0.4$；

（3）$f(x) = F'(x) = \begin{cases} 2x, & 0 \leqslant x < 1, \\ 0, & 其他. \end{cases}$

例 2.4.3   某电子元件的寿命 X（单位：小时）是以

$$f(x) = \begin{cases} 100/x^2, & x > 100, \\ 0, & x \leqslant 100 \end{cases}$$

为概率密度的随机变量. 求 5 个同类型的元件在使用的前 150 小时内恰有 2 个需要更换的概率.

解   设 $A = \{$一元件在使用的前 150 小时内需要更换$\}$，$B = \{5$ 个同类型的元件在使用的前 150 小时内恰有 2 个需要更换$\}$，则有

$$P(A) = P\{X \leqslant 150\} = \int_{-\infty}^{150} f(x) \mathrm{d}x = \int_{-\infty}^{100} 0 \mathrm{d}x + \int_{100}^{150} \frac{100}{x^2} \mathrm{d}x = \frac{1}{3},$$

设 Y 表示 5 个电子元件中需要更换的个数. 则 $Y \sim b(5, 1/3)$，所以

$$P(B) = P\{Y = 2\} = C_5^2 \times \left(\frac{1}{3} \right)^2 \times \left(\frac{2}{3} \right)^3 = \frac{80}{243}.$$

2.4.2 几种常见的连续型随机变量

1. 均匀分布

▶ 常见的连续型分布

定义 2.4.2 若随机变量 X 的概率密度函数为

$$f(x) = \begin{cases} \dfrac{1}{b-a}, & a < x < b, \\ 0, & \text{其他.} \end{cases}$$

其中 $a < b$ 为常数,则称随机变量 X 服从区间 (a,b) 上的**均匀分布**,记为 $X \sim U(a,b)$.

可以看到,均匀分布的密度函数 $f(x)$ 在区间 (a,b) 上为常数,故在这个区间上概率在各点处的密集程度是一样的,也可以说,概率均匀地分布在这个区间上,这可以理解为均匀分布这个名称的由来.

根据密度函数的定义,可以得到 X 的分布函数为

$$F(x) = \begin{cases} 0, & x \leqslant a, \\ \dfrac{x-a}{b-a}, & a < x < b, \\ 1, & x \geqslant b. \end{cases}$$

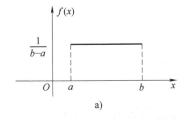
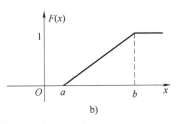

图 2.4.2 均匀分布的密度函数和分布函数

若 $X \sim U(a,b)$,则对于任意 c,d 满足 $a \leqslant c < d \leqslant b$,有

$$P\{c \leqslant X \leqslant d\} = \int_c^d f(x)\,\mathrm{d}x = \int_c^d \frac{1}{b-a}\,\mathrm{d}x = \frac{d-c}{b-a}. \qquad (2.4.2)$$

这表明,随机变量 X 落在区间 (a,b) 内的任一子区间 $[c,d]$ 的概率,与该子区间的长度 $d-c$ 成正比,而与该子区间在区间 (a,b) 中的具体位置无关.

例 2.4.4 设公共汽车站从上午 7:00 起每隔 15min 来一班车,如果某乘客到达此站的时间是 7:00 到 7:30 之间的均匀随机变量.试求该乘客候车时间不超过 5min 的概率.

解 设该乘客于 7:00 X 到达此站,则 X 服从均匀分布 $U(0,30)$.

$$f(x) = \begin{cases} \dfrac{1}{30}, & 0<x<30, \\ 0, & \text{其他.} \end{cases}$$

令 $B = \{$候车时间不超过 $5\min\}$,

$$\begin{aligned} P(B) &= P\{10 \leqslant X \leqslant 15\} + P\{25 \leqslant X \leqslant 30\} \\ &= \int_{10}^{15} \frac{1}{30}\,\mathrm{d}x + \int_{25}^{30} \frac{1}{30}\,\mathrm{d}x = \frac{1}{3}. \end{aligned}$$

例 2.4.5 设随机变量 $X \sim U(a,b)$, $a>0$, 且 $P\{0<X<3\} = 1/4$, $P\{X>4\} = 1/2$, 求 $P\{1<X<5\}$.

解 易知 $0<a \leqslant 3$, 否则 $P\{0<X<3\} = 0$, 同理, $b>4$, 否则 $P\{X>4\} = 0$.

又有

$$P\{0<X<3\} = \frac{3-a}{b-a} = \frac{1}{4}, \quad P\{X>4\} = \frac{b-4}{b-a} = \frac{1}{2}.$$

所以得方程组

$$\begin{cases} 3a+b = 12, \\ a+b = 8. \end{cases}$$

解得

$$\begin{cases} a = 2, \\ b = 6. \end{cases}$$

所以

$$P\{1<X<5\} = \frac{5-2}{6-2} = \frac{3}{4}.$$

2. 指数分布

定义 2.4.3 若随机变量 X 的概率密度函数为

$$f(x) = \begin{cases} \lambda \mathrm{e}^{-\lambda x}, & x>0, \\ 0, & x \leqslant 0. \end{cases} \tag{2.4.3}$$

其中 $\lambda>0$ 为常数, 则称 X 服从参数为 λ 的指数分布, 记为 $X \sim E(\lambda)$.

易知 X 的分布函数为

$$F(x) = \begin{cases} 1 - \mathrm{e}^{-\lambda x}, & x>0, \\ 0, & x \leqslant 0. \end{cases} \tag{2.4.4}$$

指数分布的密度函数的图形如图 2.4.3 所示.

指数分布是最常用的寿命分布之一, 譬如电子元器件的寿命, 动物的寿命等都可以假定服从指数分布. 另外, 随机服务系统中的服务时间也可以认为服从指数分布. 指数分布在可靠性和排队

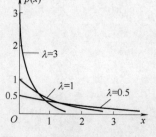

图 2.4.3 指数分布的密度函数

论中有着广泛的应用.

类似于离散型随机变量的几何分布,指数分布也具有无记忆性,也称为无后效性.

> **定理 2.4.1**　若随机变量 $X \sim E(\lambda)$,则对于任意实数 $s>0$,$t>0$,有
> $$P\{X>s+t \mid X>s\} = P\{X>t\}.$$

证明　由 $X \sim E(\lambda)$ 知,对任意的实数 $x>0$,
$$P\{X>x\} = 1-F(x) = \mathrm{e}^{-\lambda x}.$$
所以
$$
\begin{aligned}
P\{X>s+t \mid X>s\} &= \frac{P\{(X>s+t) \cap (X>s)\}}{P\{X>s\}}\\
&= \frac{P\{X>s+t\}}{P\{X>s\}} = \frac{1-P\{X\leqslant s+t\}}{1-P\{X\leqslant s\}}\\
&= \frac{1-F(s+t)}{1-F(s)} = \frac{\mathrm{e}^{-\lambda(s+t)}}{\mathrm{e}^{-\lambda s}}\\
&= \mathrm{e}^{-\lambda t} = P\{X>t\}.
\end{aligned}
$$

如果 X 表示某仪器的工作寿命(单位:h),无记忆性的解释是,当仪器工作了 $s\,\mathrm{h}$ 后还能继续工作 $t\,\mathrm{h}$ 的概率等于该仪器刚开始就能工作 $t\,\mathrm{h}$ 的概率,对已经使用的 $s\,\mathrm{h}$ 没有记忆,即说明该仪器的使用寿命不随使用时间的增加发生变化.一般来说,电子元件等具备这种性质,它们本身的老化是可以忽略不计的,造成损坏的原因是意外的高电压等等.

例 2.4.6　设某大型设备在任何长度为 $t(\mathrm{h})$ 的时间内发生故障的次数 $N(t)$ 服从参数为 λt 的泊松分布.求(1)相继出现两次故障之间的时间间隔 T 的概率分布;(2)设备已经无故障工作 $a\,\mathrm{h}$ 的情况下,再无故障工作 $b\,\mathrm{h}$ 的概率.

解　(1)已知 $N(t)$ 服从泊松分布 $P(\lambda t)$.
所以
$$P\{N(t)=k\} = \frac{(\lambda t)^k}{k!}\mathrm{e}^{-\lambda t},\ k=0,1,\cdots.$$

而两次故障之间的时间间隔 T 是非负随机变量,且对任意的 $t>0$,事件 $\{T>t\}$ 表明该设备在 $[0,t]$ 内没有发生故障,即 $\{T>t\}$ 等价于 $\{N(t)=0\}$.
所以,当 $t\leqslant 0$ 时,
$$F(t) = P\{T\leqslant t\} = 0,$$
当 $t>0$ 时,

$$F(t) = P\{T \leq t\} = 1 - P\{T > t\} = 1 - P\{N(t) = 0\}$$

$$= 1 - \frac{(\lambda t)^0}{0!}\mathrm{e}^{-\lambda t} = 1 - \mathrm{e}^{-\lambda t}.$$

即

$$F(t) = \begin{cases} 1 - \mathrm{e}^{-\lambda t}, & t > 0, \\ 0, & t \leq 0. \end{cases}$$

说明两次故障之间的时间间隔 T 服从指数分布.

（2）利用指数分布的无记忆性可得

$$P\{X > a + b \mid X > a\} = P\{X > b\} = 1 - F(b) = \mathrm{e}^{-b\lambda}.$$

3. 正态分布

正态分布

> **定义 2.4.4** 若随机变量 X 的概率密度函数为
>
> $$f(x) = \frac{1}{\sqrt{2\pi}\,\sigma}\mathrm{e}^{-\frac{1}{2\sigma^2}(x-\mu)^2}, \quad -\infty < x < \infty,$$
>
> 其中 $\mu \in \mathbf{R}$，$\sigma > 0$ 为常数，则称 X 服从参数为 μ 和 σ^2 的正态分布，记为 $X \sim N(\mu, \sigma^2)$.

若随机变量 $X \sim N(\mu, \sigma^2)$，则 X 的分布函数为

$$F(x) = \frac{1}{\sqrt{2\pi}\,\sigma}\int_{-\infty}^{x} \mathrm{e}^{-\frac{1}{2\sigma^2}(t-\mu)^2}\mathrm{d}t.$$

正态分布的密度函数和分布函数的图形如图 2.4.4 所示.

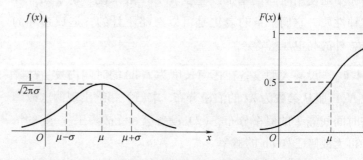

图 2.4.4 正态分布的密度函数和分布函数

正态分布是概率论与数理统计中最重要的分布之一，德国数学家高斯（Gauss，1777—1855）在研究误差理论时首先用正态分布来刻画误差的分布，所以正态分布也称为高斯分布. 实际中，很多随机变量都服从或近似服从正态分布. 例如，零件长度的测量误差，某地区居民的收入，年降雨量，同龄人身高，在正常条件下各种产品的质量指标——如零件的尺寸、纤维的强度和张力，农作物的产量，小麦的穗长、株高，测量误差，射击目标的水平或垂直偏差，信号噪声等.

从正态分布的密度曲线图中，可以看出其具有以下特性.

（1）正态分布的密度曲线是一条关于 μ 对称的钟形曲线，即 $f(\mu+x)=f(\mu-x)$，特点是"两头小，中间大，左右对称".

（2）在 $x=\mu$ 处达到最大值：$f(\mu)=\dfrac{1}{\sqrt{2\pi}\,\sigma}$，说明 X 落在 μ 附近的可能性最大，或者说 X 的取值在 μ 附近最密集.

（3）曲线 $f(x)$ 向左右伸展时，越来越贴近 x 轴，即 $f(x)$ 以 x 轴为渐近线. 当 $x\to\pm\infty$ 时，$f(x)\to 0$.

（4）$x=\mu\pm\sigma$ 为 $f(x)$ 的两个拐点的横坐标.

图 2.4.5 给出了在 μ 和 σ 发生变化时，相应的正态分布的密度曲线的变化情况.

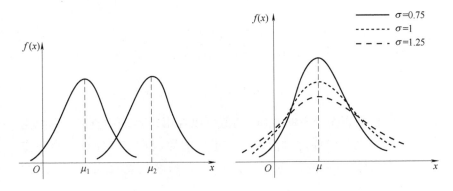

图 2.4.5　正态分布的密度曲线

从图 2.4.5 中可以看出，如果 σ 固定不变，改变 μ 的值，图形只会沿 x 轴平移，而图形的形状不发生变化. 也就是说正态分布的密度函数的中心位置由参数 μ 决定，因此亦称 μ 为位置参数；另外，如果 μ 固定不变，改变 σ 的值，则密度函数的图形的中心位置不变，而 σ 越小，密度函数的曲线越陡峭. 也就是说 σ 决定了正态分布的尺度，因此称 σ 为尺度参数或者刻度参数.

特别地，当 $\mu=0$，$\sigma^2=1$ 时，称随机变量 X 服从标准正态分布，记为 $X\sim N(0,1)$，其概率密度函数和分布函数分别用 $\varphi(x)$ 和 $\Phi(x)$ 表示，即有

$$\varphi(x)=\frac{1}{\sqrt{2\pi}}\mathrm{e}^{-x^2/2},\quad -\infty<x<+\infty,\qquad (2.4.5)$$

$$\Phi(x)=\int_{-\infty}^{x}\frac{1}{\sqrt{2\pi}}\mathrm{e}^{-t^2/2}\mathrm{d}t,\quad -\infty<x<+\infty,\qquad (2.4.6)$$

易知，标准正态分布的密度 $\varphi(x)$ 关于 y 轴对称，即有 $\varphi(-x)=$

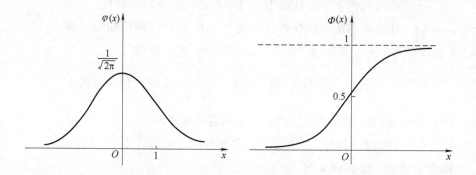

图 2.4.6　标准正态分布的密度函数和分布函数

$\varphi(x)$，所以对任意的 x，有

$$\Phi(-x) = 1 - \Phi(x).$$

事实上，

$$\Phi(-x) = \int_{-\infty}^{-x} \varphi(t)\,\mathrm{d}t \xrightarrow{u\,=\,-t} -\int_{+\infty}^{x} \varphi(-u)\,\mathrm{d}u = \int_{x}^{+\infty} \varphi(-u)\,\mathrm{d}u$$

$$= \int_{x}^{+\infty} \varphi(u)\,\mathrm{d}u = 1 - \int_{-\infty}^{x} \varphi(u)\,\mathrm{d}u = 1 - \Phi(x).$$

标准正态分布的 $\Phi(x)$ 的值可以在书末附表中查到．标准正态分布之所以如此重要，一个重要的原因在于，任意一个正态分布 $N(\mu, \sigma^2)$ 的计算都可以转化为标准正态分布 $N(0,1)$ 的计算．

若 $X \sim N(\mu, \sigma^2)$，且 X 的分布函数为 $F(x)$，则对任意的实数 x，有

$$F(x) = \Phi\left(\frac{x-\mu}{\sigma}\right),$$

事实上，

$$F(x) = \frac{1}{\sqrt{2\pi}\,\sigma} \int_{-\infty}^{x} \mathrm{e}^{-\frac{1}{2\sigma^2}(t-\mu)^2}\,\mathrm{d}t \xrightarrow{u\,=\,(t-\mu)/\sigma}$$

$$\int_{-\infty}^{(x-\mu)/\sigma} \frac{1}{\sqrt{2\pi}} \mathrm{e}^{-\frac{u^2}{2}}\,\mathrm{d}u = \Phi\left(\frac{x-\mu}{\sigma}\right).$$

由此结论，可以得到如下常用的计算公式，若 $X \sim N(\mu, \sigma^2)$，对于任意的实数，a, b, c，有

$$P\{X \leqslant a\} = \Phi\left(\frac{a-\mu}{\sigma}\right);$$

$$P\{a < X \leqslant b\} = \Phi\left(\frac{b-\mu}{\sigma}\right) - \Phi\left(\frac{a-\mu}{\sigma}\right);$$

$$P\{X > c\} = 1 - \Phi\left(\frac{c-\mu}{\sigma}\right).$$

例 2.4.7　某种电子元件在电源电压不超过 200V，200~240V，超过 240V 三种情况下损坏的概率分别为 0.1、0.001、0.2，设电源电压 $X \sim N(220,25^2)$，求（1）此种电子元件的损坏率；（2）此种电子元件损坏时，电源电压在 200~240V 的概率.

解　（1）设 $A = \{$电子元件损坏$\}$，$B_1 = \{$电压不超过 200V$\}$，$B_2 = \{$电压为 200~240V$\}$，$B_3 = \{$电压超过 240V$\}$，且 X 的分布函数为 $F(x)$.

由已知得

$$P(A \mid B_1) = 0.1, \quad P(A \mid B_2) = 0.001, \quad P(A \mid B_3) = 0.2.$$

$$P(B_1) = P\{X \leqslant 200\} = F(200) = \Phi\left(\frac{200-220}{25}\right)$$

$$= 1 - \Phi(0.8) = 0.2119.$$

$$P(B_2) = P\{200 < X < 240\} = F(240) - F(200)$$

$$= \Phi\left(\frac{240-220}{25}\right) - \Phi\left(\frac{200-220}{25}\right) = 2\Phi(0.8) - 1 = 0.5762.$$

$$P(B_3) = P\{X \geqslant 240\} = 1 - F(240) = 1 - \Phi\left(\frac{240-220}{25}\right)$$

$$= 1 - \Phi(0.8) = 0.2119.$$

由全概率公式得

$$P(A) = \sum_{i=1}^{3} P(B_i)P(A \mid B_i) = 0.1 \times 0.2119 + 0.001 \times$$

$$0.5762 + 0.2 \times 0.2119 = 0.0641.$$

（2）由贝叶斯公式得

$$P(B_2 \mid A) = \frac{P(B_2)P(A \mid B_2)}{P(A)} = \frac{0.001 \times 0.5762}{0.0641} = 0.009.$$

例 2.4.8　设随机变量 $X \sim N(\mu, \sigma^2)$，求 $P\{|X - \mu| < k\sigma\}$ 的值，$k = 1, 2, 3$.

解　设 X 的分布函数为 $F(x)$. 则有

$$P\{|X - \mu| < k\sigma\} = P\{\mu - k\sigma < X < \mu + k\sigma\} = F(\mu + k\sigma) - F(\mu - k\sigma)$$

$$= \Phi\left(\frac{\mu + k\sigma - \mu}{\sigma}\right) - \Phi\left(\frac{\mu - k\sigma - \mu}{\sigma}\right) = \Phi(k) - \Phi(-k)$$

$$= \Phi(k) - [1 - \Phi(k)] = 2\Phi(k) - 1.$$

当 $k = 1$ 时，$P\{|X - \mu| < \sigma\} = 2\Phi(1) - 1 = 0.6826$；

当 $k = 2$ 时，$P\{|X - \mu| < 2\sigma\} = 2\Phi(2) - 1 = 0.9544$；

当 $k = 3$ 时，$P\{|X - \mu| < 3\sigma\} = 2\Phi(3) - 1 = 0.9974$.

结果如图 2.4.7 所示.

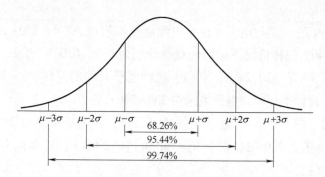

图 2.4.7   正态分布的 3σ 原则

由此可以看出，尽管正态分布的随机变量的取值范围为 $(-\infty, +\infty)$，但它的值落在 $(\mu-3\sigma, \mu+3\sigma)$ 内的概率达到 0.9974，这是几乎肯定的事. 这就是统计中正态分布的"3σ 原则".

2.5   一维随机变量函数的分布

在实际中，我们经常遇到这样的问题，某个随机变量的分布已知，但是关心的是该随机变量的某个函数的分布. 如：在统计物理中，气体分子运动速度的绝对值 X 的分布是已知的，但是我们想知道分子运动动能 Y 的分布，它们之间有如下关系：$Y = \frac{1}{2}mX^2$，其中 m 表示分子的质量. 再比如，球的直径 D 的分布是容易测量得到的，但是我们想知道的是球的体积 $V = \frac{\pi}{6}D^3$ 的分布.

一般地，设 X、Y 是两个随机变量，$y=g(x)$ 是一个已知函数，如果当 X 取值 x 时，Y 取值为 $g(x)$，则称 Y 是随机变量 X 的函数，记为 $Y=g(X)$. 本节主要研究单个随机变量的函数的分布问题，即，当随机变量 X 的概率分布已知时，如何求它的函数 $Y=g(X)$ 的概率分布. 下面分别在 X 为离散型和连续型两种情况下给出 $Y=g(X)$ 的分布.

▶️ 离散型随机变量函数的分布

2.5.1   离散型随机变量函数的分布

当 X 为离散型随机变量时，设 X 的分布律为

X	x_1	x_2	$\cdots$	x_i	$\cdots$
P	p_1	p_2	$\cdots$	p_i	$\cdots$

若 $Y=g(X)$ 也是离散型随机变量，此时 Y 的分布律可以表示为

Y	$g(x_1)$	$g(x_2)$	$\cdots$	$g(x_i)$	$\cdots$
P	p_1	p_2	$\cdots$	p_i	$\cdots$

当 $g(x_1),g(x_2),\cdots,g(x_i),\cdots$ 中有某些值相等时，则把那些相等的值分别合并，并把对应的概率相加即可.

例 2.5.1　设离散型随机变量 X 的分布律为

X	-1	0	1	2
P	0.2	0.3	0.1	0.4

令 $Y=2X$，$Z=(X-1)^2$，求 Y 和 Z 的分布律.

解　将 X,Y,Z 的取值和概率列在如下的表格中

X	-1	0	1	2
$Y=2X$	-2	0	2	4
$Z=(X-1)^2$	4	1	0	1
P	0.2	0.3	0.1	0.4

因此 Y 的分布律为

Y	-2	0	2	4
P	0.2	0.3	0.1	0.4

而 Z 的取值中有两个 1，则需要把它们合并，并把相应的概率相加，得 Z 的分布律为

Z	0	1	4
P	0.1	0.7	0.2

一般地，设 X 是离散型随机变量，其分布律为
$$P\{X=x_i\}=p_i, i=1,2,\cdots.$$
若 $Y=g(X)$ 可能的取值为 $y_k,k=1,2,\cdots$，则 Y 的分布律为
$$P\{Y=y_k\}=\sum_{g(x_i)=y_k}P\{X=x_i\}=\sum_{g(x_i)=y_k}p_i.$$

例 2.5.2　已知随机变量 X 的分布律为
$$P\{X=k\}=\frac{1}{2^k}, k=1,2,\cdots.$$

令 $Y=\sin\left(\frac{\pi}{2}X\right)$，求 Y 的分布律.

解　易知 Y 可能的取值为 $-1,0,1$，且
$$Y=\sin\left(\frac{\pi}{2}X\right)=\begin{cases}-1, & X=4k-1,\\ 0, & X=2k, \qquad k=1,2,\cdots,\\ 1, & X=4k-3.\end{cases}$$
所以有
$$P\{Y=-1\}=\sum_{k=1}^{+\infty}P\{X=4k-1\}=\sum_{k=1}^{+\infty}\frac{1}{2^{4k-1}}=\frac{1/8}{1-1/16}=\frac{2}{15};$$

$$P\{Y=0\} = \sum_{k=1}^{+\infty} P\{X=2k\} = \sum_{k=1}^{+\infty} \frac{1}{2^{2k}} = \frac{1/4}{1-1/4} = \frac{1}{3};$$

$$P\{Y=1\} = 1 - P\{Y=-1\} - P\{Y=0\} = \frac{8}{15}.$$

于是 Y 的分布律为

Y	-1	0	1
P	2/15	1/3	8/15

▶ 连续型随机变量函数的分布

2.5.2 连续型随机变量函数的分布

设 X 是连续型随机变量，且其概率密度函数为 $f(x)$. 分以下三种情况讨论 $Y=g(X)$ 的分布.

1. $Y=g(X)$ 为离散型随机变量

当 $Y=g(X)$ 为离散型随机变量时，只需求 Y 的分布律，此时，问题的实质是将 Y 取某个值的概率转化为 X 属于某个区间的概率.

例 2.5.3 设连续型随机变量 X 的概率密度函数为

$$f(x) = \begin{cases} 2x, & 0<x<1, \\ 0, & \text{其他}. \end{cases}$$

令

$$Y = \begin{cases} 1, & X \leqslant 1/2, \\ 0, & X > 1/2. \end{cases}$$

求 Y 的分布.

解 易知 Y 可能的取值为 0 和 1.

$$P\{Y=1\} = P\left\{X \leqslant \frac{1}{2}\right\} = \int_{-\infty}^{1/2} f(x)\,\mathrm{d}x = \int_0^{1/2} 2x\mathrm{d}x = \frac{1}{4},$$

$$P\{Y=0\} = P\left\{X > \frac{1}{2}\right\} = \int_{1/2}^{+\infty} f(x)\,\mathrm{d}x = \int_{1/2}^1 2x\mathrm{d}x = \frac{3}{4},$$

或者

$$P\{Y=0\} = 1 - P\{Y=1\} = 1 - \frac{1}{4} = \frac{3}{4}.$$

所以 Y 的分布律为

Y	0	1
P	3/4	1/4

2. $y=g(x)$ 为严格单调函数

当 $y=g(x)$ 为严格单调函数时，关于 $Y=g(X)$ 的分布有如下定理.

> **定理 2.5.1** 设 X 为连续型随机变量，其密度函数为 $f_X(x)$，且当 $a<x<b$ 时，$f_X(x)>0$，若当 $a<x<b$ 时，$y=g(x)$ 为严格单调的可导函数. 则 $Y=g(X)$ 为连续型随机变量，且其密度函数为
>
> $$f_Y(y)=\begin{cases} f_X(h(y))\,|h'(y)|, & \alpha<y<\beta, \\ 0, & \text{其他}. \end{cases}$$
>
> 其中 $\alpha=\min\{g(a),g(b)\}$，$\beta=\max\{g(a),g(b)\}$，$h(y)$ 是 $g(x)$ 的反函数.

证明 不妨设 $y=g(x)$ 为严格单调增函数，此时 $\alpha=g(a)$，$\beta=g(b)$，则 $h(y)$ 也为严格单调增函数，且 $h'(y)>0$. 意味着 $Y=g(X)$ 在区间 (α,β) 内取值的概率为 1. 设 Y 的分布函数为 $F_Y(y)$. 所以，

当 $y\leqslant\alpha$ 时，$F_Y(y)=P\{Y\leqslant y\}=0$；

当 $y\geqslant\beta$ 时，$F_Y(y)=P\{Y\leqslant y\}=1$；

当 $\alpha<y<\beta$ 时，$F_Y(y)=P\{Y\leqslant y\}=P\{Y\leqslant\alpha\}+P\{\alpha<Y\leqslant y\}$

$$=P\{\alpha<Y\leqslant y\}=P\{\alpha<g(X)\leqslant y\}$$

$$=P\{a<X\leqslant h(y)\}=\int_a^{h(y)}f_X(x)\,\mathrm{d}x.$$

即 Y 的分布函数为

$$F_Y(y)=\begin{cases} 0, & y\leqslant\alpha, \\ \int_a^{h(y)}f_X(x)\,\mathrm{d}x, & \alpha<y<\beta, \\ 1, & y\geqslant\beta. \end{cases}$$

所以 Y 的密度函数为

$$f_Y(y)=F_Y'(y)=\begin{cases} f_X(h(y))h'(y), & \alpha<y<\beta, \\ 0, & \text{其他}. \end{cases}$$

当 $y=g(x)$ 为严格单调减函数时，可类似地证明，请读者自行完成.

例 2.5.4 设随机变量 X 服从正态分布 $N(\mu,\sigma^2)$，则 X 的线性函数 $Y=aX+b\,(a\neq0)$ 服从正态分布 $N(a\mu+b,a^2\sigma^2)$.

证明 X 的概率密度函数为

$$f_X(x)=\frac{1}{\sqrt{2\pi}\,\sigma}\mathrm{e}^{-\frac{(x-\mu)^2}{2\sigma^2}},\quad -\infty<x<\infty,$$

易知对任意 $a\neq0$，$y=ax+b$ 为严格单调的可导函数，且 y 的取值范围为 $(-\infty,+\infty)$. 则有

$$x=h(y)=\frac{y-b}{a},\ \text{且}\ h'(y)=\frac{1}{a}.$$

由定理 2.5.1 知，Y 的密度函数为

$$f_Y(y) = f_X(h(y)) \mid h'(y) \mid, \ -\infty < y < +\infty,$$

即

$$f_Y(y) = \frac{1}{\sqrt{2\pi}\sigma} \mathrm{e}^{-\frac{\left(\frac{y-b}{a}-\mu\right)^2}{2\sigma^2}} \left| \frac{1}{a} \right| = \frac{1}{\sqrt{2\pi} \mid a \mid \sigma} \mathrm{e}^{-\frac{(y-(a\mu+b))^2}{2a^2\sigma^2}}, \ -\infty < y < +\infty.$$

所以有

$$Y \sim N(a\mu + b, a^2\sigma^2).$$

特别地，上例中若取 $a = \dfrac{1}{\sigma}$，$b = -\dfrac{\mu}{\sigma}$，则 $Y = aX + b = \dfrac{X-\mu}{\sigma} \sim$ $N(0,1)$.

例 2.5.5 设随机变量 X 服从参数为 $\lambda (\lambda > 0)$ 的指数分布，试求 $Y = 1 - \mathrm{e}^{-\lambda X}$ 的概率密度函数.

解 X 的密度函数为

$$f_X(x) = \begin{cases} \lambda \mathrm{e}^{-\lambda x}, & x > 0, \\ 0, & x \leqslant 0. \end{cases}$$

易知当 $x > 0$ 时，$y = 1 - \mathrm{e}^{-\lambda x}$ 为严格单调增函数，且 y 的取值范围为 $(0,1)$. 则有

$$x = h(y) = -\frac{1}{\lambda}\ln(1-y), \ \text{且} \ h'(y) = \frac{1}{\lambda(1-y)}.$$

由定理 2.5.1 知，Y 的密度函数为

$$f_Y(y) = \begin{cases} f_X(h(y)) \mid h'(y) \mid, & 0 < y < 1, \\ 0, & \text{其他}. \end{cases}$$

即有

$$f_Y(y) = \begin{cases} \lambda \mathrm{e}^{-\lambda \left(-\frac{\ln(1-y)}{\lambda}\right)} \dfrac{1}{\lambda(1-y)}, & 0 < y < 1, \\ 0, & \text{其他} \end{cases} = \begin{cases} 1, & 0 < y < 1, \\ 0, & \text{其他}. \end{cases}$$

即，$Y \sim U(0,1)$.

3. $y = g(x)$ 为其他形式时

当 $y = g(x)$ 不满足定理 2.5.1 的条件时，情况比较复杂，$Y = g(X)$ 可能是连续型随机变量，也可能不是连续型随机变量. 此时，我们必须先求 Y 的分布函数，即求 $F_Y(y) = P\{Y \leqslant y\} = P\{g(X) \leqslant y\}$，如果 Y 也是连续型随机变量，再对分布函数求导数，得到其密度函数，如果 Y 不是连续型随机变量，求出分布函数即可. 要视 $g(x)$ 的具体情况进行处理，可参看以下几个例题.

例 2.5.6 设随机变量 X 具有概率密度 $f_X(x)$，$-\infty < x < +\infty$，求 $Y = X^2$ 的概率密度函数.

解　易知 $y=x^2$ 关于 x 不是严格单调的, 此时设 X 和 Y 的分布函数分别为 $F_X(x)$ 和 $F_Y(y)$.

注意到 $Y=X^2 \geqslant 0$, 故当 $y \leqslant 0$ 时, $F_Y(y) = 0$.

当 $y>0$ 时, $F_Y(y) = P\{Y \leqslant y\} = P\{X^2 \leqslant y\} = P\{-\sqrt{y} \leqslant X \leqslant \sqrt{y}\} = F_X(\sqrt{y}) - F_X(-\sqrt{y})$.

即 Y 的分布函数为

$$F_Y(y) = \begin{cases} F_X(\sqrt{y}) - F_X(-\sqrt{y}), & y > 0, \\ 0, & y \leqslant 0. \end{cases}$$

对 $F_Y(y)$ 关于 y 求导数, 得 Y 的密度函数为

$$f_Y(y) = F_Y'(y) = \begin{cases} \dfrac{1}{2\sqrt{y}}[f_X(\sqrt{y}) + f_X(-\sqrt{y})], & y > 0, \\ 0, & y \leqslant 0. \end{cases}$$

特别地, 设 $X \sim N(0,1)$, 则 $Y=X^2$ 的概率密度为

$$f_Y(y) = \begin{cases} \dfrac{1}{\sqrt{2\pi}} y^{-\frac{1}{2}} e^{-\frac{y}{2}}, & y > 0, \\ 0, & y \leqslant 0. \end{cases}$$

此时称 Y 服从自由度为 1 的 χ^2 分布.

例 2.5.7　在半径为 R, 圆心在原点 O 的圆周上任取一点 M, 设 MO 与 x 轴正向的夹角 $\Theta \sim U(-\pi, \pi)$, 求点 M 与 $A(-R,0)$, $B(R,0)$ 三点构成的三角形面积的密度函数.

解　易知三角形的面积为

$$S = R^2 |\sin\Theta|.$$

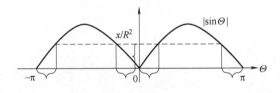

图 2.5.1　$|\sin\Theta|$ 示意图

先求分布函数

$$F_S(x) = P\{S \leqslant x\} = P\{R^2 |\sin\Theta| \leqslant x\} = P\left\{|\sin\Theta| \leqslant \frac{x}{R^2}\right\}.$$

当 $\dfrac{x}{R^2}<0$ 即 $x<0$ 时, $F_S(x) = 0$;

当 $\dfrac{x}{R^2} \geqslant 1$ 即 $x \geqslant R^2$ 时, $F_S(x) = 1$;

当 $0 \leqslant \dfrac{x}{R^2} < 1$ 即 $0 \leqslant x < R^2$ 时,

$$F_S(x) = P\left\{ |\sin\Theta| \leqslant \frac{x}{R^2} \right\}$$

$$= P\left\{ 0 \leqslant \Theta \leqslant \arcsin\left(\frac{x}{R^2}\right) \right\} + P\left\{ \pi - \arcsin\left(\frac{x}{R^2}\right) \leqslant \Theta \leqslant \pi \right\}$$

$$P\left\{ -\arcsin\left(\frac{x}{R^2}\right) \leqslant \Theta \leqslant 0 \right\} + P\left\{ -\pi \leqslant \Theta \leqslant -\pi + \arcsin \right.$$

$$= 4\arcsin\left(\frac{x}{R^2}\right) \bigg/ 2\pi,$$

故

$$F_S(x) = \begin{cases} 0, & x<0, \\ \dfrac{2\arcsin\left(\dfrac{x}{R^2}\right)}{\pi}, & 0 \leqslant x < R^2, \\ 1, & x \geqslant R^2. \end{cases}$$

所以

$$f_S(x) = F_S'(x) = \begin{cases} \dfrac{2}{\pi\sqrt{R^4 - x^2}}, & 0 \leqslant x < R^2, \\ 0, & \text{其他}. \end{cases}$$

例 2.5.8　假设一设备开机后无故障工作时间 X 服从指数分布 $E(1/4)$. 设备定时开机，出现故障自动关机，而在无故障的情况下工作 3h 便关机. 试求该设备每次开机无故障工作时间 Y 的分布函数.

解　易知 $Y = \min(X, 3)$，即

$$Y = \begin{cases} X, & X < 3, \\ 3, & X \geqslant 3, \end{cases}$$

且 X 的分布函数为

$$F_X(x) = \begin{cases} 1 - \mathrm{e}^{-\frac{x}{4}}, & x > 0, \\ 0, & x \leqslant 0, \end{cases}$$

易知样本空间 S 可以表示为 $\{X<3\} \cup \{X \geqslant 3\}$，所以对任意的实数 y，

$$\{Y \leqslant y\} \subset \{X<3\} \cup \{X \geqslant 3\},$$

所以 Y 的分布函数

$$F_Y(y) = P\{Y \leqslant y\} = P\{\{Y \leqslant y\} \cap (\{X<3\} \cup \{X \geqslant 3\})\}$$

$$= P\{(\{Y \leqslant y\} \cap \{X<3\}) \cup (\{Y \leqslant y\} \cap \{X \geqslant 3\})\}$$

$$= P\{Y \leqslant y, X<3\} + P\{Y \leqslant y, X \geqslant 3\}$$

$$= P\{X \leqslant y, X<3\} + P\{Y \leqslant y, X \geqslant 3\}.$$

当 $y<0$ 时，$F_Y(y) = P\{X \leqslant y\} + 0 = 0$；

当 $0 \leqslant y < 3$ 时，$F_Y(y) = P\{X \leqslant y\} + 0 = 1 - \mathrm{e}^{-y/4}$；

当 $y \geqslant 3$ 时，$F_Y(y) = P\{X \leqslant 3\} + P\{X \geqslant 3\} = 1$.

所以 Y 的分布函数为

$$F_Y(y) = \begin{cases} 0, & y < 0, \\ 1 - \mathrm{e}^{-y/4}, & 0 \leqslant y < 3, \\ 1, & y \geqslant 3. \end{cases}$$

▶ 冯如的飞机

易知 $F_Y(y)$ 在 $y = 3$ 时不连续．所以 Y 不是连续型随机变量．

由本例可以看出，存在既不是离散型随机变量，又不是连续型随机变量的例子．本书主要研究离散型随机变量和连续型随机变量．

习题 2

1. 一袋中有 12 个球，其中 2 个白球，10 个红球．从袋中任取 2 个球，则取到白球的个数是随机变量 X．写出 X 的分布律．

2. 设 10 只同种电子元件中有两只废品，装配仪器时，从这批元件中任取 1 只，若是废品，则扔掉重新任取 1 只，若仍是废品，则扔掉再取 1 只，求在取到正品之前已取出的废品数 X 的概率分布．

3. 设有 3 个盒子，第 1 个盒子装有 4 个红球，1 个黑球；第 2 个盒子装有 3 个红球，2 个黑球；第 3 个盒子装有 2 个红球，3 个黑球．现在掷一颗骰子，若得 1 点则抽取第 1 个盒子，若得偶数点取第 2 个盒子，否则取第 3 个盒子，然后从盒子中任取 3 个球，求所取到的红球个数 X 的分布律．

4. 3 双不同牌号的鞋共 6 只，现从中不放回地随机地 1 次取 1 只，这样取下去，设第 X 次取鞋时才凑成一双鞋，求 X 的分布律．

5. 袋子中装有编号为 $1, 2, \cdots, 5$ 的 5 个球，现从袋中不放回地依次随机抽取 3 个球，每次抽取后，记下球的标号，设随机变量 X 表示抽得的 3 个球的最大号码数，试求 X 的概率分布律．

6. 已知 7 个晶体管中有 4 个正品和 3 个次品，每次任意抽取 1 个来测试，测试后不再放回去，直至把 4 个正品都测试完为止，试求测试次数 X 的分布律．

7. 设离散型随机变量 X 的分布律为

X	-1	0	1	2
P	0.2	0.1	0.3	b

求 (1) 常数 b 的值；(2) $P\{-0.5 < X < 2\}$．

8. 若离散型随机变量 X 的分布律为

X	-1	0	1	3
P	1/8	a	b	1/2

且 $P\{X \leqslant 0\} = 3/8$，求常数 a 和 b 的值．

9. 设离散型随机变量 X 的分布律如下，求常数 C 的值．

(1) $P\{X = i\} = \dfrac{C}{i(i+1)}, i = 2, 3, \cdots$；

(2) $P\{X = k\} = C \cdot \dfrac{2^k}{k!}, k = 1, 2, \cdots$；

(3) $P\{X = k\} = \dfrac{C}{3^k}, k = 3, 4, \cdots$．

10. 设一个系统有 5 个独立的同类元件组成，每个元件正常工作的概率为 0.8，求 (1) 恰有 3 个元件正常工作的概率；(2) 至少有 4 个元件正常工作的概率；(3) 最多有 2 个元件正常工作的概率．

11. 某店有 4 位售货员，假设每位售货员是否用秤是相互独立的，且每位售货员平均在 1h 内只有 15min 用秤．如果要求当售货员用秤时，因秤不够用而影响售货的概率小于 10%，那么该店应配置几台秤？

12. 经验表明，预定餐厅座位而不来就餐的顾客比例为 0.2，如今餐厅有 50 个座位，但预定给了 52 位顾客，问有预定座位的顾客来到餐厅而没有座位的概率是多少？

13. 设 $X \sim b(2,p)$，$Y \sim b(3,p)$，且 $P\{X \geqslant 1\} = 5/9$，求 $P\{Y \geqslant 1\}$.

14. 有一大批产品，其验收方案如下，先作第 1 次检验，从中任取 10 件，经检验无次品就接受这批产品，次品数大于 2 就拒收，否则作第 2 次检验，其做法是从中再任取 5 件，仅当 5 件中没有次品时就接受这批产品，若产品的次品率为 0.1，求这批产品被接受的概率.

15. 一射手对同一目标进行独立重复地 4 次射击，若至少命中 1 次的概率为 80/81，求该射手进行 1 次射击的命中率 p.

16. (1) 进行独立重复试验，设每次试验成功的概率为 p，失败的概率为 $1-p(0<p<1)$，将试验进行到出现 r 次成功为止，以 Y 表示所需的试验次数，求 Y 的分布律. (此时称 Y 服从参数为 r 和 p 的负二项分布或帕斯卡分布)；

(2) 某篮球运动员罚球时的命中率为 70%，每次训练结束后，该运动员都进行额外的罚球训练，并且直到罚球命中 30 次才结束训练，以 X 表示结束罚球训练时的罚球次数，试求 X 的分布律.

17. 假设 1 日内到过某商店的顾客数服从参数为 λ 的泊松分布，而每个顾客实际购物的概率为 p，分别以 X 和 Y 表示 1 日内到过该商店的顾客中购物和未购物的人数，分别求 X 和 Y 的概率分布.

18. 一个人在一年中患感冒的次数 X 服从参数为 $\lambda=5$ 的泊松分布，现正销售一种特效药，对 75% 的人口可将泊松分布的参数 λ 减少到 3，而对另外的 25% 的人则是无效的，若某人试用此药一年，在试用期内患了两次感冒，问此药对他有效的概率是多少？

19. 某保险公司的某疾病保险共有 1000 人投保，经前期调查知，每个投保人一年内得该种疾病的概率为 0.005，且每个人在一年内是否得该种疾病是相互独立的，试求在未来一年内这 1000 个投保人中得该种疾病的人数不超过 10 人的概率. (利用泊松定理近似计算)

20. 求第 5 题中随机变量 X 的分布函数.

21. 已知离散型随机变量 X 的分布函数为

$$F(x) = \begin{cases} 0, & x<-2, \\ 0.1, & -2 \leqslant x<0, \\ 0.4, & 0 \leqslant x<2, \\ 0.7, & 2 \leqslant x<4, \\ 1, & x \geqslant 4. \end{cases}$$

试求 X 的分布律以及 $P\{X<2\}$，$P\{X \leqslant 2\}$，$P\{X>0\}$，$P\{X \geqslant 0\}$，$P\{X \geqslant 0 \mid X \neq 0\}$.

22. 设随机变量 X 的分布函数为

$$F(x) = \begin{cases} A-(1+x)e^{-x}, & x \geqslant 0, \\ B, & x<0. \end{cases}$$

求 (1) 常数 A 和 B 的值；(2) $P\{X \leqslant 1\}$.

23. 判断下列函数是否是概率密度函数，并说明理由.

(1) $f(x) = \begin{cases} \sin x, & 0<x<\pi, \\ 0, & \text{其他.} \end{cases}$

(2) $f(x) = \begin{cases} \dfrac{x}{c} e^{-\frac{x^2}{2c}}, & x>0, \\ 0, & x \leqslant 0. \end{cases}$ $c>0$ 为常数.

24. 设 $f(x)$，$g(x)$ 都是概率密度函数，令 $h(x) = \alpha f(x)+(1-\alpha)g(x)$，其中 $0 \leqslant \alpha \leqslant 1$. 证明：$h(x)$ 是概率密度函数.

25. 设随机变量 X 的密度函数 $f(x)$ 是连续函数，其分布函数为 $F(x)$，证明：对任意的正整数 n，$nf(x)[F(x)]^{n-1}$ 是一个概率密度函数.

26. 设随机变量 X 的概率密度函数为 $f(x)$，且 $f(x)=f(-x)$. 证明：对任何实数 $a>0$，$P\{|X|>a\} = 2[1-F(a)]$.

27. 设连续型随机变量 X 的分布函数为

$$F(x) = \begin{cases} A+Be^{-x^2/2}, & x>0, \\ 0, & x \leqslant 0. \end{cases}$$

其中 A、B 为常数.

求 (1) 常数 A、B 的值；(2) X 的密度函数；(3) $P\{1<X<2\}$.

28. 设连续型随机变量 X 的分布函数

$$F(x) = \begin{cases} 0, & x \leqslant 0, \\ A-\cos(x/2), & 0<x<\pi, \\ 1, & x \geqslant \pi. \end{cases}$$

其中 A 为常数.

(1) 确定 A 的值；(2) 求 X 的密度函数 $f(x)$；(3) 计算 $P\left\{\cos \dfrac{X}{2}>\dfrac{1}{2}\right\}$.

29. 设连续型随机变量 X 的分布函数为

$$F(x) = \begin{cases} A, & x<1, \\ B(1-x)^2, & 1 \le x \le 3, \\ C, & x>3, \end{cases}$$

其中 A,B,C 为常数.

(1) 确定常数 A,B,C 的值；(2) 求 $P\{1/2<X<2\}$；(3) 求概率密度函数 $f(x)$.

30. 设随机变量 X 的概率密度函数为

$$f(x) = \begin{cases} 1-|x|, & -1<x<1, \\ 0, & \text{其他}. \end{cases}$$

求 X 的分布函数.

31. 设随机变量 X 的概率密度函数为

$$f(x) = ce^{-|x|}, \quad -\infty < x < \infty,$$

其中 c 为未知常数.

求 (1) 常数 c 的值；(2) $P\{-1<X<2\}$；(3) 分布函数 $F(x)$.

32. 设随机变量 X 的密度函数为

$$f(x) = \begin{cases} ax^3 e^{-x^2/2}, & x \ge 0. \\ 0, & x<0. \end{cases}$$ 其中 $a>0$ 为常数.

求 (1) 常数 a 的值；(2) X 的分布函数 $F(x)$；(3) $P\{-2<X\le 4\}$.

33. 设随机变量 X 的概率密度函数为

$$f(x) = \begin{cases} Ae^x, & x<0, \\ \dfrac{1}{4}, & 0 \le x<2, \\ 0, & x \ge 2. \end{cases}$$

其中 A 为大于 0 的常数.

求 (1) 常数 A 的值；(2) X 的分布函数 $F(x)$；(3) $P\{|X|<3\}$.

34. 设随机变量 $X \sim U(-2,2)$，现对 X 进行 3 次独立重复观测，求至少有 2 次出现观测值大于 1 的概率.

35. 设随机变量 $\xi \sim U(-3,6)$，求方程 $x^2+\xi x+1=0$ 有实根的概率.

36. 设某种灯管的使用寿命服从参数 $\lambda = 1/8000$ 的指数分布 (单位：h)，(1) 任取一根这种灯管，求其能正常使用 4000h 以上的概率.

(2) 若一根这种灯管已经正常使用了 4000h，求还能正常使用 4000h 以上的概率.

(3) 若一教室内安装了 20 根此类灯管，求在 4000h 之内不必更换的灯管的个数 X 的分布律.

37. 设顾客在某银行的窗口等待服务的时间 X (单位：min) 服从指数分布 $E(1/5)$，某顾客在窗口等待服务，若超过了 10min 他就离开. 此人一个月要到银行 5 次，以 Y 表示一个月内他未等到服务而离开银行的次数，求 $P\{Y \ge 1\}$.

38. 统计调查表明，英格兰 1875 年至 1951 年期间在矿山发生 10 人或 10 人以上死亡的两次事故之间的时间 T (单位：天) 服从参数为 $\lambda = 1/241$ 的指数分布. 求 $P\{50<T<100\}$.

39. 假设打一次电话所用的时间 (单位：min) 是服从以 $\lambda = 0.1$ 为参数的指数分布的随机变量，如果某人刚好在你前面走进电话亭，试求你将等待：(1) 超过 10min 的概率；(2) 10min 到 20min 的概率.

40. 若随机变量 $X \sim N(3,4)$. (1) 求 $P\{2<X<5\}$；(2) 求 $P\{|X|>2\}$；(3) 确定常数 c 使得 $P\{X>c\} = P\{X<c\}$；(4) 设常数 d 满足 $P\{X>d\} \ge 0.9$，问 d 至多为多少？

41. 由自动车床生产的某种零件的长度 X (单位：cm) 服从正态分布 $N(10.05, 0.06^2)$. 规定长度在 10.05 ± 0.12 内为合格品，(1) 求这种零件的不合格品率. (2) 从这批零件中有放回地取 3 个，求恰好有 2 个不合格品的概率；(3) 从这批零件中有放回地取 3 个，求至多有 2 个不合格品的概率.

42. 某地区成年男子的体重 X (单位：kg) 服从正态分布 $N(\mu, \sigma^2)$，若已知 $P\{X \le 70\} = 0.5$，$P\{X \le 60\} = 0.25$. (1) 求 μ 和 σ 的值；(2) 若从该地区随机选出 5 名成年男子，问其中至少有 2 人体重超过 65kg 的概率是多少？

43. 对某型号的导弹进行试射，若落点的纵向偏差 X (单位：km) 服从正态分布，参数为 $\mu = 0.2681$，$\sigma = 0.3722$. 问偏差在 -0.1041 和 1.0125 之间的概率是多少？

44. 在人群中，设人的血糖值 X 服从正态分布 $N(5, 1.56^2)$，若血糖值 (空腹) 长期稳定超过 7 就诊断为糖尿病. 在常规检查中，由于各方面的原因，糖尿病患者有 5% 的血糖值不高于 7，正常人中有 6% 的血糖值高于 7. 今在一次检查中，老李的血糖值超过了 7，问老李实际患糖尿病的概率为多少？

45. 设随机变量 X 服从正态分布 $N(0,\sigma^2)$，若 $P\{|X|>k\}=0.1$，求 $P\{X<k\}$.

46. 设随机变量 X 服从正态分布 $N(\mu,\sigma^2)$，试问：随着 σ 的增大，概率 $P\{|X-\mu|<\sigma\}$ 是如何变化的？

47. 设随机变量 $X\sim N(0,\sigma^2)$，求 σ 的值，使得 X 落入区间 $(1,3)$ 的概率最大.

48. 设随机变量 X 的密度函数为
$$f(x)=ae^{-x^2+x-\frac{1}{4}},\ |x|<+\infty.$$
求（1）常数 a 的值；（2）$P\{X>1/2\}$.

49. 设随机变量 X 的概率密度函数为 $f(x)=e^{-x^2+bx+c}$，$|x|<+\infty$，其中 b，c 为常数，且在 $x=1$ 时，密度函数取得最大值 $f(1)=\frac{1}{\sqrt{\pi}}$，（1）求常数 b，c 的值，（2）计算 $P\{1-\sqrt{2}<X<1+\sqrt{2}\}$.

50. 设离散型随机变量 X 的分布律为

X	0	$\pi/2$	π
P	0.25	0.5	0.25

求（1）$Y_1=2X-\pi$；（2）$Y_2=\cos X$；（3）$Y_3=\sin X$ 的分布律.

51. 已知随机变量 X 服从参数为 1 的泊松分布，记随机变量 $Y=\begin{cases}1, & X\leqslant 1,\\ 0, & X>1.\end{cases}$ 求随机变量 Y 的概率分布.

52. 已知 $X\sim N(0,1)$，令 $Y=\begin{cases}X, & |X|\leqslant 1,\\ -X, & |X|>1.\end{cases}$

（1）证明：对任意的实数 x，都有 $P\{\{-X\leqslant x\}\cap\{|X|\geqslant 1\}\}=P\{\{X\leqslant x\}\cap\{|X|>1\}\}$；

（2）求 Y 的分布函数，并指出 Y 所服从的分布.

53. 已知随机变量 X 的密度函数为
$$f(x)=\frac{2}{\pi(e^x+e^{-x})},\ -\infty<x<+\infty,$$

令 $Y=\begin{cases}-1, & X<0\\ 1, & X\geqslant 0\end{cases}$，求随机变量 Y 的概率分布.

54. 设随机变量 X 的概率密度函数为 $f_X(x)=\frac{1}{\pi(1+x^2)}$，求随机变量 $Y=1-\sqrt[3]{X}$ 的概率密度函数 $f_Y(y)$.

55. 设随机变量 X 服从均匀分布 $U(0,1)$. 试求以下 Y 的密度函数.

（1）$Y=1-X$；（2）$Y=e^X$；（3）$Y=-2\ln X$；

（4）$Y=|\ln X|$.

56. 设随机变量 X 服从正态分布 $N(0,1)$. 试求以下 Y 的密度函数.

（1）$Y=aX+b(a\neq 0)$；（2）$Y=|X|$；（3）$Y=e^X$.

57. 设随机变量 X 服从参数为 1 的指数分布，试求以下 Y 的密度函数

（1）$Y=e^X$；（2）$Y=X^2$；（3）$Y=(X-2)^2$；

（4）$Y=1-e^{-X}$.

58. 设连续型随机变量 X 的分布函数 $F(x)$ 是严格单调增函数，令 $Y=F(X)$，证明：随机变量 Y 服从均匀分布 $U(0,1)$.

59. 设随机变量 X 服从均匀分布 $U\left(-\frac{\pi}{2},\frac{\pi}{2}\right)$，令 $Y=\cos X$，求 Y 的密度函数.

60. 设随机变量 X 的密度函数为
$$f(x)=\begin{cases}\frac{1}{9}x^2, & 0<x<3,\\ 0, & \text{其他}.\end{cases}$$

令随机变量
$$Y=\begin{cases}1, & X<1,\\ X, & 1\leqslant X<2,\\ 3, & X\geqslant 2.\end{cases}$$

求 Y 的分布函数，并作出它的图像.

第 2 章中，我们学习了用单个随机变量描述随机现象的概率模型，但是在许多实际问题中，有些随机现象需要同时用多个随机变量描述. 例如，为了研究某一地区 6 岁儿童的发育状况，对这一地区的每一个 6 岁儿童，需要观测他的身高 H 和体重 W，为此需要研究两个随机变量：身高 H 和体重 W；为了确定炼钢厂炼出的钢的质量是否符合要求，需要考察含硫量 X、含碳量 Y 以及硬度 Z 这几个基本指标，为此要研究三个随机变量：含硫量 X、含碳量 Y 以及硬度 Z；在研究每个家庭的支出情况时，我们感兴趣每个家庭的衣食住行四个方面，若用 X_1, X_2, X_3, X_4 分别表示一个家庭的衣食住行的花费占其家庭总收入的百分比，则我们需要研究这四个随机变量；若一个产品有 n 个质量指标，为明确该产品的质量，就需要研究 n 维随机变量. 为此，我们需要引入多维随机变量的概念，将多个随机变量作为一个整体考虑，研究它们总体变化的统计规律性，并进一步讨论各个分量之间的关系.

由于多维随机变量的研究思想和方法与二维随机变量相同，为简便起见，本书重点讨论二维随机变量.

3.1 二维随机变量及其联合分布

定义 3.1.1 设 E 是一个随机试验，样本空间为 $S = \{\omega \mid \omega$ 为试验的样本点$\}$，$X = X\{w\}$，$Y = Y\{w\}$ 是定义在 S 上的两个随机变量，由它们构成的一个二维向量 (X, Y)，称为二维(元)随机向量或二维(元)随机变量.

注意，二维随机变量是定义在同一个样本空间上的两个随机变量.

3.1.1 二维随机变量的联合分布函数

> **定义 3.1.2** 设 (X,Y) 是二维随机变量，对于任意实数 x 和 y，称二元函数
>
> $$F(x,y)=P\{(X\leqslant x)\cap(Y\leqslant y)\}\triangleq P\{X\leqslant x,Y\leqslant y\} \quad (3.1.1)$$
>
> 为二维随机变量 (X,Y) 的联合分布函数，简称分布函数.

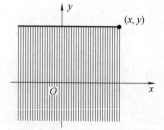

图 3.1.1 联合分布
函数的含义

▶ 联合分布函数

由定义知，联合分布函数 $F(x,y)=P\{X\leqslant x,Y\leqslant y\}$ 是事件 $\{X\leqslant x\}$ 和 $\{Y\leqslant y\}$ 同时发生的概率. 若将二维随机变量 (X,Y) 看作平面上随机点的坐标，那么联合分布函数 $F(x,y)$ 在点 (x,y) 处的函数值就是随机点 (X,Y) 落在以点 (x,y) 为顶点，位于该点左下方的无穷区域内的概率如图 3.1.1 所示.

与一维随机变量的分布函数类似，二维随机变量的联合分布函数具有以下性质.

设二元函数 $F(x,y)$ 是二维随机变量 (X,Y) 的联合分布函数，则

（1）$F(x,y)$ 关于每个分量都是单调不减函数，即对于任意固定的 x，当 $y_1<y_2$ 时，$F(x,y_1)\leqslant F(x,y_2)$；对于任意固定的 y，当 $x_1<x_2$ 时，$F(x_1,y)\leqslant F(x_2,y)$.

（2）对于任意实数 x 和 y，有 $0\leqslant F(x,y)\leqslant 1$；且

$$F(x,-\infty)=\lim_{y\to-\infty}F(x,y)=0;\ F(-\infty,y)=\lim_{x\to-\infty}F(x,y)=0;$$

$$F(-\infty,-\infty)=\lim_{\substack{x\to-\infty\\y\to-\infty}}F(x,y)=0;\ F(+\infty,+\infty)=\lim_{\substack{x\to+\infty\\y\to+\infty}}F(x,y)=1.$$

（3）$F(x,y)$ 关于每个分量都是右连续的. 即对于任意固定的 x，$F(x,y)$ 关于 y 右连续，$F(x,y_0+0)=\lim_{y\to y_0^+}F(x,y)=F(x,y_0)$；对于任意固定的 y，$F(x,y)$ 关于 x 右连续，$F(x_0+0,y)=\lim_{x\to x_0^+}F(x,y)=F(x_0,y)$.

（4）对于任意实数 x_1，x_2，y_1，y_2，且 $x_1<x_2$，$y_1<y_2$，有

$$F(x_2,y_2)-F(x_1,y_2)-F(x_2,y_1)+F(x_1,y_1)\geqslant 0,$$

性质（1）~性质（3）可参照一元随机变量分布函数的性质证明.

对于性质（4），由分布函数的定义知，

$$F(x_2,y_2)-F(x_1,y_2)-F(x_2,y_1)+F(x_1,y_1)=P\{x_1<X\leqslant x_2,y_1<Y\leqslant y_2\},$$

由概率的非负性知 $F(x_2,y_2)-F(x_1,y_2)-F(x_2,y_1)+F(x_1,y_1)\geqslant 0$ 成立.

上述四条性质是二维随机变量分布函数的最基本的性质，即任何二维随机变量的分布函数都具有这四条性质；还可以证明，具有这四条性质的二元函数 $F(x,y)$ 一定是某个二维随机变量的分

布函数. 即上述四条性质是一个二元函数为某二维随机变量的分布函数的充分必要条件.

例 3.1.1 设

$$F(x,y) = \begin{cases} 0, & x+y < 1, \\ 1, & x+y \geqslant 1. \end{cases}$$

问 $F(x,y)$ 能否是某二维随机变量的分布函数?

解 取 $x_1=0$, $x_2=2$ $y_1=0$, $y_2=2$, 则有

$$F(2,2)-F(0,2)-F(2,0)+F(0,0) = 1-1-1+0 = -1 < 0,$$

不满足性质 (4), 故 $F(x,y)$ 不能作为二维随机变量的分布函数.

例 3.1.2 设二维随机变量 (X,Y) 的分布函数为

$$F(x,y) = A\left(B + \arctan\left(\frac{x}{2}\right)\right)\left(C + \arctan\left(\frac{y}{3}\right)\right),$$

求 (1) 常数 A, B, C 的值; (2) $P\{0<X\leqslant 2\sqrt{3}, 0<Y\leqslant 3\sqrt{3}\}$.

解 (1) 由分布函数的性质, 可得以下方程组

$$F(+\infty, +\infty) = A\left(B+\frac{\pi}{2}\right)\left(C+\frac{\pi}{2}\right) = 1 \qquad (3.1.2)$$

$$F(x, -\infty) = A\left(B+\arctan\left(\frac{x}{2}\right)\right)\left(C-\frac{\pi}{2}\right) = 0 \qquad (3.1.3)$$

$$F(-\infty, y) = A\left(B-\frac{\pi}{2}\right)\left(C+\arctan\left(\frac{y}{2}\right)\right) = 0 \qquad (3.1.4)$$

由式 (3.1.2) 得, $A\neq 0$, 再由式 (3.1.3) 中 x 的任意性知, 必有 $C-\frac{\pi}{2}=0$, 即 $C=\frac{\pi}{2}$.

同理可得 $B=\frac{\pi}{2}$, 将 B 和 C 的值带入到式 (3.1.2) 中, 得

$A=\frac{1}{\pi^2}$.

所以联合分布函数为

$$F(x,y) = \frac{1}{\pi^2}\left(\frac{\pi}{2}+\arctan\left(\frac{x}{2}\right)\right)\left(\frac{\pi}{2}+\arctan\left(\frac{y}{3}\right)\right).$$

(2) 由性质 (4) 有

$$P\{0<X\leqslant 2\sqrt{3}, 0<Y\leqslant 3\sqrt{3}\}$$

$$=F(2\sqrt{3}, 3\sqrt{3})-F(2\sqrt{3}, 0)-F(0, 3\sqrt{3})+F(0,0)$$

$$=\frac{1}{\pi^2}\left(\frac{\pi}{2}+\arctan\left(\frac{2\sqrt{3}}{2}\right)\right)\left(\frac{\pi}{2}+\arctan\left(\frac{3\sqrt{3}}{3}\right)\right)-$$

$$\frac{1}{\pi^2}\left(\frac{\pi}{2}+\arctan\left(\frac{2\sqrt{3}}{2}\right)\right)\left(\frac{\pi}{2}+\arctan(0)\right)-\frac{1}{\pi^2}\left(\frac{\pi}{2}+\arctan(0)\right)$$

$$\left(\frac{\pi}{2}+\arctan\left(\frac{3\sqrt{3}}{3}\right)\right)+\frac{1}{\pi^2}\left(\frac{\pi}{2}+\arctan(0)\right)\left(\frac{\pi}{2}+\arctan(0)\right)$$

$$=\frac{1}{\pi^2}\left(\frac{\pi}{2}+\frac{\pi}{3}\right)\left(\frac{\pi}{2}+\frac{\pi}{3}\right)-\frac{1}{\pi^2}\left(\frac{\pi}{2}+\frac{\pi}{3}\right)\left(\frac{\pi}{2}+0\right)-\frac{1}{\pi^2}\left(\frac{\pi}{2}+0\right)\left(\frac{\pi}{2}+\frac{\pi}{3}\right)+$$

$$\frac{1}{\pi^2}\left(\frac{\pi}{2}+0\right)\left(\frac{\pi}{2}+0\right)=\frac{1}{9}.$$

例 3.1.3　　一电子元件由两个部件构成, 以 X、Y 分别表示两个部件的寿命(单位: 10^3h). 已知 X 和 Y 的联合分布函数为

$$F(x,y)=\begin{cases}(1-\text{e}^{-x})(1-\text{e}^{-y}), & x>0,y>0,\\ 0, & \text{其他}.\end{cases}$$

求两个部件的寿命都超过 100h 的概率.

解　所求概率可表示为 $P\{X>0.1,Y>0.1\}$, 由性质(4)得

$$\begin{aligned}P\{X>0.1,Y>0.1\}=&F(+\infty,+\infty)-F(0.1,+\infty)-F(+\infty,0.1)+\\ &F(0.1,0.1)\\ =&1-(1-\text{e}^{-0.1})-(1-\text{e}^{-0.1})+(1-\text{e}^{-0.1})(1-\text{e}^{-0.1})\\ =&\text{e}^{-0.2}.\end{aligned}$$

二维随机变量也分为离散型随机变量和非离散型随机变量两类, 非离散型随机变量又包含连续型随机变量和非离散非连续型随机变量. 我们主要介绍离散型和连续型两类二维随机变量.

▶ 二维离散型随机变量

3.1.2　二维离散型随机变量及其分布

定义 3.1.3　若二维随机变量 (X,Y) 的取值只取有限对或可数无穷多对, 则称 (X,Y) 为二维离散型随机变量.

可以看出, (X,Y) 为二维离散型随机变量的充要条件是 X 和 Y 都是一维离散型随机变量.

定义 3.1.4　设 (X,Y) 为二维离散型随机变量, (X,Y) 的所有可能取值为 $(x_i,y_j)(i,j=1,2,\cdots)$, 则称

$$p_{ij}=P\{X=x_i,Y=y_j\}\quad(i,j=1,2,\cdots),\qquad(3.1.5)$$

为二维离散型随机变量 (X,Y) 的联合分布律(列), 简称分布律(列).

(X,Y) 的分布律也可以表示为如下表格形式:

Y \ X	y_1	y_2	$\cdots$	y_j	$\cdots$
x_1	p_{11}	p_{12}	$\cdots$	p_{1j}	$\cdots$
x_2	p_{21}	p_{22}	$\cdots$	p_{2j}	$\cdots$
$\vdots$	$\vdots$	$\vdots$	$\cdots$	$\vdots$	$\cdots$
x_i	p_{i1}	p_{i2}	$\cdots$	p_{ij}	$\cdots$
$\vdots$	$\vdots$	$\vdots$	$\cdots$	$\vdots$	$\cdots$

二维离散型随机变量的分布律具有如下性质:

(1) $p_{ij} \geq 0$　$i,j=1,2,\cdots$; (2) $\sum_{j=1}^{\infty} \sum_{i=1}^{\infty} p_{ij} = 1$.

由概率的非负性知,(1)成立;又因为 $\{X=x_i, Y=y_j\}$, $i,j=1$, $2,\cdots$ 两两不相容,且其全体构成样本空间,所以由概率的可加性和归范性知性质(2)成立.

例 3.1.4　设随机变量 X 在 1,2,3,4 四个整数中等可能地取一个值,另一个随机变量 Y 在 $1\sim X$ 中等可能地取一个整数值. 试求(1) (X,Y) 的联合分布律;(2) $P\{X\leq 2, Y\leq 3\}$.

解　(1) X, Y 所有可能的取值为: 1,2,3,4. 易知

当 $j>i$ 时,$P\{X=i, Y=j\}=0$.

当 $j\leq i$ 时,$P\{X=i, Y=j\}=P\{X=i\}P\{Y=j\mid X=i\}=\dfrac{1}{4i}$. 于是 (X,Y) 的分布律为

Y \ X	1	2	3	4
1	1/4	1/8	1/12	1/16
2	0	1/8	1/12	1/16
3	0	0	1/12	1/16
4	0	0	0	1/16

(2) $P\{X\leq 2, Y\leq 3\}=P\{X=1,Y=1\}+P\{X=1,Y=2\}+P\{X=1, Y=3\}+P\{X=2,Y=1\}+P\{X=2,Y=2\}+P\{X=2,Y=3\}=1/4+0+0+1/8+1/8+0=1/2$,

将上例中的结论推广到一般情况,若离散型随机变量 (X,Y) 的联合分布律为

$$P\{X=x_i, Y=y_j\}=p_{ij}, i=1,2,\cdots,j=1,2,\cdots.$$

则对任意的 $B\subset \mathbf{R}^2$,

$$P\{(X,Y)\in B\} = \sum_{(x_i,y_j)\in B} p_{ij},$$

从而，二维离散型随机变量(X,Y)的分布函数为

$$F(x,y) = \sum_{x_i\leqslant x}\sum_{y_j\leqslant y} p_{ij},$$

其中和式是对一切满足$x_i\leqslant x$，$y_j\leqslant y$的i，j求和.

例3.1.5　设随机试验E有3种可能的结果A_1,A_2,A_3，对试验E独立重复进行n次试验，用X_i表示这n次试验中事件A_i发生的次数，且$P(A_i)=p_i,i=1,2,3$；$p_1+p_2+p_3=1$. 试求(X_1,X_2)的联合分布律.

解　易知X_1,X_2,X_3可能的取值为$0,1,2,\cdots,n$. 且$X_1+X_2+X_3=n$，$X_1+X_2\leqslant n$.

对非负整数$k_1,k_2,k_1+k_2\leqslant n$. 有

$$\{X_1=k_1,X_2=k_2\} = \{X_1=k_1,X_2=k_2,X_3=n-k_1-k_2\}$$

该事件发生的方式共有

$$C_n^{k_1}\cdot C_{n-k_1}^{k_2}\cdot C_{n-k_1-k_2}^{n-k_1-k_2} = \frac{n!}{k_1!k_2!(n-k_1-k_2)!},$$

由试验的独立性，不论A_i发生k_i次的次序如何，上述每一种方式的概率均为

$$p_1^{k_1}p_2^{k_2}p_3^{n-k_1-k_2},$$

又由于上述各种方式的发生是互不相容的，所以

$$\begin{aligned}P\{X_1=k_1,X_2=k_2\} &= \frac{n!}{k_1!k_2!(n-k_1-k_2)!}p_1^{k_1}p_2^{k_2}p_3^{n-k_1-k_2}\\ &= \frac{n!}{k_1!k_2!(n-k_1-k_2)!}p_1^{k_1}p_2^{k_2}(1-p_1-p_2)^{n-k_1-k_2}.\end{aligned}$$

$$k_1,k_2=0,1,2,\cdots,n,\quad k_1+k_2\leqslant n.$$

上式即为(X_1,X_2)的联合分布律.

显然此分布是二项分布的推广. 类似的结果可以推广到试验结果有m个的时候，此时对应的联合分布称为m项分布，也称多项分布（见参考文献[4]）.

3.1.3　二维连续型随机变量及其分布

与一维连续型随机变量的定义类似，下面给出二维连续型随机变量的定义.

▶️ 二维连续型随机变量1

定义3.1.5　设二维随机变量(X,Y)的联合分布函数为$F(x,y)$，如果存在非负可积函数$f(x,y)$，使得对于任意的实数x和y，有

$$F(x,y) = \int_{-\infty}^{y} \int_{-\infty}^{x} f(u,v)\,\mathrm{d}u\mathrm{d}v,$$

则称(X,Y)是二维连续型随机变量，函数$f(x,y)$称为(X,Y)的联合概率密度函数，简称联合密度函数.

联合概率密度函数$f(x,y)$具有以下性质：

（1）非负性：对于任意实数x和y，$f(x,y) \geq 0$.

（2）归范性：$\int_{-\infty}^{+\infty} \int_{-\infty}^{+\infty} f(x,y)\,\mathrm{d}x\mathrm{d}y = 1$.

在几何上$z=f(x,y)$表示空间的一张曲面，由性质（1）和性质（2）知，介于该曲面和xOy平面之间的空间区域的体积是 1.

（3）在$f(x,y)$的连续点(x,y)处，$\dfrac{\partial^2 F(x,y)}{\partial x \partial y} = f(x,y)$.

由此性质，若$f(x,y)$在点(x,y)连续，则

$$
\begin{aligned}
f(x,y) &= \frac{\partial^2 F(x,y)}{\partial x \partial y} \\
&= \lim_{\substack{\Delta x \to 0^+ \\ \Delta y \to 0^+}} \frac{F(x+\Delta x,y+\Delta y) - F(x+\Delta x,y) - F(x,y+\Delta y) + F(x,y)}{\Delta x \Delta y} \\
&= \lim_{\substack{\Delta x \to 0^+ \\ \Delta y \to 0^+}} \frac{P(x<X \leq x+\Delta x, y<Y \leq y+\Delta y)}{\Delta x \Delta y},
\end{aligned}
$$

即当Δx，Δy较小时，

$$P\{x<X \leq x+\Delta x, y<Y \leq y+\Delta y\} \approx f(x,y)\Delta x \Delta y.$$

也就是点(X,Y)落在小长方形$(x,x+\Delta x] \times (y,y+\Delta y]$内的概率近似地等于$f(x,y)\Delta x \Delta y$. 说明了密度函数$f(x,y)$函数值的大小反映了概率集中在点$(x,y)$附近的程度，即$(X,Y)$在点$(x,y)$附近取值的密集程度.

（4）设D是平面上的任意一个区域，则(X,Y)落在D内的概率可表示为联合密度函数在区域D上的二重积分，即

$$P\{(X,Y) \in D\} = \iint_D f(x,y)\,\mathrm{d}x\mathrm{d}y,$$

即$P\{(X,Y) \in D\}$的值等于以D为底，曲面$z=f(x,y)$为顶的柱体体积.

在许多实际问题中，使用上式时要注意积分范围是$f(x,y)$的非零区域与D的交集部分，然后设法化成累次积分，最后计算出结果，计算中要注意如下事实"直线的面积为零"，故积分区域的边界线是否在积分区域内不影响概率计算的结果.

（5）对平面上的任意曲线 L，有 $P\{(X,Y)\in L\}=0$.

即二维连续型随机变量在任何面积为零的区域上的概率为零.

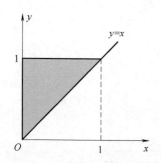

图 3.1.2　$f(x,y)$ 的非零区域

例 3.1.6　设二维随机变量 (X,Y) 的联合概率密度函数为

$$f(x,y)=\begin{cases} kx^2y, & 0<x<y<1, \\ 0, & 其他. \end{cases}$$

求（1）常数 k 的值；（2）$P\{X+Y\le 1\}$.

解　（1）由联合密度函数的归范性知 $\displaystyle\int_{-\infty}^{+\infty}\int_{-\infty}^{+\infty}f(x,y)\mathrm{d}x\mathrm{d}y=1$.

且联合密度函数的非零区域（记为 G），如图 3.1.2 所示，所以有

$$\int_{-\infty}^{+\infty}\int_{-\infty}^{+\infty}f(x,y)\mathrm{d}x\mathrm{d}y=\int_0^1\left(\int_x^1 kx^2y\mathrm{d}y\right)\mathrm{d}x=\frac{1}{2}k\int_0^1(x^2-x^4)\mathrm{d}x=\frac{1}{15}k=1.$$

解得 $k=15$.

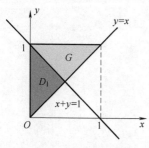

图 3.1.3　积分区域

（2）由性质（4），将 (X,Y) 看成平面上的随机点的坐标，则

$$\{X+Y\le 1\}=\{(X,Y)\in D\}.$$

其中 D 为 xOy 平面上直线 $x+y=1$ 及其下方的部分. 且 D 与密度函数的非零区域 G 相交的区域用 D_1 表示，如图 3.1.3 所示.

所以

$$P\{X+Y\le 1\}=\iint_{x+y\le 1}f(x,y)\mathrm{d}x\mathrm{d}y=\int_0^{\frac{1}{2}}\left[\int_x^{1-x}15x^2y\mathrm{d}y\right]\mathrm{d}x=\frac{5}{64}.$$

例 3.1.7　设二维连续型随机变量 (X,Y) 的联合密度函数

$$f(x,y)=\begin{cases} 4xy, & 0<x<1,0<y<1, \\ 0, & 其他. \end{cases}$$

求联合分布函数 $F(x,y)$.

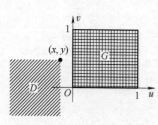

图 3.1.4　积分区域和密度
函数的非零区域无交集

解　由联合密度函数的定义知 $\displaystyle F(x,y)=\int_{-\infty}^y\int_{-\infty}^x f(u,v)\mathrm{d}u\mathrm{d}v$.

此时需要讨论 x,y 的取值范围，从而确定积分区域 $D=\{(-\infty,x],$ $(-\infty,y]\}$ 和 $f(u,v)$ 的非零区域 $G=\{0<u<1,0<v<1\}$ 的交集部分.

易知，当 $x<0$，$y>0$ 时，积分区域和密度函数的非零区域无交集，如图 3.1.4 所示. 故

$$F(x,y)=0.$$

同理，当 $x<0$，$y<0$ 或者 $x>0$，$y<0$ 时

$$F(x,y)=0.$$

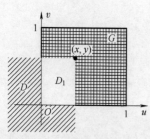

图 3.1.5　积分区域和密度
函数的非零区域有交集

当 $0\le x\le 1$，$0\le y\le 1$ 时，图 3.1.5 的区域 D_1 为积分区域 D 和密度函数的非零区域 G 的交集部分，表示为 $\{0\le u\le x,0\le v\le y\}$.

故

$$F(x,y) = \int_0^y \left[\int_0^x 4uv \mathrm{d}u \right] \mathrm{d}v = x^2 y^2.$$

当 $0 < x < 1$，$y > 1$ 时，图 3.1.6 的区域 D_2 为积分区域 D 和密度函数非零区域 G 的交集部分，表示为 $\{0 < u < x, 0 < v < 1\}$. 故

$$F(x,y) = \int_0^1 \left[\int_0^x 4uv \mathrm{d}u \right] \mathrm{d}v = x^2.$$

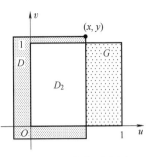

图 3.1.6　交集示意图

当 $x > 1$，$0 < y < 1$ 时，图 3.1.7 的区域 D_3 为积分区域 D 和密度函数非零区域 G 的交集部分，表示为 $\{0 < u < 1, 0 < v < y\}$. 故

$$F(x,y) = \int_0^y \left[\int_0^1 4uv \mathrm{d}u \right] \mathrm{d}v = y^2.$$

当 $x > 1$，$y > 1$ 时，图 3.1.8 的区域 D_4 为积分区域 D 和密度函数的非零区域 G 的交集部分，表示为 $\{0 < u < 1, 0 < v < 1\}$. 故

$$F(x,y) = \int_0^1 \left[\int_0^1 4uv \mathrm{d}u \right] \mathrm{d}v = 1,$$

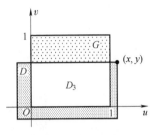

图 3.1.7　交集示意图

所以，分布函数为

$$F(x,y) = \begin{cases} x^2 y^2, & 0 \leqslant x \leqslant 1, 0 \leqslant y \leqslant 1, \\ x^2, & 0 < x < 1, y > 1, \\ y^2, & x > 1, 0 < y < 1, \\ 1, & x > 1, y > 1, \\ 0, & \text{其他}. \end{cases}$$

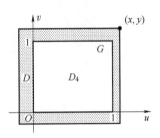

图 3.1.8　交集示意图

显然，对二维连续型随机变量使用联合分布函数刻画其统计规律性是比较复杂的，因此，通常我们用联合概率密度函数来描述二维连续型随机变量的统计规律性.

3.1.4　常见的二维随机变量及其分布

1. 均匀分布

定义 3.1.6　设 D 是平面上的有界区域，其面积为 S，若二维随机变量 (X, Y) 具有联合概率密度函数

$$f(x,y) = \begin{cases} 1/S, & (x,y) \in D, \\ 0, & \text{其他}. \end{cases}$$

则称 (X, Y) 在 D 上服从均匀分布.

▶ 二维连续型随机变量 2

若 A 为 D 的一个有面积的子区域，且其面积为 S_A，则

$$P\{(X,Y) \in A\} = \iint\limits_A f(x,y) \mathrm{d}x\mathrm{d}y = \iint\limits_A 1/S \mathrm{d}x\mathrm{d}y = \frac{S_A}{S}.$$

上式表明，向平面上有界区域 D 上任投一点，点落在 D 内任一小区域 A 的概率与小区域的面积成正比，而与 A 的形状及位置无关，这正是第 1 章的几何概型，现在用均匀分布来描述.

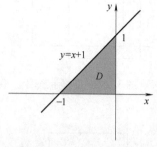

图 3.1.9　区域示意图

例 3.1.8　已知随机变量 (X,Y) 在 D 上服从均匀分布，其中 D 为 x 轴，y 轴及直线 $y=x+1$ 所围成的三角形区域. 求 (X,Y) 的概率密度及 $P\{Y>2X+1\}$.

解　区域 D 如图 3.1.9 所示

易求得 D 的面积为

$$S_D=\frac{1}{2},$$

所以 (X,Y) 的联合密度函数为

$$f(x,y)=\begin{cases}2, & (x,y)\in D, \\ 0, & (x,y)\notin D.\end{cases}$$

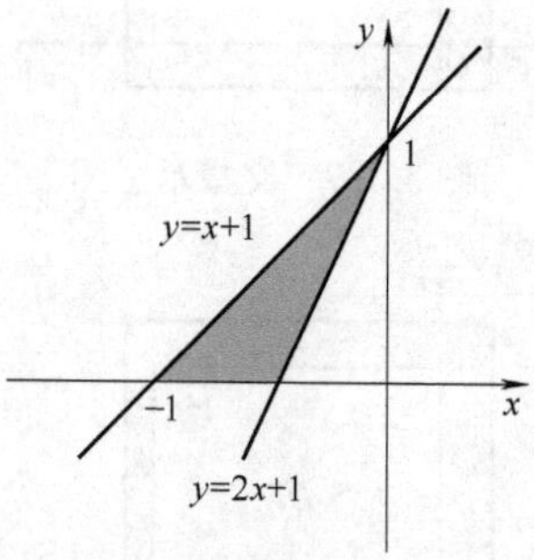

设区域 $A=\{(x,y):y>2x+1\}$，A 与 D 的交集如图 3.1.10 所示则有

$$P(Y>2X+1)=\frac{S_{A\cap D}}{S_D}=\frac{1/4}{1/2}=\frac{1}{2}.$$

图 3.1.10　交集示意图

2. 二维正态分布

定义 3.1.7　若二维随机变量 (X,Y) 联合具有概率密度函数

$$f(x,y)=\frac{1}{2\pi\sigma_1\sigma_2\sqrt{1-\rho^2}}e^{-\frac{1}{2(1-\rho^2)}\left[\frac{(x-\mu_1)^2}{\sigma_1^2}-\frac{2\rho(x-\mu_1)(y-\mu_2)}{\sigma_1\sigma_2}+\frac{(y-\mu_2)^2}{\sigma_2^2}\right]},$$

$$-\infty<x<+\infty\,,\,-\infty<y<+\infty.$$

其中 $\mu_1,\mu_2,\sigma_1,\sigma_2,\rho$ 均为常数，且 $\sigma_1>0,\sigma_2>0,-1<\rho<1$. 则称 (X,Y) 服从参数为 $\mu_1,\mu_2,\sigma_1,\sigma_2,\rho$ 的二维正态分布，记为 $N(\mu_1,\sigma_1^2,\mu_2,\sigma_2^2,\rho)$.

本节最后说明两点：① 不论是一维还是二维情形，在定义连续型随机变量时，其实质在于它的概率密度函数是否存在，至于它是否可以在一个区间或区域上连续取值反而不是本质的；② 根据二维离散型随机变量的定义，可以认为，如果 X 和 Y 都是一维离散型随机变量，则 (X,Y) 就是二维离散型随机变量，但是对于二维连续型随机变量类似的结论不成立，即不能说分量 X 和 Y 都是一维连续型随机变量，则 (X,Y) 就是二维连续型变量，反例见参考文献[2].

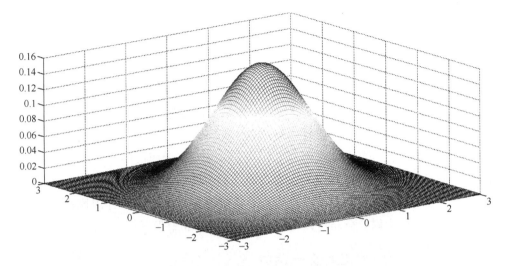

图 3.1.11　$N(0,1,0,1,0.1)$的密度函数图

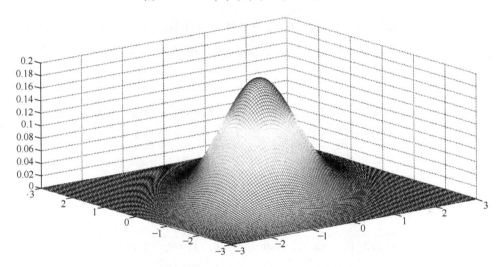

图 3.1.12　$N(0,1,0,1,0.5)$的密度函数图

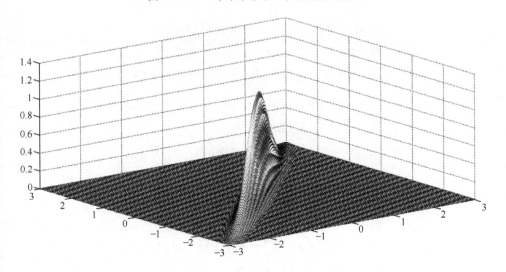

图 3.1.13　$N(0,1,0,1,0.99)$的密度函数图

3.2　边缘分布

二维随机变量(X,Y)的联合分布全面地反映了它的取值及其概率规律. 因为分量X和Y都是随机变量, 各自也有它们的分布, 称其为边缘分布或边际分布. 那么自然要问: 二者之间有什么关系呢? 可以相互确定吗? 由于联合分布全面反映了二维随机变量作为一个整体的统计规律性, 而边缘分布仅仅反映了单个变量的概率规律, 单个变量的概率规律包含在整体的统计规律性内, 所以由联合分布可以唯一地确定边缘分布, 但反之不一定成立.

3.2.1　边缘分布函数

边缘分布

定义 3.2.1　设(X,Y)为二维随机变量, 称其分量X和Y的分布函数为(X,Y)的边缘分布函数或边际分布函数, 分别记为$F_X(x)$和$F_Y(y)$.

若$F(x,y)$为二维随机变量(X,Y)的联合分布函数, 则有:

$$F_X(x)=P\{X\leqslant x\}=P\{X\leqslant x,Y<+\infty\}=\lim_{y\to+\infty}F(x,y)=F(x,+\infty)$$

$$(3.2.1)$$

$$F_Y(y)=P\{Y\leqslant y\}=P\{X<+\infty,Y\leqslant y\}=\lim_{x\to+\infty}F(x,y)=F(+\infty,y)$$

$$(3.2.2)$$

例 3.2.1　设二维随机变量(X,Y)的联合分布函数为

$$F(x,y)=\begin{cases}1-e^{-x}-e^{-y}+e^{-x-y-\lambda xy} & x>0,y>0,\\0 & \text{其他.}\end{cases}$$

其中$\lambda>0$为常数. 求(X,Y)的边缘分布函数.

解　由式(3.2.1)得

当$x\leqslant 0$时, $F_X(x)=\lim_{y\to+\infty}F(x,y)=\lim_{y\to+\infty}0=0$;

当$x>0$时, $F_X(x)=\lim_{y\to+\infty}F(x,y)=\lim_{y\to+\infty}(1-e^{-x}-e^{-y}+e^{-x-y-\lambda xy})=1-e^{-x}$.

所以X的边缘分布函数为

$$F_X(x)=\begin{cases}1-e^{-x}, & x>0,\\0, & x\leqslant 0.\end{cases}$$

由式(3.2.2)得

当$y\leqslant 0$时, $F_Y(y)=\lim_{x\to+\infty}F(x,y)=\lim_{x\to+\infty}0=0$;

当$y>0$时, $F_Y(y)=\lim_{x\to+\infty}F(x,y)=\lim_{x\to+\infty}(1-e^{-x}-e^{-y}+e^{-x-y-\lambda xy})=1-e^{-y}$.

所以Y的边缘分布函数为

$$F_Y(y) = \begin{cases} 1 - e^{-y}, & y > 0, \\ 0, & y \leqslant 0. \end{cases}$$

由本例可以看出，(X, Y) 的边缘分布函数与参数 λ 无关，即多个联合分布函数对应同一对边缘分布函数，说明由联合分布可以唯一确定边缘分布，反之，则不一定成立.

3.2.2 二维离散型随机变量的边缘分布律

当 (X, Y) 为二维离散型随机变量时，分量 X 和 Y 都是一维离散型随机变量，它们各自的分布律称为 (X, Y) 的边缘分布律.

> **定理 3.2.1**　若二维离散型随机变量 (X, Y) 的联合分布律为
> $$p_{ij} = P\{X = x_i, Y = y_j\}, \quad i, j = 1, 2, \cdots,$$
> 则 X 和 Y 的边缘分布律分别为
> $$P\{X = x_i\} = \sum_{j=1}^{\infty} p_{ij} \triangleq p_{i\cdot},\ i = 1, 2, \cdots;$$
> $$P\{Y = y_j\} = \sum_{i=1}^{\infty} p_{ij} \triangleq p_{\cdot j},\ j = 1, 2, \cdots.$$

证明　由二维随机变量的定义可知，事件 $\{Y = y_j\}, j = 1, 2, \cdots$ 为样本空间的划分，即样本空间 $S = \bigcup_{j=1}^{\infty} \{Y = y_j\}$，且 $\{Y = y_j\}, j = 1, 2, \cdots$ 两两互斥. 所以有

$$\begin{aligned} P\{X = x_i\} &= P\left\{ \{X = x_i\} \cap \left\{ \bigcup_{j=1}^{\infty} \{Y = y_j\} \right\} \right\} \\ &= P\left\{ \bigcup_{j=1}^{\infty} \left[\{X = x_i\} \cap \{Y = y_j\} \right] \right\} \\ &= \sum_{j=1}^{\infty} P\{X = x_i, Y = y_j\} = \sum_{j=1}^{\infty} p_{ij}, \quad i = 1, 2, \cdots. \end{aligned}$$

同理可证 Y 的边缘分布律为 $P\{Y = y_j\} = \sum_{i=1}^{\infty} p_{ij}, j = 1, 2, \cdots$.

此定理的结果可用如下表格的形式表示.

X \ Y	y_1	y_2	$\cdots$	y_j	$\cdots$	$p_{i\cdot}$
x_1	p_{11}	p_{12}	$\cdots$	p_{1j}	$\cdots$	$p_{1\cdot}$
x_2	p_{21}	p_{22}	$\cdots$	p_{2j}	$\cdots$	$p_{2\cdot}$
$\vdots$	$\vdots$	$\vdots$		$\vdots$		$\vdots$
x_i	p_{i1}	p_{i2}	$\cdots$	p_{ij}	$\cdots$	$p_{i\cdot}$
$\vdots$	$\vdots$	$\vdots$		$\vdots$		$\vdots$
$p_{\cdot j}$	$p_{\cdot 1}$	$p_{\cdot 2}$	$\cdots$	$p_{\cdot j}$	$\cdots$	

　　由上表可见，求 X 的边缘分布律就是对联合分布律的行求和，而求 Y 的边缘分布律就是对联合分布律的列求和．同时也可以看出，(X,Y) 的联合分布律位于表的中央部分，而 X 和 Y 的分布律位于表的边缘部分，由此得出"边缘分布"这个名称．

例 3.2.2　某校新选出的学生会的 6 名女委员，文、理、工科各占 1/6、1/3、1/2，现从中随机指定 2 人为学生会主席候选人．令 X、Y 分别为候选人中来自文、理科的人数．求 (X,Y) 的联合分布律和边缘分布律．

解　易知 X 与 Y 的可能取值分别为 0，1 与 0，1，2.

$$P\{X=0,Y=0\}=\frac{C_3^2}{C_6^2}=\frac{3}{15},\quad P\{X=0,Y=1\}=\frac{C_2^1C_3^1}{C_6^2}=\frac{6}{15},$$

$$P\{X=0,Y=2\}=\frac{C_2^2}{C_6^2}=\frac{1}{15},\quad P\{X=1,Y=0\}=\frac{C_1^1C_3^1}{C_6^2}=\frac{3}{15},$$

$$P\{X=1,Y=1\}=\frac{C_1^1C_2^1}{C_6^2}=\frac{2}{15},\quad P\{X=1,Y=2\}=0.$$

故联合分布律为

X \ Y	0	1	2	
0	3/15	6/15	1/15	2/3
1	3/15	2/15	0	1/3
	6/15	8/15	1/15	

　　将联合分布律的行和列分别求和，并放在两侧．
所以，X 的边缘分布律为

X	0	1
P	2/3	1/3

Y 的边缘分布律为

Y	0	1	2
P	6/15	8/15	1/15

例 3.2.3　针对例 3.1.5 中 (X_1,X_2) 的联合分布律，求 (X_1,X_2) 的边缘分布律．

解　例 3.1.5 知 (X_1, X_2) 的联合分布为

$$P\{X_1 = k_1, X_2 = k_2\} = \frac{n!}{k_1! k_2! (n-k_1-k_2)!} p_1^{k_1} p_2^{k_2} (1-p_1-p_2)^{n-k_1-k_2}.$$

$$k_1, k_2 = 0, 1, 2, \cdots, n, \quad k_1 + k_2 \leqslant n.$$

易知 X_1 可能的取值为 $0, 1, \cdots, n$, 且由定理 3.2.1 知

$$
\begin{aligned}
P\{X_1 = k_1\} &= \sum_{k_2} P\{X_1 = k_1, X_2 = k_2\} = \sum_{k_2=0}^{n-k_1} P\{X_1 = k_1, X_2 = k_2\} \\
&= \sum_{k_2=0}^{n-k_1} \frac{n!}{k_1! k_2! (n-k_1-k_2)!} p_1^{k_1} p_2^{k_2} (1-p_1-p_2)^{n-k_1-k_2} \\
&= \frac{n!}{k_1! (n-k_1)!} p_1^{k_1} \sum_{k_2=0}^{n-k_1} \frac{(n-k_1)!}{k_2! (n-k_1-k_2)!} p_2^{k_2} \\
&\quad (1-p_1-p_2)^{n-k_1-k_2} \\
&= C_n^{k_1} p_1^{k_1} \sum_{k_2=0}^{n-k_1} C_{n-k_1}^{k_2} p_2^{k_2} (1-p_1-p_2)^{n-k_1-k_2} \\
&= C_n^{k_1} p_1^{k_1} [p_2 + (1-p_1-p_2)]^{n-k_1} \\
&= C_n^{k_1} p_1^{k_1} (1-p_1)^{n-k_1}, \quad k_1 = 0, 1, \cdots, n,
\end{aligned}
$$

即 $X_1 \sim b(n, p_1)$.

同样的方法可以求得 $X_2 \sim b(n, p_2)$.

另外, 根据二项分布的应用背景, 可以直接得出 X_1 和 X_2 的边缘分布. 例如, X_1 表示在 n 次试验中 A_1 发生的次数, 此时可以将 A_2 和 A_3 两个结果, 看作 A_1 不发生, 因此就可以将试验 E 看作 n 重伯努利试验, 所以 $X_1 \sim b(n, p_1)$.

3.2.3　二维连续型随机变量的边缘密度函数

当 (X, Y) 为二维连续型随机变量时, 关于 X 和 Y 的边缘分布有如下定理.

▣▶ 边缘密度

> **定理 3.2.2**　设二维连续型随机变量 (X, Y) 的联合概率密度函数为 $f(x, y)$, 则 X 和 Y 也是连续型随机变量, 且 X 和 Y 的密度函数分别为
>
> $$f_X(x) = \int_{-\infty}^{+\infty} f(x, y) \, dy \quad 和 \quad f_Y(y) = \int_{-\infty}^{+\infty} f(x, y) \, dx.$$

证明　设 X 的边缘分布函数为 $F_X(x)$. 则有

$$
\begin{aligned}
F_X(x) &= P\{X \leqslant x\} = P\{X \leqslant x, Y < +\infty\} \\
&= \iint_{u \leqslant x, -\infty < v < +\infty} f(u, v) \, du \, dv \\
&= \int_{-\infty}^{x} \left[\int_{-\infty}^{+\infty} f(u, v) \, dv \right] du.
\end{aligned}
$$

令 $g(u) = \int_{-\infty}^{+\infty} f(u,v)\,\mathrm{d}v$ ，由联合密度函数的性质可得，$g(u) \geqslant 0$，且 $g(u)$ 可积. 所以有

$$F_X(x) = \int_{-\infty}^{x} g(u)\,\mathrm{d}u.$$

由第 2 章连续型随机变量的定义可知，X 为连续型随机变量，且其密度函数为

$$g(x) = \int_{-\infty}^{+\infty} f(x,y)\,\mathrm{d}y.$$

即有

$$f_X(x) = \int_{-\infty}^{+\infty} f(x,y)\,\mathrm{d}y.$$

同理可得 Y 是连续型随机变量，且其密度函数为

$$f_Y(y) = \int_{-\infty}^{+\infty} f(x,y)\,\mathrm{d}x.$$

我们分别称 $f_X(x)$ 和 $f_Y(y)$ 为二维连续型随机变量 (X,Y) 的边缘密度函数.

在很多情况下，联合密度函数往往在某个区域是非零的，因此得到的边缘密度函数往往是分段函数，所以在求解边缘密度函数时，要注意该函数的非零区间以及积分限的确定.

例 3. 2. 4　设二维连续型随机变量 (X,Y) 的联合概率密度函数为

$$f(x,y) = \begin{cases} \dfrac{24}{5}y(2-x), & 0 \leqslant x \leqslant 1, 0 \leqslant y \leqslant x, \\ 0, & \text{其他.} \end{cases}$$

求 X 和 Y 的边缘密度函数.

解　由定理 3. 2. 2 知

$$f_X(x) = \int_{-\infty}^{+\infty} f(x,y)\,\mathrm{d}y.$$

当 $x<0$ 或 $x>1$ 时，$\forall y \in (-\infty, +\infty)$，都有 $f(x,y)=0$，所以 $f_X(x)=0$.

当 $0 \leqslant x \leqslant 1$ 时，

$$\begin{aligned} f_X(x) &= \int_{-\infty}^{+\infty} f(x,y)\,\mathrm{d}y \\ &= \int_{-\infty}^{0} f(x,y)\,\mathrm{d}y + \int_{0}^{x} f(x,y)\,\mathrm{d}y + \int_{x}^{+\infty} f(x,y)\,\mathrm{d}y \\ &= \int_{0}^{x} \frac{24}{5}y(2-x)\,\mathrm{d}y = \frac{12}{5}x^2(2-x). \end{aligned}$$

综上可得 X 的边缘密度函数为

$$f_X(x) = \begin{cases} \dfrac{12}{5}x^2(2-x), & 0 \leqslant x \leqslant 1, \\ 0, & \text{其他.} \end{cases}$$

同样地，由定理 3.2.2 知

$$f_Y(y) = \int_{-\infty}^{+\infty} f(x,y)\,\mathrm{d}x.$$

当 $y<0$ 或 $y>1$ 时，$\forall x \in (-\infty, +\infty)$，都有 $f(x,y)=0$，所以 $f_Y(y)=0$.

当 $0 \leqslant y \leqslant 1$ 时，

$$f_Y(y) = \int_{-\infty}^{y} f(x,y)\,\mathrm{d}x + \int_{y}^{1} f(x,y)\,\mathrm{d}x + \int_{1}^{+\infty} f(x,y)\,\mathrm{d}x$$

$$= \int_{y}^{1} \frac{24}{5}y(2-x)\,\mathrm{d}x = \frac{24}{5}y\left(\frac{3}{2} - 2y + \frac{y^2}{2}\right).$$

所以 Y 的边缘密度函数为

$$f_Y(y) = \begin{cases} \dfrac{24}{5}y\left(\dfrac{3}{2} - 2y + \dfrac{y^2}{2}\right), & 0 \leqslant y \leqslant 1, \\ 0, & \text{其他.} \end{cases}$$

例 3.2.5　若二维随机变量 (X,Y) 服从二维正态分布 $N(\mu_1, \sigma_1^2, \mu_2, \sigma_2^2, \rho)$，求 X 和 Y 的边缘密度函数.

解　(X,Y) 的联合概率密度函数为

$$f(x,y) = \frac{1}{2\pi\sigma_1\sigma_2\sqrt{1-\rho^2}} e^{-\frac{1}{2(1-\rho^2)}\left[\frac{(x-\mu_1)^2}{\sigma_1^2} - \frac{2\rho(x-\mu_1)(y-\mu_2)}{\sigma_1\sigma_2} + \frac{(y-\mu_2)^2}{\sigma_2^2}\right]},$$

$$-\infty < x < +\infty, \ -\infty < y < +\infty.$$

由定理 3.2.2 知，X 的边缘密度函数为

$$f_X(x) = \int_{-\infty}^{+\infty} f(x,y)\,\mathrm{d}y$$

$$= \int_{-\infty}^{+\infty} \frac{1}{2\pi\sigma_1\sigma_2\sqrt{1-\rho^2}} e^{-\frac{1}{2(1-\rho^2)}\left[\frac{(x-\mu_1)^2}{\sigma_1^2} - \frac{2\rho(x-\mu_1)(y-\mu_2)}{\sigma_1\sigma_2} + \frac{(y-\mu_2)^2}{\sigma_2^2}\right]}\,\mathrm{d}y$$

$$= \frac{1}{2\pi\sigma_1\sigma_2\sqrt{1-\rho^2}} e^{-\frac{(x-\mu_1)^2}{2(1-\rho^2)\sigma_1^2}} \int_{-\infty}^{+\infty} e^{-\frac{1}{2(1-\rho^2)}\left[-\frac{2\rho(x-\mu_1)(y-\mu_2)}{\sigma_1\sigma_2} + \frac{(y-\mu_2)^2}{\sigma_2^2}\right]}$$

$$\mathrm{d}y\left(\diamondsuit\, t = \frac{y-\mu_2}{\sigma_2}\right)$$

$$= \frac{1}{2\pi\sigma_1\sqrt{1-\rho^2}} e^{-\frac{(x-\mu_1)^2}{2(1-\rho^2)\sigma_1^2}} \int_{-\infty}^{+\infty} e^{-\frac{1}{2(1-\rho^2)}\left[t^2 - \frac{2\rho(x-\mu_1)}{\sigma_1}t\right]}\,\mathrm{d}t$$

$$= \frac{1}{2\pi\sigma_1\sqrt{1-\rho^2}} e^{-\frac{(x-\mu_1)^2}{2(1-\rho^2)\sigma_1^2}} \int_{-\infty}^{+\infty} e^{-\frac{1}{2(1-\rho^2)}\left[\left(t - \frac{\rho(x-\mu_1)}{\sigma_1}\right)^2 - \frac{\rho^2(x-\mu_1)^2}{\sigma_1^2}\right]}\,\mathrm{d}t$$

$$= \frac{1}{\sqrt{2\pi}\,\sigma_1} e^{-\frac{(x-\mu_1)^2}{2(1-\rho^2)\sigma_1^2}} e^{\frac{1}{2(1-\rho^2)}\frac{\rho^2(x-\mu_1)^2}{\sigma_1^2}} \int_{-\infty}^{+\infty} \frac{1}{\sqrt{2\pi}\sqrt{1-\rho^2}} e^{-\frac{1}{2(1-\rho^2)}\left(t - \frac{\rho(x-\mu_1)}{\sigma_1}\right)^2}\,\mathrm{d}t$$

$$= \frac{1}{\sqrt{2\pi}\,\sigma_1} e^{-\frac{(x-\mu_1)^2}{2(1-\rho^2)\sigma_1^2} + \frac{1}{2(1-\rho^2)} \frac{\rho^2(x-\mu_1)^2}{\sigma_1^2}} \times 1 \Big(N\Big(\frac{\rho(x-\mu_1)}{\sigma_1}, 1-\rho^2\Big)$$

密度函数的归一性$\Big)$

$$= \frac{1}{\sqrt{2\pi}\,\sigma_1} e^{-\frac{(x-\mu_1)^2}{2\sigma_1^2}}.$$

即

$$X \sim N(\mu_1, \sigma_1^2).$$

同样的方法可知

$$Y \sim N(\mu_2, \sigma_2^2).$$

也就是说二维正态分布的两个分量都是一维正态分布，且二维正态分布的前四个参数分别对应它的两个边缘分布的参数. 但一定要注意，边缘分布为一维正态分布的二维随机向量不一定是二维正态分布.

例 3.2.6   设二维随机变量(X,Y)的联合概率密度为

$$f(x,y) = \frac{1}{2\pi} e^{-\frac{x^2+y^2}{2}} (1+\sin x \sin y), \quad -\infty < x, y < +\infty.$$

求(X,Y)关于X,Y的边缘概率密度函数.

解 $f_X(x) = \int_{-\infty}^{+\infty} f(x,y)\,dy = \frac{1}{2\pi} \int_{-\infty}^{+\infty} e^{-\frac{x^2+y^2}{2}} (1+\sin x \sin y)\,dy$

$$= \frac{1}{2\pi}\Big(\int_{-\infty}^{+\infty} e^{-\frac{x^2+y^2}{2}} dy + \int_{-\infty}^{+\infty} e^{-\frac{x^2+y^2}{2}} \sin x \sin y\, dy \Big)$$

$$= \frac{1}{2\pi} e^{-\frac{x^2}{2}} \int_{-\infty}^{+\infty} e^{-\frac{y^2}{2}} dy + \sin x \frac{1}{2\pi} e^{-\frac{x^2}{2}} \int_{-\infty}^{+\infty} \sin y\, e^{-\frac{y^2}{2}} dy$$

$$= \frac{1}{\sqrt{2\pi}} e^{-\frac{x^2}{2}} \int_{-\infty}^{+\infty} \frac{1}{\sqrt{2\pi}} e^{-\frac{y^2}{2}} dy + 0$$

$$= \frac{1}{\sqrt{2\pi}} e^{-\frac{x^2}{2}}.$$

同理可得

$$f_Y(y) = \frac{1}{\sqrt{2\pi}} e^{-\frac{y^2}{2}}.$$

即X和Y都服从标准正态分布. 但容易看出(X,Y)不服从二维正态分布.

3.3   随机变量的独立性

由 3.2 节知，二维随机变量(X,Y)的联合分布可以唯一地确

定其边缘分布，反之不一定成立，这主要是因为随机变量 X 和 Y 之间可能存在某种关系，而两个边缘分布不能体现这种关系，所以一般情况下，由边缘分布不能确定联合分布. 在一定特殊情况下由边缘分布能够唯一地确定联合分布，这时，我们称 X 和 Y 是相互独立的.

▶ 独立性

> **定义 3.3.1**　设二维随机变量 (X,Y) 的联合分布函数为 $F(x,y)$，$F_X(x)$ 和 $F_Y(y)$ 分别为其边缘分布函数，若对于任意实数 x，y，有
>
> $$F(x,y) = F_X(x)F_Y(y). \qquad (3.3.1)$$
>
> 则称随机变量 X 和 Y 相互独立，简称 X 和 Y 独立.

例 3.3.1　一电子元件由两个部件构成，以 X，Y 分别表示两个部件的寿命. 已知 X 和 Y 的联合分布函数为

$$F(x,y) = \begin{cases} (1-e^{-x})(1-e^{-y}), & x>0, y>0, \\ 0, & \text{其他.} \end{cases}$$

判断 X 与 Y 是否独立？

解　易知 X 和 Y 的边缘分布函数为

$$F_X(x) = F(x,+\infty) = \begin{cases} 1-e^{-x}, & x>0. \\ 0, & \text{其他.} \end{cases}$$

$$F_Y(y) = F(+\infty,y) = \begin{cases} 1-e^{-y}, & y>0, \\ 0, & \text{其他.} \end{cases}$$

对任意的实数 x，y，都有

$$F(x,y) = F_X(x)F_Y(y).$$

所以 X 与 Y 相互独立.

当利用独立性的定义判断两个随机变量不独立时，只需证明存在一对实数 x_0, y_0，使得 $F(x_0, y_0) \neq F_X(x_0)F_Y(y_0)$.

例 3.3.2　设连续型随机变量 X 的概率密度为 $f_X(x)$，$-\infty < x < \infty$，令 $Y = |X|$. 问 X 与 Y 是否相互独立.

解　设 (X,Y) 的联合分布函数为 $F(x,y)$. 易知必存在常数 $a>0$，使得 $0 < P\{X \le a\} < 1$. 所以有

$$\begin{aligned} F(a,a) &= P\{X \le a, |X| \le a\} \\ &= P\{|X| \le a\} > P\{X \le a\}P\{|X| \le a\} \\ &= F_X(a)F_Y(a). \end{aligned}$$

故 X 与 Y 不相互独立.

另外，由独立性的定义，若二维随机变量 (X,Y) 相互独立，则有如下结论：

（1）对任意的实数 $a<b$，$c<d$，

$$P\{a<X\leqslant b,c<Y\leqslant d\}=P\{a<X\leqslant b\}P\{c<Y\leqslant d\}.$$

（2）对任意的实数 a,b

$$P\{X>a,Y>b\}=P\{X>a\}P\{Y>b\}.$$

定理 3.3.1   若 (X,Y) 为二维离散型随机变量，且其联合分布律为

$$P\{X=x_i,Y=y_j\}=p_{ij},i=1,2,\cdots,j=1,2,\cdots.$$

则 X 和 Y 相互独立的充分必要条件是对任意的 x_i，y_j，都有

$$P\{X=x_i,Y=y_j\}=P\{X=x_i\}P\{Y=y_j\}.$$

即 $$p_{ij}=p_i.p_{\cdot j},\quad i,j=1,2,\cdots.$$

也可以说，二维离散型随机变量独立的充要条件是联合分布律等于边缘分布律的乘积.

▶ 二维离散型随机变量函数的分布

证明   略.

由此定理可知，当 X 与 Y 独立时，由边缘分布律可以唯一地确定联合分布律. 同时，只要存在某个数对 (x_{i_0},y_{j_0})，使得

$$P\{X=x_{i_0},Y=y_{j_0}\}\neq P\{X=x_{i_0}\}P\{Y=y_{j_0}\},$$

则可以判定 X 与 Y 不独立.

例 3.3.3   已知 X、Y 的联合分布律为

X \ Y	−1	0
1	0.08	0.12
2	0.32	0.48

判断 X 与 Y 是否相互独立.

解   将 X 和 Y 的边缘分布律写在联合分布律的两侧，有

X \ Y	−1	0	
1	0.08	0.12	0.2
2	0.32	0.48	0.8
	0.4	0.6	

易知有如下四个等式成立

$$P\{X=1,Y=-1\}=0.08=0.2\times0.4=P\{X=1\}P\{Y=-1\};$$
$$P\{X=2,Y=-1\}=0.32=0.8\times0.4=P\{X=2\}P\{Y=-1\};$$
$$P\{X=1,Y=0\}=0.12=0.2\times0.6=P\{X=1\}P\{Y=0\};$$
$$P\{X=2,Y=0\}=0.48=0.8\times0.6=P\{X=2\}P\{Y=0\}.$$

所以 X 与 Y 相互独立.

例 3.3.4　　设两个独立的随机变量 X 与 Y 的分布律为

X	1	3
P	0.3	0.7

和

Y	2	4
P	0.6	0.4

求随机向量 (X,Y) 的联合分布律.

　　解　因为 X 与 Y 相互独立，所以

$$P\{X=1,Y=2\}=P\{X=1\}P\{Y=2\}=0.3 \times 0.6 = 0.18;$$
$$P\{X=1,Y=4\}=P\{X=1\}P\{Y=4\}=0.3 \times 0.4 = 0.12;$$
$$P\{X=3,Y=2\}=P\{X=3\}P\{Y=2\}=0.7 \times 0.6 = 0.42;$$
$$P\{X=3,Y=4\}=P\{X=3\}P\{Y=4\}=0.7 \times 0.4 = 0.28.$$

所以 (X,Y) 的联合分布律为

X \ Y	2	4
1	0.18	0.12
3	0.42	0.28

例 3.3.5　　设 A、B 是两个随机事件，按如下方式定义随机变量 X 和 Y,

$$X=\begin{cases}1, & \text{若 } A \text{ 发生}\\0, & \text{若 } A \text{ 不发生}\end{cases}, \quad Y=\begin{cases}1, & \text{若 } B \text{ 发生},\\0, & \text{若 } B \text{ 不发生}.\end{cases}$$

证明：X、Y 相互独立的充要条件是随机事件 A 和 B 相互独立.

　　证明　必要性. 若 X 与 Y 相互独立，则有

$$P\{X=1,Y=1\}=P\{X=1\} \cdot P\{Y=1\}.$$

即有 $P(AB)=P(A) \cdot P(B)$，所以事件 A 和 B 相互独立.

　　充分性. 若随机事件 A 和 B 相互独立，则由事件的独立性知，A 和 $\bar{B}$；B 和 $\bar{A}$；$\bar{A}$ 和 $\bar{B}$ 都相互独立. 所以有

$$P\{X=1,Y=1\}=P(AB)=P(A)P(B)=P\{X=1\} \cdot P\{Y=1\};$$
$$P\{X=1,Y=0\}=P(A\bar{B})=P(A)P(\bar{B})=P\{X=1\} \cdot P\{Y=0\};$$
$$P\{X=0,Y=1\}=P(\bar{A}B)=P(\bar{A})P(B)=P\{X=0\} \cdot P\{Y=1\};$$
$$P\{X=0,Y=0\}=P(\bar{A}\bar{B})=P(\bar{A})P(\bar{B})=P\{X=0\} \cdot P\{Y=0\};$$

故 X 与 Y 相互独立.

　　例 3.3.5 说明了随机事件独立性和随机变量独立性的关系.

即，由独立的事件可以得到独立的随机变量，反之亦然.

若 (X,Y) 为二维连续型随机变量，则由如下定理判断其独立性.

> **定理 3.3.2**　若 (X,Y) 为二维连续型随机变量，联合密度函数为 $f(x,y)$. 则 X, Y 相互独立的充分必要条件是对任意的实数 x 和 y，有
>
> $$f(x,y) = f_X(x)f_Y(y).$$

▶ 二维连续型随机变量函数的分布

也就是说连续型随机变量独立的充要条件是联合密度函数等于边缘密度函数的乘积. 易知在独立时，由边缘密度函数可以唯一地确定联合密度函数.

当然严格地说定理 3.3.2 的结论是在"几乎处处"意义下成立的.

例 3.3.6　设二维连续型随机变量 (X,Y) 在矩形 $D = \{(x,y) \mid a<x<b, c<y<d\}$ 上服从均匀分布，证明随机变量 X、Y 相互独立.

解　易知 (X,Y) 的联合概率密度函数为

$$f(x,y) = \begin{cases} \dfrac{1}{(b-a)(d-c)}, & a<x<b, c<y<d, \\ 0, & \text{其他.} \end{cases}$$

易求得边缘密度函数分别为

$$f_X(x) = \int_{-\infty}^{+\infty} f(x,y)\,\mathrm{d}y = \begin{cases} \dfrac{1}{b-a}, & a<x<b, \\ 0, & \text{其他.} \end{cases}$$

$$f_Y(y) = \int_{-\infty}^{+\infty} f(x,y)\,\mathrm{d}x = \begin{cases} \dfrac{1}{d-c}, & c<y<d, \\ 0, & \text{其他.} \end{cases}$$

所以对任意的实数 x, y，有

$$f(x,y) = f_X(x)f_Y(y).$$

故随机变量 X 和 Y 是相互独立的.

该例题说明矩形区域上服从均匀分布的二维随机变量，其边缘分布仍是一维均匀分布且两个分量相互独立.

例 3.3.7　设 (X,Y) 在圆域 $D = \{(x,y) \mid x^2+y^2 \leqslant r^2, r>0\}$ 上服从均匀分布. 试判断 X 与 Y 是否相互独立.

解　易知 (X,Y) 的联合密度函数为

$$f(x,y) = \begin{cases} \dfrac{1}{\pi r^2}, & x^2+y^2 \leqslant r^2, \\ 0, & \text{其他.} \end{cases}$$

易求得边缘密度函数分别为

$$f_X(x) = \int_{-\infty}^{+\infty} f(x,y)\,\mathrm{d}y = \begin{cases} \dfrac{2\sqrt{r^2 - x^2}}{\pi r^2}, & -r \leqslant x \leqslant r, \\[3mm] 0, & \text{其他}, \end{cases}$$

$$f_Y(y) = \int_{-\infty}^{+\infty} f(x,y)\,\mathrm{d}x = \begin{cases} \dfrac{2\sqrt{r^2 - y^2}}{\pi r^2}, & -r \leqslant y \leqslant r, \\[3mm] 0, & \text{其他}. \end{cases}$$

易知在区域 D 上 $f(x,y) \neq f_X(x)f_Y(y)$. 所以 X、Y 不相互独立.

该例题说明圆域上服从均匀分布的随机变量的两个分量不再是均匀分布, 而且是不独立的.

例 3.3.8　二维随机变量 (X,Y) 服从二维正态分布 $N(\mu_1, \sigma_1^2, \mu_2, \sigma_2^2, \rho)$, 证明 X 和 Y 独立的充分必要条件为 $\rho = 0$.

证明　首先, 由例 3.2.5 知 $X \sim N(\mu_1, \sigma_1^2)$, $Y \sim N(\mu_2, \sigma_2^2)$, 且他们的密度函数分别为

$$f_X(x) = \frac{1}{\sqrt{2\pi}\,\sigma_1} \mathrm{e}^{-\frac{(x-\mu_1)^2}{2\sigma_1^2}} \text{ 和 } f_Y(y) = \frac{1}{\sqrt{2\pi}\,\sigma_2} \mathrm{e}^{-\frac{(y-\mu_2)^2}{2\sigma_2^2}}.$$

下面证明充分性:

已知 $\rho = 0$, 所以 (X,Y) 的联合密度函数

$$\begin{aligned} f(x,y) &= \frac{1}{2\pi \sigma_1 \sigma_2 \sqrt{1-\rho^2}} \mathrm{e}^{-\frac{1}{2(1-\rho^2)}\left[\frac{(x-\mu_1)^2}{\sigma_1^2} - \frac{2\rho(x-\mu_1)(y-\mu_2)}{\sigma_1\sigma_2} + \frac{(y-\mu_2)^2}{\sigma_2^2}\right]} \\[2mm] &= \frac{1}{2\pi \sigma_1 \sigma_2} \mathrm{e}^{-\frac{1}{2}\left[\frac{(x-\mu_1)^2}{\sigma_1^2} + \frac{(y-\mu_2)^2}{\sigma_2^2}\right]} \\[2mm] &= \frac{1}{\sqrt{2\pi}\,\sigma_1} \mathrm{e}^{-\frac{(x-\mu_1)^2}{2\sigma_1^2}} \frac{1}{\sqrt{2\pi}\,\sigma_2} \mathrm{e}^{-\frac{(y-\mu_2)^2}{2\sigma_2^2}} \\[2mm] &= f_X(x) \cdot f_Y(y), \end{aligned}$$

所以 X 与 Y 相互独立.

下面再证明必要性:

因为对任意实数 x 和 y, 有 $f(x,y) = f_X(x) \cdot f_Y(y)$, 即

$$\frac{1}{2\pi \sigma_1 \sigma_2 \sqrt{1-\rho^2}} \mathrm{e}^{-\frac{1}{2(1-\rho^2)}\left[\frac{(x-\mu_1)^2}{\sigma_1^2} - \frac{2\rho(x-\mu_1)(y-\mu_2)}{\sigma_1\sigma_2} + \frac{(y-\mu_2)^2}{\sigma_2^2}\right]}$$

$$= \frac{1}{\sqrt{2\pi}\,\sigma_1} \mathrm{e}^{-\frac{(x-\mu_1)^2}{2\sigma_1^2}} \frac{1}{\sqrt{2\pi}\,\sigma_2} \mathrm{e}^{-\frac{(y-\mu_2)^2}{2\sigma_2^2}},$$

所以当 $x = \mu_1$, $y = \mu_2$ 时, 上式依然成立, 此时有

$$\frac{1}{2\pi \sigma_1 \sigma_2 \sqrt{1-\rho^2}} = \frac{1}{\sqrt{2\pi}\,\sigma_1} \frac{1}{\sqrt{2\pi}\,\sigma_2},$$

即有
$$\sqrt{1-\rho^2}=1.$$

所以
$$\rho=0.$$

在理论研究中，我们需要利用独立性的定义、定理 3.3.1 或定理 3.3.2 来判断随机变量的独立性. 然而在实际问题中，与随机事件的独立性一样，往往不是先用定义来验证它们的独立性，而是先从随机变量产生的实际背景出发判断它们是独立的（或者其相依性很微弱时，可以近似地认为它们是独立的），然后再利用独立性的性质和有关定理来解决实际问题. 例如，在一个城市中相距很远的两个十字路口在某个时间段内发生交通事故的次数；在一大批电子产品中，随机地取两件的寿命等.

以上关于二维随机变量的讨论，可以推广到 $n(n>2)$ 维随机变量的情形.

（1）设 E 是一个随机试验，$S=\{w\}$ 是其样本空间，$X_i=X_i(w)$，$i=1,2,\cdots,n$ 都是定义在样本空间 S 上的随机变量，由它们构成的一个 n 维向量 $(X_1,X_2,\cdots,X_n)$ 称为 n 维（元）随机变量或 n 维（元）随机向量.

（2）设 $(X_1,X_2,\cdots,X_n)$ 为 n 维随机变量，对任意的 $(x_1,x_2,\cdots,x_n)\in\mathbf{R}^n$，称 n 元函数
$$F(x_1,x_2,\cdots,x_n)=P\{X_1\leqslant x_1,X_2\leqslant x_2,\cdots,X_n\leqslant x_n\}$$
为 n 维随机变量 $(X_1,X_2,\cdots,X_n)$ 的联合分布函数.

以下举例说明其边缘分布函数的求法，其他类型的边缘分布函数可类似给出.

X_1 的边缘分布函数为
$$F_{X_1}(x_1)=P\{X_1\leqslant x_1\}=F(x_1,+\infty,\cdots,+\infty).$$

(X_1,X_2) 的边缘分布函数为
$$F_{X_1,X_2}(x_1,x_2)=P\{X_1\leqslant x_1,X_2\leqslant x_2\}=F(x_1,x_2,+\infty,\cdots,+\infty).$$

（3）若 $(X_1,X_2,\cdots,X_n)$ 的可能的取值 $(x_{i_1},x_{i_2},\cdots,x_{i_n})$ 只有有限组或可数无穷组，则称其为 n 维离散型随机变量. 若其联合分布律为
$$P\{X_1=x_{i_1},X_2=x_{i_2},\cdots,X_n=x_{i_n}\}=p_{i_1,i_2,\cdots,i_n},\quad i_1,i_2,\cdots,i_n=1,2,\cdots.$$
则关于 X_1 的边缘分布律为
$$P\{X_1=x_{i_1}\}=\sum_{i_2=1}^{\infty}\sum_{i_3=1}^{\infty}\cdots\sum_{i_n=1}^{\infty}p_{i_1,i_2,\cdots,i_n},\quad i_2,i_3,\cdots,i_n=1,2,\cdots.$$

（4）设随机向量 $(X_1,X_2,\cdots,X_n)$ 的联合分布函数为 $F(x_1,x_2,\cdots,x_n)$，若存在一个非负可积实函数 $f(x_1,x_2,\cdots,x_n)$，对 n 维空间

中的任意一点$(x_1,x_2,\cdots,x_n)$，使得

$$F(x_1,x_2,\cdots,x_n)=\int_{-\infty}^{x_1}\int_{-\infty}^{x_2}\cdots\int_{-\infty}^{x_n}f(t_1,t_2,\cdots,t_n)\mathrm{d}t_1\mathrm{d}t_2\cdots\mathrm{d}t_n,$$

则称$(X_1,X_2,\cdots,X_n)$为 n 维连续型随机变量，$f(x_1,x_2,\cdots,x_n)$称为联合概率密度函数.

关于边缘密度函数的求法，参考下面的例子，其他形式参照给出.

X_1 的边缘密度函数为

$$f_{X_1}(x_1)=\int_{-\infty}^{+\infty}\int_{-\infty}^{+\infty}\cdots\int_{-\infty}^{+\infty}f(x_1,x_2,\cdots,x_n)\mathrm{d}x_2\mathrm{d}x_3\cdots\mathrm{d}x_n.$$

(X_1,X_2)的边缘函数为

$$f_{X_1,X_2}(x_1,x_2)=\int_{-\infty}^{+\infty}\int_{-\infty}^{+\infty}\cdots\int_{-\infty}^{+\infty}f(x_1,x_2,x_3,x_4,\cdots,x_n)\mathrm{d}x_3\mathrm{d}x_4\cdots\mathrm{d}x_n.$$

（5）设 n 维随机变量$(X_1,X_2,\cdots,X_n)$的联合分布函数为$F(x_1,x_2,\cdots,x_n)$，$F_{X_1}(x_1)$，$F_{X_2}(x_2)$，$\cdots$，$F_{X_n}(x_n)$分别为 $X_1,X_2,\cdots,X_n$ 的边缘分布函数，若对任意实数 $x_1,x_2,\cdots,x_n$，有

$$F(x_1,x_2,\cdots,x_n)=F_{X_1}(x_1)F_{X_2}(x_2)\cdots F_{X_n}(x_n),$$

则称随机变量 $X_1,X_2,\cdots,X_n$ 相互独立.

如果$(X_1,X_2,\cdots,X_n)$是 n 维离散型随机变量，则 $X_1,X_2,\cdots,X_n$ 相互独立的充要条件为，对任意 $x_{i_1},x_{i_2},\cdots,x_{i_n}$，满足

$$P\{X_1=x_{i_1},X_2=x_{i_2},\cdots,X_n=x_{i_n}\}=P\{X_1=x_{i_1}\}P\{X_2=x_{i_2}\}\cdots P\{X_n=x_{i_n}\}.$$

如果$(X_1,X_2,\cdots,X_n)$是 n 维连续型随机变量，则 $X_1,X_2,\cdots,X_n$ 相互独立的充要条件为，对任意$(x_1,x_2,\cdots,x_n)$，满足

$$f(x_1,x_2,\cdots,x_n)=f_{X_1}(x_1)f_{X_2}(x_2)\cdots f_{X_n}(x_n).$$

由 n 个随机变量的独立性的定义，例 3.3.5 的结论可以推广到 n 个事件的情形，即若 n 个随机事件 $A_1,A_2,\cdots,A_n$ 相互独立，令

$$X_i=\begin{cases}1,&\text{若}A_i\text{ 发生},\\0,&\text{若}A_i\text{ 不发生},\end{cases}\quad i=1,2,\cdots,n.$$

则 $X_1,X_2,\cdots,X_n$ 相互独立，反之亦成立.

（6）对于随机变量序列 $X_1,X_2,\cdots,X_n,\cdots$，若其中任何有限个随机变量都相互独立，则称随机变量序列相互独立.

（7）设$(X_1,X_2,\cdots,X_m)$为 m 维随机变量，$(Y_1,Y_2,\cdots,Y_n)$为 n 维随机变量，其联合分布函数分别为 $F_1(x_1,x_2,\cdots,x_m)$ 和 $F_2(y_1,y_2,\cdots,y_n)$，用 $F(x_1,x_2,\cdots,x_m,y_1,y_2,\cdots,y_n)$ 表示$(X_1,X_2,\cdots,X_m,Y_1,Y_2,\cdots,Y_n)$的联合分布函数，若对任意的 x_1，

$x_2,\cdots,x_m,y_1,y_2,\cdots,y_n$ 有

$$F(x_1,x_2,\cdots,x_m,y_1,y_2,\cdots,y_n)=F_1(x_1,x_2,\cdots,x_m)F_2(y_1,y_2,\cdots,y_n),$$

则两组随机变量 $(X_1,X_2,\cdots,X_m)$ 和 $(Y_1,Y_2,\cdots,Y_n)$ 相互独立.

我们有如下结论：

（1）若两组随机变量 $(X_1,X_2,\cdots,X_m)$ 和 $(Y_1,Y_2,\cdots,Y_n)$ 相互独立，则 $X_i(i=1,2,\cdots,m)$ 和 $Y_j(j=1,2,\cdots,n)$ 相互独立.

（2）若两组随机变量 $(X_1,X_2,\cdots,X_m)$ 和 $(Y_1,Y_2,\cdots,Y_n)$ 相互独立，h，g 是两个连续函数，则 $h(X_1,X_2,\cdots,X_m)$ 和 $g(Y_1,Y_2,\cdots,Y_n)$ 相互独立.

3.4　条件分布

在第 1 章中，我们指出任何随机试验都是在一定条件下进行的，可以称之为基本条件，而在规定的基本条件之外再附加一定的条件，在此基础上研究事件的概率称之为条件概率，将这种讨论推广到随机变量上，就是本节要介绍的条件分布，它一般采取如下形式：设有二维随机变量 (X,Y)，在给定了 Y 取某个值或某个范围值的条件下，求 X 的条件分布，当然也可以在给定 X 的值的条件下，求 Y 的条件分布. 例如，设二维随机变量 (X,Y) 表示人的体重和身高，显然 X 和 Y 都有一定的概率分布. 现在如果限制 $175\leqslant Y\leqslant185(\mathrm{cm})$，在这个条件下研究 X 的分布，也就是说要研究身高在 175cm 和 185cm 之间的人的体重的分布. 可以想象这个分布与 X 的（无条件）分布是不一样的. 如果我们能够弄清楚在 Y 的值发生变化的时候，X 的条件分布，就能了解身高对体重的影响在数量上的关系. 由此可见条件分布的重要性.

3.4.1　二维离散型随机变量的条件分布

离散型情形的条件分布比较简单，实际上是第 1 章的条件概率的概念在另一种形式下的重复.

定义 3.4.1　设 (X,Y) 是二维离散型随机变量，其联合分布律为

$$P\{X=x_i,Y=y_j\}=p_{ij},\quad i,j=1,2,\cdots.$$

(X,Y) 关于 X 和 Y 的边缘分布律分别为

$$P\{X=x_i\}=p_{i\cdot},\quad i=1,2,\cdots \text{ 和 }\quad P\{Y=y_j\}=p_{\cdot j},\quad j=1,2,\cdots.$$

对固定的 j，若 $P\{Y=y_j\}=p_{\cdot j}>0$，则称

$$P\{X=x_i \mid Y=y_j\}=\frac{P\{X=x_i,Y=y_j\}}{P\{Y=y_j\}}=\frac{p_{ij}}{p_{\cdot j}}, i=1,2,\cdots$$

为给定 $Y=y_j$ 的条件下随机变量 X 的条件分布律.

同样地，对固定的 i，若 $P\{X=x_i\}=p_{i\cdot}>0$，则称

$$P\{Y=y_j \mid X=x_i\}=\frac{P\{X=x_i,Y=y_j\}}{P\{X=x_i\}}=\frac{p_{ij}}{p_{i\cdot}}, j=1,2,\cdots$$

为给定 $X=x_i$ 的条件下随机变量 Y 的条件分布律.

容易验证，上述给出的两个条件分布律，都满足分布律的两条基本性质，即非负性和归一性.

例 3.4.1 已知二维离散型随机变量 (X,Y) 的联合分布律为

X \ Y	0	1	2
0	3/15	6/15	1/15
1	3/15	2/15	0

分别求 $Y=0$，$Y=1$，$Y=2$ 的条件下，X 的条件分布律.

解 将 X 和 Y 的边缘分布律写在联合分布律的两侧，如下表所示.

X \ Y	0	1	2	
0	3/15	6/15	1/15	2/3
1	3/15	2/15	0	1/3
	6/15	8/15	1/15	

易知 $P\{Y=0\}=6/15$. 所以用联合分布律中的第一列分别除以 $6/15$，就可以得到 $Y=0$ 的条件下，X 的条件分布律：

$X \mid Y=0$	0	1
P	1/2	1/2

同样的道理，用联合分布律中的第二列分别除以 $8/15$，就可以得到 $Y=1$ 的条件下，X 的条件分布律：

$X \mid Y=1$	0	1
P	3/4	1/4

用联合分布律中的第三列分别除以 $1/15$，就可以得到 $Y=2$ 的条件下，X 的条件分布律：

$X \mid Y=2$	0	1
P	1	0

从这个例子看出, 二维离散型随机变量的联合分布律只有一个, 而条件分布律有很多. 每个条件分布律都从一个侧面描述了一种状态下的特定分布.

例 3.4.2 在例 3.1.5 中, 求给定 $X_2=k_2$ 的条件下, X_1 的条件分布律.

解 例 3.1.5 中 (X_1,X_2) 的联合分布律为

$$P\{X_1=k_1, X_2=k_2\} = \frac{n!}{k_1!k_2!(n-k_1-k_2)!}p_1^{k_1}p_2^{k_2}(1-p_1-p_2)^{n-k_1-k_2}.$$

$$k_1, k_2 = 0,1,2,\cdots,n, \quad k_1+k_2 \leqslant n.$$

在例 3.2.3 中已经得到

$$X_1 \sim b(n,p_1), \ X_2 \sim b(n,p_2).$$

易知, 当 $X_2=k_2$ 时, X_1 可能的取值为 $0,1,\cdots,n-k_2$. 且

$$P\{X_1=k_1 \mid X_2=k_2\} = \frac{P\{X_1=k_1, X_2=k_2\}}{P\{X_2=k_2\}}$$

$$= \frac{\dfrac{n!}{k_1!k_2!(n-k_1-k_2)!}p_1^{k_1}p_2^{k_2}(1-p_1-p_2)^{n-k_1-k_2}}{C_n^{k_2}p_2^{k_2}(1-p_2)^{n-k_2}}$$

$$= \frac{\dfrac{n!}{k_1!k_2!(n-k_1-k_2)!}p_1^{k_1}p_2^{k_2}(1-p_1-p_2)^{n-k_1-k_2}}{\dfrac{n!}{k_2!(n-k_2)!}p_2^{k_2}(1-p_2)^{n-k_2}}$$

$$= \frac{(n-k_2)!}{k_1!(n-k_1-k_2)!} \frac{p_1^{k_1}(1-p_1-p_2)^{n-k_1-k_2}}{(1-p_2)^{n-k_2}}$$

$$= \frac{(n-k_2)!}{k_1!(n-k_1-k_2)!}\left(\frac{p_1}{1-p_2}\right)^{k_1}\left(1-\frac{p_1}{1-p_2}\right)^{n-k_1-k_2}$$

$$= C_{n-k_2}^{k_1}\left(\frac{p_1}{1-p_2}\right)^{k_1}\left(1-\frac{p_1}{1-p_2}\right)^{n-k_2-k_1} \quad k_1=0,1,\cdots,n-k_2.$$

即给定 $X_2=k_2$ 的条件下, X_1 的条件分布为二项分布 $b\left(n-k_2, \dfrac{p_1}{1-p_2}\right)$.

3.4.2　二维连续型随机变量的条件分布

在离散型场合, 我们可以根据联合分布律, 得到条件分布律, 进而可以得到条件分布函数 $P\{X \leqslant x \mid Y=y\}$, 条件分布函数完整刻画了当 $Y=y$ 的条件下, X 的统计规律性. 但是当 (X,Y) 是二维

连续型随机变量时，由于 $P\{Y=y\}=0$，所以不能按离散型随机变量条件分布的方法求 $P\{X\leqslant x\mid Y=y\}$. 此时，一个自然的想法是，将 $P\{X\leqslant x\mid Y=y\}$ 看成 $\Delta y\to0$ 时，$P\{X\leqslant x\mid y\leqslant Y\leqslant y+\Delta y\}$ 的极限. 称此极限值为 $Y=y$ 的条件下，X 的条件分布函数，记为 $F_{X\mid Y}(x\mid y)$. 即有

$$
\begin{aligned}
F_{X\mid Y}(x\mid y)&=\lim_{\Delta y\to0}P\{X\leqslant x\mid y\leqslant Y\leqslant y+\Delta y\}\\
&=\lim_{\Delta y\to0}\frac{P\{X\leqslant x,y\leqslant Y\leqslant y+\Delta y\}}{P\{y\leqslant Y\leqslant y+\Delta y\}}.
\end{aligned}
$$

若设 (X,Y) 的联合密度函数和联合分布函数分别为 $f(x,y)$ 和 $F(x,y)$，X 和 Y 的边缘密度函数和边缘分布函数分别为 $f_X(x)$、$f_Y(y)$ 和 $F_X(x)$、$F_Y(y)$，则有

$$
\begin{aligned}
F_{X\mid Y}(x\mid y)&=\lim_{\Delta y\to0}\frac{P\{X\leqslant x,y\leqslant Y\leqslant y+\Delta y\}}{P\{y\leqslant Y\leqslant y+\Delta y\}}\\
&=\lim_{\Delta y\to0}\frac{F(x,y+\Delta y)-F(x,y)}{F_Y(y+\Delta y)-F_Y(y)}\\
&=\lim_{\Delta y\to0}\frac{\dfrac{1}{\Delta y}[F(x,y+\Delta y)-F(x,y)]}{\dfrac{1}{\Delta y}[F_Y(y+\Delta y)-F_Y(y)]}\\
&=\frac{\lim_{\Delta y\to0}\dfrac{1}{\Delta y}[F(x,y+\Delta y)-F(x,y)]}{\lim_{\Delta y\to0}\dfrac{1}{\Delta y}[F_Y(y+\Delta y)-F_Y(y)]}\\
&=\frac{\partial F(x,y)}{\partial y}\bigg/\frac{\mathrm{d}F_Y(y)}{\mathrm{d}y}=\frac{\partial F(x,y)}{\partial y}\bigg/f_Y(y).
\end{aligned}
$$

又因为

$$
\begin{aligned}
\frac{\partial F(x,y)}{\partial y}&=\frac{\partial}{\partial y}\Big[\int_{-\infty}^x\int_{-\infty}^y f(u,v)\,\mathrm{d}u\mathrm{d}v\Big]\\
&=\frac{\partial}{\partial y}\Big\{\int_{-\infty}^y\Big[\int_{-\infty}^x f(u,v)\,\mathrm{d}u\Big]\mathrm{d}v\Big\}\\
&=\int_{-\infty}^x f(u,y)\,\mathrm{d}u,
\end{aligned}
$$

所以

$$
F_{X\mid Y}(x\mid y)=\frac{\int_{-\infty}^x f(u,y)\,\mathrm{d}u}{f_Y(y)}=\int_{-\infty}^x\frac{f(u,y)}{f_Y(y)}\mathrm{d}u.
$$

对此条件分布函数关于 x 求导数，就得到给定 $Y=y$ 的条件下，X 的条件密度函数为

$$
f_{X\mid Y}(x\mid y)=F'_{X\mid Y}(x\mid y)=\frac{f(x,y)}{f_Y(y)}.
$$

同样地，可以求得给定 $X=x$ 的条件下，Y 的条件分布函数和条件密度函数分别为

$$F_{Y|X}(y\mid x)=\int_{-\infty}^{y}\frac{f(x,v)}{f_X(x)}\mathrm{d}v \text{ 和 } f_{Y|X}(y\mid x)=\frac{f(x,y)}{f_X(x)}.$$

> **定义 3.4.2**　设二维连续型随机变量 (X,Y) 的联合概率密度函数为 $f(x,y)$，其边缘密度函数分别为 $f_X(x)$ 和 $f_Y(y)$，对于固定的 y，且 $f_Y(y)>0$，则称 $\dfrac{f(x,y)}{f_Y(y)}$ 为给定 $Y=y$ 时，X 的条件密度函数，记为 $f_{X|Y}(x\mid y)=\dfrac{f(x,y)}{f_Y(y)}$；对于固定的 x，且 $f_X(x)>0$，则称 $\dfrac{f(x,y)}{f_X(x)}$ 为给定 $X=x$ 时，Y 的条件密度函数，记为 $f_{Y|X}(y\mid x)=\dfrac{f(x,y)}{f_X(x)}$.

例 3.4.3　若二维随机变量 (X,Y) 服从圆域 $D=\{(x,y):x^2+y^2\leqslant r^2,r>0\}$ 上的均匀分布. 求给定 $Y=y$ 的条件下 X 的条件密度函数 $f_{X|Y}(x\mid y)$.

解　易知 (X,Y) 的联合密度函数为

$$f(x,y)=\begin{cases}\dfrac{1}{\pi r^2}, & x^2+y^2\leqslant r^2,\\[2mm]0, & \text{其他.}\end{cases}$$

易求得 Y 的边缘密度函数为

$$f_Y(y)=\int_{-\infty}^{+\infty}f(x,y)\mathrm{d}x=\begin{cases}\dfrac{2\sqrt{r^2-y^2}}{\pi r^2}, & -r\leqslant y\leqslant r,\\[2mm]0, & \text{其他.}\end{cases}$$

所以当 $-r<y<r$ 时，有

$$f_{X|Y}(x\mid y)=\frac{f(x,y)}{f_Y(y)}=\begin{cases}\dfrac{1}{2\sqrt{r^2-y^2}}, & -\sqrt{r^2-y^2}\leqslant x\leqslant\sqrt{r^2-y^2}\\[2mm]0, & \text{其他.}\end{cases}$$

说明当 $-r<y<r$ 时，给定 $Y=y$ 的条件下 X 服从区间 $(-\sqrt{r^2-y^2},\sqrt{r^2-y^2})$ 上的均匀分布.

例 3.4.4　设 X 在区间 $(0,1)$ 上随机地取值，当观测到 $X=x(0<x<1)$ 时，Y 在区间 $(x,1)$ 上随机地取值，求随机变量 Y 的概率密度函数 $f_Y(y)$.

解　易知 X 在区间 $(0,1)$ 上服从均匀分布，其密度函数为

$$f_X(x)=\begin{cases}1,&0<x<1,\\0,&\text{其他.}\end{cases}$$

在给定 $X=x\,(0<x<1)$ 时，Y 的条件分布为区间 $(x,1)$ 上的均匀分布，条件密度函数为

$$f_{Y|X}(y\mid x)=\begin{cases}\dfrac{1}{1-x},&x<y<1,\\0,&\text{其他.}\end{cases}$$

所以得 (X,Y) 的联合密度函数为

$$f(x,y)=f_{Y|X}(y\mid x)f_X(x)=\begin{cases}\dfrac{1}{1-x},&0<x<1,x<y<1,\\0,&\text{其他.}\end{cases}$$

于是，随机变量 Y 的边缘密度函数为

$$f_Y(y)=\int_{-\infty}^{+\infty}f(x,y)\mathrm{d}x=\begin{cases}\displaystyle\int_0^y\dfrac{1}{1-x}\mathrm{d}x,&0<y<1,\\0,&\text{其他,}\end{cases}$$

$$=\begin{cases}-\ln(1-y),&0<y<1,\\0,&\text{其他.}\end{cases}$$

例 3.4.5 若二维随机变量 (X,Y) 服从二维正态分布 $N(\mu_1,\sigma_1^2,\mu_2,\sigma_2^2,\rho)$，求给定 $Y=y$ 时，X 的条件密度函数 $f_{X|Y}(x\mid y)$.

解 (X,Y) 的联合密度函数为

$$f(x,y)=\frac{1}{2\pi\sigma_1\sigma_2\sqrt{1-\rho^2}}\mathrm{e}^{-\frac{1}{2(1-\rho^2)}\left[\frac{(x-\mu_1)^2}{\sigma_1^2}-\frac{2\rho(x-\mu_1)(y-\mu_2)}{\sigma_1\sigma_2}+\frac{(y-\mu_2)^2}{\sigma_2^2}\right]}.$$

由例 3.2.5 知 $Y\sim N(\mu_2,\sigma_2^2)$，且 $f_Y(y)=\dfrac{1}{\sqrt{2\pi}\sigma_2}\mathrm{e}^{-\frac{(y-\mu_2)^2}{2\sigma_2^2}}$.

所以

$$f_{X|Y}(x\mid y)=\frac{f(x,y)}{f_Y(y)}$$

$$=\frac{\dfrac{1}{2\pi\sigma_1\sigma_2\sqrt{1-\rho^2}}\mathrm{e}^{-\frac{1}{2(1-\rho^2)}\left[\frac{(x-\mu_1)^2}{\sigma_1^2}-\frac{2\rho(x-\mu_1)(y-\mu_2)}{\sigma_1\sigma_2}+\frac{(y-\mu_2)^2}{\sigma_2^2}\right]}}{\dfrac{1}{\sqrt{2\pi}\sigma_2}\mathrm{e}^{-\frac{(y-\mu_2)^2}{2\sigma_2^2}}}$$

$$=\frac{1}{\sqrt{2\pi}\sigma_1\sqrt{1-\rho^2}}\mathrm{e}^{-\frac{[x-(\mu_1+\rho\sigma_1\sigma_2^{-1}(y-\mu_2))]^2}{2(1-\rho^2)\sigma_1^2}}.$$

这正是正态分布 $N(\mu_1+\rho\sigma_1\sigma_2^{-1}(y-\mu_2),(1-\rho^2)\sigma_1^2)$ 的概率密度函数，因此，二维正态分布的条件分布仍为正态分布，这是正态分布的一个重要性质. 另外，易知这个正态分布的中心位置为 $m(y)=\mu_1+\rho\sigma_1\sigma_2^{-1}(y-\mu_2)$，由此可以看出 ρ 刻画了 X 和 Y 之间某种

相依关系，解释如下：若 $\rho>0$，则 $m(y)$ 是 y 增函数，所以当 y 增大时，条件分布的中心 $m(y)$ 也增大，即正态分布的中心位置向右移动，因此 X 取大值的概率增加，即说明 Y 的值增大，则 X 的值有增大的趋势；反之，当 $\rho<0$ 时，当 Y 的值增大时，则 X 的值有减小的趋势. 下一章将给出 ρ 的确切含义.

3.5 二维随机变量函数的分布

从 2.5 节中知道，在很多实际问题中需要求一维随机变量函数的分布，同样的道理，对于二维随机变量 (X,Y)，有时我们也需要求 (X,Y) 的某个函数的分布.

设 (X,Y) 为二维随机变量，$z=g(x,y)$ 为已知的二元函数，如果当 (X,Y) 取值 (x,y) 时，随机变量 Z 取值为 $g(x,y)$，则称 Z 是二维随机变量 (X,Y) 的函数，记为 $Z=g(X,Y)$. 本节主要研究二维随机变量函数的分布问题，即，当随机变量 (X,Y) 的联合分布已知时，如何求它的函数 $Z=g(X,Y)$ 的概率分布. 下面分别在 (X,Y) 为离散型和连续型两种情况下给出 $Z=g(X,Y)$ 的分布.

3.5.1 二维离散型随机变量函数的分布

如果 (X,Y) 是离散型随机变量，若 $Z=g(X,Y)$ 也是离散型随机变量，此时只需求出 Z 的分布律. 当 (X,Y) 可能的取值比较少时，可以将 Z 的取值一一列出，然后再合并整理即可求出 Z 的分布律，通常将 (X,Y) 的联合分布律表示为如下形式：

(X,Y)	(x_1,y_1)	(x_1,y_2)	$\cdots$	(x_i,y_j)	$\cdots$
P	p_{11}	p_{12}	$\cdots$	p_{ij}	$\cdots$

此时 Z 的分布律可以简单地表示为

Z	$g(x_1,y_1)$	$g(x_1,y_2)$	$\cdots$	$g(x_i,y_j)$	$\cdots$
P	p_{11}	p_{12}	$\cdots$	p_{ij}	$\cdots$

当 $g(x_1,y_1),g(x_1,y_2),\cdots,g(x_i,y_j),\cdots$ 中有某些值相等时，则把那些相等的值分别合并，并把对应的概率相加即可.

例 3.5.1 已知 (X,Y) 的联合分布律为

Y \ X	0	1	2
-1	0.2	0.1	0.1
0	0.2	0.1	0.3

令 $Z_1 = X-Y$, $Z_2 = XY$. 求 Z_1 和 Z_2 各自的分布律.

解 将 (X,Y) 的联合分布律表示为如下形式:

(X,Y)	$(0,-1)$	$(0,0)$	$(1,-1)$	$(1,0)$	$(2,-1)$	$(2,0)$
P	0.2	0.2	0.1	0.1	0.1	0.3

所以有

(X,Y)	$(0,-1)$	$(0,0)$	$(1,-1)$	$(1,0)$	$(2,-1)$	$(2,0)$
Z_1	1	0	2	1	3	2
Z_2	0	0	-1	0	-2	0
P	0.2	0.2	0.1	0.1	0.1	0.3

将相同的项合并后，得 Z_1 和 Z_2 的分布律为

Z_1	0	1	2	3
P	0.2	0.3	0.4	0.1

Z_2	-2	-1	0
P	0.1	0.1	0.8

一般地，设 (X,Y) 的联合分布律为

$$P\{X = x_i, Y = y_j\} = p_{ij}, i,j = 1,2,\cdots.$$

若 $Z = g(X,Y)$ 也是离散型随机变量，其分布律为

$$P\{Z = z_k\} = P\{g(X,Y) = z_k\}$$

$$= \sum_{g(x_i,y_j) = z_k} P\{X = x_i, Y = y_j\}, \quad k = 1,2,\cdots.$$

例 3.5.2 若 X 和 Y 相互独立，分别服从参数为 λ_1 和 λ_2 的泊松分布，证明 $Z = X+Y$ 服从参数为 $\lambda_1+\lambda_2$ 的泊松分布.

解 首先写出 X 和 Y 的分布律

$$P\{X=i\} = \frac{\lambda_1^i}{i!} e^{-\lambda_1}, i=0,1,2,\cdots \quad P\{Y=j\} = \frac{\lambda_2^j}{j!} e^{-\lambda_2}, j=0,1,2,\cdots.$$

易知 Z 的可能的取值为 $0,1,2\cdots$

于是,

$$P\{Z = r\} = P\{X + Y = r\} = \sum_{i=0}^{r} P\{X = i, Y = r-i\}$$

$$= \sum_{i=0}^{r} P\{X = i\} P\{Y = r-i\}$$

$$= \sum_{i=0}^{r} \frac{\lambda_1^i}{i!} e^{-\lambda_1} \frac{\lambda_2^{r-i}}{(r-i)!} e^{-\lambda_2}$$

$$= \frac{e^{-(\lambda_1+\lambda_2)}}{r!} \sum_{i=0}^{r} \frac{r!}{i!(r-i)!} \lambda_1^i \lambda_2^{r-i}$$

$$= \frac{e^{-(\lambda_1+\lambda_2)}}{r!} \sum_{i=0}^{r} C_r^i \lambda_1^i \lambda_2^{r-i}$$

$$= \frac{(\lambda_1+\lambda_2)^r}{r!} e^{-(\lambda_1+\lambda_2)}.$$

即 $Z=X+Y$ 服从参数为 $\lambda_1+\lambda_2$ 的泊松分布 $P(\lambda_1+\lambda_2)$.

称性质"同一类分布的独立随机变量和的分布仍属于此类分布"为此类分布具有可加性(再生性). 上例说明泊松分布具有可加性.

例 3.5.3 设 X 和 Y 相互独立, $X \sim b(n,p)$, $Y \sim b(m,p)$, 求 $Z=X+Y$ 的分布.

解 首先写出 X 和 Y 的分布律为

$$P\{X=i\} = C_n^i p^i (1-p)^{n-i}, \ i=0,1,2,\cdots,n;$$
$$P\{Y=j\} = C_m^j p^j (1-p)^{m-j}, \ j=0,1,2,\cdots,m.$$

易知 Z 的可能的取值为 $0,1,2,\cdots,n+m$.

于是,

$$P\{Z=k\} = P\{X+Y=k\} = \sum_{i=0}^{k} P\{X=i, Y=k-i\}.$$

由于 $i>n$ 时, $\{X=i\}$ 为不可能事件, 所以只需考虑 $i \leq n$;

同时 $k-i>m$ 时, $\{Y=k-i\}$ 为不可能事件, 所以只需考虑 $i \geq k-m$.

因此, 令 $a=\max(0,k-m)$, $b=\min(n,k)$, 则

$$P\{Z=k\} = \sum_{i=a}^{b} P\{X=i, Y=k-i\}$$
$$= \sum_{i=a}^{b} P\{X=i\} P\{Y=k-i\}$$
$$= \sum_{i=a}^{b} C_n^i p^i (1-p)^{n-i} C_m^{k-i} p^{k-i} (1-p)^{m-(k-i)}$$
$$= p^k (1-p)^{n+m-k} \sum_{i=a}^{b} C_n^i C_m^{k-i}$$
$$= C_{n+m}^k p^k (1-p)^{n+m-k} \sum_{i=a}^{b} \frac{C_n^i C_m^{k-i}}{C_{n+m}^k}.$$

利用超几何分布的分布律的性质得

$$\sum_{i=a}^{b} \frac{C_n^i C_m^{k-i}}{C_{n+m}^k} = 1.$$

所以

$$P\{Z=k\} = C_{n+m}^k p^k (1-p)^{n+m-k}.$$

即 $X+Y \sim b(n+m, p)$.

此例说明在参数 p 相同的情况下，二项分布具有可加性. 另外，按照二项分布的直观背景，可以直接证明这个结论. 设独立重复试验中事件 A 发生的概率为 p，X 表示在 n 次独立重复试验中事件 A 出现的次数，同样，Y 表示在 m 次独立的重复试验中事件 A 出现的次数，则 $Z=X+Y$ 表示在 $n+m$ 次独立的重复试验中事件 A 出现的次数，于是 $Z \sim b(n+m, p)$.

3.5.2　二维连续型随机变量函数的分布

设 (X, Y) 是连续型随机变量，其联合概率密度函数为 $f(x, y)$，$Z=g(X, Y)$ 是 (X, Y) 的函数，一般可以分为以下两种情况讨论：

第一，$Z=g(X, Y)$ 为离散型随机变量，此时，只需求 Z 的分布律，问题的实质是将 Z 取某个值 z 的概率转化为 (X, Y) 属于某个区域 D 的概率，即有

$$P\{Z=z\} = P\{(X, Y) \in D\} = \iint_D f(x, y)\,\mathrm{d}x\mathrm{d}y.$$

第二，当 Z 不是离散型随机变量时，这时与一维连续型随机变量函数的分布的求法类似，我们采用分布函数法求二维连续型随机变量函数的分布，即 $Z=g(X, Y)$ 的分布函数为

$$F_Z(z) = P\{Z \leqslant z\} = P\{g(X, Y) \leqslant z\} = \iint_{g(x,y) \leqslant z} f(x, y)\,\mathrm{d}x\mathrm{d}y.$$

当 Z 为连续型随机变量时，其概率密度函数为

$$f_Z(z) = F_Z'(z).$$

例 3.5.4　设二维连续型随机变量 (X, Y) 的联合概率密度为

$$f(x, y) = \begin{cases} \lambda\mu \mathrm{e}^{-(\lambda x + \mu y)}, & x>0, y>0, \\ 0, & \text{其他}. \end{cases}$$

其中 λ，μ 为大于 0 的常数，引入随机变量

$$Z = \begin{cases} 1, & X \leqslant Y, \\ 0, & X > Y. \end{cases}$$

求 Z 的分布.

解　易知 Z 为离散型随机变量，可能的取值为 0 和 1.

$$\begin{aligned} P\{Z=1\} &= P\{X \leqslant Y\} = \iint_{x \leqslant y} f(x, y)\,\mathrm{d}x\mathrm{d}y \\ &= \int_0^{+\infty} \mathrm{d}y \int_0^y \lambda\mu \mathrm{e}^{-(\lambda x + \mu y)}\,\mathrm{d}x \\ &= \int_0^{+\infty} \mu \mathrm{e}^{-\mu y}\mathrm{d}y \int_0^y \lambda \mathrm{e}^{-\lambda x}\mathrm{d}x \end{aligned}$$

$$= \int_0^{+\infty} \mu e^{-\mu y}(1 - e^{-\lambda y}) dy = \frac{\lambda}{\lambda + \mu};$$

$$P\{Z=0\} = 1 - P\{Z=1\} = 1 - \frac{\lambda}{\lambda+\mu} = \frac{\mu}{\lambda+\mu}.$$

即 Z 的分布律为

Z	0	1
P	$\dfrac{\mu}{\lambda+\mu}$	$\dfrac{\lambda}{\lambda+\mu}$

例 3.5.5　已知 X，Y 相互独立，且均服从 $N(0, \sigma^2)$ ($\sigma>0$)，求 $Z = \sqrt{X^2+Y^2}$ 的概率密度.

解　由已知条件得 X 和 Y 的密度函数分别为

$$f_X(x) = \frac{1}{\sqrt{2\pi}\,\sigma} e^{-\frac{x^2}{2\sigma^2}} \text{ 和 } f_Y(y) = \frac{1}{\sqrt{2\pi}\,\sigma} e^{-\frac{y^2}{2\sigma^2}},$$

又因为 X 和 Y 相互独立，所以联合概率密度函数为

$$f(x,y) = f_X(x) \cdot f_Y(y) = \frac{1}{2\pi\sigma^2} e^{-\frac{x^2+y^2}{2\sigma^2}}.$$

设 Z 的分布函数和概率密度函数分别为 $F_Z(z)$ 和 $f_Z(z)$. 则

当 $z<0$ 时，$F_Z(z) = 0$；

当 $z \geq 0$ 时，

$$F_Z(z) = P\{Z \leqslant z\} = P\{\sqrt{X^2 + Y^2} \leqslant z\} = \iint\limits_{\sqrt{x^2+y^2} \leqslant z} f(x,y) dxdy$$

$$= \iint\limits_{\sqrt{x^2+y^2} \leqslant z} \frac{1}{2\pi\sigma^2} e^{-\frac{x^2+y^2}{2\sigma^2}} dxdy (\text{令 } x = r\cos\theta,\ y = r\sin\theta)$$

$$= \iint\limits_{r \leqslant z} \frac{1}{2\pi\sigma^2} e^{-\frac{r^2}{2\sigma^2}} rdrd\theta = 1 - e^{-\frac{z^2}{2\sigma^2}}.$$

于是 Z 的分布函数为

$$F_Z(z) = \begin{cases} 1 - e^{-\frac{z^2}{2\sigma^2}}, & z \geq 0, \\ 0, & \text{其他,} \end{cases}$$

故 Z 的密度函数为

$$f_Z(z) = F_Z'(z) = \begin{cases} \dfrac{z}{\sigma^2} e^{-\frac{z^2}{2\sigma^2}}, & z \geq 0, \\ 0, & \text{其他.} \end{cases}$$

此分布称为瑞利（Rayleigh）分布. 瑞利分布是很重要的，如，在火炮的射击试验中，以目标为坐标原点，则弹着点的横向偏差和纵向偏差可以认为是相互独立的两个随机变量，且都服从正态分布 $N(0, \sigma^2)$，则弹着点到目标的距离便服从瑞利分布. 瑞利分

布在机械噪声、海浪等理论研究中应用十分广泛.

例 3.5.6　设 (X,Y) 在区域 $G=\{(x,y)\mid 1\leqslant x\leqslant 3,1\leqslant y\leqslant 3\}$ 上服从均匀分布, 求 $Z=|X-Y|$ 的概率密度函数.

解　易知 (X,Y) 的联合密度函数为

$$f(x,y)=\begin{cases}1/4, & 1\leqslant x\leqslant 3,1\leqslant y\leqslant 3,\\ 0, & \text{其他.}\end{cases}$$

设 Z 的分布函数为 $F_Z(z)$.

当 $z<0$ 时 $F_Z(z)=P\{Z\leqslant z\}=P\{|X-Y|\leqslant z\}=0$.

当 $0\leqslant z\leqslant 2$ 时

$$\begin{aligned}F_Z(z) &=P\{Z\leqslant z\}=P\{|X-Y|\leqslant z\}\\ &=\iint\limits_{|x-y|\leqslant z}f(x,y)\mathrm{d}x\mathrm{d}y=\frac{1}{4}\left[4-(2-z)^2\right]\\ &=z-\frac{1}{4}z^2.\end{aligned}$$

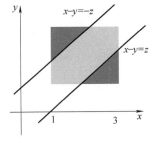

图 3.5.1　当 $0\leqslant z\leqslant 2$ 时

当 $z>2$ 时,

$$F_Z(z)=P\{Z\leqslant z\}=P\{|X-Y|\leqslant z\}=\iint\limits_{|x-y|\leqslant z}f(x,y)\mathrm{d}x\mathrm{d}y=1.$$

故 Z 的分布函数为

$$F_Z(z)=\begin{cases}0, & z<0,\\ z-\dfrac{1}{4}z^2, & 0\leqslant z\leqslant 2,\\ 1, & z>2.\end{cases}$$

则 Z 的密度函数为

$$f_Z(z)=F_Z'(z)=\begin{cases}1-\dfrac{z}{2}, & 0\leqslant z\leqslant 2,\\ 0, & \text{其他.}\end{cases}$$

图 3.5.2　当 $z>2$ 时

以下讨论几个特殊的函数的分布.

（一）两个随机变量和的分布

定理 3.5.1　设二维随机变量 (X,Y) 的联合密度函数为 $f(x,y)$, 则 $Z=X+Y$ 的密度函数为

$$f_Z(z)=\int_{-\infty}^{+\infty}f(x,z-x)\mathrm{d}x \quad \text{或} \quad f_Z(z)=\int_{-\infty}^{+\infty}f(z-y,y)\mathrm{d}y.$$

▶ 随机变量和的分布

证明　设 Z 的分布函数为 $F_Z(z)$. 则

$$\begin{aligned}F_Z(z) &=P\{Z\leqslant z\}=P\{X+Y\leqslant z\}=\iint\limits_{x+y\leqslant z}f(x,y)\mathrm{d}x\mathrm{d}y\\ &=\int_{-\infty}^{+\infty}\left(\int_{-\infty}^{z-y}f(x,y)\mathrm{d}x\right)\mathrm{d}y(\diamondsuit:u=x+y)\end{aligned}$$

$$= \int_{-\infty}^{+\infty} \left(\int_{-\infty}^{z} f(u - y, y) \mathrm{d}u \right) \mathrm{d}y$$

$$= \int_{-\infty}^{z} \left(\int_{-\infty}^{+\infty} f(u - y, y) \mathrm{d}y \right) \mathrm{d}u.$$

令 $f_Z(u) = \int_{-\infty}^{+\infty} f(u - y, y) \mathrm{d}y$, 则有

$$F_Z(z) = \int_{-\infty}^{z} f_Z(u) \mathrm{d}u,$$

从而得 Z 的密度函数为

$$f_Z(z) = F_Z'(z) = \int_{-\infty}^{+\infty} f(z - y, y) \mathrm{d}y,$$

同理可得

$$f_Z(z) = \int_{-\infty}^{+\infty} f(x, z - x) \mathrm{d}x.$$

特别地, 当 X 与 Y 相互独立, 且它们的边缘概率密度分别为 $f_X(x)$ 和 $f_Y(y)$ 时, 则上式分别变为

$$f_Z(z) = \int_{-\infty}^{+\infty} f_X(x) f_Y(z - x) \mathrm{d}x \text{ 或 } f_Z(z) = \int_{-\infty}^{+\infty} f_X(z - y) f_Y(y) \mathrm{d}y.$$

例 3.5.7　设随机变量 X 与 Y 相互独立, 且 $X \sim N(\mu_1, \sigma_1^2)$, $Y \sim N(\mu_2, \sigma_2^2)$, 证明

$$X + Y \sim N(\mu_1 + \mu_2, \sigma_1^2 + \sigma_2^2).$$

证明　由于 X 和 Y 相互独立, 所以 $Z = X + Y$ 的概率密度函数为

$$f_Z(z) = \int_{-\infty}^{+\infty} f_X(x) f_Y(z - x) \mathrm{d}x$$

$$= \int_{-\infty}^{+\infty} \frac{1}{\sqrt{2\pi} \sigma_1} \exp\left\{ -\frac{(x - \mu_1)^2}{2\sigma_1^2} \right\} \frac{1}{\sqrt{2\pi} \sigma_2} \exp\left\{ -\frac{(z - x - \mu_2)^2}{2\sigma_2^2} \right\} \mathrm{d}x$$

$$= \frac{1}{2\pi\sigma_1\sigma_2} \exp\left\{ -\frac{\mu_1^2}{2\sigma_1^2} - \frac{(z - \mu_2)^2}{2\sigma_2^2} \right\}$$

$$\int_{-\infty}^{+\infty} \exp\left\{ -\left(\frac{1}{2\sigma_1^2} + \frac{1}{2\sigma_2^2} \right) x^2 + \left(\frac{\mu_1}{\sigma_1^2} + \frac{z - \mu_2}{\sigma_2^2} \right) x \right\} \mathrm{d}x$$

$$= \frac{1}{2\pi\sigma_1\sigma_2} \exp\left\{ \frac{\sigma_1^2\sigma_2^2 (\mu_1/\sigma_1^2 + (z - \mu_2)/\sigma_2^2)^2}{2(\sigma_1^2 + \sigma_2^2)} - \frac{\mu_1^2}{2\sigma_1^2} - \frac{(z - \mu_2)^2}{2\sigma_2^2} \right\}$$

$$\int_{-\infty}^{+\infty} \exp\left\{ -\left(\frac{1}{2\sigma_1^2} + \frac{1}{2\sigma_2^2} \right) \left[x - \left(\frac{\mu_1/\sigma_1^2 + (z - \mu_2)/\sigma_2^2}{1/\sigma_1^2 + 1/\sigma_2^2} \right) \right]^2 \right\} \mathrm{d}x$$

$$= \frac{1}{2\pi\sigma_1\sigma_2} \exp\left\{ -\frac{(z - \mu_1 - \mu_2)^2}{2(\sigma_1^2 + \sigma_2^2)} \right\}$$

$$\int_{-\infty}^{+\infty} \exp\left\{-\left(\frac{1}{2\sigma_1^2}+\frac{1}{2\sigma_2^2}\right)\left[x-\left(\frac{\mu_1/\sigma_1^2+(z-\mu_2)/\sigma_2^2}{1/\sigma_1^2+1/\sigma_2^2}\right)\right]^2\right\}\mathrm{d}x$$

$$=\frac{1}{\sqrt{2\pi}\sqrt{\sigma_1^2+\sigma_2^2}}\exp\left\{-\frac{(z-\mu_1-\mu_2)^2}{2(\sigma_1^2+\sigma_2^2)}\right\}\int_{-\infty}^{+\infty}\frac{\sqrt{\sigma_1^2+\sigma_2^2}}{\sqrt{2\pi}\,\sigma_1\sigma_2}\exp$$

$$\left\{-\left(\frac{1}{2\sigma_1^2}+\frac{1}{2\sigma_2^2}\right)\left[x-\left(\frac{\mu_1/\sigma_1^2+(z-\mu_2)/\sigma_2^2}{1/\sigma_1^2+1/\sigma_2^2}\right)\right]^2\right\}\mathrm{d}x$$

$$=\frac{1}{\sqrt{2\pi}\sqrt{\sigma_1^2+\sigma_2^2}}\exp\left\{-\frac{(z-\mu_1-\mu_2)^2}{2(\sigma_1^2+\sigma_2^2)}\right\}\cdot$$

$$\int_{-\infty}^{\infty}\frac{1}{\sqrt{2\pi}\sqrt{\left(\frac{1}{\sigma_1^2}+\frac{1}{\sigma_2^2}\right)^{-1}}}\exp\left\{-\frac{1}{2}\left(\frac{1}{\sigma_1^2}+\frac{1}{\sigma_2^2}\right)\right.$$

$$\left.\left[x-\left(\frac{\mu_1/\sigma_1^2+(z-\mu_2)/\sigma_2^2}{1/\sigma_1^2+1/\sigma_2^2}\right)\right]^2\right\}\mathrm{d}x$$

$$=\frac{1}{\sqrt{2\pi}\sqrt{\sigma_1^2+\sigma_2^2}}\exp\left\{-\frac{(z-(\mu_1+\mu_2))^2}{2(\sigma_1^2+\sigma_2^2)}\right\}.$$

其中倒数第二步利用了正态分布 $N\left(\dfrac{\mu_1/\sigma_1^2+(z-\mu_2)/\sigma_2^2}{1/\sigma_1^2+1/\sigma_2^2},\dfrac{1}{1/\sigma_1^2+1/\sigma_2^2}\right)$

的密度函数的归一性. 因此 $X+Y\sim N(\mu_1+\mu_2,\sigma_1^2+\sigma_2^2)$.

由数学归纳法, 此结论可以推广到 n 个相互独立正态分布随机变量和的情况. 若 $X_i\sim N(\mu_i,\sigma_i^2),i=1,2,\cdots,n$ 且它们相互独立, 则它们的和 $X_1+X_2+\cdots+X_n$ 仍服从正态分布, 且有

$$X_1+X_2+\cdots+X_n\sim N\left(\sum_{i=1}^{n}\mu_i,\sum_{i=1}^{n}\sigma_i^2\right).$$

例 3.5.8　设 (X,Y) 的联合概率密度函数为

$$f(x,y)=\begin{cases}1, & 0\leqslant x\leqslant 1,0<y<2x,\\ 0, & \text{其他}\end{cases}$$

求 $Z=X+Y$ 的概率密度.

解　由定理 3.5.1 知, Z 的密度函数为

$$f_Z(z)=\int_{-\infty}^{+\infty}f(x,z-x)\mathrm{d}x$$

其中

$$f(x,z-x)=\begin{cases}1, & 0\leqslant x\leqslant 1,0<z-x<2x\\ 0, & \text{其他}\end{cases}$$

$f(x,z-x)$ 非 0 区域为

$$\begin{cases}0\leqslant x\leqslant 1,\\ 0<z-x<2x,\end{cases}\quad\text{即为}\quad\begin{cases}0\leqslant x\leqslant 1,\\ x<z<3x.\end{cases}$$

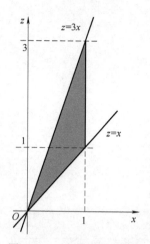

图 3.5.3   非零区域示意图

如图 3.5.3 所示

当 $z<0$ 或 $z>3$ 时，对任意的 x，$f(x,z-x)=0$，所以

$$f_Z(z) = \int_{-\infty}^{+\infty} f(x, z-x)\,\mathrm{d}x = 0.$$

当 $0 \leqslant z \leqslant 1$ 时，$f_Z(z) = \int_{-\infty}^{+\infty} f(x,z-x)\,\mathrm{d}x = \int_{-\infty}^{z/3} 0\mathrm{d}x + \int_{z/3}^{z} 1\mathrm{d}x +$

$\int_{z}^{+\infty} 0\mathrm{d}x = \dfrac{2z}{3}$;

当 $1 < z \leqslant 3$ 时，$f_Z(z) = \int_{-\infty}^{+\infty} f(x,z-x)\,\mathrm{d}x = \int_{-\infty}^{z/3} 0\mathrm{d}x + \int_{z/3}^{1} 1\mathrm{d}x +$

$\int_{1}^{+\infty} 0\mathrm{d}x = 1 - \dfrac{z}{3}.$

所以 Z 的密度函数为

$$f_Z(z) = \begin{cases} \dfrac{2z}{3}, & 0 \leqslant z \leqslant 1, \\[2mm] 1 - \dfrac{z}{3}, & 1 < z \leqslant 3, \\[2mm] 0, & \text{其他}. \end{cases}$$

当联合密度函数 $f(x,y)$ 在某个区域不等于零而在其余的区域为零时，一般来说，$f_Z(z)$ 是一个分段函数，此时要注意 $f_Z(z)$ 的非零区间的确定，也要注意 $\int_{-\infty}^{\infty} f(x,z-x)\,\mathrm{d}x$ 或 $\int_{-\infty}^{\infty} f(z-y,y)\,\mathrm{d}y$ 的积分限的确定.

（二）最大值和最小值的分布

最大值和最小值的分布

最大值和最小值的分布有广泛的应用，如在建筑高大建筑物时，要考虑若干年内的最大风压；建造桥梁时，要考虑若干年内洪水的最高水位等，这些问题的妥善解决，有着重要的实际意义.

设随机变量 X 和 Y 相互独立，其分布函数分别为 $F_X(x)$ 和 $F_Y(y)$，现在来求 $M = \max(X,Y)$ 以及 $N = \min(X,Y)$ 的分布函数.

设 M 的分布函数为 $F_M(z)$.

$$\begin{aligned} F_M(z) &= P\{M \leqslant z\} = P\{\max(X,Y) \leqslant z\} \\ &= P\{X \leqslant z, Y \leqslant z\} \quad (X \text{ 和 } Y \text{ 相互独立}) \\ &= P\{X \leqslant z\} P\{Y \leqslant z\} \\ &= F_X(z) F_Y(z). \end{aligned}$$

类似的，可求得 $N = \min(X,Y)$ 的分布函数.

$$\begin{aligned} F_N(z) &= P\{N \leqslant z\} = 1 - P\{N > z\} = 1 - P\{\min(x,y) > z\} = 1 - P\{X > z, Y > z\} \\ &= 1 - P\{X > z\} P\{Y > z\} = 1 - [1 - F_X(z)][1 - F_Y(z)]. \end{aligned}$$

推广到 n 个随机变量的情形.

设随机变量 $X_1, X_2, \cdots, X_n$ 相互独立，其分布函数分别为

$F_{X_i}(x_i)$，$i=1,2,\cdots,n$. 则 $M=\max(X_1,X_2,\cdots,X_n)$ 和 $N=\min(X_1,X_2,\cdots,X_n)$ 的分布函数分别为

$$F_M(z)=F_{X_1}(z)F_{X_2}(z)\cdots F_{X_n}(z)$$

$$F_N(z)=1-[1-F_{X_1}(z)][1-F_{X_2}(z)]\cdots[1-F_{X_n}(z)],$$

特别地，当 $X_1,X_2,\cdots,X_n$ 相互独立且具有相同的分布函数 $F(x)$ 时，有

$$F_M(z)=[F(z)]^n \quad F_N(z)=1-[1-F(z)]^n.$$

例 3.5.9　系统 L 由两个相互独立的子系统 L_1 和 L_2 并联而成，而子系统又分别由相互独立的电子元件 A_1,A_2,A_3,A_4,A_5 按如图 3.5.4 的方式串联而成，设每一电子元件的寿命 $X_i(i=1,2,3,4,5)$ 都服从指数分布 $E(0.1)$. 求（1）子系统 L_1 和 L_2 的寿命分布；（2）系统 L 的寿命分布.

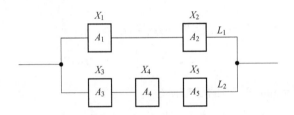

图 3.5.4　系统电路图

解　用 Y_1 和 Y_2 表示子系统 L_1 和 L_2 的寿命，Y 表示系统 L 的寿命.

易知 $Y_1=\min\{X_1,X_2\}$，$Y_2=\min\{X_3,X_4,X_5\}$，$Y=\max\{Y_1,Y_2\}$ 且 Y_1 和 Y_2 相互独立.

由于 X_i 的分布函数为

$$F(x)=\begin{cases}1-e^{-0.1x}, & x>0,\\ 0, & x\le 0.\end{cases}$$

所以 Y_1 的分布函数为

$$F_{Y_1}(y_1)=1-[1-F(y_1)]^2=\begin{cases}1-[1-(1-e^{-0.1y_1})]^2, & y_1>0,\\ 0, & y_1\le 0.\end{cases}$$

$$=\begin{cases}1-e^{-0.2y_1}, & y_1>0,\\ 0, & y_1\le 0.\end{cases}$$

其密度函数为

$$f_{Y_1}(y_1)=F'_{Y_1}(y_1)=\begin{cases}0.2e^{-0.2y_1}, & y_1>0,\\ 0, & y_1\le 0.\end{cases}$$

同理可得 Y_2 的分布函数和密度函数为

$$F_{Y_2}(y_2) = \begin{cases} 1 - \mathrm{e}^{-0.3y_2}, & y_2 > 0, \\ 0, & y_2 \leqslant 0. \end{cases} \text{和} f_{Y_2}(y_2) = \begin{cases} 0.3\mathrm{e}^{-0.3y_2}, & y_2 > 0, \\ 0, & y_2 \leqslant 0. \end{cases}$$

所以 Y 的分布函数为

$$F_Y(y) = F_{Y_1}(y)F_{Y_2}(y) = \begin{cases} (1 - \mathrm{e}^{-0.2y})(1 - \mathrm{e}^{-0.3y}), & y > 0, \\ 0, & y \leqslant 0. \end{cases}$$

其密度函数为

$$f_Y(y) = F'_Y(y) = \begin{cases} 0.2\mathrm{e}^{-0.2y} + 0.3\mathrm{e}^{-0.3y} - 0.5\mathrm{e}^{-0.5y}, & y > 0, \\ 0, & y \leqslant 0. \end{cases}$$

以上介绍了 X 和 Y 独立时, 最大值和最小值的分布的求法. 那么当 X 和 Y 不独立时, 最大值和最小值的分布怎么求呢? 此时, 设 (X, Y) 的联合密度函数为 $f(x, y)$, 则最大值 $M = \max(X, Y)$ 的分布函数为

$$F_M(z) = P\{M \leqslant z\} = P\{\max(X, Y) \leqslant z\}$$

$$= P\{X \leqslant z, Y \leqslant z\} = \iint\limits_{x \leqslant z, y \leqslant z} f(x, y)\,\mathrm{d}x\mathrm{d}y.$$

最小值 $N = \min(X, Y)$ 的分布函数为

$$F_N(z) = P\{N \leqslant z\} = 1 - P\{N > z\} = 1 - P\{\min(x, y) > z\}$$

$$= 1 - P\{X > z, Y > z\} = 1 - \iint\limits_{x > z, y > z} f(x, y)\,\mathrm{d}x\mathrm{d}y.$$

这是一个积分问题, 具体结果与 $f(x, y)$ 的形式有关.

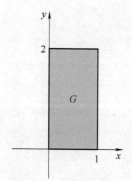

图 3.5.5   非零区域示意图

例 3.5.10   设随机变量 (X, Y) 的联合概率密度为

$$f(x, y) = \begin{cases} 1/2, & 0 \leqslant x \leqslant 1, 0 < y < 2, \\ 0, & \text{其他.} \end{cases}$$

令 $Z = \min(X, Y)$. 求 Z 的密度函数.

解   联合密度函数的非零区域 $G = \{0 \leqslant x \leqslant 1, 0 < y < 2\}$ 如图 3.5.5 所示, 而

$$F_Z(z) = 1 - \iint\limits_{x > z, y > z} f(x, y)\,\mathrm{d}x\mathrm{d}y.$$

此时积分区域为 $D = \{(x, y): x > z, y > z\}$.

当 $z < 0$ 时, 如图 3.5.6 所示, 此时, 积分区域 $D = \{(x, y): x > z, y > z\}$ 包含了整个非零区域 $G = \{0 \leqslant x \leqslant 1, 0 < y < 2\}$.

$$F_Z(z) = 1 - 1 = 0.$$

当 $0 \leqslant z < 1$ 时, 如图 3.5.7 所示, 此时, 积分区域 $D = \{(x, y): x > z, y > z\}$ 与非零区域 G 相交的区域为 D_1, 可表示为

$$\{z \leqslant x \leqslant 1, z < y < 2\},$$

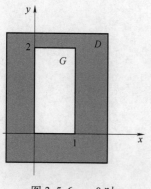

图 3.5.6 $z < 0$ 时

所以

$$F_Z(z) = 1 - \int_z^1 \mathrm{d}x \int_z^2 \frac{1}{2} \mathrm{d}y = 1 - \frac{1}{2}(2-z)(1-z).$$

当 $z \geqslant 1$ 时，如图 3.5.8 所示，此时，积分区域 $D = \{(x,y):$ $x > z, y > z\}$ 与非零区域 G 不相交.

所以

$$F_Z(z) = 1 - 0 = 1.$$

于是 Z 的分布函数为

$$F_Z(z) = \begin{cases} 0, & z < 0, \\ 1 - \dfrac{1}{2}(2-z)(1-z), & 0 \leqslant z < 1, \\ 1, & z \geqslant 1. \end{cases}$$

密度函数为

$$f_Z(z) = F_Z'(z) = \begin{cases} \dfrac{3}{2} - z, & 0 \leqslant z < 1 \\ 0, & \text{其他}. \end{cases}$$

最后，再介绍一类随机变量函数的分布的求法，见例 3.5.11，但其方法具有一般性.

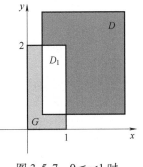

图 3.5.7　$0 \leqslant z < 1$ 时

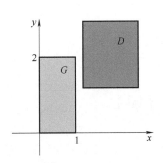

图 3.5.8　$z \geqslant 1$ 时

例 3.5.11　设随机变量 X 和 Y 相互独立，且 $X \sim U(0,1)$，$P\{Y = 0\} = P\{Y = 1\} = 1/2$，令 $Z = X + Y$，求 Z 的分布.

解　首先易知 X 的密度函数和分布函数分别为

$$f_X(x) = \begin{cases} 1, & 0 < x < 1 \\ 0, & \text{其他} \end{cases} \text{和} \quad F_X(x) = \begin{cases} 0, & x \leqslant 0, \\ x, & 0 < x < 1, \\ 1, & x \geqslant 1. \end{cases}$$

▶ 混合型随机变量和的分布

则 Z 的分布函数为

$$\begin{aligned}
F_Z(z) &= P\{Z \leqslant z\} = P\{X + Y \leqslant z\} \\
&= P\{\{X + Y \leqslant z\} \cap \{\{Y = 0\} \cup \{Y = 1\}\}\} \\
&= P\{X + Y \leqslant z, Y = 0\} + P\{X + Y \leqslant z, Y = 1\} \\
&= P\{X \leqslant z, Y = 0\} + P\{X \leqslant z - 1, Y = 1\} \\
&= P\{X \leqslant z\} P\{Y = 0\} + P\{X \leqslant z - 1\} P\{Y = 1\} \\
&= \frac{1}{2}[P\{X \leqslant z\} + P\{X \leqslant z - 1\}] \\
&= \frac{1}{2}[F_X(z) + F_X(z - 1)].
\end{aligned}$$

所以 Z 的密度函数为

$$f_Z(z) = F_Z'(z) = \frac{1}{2}[f_X(z) + f_X(z - 1)].$$

北斗：北斗之路

当 $0<z<1$ 时，$f_X(z)=1$，$f_X(z-1)=0$，所以

$$f_Z(z)=\frac{1}{2}[f_X(z)+f_X(z-1)]=\frac{1}{2};$$

当 $1\leqslant z<2$ 时，$f_X(z)=0$，$f_X(z-1)=1$，所以

$$f_Z(z)=\frac{1}{2}[f_X(z)+f_X(z-1)]=\frac{1}{2};$$

当 $z\leqslant0$ 或者 $z\geqslant2$ 时，$f_X(z)=0$，$f_X(z-1)=0$，所以

$$f_Z(z)=0.$$

综上所述

$$f_Z(z)=\begin{cases}\dfrac{1}{2}, & 0<z<2,\\ 0, & \text{其他}.\end{cases}$$

习题 3

1. 一个袋内有 10 个球，其中有红球 4 个，白球 5 个，黑球 1 个，不放回地抽取 2 次，每次取一个球，记

$$X_i=\begin{cases}0, & \text{若第 } i \text{ 次取到红球},\\ 1, & \text{若第 } i \text{ 次取到白球}, i=1,2.\\ 2, & \text{若第 } i \text{ 次取到黑球},\end{cases}$$

求随机变量 (X_1,X_2) 的联合分布律，并计算两次取到的球颜色相同的概率。

2. 袋中装有 6 件产品，其中 4 件正品，2 件次品。第一次任取 2 件，并把取到的次品全部换成正品后连同取到的正品一起放回袋中，第二次再从袋中任取出 2 件。用 X、Y 分别表示第一次和第二次取到的正品件数。试求 (X,Y) 的联合分布律。

3. 箱中装有 100 件产品，其中一、二、三等品分别为 80、10、10 件，现从中随机抽取 1 件，记

$$X_i=\begin{cases}1, & \text{若抽到 } i \text{ 等品},\\ 0, & \text{其他},\end{cases} \quad i=1,2,3,$$

试求随机变量 X_1 与 X_2 的联合分布律。

4. 设某班车起点站上客人数 X 服从参数为 λ 的泊松分布，每位乘客在中途下车的概率为 p，且中途下车与否相互独立，中途只下不上，以 Y 表示在中途下车的人数，求（1）在发车时有 n 个乘客上车的条件下，中途有 m 个人下车的概率；（2）二维随机变量 (X,Y) 的概率分布。

5. 设随机变量 (X,Y) 的联合密度函数为

$$f(x,y)=\begin{cases}Ax\mathrm{e}^{-y}, & 0\leqslant x\leqslant2,y>0,\\ 0, & \text{其他}.\end{cases}$$

其中 $A>0$ 为常数。

（1）试确定常数 A 的值；（2）求 $P\{X<Y\}$。

6. 设随机变量 (X,Y) 的联合密度函数为

$$f(x,y)=\begin{cases}c(6-x-y), & 0\leqslant x\leqslant2,2<y<4,\\ 0, & \text{其他}.\end{cases}$$

其中 $c>0$ 为常数。

（1）试确定常数 c 的值；（2）求 $P\{X+Y<4\}$；（3）求 $P\{X<1\mid X+Y<4\}$。

7. 设随机变量 (X,Y) 的联合密度函数为

$$f(x,y)=\begin{cases}k\mathrm{e}^{-(3x+4y)}, & x>0,y>0,\\ 0, & \text{其他}.\end{cases}$$

其中 $k>0$ 为常数。

求（1）常数 k 的值；（2）$P\{X=Y\}$；（3）(X,Y) 的联合分布函数；（4）$P\{0<X<1,0<Y<2\}$。

8. 设随机变量 $W\sim U(-2,2)$，令

$$X=\begin{cases}-1, & W\leqslant-1,\\ 1, & W>-1,\end{cases}\quad Y=\begin{cases}-1, & W\leqslant1,\\ 1, & W>1.\end{cases}$$

求 (X,Y) 的联合分布。

9. 设二维随机变量 (X,Y) 在区域 $G=\{(x,y):0\leqslant x\leqslant2,0\leqslant y\leqslant1\}$ 上服从均匀分布，记

$$U=\begin{cases}0, & X\leqslant Y,\\ 1, & X>Y,\end{cases}\quad V=\begin{cases}0, & X\leqslant2Y,\\ 1, & X>2Y.\end{cases}$$

求 (U,V) 的联合分布.

10. 设二维随机变量 (X,Y) 的分布函数为

$$F(x,y) = \begin{cases} 0, & x \leq 0 \text{ 或 } y \leq 0, \\ 2xy - x^2, & 0 < x < y < 1, \\ y^2, & 0 < y \leq x, y \leq 1, \\ 2x - x^2, & 0 < x \leq 1, y \geq 1, \\ 1, & x > 1, y > 1. \end{cases}$$

求 X 和 Y 的边缘分布函数.

11. 已知二维随机变量 X 与 Y 的联合分布律为

X＼Y	-1	0	2
1	a	0.3	0.1
2	0.3	0.1	0

（1）求常数 a 的值；（2）求 X、Y 的边缘分布律.

12. 以 X 表示某医院一天出生的婴儿的个数，Y 表示其中男婴的个数，设 X 和 Y 的联合分布律为

$$P\{X=n, Y=m\} = \frac{e^{-14}(7.14)^m(6.86)^{n-m}}{m!(n-m)!},$$
$$m=0,1,\cdots,n; \ n=0,1,\cdots.$$

求边缘分布律.

13. 求第 5 题中，X 和 Y 的边缘密度函数.

14. 设随机变量 (X,Y) 的联合密度函数为

$$f(x,y) = \begin{cases} e^{-y}, & 0 < x < y, \\ 0, & \text{其他}. \end{cases}$$

求边缘密度函数.

15. 设随机变量 (X,Y) 的联合密度函数为

$$f(x,y) = \begin{cases} \dfrac{5}{4}(x^2+y), & 0 < y < 1-x^2, \\ 0, & \text{其他}. \end{cases}$$

求边缘密度函数.

16. 设随机变量 (X,Y) 的联合密度函数为

$$f(x,y) = \begin{cases} 6, & 0 < x^2 < y < x < 1, \\ 0, & \text{其他}. \end{cases}$$

求边缘密度函数.

17. 试证明：以下给出的两个不同的联合密度函数，它们具有相同的边缘密度函数.

$$f_1(x,y) = \begin{cases} x+y, & 0 < x < 1, 0 < y < 1, \\ 0, & \text{其他}, \end{cases}$$

$$f_2(x,y) = \begin{cases} (0.5+x)(0.5+y), & 0 < x < 1, 0 < y < 1, \\ 0, & \text{其他}. \end{cases}$$

18. 已知二维离散型随机变量 (X,Y) 的联合分布律为

X＼Y	1	2	3
-1	1/6	a	1/18
2	1/3	2/9	b

问 a、b 为何值时，X 与 Y 相互独立.

19. 已知二维离散型随机变量 (X,Y) 的联合分布律为

X＼Y	-1	0	2
1	0.3	A	0.1
2	0.1	0.2	B

且 $P\{X=0\} = 0.4$，求（1）常数 A、B 的值；（2）判断 X 与 Y 是否独立？

20. 已知随机变量 X、Y 相互独立，下表给出 (X,Y) 联合分布中的部分数值. 试计算出表中空白处的 8 个数值，并填入表中

X＼Y	y_1	y_2	y_3	$P\{X=x_i\}$
x_1	1/8	3/8	1/4	
x_2				
$P\{Y=y_j\}$				

21. 判断第 10 题中的随机变量 X 与 Y 是否相互独立.

22. 设随机变量 (X,Y) 的联合分布函数为

$$F(x,y) = \begin{cases} (1-e^{-\alpha x})y, & x \geq 0, 0 \leq y \leq 1, \\ 1-e^{-\alpha x}, & x \geq 0, y > 1, \\ 0, & \text{其他}. \end{cases}$$

其中常数 $\alpha > 0$，证明：X 与 Y 相互独立.

23. 设随机变量 X 与 Y 相互独立，且 X 服从均匀分布 $U(0,1)$，Y 服从指数分布 $E(1)$. 求（1）联合密度函数；（2）$P\{Y < X\}$；（3）$P\{X+Y<1\}$.

24. 设二维随机变量 (X,Y) 在区域 G 上服从均匀分布，其中 G 由曲线 $y = \dfrac{1}{x}$ 以及直线 $y=0$，$x=1$，

$x = e^2$ 所围成，（1）写出 (X, Y) 的联合密度函数；（2）求 (X, Y) 的边缘密度函数；（3）判断 X 与 Y 是否相互独立，并说明理由.

25. 设随机变量 (X, Y) 的联合密度函数为

$$f(x, y) = \begin{cases} 1, & |x| < y, 0 < y < 1, \\ 0, & \text{其他}. \end{cases}$$

（1）求边缘密度函数；（2）判断 X 与 Y 是否相互独立.

26. 设二维随机变量 (X, Y) 的联合密度函数如下，试问 X 与 Y 是否相互独立？

$$(1) f(x, y) = \begin{cases} xe^{-(x+y)}, & x > 0, y > 0, \\ 0, & \text{其他}. \end{cases}$$

$$(2) f(x, y) = \begin{cases} 2, & 0 < x < y < 1, \\ 0, & \text{其他}. \end{cases}$$

$$(3) f(x, y) = \begin{cases} 24xy, & 0 < x < 1, 0 < y < 1, 0 < x+y < 1, \\ 0, & \text{其他}. \end{cases}$$

$$(4) f(x, y) = \begin{cases} \dfrac{21}{4} x^2 y, & x^2 < y < 1, \\ 0, & \text{其他}. \end{cases}$$

27. 设 (X, Y) 的联合概率密度是 $f(x, y)$，证明 X 与 Y 相互独立的充分必要条件为存在 $h(x)$ 和 $g(y)$，使得 $f(x, y) = h(x) g(y)$.

28. 两名水平相当的棋手弈棋三盘，设 X 表示某名棋手获胜的盘数，Y 表示该棋手输赢盘数之差的绝对值，假设没有和棋，且每盘结果是相互独立的，（1）求 (X, Y) 的联合分布律；（2）求给定 $\{Y=1\}$ 的条件下 X 的条件分布律；（3）求给定 $\{X=1\}$ 的条件下 Y 的条件分布律.

29. 设随机变量 (X, Y) 的联合密度函数为

$$f(x, y) = \begin{cases} \dfrac{21}{4} x^2 y, & x^2 < y < 1, \\ 0, & \text{其他}. \end{cases}$$

（1）求条件密度 $f_{X|Y}(x \mid y)$，并写出 $Y = \dfrac{1}{2}$ 时 X 的条件密度；

（2）求条件密度 $f_{Y|X}(y \mid x)$，并写出 $X = \dfrac{1}{2}$ 时 Y 的条件密度；

（3）求条件概率 $P\left\{ Y > \dfrac{1}{4} \mid X = \dfrac{1}{2} \right\}$，$P\left\{ Y > \dfrac{3}{4} \mid X = \dfrac{1}{2} \right\}$.

30. 设随机变量 $X \sim U(0, 1)$，当给定 $X = x$ 时，随机变量 Y 的条件概率密度为

$$f_{Y|X}(y \mid x) = \begin{cases} x, & 0 < y < x^{-1}, \\ 0, & \text{其他}, \end{cases}$$

（1）求 X 和 Y 的联合概率密度函数；（2）求 Y 的边缘密度函数.

31. 已知二维随机变量 X 与 Y 的联合分布律为

Y \ X	0	1
0	0.2	0.3
1	0.1	0.2
2	0.2	0

求（1）$X + Y$ 的分布律；（2）XY 的分布律；（3）$\min(X, Y)$ 的分布律；（4）$\max(X, Y)$ 的分布律.

32. 设 X、Y 相互独立，且都服从二项分布，$X \sim b\left(2, \dfrac{1}{2}\right)$，$Y \sim b\left(2, \dfrac{1}{3}\right)$，求 $Z = X + Y$ 的分布律.

33. 设相互独立的两个随机变量 X、Y 具有同一分布律，且其分布律为

X	0	1
P	0.5	0.5

求随机变量 $Z = \max(X, Y)$ 的分布律.

34. 设随机变量 X_1, X_2, X_3 相互独立，且都服从参数为 p 的 0-1 分布. 令

$$Y_1 = \begin{cases} 1, & \text{当 } X_1 + X_2 \text{ 为偶数}, \\ 0, & \text{当 } X_1 + X_2 \text{ 为奇数}; \end{cases}$$

$$Y_2 = \begin{cases} 1, & \text{当 } X_2 + X_3 \text{ 为偶数}, \\ 0, & \text{当 } X_2 + X_3 \text{ 为奇数}. \end{cases}$$

求（1）(Y_1, Y_2) 的联合分布律；（2）$Z = Y_1 Y_2$ 的分布律.

35. 设二维随机变量 (X, Y) 的联合密度函数为

$$f(x, y) = \begin{cases} 3x, & 1 - y < x < 1, 0 < y < 1, \\ 0, & \text{其他}. \end{cases}$$

求 $Z = X + Y$ 的概率密度函数 $f_Z(z)$.

36. 设二维随机变量 (X, Y) 的联合密度函数为

$$f(x, y) = \begin{cases} \dfrac{x}{2}, & |y| < x < 2 - |y|, \\ 0, & \text{其他}. \end{cases}$$

求 $Z=X+Y$ 的密度函数.

37. 设随机变量 X，Y 相互独立，它们的概率密度函数分别为

$$f_X(x)=\begin{cases}e^{-x}, & x>0, \\ 0, & 其他,\end{cases} \quad f_Y(y)=\begin{cases}2y, & 0<y<1, \\ 0, & 其他.\end{cases}$$

求 $Z=X+Y$ 的概率密度函数 $f_Z(z)$.

38. 某种商品一周的需求量是一个随机变量，其密度函数为

$$f(x)=\begin{cases}xe^{-x}, & x>0, \\ 0, & x\leqslant 0.\end{cases}$$

设各周的需求量是相互独立的. 求（1）两周的需求量的密度函数；（2）三周的需求量的密度函数.

39. 设两个相互独立的随机变量 X 与 Y 分别服从正态分布 $N(0,1)$ 和 $N(1,1)$，求（1）$X+Y$ 的密度函数；（2）$X-Y$ 的密度函数.

40. 设随机变量 X 与 Y 相互独立，且 $X\sim N(2,1)$，$Y\sim N(1,2)$，试求 $Z=2X-Y+3$ 的密度函数.

41. 设二维随机变量 (X,Y) 的联合密度函数为

$$f(x,y)=\begin{cases}e^{-(x+y)}, & x>0,y>0, \\ 0, & 其他.\end{cases}$$

求 $Z=X-Y$ 的概率密度函数 $f_Z(z)$.

42. 设 X、Y 是相互独立同分布的两个随机变量，已知 $P\{X=i\}=\dfrac{1}{3}$，$i=1,2,3$，令 $M=\max(X,Y)$，

$N=\min(X,Y)$，求（1）M 的分布律；（2）N 的分布律；（3）(M,N) 的联合分布律.

43. 设随机变量 X 和 Y 的分布律分别为

X	-1	0	1
P	1/4	1/2	1/4

和

Y	0	1
P	0.5	0.5

已知 $P\{XY=0\}=1$，求 $Z=\max\{X,Y\}$ 的分布律.

44. 二维随机变量 (X,Y) 在区域 $\{(x,y)\mid 1<x<3,\ 1<y<4\}$ 上服从均匀分布，令 $Z=\min(X,Y)$.（1）判断 X 与 Y 是否独立？（2）求 Z 的密度函数.

45. 已知二维随机变量 (X,Y) 的联合密度函数为

$$f(x,y)=\begin{cases}x+y, & 0<x<1,0<y<1, \\ 0, & 其他.\end{cases}$$

令 $M=\max\{X,Y\}$.

求（1）判断 X 与 Y 是否独立；（2）M 的密度函数.

46. 设 X，Y 独立，且 $X\sim U(0,1)$，$P\{Y=0\}=P\{Y=1\}=1/2$，求 $Z=\dfrac{X}{2}+\dfrac{Y}{2}$ 的分布.

第4章

随机变量的数字特征

第2章和第3章讲述了随机变量的概率分布,包含随机变量的分布函数,离散型随机变量的分布律以及连续型随机变量的概率密度函数,它们能够全面地描述随机变量的特性.但在一些实际问题中,分布函数不容易确定,比如,某厂生产的一批电子元件的寿命的精确分布不容易确定.在某些实际问题中,有时我们不需要全面考察随机变量的变化规律,即没有必要知道随机变量的概率分布,比如,评定某企业的经营能力时,只要知道该企业年平均盈利水平;研究水稻品种优劣时,关心的是稻穗的平均粒数及平均重量;考察一名射手的水平,既要看他的平均环数是否高,还要看弹着点的范围是否小,即数据的波动是否小.可以看出,平均盈利水平、平均粒数、平均环数、数据的波动大小等,都是与随机变量有关的某个数值,能清晰地描述随机变量在某些方面的重要特征,这些数值称为随机变量的数字特征.另外,对于一些常见分布,其中的参数恰好是分布的数字特征.也就是说,只要确定了分布的数字特征,就能够完全确定该概率分布.因此研究随机变量的数字特征在理论和实践上都具有重要的意义.

4.1 数学期望

4.1.1 离散型随机变量的数学期望

▶️ 数学期望

例 4.1.1　设某射击手在同样的条件下,瞄准靶子相继射击 90 次(命中的环数是一个随机变量 X). 射击的结果记录如下:

命中环数 X	0	1	2	3	4	5
命中次数 n_i	2	13	15	10	20	30
频率 n_i/n	2/90	13/90	15/90	10/90	20/90	30/90

试求该射手每次射击平均命中靶的环数.

解

$$平均命中环数 = \frac{射中靶的总环数}{射击次数}$$

$$= \frac{0 \times 2 + 1 \times 13 + 2 \times 15 + 3 \times 10 + 4 \times 20 + 5 \times 30}{90}$$

$$= 0 \times \frac{2}{90} + 1 \times \frac{13}{90} + 2 \times \frac{15}{90} + 3 \times \frac{10}{90} + 4 \times \frac{20}{90} + 5 \times \frac{30}{90}$$

$$= \sum_{i=0}^{5} i \cdot \frac{n_i}{n} = 3.37.$$

式 $\sum\limits_{i=0}^{5} i \cdot \frac{n_i}{n}$ 中，i 表示随机变量 X 可能的取值，$i = 0, 1, 2, 3, 4,$

5，$\frac{n_i}{n}$ 表示事件 $\{X = i\}$ 发生的频率. 由第 1 章频率的稳定性知，当 n 很大时，事件 $\{X = i\}$ 发生的频率稳定于事件 $\{X = i\}$ 发生的概率 p_i. 因此，当试验次数 n 很大时，射击的平均中靶环数 $\sum\limits_{i=0}^{5} i \cdot \frac{n_i}{n}$ 稳定于 $\sum\limits_{i=0}^{5} i \times p_i$，而 $\sum\limits_{i=0}^{5} i \times p_i$ 为常数，与 n 无关. 因此 $\sum\limits_{i=0}^{5} i \times p_i$ 可以作为描述随机变量 X 取值的平均状况的数字特征.

> **定义 4.1.1** 设离散型随机变量 X 的分布律为
>
> $$P\{X = x_i\} = p_i, \quad i = 1, 2, \cdots,$$
>
> 如果级数 $\sum\limits_{i=1}^{+\infty} x_i p_i$ 绝对收敛 (即 $\sum\limits_{i=1}^{+\infty} |x_i| p_i < +\infty$)，则称级数 $\sum\limits_{i=1}^{+\infty} x_i p_i$ 为 X 的 **数学期望** 或 **均值**，简称 **期望**，记为 $E(X)$，即
>
> $$E(X) = \sum_{i=1}^{+\infty} x_i p_i.$$
>
> 若 $\sum\limits_{i=1}^{+\infty} |x_i| p_i$ 发散，即 $\sum\limits_{i=1}^{+\infty} |x_i| p_i = +\infty$，则称 X 的数学期望不存在.

注：1. 随机变量 X 的数学期望完全是由它的概率分布确定的，不应受 X 的可能取值的排列次序的影响，因此要求级数 $\sum\limits_{i=1}^{\infty} x_i p_i$ 绝对收敛.

2. $E(X)$ 是一个实数，而非随机变量，它是 X 的取值以概率为权的加权平均，与一般的算术平均值不同，它从本质上体现了随机变量 X 取可能值的真正的平均值.

3. 若随机变量 X 的可能取值为有限个, 设为 x_i, $i = 1, 2, \cdots, n$, 则 $E(X)$ 存在. 即 $E(X) = \sum_{i=1}^{n} x_i p_i$.

4. 由于数学期望是由随机变量的分布完全决定的, 因此, 我们也常常说某分布的数学期望.

例 4.1.2 已知离散型随机变量 X 的分布律为

X	1	100
P	0.01	0.99

求 $E(X)$.

解 $E(X) = 1 \times 0.01 + 100 \times 0.99 = 99.01$.

容易看出作为 X 的可能值的平均数, $(1 + 100)/2 = 50.5$ 并不能代表 X 的取值的平均. 这是因为, 如果对 X 进行 N 次独立重复观测, n_1 表示观测到 1 的次数, n_2 表示观测到 100 的次数, 由于频率可以近似概率, 所以当 N 充分大时, 观测到 1 的比例大约是 0.01, 观测到 100 的比例大约是 0.99. 于是对 X 的单次平均观测值大约是

$$\frac{1 \times n_1 + 100 \times n_2}{N} \approx 1 \times 0.01 + 100 \times 0.99 = 99.01.$$

这就说明用 99.01 表示 X 的平均值是合理的.

例 4.1.3 概率论历史上有一名职业赌徒德·梅尔, 他向法国数学家帕斯卡提出一个使他苦恼很久的分赌本问题: 甲、乙两赌徒赌技相同, 各出赌注 30 金币, 每局中无平局. 他们约定, 谁先赢三局, 则得到全部 60 金币的赌本. 但是, 当赌局进行到甲赢了 2 局, 乙赢了 1 局时, 因故要中止赌博. 问这 60 金币如何分才算公平?

解 设想赌局继续进行下去, 直到结束为止. 则甲和乙最终获得的赌金数是随机变量, 其可能的取值 0 和 60.

易知再赌 2 局必可结束赌局. 这时, 可能的结果为: 甲甲, 甲乙, 乙甲, 乙乙. 其中"甲甲"表示剩下的两局甲都获胜, "甲乙"表示剩下的两局中第 1 局甲胜第 2 局乙胜, "乙甲"表示剩下的两局中第 1 局乙胜第 2 局甲胜, "乙乙"表示剩下的两局乙都获胜. 前三种情况下, 甲最终赢得全部赌金, 只有最后一种情况下, 乙赢得全部赌金, 因为赌技相同, 所以甲赢得赌局的概率为 3/4, 而乙赢得赌局的概率为 1/4.

设 X、Y 分别表示甲和乙得到的赌金数. 则其分布律分别为

X	0	60
P	1/4	3/4

和

Y	0	60
P	3/4	1/4

因此，甲"期望"得到的赌金数为 $EX=0\times1/4+60\times3/4=45$；乙"期望"得到的赌金数为 $EY=0\times3/4+60\times1/4=15$，即甲、乙应该按照 3:1 的比例分配全部的赌本.

这就是数学期望这个名词的由来，这个词源自赌博，听起来不大通俗化，不如均值形象易懂，本不是一个很恰当的命名，但它在概率中已经源远流长，获得了大家的公认，也就站住了脚.

例 4.1.4 按规定，某公交车站每天 8 点至 9 点和 9 点至 10 点都恰有一辆公交车到站，两辆公交车到站的时刻是随机的，且到站的时间是相互独立的，其规律为

到站时刻	8:10/9:10	8:30/9:30	8:50/9:50
概率	0.2	0.4	0.4

某乘客 8:20 到站，求他候车时间的数学期望.

解 设乘客的候车时间为 X. 则 X 可能的取值为 10，30，50，70，90.

$X=10$ 意味着 8:00—9:00 到站的公交车是 8:30 到达的. 即
$$P\{X=10\}=0.4.$$

同理
$$P\{X=30\}=0.4.$$

另外，$X=50$ 意味着 8:00—9:00 到站的公交车是 8:10 到站，且 9:00—10:00 到站的公交车是 9:10 到站的. 由独立性有
$$P\{X=50\}=0.2\times0.2=0.04.$$

同理
$$P\{X=70\}=0.2\times0.4=0.08, \quad P\{X=90\}=0.2\times0.4=0.08.$$

于是候车时间 X 的分布律为

X	10	30	50	70	90
P	0.4	0.4	0.04	0.08	0.08

从而该乘客候车时间的数学期望为
$$E(X)=10\times0.4+30\times0.4+50\times0.04+70\times0.08+90\times0.08=30.8.$$

下面给出几个常见的离散型随机变量的数学期望的求解过程

和结果.

***

例 4.1.5   设随机变量 X 服从参数为 p 的两点分布，求 $E(X)$.

解   易知 X 的分布律为

X	0	1
P	$1-p$	p

所以 X 的数学期望为 $E(X)=1\times p+0\times(1-p)=p$.

***

例 4.1.6   设随机变量 $X\sim b(n,p)$，求 $E(X)$.

解 X 的分布律为

$$P\{X=k\}=C_n^k p^k(1-p)^{n-k}, k=0,1,\cdots,n.$$

所以 X 的数学期望为

$$
\begin{aligned}
E(X) &= \sum_{k=0}^{n} k\cdot P\{X=k\} = \sum_{k=0}^{n} k\cdot C_n^k p^k(1-p)^{n-k} \\
&= \sum_{k=0}^{n} k\cdot \frac{n!}{k!(n-k)!} p^k(1-p)^{n-k} \\
&= \sum_{k=1}^{n} \frac{n!}{(k-1)!(n-k)!} p^k(1-p)^{n-k} \\
&= np \sum_{k=1}^{n} \frac{(n-1)!}{(k-1)![(n-1)-(k-1)]!} p^{k-1} \\
&\quad (1-p)^{(n-1)-(k-1)} \\
&\xequal{i=k-1} np \sum_{i=0}^{n-1} \frac{(n-1)!}{i![(n-1)-i]!} p^i(1-p)^{(n-1)-i} \\
&= np \sum_{i=0}^{n-1} C_{n-1}^i p^i(1-p)^{(n-1)-i} \\
&= np[p+(1-p)]^{n-1} = np.
\end{aligned}
$$

说明 n 次独立重复试验中，事件 A 发生的平均次数为 np.

***

例 4.1.7   设随机变量 X 服从参数为 λ 的泊松分布 $P(\lambda)$，求 $E(X)$.

解 X 的分布律为

$$P\{X=k\}=\frac{\lambda^k e^{-\lambda}}{k!}, \ k=0,1,\cdots.$$

所以 X 的数学期望为

$$
\begin{aligned}
E(X) &= \sum_{k=0}^{+\infty} k\cdot P\{X=k\} = \sum_{k=0}^{+\infty} k\cdot \frac{\lambda^k e^{-\lambda}}{k!} \\
&= \sum_{k=1}^{+\infty} \frac{\lambda^k e^{-\lambda}}{(k-1)!} = \lambda e^{-\lambda} \sum_{k=1}^{+\infty} \frac{\lambda^{k-1}}{(k-1)!} \\
&\xequal{i=k-1} \lambda e^{-\lambda} \sum_{i=0}^{+\infty} \frac{\lambda^i}{i!} = \lambda e^{-\lambda} e^{\lambda} = \lambda.
\end{aligned}
$$

例 4.1.8　　设随机变量 X 服从参数为 p 的几何分布 $G(p)$，求 $E(X)$.

解　　易知 X 的分布律为

$$P\{X = k\} = q^{k-1}p, \ k = 1, 2, \cdots.$$

其中 $q = 1-p.$ 于是

$$
\begin{aligned}
E(X) &= \sum_{k=1}^{+\infty} kP\{X = k\} = \sum_{k=1}^{+\infty} k \cdot pq^{k-1} \\
&= p\sum_{k=1}^{+\infty} k \cdot q^{k-1} = p\sum_{k=1}^{+\infty} (q^k)' \\
&= p\left(\sum_{k=1}^{+\infty} q^k\right)' = p\left(\frac{q}{1-q}\right)' \\
&= p\frac{1}{(1-q)^2} = \frac{1}{p}.
\end{aligned}
$$

在级数求和时利用了导数与求和交换顺序的方法.

4.1.2　连续型随机变量的数学期望

设 X 是连续型随机变量，密度函数为 $f(x)$. 如何寻找一个能体现随机变量取值的平均的量呢？下面我们将离散型随机变量的数学期望推广到连续型随机变量.

首先将 X 离散化，在数轴上取点 $x_1 < x_2 < \cdots < x_i < \cdots$，并设 x_i 都是 $f(x)$ 的连续点. 这些点把数轴分成很多个小区间，则第 i 个区间的长度为 $x_{i+1} - x_i = \Delta x_i$，$i = 1, 2, \cdots$，如图 4.1.1 所示. 则 X 落在小区间 $[x_i, x_{i+1})$ 内的概率为

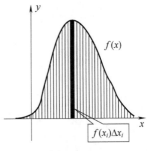

$$P\{x_i \leqslant X < x_{i+1}\} = \int_{x_i}^{x_{i+1}} f(x)\,\mathrm{d}x \approx f(x_i)\Delta x_i,$$

按如下方式定义一个离散型随机变量 X^*，

$$X^* = x_i \text{ 当且仅当 } x_i \leqslant X < x_{i+1},$$

则 X^* 的分布律为

$$P\{X^* = x_i\} = P\{x_i \leqslant X < x_{i+1}\} \approx f(x_i)\Delta x.$$

图　4.1.1

由离散型随机变量的定义知，当 $\sum\limits_i x_i P\{X^* = x_i\}$ 绝对收敛时，其数学期望存在，且

$$E(X^*) = \sum_i x_i P\{X^* = x_i\} \approx \sum_i x_i f(x_i)\Delta x_i.$$

令 $\Delta x = \max(\Delta x_i, i \geqslant 1)$，则当分点越来越密，即 $\Delta x \to 0$ 时，可以认为 $E(X^*) \to E(X)$，此时有

$$EX = \lim_{\Delta x \to 0} \sum_i x_i f(x_i)\Delta x_i = \int_{-\infty}^{+\infty} xf(x)\,\mathrm{d}x.$$

这表明 $\displaystyle\int_{-\infty}^{+\infty} xf(x)\,\mathrm{d}x$ 反映了连续型随机变量 X 的取值的平均状

▶ 连续型随机变量的数学期望

况，当然此时要求 $\int_{-\infty}^{+\infty} xf(x)\,\mathrm{d}x$ 绝对收敛.

> **定义 4.1.2** 设 X 是连续型随机变量，密度函数为 $f(x)$，如果 $\int_{-\infty}^{+\infty} xf(x)\,\mathrm{d}x$ 绝对收敛（即 $\int_{-\infty}^{+\infty} |x|f(x)\,\mathrm{d}x < +\infty$），则称积分 $\int_{-\infty}^{+\infty} xf(x)\,\mathrm{d}x$ 为 X 的数学期望，简称期望或均值，记为 $E(X)$，即
>
> $$E(X) = \int_{-\infty}^{+\infty} xf(x)\,\mathrm{d}x,$$
>
> 若 $\int_{-\infty}^{+\infty} |x|f(x)\,\mathrm{d}x = +\infty$，则称 X 的数学期望不存在.

下面给出几个常见的连续型随机变量的数学期望的求解过程和结果.

例 4.1.9 设连续型随机变量 X 服从均匀分布 $U(a,b)$，求 $E(X)$.

解 X 的概率密度为

$$f(x) = \begin{cases} \dfrac{1}{b-a}, & a<x<b, \\ 0, & \text{其他.} \end{cases}$$

所以

$$E(X) = \int_{-\infty}^{+\infty} xf(x)\,\mathrm{d}x = \int_a^b x\,\frac{1}{b-a}\,\mathrm{d}x = \frac{a+b}{2}.$$

由均匀分布的含义可知，X 在区间 (a,b) 上的取值是等可能的，所以它的平均取值当然应该是区间的中点 $\dfrac{a+b}{2}$.

例 4.1.10 设 X 服从参数为 λ 的指数分布 $E(\lambda)$，求 $E(X)$.

解 X 的概率密度为

$$f(x) = \begin{cases} \lambda e^{-\lambda x}, & x>0, \\ 0, & x\leqslant 0. \end{cases}$$

所以

$$\begin{aligned} E(X) &= \int_{-\infty}^{+\infty} xf(x)\,\mathrm{d}x = \int_0^{+\infty} x\lambda e^{-\lambda x}\,\mathrm{d}x \\ &= -\int_0^{+\infty} x\,\mathrm{d}e^{-\lambda x} = -\left[xe^{-\lambda x}\Big|_0^{+\infty} - \int_0^{+\infty} e^{-\lambda x}\,\mathrm{d}x \right] \\ &= -\frac{1}{\lambda}e^{-\lambda x}\Big|_0^{+\infty} = \frac{1}{\lambda}. \end{aligned}$$

例 4.1.11　若 X 服从正态分布 $N(\mu,\sigma^2)$，求 $E(X)$.

解　X 的概率密度为

$$f(x)=\frac{1}{\sqrt{2\pi}\,\sigma}\mathrm{e}^{-\frac{(x-\mu)^2}{2\sigma^2}},\ -\infty<x<+\infty.$$

所以

$$
\begin{aligned}
E(X) &=\int_{-\infty}^{+\infty}xf(x)\,\mathrm{d}x=\frac{1}{\sqrt{2\pi}\,\sigma}\int_{-\infty}^{+\infty}x\mathrm{e}^{-\frac{(x-\mu)^2}{2\sigma^2}}\,\mathrm{d}x\\[2mm]
&\xlongequal{t=\frac{x-\mu}{\sigma}}\frac{1}{\sqrt{2\pi}}\int_{-\infty}^{+\infty}(\sigma t+\mu)\mathrm{e}^{-\frac{t^2}{2}}\,\mathrm{d}t\\[2mm]
&=\frac{\sigma}{\sqrt{2\pi}}\int_{-\infty}^{+\infty}t\mathrm{e}^{-\frac{t^2}{2}}\,\mathrm{d}t+\mu\int_{-\infty}^{+\infty}\frac{1}{\sqrt{2\pi}}\mathrm{e}^{-\frac{t^2}{2}}\,\mathrm{d}t\\[2mm]
&=\mu.
\end{aligned}
$$

其中，第一个积分中的被积函数为奇函数，其在区间 $(-\infty,+\infty)$ 上的积分为 0；第二个积分的被积函数为标准正态分布的密度函数，利用密度函数的归一性，其在区间 $(-\infty,+\infty)$ 上的积分为 1.

定理 4.1.1　设连续型随机变量 X 的数学期望存在，概率密度 $f(x)$ 关于 μ 对称，即有 $f(\mu+x)=f(\mu-x)$. 则 $E(X)=\mu$.

证明　令 $g(t)=tf(t+\mu)$. 由于

$$g(-t)=-tf(-t+\mu)=-tf(t+\mu)=-g(t).$$

所以 $g(t)$ 是奇函数. 于是

$$
\begin{aligned}
E(X) &=\int_{-\infty}^{+\infty}xf(x)\,\mathrm{d}x=\int_{-\infty}^{+\infty}(x-\mu+\mu)f(x)\,\mathrm{d}x\\[2mm]
&=\int_{-\infty}^{+\infty}(x-\mu)f(x)\,\mathrm{d}x+\int_{-\infty}^{+\infty}\mu f(x)\,\mathrm{d}x\\[2mm]
&=\int_{-\infty}^{+\infty}(x-\mu)f(x-\mu+\mu)\,\mathrm{d}x+\mu\int_{-\infty}^{+\infty}f(x)\,\mathrm{d}x\\[2mm]
&=\int_{-\infty}^{+\infty}tf(t+\mu)\,\mathrm{d}t+\mu\int_{-\infty}^{+\infty}f(x)\,\mathrm{d}x\\[2mm]
&=\int_{-\infty}^{+\infty}g(t)\,\mathrm{d}t+\mu=\mu.
\end{aligned}
$$

利用定理 4.1.1 可以给出一些随机变量的数学期望，如：均匀分布 $U(a,b)$ 的密度函数关于区间 (a,b) 的中点 $\dfrac{a+b}{2}$ 对称，所以其期望为 $\dfrac{a+b}{2}$；而正态分布 $N(\mu,\sigma^2)$ 的密度函数关于其第一个参数 μ 对称，所以其期望为 μ.

注意：不是所有的随机变量的数学期望都存在.

例 4.1.12　设随机变量 X 服从柯西(Cauchy)分布，其密度函数为

$$f(x) = \frac{1}{\pi(1+x^2)}, \quad -\infty < x < +\infty.$$

由于 $\int_{-\infty}^{+\infty} |x| f(x) \mathrm{d}x = \int_{-\infty}^{+\infty} \frac{|x|}{\pi(1+x^2)} \mathrm{d}x = +\infty$，所以它的数学期望不存在.

4.1.3　随机变量函数的数学期望

▶ 随机变量函数的数学期望

在实际应用中，有时候已知随机变量 X 的分布，而我们需要计算的不是 X 的期望，而是 X 的某个函数 $Y = g(X)$ 的期望，那么应该如何计算呢？

一种很自然的方法是，利用 X 与 Y 之间的函数关系以及 X 的分布，把随机变量 Y 的概率分布求出，然后根据 Y 的分布，按照数学期望的定义计算 $E(Y)$.

例 4.1.13　某商店对某种家用电器的销售采用先使用后付款的方式，记该种电器的使用寿命为 X(以年计)，规定：$X \leqslant 1$，一台付款 1500 元；$1 < X \leqslant 2$，一台付款 2000 元；$2 < X \leqslant 3$，一台付款 2500 元；$X > 3$，一台付款 3000 元. 设 X 服从指数分布，且平均寿命为 10 年，求该商店一台电器的平均收费.

解　设该商店一台电器的收费为 Y. 易知，X 的分布函数为

$$F(x) = \begin{cases} 1 - \mathrm{e}^{-\frac{1}{10}x}, & x > 0, \\ 0, & x \leqslant 0. \end{cases}$$

所以有

$$P\{Y = 1500\} = P\{X \leqslant 1\} = F(1) = 1 - \mathrm{e}^{-0.1} = 0.0952;$$
$$P\{Y = 2000\} = P\{1 < X \leqslant 2\} = F(2) - F(1) = 0.0861;$$
$$P\{Y = 2500\} = P\{2 < X \leqslant 3\} = F(3) - F(2) = 0.0779;$$
$$P\{Y = 3000\} = P\{X > 3\} = 1 - F(3) = 0.7408.$$

即得 Y 的分布律为

Y	1500	2000	2500	3000
P	0.0952	0.0861	0.0779	0.7408

所以 Y 的期望为

$$E(Y) = 1500 \times 0.0952 + 2000 \times 0.0861 + 2500 \times 0.0779 + 3000 \times 0.7408$$
$$= 2732.15.$$

例 4.1.14　　有 n 个相互独立工作的电子装置，它们的寿命 $X_k(k=1,2,\cdots,n)$ 服从同一指数分布，其概率密度为

$$f(x)=\begin{cases}\dfrac{1}{\theta}\mathrm{e}^{-x/\theta}, & x>0,\\[2mm] 0, & x\leqslant 0.\end{cases}$$

其中 $\theta>0$ 为常数，若将这 n 个电子装置串联成整机，设整机的寿命为 Z. 求整机寿命（以小时计）Z 的数学期望.

解　　易知 $X_k(k=1,2,\cdots,n)$ 的分布函数为

$$F(x)=\begin{cases}1-\mathrm{e}^{-x/\theta}, & x>0,\\[2mm] 0, & x\leqslant 0.\end{cases}$$

由于 n 个电子装置串联成整机，所以整机寿命与 n 个电子装置的寿命的关系为

$$Z=\min(X_1,X_2,\cdots,X_n).$$

从而 Z 的分布函数为

$$F_Z(z)=1-\left[1-F(z)\right]^n=\begin{cases}1-\mathrm{e}^{-nz/\theta}, & z>0,\\[2mm] 0, & z\leqslant 0.\end{cases}$$

那么 Z 的概率密度为

$$f_Z(z)=F'_Z(z)=\begin{cases}\dfrac{n}{\theta}\mathrm{e}^{-nz/\theta}, & z>0,\\[2mm] 0, & z\leqslant 0.\end{cases}$$

于是，Z 的数学期望为

$$E(Z)=\int_{-\infty}^{+\infty}zf_Z(z)\,\mathrm{d}z=\int_0^{+\infty}\frac{nz}{\theta}\mathrm{e}^{-nz/\theta}\,\mathrm{d}z=\frac{\theta}{n}.$$

使用上述方法必须先求出随机变量 X 的函数 $g(X)$ 的分布，有时这一步骤是比较复杂的. 同时，我们知道数学期望仅仅是随机变量的一个数字特征，也就是一个局部信息，而概率分布是全部信息，如果为了求一个局部信息，而要先求出全部信息，显得有些"小题大做". 那么是否可以不先求 $g(X)$ 的分布而只根据 X 的分布求得 $E[g(X)]$ 呢? 定理 4.1.2 和定理 4.1.3 指出，答案是肯定的.

▶ 一维随机变量函数的数学期望

> **定理 4.1.2**　设 X 是一个随机变量，$Y=g(X)$ 是 X 的函数.
>
> （1）设 X 为离散型随机变量，且其分布律为 $P\{X=x_i\}=p_i$，$i=1,2,\cdots$.
>
> 　　若 $\displaystyle\sum_{k=1}^{+\infty}g(x_k)p_k$ 绝对收敛，则 Y 的数学期望存在，且
>
> $$E(Y)=E[g(X)]=\sum_{k=1}^{\infty}g(x_k)p_k.$$

（2）设 X 为连续型随机变量，其概率密度为 $f(x)$，若 $\int_{-\infty}^{+\infty} g(x)f(x)\mathrm{d}x$ 绝对收敛，则 Y 的数学期望存在，且

$$E(Y) = E[g(X)] = \int_{-\infty}^{+\infty} g(x)f(x)\mathrm{d}x.$$

上述定理还可以推广到二维随机变量函数的情形.

定理 4.1.3 设 (X,Y) 为二维随机变量，$Z = g(X,Y)$ 是 (X,Y) 的函数.

（1）设 (X,Y) 为二维离散型随机变量，其联合分布律为
$$p_{ij} = P\{X = x_i, Y = y_j\}, \quad i,j = 1,2,\cdots.$$
若 $\sum_{i=1}^{+\infty}\sum_{j=1}^{+\infty} g(x_i,y_j)p_{ij}$ 绝对收敛，则 $Z = g(X,Y)$ 的数学期望存在，且

$$E(Z) = E[g(X,Y)] = \sum_{i=1}^{+\infty}\sum_{j=1}^{+\infty} g(x_i,y_j)p_{ij}.$$

（2）设 (X,Y) 为二维连续型随机变量，其联合密度为 $f(x,y)$，若 $\int_{-\infty}^{+\infty}\int_{-\infty}^{+\infty} g(x,y)f(x,y)\mathrm{d}x\mathrm{d}y$ 绝对收敛，则 $Z = g(X,Y)$ 的数学期望存在，且

$$E(Z) = E[g(X,Y)] = \int_{-\infty}^{+\infty}\int_{-\infty}^{+\infty} g(x,y)f(x,y)\mathrm{d}x\mathrm{d}y.$$

▶ 二维随机变量函数的数学期望

上述两个定理的证明超出了本书的范围，在此省略.

例 4.1.15 设离散型随机变量 X 的概率分布如下表所示，求 $Y = X^2$ 的期望.

X	-1	0	1
P	1/4	1/2	1/4

解 根据定理 4.1.2，取 $g(x) = x^2$，所以有
$$E(Y) = g(-1)\times0.25 + g(0)\times0.5 + g(1)\times0.25$$
$$= (-1)^2\times0.25 + 0^2\times0.5 + 1^2\times0.25 = 0.5.$$

例 4.1.16 设随机变量 $X \sim B(n,p)$，$Y = \mathrm{e}^{aX}$，求 $E(Y)$.

解 因为 X 的分布律为
$$P\{X = k\} = \mathrm{C}_n^k p^k (1-p)^{n-k}, \quad k = 0,1,\cdots,n.$$
所以有

$$E(Y) = \sum_{k=0}^{n} \mathrm{e}^{ak}P\{X = k\} = \sum_{k=0}^{n} \mathrm{e}^{ak}\mathrm{C}_n^k p^k (1-p)^{n-k}$$

$$= \sum_{k=0}^{n} \mathrm{C}_n^k (\mathrm{e}^a p)^k (1-p)^{n-k}$$

$$= [pe^a + (1-p)]^n.$$

例 4.1.17　设随机变量 $X \sim U(0,\pi)$，$Y = \sin X$，求 $E(Y)$.

解　因为 X 的概率密度为

$$f(x) = \begin{cases} 1/\pi, & 0 < x < \pi, \\ 0, & \text{其他}. \end{cases}$$

所以有

$$E(Y) = \int_{-\infty}^{+\infty} \sin x f(x)\,\mathrm{d}x = \int_0^\pi \sin x \cdot \frac{1}{\pi}\mathrm{d}x = \frac{2}{\pi}.$$

例 4.1.18　在随机服务系统中，等待时间可以认为服从指数分布. 现已知人们在某银行办理业务的等待时间 X（单位：min）服从期望为 15 的指数分布. 某人到银行办理业务，由于办理银行业务后还需要去办另外一件事情，故此人先等待，如果 20min 后没有等到自己办理业务就离开银行. 设此人在银行的实际等待时间为 Y，求此人实际等待时间的平均值.

解　易知 Y 和 X 的关系为 $Y = \min(X, 20)$. X 的密度函数为

$$f(x) = \begin{cases} \dfrac{1}{15}e^{-\frac{1}{15}x}, & x > 0, \\ 0, & x \le 0. \end{cases}$$

由定理 4.1.2 知

$$\begin{aligned} E(Y) &= E(\min(X,20)) = \int_{-\infty}^{+\infty} \min(x,20)f(x)\,\mathrm{d}x \\ &= \int_0^{+\infty} \min(x,20)\frac{1}{15}e^{-\frac{1}{15}x}\,\mathrm{d}x \\ &= \int_0^{20} x\frac{1}{15}e^{-\frac{1}{15}x}\,\mathrm{d}x + \int_{20}^{+\infty} 20 \times \frac{1}{15}e^{-\frac{1}{15}x}\,\mathrm{d}x \\ &= 15\left(1 - e^{-\frac{4}{3}}\right) \approx 11.04. \end{aligned}$$

即此人实际等待的平均时间为 11.04min.

注意：可以利用 2.5.2 节中的方法证明实际等待时间 Y 不是连续型随机变量，从而 Y 没有密度函数，故不能先求分布函数，然后用分布函数的导数的积分的方法求 $E(Y)$.

例 4.1.19　设二维离散型随机变量 (X,Y) 的概率分布如下表所示，求 $Z = X^2 + Y$ 的期望.

X＼Y	1	2
1	1/8	1/4
2	1/2	1/8

解 根据定理 4.1.3，取 $g(x,y)=x^2+y$，所以有

$$E(Z)=g(1,1)\times\frac{1}{8}+g(1,2)\times\frac{1}{2}+g(2,1)\times\frac{1}{4}+g(2,2)\times\frac{1}{8}$$

$$=(1^2+1)\times\frac{1}{8}+(1^2+2)\times\frac{1}{2}+(2^2+1)\times\frac{1}{4}+(2^2+2)\times\frac{1}{8}$$

$$=\frac{15}{4}.$$

例 4.1.20 设二维随机变量 (X,Y) 的联合密度函数为

$$f(x,y)=\begin{cases}\dfrac{1}{4}x(1+3y^2), & 0<x<2,0<y<1,\\ 0, & \text{其他}.\end{cases}$$

求 $E(X),E(Y),E(X+Y),E(XY),E(Y/X)$.

解

$$E(X)=\int_{-\infty}^{+\infty}\int_{-\infty}^{+\infty}xf(x,y)\,\mathrm{d}x\mathrm{d}y$$

$$=\int_0^2 x\cdot\frac{1}{4}x\mathrm{d}x\int_0^1(1+3y^2)\,\mathrm{d}y=\frac{4}{3},$$

$$E(Y)=\int_{-\infty}^{+\infty}\int_{-\infty}^{+\infty}yf(x,y)\,\mathrm{d}x\mathrm{d}y=\int_0^2\frac{1}{4}x\mathrm{d}x\int_0^1 y(1+3y^2)\,\mathrm{d}y=\frac{5}{8},$$

$$E(X+Y)=\int_{-\infty}^{+\infty}\int_{-\infty}^{+\infty}(x+y)f(x,y)\,\mathrm{d}x\mathrm{d}y$$

$$=\int_{-\infty}^{+\infty}\int_{-\infty}^{+\infty}xf(x,y)\,\mathrm{d}x\mathrm{d}y+\int_{-\infty}^{+\infty}\int_{-\infty}^{+\infty}yf(x,y)\,\mathrm{d}x\mathrm{d}y$$

$$=E(X)+E(Y)=\frac{4}{3}+\frac{5}{8}=\frac{47}{24}.$$

$$E(XY)=\int_{-\infty}^{+\infty}\int_{-\infty}^{+\infty}xyf(x,y)\,\mathrm{d}x\mathrm{d}y$$

$$=\int_0^2 x\cdot\frac{1}{2}x\mathrm{d}x\int_0^1 y\cdot\frac{1}{2}(1+3y^2)\,\mathrm{d}y$$

$$=\frac{4}{3}\cdot\frac{5}{8}=\frac{5}{6}.$$

$$E\left(\frac{Y}{X}\right)=\int_{-\infty}^{+\infty}\int_{-\infty}^{+\infty}\frac{y}{x}f(x,y)\,\mathrm{d}x\mathrm{d}y$$

$$=\int_0^2\frac{1}{2}\mathrm{d}x\int_0^1 y\cdot\frac{1}{2}(1+3y^2)\,\mathrm{d}y=\frac{5}{8}.$$

例 4.1.21 设随机变量 (X,Y) 的概率密度是

$$f(x,y)=\begin{cases}1/2, & 0\leqslant x\leqslant 1,0<y<2,\\ 0, & \text{其他}.\end{cases}$$

令 $Z=\min\{X,Y\}$. 求 $E(Z)$.

解 记密度函数 $f(x,y)$ 的非零区域为 $D=\{(x,y):0\leqslant x\leqslant 1,0<y<2\}$.

如图 4.1.2 所示，则有 $D = D_1 \cup D_2$，其中 $D_1 = \{ (x,y) : 0 \le x \le 1, 0 < y < x \}$，$D_2 = \{ (x,y) : 0 \le x \le 1, x < y < 2 \}$.

而在区域 D_1 上，$\min\{x,y\} = y$，在区域 D_2 上，$\min\{x,y\} = x$.

　　所以有

$$
\begin{aligned}
E(Z) &= \iint\limits_{D} \min(x,y) f(x,y)\,\mathrm{d}x\mathrm{d}y \\
&= \iint\limits_{D_1} \min(x,y) f(x,y)\,\mathrm{d}x\mathrm{d}y + \iint\limits_{D_2} \min(x,y) f(x,y)\,\mathrm{d}x\mathrm{d}y \\
&= \iint\limits_{D_1} y f(x,y)\,\mathrm{d}x\mathrm{d}y + \iint\limits_{D_2} x f(x,y)\,\mathrm{d}x\mathrm{d}y \\
&= \int_0^1 \mathrm{d}x \int_0^x y\,\frac{1}{2}\,\mathrm{d}y + \int_0^1 \mathrm{d}x \int_x^2 x\,\frac{1}{2}\,\mathrm{d}y \\
&= \frac{5}{12}.
\end{aligned}
$$

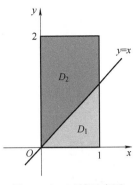

图 4.1.2　区域示意图

例 4.1.22　设随机变量 (X,Y) 的联合分布律为

$$
P\{X = m, Y = n\} = \frac{\lambda^n p^m (1-p)^{n-m}}{m!(n-m)!}\mathrm{e}^{-\lambda}, \quad m = 0, 1, \cdots, n;\ n = 0, 1, \cdots.
$$

求 $E(XY)$.

　　解

$$
\begin{aligned}
E(XY) &= \sum_{n=0}^{+\infty} \sum_{m=0}^{n} mn P\{X = m, Y = n\} \\
&= \sum_{n=1}^{+\infty} \sum_{m=1}^{n} mn \frac{\lambda^n p^m (1-p)^{n-m}}{m!(n-m)!} \mathrm{e}^{-\lambda} \\
&= \mathrm{e}^{-\lambda} \sum_{n=1}^{+\infty} n\lambda^n \sum_{m=1}^{n} m \frac{p^m (1-p)^{n-m}}{m!(n-m)!} \\
&= \mathrm{e}^{-\lambda} \sum_{n=1}^{+\infty} \frac{n\lambda^n p}{(n-1)!} \sum_{m=1}^{n} \frac{(n-1)!\,p^{m-1}(1-p)^{n-m}}{(m-1)!(n-m)!} \\
&= \mathrm{e}^{-\lambda} \sum_{n=1}^{+\infty} \frac{n\lambda^n p}{(n-1)!} \sum_{m=1}^{n} \mathrm{C}_{n-1}^{m-1} p^{m-1}(1-p)^{n-m} \quad (\text{令 } j = m-1) \\
&= \mathrm{e}^{-\lambda} \sum_{n=1}^{+\infty} \frac{n\lambda^n p}{(n-1)!} \sum_{j=0}^{n-1} \mathrm{C}_{n-1}^{j} p^{j}(1-p)^{n-1-j} \\
&= \mathrm{e}^{-\lambda} \sum_{n=1}^{+\infty} \frac{n\lambda^n p}{(n-1)!} [p + (1-p)]^{n-1} \\
&= p\mathrm{e}^{-\lambda} \sum_{n=1}^{+\infty} \frac{n\lambda^n}{(n-1)!} \\
&= p\mathrm{e}^{-\lambda} \sum_{n=1}^{+\infty} \frac{(n-1+1)\lambda^n}{(n-1)!} \\
&= p\mathrm{e}^{-\lambda} \left[\sum_{n=1}^{+\infty} \frac{(n-1)\lambda^n}{(n-1)!} + \sum_{n=1}^{+\infty} \frac{\lambda^n}{(n-1)!} \right]
\end{aligned}
$$

$$= p e^{-\lambda} \left[\lambda^2 \sum_{n=2}^{+\infty} \frac{\lambda^{n-2}}{(n-2)!} + \lambda \sum_{n=1}^{+\infty} \frac{\lambda^{n-1}}{(n-1)!} \right]$$

$$= p e^{-\lambda} \left[\lambda^2 e^{\lambda} + \lambda e^{\lambda} \right] = \lambda(\lambda + 1) p.$$

4.1.4　数学期望的性质

▶ 数学期望的性质 1

> **性质 1**　设 c 是常数, 则 $E(c) = c$.

证明　如果将常数 c 看作仅取一个值的随机变量 X, 则有 $P\{X=c\} = 1$, 从而有

$$E(c) = E(X) = c \times P\{X=c\} = c.$$

该性质可以理解为, 常数的平均值依然是它本身.

> **性质 2**　若随机变量 X 的数学期望存在, k 为常数, 则 $E(kX) = kE(X)$.

证明　若 X 为连续型随机变量, 且其密度函数为 $f(x)$.
由定理 4.1.2 得

$$E(kX) = \int_{-\infty}^{+\infty} kxf(x)\,\mathrm{d}x = k\int_{-\infty}^{+\infty} xf(x)\,\mathrm{d}x = kE(X).$$

当 X 为离散型随机变量时, 可以类似地证明, 只需将积分号改为求和号即可.

该性质可以理解为, 当把 X 的取值都扩大到 k 倍后, 其平均值也应该相应地扩大到 k 倍.

> **性质 3**　若随机变量 X 和 Y 的数学期望都存在, 则 $E(X+Y) = E(X) + E(Y)$.

证明　仅就连续型随机变量的情形给出证明, 离散型的情形请读者自行证明.

设二维连续型随机变量 (X, Y) 的联合概率密度函数为 $f(x, y)$.
由定理 4.1.3 可知,

$$
\begin{aligned}
E(X + Y) &= \int_{-\infty}^{+\infty} \int_{-\infty}^{+\infty} (x + y) f(x, y)\,\mathrm{d}x\mathrm{d}y \\
&= \int_{-\infty}^{+\infty} \int_{-\infty}^{+\infty} xf(x, y)\,\mathrm{d}x\mathrm{d}y + \int_{-\infty}^{+\infty} \int_{-\infty}^{+\infty} yf(x, y)\,\mathrm{d}x\mathrm{d}y \\
&= E(X) + E(Y).
\end{aligned}
$$

可以将性质 2 和性质 3 推广到任意有限个随机变量的和的情况. 即随机变量线性组合的数学期望等于随机变量数学期望的线性组合, 若 X_i 的数学期望都存在, a_i 为常数, $i=1,2,\cdots,n$, 则有

$$E(a_1 X_1 + a_2 X_2 + \cdots + a_n X_n) = a_1 E(X_1) + a_2 E(X_2) + \cdots + a_n E(X_n).$$

性质 4　设随机变量 X 和 Y 的数学期望都存在，且相互独立，则 $E(XY) = E(X)E(Y)$.

证明　仅就连续型随机变量的情形给出证明.

设 (X,Y) 的联合概率密度函数为 $f(x,y)$. X 和 Y 的边缘密度函数为 $f_X(x)$ 和 $f_Y(y)$. 由于 X 与 Y 独立，所以有 $f(x,y) = f_X(x)f_Y(y)$.

由定理 4.1.3 知

▶️ 数学期望的性质 2

$$
\begin{aligned}
E(XY) &= \int_{-\infty}^{+\infty} \int_{-\infty}^{+\infty} (xy) f(x,y) \, dx dy \\
&= \int_{-\infty}^{+\infty} \int_{-\infty}^{+\infty} (xy) f_X(x) f_Y(y) \, dx dy \\
&= \int_{-\infty}^{+\infty} x f_X(x) \, dx \int_{-\infty}^{+\infty} y f_Y(y) \, dy \\
&= E(X) \cdot E(Y).
\end{aligned}
$$

注意：由 $E(XY) = E(X)E(Y)$，不一定能推出 X 与 Y 独立.

可以将性质 4 推广到有限个随机变量的情况，设随机变量 X_1，X_2，$\cdots$，X_n 的数学期望都存在，且相互独立，则有

$$E\left[\prod_{i=1}^{n} X_i\right] = \prod_{i=1}^{n} E(X_i).$$

性质 5　若随机变量 X 只取非负值，即 $P\{X \geqslant 0\} = 1$，记为 $X \geqslant 0$，且 $E(X)$ 存在，则 $E(X) \geqslant 0$.

证明　设 X 为连续型随机变量，密度函数为 $f(x)$，则由 $X \geqslant 0$ 得：

当 $x \geqslant 0$ 时，$f(x) \geqslant 0$；当 $x < 0$ 时，$f(x) = 0$，

所以

$$E(X) = \int_{-\infty}^{+\infty} x f(x) \, dx = \int_{0}^{+\infty} x f(x) \, dx \geqslant 0.$$

推论 1　若 $X \leqslant Y$，$E(X)$，$E(Y)$ 都存在，则 $E(X) \leqslant E(Y)$. 特别地，若 $a \leqslant X \leqslant b$，$a$，$b$ 为常数，则 $E(X)$ 存在，且 $a \leqslant E(X) \leqslant b$.

例 4.1.23　设一批同类型的产品共有 N 件，其中次品有 M 件. 今从中任取 n 件，记这 n 件中所含的次品数为 X，求 $E(X)$.

解　易知 X 服从超几何分布，此题可以用数学期望的定义进行求解，但过程过于复杂，现利用数学期望的性质进行求解. 令

$$X_i = \begin{cases} 1, & \text{第 } i \text{ 次取到次品}, \\ 0, & \text{第 } i \text{ 次取到正品}, \end{cases} \quad i = 1, 2, \cdots, n,$$

则有

$$X = \sum_{i=1}^{n} X_i.$$

且由 1.3.2 小节抽签模型可知

$$P\{X_i = 1\} = \frac{M}{N}, \quad i = 1, 2, \cdots, n.$$

所以

$$E(X) = \sum_{i=1}^{n} E(X_i) = \sum_{i=1}^{n} P\{X_i = 1\} = \sum_{i=1}^{n} \frac{M}{N} = \frac{nM}{N}.$$

此题中将一个复杂的随机变量分解为若干个简单的易求数学期望的随机变量的和，再利用和的期望等于期望的和的性质进行求解，使所求解问题简化，此方法具有一定的代表性.

例 4.1.24 在病毒检测中，若检测结果为阳性，说明此人可能感染了病毒，检测结果为阴性，说明此人未感染病毒. 现有 n 个人需进行检验. 有如下两种方案：

（1）分别对每个人进行检验，共需化验 n 次；

（2）分组检验. 每 k 个人分为 1 组，将 k 个人的抽样结果混在一起化验，若检验结果为阴性，说明每个人都是阴性，则只需化验一次；若为阳性，则对 k 个人再分别进行检验，此时 k 个人共需检验 $k+1$ 次.

设每个人检验呈阳性的概率为 p，且每个人的检验结果是相互独立的. 试说明选择哪一方案更节约成本.

解 第一种方案共需检验 n 次. 下面看第二种方案需要的平均检验次数.

为简单计，不妨设 n 是 k 的倍数，共分成 $j = n/k$ 组. 设 X 为第二个方案需要的检验次数，X_i 表示第 i 组需要检验的次数，$i = 1, 2, \cdots, j$. 则 $X = X_1 + X_2 + \cdots + X_j$.

易知 X_i 的分布律为

X_i	1	$k+1$
p	$(1-p)^k$	$1-(1-p)^k$

故有

$$E(X_i) = 1 \times (1-p)^k + (k+1) \times [1-(1-p)^k] = (k+1) - k(1-p)^k.$$

所以第二种方案下需要的检验的总次数的平均值为

$$E(X) = \sum_{i=1}^{j} E(X_i) = \frac{n}{k}[(k+1) - k(1-p)^k]$$

$$= n\left\{1 - \left[(1-p)^k - \frac{1}{k}\right]\right\}.$$

若 $(1-p)^k - \frac{1}{k} > 0$ 则 $E(X) < n$，方案 2 比方案 1 更节约成本.

如：$n = 1000$，$p = 0.001$，$k = 10$ 时，有

$$E(X) = 1000\left[1 - \left(0.999^{10} - \frac{1}{10}\right)\right] \approx 110 < 1000.$$

事实上，可以计算得到，当 $p < 1 - \left(\dfrac{1}{k}\right)^{1/k}$ 时，有 $(1-p)^k - \dfrac{1}{k} > 0$.
故当 p 较小时，可以适当地选择 k 的值，使得检验的成本大大
降低.

例 4.1.25　某水果商店，冬季每周购进一批苹果. 已知该店一
周苹果需求量 X（单位：kg）服从均匀分布 $U(1000, 2000)$. 购进的
苹果在一周内售出 1kg 获纯利 1.5 元；若一周内没售出，1kg 需付
耗损、储藏等费用 0.3 元. 问一周应购进多少 kg 苹果，商店才能
获得最大的平均利润.

解　设一周应购进 $m$kg 苹果，易知 $m \in (1000, 2000)$，商店一
周销售苹果获得的利润为 Y. 则 Y 与 X 的函数关系为

$$Y = g(X) = \begin{cases} 1.5m, & X \geq m, \\ 1.5X - 0.3(m-X), & X < m \end{cases} = \begin{cases} 1.5m, & X \geq m, \\ 1.8X - 0.3m, & X < m. \end{cases}$$

所以

$$\begin{aligned}
E(Y) &= \int_{-\infty}^{\infty} g(x)f(x)\,\mathrm{d}x = \int_{1000}^{2000} g(x)\frac{1}{1000}\mathrm{d}x \\
&= \frac{1}{1000}\left[\int_{1000}^{m}(1.8x - 0.3m)\,\mathrm{d}x + \int_{m}^{2000}1.5m\mathrm{d}x\right] \\
&= \frac{1}{1000}(-0.9m^2 + 3300m - 9 \times 10^5),
\end{aligned}$$

易知当 $m = 1833$kg 时，平均利润达到最大，最大利润为 2125 元.

4.2　方差

上一节我们介绍了数学期望的概念，它从平均值的角度描述
了随机变量的统计特性，但在某些情况下，仅仅利用平均值不能
较好描述随机变量的统计特性，这时需要引入另一个数字特征，
表示随机变量的取值的密集程度，这就是方差.

▶ 方差

例如，某零件的真实长度为 10，现用甲、乙两台仪器各测量
20 次，测量结果如图 4.2.1 所示

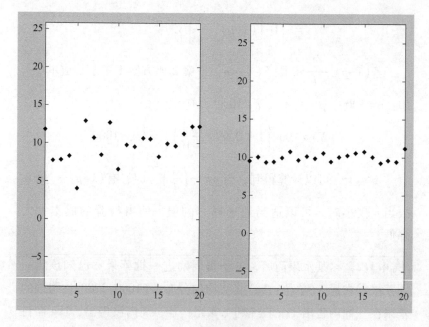

图 4.2.1　零件测量结果

　　就上述结果你认为哪台仪器精度高一些呢？可以看出，甲乙两台仪器的测量结果都以 10 为中心波动，但是因为乙仪器的测量结果更加集中在 10 附近，即乙仪器的测量结果的波动更小，所以认为乙仪器精度更高.

　　那么如何度量这种波动性的大小呢？因为数学期望是随机变量的平均值，可以说是随机变量的取值所围绕的中心，所以可以考虑 X 的取值与 $E(X)$ 的偏离程度的大小来描述这种波动性的大小. 首先考虑偏离量 $X-E(X)$，然而在试验中，X 的取值可能比 $E(X)$ 大也可能比 $E(X)$ 小，因此，偏离量 $X-E(X)$ 有正有负，再取平均时正负会互相抵消，而且有 $E[X-E(X)]=0$，所以 $X-E(X)$ 的平均值不能度量这种波动性；很自然地想到用 $|X-E(X)|$ 来消除正负抵消的影响，再取其平均值 $E(|X-E(X)|)$ 来刻画波动性大小，但是，绝对值在数学上不易处理. 所以人们考虑到用 $E[X-E(X)]^2$ 作为这种波动性大小的度量，称之为方差（方差：差的方[2]）.

4.2.1　方差的概念

定义 4.2.1　设随机变量 X 的数学期望为 $E(X)$，若 $E[X-E(X)]^2$ 存在，则称它为 X 的方差（Variance），记为 $D(X)$ 或 $\text{Var}(X)$，即

$$D(X)=E[X-E(X)]^2.$$

从定义可以看出随机变量 X 的方差 $D(X)$ 刻画了随机变量的取值相对于其数学期望的偏离程度. 若 $D(X)$ 较小, 意味着 X 的取值比较集中在 $E(X)$ 附近, 若 $D(X)$ 较大则表明 X 的取值比较分散. 反之, 若 X 的取值比较集中, 则方差较小; 若 X 的取值比较分散, 则方差较大.

随机变量 X 的方差 $D(X)$ 的算术平方根 $\sqrt{D(X)}$ 称为 X 的标准差或均方差. 记为 $\sigma(X)$. 它的含义与方差一样, 反映了随机变量与其中心位置的偏离程度, 它与随机变量的数学期望具有相同的量纲.

由方差的定义可以看出, 方差的计算可以按照随机变量 X 的函数 $g(X) = (X-E(X))^2$ 的数学期望的方式进行.

(1) 若 X 为离散型随机变量, 其分布律为

$$p_i = P\{X = x_i\}, i = 1, 2, \cdots.$$

则

$$D(X) = \sum_{i=1}^{+\infty} \left[x_i - E(X) \right]^2 p_i.$$

(2) 若 X 为连续型随机变量, 其概率密度为 $f(x)$, 则

$$D(X) = \int_{-\infty}^{+\infty} \left[x - E(X) \right]^2 f(x) \, \mathrm{d}x.$$

按上述两个公式计算方差, 有时候比较烦琐, 实际应用中一般采用如下公式计算方差.

$$D(X) = E(X^2) - (EX)^2.$$

证明　$D(X) = E[X - E(X)]^2 = E[X^2 - 2XE(X) + (EX)^2]$

$\qquad\qquad = E(X^2) - E[2XE(X)] + E\{[E(X)]^2\}$

$\qquad\qquad = E(X^2) - 2E(X) \cdot E(X) + [E(X)]^2$

$\qquad\qquad = E(X^2) - [E(X)]^2.$

例 4.2.1　某人有一笔资金, 可投入两个项目, 房地产和商业, 其收益都与市场状态有关, 若把未来市场划分为好、中、差三个等级, 其发生的概率分别为 0.2, 0.7 和 0.1. 通过调查, 该投资者认为投资房地产的收益 X(万元) 和投资于商业的收益 Y(万元) 的分布律分别为

X	-3	3	11
P	0.1	0.7	0.2

和

Y	-1	4	6
P	0.1	0.7	0.2

试问该投资者如何投资?

解　先考虑平均收益

$$E(X) = 11 \times 0.2 + 3 \times 0.7 + (-3) \times 0.1 = 4,$$

$$E(Y) = 6 \times 0.2 + 4 \times 0.7 + (-1) \times 0.1 = 3.9.$$

下面计算方差

$$E(X^2) = 11^2 \times 0.2 + 3^2 \times 0.7 + (-3)^2 \times 0.1 = 31.4,$$

$$E(Y^2) = 6^2 \times 0.2 + 4^2 \times 0.7 + (-1)^2 \times 0.1 = 18.5,$$

$$D(X) = E(X^2) - (EX)^2 = 31.4 - 4^2 = 15.4,$$

$$D(Y) = E(Y^2) - (EY)^2 = 18.5 - 3.9^2 = 3.29.$$

综上,若从平均收益考虑,要选择房地产来进行投资,但是从方差的角度看,投资房地产的方差比投资商业的方差大很多,因此,将收益与风险综合权衡,该投资者还是应该选择商业为好,虽然平均收益少了0.1万元,而风险要小很多.

下面给出几种常见分布的方差的求解过程和结果.

例 4.2.2　设随机变量 X 服从 0—1 分布 $b(1,p)$,求 $D(X)$.

解　因为 X 的分布律为

$$P\{X=1\} = p, \quad P\{X=0\} = 1-p.$$

且有 $E(X) = p$;又

$$E(X^2) = 0^2 \times (1-p) + 1^2 \times p = p,$$

所以有

$$D(X) = E(X^2) - (EX)^2 = p - p^2 = p(1-p).$$

例 4.2.3　设随机变量 X 服从泊松分布 $P(\lambda)$,求 $D(X)$.

解　泊松分布的分布律为

$$P\{X=k\} = \frac{\lambda^k}{k!} e^{-\lambda}, \quad k = 0,1,2,\cdots.$$

且 $E(X) = \lambda$,

$$E(X^2) = E[X(X-1)+X] = E[X(X-1)] + E(X)$$

$$= \sum_{k=0}^{+\infty} k(k-1) \cdot \frac{\lambda^k}{k!} e^{-\lambda} + \lambda = \lambda^2 e^{-\lambda} \sum_{k=2}^{+\infty} \frac{\lambda^{k-2}}{(k-2)!} + \lambda$$

$$\xlongequal{\text{令} j = k-2} \lambda^2 e^{-\lambda} \sum_{j=0}^{+\infty} \frac{\lambda^j}{j!} + \lambda = \lambda^2 e^{-\lambda} e^{\lambda} + \lambda = \lambda^2 + \lambda.$$

所以

$$D(X) = E(X^2) - [E(X)]^2 = \lambda^2 + \lambda - \lambda^2 = \lambda.$$

说明泊松分布的期望和方差相等,都等于其参数 λ.

例 4.2.4　设随机变量 X 服从参数为 $p(0<p<1)$ 的几何分布,求 $D(X)$.

解　几何分布的分布律为

$$P\{X=k\}=p(1-p)^{k-1},\ k=1,2,\cdots,$$

且 $E(X)=1/p$，令 $q=1-p.$ 则有

$$
\begin{aligned}
E(X^2) &= \sum_{k=1}^{+\infty}k^2 P\{X=k\}=p\sum_{k=1}^{+\infty}k^2(1-p)^{k-1}\\
&= p\sum_{k=1}^{+\infty}k^2 q^{k-1}=p\sum_{k=1}^{+\infty}[k(k-1)+k]q^{k-1}\\
&= p\sum_{k=1}^{+\infty}k(k-1)q^{k-1}+p\sum_{k=1}^{+\infty}kq^{k-1}\\
&= pq\sum_{k=2}^{+\infty}(q^k)''+p\sum_{k=1}^{+\infty}(q^k)'\\
&= pq\Big(\sum_{k=2}^{+\infty}q^k\Big)''+p\Big(\sum_{k=1}^{+\infty}q^k\Big)'\\
&= pq\Big(\frac{q^2}{1-q}\Big)''+p\Big(\frac{q}{1-q}\Big)'\\
&= \frac{2}{p^2}-\frac{1}{p}.
\end{aligned}
$$

所以

$$D(X)=E(X^2)-[E(X)]^2=\frac{2}{p^2}-\frac{1}{p}-\Big(\frac{1}{p}\Big)^2=\frac{1-p}{p^2}.$$

例 4.2.5　设随机变量 X 服从均匀分布 $U(a,b)$，求 $D(X)$.

解　X 的概率密度为

$$f(x)=\begin{cases}\dfrac{1}{b-a},&a<x<b,\\0,&\text{其他}.\end{cases}$$

已有 $E(X)=\dfrac{a+b}{2}$，所以

$$E(X^2)=\int_{-\infty}^{+\infty}x^2 f(x)\,\mathrm{d}x=\int_a^b x^2\cdot\frac{1}{b-a}\mathrm{d}x=\frac{1}{3}(b^2+ab+a^2).$$

故有

$$D(X)=E(X^2)-[E(X)]^2=\frac{1}{12}(b-a)^2.$$

例 4.2.6　设随机变量 X 服从参数为 λ 的指数分布 $E(\lambda)$，求 $D(X)$.

解　X 的概率密度为

$$f(x)=\begin{cases}\lambda e^{-\lambda x},&x>0,\\0,&x\leqslant 0.\end{cases}$$

且有 $E(X)=\dfrac{1}{\lambda}$.

又因为

$$E(X^2) = \int_{-\infty}^{+\infty} x^2 f(x) \, dx = \int_0^{+\infty} x^2 \cdot \lambda e^{-\lambda x} dx = \frac{2}{\lambda^2},$$

所以有

$$D(X) = E(X^2) - [E(X)]^2 = \frac{1}{\lambda^2}.$$

例 4.2.7 设随机变量 X 服从正态分布 $N(\mu, \sigma^2)$，求 $D(X)$.

解 X 的概率密度为

$$f(x) = \frac{1}{\sqrt{2\pi}\,\sigma} e^{-\frac{(x-\mu)^2}{2\sigma^2}}, \quad -\infty < x < \infty.$$

且有 $E(X) = \mu$. 所以

$$
\begin{aligned}
D(X) &= E[X - E(X)]^2 = E(X - \mu)^2 \\
&= \int_{-\infty}^{+\infty} (x - \mu)^2 f(x) \, dx \\
&= \int_{-\infty}^{+\infty} (x - \mu)^2 \frac{1}{\sqrt{2\pi}\,\sigma} e^{-\frac{(x-\mu)^2}{2\sigma^2}} dx \\
&\xlongequal{t = \frac{x-\mu}{\sigma}} \frac{\sigma^2}{\sqrt{2\pi}} \int_{-\infty}^{+\infty} t^2 e^{-\frac{t^2}{2}} dt \\
&= \frac{\sigma^2}{\sqrt{2\pi}} \int_{-\infty}^{+\infty} t \, d\left(-e^{-\frac{t^2}{2}}\right) \\
&= \frac{\sigma^2}{\sqrt{2\pi}} \left[t\left(-e^{-\frac{t^2}{2}}\right) \Big|_{-\infty}^{+\infty} - \int_{-\infty}^{+\infty} \left(-e^{-\frac{t^2}{2}}\right) dt \right] \\
&= \sigma^2 \cdot \int_{-\infty}^{+\infty} \frac{1}{\sqrt{2\pi}} e^{-\frac{t^2}{2}} dt \\
&= \sigma^2.
\end{aligned}
$$

由此可以看出，正态分布的两个参数 μ 和 σ^2 分别对应数学期望和方差，所以正态分布完全由它的数学期望和方差决定.

例 4.2.8 设随机变量 X 的概率密度为

$$f(x) = a e^{-\frac{(x-3)^2}{8}},$$

其中 a 为未知常数，求常数 a 的值以及 $E(X^2)$.

解 根据正态分布的密度函数的形式以及该分布的期望和方差的性质知，X 服从正态分布，且两个参数分别为 $\mu = 3, \sigma^2 = 4$. 所以

$$a = \frac{1}{2\sqrt{2\pi}}.$$

而

$$E(X^2) = D(X) + [E(X)]^2 = 4 + 3^2 = 13.$$

4.2.2　方差的性质

性质 1　若 c 为常数，则 $D(c)=0$.

▶ 方差的性质

　　证明　易知 $E(c)=c$，所以 $D(c)=E(c-Ec)^2=0$.

性质 2　若 X 为随机变量，a 为常数，且 X 的方差 $D(X)$ 存在，则 $D(X+a)=D(X)$.

　　证明　因为 $E(X+a)=E(X)+a$，所以
$$D(X+a)=E[(X+a)-E(X+a)]^2$$
$$=E[X+a-E(X)-a]^2$$
$$=E[X-E(X)]^2=D(X).$$

性质 3　若 a 为常数，随机变量 X 的方差 DX 存在，则 aX 的方差存在，且 $D(aX)=a^2D(X)$.

　　证明　因为 a 为常数，所以 $E(aX)=aE(X)$，故
$$D(aX)=E[aX-E(aX)]^2=E\{a[X-E(X)]\}^2$$
$$=a^2E[X-E(X)]^2=a^2D(X).$$

性质 4　若随机变量 X 和 Y 的方差 $D(X)$ 和 $D(Y)$ 存在，则
$$D(X\pm Y)=DX+DY\pm2E\{[X-E(X)][Y-E(Y)]\}.$$

　　证明　
$$D(X\pm Y)=E[(X\pm Y)-E(X\pm Y)]^2$$
$$=E\{[X-E(X)]\pm[Y-E(Y)]\}^2$$
$$=E\{[X-E(X)]^2\pm2[X-E(X)][Y-E(Y)]+$$
$$[Y-E(Y)]^2\}$$
$$=E[X-E(X)]^2\pm2E\{[X-E(X)][Y-E(Y)]\}+$$
$$E[Y-E(Y)]^2$$
$$=D(X)+D(Y)\pm2E\{[X-E(X)][Y-E(Y)]\}.$$

性质 5　若随机变量 X 和 Y 相互独立，它们的方差都存在，则 $X\pm Y$ 的方差也存在，且 $D(X\pm Y)=D(X)+D(Y)$.

　　证明　由性质 4 知，只需证明 $E\{[X-E(X)][Y-E(Y)]\}=0$. 由于 X,Y 相互独立，所以 $X-E(X)$ 和 $Y-E(Y)$ 也相互独立. 所以
$$E\{[X-E(X)][Y-E(Y)]\}=E[X-E(X)]\cdot E[Y-E(Y)]$$
$$=\{E(X)-E[E(X)]\}\cdot\{E(Y)-$$

$$E[E(Y)]\}$$
$$=[E(X)-E(X)]\cdot[E(Y)-E(Y)]=0.$$

故由性质 4 知　　$D(X\pm Y)=D(X)+D(Y).$

性质 5 可以推广到 n 个随机变量的情形.

推论 1　若随机变量 $X_1,X_2,\cdots,X_n$ 相互独立, 且它们的方差都存在, 则 $X_1+X_2+\cdots+X_n$ 的方差存在, 且

$$D\Big(\sum_{i=1}^{n}X_i\Big)=\sum_{i=1}^{n}D(X_i).$$

推论 2　若随机变量 $X_1,X_2,\cdots,X_n$ 独立同分布, 它们的方差都存在, 则 $X_1+X_2+\cdots+X_n$ 的方差存在, 且

$$D\Big(\sum_{i=1}^{n}X_i\Big)=nD(X_1).$$

性质 6　$D(X)=0$ 的充要条件是 $P\{X=EX\}=1.$

证明　充分性. 由 $P\{X=E(X)\}=1.$ 可得 $P\{X^2=[E(X)]^2\}=1.$ 所以 $E(X^2)=[E(X)]^2$, 于是 $D(X)=0.$ 必要性的证明见 5.1.1 节.

性质 7　设随机变量 X 的期望和方差都存在, $E(X)=\mu$, a 为常数, 则有

$$D(X)\leqslant E(X-a)^2.$$

等号成立当且仅当 $a=\mu.$

证明　$E(X-a)^2=E(X-\mu+\mu-a)^2$
$$=E(X-\mu)^2+2E[(X-\mu)(\mu-a)]+(\mu-a)^2$$
$$=E(X-\mu)^2+2(\mu-a)E(X-\mu)+(\mu-a)^2$$
$$=E(X-\mu)^2+2(\mu-a)\times0+(\mu-a)^2$$
$$=DX+(\mu-a)^2\geqslant D(X).$$

所以 $D(X)\leqslant E(X-a)^2$ 且等号成立当且仅当 $a=\mu.$

性质 7 的结果表明, 在方差的定义中选择以 $E(X)$ 为波动的中心, 可以使这种波动达到最小.

例 4.2.9　设随机变量 X 服从二项分布 $b(n,p)$, 求 $D(X)$.

解　根据二项分布的客观背景, X 表示 n 重伯努利试验中事件 A 发生的次数, 其中 $p=P(A)$.

故设

$$X_i = \begin{cases} 1, & \text{第 } i \text{ 次试验 } A \text{ 发生,} \\ 0, & \text{第 } i \text{ 次试验 } A \text{ 不发生,} \end{cases} \quad i = 1,2,\cdots,n.$$

则有

$$X = \sum_{i=1}^{n} X_i.$$

且 $X_1,X_2,\cdots,X_n$ 相互独立同分布, 都服从参数为 p 的 0—1 分布.

所以

$$D(X_i) = p(1-p).$$

由推论 1 得 $D(X) = \sum_{i=1}^{n} D(X_i) = np(1-p).$

例 4.2.10　已知随机变量 $X_1,X_2,\cdots,X_n$ 相互独立, 且每个 X_i 的期望都是 0, 方差都是 1, 令 $Y=X_1+X_2+\cdots+X_n$. 求 $E(Y^2)$.

解　由期望的性质得

$$E(Y) = E\left(\sum_{i=1}^{n} X_i\right) = E(X_1)+E(X_2)+\cdots+E(X_n) = 0.$$

由独立随机变量方差的性质得

$$D(Y) = D\left(\sum_{i=1}^{n} X_i\right) = D(X_1)+D(X_2)+\cdots+D(X_n) = n.$$

因此

$$E(Y^2) = D(Y)+[E(Y)]^2 = n.$$

例 4.2.11　设 $X_i \sim N(\mu_i,\sigma_i^2)$, $i=1,2,\cdots,n$, 且相互独立, $a_i(i=1,2,\cdots,n)$ 为常数, 且不全为 0, 令 $Z = \sum_{i=1}^{n} a_i X_i$, 求 Z 的分布.

解　由第 3 章的相关知识知, 相互独立的正态随机变量的线性组合仍然服从正态分布, 故 Z 服从正态分布. 因为正态分布完全由两个参数决定, 所以只要求出 Z 的期望和方差, 就可以确定 Z 的分布.

由期望和方差的性质

$$E(Z) = E\left(\sum_{i=1}^{n} a_i X_i\right) = \sum_{i=1}^{n} a_i E(X_i) = \sum_{i=1}^{n} a_i \mu_i,$$

$$D(Z) = D\left(\sum_{i=1}^{n} a_i X_i\right) = \sum_{i=1}^{n} a_i^2 D(X_i) = \sum_{i=1}^{n} a_i^2 \sigma_i^2,$$

所以

$$Z \sim N\left(\sum_{i=1}^{n} a_i \mu_i, \sum_{i=1}^{n} a_i^2 \sigma_i^2\right).$$

例 4.2.12 设随机变量 X 和 Y 相互独立，且 $X \sim N(1,2)$，$Y \sim N(0,1)$，试求 $Z = 2X - Y + 3$ 的分布.

解 由例 4.2.11 知，只需求 Z 的期望和方差即可确定 Z 的分布.

又因 $E(X) = 1, D(X) = 2, E(Y) = 0, D(Y) = 1$，且 X 和 Y 独立. 故

$$E(Z) = 2E(X) - E(Y) + 3 = 2 + 3 = 5,$$

$$D(Z) = 4D(X) + D(Y) = 8 + 1 = 9.$$

所以

$$Z \sim N(5, 9).$$

例 4.2.13 设随机变量 X 的方差 $D(X)$ 存在，且 $D(X) > 0$，令

$$X^* = \frac{X - E(X)}{\sqrt{D(X)}},$$

其中 $E(X)$ 是 X 的数学期望，求 $E(X^*)$ 和 $D(X^*)$.

解 $E(X^*) = E\left[\dfrac{X - E(X)}{\sqrt{D(X)}}\right] = \dfrac{1}{\sqrt{D(X)}} E[X - E(X)] = 0$,

$$D(X^*) = D\left[\frac{X - E(X)}{\sqrt{D(X)}}\right] = \frac{1}{D(X)} D[X - E(X)] = \frac{1}{D(X)} D(X) = 1.$$

X^* 称为 X 的标准化随机变量. 显然标准化的随机变量是无量纲的. 引入标准化的随机变量主要是为了消除计量单位的不同而给随机变量带来的影响.

4.3 协方差和相关系数

数学期望和方差是两个重要的数字特征，分别表示单个随机变量的平均值和离散程度；对于多维随机变量，人们自然可以用各个分量的数学期望和方差来表示他们的中心位置和波动性的大小，但是人们除了考虑各个分量自身的特性外，还常常对各个量之间的关系感兴趣. 本节讨论反映两个变量之间关系的数字特征：协方差和相关系数.

▶ 协方差

4.3.1 协方差的定义

回忆 4.2 节性质 4 和性质 5，若随机变量 X 和 Y 的方差 $D(X)$、$D(Y)$ 存在，则有 $D(X \pm Y) = D(X) + D(Y) \pm 2E\{[X - E(X)][Y - E(Y)]\}$，但当 X 和 Y 独立时，有 $D(X \pm Y) = D(X) + D(Y)$. 即：若 X 和 Y 独立，则有 $E\{[X - E(X)][Y - E(Y)]\} = 0$. 从而可以得出结

论：若 $E\{[X-E(X)][Y-E(Y)]\}\neq 0$，则 X 和 Y 不独立，即 X 与 Y 存在某种相依关系．因此我们可以认为 $E\{[X-E(X)][Y-E(Y)]\}$ 可以在一定程度上反应 X 与 Y 之间的某种关系．由此给出如下定义．

> **定义 4.3.1**　设 (X,Y) 为二维随机变量，它的分量的数学期望 $E(X)$ 和 $E(Y)$ 存在，若 $E\{[X-E(X)][Y-E(Y)]\}$ 存在，则称它为 X 与 Y 的协方差，记为 $\mathrm{Cov}(X,Y)$．即
> $$\mathrm{Cov}(X,Y)=E\{[X-E(X)][Y-E(Y)]\}.$$

"协"即"协同"的意思，单个随机变量的方差的定义为 $D(X)=E[X-E(X)]^{2}$，可以看作 $[X-E(X)]$ 与 $[X-E(X)]$ 的乘积的期望，而在协方差的定义中把其中一个 $[X-E(X)]$ 换成了 $[Y-E(Y)]$，其形式与方差的定义形式很接近，而又有 X 和 Y 的参与，所以得到了协方差的名称．

由协方差的定义可知，协方差的计算可以按照二维随机变量 (X,Y) 的函数
$$g(X,Y)=[X-E(X)][Y-E(Y)]$$
的数学期望实现，由定理 4.1.3 可知

（1）若二维离散型随机变量 (X,Y) 的联合分布律为
$$P\{X=x_{i},Y=y_{j}\}=p_{ij}\quad i,j=1,2,\cdots.$$
则 X 与 Y 的协方差为
$$\mathrm{Cov}(X,Y)=\sum_{i=1}^{+\infty}\sum_{j=1}^{+\infty}(x_{i}-E(X))(y_{j}-E(Y))p_{ij}.$$

（2）若二维连续型随机变量 (X,Y) 的联合密度函数为 $f(x,y)$，则 X 与 Y 的协方差为
$$\mathrm{Cov}(X,Y)=\int_{-\infty}^{+\infty}\int_{-\infty}^{+\infty}[x-E(X)][y-E(Y)]f(x,y)\mathrm{d}x\mathrm{d}y.$$

直接按照上述两个公式计算协方差往往比较烦琐，在实际中常常用下面的公式计算两个变量的协方差
$$\mathrm{Cov}(X,Y)=E(XY)-E(X)E(Y).$$

证明
$$\begin{aligned}
\mathrm{Cov}(X,Y)&=E\{[X-E(X)][Y-E(Y)]\}\\
&=E[XY-XE(Y)-YE(X)+E(X)E(Y)]\\
&=E(XY)-E(X)E(Y)-E(Y)E(X)+E(X)E(Y)\\
&=E(XY)-E(X)E(Y).
\end{aligned}$$

注：若 X 与 Y 独立，$\mathrm{Cov}(X,Y)=0$．但反之不一定成立（反例见例 4.3.2）．

例 4.3.1   设随机变量 X 和 Y 的联合概率分布为

X \ Y	-1	0	1
0	0.06	0.18	0.16
1	0.08	0.32	0.20

求 X 和 Y 的协方差.

解   易知 X 与 Y 乘积的期望为

$$E(XY) = 0 \times (-1) \times 0.06 + 0 \times 0 \times 0.18 + 0 \times 1 \times 0.16 + 1 \times$$
$$(-1) \times 0.08 + 1 \times 0 \times 0.32 + 1 \times 1 \times 0.20 = 0.12,$$

另外, X 和 Y 的边缘分布律为

X	0	1
P	0.4	0.6

和

Y	-1	0	1
P	0.14	0.5	0.36

所以

$$E(X) = 0 \times 0.4 + 1 \times 0.6 = 0.6,$$
$$E(Y) = -1 \times 0.14 + 0 \times 0.5 + 1 \times 0.36 = 0.22,$$

于是

$$\mathrm{Cov}(X,Y) = E(XY) - E(X)E(Y) = 0.12 - 0.6 \times 0.22 = -0.012.$$

例 4.3.2   设 (X,Y) 在圆 $D = \{(x,y): x^2 + y^2 \leqslant r^2 (r>0)\}$ 上服从均匀分布, 求 $\mathrm{Cov}(X,Y)$. 并证明 X 与 Y 不独立.

解   易知 (X,Y) 的联合概率密度为

$$f(x,y) = \begin{cases} \dfrac{1}{\pi r^2}, & x^2 + y^2 \leqslant r^2, \\ 0, & x^2 + y^2 > r^2. \end{cases}$$

所以

$$E(X) = \int_{-\infty}^{+\infty} \int_{-\infty}^{+\infty} x f(x,y)\,\mathrm{d}x\mathrm{d}y = \iint_{x^2+y^2 \leqslant r^2} x \cdot \frac{1}{\pi r^2}\mathrm{d}x\mathrm{d}y = 0,$$

$$E(Y) = \int_{-\infty}^{+\infty} \int_{-\infty}^{+\infty} y f(x,y)\,\mathrm{d}x\mathrm{d}y = \iint_{x^2+y^2 \leqslant r^2} y \cdot \frac{1}{\pi r^2}\mathrm{d}x\mathrm{d}y = 0,$$

$$E(XY) = \int_{-\infty}^{+\infty} \int_{-\infty}^{+\infty} xy f(x,y)\,\mathrm{d}x\mathrm{d}y = \iint_{x^2+y^2 \leqslant r^2} xy \cdot \frac{1}{\pi r^2}\mathrm{d}x\mathrm{d}y = 0.$$

于是

$$\mathrm{Cov}(X,Y) = E(XY) - E(X)E(Y) = 0.$$

另外，易求得 X 的边缘密度函数为

$$f_X(x) = \int_{-\infty}^{+\infty} f(x,y)\,\mathrm{d}y = \begin{cases} \iint_{-\sqrt{r^2-x^2}}^{\sqrt{r^2-x^2}} \dfrac{1}{\pi r^2}\mathrm{d}y, & -r \leqslant x \leqslant r, \\ 0, & 其他. \end{cases}$$

$$= \begin{cases} \dfrac{2}{\pi r^2}\sqrt{r^2 - x^2}, & -r \leqslant x \leqslant r, \\ 0, & 其他. \end{cases}$$

同理可得 Y 的边缘密度函数为

$$f_Y(y) = \begin{cases} \dfrac{2}{\pi r^2}\sqrt{r^2 - y^2}, & -r \leqslant y \leqslant r, \\ 0, & 其他. \end{cases}$$

由于在 $f(x,y)$ 的非零区域内

$$f(x,y) \neq f_X(x)f_Y(y),$$

所以 X 与 Y 不独立.

给出协方差的定义后，4.2 节性质 4 就可以表述为

> **定理 4.3.1**　若 X 和 Y 为随机变量，且他们的方差 $D(X)$，$D(Y)$ 存在，则 $X+Y$ 的方差存在，且
> $$D(X+Y) = D(X) + D(Y) + 2\mathrm{Cov}(X,Y)$$

此定理可以推广到 n 个随机变量的情形.

> **推论 1**　若 $X_1, X_2, \cdots, X_n$ 为 $n(n \geqslant 2)$ 个方差存在随机变量，则 $\sum_{i=1}^{n} X_i$ 的方差存在，且
> $$D\left(\sum_{i=1}^{n} X_i\right) = \sum_{i=1}^{n} D(X_i) + 2\sum_{i<j}\sum \mathrm{Cov}(X_i, X_j).$$

例 4.3.3　（配对问题）将 n 只球（编号为 $1 \sim n$ 号）随机放进 n 个盒子（编号为 $1 \sim n$ 号）中去，一个盒子只装一只球. 若一只球装入与球同号的盒子中，称为一个配对. 记 X 为总配对数，求 $E(X)$，$D(X)$.

解　设

$$X_i = \begin{cases} 1, & 第 i 号球放入第 i 号盒子, \\ 0, & 第 i 号球未放入第 i 号盒子, \end{cases} \quad i = 1, 2, \cdots, n,$$

则配对总数

$$X = X_1 + X_2 + \cdots + X_n,$$

且对任意 i 有

$$P\{X_i = 1\} = \frac{1 \times (n-1)!}{n!} = \frac{1}{n}, \; P\{X_i = 0\} = 1 - \frac{1}{n}.$$

所以由 0-1 分布的性质得

$$E(X_i) = \frac{1}{n}, \; D(X_i) = \frac{1}{n}\left(1 - \frac{1}{n}\right) = \frac{n-1}{n^2},$$

于是有

$$E(X) = E(X_1 + X_2 + \cdots + X_n) = E(X_1) + E(X_2) + \cdots + E(X_n) = n \cdot \frac{1}{n} = 1.$$

另外，当 $i \neq j$ 时，

$$P\{X_i X_j = 1\} = P\{X_i = 1, X_j = 1\} = \frac{1 \times (n-2)!}{n!} = \frac{1}{n(n-1)},$$

$$P\{X_i X_j = 0\} = 1 - P\{X_i X_j = 1\} = 1 - \frac{1}{n(n-1)},$$

所以

$$E(X_i X_j) = 1 \times P\{X_i X_j = 1\} = \frac{1}{n(n-1)},$$

从而可得

$$\mathrm{Cov}(X_i, X_j) = E(X_i X_j) - E(X_i)E(X_j)$$
$$= \frac{1}{n(n-1)} - \frac{1}{n} \times \frac{1}{n} = \frac{1}{n^2(n-1)},$$

所以

$$D(X) = D\left(\sum_{i=1}^{n} X_i\right) = \sum_{i=1}^{n} D(X_i) + 2 \sum_{1 \leq i < j \leq n} \mathrm{Cov}(X_i, X_j)$$
$$= \sum_{i=1}^{n} \frac{n-1}{n^2} + 2 \sum_{1 \leq i < j \leq n} \frac{1}{n^2(n-1)}$$
$$= n \frac{n-1}{n^2} + 2C_n^2 \frac{1}{n^2(n-1)} = 1.$$

4.3.2 协方差的性质

协方差具有以下简单的性质：

协方差的性质

性质 1 设随机变量 X 的数学期望 $E(X)$ 存在，a 为常数，则 $\mathrm{Cov}(X, a) = 0$.

性质 2 设随机变量 X 和 Y 的期望 $E(X)$ 和 $E(Y)$ 都存在，则 $\mathrm{Cov}(X, Y) = \mathrm{Cov}(Y, X)$.

性质 3 设随机变量 X 的期望和方差都存在，则 $\mathrm{Cov}(X, X) = D(X)$.

性质 4　设随机变量 X 和 Y 的期望 $E(X)$ 和 $E(Y)$ 都存在，a 和 b 为常数，则 $\mathrm{Cov}(aX,bY)=ab\mathrm{Cov}(X,Y)$.

性质 5　设随机变量 X_1，X_2 和 Y 的期望均存在，则 $\mathrm{Cov}(X_1+X_2,Y)=\mathrm{Cov}(X_1,Y)+\mathrm{Cov}(X_2,Y)$

性质 1～性质 5，可以利用协方差的定义证明，比较简单，请读者自行证明.

性质 6　设随机变量 X 和 Y 的期望和方差都存在，且 $D(X)>0$，$D(Y)>0$，则
$$[\mathrm{Cov}(X,Y)]^2 \leqslant D(X)D(Y),$$
其中等号成立当且仅当 X 与 Y 有严格的线性关系（即存在常数 a 和 b，使得 $P\{Y=aX+b\}=1$ 成立）.

证明　对任意的实数 t，有
$$D(tX+Y)=t^2D(X)+D(Y)+2t\mathrm{Cov}(X,Y),$$
令 $g(t)=t^2D(X)+2\mathrm{Cov}(X,Y)t+D(Y)$ 为关于 t 的二次三项式.

由方差的性质知 $g(t)\geqslant 0$，故判别式小于或等于零，即有
$$\Delta=[2\mathrm{Cov}(X,Y)]^2-4D(X)D(Y)\leqslant 0,$$
即有
$$[\mathrm{Cov}(X,Y)]^2\leqslant D(X)D(Y).$$
若 $[\mathrm{Cov}(X,Y)]^2=D(X)D(Y)$，此时 $t^2D(X)+D(Y)+2\mathrm{Cov}(X,Y)t=0$ 有唯一的根，记为 t_0，即 $g(t_0)=0$.

所以有
$$D(t_0X+Y)=0$$
由 4.2.2 节的性质 6 知，$P\{t_0X+Y=E(t_0X+Y)\}=1$.
即
$$P\{Y=-t_0X+E(t_0X+Y)\}=1.$$

取 $a=-t_0$，$b=E(t_0X+Y)$，有 $P\{Y=aX+b\}=1$ 成立. 反之，若存在常数 a 和 b，使得 $P\{Y=aX+b\}=1$ 成立，则有 $P\{-aX+Y=b\}=1$，由 4.2.2 节的性质 6 知 $D(-aX+Y)=0$，即 $g(-a)=0$，所以有判别式等于 0，即 $\Delta=[2\mathrm{Cov}(X,Y)]^2-4D(X)D(Y)=0$.

所以
$$[\mathrm{Cov}(X,Y)]^2=D(X)D(Y).$$

例 4.3.4 设随机变量 $X_1, X_2, \cdots, X_n (n>1)$ 独立同分布，且它们共同的方差为 $\sigma^2 > 0$，令 $\overline{X} = \dfrac{1}{n} \sum\limits_{i=1}^{n} X_i$，$Y_1 = X_1 - \overline{X}$，$Y_n = X_n - \overline{X}$，求 $D(Y_1)$ 以及 $\mathrm{Cov}(Y_1, Y_n)$.

解 由方差的性质可得

$$D(\overline{X}) = D\left(\frac{1}{n} \sum_{i=1}^{n} X_i\right) = \frac{1}{n^2} \sum_{i=1}^{n} D(X_i) = \frac{1}{n^2} \sum_{i=1}^{n} \sigma^2 = \frac{\sigma^2}{n},$$

又易知

$$
\begin{aligned}
\mathrm{Cov}(X_1, \overline{X}) &= \mathrm{Cov}\left(X_1, \frac{1}{n} \sum_{i=1}^{n} X_i\right) \\
&= \mathrm{Cov}\left(X_1, \frac{1}{n} X_1 + \frac{1}{n} \sum_{i=2}^{n} X_i\right) \\
&= \mathrm{Cov}\left(X_1, \frac{1}{n} X_1\right) + \mathrm{Cov}\left(X_1, \frac{1}{n} \sum_{i=2}^{n} X_i\right) \\
&= \frac{1}{n} \mathrm{Cov}(X_1, X_1) + \frac{1}{n} \sum_{i=2}^{n} \mathrm{Cov}(X_1, X_i) \\
&= \frac{1}{n} D(X_1) + \frac{1}{n} \sum_{i=2}^{n} 0 = \frac{\sigma^2}{n}.
\end{aligned}
$$

同理有

$$\mathrm{Cov}(X_n, \overline{X}) = \frac{\sigma^2}{n}.$$

所以

$$
\begin{aligned}
D(Y_1) &= D(X_1 - \overline{X}) = D(X_1) + D(\overline{X}) - 2\mathrm{Cov}(X_1, \overline{X}) \\
&= \sigma^2 + \frac{\sigma^2}{n} - \frac{2\sigma^2}{n} = \frac{n-1}{n} \sigma^2.
\end{aligned}
$$

由协方差的性质可得

$$
\begin{aligned}
\mathrm{Cov}(Y_1, Y_n) &= \mathrm{Cov}(X_1 - \overline{X}, X_n - \overline{X}) \\
&= \mathrm{Cov}(X_1, X_n) - \mathrm{Cov}(X_1, \overline{X}) - \mathrm{Cov}(X_n, \overline{X}) + \mathrm{Cov}(\overline{X}, \overline{X}) \\
&= 0 - \mathrm{Cov}(X_1, \overline{X}) - \mathrm{Cov}(X_n, \overline{X}) + D(\overline{X}) \\
&= 0 - \frac{\sigma^2}{n} - \frac{\sigma^2}{n} + \frac{\sigma^2}{n} = -\frac{\sigma^2}{n}.
\end{aligned}
$$

协方差表达了 X 和 Y 之间协同变化的关系，但它还受 X 与 Y 本身度量单位的影响. 例如：变量 X 和 Y（单位：m）之间的关系为：$Y/X = a$. 当度量单位变为 cm 时，得到变量 $100X$ 和 $100Y$，其关系仍为 $(100Y)/(100X) = a$，但协方差却发生了变化，即有：

$\mathrm{Cov}(100X,100Y)=100^2\mathrm{Cov}(X,Y).$

为了消除度量单位对协方差的影响，把 X、Y 标准化后再求协方差. 即有

$$\mathrm{Cov}(X^*,Y^*)=\mathrm{Cov}\left[\frac{X-E(X)}{\sqrt{D(X)}},\frac{Y-E(Y)}{\sqrt{D(Y)}}\right]$$

$$=\frac{\mathrm{Cov}[X-E(X),Y-E(Y)]}{\sqrt{D(X)}\sqrt{D(Y)}}$$

$$=\frac{\mathrm{Cov}(X,Y)-\mathrm{Cov}[X,E(Y)]-\mathrm{Cov}[E(X),Y]+\mathrm{Cov}[E(X),E(Y)]}{\sqrt{D(X)}\sqrt{D(Y)}}$$

$$=\frac{\mathrm{Cov}(X,Y)}{\sqrt{D(X)}\sqrt{D(Y)}}.$$

这就是下面的相关系数的概念.

4.3.3　相关系数

定义 4.3.2　设随机变量 X 和 Y 的方差存在，且 $D(X)>0$，$D(Y)>0$，称

$$\rho_{XY}=\frac{\mathrm{Cov}(X,Y)}{\sqrt{D(X)}\sqrt{D(Y)}}$$

▶ 相关系数 1

为随机变量 X 和 Y 的相关系数，记为 ρ_{XY}，在不致引起混淆时，简记为 ρ.

注意：ρ_{XY} 是一个无量纲的量.

定义 4.3.3　若随机变量 X 与 Y 的相关系数 $\rho_{XY}=0$，则称 X 和 Y 不相关；若 $\rho_{XY}>0$，则称 X 和 Y 正相关；若 $\rho_{XY}<0$，则称 X 和 Y 负相关.

例 4.3.5　设 (X,Y) 在圆域 $D=\{(x,y):x^2+y^2\leqslant r^2(r>0)\}$ 上服从均匀分布，判断 X 和 Y 是否相关.

解　由例 4.3.2 知，$\mathrm{Cov}(X,Y)=0$. 所以 $\rho_{XY}=0$，故 X 和 Y 不相关.

例 4.3.6　设二维随机变量 (X,Y) 服从二维正态分布 $N(\mu_1,\sigma_1^2,\mu_2,\sigma_2^2,\rho)$，求 X 与 Y 的相关系数 ρ_{XY}.

解　易知 (X,Y) 的联合概率密度函数为

$$f(x,y)=\frac{1}{2\pi\sigma_1\sigma_2}\mathrm{e}^{-\frac{1}{2(1-\rho^2)}\left[\frac{(x-\mu_1)^2}{\sigma_1^2}-2\rho\frac{(x-\mu_1)(y-\mu_2)}{\sigma_1\sigma_2}+\frac{(y-\mu_2)^2}{\sigma_2^2}\right]},$$

由第三章知

$$X \sim N(\mu_1, \sigma_1^2), Y \sim N(\mu_2, \sigma_2^2),$$

所以

$$E(X) = \mu_1, \ D(X) = \sigma_1^2, \ E(Y) = \mu_2, \ D(Y) = \sigma_2^2,$$

且有

$$\mathrm{Cov}(X, Y) = E\{[X - E(X)][Y - E(Y)]\}$$

$$= \int_{-\infty}^{+\infty} \int_{-\infty}^{+\infty} (x - \mu_1)(y - \mu_2) f(x, y) \mathrm{d}x \mathrm{d}y$$

$$= \frac{1}{2\pi \sigma_1 \sigma_2 \sqrt{1 - \rho^2}} \int_{-\infty}^{+\infty} \int_{-\infty}^{+\infty} (x - \mu_1)(y - \mu_2)$$

$$\mathrm{e}^{-\frac{1}{2(1-\rho^2)} \left[\frac{(x-\mu_1)^2}{\sigma_1^2} - 2\rho \frac{(x-\mu_1)(y-\mu_2)}{\sigma_1 \sigma_2} + \frac{(y-\mu_2)^2}{\sigma_2^2} \right]} \mathrm{d}x \mathrm{d}y$$

$$\left(\diamondsuit u = \frac{x - \mu_1}{\sigma_1}, v = \frac{y - \mu_2}{\sigma_2} \right)$$

$$= \frac{\sigma_1 \sigma_2}{2\pi \sqrt{1 - \rho^2}} \int_{-\infty}^{+\infty} \int_{-\infty}^{+\infty} uv \mathrm{e}^{-\frac{1}{2(1-\rho^2)}(u^2 - 2\rho uv + v^2)} \mathrm{d}u \mathrm{d}v$$

$$= \sigma_1 \sigma_2 \int_{-\infty}^{+\infty} v \frac{1}{\sqrt{2\pi}} \mathrm{e}^{-\frac{v^2}{2}} \mathrm{d}v \int_{-\infty}^{+\infty} u \frac{1}{\sqrt{2\pi}\sqrt{1 - \rho^2}} \mathrm{e}^{-\frac{(u-\rho v)^2}{2(1-\rho^2)}} \mathrm{d}u$$

$$= \sigma_1 \sigma_2 \int_{-\infty}^{+\infty} \rho v^2 \frac{1}{\sqrt{2\pi}} \mathrm{e}^{-\frac{v^2}{2}} \mathrm{d}v$$

$$= \rho \sigma_1 \sigma_2 \int_{-\infty}^{+\infty} v^2 \frac{1}{\sqrt{2\pi}} \mathrm{e}^{-\frac{v^2}{2}} \mathrm{d}v$$

$$= \rho \sigma_1 \sigma_2.$$

其中 $\int_{-\infty}^{+\infty} u \frac{1}{\sqrt{2\pi}\sqrt{1 - \rho^2}} \mathrm{e}^{-\frac{(u-\rho v)^2}{2(1-\rho^2)}} \mathrm{d}u = \rho v$，利用了正态分布 $N(\rho v,$

$(1 - \rho^2))$ 的期望为 ρv 的性质；$\int_{-\infty}^{+\infty} v^2 \frac{1}{\sqrt{2\pi}} \mathrm{e}^{-\frac{v^2}{2}} \mathrm{d}v = 1$，利用标准正态

分布 $N(0, 1)$ 的平方的期望等于方差加期望的平方的性质.

所以

$$\rho_{XY} = \frac{\mathrm{Cov}(X, Y)}{\sqrt{D(X)} \sqrt{D(Y)}} = \frac{\rho \sigma_1 \sigma_2}{\sqrt{\sigma_1^2} \sqrt{\sigma_2^2}} = \rho.$$

说明二维正态分布的第 5 个参数 ρ 为 X 和 Y 的相关系数.

例 4.3.7 设二维随机变量 (X, Y) 服从二维正态分布 $N(1, 4, 1,$
$4, 0.5)$，令 $Z = X + Y$，求 ρ_{XZ}.

解 由二维正态分布的性质有

$$E(X) = E(Y) = 1, \ D(X) = D(Y) = 4, \ \rho_{XY} = 0.5,$$

所以

$$\mathrm{Cov}(X,Y)=\rho_{XY}\sqrt{D(X)}\sqrt{D(Y)}=0.5\times\sqrt{4}\times\sqrt{4}=2,$$

于是

$$\mathrm{Cov}(X,Z)=\mathrm{Cov}(X,X+Y)=\mathrm{Cov}(X,X)+\mathrm{Cov}(X,Y)$$

$$=D(X)+\mathrm{Cov}(X,Y)=4+2=6,$$

$$D(Z)=D(X+Y)=D(X)+D(Y)+2\mathrm{Cov}(X,Y)=4+4+2\times2=12,$$

所以

$$\rho_{XZ}=\frac{\mathrm{Cov}(X,Z)}{\sqrt{D(X)}\sqrt{D(Z)}}=\frac{6}{2\sqrt{12}}=\frac{\sqrt{3}}{2}.$$

定理 4.3.2　设随机变量 X 和 Y 的相关系数 ρ_{XY} 存在，则有

（1）若 X 与 Y 相互独立，则 $\rho_{XY}=0$，但反之不一定成立.

（2）$|\rho_{XY}|\leqslant1$，其中等号成立当且仅当 X 与 Y 有严格的线性关系（即存在常数 a，b，使得 $P\{Y=aX+b\}=1$ 成立）

▶ 相关系数 2

证明　（1）因为 X 与 Y 独立，所以 $E(XY)=E(X)\cdot E(Y)$，于是 $\mathrm{Cov}(X,Y)=0$，所以 $\rho_{XY}=0$. 例 4.3.5 表明 $\rho_{XY}=0$，但 X 与 Y 不独立.

（2）由协方差的性质 6，$[\mathrm{Cov}(X,Y)]^2\leqslant D(X)D(Y)$，即有

$$\rho_{XY}^2=\frac{[\mathrm{Cov}(X,Y)]^2}{D(X)\cdot D(Y)}\leqslant1,$$

所以

$$|\rho_{XY}|\leqslant1.$$

易知　当且仅当 $|\rho_{XY}|=1$ 时，$[\mathrm{Cov}(X,Y)]^2=D(X)D(Y)$.

故由协方差的性质 6 知　$|\rho_{XY}|=1$ 当且仅当 X 与 Y 有严格的线性关系（即存在常数 a，b，使得 $P\{Y=aX+b\}=1$ 成立）.

由此可以看出，相关系数和协方差反映的不是 X 与 Y 之间"一般"的关系，而是反映二者之间的线性关系的密切程度.

定义 4.3.4　当随机变量 X 和 Y 的相关系数 $|\rho_{XY}|=1$ 时，称 X 和 Y 完全相关，而当 $\rho_{XY}=1$ 时，称 X 与 Y 完全正相关，当 $\rho_{XY}=-1$ 时，称 X 与 Y 完全负相关.

例 4.3.8　设随机变量 Θ 服从均匀分布 $U(0,2\pi)$，$X=\cos\Theta$，$Y=\cos(\Theta+\alpha)$，这里 α 是常数，求 X 和 Y 的相关系数.

解　易知 Θ 的密度函数为

$$f_\Theta(\theta)=\begin{cases}\dfrac{1}{2\pi}, & 0<\theta<2\pi,\\[2mm]0 & 其他.\end{cases}$$

所以

$$E(X) = \int_{-\infty}^{+\infty} \cos\theta f_\Theta(\theta)\,\mathrm{d}\theta = \int_0^{2\pi} \cos\theta \frac{1}{2\pi}\mathrm{d}\theta = \frac{1}{2\pi}\int_0^{2\pi}\cos\theta\mathrm{d}\theta = 0,$$

$$E(Y) = \int_{-\infty}^{+\infty}\cos(\theta + \alpha)f_\Theta(\theta)\,\mathrm{d}\theta$$

$$= \int_0^{2\pi}\cos(\theta + \alpha)\frac{1}{2\pi}\mathrm{d}\theta$$

$$= \frac{1}{2\pi}\int_0^{2\pi}\cos(\theta + \alpha)\,\mathrm{d}\theta = 0$$

$$E(XY) = E[\cos(\Theta)\cos(\Theta + \alpha)]$$

$$= \int_{-\infty}^{+\infty}\cos(\theta)\cos(\theta + \alpha)f_\Theta(\theta)\,\mathrm{d}\theta$$

$$= \int_0^{2\pi}\cos(\theta)\cos(\theta + \alpha)\frac{1}{2\pi}\mathrm{d}\theta$$

$$= \frac{1}{2\pi}\int_0^{2\pi}\frac{1}{2}[\cos(\theta + \alpha - \theta) + \cos(\theta + \alpha + \theta)]\mathrm{d}\theta$$

$$= \frac{1}{4\pi}\int_0^{2\pi}[\cos(\alpha) + \cos(2\theta + \alpha)]\mathrm{d}\theta$$

$$= \frac{1}{4\pi}\left[\int_0^{2\pi}\cos(\alpha)\mathrm{d}\theta + \int_0^{2\pi}\cos(2\theta + \alpha)\mathrm{d}\theta\right]$$

$$= \frac{1}{4\pi}\left[2\pi\cos(\alpha) + \frac{1}{2}\sin(2\theta + \alpha)\,\Big|_0^{2\pi}\right]$$

$$= \frac{1}{2}\cos\alpha.$$

于是

$$\mathrm{Cov}(X, Y) = E(XY) - E(X)E(Y) = \frac{1}{2}\cos\alpha.$$

另外

$$E(X^2) = \int_{-\infty}^{+\infty}\cos^2\theta f_\Theta(\theta)\,\mathrm{d}\theta = \int_0^{2\pi}\cos^2\theta\frac{1}{2\pi}\mathrm{d}\theta$$

$$= \frac{1}{2\pi}\int_0^{2\pi}\frac{1}{2}[1 + \cos(2\theta)]\mathrm{d}\theta$$

$$= \frac{1}{4\pi}\left[\int_0^{2\pi}1\mathrm{d}\theta + \int_0^{2\pi}\cos(2\theta)\mathrm{d}\theta\right]$$

$$= \frac{1}{4\pi}\left[2\pi + \frac{1}{2}\int_0^{2\pi}\cos(2\theta)\mathrm{d}(2\theta)\right]$$

$$= \frac{1}{4\pi}\left[2\pi + \frac{1}{2}(-\sin(2\theta))\,\Big|_0^{2\pi}\right] = \frac{1}{2}$$

$$
\begin{aligned}
E(Y^2) &= \int_{-\infty}^{+\infty} \cos^2(\theta + \alpha) f_{\Theta}(\theta) \,\mathrm{d}\theta \\
&= \int_0^{2\pi} \cos^2(\theta + \alpha) \cdot \frac{1}{2\pi} \mathrm{d}\theta \\
&= \frac{1}{2\pi} \int_0^{2\pi} \frac{1}{2} \big[1 + \cos(2(\theta + \alpha)) \big] \mathrm{d}\theta \\
&= \frac{1}{4\pi} \Big[\int_0^{2\pi} 1 \mathrm{d}\theta + \frac{1}{2} \int_0^{2\pi} \cos(2(\theta + \alpha)) \mathrm{d}(2(\theta + \alpha)) \Big] \\
&= \frac{1}{4\pi} \Big[2\pi + \frac{1}{2} \sin(2(\theta + \alpha)) \Big|_0^{2\pi} \Big] = \frac{1}{2}.
\end{aligned}
$$

所以

$$
D(X) = E(X^2) - [EX]^2 = \frac{1}{2}, \quad DY = E(Y^2) - [E(Y)]^2 = \frac{1}{2}.
$$

于是

$$
\rho = \frac{\mathrm{Cov}(X, Y)}{\sqrt{D(X)D(Y)}} = \cos\alpha.
$$

当 $\alpha = 0$ 时，$\rho = 1$，$X = Y$；当 $\alpha = \pi$ 时，$\rho = -1$，$X = -Y$，此时 X 与 Y 完全线性相关. 当 $\alpha = \pi/2$ 或 $\alpha = 3\pi/2$ 时，$\rho = 0$，X 与 Y 不相关. 但由三角函数的关系知，此时有 $X^2 + Y^2 = \cos^2\Theta + \sin^2\Theta = 1$.

我们还可以从最小二乘法的角度来进一步加深理解相关系数的含义. 对于随机变量 X 和 Y，考虑以 X 的线性函数 $a + bX$ 来近似 Y，那么当 a 和 b 取什么值时，近似的效果最好呢？这种近似程度可以用最小二乘的观点来衡量，即近似的误差为

$$
e = E[Y - (a + bX)]^2.
$$

使得误差 e 最小的 a，b 的值，达到最佳近似效果.

易知

$$
e = E(Y^2) + b^2 E(X^2) + a^2 - 2bE(XY) + 2abE(X) - 2aE(Y).
$$

将 e 分别关于 a，b 求偏导数，令其等于 0，得

$$
\begin{cases}
\dfrac{\partial e}{\partial a} = 2a + 2bE(X) - 2E(Y) = 0, \\[2mm]
\dfrac{\partial e}{\partial b} = 2bE(X^2) - 2E(XY) + 2aE(X) = 0.
\end{cases}
$$

解得

$$
a_0 = E(Y) - E(X) \frac{\mathrm{Cov}(X, Y)}{D(X)}, \quad b_0 = \frac{\mathrm{Cov}(X, Y)}{D(X)}.
$$

将 a_0，b_0 代入 e，用 $a_0 + b_0 X$ 来近似 Y，最小误差为

$$
\min_{a,b} e = E\{[Y - (a_0 + b_0 X)]^2\} = (1 - \rho_{XY}^2) D(Y).
$$

由上式可以看出，当 $|\rho_{XY}| = 1$ 时，误差为 0，从而有 $P\{Y = a_0 + b_0 X\} = 1$，而当 $|\rho_{XY}|$ 越接近 1 时，误差越小，说明用 $a_0 + b_0 X$ 近似 Y 的效果越好，即 X 与 Y 的线性关系越强，反之，说明 X 与 Y 的线性关系越弱.

因此，相关系数 $|\rho_{XY}|$ 刻画了 X 和 Y 的线性相关的程度. 若 $|\rho_{XY}|$ 越接近于 1，说明 X 与 Y 之间越近似有线性关系，即：X 与 Y 的线性相关的程度越高；若 $|\rho_{XY}|$ 越接近于 0，说明 X 与 Y 之间越不能有线性关系，即 X 与 Y 的线性相关的程度越弱；若 $|\rho_{XY}| = 1$，则 $e = 0$，说明 Y 与 X 之间以概率 1 有严格的线性关系；若 $\rho_{XY} = 0$，说明 X 与 Y 之间没有线性关系，此时 X 与 Y 之间的关系较复杂，可能相互独立，可能在平面上的某个区域内服从均匀分布，也可能有其他某种非线性的函数关系.

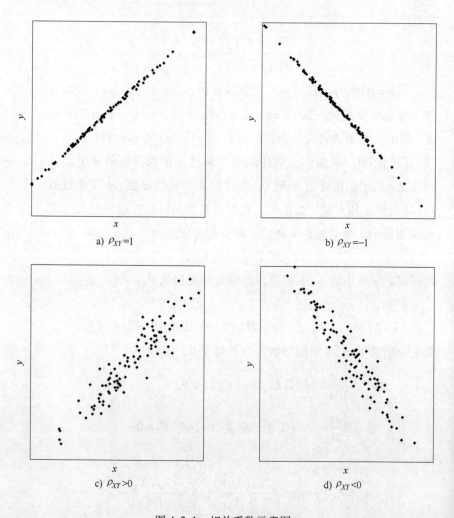

图 4.3.1　相关系数示意图

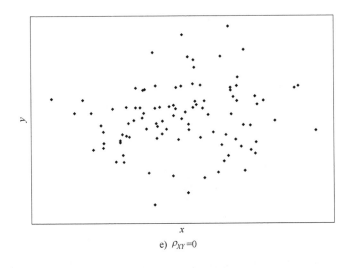

e) $\rho_{XY}=0$

图 4.3.1　相关系数示意图(续)

　　矩在后续的数理统计的学习中起着至关重要的作用. 下面给出它的概念, 并不加证明地给出一些说明和结论.

> **定义 4.3.5**　设 X 和 Y 是随机变量, 若 $E(X^k)$, $k=1,2,\cdots$ 存在, 称它为 X 的 k 阶原点矩, 简称 k 阶矩.
>
> 　　若 $E[X-E(X)]^k, k=2,3,\cdots$ 存在, 称它为 X 的 k 阶中心矩;
>
> 　　若 $E(X^k Y^l), k,l=1,2,\cdots$ 存在, 称它为 X 和 Y 的 $k+l$ 阶混合矩;
>
> 　　若 $E\{[X-E(X)]^k[Y-E(Y)]^l\}, k,l=1,2,\cdots$ 存在, 称它为 X 和 Y 的 $k+l$ 阶混合中心矩.

　　易知期望 $E(X)$ 为 X 的一阶原点矩, 方差 $D(X)$ 为二阶中心矩, 而协方差 $\mathrm{Cov}(X,Y)$ 是 X 与 Y 的二阶混合中心矩.

　　注意: (1) 以上数字特征都是随机变量函数的数学期望;

　　(2) 若 $E(X^k)$ 存在, 则对小于 k 的一切非负整数 l, $E(X^l)$ 存在;

　　(3) 原点矩与中心矩可以相互表示; 例如: $D(X)=E(X^2)-[E(X)]^2$, 即二阶中心矩可以用一阶原点矩和二阶原点矩表示;

例 4.3.9　设 X 服从 $N(0,1)$ 分布, 求 $E(X^n)$.

　　解　X 的密度函数为

$$f(x) = \frac{1}{\sqrt{2\pi}} e^{-\frac{x^2}{2}},$$

所以对任意 $m \geqslant 1$，有

$$E(X^{2m-1}) = \int_{-\infty}^{+\infty} x^{2m-1} f(x) \, \mathrm{d}x = \int_{-\infty}^{+\infty} x^{2m-1} \frac{1}{\sqrt{2\pi}} e^{-\frac{x^2}{2}} \mathrm{d}x = 0$$

$$
\begin{aligned}
E(X^{2m}) &= \int_{-\infty}^{+\infty} x^{2m} f(x) \, \mathrm{d}x \\
&= \int_{-\infty}^{+\infty} x^{2m} \frac{1}{\sqrt{2\pi}} e^{-\frac{x^2}{2}} \mathrm{d}x \\
&= -\int_{-\infty}^{+\infty} x^{2m-1} \frac{1}{\sqrt{2\pi}} \mathrm{d}e^{-\frac{x^2}{2}} \\
&= -\frac{1}{\sqrt{2\pi}} x^{2m-1} e^{-\frac{x^2}{2}} \Big|_{-\infty}^{+\infty} + (2m-1) \int_{-\infty}^{+\infty} \frac{x^{2(m-1)}}{\sqrt{2\pi}} e^{-\frac{x^2}{2}} \mathrm{d}x \\
&= (2m-1) \int_{-\infty}^{+\infty} x^{2(m-1)} f(x) \, \mathrm{d}x \\
&= (2m-1) E(X^{2(m-1)}) = \cdots \\
&= E(X^0) \prod_{k=1}^{m} (2k-1) = (2m-1)!!.
\end{aligned}
$$

所以

$$E(X^n) = \begin{cases} (n-1)!!, & n \text{ 为偶数}, \\ 0, & n \text{ 为奇数}. \end{cases}$$

特别地

$$E(X^4) = (4-1)!! = 3 \times 1 = 3.$$

*4.4 多维随机变量的数字特征

本节将期望和方差的概念推广到多维随机变量的情形，并将给出多维正态分布的定义和相关结论.

4.4.1 多维随机变量的期望和协方差矩阵

定义 4.4.1 设 n 维随机变量 $X = (X_1, X_2, \cdots, X_n)^{\mathrm{T}}$（$T$ 表示转置，即 X 为一列向量），若每一分量的数学期望都存在，则称

$$E(X) = (EX_1, EX_2, \cdots, EX_n)^{\mathrm{T}},$$

为 n 维随机变量 X 的数学期望. 也就是说 n 维随机变量 X 的数学期望就是它的每个分量的数学期望组成的向量.

定义 4.4.2　设 n 维随机变量 $\boldsymbol{X}=(X_1,X_2,\cdots,X_n)^{\mathrm{T}}$，若每一个分量的方差以及任意两个量的协方差都存在，则称 $\mathrm{Cov}(\boldsymbol{X})=E\{[\boldsymbol{X}-E(\boldsymbol{X})][\boldsymbol{X}-E(\boldsymbol{X})]^{\mathrm{T}}\}$

$$=\begin{pmatrix} D(X_1) & \mathrm{Cov}(X_1,X_2) & \cdots & \mathrm{Cov}(X_1,X_n) \\ \mathrm{Cov}(X_2,X_1) & DX_2 & \cdots & \mathrm{Cov}(X_2,X_n) \\ \vdots & \vdots & & \vdots \\ \mathrm{Cov}(X_n,X_1) & \mathrm{Cov}(X_n,X_2) & \cdots & D(X_n) \end{pmatrix}$$

为 n 维随机变量 $\boldsymbol{X}$ 的协方差矩阵.

若记 $c_{ij}=\mathrm{Cov}(X_i,X_j)=E\{[X_i-E(X_i)][X_j-E(X_j)]\},i,j=1,2,\cdots,n$，则协方差矩阵可以表示为

$$\mathrm{Cov}(\boldsymbol{X})=(c_{ij})_n.$$

定理 4.4.1　协方差矩阵为对称的非负定矩阵.

证明　略，见参考文献[4].

例 4.4.1　若二维随机变量 (X,Y) 服从二维正态分布 $N(\mu_1,\sigma_1^2,\mu_2,\sigma_2^2,\rho)$，求随机向量 $(X,Y)^{\mathrm{T}}$ 的数学期望和协方差矩阵.

解　由二维正态分布的性质知

$$E(X)=\mu_1,\ E(Y)=\mu_2,\ D(X)=\sigma_1^2,\ D(Y)=\sigma_2^2,\ \rho_{XY}=\rho,$$

且

$$c_{11}=D(X)=\sigma_1^2,\ c_{22}=D(Y)=\sigma_2^2,$$

$$c_{12}=c_{21}=E\{[X-E(X)][Y-E(Y)]\}$$

$$=\mathrm{Cov}(X,Y)=\rho_{XY}\sqrt{D(X)}\sqrt{D(Y)}=\rho\sigma_1\sigma_2,$$

所以 $(X,Y)^{\mathrm{T}}$ 的期望和协方差矩阵分别为

$$E\begin{pmatrix} X \\ Y \end{pmatrix}=\begin{pmatrix} E(X) \\ E(Y) \end{pmatrix}=\begin{pmatrix} \mu_1 \\ \mu_2 \end{pmatrix},$$

$$\mathrm{Cov}\begin{pmatrix} X \\ Y \end{pmatrix}=\begin{pmatrix} \sigma_1^2 & \rho\sigma_1\sigma_2 \\ \rho\sigma_1\sigma_2 & \sigma_2^2 \end{pmatrix}.$$

4.4.2　多维正态随机变量

一维正态分布在数理统计的理论和实际应用中都起着非常重要的作用，而多维正态分布在多元统计分析中也起着非常重要的作用，下面给出其定义和几个重要的性质.

定义 4.4.3　设 n 维随机变量 $\boldsymbol{X}=(X_1,X_2,\cdots,X_n)^{\mathrm{T}}$，若每一个分量的方差都存在，记它的数学期望为 $\boldsymbol{a}=E\boldsymbol{X}=(E(X_1),E(X_2),\cdots,E(X_n))^{\mathrm{T}}$，协方差矩阵为 $\boldsymbol{B}=\mathrm{Cov}(X)$，若 $\boldsymbol{X}$ 的联合密度函数为

$$f(x)=f(x_1,x_2,\cdots x_n)$$
$$=\frac{1}{(2\pi)^{n/2}|\boldsymbol{B}|^{1/2}}\exp\left\{-\frac{1}{2}(x-a)^{\mathrm{T}}B^{-1}(x-a)\right\},$$

其中 $x=(x_1,x_2,\cdots x_n)^{\mathrm{T}}$，$|\boldsymbol{B}|$ 表示 $\boldsymbol{B}$ 的行列式，$\boldsymbol{B}^{-1}$ 表示 $\boldsymbol{B}$ 的逆矩阵. 则称 $\boldsymbol{X}$ 服从 n 维正态分布，记为 $\boldsymbol{X}\sim N(\boldsymbol{a},\boldsymbol{B})$.

特别地，当 $n=2$ 时，即 (X_1,X_2) 服从二维正态分布 $N(\mu_1,\sigma_1^2,\mu_2,\sigma_2^2,\rho)$ 时，由例 4.4.1 知，$\boldsymbol{a}=\begin{pmatrix}\mu_1\\\mu_2\end{pmatrix}$，$\boldsymbol{B}=\begin{pmatrix}\sigma_1^2&\rho\sigma_1\sigma_2\\\rho\sigma_1\sigma_2&\sigma_2^2\end{pmatrix}$.

若记 $\boldsymbol{x}=\begin{pmatrix}x_1\\x_2\end{pmatrix}$，则二元正态分布的密度函数可以表示为

$$f(\boldsymbol{x})=f(x_1,x_2)=\frac{1}{2\pi|\boldsymbol{B}|^{1/2}}\exp\left\{-\frac{1}{2}(\boldsymbol{x}-\boldsymbol{a})^{\mathrm{T}}\boldsymbol{B}^{-1}(\boldsymbol{x}-\boldsymbol{a})\right\}.$$

n 维正态分布有很多良好的性质，下面不加证明地给出 4 个重要的性质.

性质 1　设 n 维随机变量 $(X_1,X_2,\cdots,X_n)^{\mathrm{T}}$ 服从 n 维正态分布，则每一个分量 $X_i,i=1,2,\cdots,n$ 都是正态变量；反之，若 $X_1,X_2,\cdots,X_n$ 都是正态变量，且相互独立，则 $(X_1,X_2,\cdots,X_n)^{\mathrm{T}}$ 是 n 维正态变量.

中国创造：散裂中子源

性质 2　n 维随机变量 $(X_1,X_2,\cdots,X_n)^{\mathrm{T}}$ 服从 n 维正态分布的充分必要条件是 $X_1,X_2,\cdots,X_n$ 的任意线性组合 $l_1X_1+l_2X_2+\cdots+l_nX_n$（$l_1,l_2,\cdots,l_n$ 不全为零）服从一维正态分布.

性质 3　若 n 维随机变量 $(X_1,X_2,\cdots,X_n)^{\mathrm{T}}$ 服从 n 维正态分布，设 $Y_1,Y_2,\cdots,Y_k$ 都是 $(X_1,X_2,\cdots,X_n)$ 的线性函数，则 $(Y_1,Y_2,\cdots,Y_k)$ 服从 k 维正态分布. 一般称此性质为正态变量的线性变换不变性.

性质 4　设 n 维随机变量 $(X_1,X_2,\cdots,X_n)^{\mathrm{T}}$ 服从 n 维正态分布，则 $X_1,X_2,\cdots,X_n$ 相互独立与 $X_1,X_2,\cdots,X_n$ 两两不相关等价.

习题 4

1. 已知离散型随机变量 X 的分布律为

X	-2	0	1	2
P	0.2	0.3	0.1	0.4

求（1）$E(X)$；（2）$E(2X+4)$；（3）$D(X)$.

2. 现有 10 张奖券，其中 8 张为 2 元，2 张为 5 元，今从中随机不放回地抽取 3 张，设所得奖金数额为随机变量 X，求 X 的数学期望 $E(X)$.

3. 从学校乘汽车到火车站的途中有 3 个交通岗，假设在各个交通岗遇到红灯的事件是相互独立的，并且概率都是 2/5，设 X 为途中遇到红灯的次数，求随机变量 X 的数学期望 $E(X)$.

4. 箱子中有 6 个白球，4 个黑球，2 个黄球，从中任取 2 个球，每取到一个黑球可得 2 元，每取到一个黄球输掉 1 元，取到白球不输也不赢，用 X 表示得到的钱数，求 $E(X)$.

5. 在生产过程中，出现次品的概率为 0.1，检验员定时进行检验. 检验方法为：从产品中任取 5 件，如至少有 2 件是次品，就停止生产而去检修设备，各次检验工作是相互独立的，设检验 8 次，若根据检验结果有 X 次需要停止生产，求 $E(X)$.

6. 若离散型随机变量 X 的分布律为 $P\{X=(-1)^n \cdot 2^n\}=\dfrac{1}{2^n}(n=1,2,\cdots)$，试说明 X 的数学期望不存在.

7. 设随机变量 X 的密度函数为

$$f(x)=\begin{cases}1+x, & -1<x<0, \\ 1-x, & 0\leqslant x\leqslant 1, \\ 0, & \text{其他}.\end{cases}$$

求（1）$E(X)$；（2）$D(X)$.

8. 设随机变量 X 的密度函数为

$$f(x)=\begin{cases}Ax+\dfrac{1}{3}, & 0<x<2, \\ 0, & \text{其他}.\end{cases}$$

其中 A 为常数.（1）确定常数 A 的值；（2）求 $E(X)$.

9. 设随机变量 X 的密度函数为

$$f(x)=\frac{1}{2}e^{-|x|}, \quad -\infty<x<+\infty,$$

求 $E(X)$，$D(X)$.

10. 设随机变量 X 的分布函数为

$$F(x)=\begin{cases}\dfrac{1}{2}e^x, & x<0 \\[2mm] \dfrac{1}{2}, & 0\leqslant x<1, \\[2mm] 1-\dfrac{1}{2}e^{-(x-1)/2}, & x\geqslant 1.\end{cases}$$

求（1）$E(X)$，（2）$D(X)$.

11. 设随机变量 X 的概率密度函数为

$$f(x)=\begin{cases}ax^2+b, & 0<x<1, \\ 0, & \text{其他}.\end{cases}$$

且 $E(X)=\dfrac{7}{12}$. 试求（1）常数 a、b 的值；

（2）$P\left\{-1<X<\dfrac{1}{2}\right\}$.

12. 设随机变量 X 的密度函数为

$$f(x)=\begin{cases}2^{-x}\ln 2, & x>0, \\ 0, & x\leqslant 0.\end{cases}$$

对 X 进行独立重复观测，直到第 2 个大于 3 的观测值出现时停止观测，记 Y 为观测次数. 求 $E(Y)$.

13. 设随机变量 X 服从均匀分布 $U(-1,2)$，随机变量

$$Y=\begin{cases}1, & X>0, \\ 0, & X=0, \\ -1, & X<0,\end{cases}$$

求 $E(Y)$，$D(Y)$.

14. 设随机变量 X 的密度函数为 $f(x)=\dfrac{1}{\sqrt{\pi}}e^{-x^2}$，$-\infty<x<+\infty$，求（1）$E(X)$，（2）$D(X)$.

15. 设随机变量 X 的概率密度为

$$f(x)=\begin{cases}be^{-5x}, & x>0, \\ 0, & \text{其他}.\end{cases}$$

其中 $b>0$ 为未知常数，求常数 b 的值以及 $E(X^2)$.

16. 设 X 表示 10 次独立重复射击中命中目标的次数，每次射击命中目标的概率为 0.4，求 $E(X^2)$.

17. 设随机变量 X 的分布函数为

$$F(x)=0.3\Phi(x)+0.7\Phi\left(\frac{x-1}{2}\right),$$

其中 $\Phi(\cdot)$ 为标准正态分布的分布函数,求
(1) $E(X)$;(2) $D(X)$.

18. 已知随机变量 X 的密度函数为

$$f_X(x) = \begin{cases} \dfrac{4}{81}x^3, & 0 < x < 3, \\ 0, & 其他. \end{cases}$$

令 $Z = \dfrac{1}{X^2}$,求 $E(Z)$.

19. 假设由自动化流水线加工的某种零件的内径(单位:mm)$X \sim N(\mu, 1)$. 已知销售每个零件的利润 T(单位:元)与销售零件的内径 X 有如下关系,

$$T = \begin{cases} -1, & X < 10, \\ 20, & 10 \leqslant X \leqslant 12, \\ -5, & X > 12. \end{cases}$$

问零件内径的平均直径 μ 为何值时,销售一个零件的平均利润最大?

20. 设随机变量 X 的密度函数为

$$f(x) = \frac{1}{\pi(1+x^2)}, \quad -\infty < x < +\infty,$$

令 $Y = \min\{|X|, 1\}$,求 $E(Y)$,$D(Y)$.

21. 设随机变量 X 和 Y 相互独立,且 X 的分布律为

X	0	10
P	0.6	0.4

Y 的密度函数为

$$f(y) = \frac{1}{2}e^{-|y|}, \quad -\infty < y < +\infty,$$

求 $E(XY^2 - 2X^2Y + 1)$.

22. 设随机变量 $X \sim N(0,1)$,求 $E(Xe^{2X})$.

23. 设随机变量 X 服从对数正态分布,即 $\ln X \sim N(\mu, \sigma^2)$,求 $E(X)$,$D(X)$.

24. 设随机变量 $X_1, X_2, \cdots, X_n$ 相互独立,且都服从均匀分布 $U(0,1)$,令 $U = \max\{X_1, X_2, \cdots, X_n\}$,$V = \min\{X_1, X_2, \cdots, X_n\}$,求(1) $E(U)$,$E(V)$;(2) $D(U)$,$D(V)$.

25. 设 X 服从均匀分布 $U\left(-\dfrac{1}{2}, \dfrac{1}{2}\right)$,令 $Y = \begin{cases} \ln X, & X > 0, \\ 0, & X \leqslant 0, \end{cases}$ 求 $E(Y)$,$D(Y)$.

26. 设二维离散型随机变量 (X, Y) 的联合分布律为

Y＼X	1	2	3
-1	0.2	0.1	0
0	0.1	0	0.3
1	0.1	0.1	0.1

求(1) $E(X)$,$E(Y)$;(2) 令 $Z = (X-Y)^2$,求 $E(Z)$.

27. 设二维随机变量 (X, Y) 的联合概率密度为

$$f(x, y) = \begin{cases} 1/2, & 0 \leqslant x \leqslant 1, 0 < y < 2, \\ 0, & 其他. \end{cases}$$

令 $Z = \max\{X, Y\}$. 求 $E(Z)$,$D(Z)$.

28. 设随机变量 $X \sim U(0,2)$,Y 服从参数为 1 的指数分布,且 X 与 Y 相互独立. 求 $E(XY)$,$D(XY)$.

29. 设随机变量 X 与 Y 相互独立,且 $X \sim N(0,2)$,$Y \sim N(-1,1)$,求 $Z = 3X - 2Y + 2$ 的概率密度.

30. 设随机变量 X 与 Y 相互独立且均服从正态分布 $N(0, 1/2)$,令 $U = \max(X, Y)$,$V = \min(X, Y)$,求 $E(|X-Y|)$,$D(|X-Y|)$,$E(U)$,$E(V)$,$E(U+V)$,$E(U-V)$,$E(UV)$.

31. 现有 n 个袋子,每袋装有 a 只白球和 b 只黑球($a>0$,$b>0$),先从第一个袋子中摸出一只球,记下颜色后把它放入第二个袋中,照这种办法依次摸下去,最后从第 n 个袋中摸出一球,并记下颜色. 若在这 n 次摸球中所得的白球总数为 S_n,求 $E(S_n)$.

32. 一工厂生产的某种设备的寿命 X(以年计)服从指数分布,且已知这种设备的平均寿命为 4 年. 工厂规定,出售的设备若一年内损坏可予以调换. 出售一台设备盈利 10000 元,调换一台设备需要花费 6000 元. 求厂方出售一台设备盈利的数学期望.

33. 某厂家的自动生产线生产一件正品的概率为 $p(0<p<1)$,生产一件次品的概率为 $q = 1-p$. 生产一件产品的成本为 c 元,正品的价格为 s 元,次品不能出售. 假定每个产品的生产过程是相互独立的. 若生产了 N 件产品,问厂家所获利润的期望值是多少?

34. 某种商品每周的需求量 X 服从均匀分布 $U(10, 30)$,若商店每销售一个单位商品可获利 500 元,若供大于求则减价处理,每处理一个单元亏损 100 元,若供不应求,则可从外部调剂供应,此时每单位商品仅获利 300 元. 为使商店所获平均利润

不少于 9280 元，进货量至少为多少？

35. 袋中有 N 个球，其中白球数 X 是随机变量，且知其数学期望 $E(X)=n(n\leqslant N)$，方差 $D(X)=\sigma^2$. 今从袋中一次摸两个球，求这两个球恰有一白球的概率.

36. 设随机变量 X 与 Y 的联合分布律为

Y \ X	-1	0	1
-1	α	1/8	1/4
1	1/8	1/8	β

（1）求 $E(XY)$；（2）问当 α 和 β 取何值时，X 与 Y 独立；（3）当 X 与 Y 不相关时，它们独立吗？

37. 设随机变量 U 服从均匀分布 $U(-2,2)$，令
$$X=\begin{cases}-1, & U<-1, \\ 1, & U\geqslant -1.\end{cases} \quad Y=\begin{cases}-1, & U<1, \\ 1, & U\geqslant 1.\end{cases}$$
求 $D(X+Y)$.

38. 设随机变量 X，Y 相互独立，它们的概率密度函数分别为
$$f_X(x)=\begin{cases}e^{-x}, & x>0, \\ 0, & \text{其他}.\end{cases} \quad \text{和} \quad f_Y(y)=\begin{cases}2y, & 0<y<1, \\ 0, & \text{其他}.\end{cases}$$
求（1）$D(X-2Y)$；（2）$\mathrm{Cov}(X,X-2Y)$.

39. 设二维随机变量 (X,Y) 的联合概率密度为
$$f(x,y)=\begin{cases}2-x-y, & 0<x<1,0<y<1, \\ 0, & \text{其他}.\end{cases}$$
求 ρ_{XY}.

40. 设二维随机变量 (X,Y) 的联合概率密度为
$$f(x,y)=\begin{cases}2e^{-2y}, & 0<x<2y, \\ 0, & \text{其他}.\end{cases}$$
求 X 和 Y 的相关系数 ρ_{XY}.

41. 设随机变量 $X\sim P(1)$，$Y\sim b(100,0.4)$，X 与 Y 的相关系数为 $\rho_{XY}=0.5$，求 $D(X-Y)$.

42. 设随机变量 $X\sim U(0,1)$，$Y=X^2$，求 ρ_{XY}.

43. 设随机变量 X 的分布律为 $P\{X=-1\}=P\{X=0\}=P\{X=1\}=P\{X=2\}=1/4$，$Y=X^2$，试求 ρ_{XY}.

44. 设随机变量 $X\sim U(0,6)$，$Y\sim N(0,3)$，令 $Z=2X+3Y$，且 $\rho_{XY}=\dfrac{1}{3}$，求 ρ_{XZ}.

45. 已知随机变量 $X\sim N(20,4)$，Y 的密度函数为 $f(y)=\begin{cases}2e^{-2y}, & y>0, \\ 0, & \text{其他},\end{cases}$ 且知 X 与 Y 的相关系数为 $\rho_{XY}=\dfrac{1}{8}$，求 $D(X-Y)$.

46. 设 X、Y 是随机变量，它们的期望和方差分别为 $E(X)=2$，$E(Y)=4$，$D(X)=4$，$D(Y)=9$，相关系数 $\rho_{XY}=\dfrac{1}{3}$，求 $E(3X^2-2XY+Y^2)$.

47. 设随机变量 X_1、X_2、X_3 相互独立，其中 X_1 服从均匀分布 $U(0,6)$，X_2 服从正态分布 $N(0,2^2)$，X_3 服从参数为 3 的泊松分布，令 $Y=X_1-2X_2+3X_3$，求 $E(Y)$ 和 $D(Y)$.

48. 已知随机变量 X 与 Y 分别服从正态分布 $N(1,3^2)$ 和 $N(0,4^2)$，且 X 与 Y 的相关系数为 $\rho_{XY}=-\dfrac{1}{2}$，记 $Z=\dfrac{X}{3}-\dfrac{Y}{2}$. 求（1）$E(Z)$ 和 $D(Z)$；（2）ρ_{XZ}；（3）问 X 与 Z 是否独立？为什么？

49. 设随机变量 (X,Y) 在区域 D 上服从均匀分布，其中 D 是由 x 轴，y 轴以及 $x+y=1$ 围成的平面区域. 求（1）$D(X+Y)$；（2）相关系数 ρ_{XY}.

50. 设 A 和 B 是随机试验 E 的两个事件，且 $P(A)>0$，$P(B)>0$，若随机变量 X 和 Y 按如下方式定义：
$$X=\begin{cases}1, & \text{若 } A \text{ 发生}, \\ 0, & \text{若 } A \text{ 不发生}.\end{cases} \quad Y=\begin{cases}1, & \text{若 } B \text{ 发生}, \\ 0, & \text{若 } B \text{ 不发生}.\end{cases}$$
证明：若 $\rho_{XY}=0$，则 X 与 Y 必定相互独立.

51. 设随机变量 X 的密度函数为 $f(x)=\dfrac{1}{2}e^{-|x|}$，$-\infty<x<+\infty$，（1）求 $E(X)$ 和 $D(X)$；（2）求 X 与 $|X|$ 的协方差，并问 X 与 $|X|$ 是否不相关？（3）问 X 与 $|X|$ 是否独立？为什么？

52. 设三维随机变量 $\boldsymbol{X}=(X_1,X_2,X_3)^{\mathrm{T}}$ 服从三维正态分布 $N(\boldsymbol{a},\boldsymbol{B})$，其中
$$\boldsymbol{a}=(0,1,0)^{\mathrm{T}}, \quad \boldsymbol{B}=\begin{pmatrix}1 & 0 & -0.5 \\ 0 & 2 & 1 \\ -0.5 & 1 & 4\end{pmatrix}.$$
求（1）$Y=3X_1-2X_2+X_3$ 的分布；（2）求常数 c_1 和 c_2，使得 X_3 与 $X_3-c_1X_1$ 和 $X_3-c_2X_2$ 均相互独立.

第 5 章

大数定律和中心极限定理

从第 1 章的介绍中，我们知道概率论与数理统计是研究随机现象统计规律性的学科，而随机现象的规律性只有在相同的条件下进行大量重复试验时才会呈现出来. 也就是说，要从随机现象中去寻求必然的法则，应该研究大量的随机现象. 研究大量的随机现象，常常采用极限形式，由此导致了对极限定理的研究. 极限定理是概率论的基本理论，在理论研究和应用中起着重要的作用. 极限定理的内容很广泛，其中最重要的有两种：大数定律与中心极限定理. 大数定律主要讲述随机变量前一些项的平均值在一定条件下的稳定性问题；中心极限定理主要讲述在一定条件下，大量随机变量之和的分布函数的极限为正态分布.

5.1 大数定律

在给出大数定律之前，首先介绍概率论中的一个重要不等式—切比雪夫不等式（Chebyshev's Inequality）以及用数学语言描述大数定律时用到的概率意义下的极限定义.

5.1.1 切比雪夫不等式

▶ 切比雪夫不等式

定理 5.1.1 设随机变量 X 的数学期望 $E(X)$ 和方差 $D(X)$ 都存在，则对任意的 $\varepsilon>0$，均有

$$P\{\,|X-E(X)|\geqslant\varepsilon\}\leqslant\frac{D(X)}{\varepsilon^2},\qquad(5.1.1)$$

或等价地写成

$$P\{\,|X-E(X)|<\varepsilon\}\geqslant1-\frac{D(X)}{\varepsilon^2}.\qquad(5.1.2)$$

证明 仅就离散型随机变量和连续型随机变量的情况给出证明.

设 X 为连续型随机变量，其概率密度为 $f(x)$，则有

$$P\{\,|\,X-EX\,|\,\geqslant\varepsilon\,\} = \int_{|x-EX|\geqslant\varepsilon}f(x)\mathrm{d}x \leqslant \int_{|x-EX|\geqslant\varepsilon}\frac{|\,x-EX\,|^2}{\varepsilon^2}f(x)\mathrm{d}x$$

$$\leqslant \frac{1}{\varepsilon^2}\int_{-\infty}^{+\infty}(x-EX)^2f(x)\mathrm{d}x = \frac{DX}{\varepsilon^2}.$$

设 X 为离散型随机变量，其分布律为

$$P\{X=x_k\} = p_k, \quad k=1,2,\cdots$$

则

$$P\{\,|\,X-E(X)\,|\,\geqslant\varepsilon\,\} = \sum_{|x_k-EX|\geqslant\varepsilon}P\{X=x_k\}$$

$$\leqslant \sum_{|x_k-EX|\geqslant\varepsilon}\frac{|\,x_k-E(X)\,|^2}{\varepsilon^2}P\{X=x_k\}$$

$$\leqslant \sum_{k=1}^{+\infty}\frac{|\,x_k-E(X)\,|^2}{\varepsilon^2}P\{X=x_k\}$$

$$= \frac{1}{\varepsilon^2}\sum_{k=1}^{+\infty}|\,x_k-E(X)\,|^2P\{X=x_k\}$$

$$= \frac{D(X)}{\varepsilon^2}.$$

从而有

$$P\{\,|\,X-E(X)\,|<\varepsilon\,\} = 1-P\{\,|\,X-E(X)\,|\geqslant\varepsilon\,\} \geqslant 1-\frac{D(X)}{\varepsilon^2}.$$

切比雪夫不等式的重要性在于：不管随机变量的分布类型是什么，且不管其分布是否已知，只要知道它的数学期望和方差，就可以对随机变量落入数学期望附近的区域 $(E(X)-\varepsilon,E(X)+\varepsilon)$ 或 $(-\infty,E(X)-\varepsilon]\cup[E(X)+\varepsilon,+\infty)$ 的概率给出一个下界或上界.

由切比雪夫不等式可以看出，对于同一个 ε，方差 DX 越小，则事件 $\{\,|\,X-E(X)\,|<\varepsilon\,\}$ 的概率越大，即随机变量 X 落入区间 $(E(X)-\varepsilon,E(X)+\varepsilon)$ 的概率就越大，也就是说随机变量 X 集中在期望附近的可能性越大，这也就进一步说明了方差这个数字特征的确刻画了随机变量 X 与其数学期望的离散程度.

例 5.1.1 设随机变量 X 服从正态分布 $N(\mu,\sigma^2)$，利用切比雪夫不等式估计 $P\{\,|\,X-\mu\,|\leqslant3\sigma\,\}$ 的下界.

解 易知 $E(X)=\mu$，$D(X)=\sigma^2$. 在切比雪夫不等式中取 $\varepsilon=3\sigma$，则有

$$P\{\,|\,X-\mu\,|\leqslant3\sigma\,\} \geqslant 1-\frac{\sigma^2}{(3\sigma)^2} = \frac{8}{9} \approx 0.8889.$$

另外，由正态分布的 3σ 原则知，$P\{\,|\,X-\mu\,|\leqslant3\sigma\,\}\approx0.9974$. 因此，可以看出利用切比雪夫不等式估计的概率精度比较低. 但

这个不等式的理论意义远大于它的实际意义.

例 5.1.2　在每次试验中,事件 A 发生的概率为 0.75,利用切比雪夫不等式,求 n 需要多么大时,才能使得在 n 次独立重复试验中,事件 A 出现的频率在 0.74~0.76 之间的概率至少为 0.90?

解　设 X 为 n 次独立重复试验中,事件 A 出现的次数,则 $X \sim b(n, 0.75)$,易知

$$E(X) = 0.75n, \qquad D(X) = 0.75 \times 0.25n = 0.1875n.$$

由题意知,所求为满足 $P\left\{0.74 < \dfrac{X}{n} < 0.76\right\} \geqslant 0.90$ 的最小的 n.

$$
\begin{aligned}
P\left\{0.74 < \frac{X}{n} < 0.76\right\} &= P\{0.74n < X < 0.76n\} \\
&= P\{-0.01n < X - 0.75n < 0.01n\} \\
&= P\{|X - E(X)| < 0.01n\}.
\end{aligned}
$$

在切比雪夫不等式中取 $\varepsilon = 0.01n$,则

$$P\left\{0.74 < \frac{X}{n} < 0.76\right\} \geqslant 1 - \frac{D(X)}{(0.01n)^2} = 1 - \frac{0.1875n}{0.0001n^2} = 1 - \frac{1875}{n}.$$

依题意,取

$$1 - \frac{1875}{n} \geqslant 0.9,$$

解得

$$n \geqslant \frac{1875}{1 - 0.9} = 18750.$$

即 n 取 18750 时,可以使得在 n 次独立的重复试验中,事件 A 出现的频率在 0.74~0.76 之间的概率达到 0.90.

方差性质 6 的必要性的证明,设 $D(X) = 0$,要证明 $P\{X = E(X)\} = 1$.

证明　用反证法,假设 $P\{X = E(X)\} < 1$,则对于某个常数 $\varepsilon > 0$,有 $P\{|X - E(X)| \geqslant \varepsilon\} > 0$,但由切比雪夫不等式,有

$$P\{|X - E(X)| \geqslant \varepsilon\} \leqslant \frac{D(X)}{\varepsilon^2} = 0.$$

矛盾,于是 $P\{X = E(X)\} = 1$.

5.1.2　依概率收敛

定义 5.1.1　设 $X_1, X_2, \cdots, X_n, \cdots$ 是随机变量序列,a 是一个常数. 若对任意的 $\varepsilon > 0$,有

$$\lim_{n \to +\infty} P\{|X_n - a| \geqslant \varepsilon\} = 0, \tag{5.1.3}$$

则称序列 $X_1, X_2, \cdots, X_n, \cdots$ 依概率收敛于常数 a,记为 $X_n \xrightarrow{P} a$.

显然，式(5.1.3)可以等价地写为

$$\lim_{n\to+\infty} P\{\,|X_n-a|<\varepsilon\} = 1. \tag{5.1.4}$$

依概率收敛意味着，当 n 很大时，X_n 与常数 a 的绝对偏差 $|X_n-a|$ 不小于任一给定量的可能性将随着 n 的增大而越来越小；或者说绝对偏差 $|X_n-a|$ 小于任一给定量的可能性随着 n 的增大越来越接近于 1，此为一个大概率事件. 请注意，这种收敛性是概率意义下的一种收敛，而不是数学意义下的一般的数列收敛. 依概率收敛比数学意义下的数列收敛要弱一些. 以下用 $\{X_n, n\geq 1\}$ 表示随机变量序列 $X_1, X_2, \cdots, X_n, \cdots$.

下面不加证明地给出依概率收敛的一个重要性质.

定理 5.1.2　$\{X_n, n\geq 1\}$ 和 $\{Y_n, n\geq 1\}$ 是两个随机变量序列，a，b 是两个常数，如果 $X_n \xrightarrow{P} a$，$Y_n \xrightarrow{P} b$，且 $h(x)$ 在 a 点连续，$g(x,y)$ 在点 (a,b) 连续，则

$$h(X_n) \xrightarrow{P} h(a), \quad g(X_n, Y_n) \xrightarrow{P} g(a,b)$$

由此可以给出依概率收敛的四则运算性质.

推论 5.1.1　$\{X_n, n\geq 1\}$ 和 $\{Y_n, n\geq 1\}$ 是两个随机变量序列，a，b 是两个常数，如果 $X_n \xrightarrow{P} a$，$Y_n \xrightarrow{P} b$. 则有

(1) $X_n \pm Y_n \xrightarrow{P} a \pm b$；

(2) $X_n \cdot Y_n \xrightarrow{P} a \cdot b$；

(3) $X_n / Y_n \xrightarrow{P} a / b$　$(b \neq 0)$.

5.1.3　大数定律

▶ 大数定律

定理 5.1.3(切比雪夫大数定律)　设随机变量序列 $\{X_i, i\geq 1\}$ 相互独立，它们的数学期望和方差都存在，且方差有共同的上界，即存在常数 $M>0$，使得 $D(X_i) \leq M$，$i=1,2,\cdots$，则对任意给定的常数 $\varepsilon>0$，有

$$\lim_{n\to+\infty} P\left\{ \left| \frac{1}{n}\sum_{i=1}^{n} X_i - \frac{1}{n}\sum_{i=1}^{n} E(X_i) \right| < \varepsilon \right\} = 1.$$

证明　由独立性以及数学期望和方差的性质可得

$$E\left(\frac{1}{n}\sum_{i=1}^{n}X_i\right)=\frac{1}{n}\sum_{i=1}^{n}E(X_i)\,,\ D\left(\frac{1}{n}\sum_{i=1}^{n}X_i\right)=\frac{1}{n^2}\sum_{i=1}^{n}D(X_i).$$

且有

$$D\left(\frac{1}{n}\sum_{i=1}^{n}X_i\right)\leqslant\frac{1}{n^2}\sum_{i=1}^{n}M=\frac{M}{n}.$$

根据切比雪夫不等式，

$$P\left\{\left|\frac{1}{n}\sum_{i=1}^{n}X_i-\frac{1}{n}\sum_{i=1}^{n}E(X_i)\right|<\varepsilon\right\}\geqslant 1-D\left(\frac{1}{n}\sum_{i=1}^{n}X_i\right)\Big/\varepsilon^2$$

$$\geqslant 1-\frac{M}{n\varepsilon^2},$$

又由概率的性质得 $P\left\{\left|\dfrac{1}{n}\sum\limits_{i=1}^{n}X_i-\dfrac{1}{n}\sum\limits_{i=1}^{n}E(X_i)\right|<\varepsilon\right\}\leqslant 1$

所以

$$1-\frac{M}{n\varepsilon^2}\leqslant P\left\{\left|\frac{1}{n}\sum_{i=1}^{n}X_i-\frac{1}{n}\sum_{i=1}^{n}E(X_i)\right|<\varepsilon\right\}\leqslant 1.$$

由夹逼定理可得

$$\lim_{n\to+\infty}P\left\{\left|\frac{1}{n}\sum_{i=1}^{n}X_i-\frac{1}{n}\sum_{i=1}^{n}E(X_i)\right|<\varepsilon\right\}=1.$$

注：（1）相互独立的条件可以改为两两不相关.

（2）按照依概率收敛的定义，此定理的结论可以表述为

$$\frac{1}{n}\sum_{i=1}^{n}X_i-\frac{1}{n}\sum_{i=1}^{n}EX_i\xrightarrow{P}0.$$

推论 5.1.2　（切比雪夫大数定律的特殊情况）.

设 $X_1,X_2,\cdots$ 是相互独立的随机变量序列，它们具有相同的数学期望和方差，即 $E(X_i)=\mu$，$D(X_i)=\sigma^2>0$，$i=1,2,\cdots$，则对任意的 $\varepsilon>0$，有

$$\lim_{n\to\infty}P\left\{\left|\frac{1}{n}\sum_{i=1}^{n}X_i-\mu\right|<\varepsilon\right\}=1.$$

即

$$\frac{1}{n}\sum_{i=1}^{n}X_i\xrightarrow{P}\mu.$$

定理 5.1.4（伯努利（Bernoulli）大数定律）　设 S_n 是 n 重伯努利试验中事件 A 发生的次数，p 是一次试验中事件 A 发生的概率（$0<p<1$），则对任给的常数 $\varepsilon>0$，有

$$\lim_{n\to+\infty}P\left\{\left|\frac{S_n}{n}-p\right|\geqslant\varepsilon\right\}=0,$$

或等价的写成

$$\lim_{n\to+\infty} P\left\{ \left| \frac{S_n}{n} - p \right| < \varepsilon \right\} = 1.$$

证明　设

$$X_i = \begin{cases} 1, & \text{第 } i \text{ 次试验 } A \text{ 发生,} \\ 0, & \text{第 } i \text{ 次试验 } A \text{ 不发生,} \end{cases} \quad i = 1, \cdots, n,$$

则有 $X_1, X_2, \cdots, X_n$ 相互独立同分布, 且 $E(X_i) = p$, $D(X_i) = p(1-p)$, $i = 1, 2 \cdots, n$, 易知 $S_n = \sum_{i=1}^{n} X_i$.

由推论 5.1.2, 有

$$\lim_{n\to+\infty} P\left\{ \left| \frac{S_n}{n} - p \right| < \varepsilon \right\} = \lim_{n\to+\infty} P\left\{ \left| \frac{1}{n} \sum_{i=1}^{n} X_i - p \right| < \varepsilon \right\} = 1.$$

按照依概率收敛的定义, 伯努利大数定律的结论可以表述为

$$\frac{S_n}{n} \xrightarrow{P} p.$$

即在独立重复试验中, 事件 A 发生的频率 $\dfrac{S_n}{n}$ 当 $n \to +\infty$ 时依概率收敛于事件 A 在一次试验中发生的概率. 伯努利大数定律给出了频率稳定性的严格的数学表述.

伯努利大数定律的结果表明, 当重复试验次数 n 充分大时, 事件 A 发生的频率 S_n/n 与事件 A 的概率 p 有较大偏差的概率很小. 因此在实际中, 只要试验次数足够多, 就可以用事件的频率近似事件的概率. 因此, 伯努利大数定律提供了通过试验来确定事件概率的方法的理论依据. 正是因为频率的这种稳定性, 我们才意识到概率的存在, 才有了概率这门学科.

在切比雪夫大数定律中, 要求每个随机变量的方差存在, 在实际应用中, 这个条件有时可能不能被满足. 苏联数学家辛钦证明了, 在随机变量序列独立同分布时, 只要数学期望存在, 而不要求方差存在, 就可以有类似切比雪夫大数定律的结论. 这就是辛钦大数定律.

定理 5.1.5(辛钦(Khintchine)大数定律)　设随机变量序列 X_1, $X_2, \cdots$ 独立同分布, 且 $E(X_i) = \mu$, $i = 1, 2, \cdots$, 则对任意给定的常数 $\varepsilon > 0$, 有

$$\lim_{n\to+\infty} P\left\{ \left| \frac{1}{n} \sum_{i=1}^{n} X_i - \mu \right| < \varepsilon \right\} = 1.$$

本定理的证明需要随机变量的特征函数，超出了本书的范围，感兴趣的读者可见参考书目[4].

按照依概率收敛的定义，辛钦大数定律的结论可以表述为

$$\frac{1}{n}\sum_{i=1}^{n}X_i \xrightarrow{P} \mu.$$

辛钦大数定律表明当 n 充分大时，n 个独立同分布的随机变量的算术平均值依概率收敛于它们共同的数学期望 μ. 因此，辛钦大数定律给出了平均值稳定性的科学描述；也为近似随机变量的期望值提供了一条实际可行的途径和理论依据. 在实际应用中，可以用多次观测的算术平均值近似期望值. 比如，为了精确称量某一物体的质量 μ，我们可以在相同的条件下重复地称重 n 次，结果记为 $x_1, x_2, \cdots, x_n$，由于误差的存在，它们一般是不同的，可以看作 n 个相互独立同分布的随机变量 $X_1, X_2, \cdots, X_n$ 的一次观测值. $X_1, X_2, \cdots, X_n$ 独立且同分布，它们共同的数学期望可以看作物体的真实质量 μ，由辛钦大数定律知，$\frac{1}{n}\sum_{i=1}^{n}X_i \xrightarrow{P} \mu$，意味着当 n 充分大时，$\frac{1}{n}\sum_{i=1}^{n}X_i$ 稳定于 μ，因此可以用 $\frac{1}{n}\sum_{i=1}^{n}X_i$ 的观测值 $\frac{1}{n}\sum_{i=1}^{n}x_i$ 近似物体的真实质量 μ.

例 5.1.3 设 $X_1, X_2, \cdots$ 独立同分布，且 X_i 的 k 阶矩 $m_k = E(X_i^k)$ 存在，则

$$\frac{1}{n}\sum_{i=1}^{n}X_i^k \xrightarrow{P} m_k.$$

证明 令 $Y_i = X_i^k, i = 1, 2, \cdots$ 易知 $Y_1, Y_2, \cdots$ 独立同分布，且

$$E(Y_i) = E(X_i^k) = m_k, i = 1, 2, \cdots,$$

所以由辛钦大数定律有

$$\frac{1}{n}\sum_{i=1}^{n}Y_i \xrightarrow{P} E(Y_1) = m_k,$$

即

$$\frac{1}{n}\sum_{i=1}^{n}X_i^k \xrightarrow{P} m_k.$$

例 5.1.4 已知随机变量序列 $X_1, X_2, \cdots, X_n, \cdots$ 独立，都服从正态分布 $N(\mu, \sigma^2)$，令 $\overline{X}_n = \frac{1}{n}\sum_{i=1}^{n}X_i$，$S_n^2 = \frac{1}{n-1}\sum_{i=1}^{n}(X_i - \overline{X})^2$，证明 $\overline{X}_n^2 \xrightarrow{P} \mu^2$，$S_n^2 \xrightarrow{P} \sigma^2$.

证明　由辛钦大数定律可得

$$\overline{X}_n = \frac{1}{n}\sum_{i=1}^{n} X_i \xrightarrow{P} E(X_i) = \mu.$$

由定理 5.1.2 可得

$$\overline{X}_n^2 \xrightarrow{P} \mu^2.$$

又因为

$$\begin{aligned}
\sum_{i=1}^{n}(X_i - \overline{X}_n)^2 &= \sum_{i=1}^{n}(X_i^2 - 2X_i\overline{X}_n + \overline{X}_n^2) \\
&= \sum_{i=1}^{n} X_i^2 - 2\sum_{i=1}^{n} X_i\overline{X}_n + \sum_{i=1}^{n}\overline{X}_n^2 \\
&= \sum_{i=1}^{n} X_i^2 - 2\overline{X}_n\sum_{i=1}^{n} X_i + \sum_{i=1}^{n}\overline{X}_n^2 \\
&= \sum_{i=1}^{n} X_i^2 - 2n\overline{X}_n^2 + n\overline{X}_n^2 \\
&= \sum_{i=1}^{n} X_i^2 - n\overline{X}_n^2.
\end{aligned}$$

所以

$$\begin{aligned}
S_n^2 &= \frac{1}{n-1}\sum_{i=1}^{n}(X_i - \overline{X})^2 \\
&= \frac{1}{n-1}\Big(\sum_{i=1}^{n} X_i^2 - n\overline{X}_n^2\Big) \\
&= \frac{n}{n-1}\Big(\frac{1}{n}\sum_{i=1}^{n} X_i^2 - \overline{X}_n^2\Big).
\end{aligned}$$

由例 5.1.3 知

$$\frac{1}{n}\sum_{i=1}^{n} X_i^2 \xrightarrow{P} E(X_i^2) = D(X_i) + [E(X_i)]^2 = \sigma^2 + \mu^2,$$

又因为

$$\lim_{n\to\infty}\frac{n}{n-1} = 1,\ \ \text{且}\ \overline{X}_n^2 \xrightarrow{P} \mu^2.$$

所以由定理 5.1.2 及其推论可得

$$S_n^2 = \frac{n}{n-1}\Big(\frac{1}{n}\sum_{i=1}^{n} X_i^2 - \overline{X}_n^2\Big) \xrightarrow{P} 1 \times (\sigma^2 + \mu^2 - \mu^2) = \sigma^2.$$

例 5.1.5　设随机变量序列 $X_1, X_2, \cdots, X_n, \cdots$ 独立同分布，都服均匀分布 $U(0,1)$. 问当 $n \to +\infty$ 时，$\sqrt[n]{X_1 X_2 \cdots X_n}$ 依概率收敛吗? 若收敛，请给出收敛的极限值，否则请说明理由.

解　令 $Y_n = \sqrt[n]{X_1 X_2 \cdots X_n}$，则有

$$\ln Y_n = \frac{1}{n}\sum_{i=1}^{n} \ln X_i.$$

令 $Z_n = \ln Y_n$.

由于 $X_1, X_2, \cdots, X_n$ 独立同分布，所以 $\ln X_1, \ln X_2, \cdots, \ln X_n$ 独立同分布.

又因为 $X_1 \sim U(0,1)$，易知其密度函数为

$$f(x) = \begin{cases} 1, & 0 < x < 1, \\ 0, & \text{其他}. \end{cases}$$

所以

$$E(\ln X_1) = \int_{-\infty}^{+\infty} (\ln x) f(x) \, dx = \int_0^1 \ln x \, dx = -1,$$

故由辛钦大数定律得

$$\frac{1}{n} \sum_{i=1}^n \ln X_i \xrightarrow{P} -1,$$

即

$$Z_n \xrightarrow{P} -1.$$

取 $h(x) = e^x$，由定理 5.1.2 可得

$$Y_n = e^{Z_n} \xrightarrow{P} e^{-1}.$$

即

$$\sqrt[n]{X_1 X_2 \cdots X_n} \xrightarrow{P} e^{-1}.$$

5.2 中心极限定理

▶ 中心极限定理的
背景

在客观实际中有许多随机变量，它们是由大量的相互独立的随机因素的综合影响所形成的. 而其中每一个因素在总的影响中所起的作用都是微小的. 研究表明这种随机变量往往近似地服从正态分布. 该结论得益于高斯对测量误差分布的研究.

例 5.2.1   大量的研究表明，误差是由大量的相互独立的微小的随机因素叠加而成的. 如炮弹的射击误差. 设靶心为坐标原点，可以想象射击后的弹着点与坐标原点总是有一定误差的，我们来分析一下造成误差的因素是什么？

（1）炮身在每次射击后，因震动而造成微小的误差；

（2）每发炮弹外形上的细小差别引起空气阻力不同，由此出现的误差；

（3）每发炮弹内装药的数量和质量上的微小差异而引起的误差；

（4）炮弹在前进时遇到的空气气流的微小扰动而造成的误

差等.

可以看到每种因素对误差的影响都是微小的, 有的为正, 有的为负, 有的有时候大, 有的有时候小, 而且时有时无, 都是随机的. 这些因素的综合影响最后使得射击出现了误差. 设这个误差为随机变量 Y_n, 则可以将 Y_n 看成很多微小的相互独立的随机因素 $X_1, X_2, \cdots, X_n$ 的和, 即

$$Y_n = \sum_{i=1}^{n} X_i,$$

中心极限定理主要研究当 $n \to +\infty$ 时, Y_n 的分布是什么?

当每个 X_i 的分布已知时, 我们可以通过第三章的随机变量和的分布的求法, 去计算 Y_n 的分布, 但是这个过程肯定是烦琐的, 而且在大多数情况下, 我们可能无法确定 X_i 的分布, 从而也就无法确定 Y_n 的分布. 这就迫使我们去寻求近似分布. 若记 Y_n 的分布函数为 $F_n(x)$, 此时也就是需要求当 $n \to +\infty$ 时, $F_n(x)$ 的极限函数 $F(x)$. 下面通过一个例子来研究一下, 随着 n 的增大, Y_n 的分布的变化情况.

例 5.2.2　设随机变量 $X_1, X_2, \cdots, X_n$ 独立同分布, 都服从参数为 λ 的泊松分布, 即 $X_1 \sim P(\lambda)$, 则 $Y_n = \sum_{i=1}^{n} X_i \sim P(n\lambda)$.

解　取 $\lambda = 1$, 当 $n = 1, 3, 5, 10, 20$ 时, Y_n 的分布律 $p_n(k)$ 的图像如图 5.2.1 所示.

从图 5.2.1 中可以看出, 当 n 越来越大时, Y_n 的分布律 $p_n(k)$ 的形状越来越接近正态分布的密度曲线.

因此, 通过例 5.2.2 可以看出在满足一定的条件下, 这种和的分布近似地服从正态分布. 但是我们知道, $EY_n = DY_n = n\lambda$, 也就是说随着 n 的增大, Y_n 的分布中心会趋于 ∞, 其方差也趋于 ∞, 分布极不稳定, 为了克服这个缺点, 在中心极限定理的研究中, 对 Y_n 进行标准化

$$Z_n = \frac{Y_n - E(Y_n)}{\sqrt{D(Y_n)}} = \frac{\sum_{i=1}^{n} X_i - E\left(\sum_{i=1}^{n} X_i\right)}{\sqrt{D\left(\sum_{i=1}^{n} X_i\right)}}.$$

这时需要研究 Z_n 的极限分布是否是标准正态分布 $N(0,1)$.

中心极限定理就是研究随机变量和的极限分布在什么条件下服从正态分布的问题. 到目前为止, 学者们已经研究给出了很多情况下的中心极限定理. 本节中仅仅列出几个简单的结果.

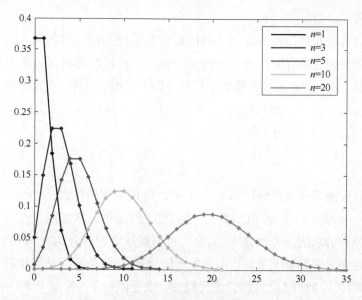

图 5.2.1   泊松分布的和的分布律 $p_n(k)$

▶ 中心极限定理 2

定理 5.2.1（林德伯格-莱维（Lindeberg-Levy）中心极限定理或者独立同分布的中心极限定理） 设 X_1，X_2，…是独立同分布的随机变量序列，且 $E(X_i) = \mu$，$D(X_i) = \sigma^2 > 0, i = 1, 2, \cdots$，则对任意的实数 x，有

$$\lim_{n \to +\infty} P \left\{ \frac{\sum\limits_{i=1}^n X_i - E\left(\sum\limits_{i=1}^n X_i\right)}{\sqrt{D\left(\sum\limits_{i=1}^n X_i\right)}} \leqslant x \right\} = \lim_{n \to +\infty} P \left\{ \frac{\sum\limits_{i=1}^n X_i - n\mu}{\sigma \sqrt{n}} \leqslant x \right\}$$

$$= \int_{-\infty}^x \frac{1}{\sqrt{2\pi}} e^{-t^2/2} dt = \Phi(x).$$

也就是说，数学期望为 μ，方差为 σ^2 的独立同分布的随机变量的部分和 $\sum\limits_{i=1}^n X_i$ 的标准化变量 $\dfrac{\sum\limits_{i=1}^n X_i - n\mu}{\sigma \sqrt{n}}$，当 n 充分大时，近似地服从标准正态分布 $N(0,1)$，即

$$\frac{\sum\limits_{i=1}^n X_i - n\mu}{\sigma \sqrt{n}} \stackrel{\text{近似}}{\sim} N(0,1), \text{当 } n \text{ 充分大时}.$$

显然，上式也可以表示为

$$\frac{\frac{1}{n}\sum\limits_{i=1}^n X_i - \mu}{\sigma / \sqrt{n}} \stackrel{\text{近似}}{\sim} N(0,1), \text{当 } n \text{ 充分大时}.$$

这一结果是数理统计中大样本统计推断的基础. 此时，对任意的实数 a，b，$a<b$，有以下近似公式：

$$P\left\{a < \sum_{i=1}^{n} X_i < b\right\} = P\left\{\frac{a - n\mu}{\sigma\sqrt{n}} < \frac{\sum_{i=1}^{n} X_i - n\mu}{\sigma\sqrt{n}} < \frac{b - n\mu}{\sigma\sqrt{n}}\right\}$$

$$\approx \Phi\left(\frac{b - n\mu}{\sigma\sqrt{n}}\right) - \Phi\left(\frac{a - n\mu}{\sigma\sqrt{n}}\right);$$

$$P\left\{\sum_{i=1}^{n} X_i < b\right\} = P\left\{\frac{\sum_{i=1}^{n} X_i - n\mu}{\sigma\sqrt{n}} < \frac{b - n\mu}{\sigma\sqrt{n}}\right\} \approx \Phi\left(\frac{b - n\mu}{\sigma\sqrt{n}}\right);$$

$$P\left\{\sum_{i=1}^{n} X_i > a\right\} = P\left\{\frac{\sum_{i=1}^{n} X_i - n\mu}{\sigma\sqrt{n}} > \frac{a - n\mu}{\sigma\sqrt{n}}\right\} \approx 1 - \Phi\left(\frac{a - n\mu}{\sigma\sqrt{n}}\right).$$

例 5.2.3　当辐射的强度超过每小时 0.5 毫伦琴（mr）时，辐射会对人的健康造成伤害. 设一台彩电工作时的平均辐射强度是 0.036（mr/h），方差是 0.0081. 则家庭中一台彩电的辐射一般不会对人造成健康伤害. 但是彩电销售店同时有多台彩电工作时，辐射可能对人造成健康伤害. 现在有 16 台彩电同时工作，问这 16 台彩电的辐射量不会对人造成健康伤害的概率.

解　设 X_i 为第 i 台彩电的辐射量，易知 $EX_i = 0.036$，$D(X_i) = 0.0081$，$i = 1,2,\cdots,16$.

令 $S = X_1 + X_2 + \cdots + X_{16}$ 表示这 16 台彩电的总辐射量. 则当 $S \leq 0.5$ 时，辐射量不会对人体造成伤害. 易知 $E(S) = 16 \times 0.036 = 0.576$，$D(S) = 16 \times 0.0081 = 0.1296$.

由独立同分布的中心极限定理

$$\frac{S - 0.576}{\sqrt{0.1296}} \overset{\text{近似}}{\sim} N(0,1).$$

所以

$$P\{S \leq 0.5\} = P\left\{\frac{S - 0.576}{\sqrt{0.1296}} \leq \frac{0.5 - 0.576}{\sqrt{0.1296}}\right\}$$

$$\approx \Phi\left(\frac{0.5 - 0.576}{\sqrt{0.1296}}\right) = \Phi(-0.21)$$

$$= 1 - \Phi(0.21) = 0.4168.$$

例 5.2.4　某快餐店午餐有三种套餐出售，其价格分别为 20 元、25 元、30 元，售出概率分别为 0.6、0.2、0.2，若已知某日售出了 100 件套餐，求总收入超过 2400 元的概率.

解 设 X_i 表示售出的第 i 件套餐的价格，$i=1,2,\cdots,100$，易知 X_i 的分布律为

X_i	20	25	30
P	0.6	0.2	0.2

计算得

$$E(X_i) = 20\times0.6+25\times0.2+30\times0.2 = 23,$$

$$E(X_i^2) = 20^2\times0.6+25^2\times0.2+30^2\times0.2 = 545,$$

$$D(X_i) = E(X_i^2) - [E(X_i)]^2 = 16.$$

则 $\sum\limits_{i=1}^{100} X_i$ 表示售出 100 件套餐的总收入. 且

$$E\left(\sum_{i=1}^{100} X_i\right) = 2300,\quad D\left(\sum_{i=1}^{100} X_i\right) = 1600.$$

由独立同分布的中心极限定理

$$\frac{\sum\limits_{i=1}^{100} X_i - 2300}{\sqrt{1600}} \overset{\text{近似}}{\sim} N(0,1).$$

故有

$$P\left\{\sum_{i=1}^{100} X_i > 2400\right\} = P\left\{\frac{\sum\limits_{i=1}^{100} X_i - 2300}{\sqrt{1600}} > \frac{2400-2300}{\sqrt{1600}}\right\}$$

$$= P\left\{\frac{\sum\limits_{i=1}^{100} X_i - 2300}{40} > 2.5\right\}$$

$$\approx 1 - \Phi(2.5) = 1 - 0.9938 = 0.0062.$$

例 5.2.5 已知随机变量 $X_1,\cdots,X_{100}$ 独立同分布且均服从 $U(0,1)$，令 $Y=X_1X_2\cdots X_{100}$. 求 $Y<e^{-80}$ 的概率的近似值.

解 易知 X_i 的概率密度函数为

$$f(x) = \begin{cases} 1, & 0 < x < 1, \\ 0, & \text{其他}. \end{cases}$$

令 $Y_i = \ln X_i$，$i=1,2,\cdots,100$，则 Y_i，$i=1,2,\cdots,100$ 独立同分布，且

$$E(Y_i) = E(\ln X_i) = \int_{-\infty}^{+\infty} \ln x f(x)\,dx = \int_0^1 \ln x\,dx = -1,$$

$$E(Y_i^2) = E(\ln X_i)^2 = \int_{-\infty}^{+\infty} (\ln x)^2 f(x)\,dx = \int_0^1 (\ln x)^2\,dx = 2,$$

$$D(Y_i) = E(Y_i^2) - (EY_i)^2 = 1.$$

则有

$$E\Big(\sum_{i=1}^{100} Y_i\Big) = -100, \quad D\Big(\sum_{i=1}^{100} Y_i\Big) = 100.$$

由中心极限定理得

$$\frac{\sum_{i=1}^{100} Y_i - (-100)}{\sqrt{100}} \overset{近似}{\sim} N(0,1).$$

所以

$$
\begin{aligned}
P\{Y < e^{-80}\} &= P\{X_1 X_2 \cdots X_{100} < e^{-80}\} \\
&= P\{\ln(X_1 X_2 \cdots X_{100}) < \ln e^{-80}\} \\
&= P\Big\{\sum_{i=1}^{100} \ln X_i < -80\Big\} \\
&= P\Big\{\sum_{i=1}^{100} Y_i < -80\Big\} \\
&= P\Big\{\frac{\sum_{i=1}^{100} Y_i + 100}{\sqrt{100}} < \frac{-80+100}{\sqrt{100}}\Big\} \\
&= P\Big\{\frac{\sum_{i=1}^{100} Y_i + 100}{\sqrt{100}} < 2\Big\} \\
&\approx \Phi(2) = 0.9772.
\end{aligned}
$$

定理 5.2.2(棣莫佛(De Moivre)-拉普拉斯(Laplace)中心极限定理)　在 n 重伯努利试验中，事件 A 在每次试验中发生的概率为 $p(0<p<1)$，设 Y_n 表示 n 次试验中事件 A 发生的次数，则对于任意的 x，有

$$\lim_{n\to\infty} P\Big\{\frac{Y_n - np}{\sqrt{np(1-p)}} \le x\Big\} = \int_{-\infty}^{x} \frac{1}{\sqrt{2\pi}} e^{-t^2/2} dt = \Phi(x).$$

证明　令 $X_i = \begin{cases} 1, & 第 i 次试验 A 发生, \\ 0, & 第 i 次试验 A 不发生, \end{cases}$ $i=1,\cdots,n.$ 则 $X_1, X_2,$ $\cdots, X_n$ 独立同分布，都服从参数为 p 的 0—1 分布，且

$$E(X_i) = p, \quad D(X_i) = p(1-p).$$

易知 $Y_n = \sum_{i=1}^{n} X_i$. 故由定理 5.2.1 知，结论成立.

定理表明，当 n 较大，$0<p<1$ 时，$\frac{Y_n - np}{\sqrt{np(1-p)}}$ 近似地服从标准正态分布 $N(0,1)$. 在本定理中，易知 $Y_n \sim b(n,p)$，于是，当 n 较大，$0<p<1$ 时，可以用正态分布 $N(np, np(1-p))$ 近似 $b(n,p)$ 分

布. 所以，当 Y 服从二项分布 $b(n,p)$ 时，对任意的实数 a, b, 且 $a<b$, 有如下的近似计算公式:

$$P\{a<Y<b\}=P\left\{\frac{a-np}{\sqrt{np(1-p)}}<\frac{Y-np}{\sqrt{np(1-p)}}<\frac{b-np}{\sqrt{np(1-p)}}\right\}$$

$$\approx\Phi\left(\frac{b-np}{\sqrt{np(1-p)}}\right)-\Phi\left(\frac{a-np}{\sqrt{np(1-p)}}\right);$$

$$P\{Y<b\}=P\left\{\frac{Y-np}{\sqrt{np(1-p)}}<\frac{b-np}{\sqrt{np(1-p)}}\right\}\approx\Phi\left(\frac{b-np}{\sqrt{np(1-p)}}\right);$$

$$P\{Y>a\}=P\left\{\frac{Y-np}{\sqrt{np(1-p)}}>\frac{a-np}{\sqrt{np(1-p)}}\right\}\approx1-\Phi\left(\frac{a-np}{\sqrt{np(1-p)}}\right).$$

例 5.2.6　某保险公司有 10000 个同龄又同阶层的人参加某种医疗保险. 已知该类人在一年内生该种病的概率为 0.006. 每个参加保险的人在年初付 12 元保险费，而在生病时可从公司领得 1000 元. 问在此项业务活动中，（1）保险公司赔钱的概率是多少？（2）保险公司获得利润（暂不计管理费）不少于 40000 元的概率是多少？

解　令 X 表示 10000 个参加该种医疗保险的人中，一年内生该病的人数，易知

$$X\sim b(10000,0.006),$$

$E(X)=10000\times0.006=60$, $D(X)=10000\times0.006\times0.994=59.64$.

由棣莫佛-拉普拉斯中心极限定理得

$$\frac{X-60}{\sqrt{59.64}}\overset{近似}{\sim}N(0,1).$$

所以

（1）$P\{10000\times12-X\times1000\leq0\}=P\{X\geq120\}\approx1-\Phi\left(\frac{120-60}{\sqrt{59.64}}\right)=$ $1-\Phi(7.769)\approx0$,

（2）$P\{10000\times12-X\times1000\geq40000\}=P\{X\leq80\}\approx\Phi\left(\frac{80-60}{\sqrt{59.64}}\right)=$ $\Phi(2.59)=0.9952$.

例 5.2.7　甲、乙两个戏院竞争 1000 名观众，假定每位观众选择每个戏院是等可能的，且观众之间选择哪个戏院是彼此独立的，问每个戏院应该设多少个座位，才能保证因缺少座位而使观众离去的概率小于 1%？

解　设甲戏院应设 m 个座位，S 为 1000 个观众中选择甲剧院的人数. 则

$$S \sim b(1000, 1/2).$$

$$E(S) = 1000 \times 0.5 = 500, \quad D(S) = 1000 \times 0.5 \times 0.5 = 250.$$

由中心极限定理得

$$\frac{S - 500}{\sqrt{250}} \overset{\text{近似}}{\sim} N(0, 1).$$

则 m 应满足 $P(S > m) < 0.01$.

所以有

$$P\{S > m\} = P\left\{\frac{S - 500}{\sqrt{250}} > \frac{m - 500}{\sqrt{250}}\right\} \approx 1 - \Phi\left(\frac{m - 500}{\sqrt{250}}\right) < 0.01.$$

即

$$\Phi\left(\frac{m - 500}{\sqrt{250}}\right) > 0.99 = \Phi(2.33).$$

所以

$$\frac{m - 500}{\sqrt{250}} > 2.33.$$

解得

$$m > 536.498.$$

因此甲戏院应设 537 个座位，同理乙戏院也应设 537 个座位.

定理 5.2.1 给出了独立同分布的情况下，随机变量和的极限分布的问题. 实际问题中，诸 X_i 的独立性是容易满足的，但是同分布性就很难说了. 因此需要在独立不同分布下研究和的极限分布问题.

> **定理 5.2.3**（李雅普诺夫（Lyapunov）中心极限定理）　设 $X_1, X_2, \cdots,$ $X_n, \cdots$ 是相互独立的随机变量序列，它们的数学期望和方差都是存在的，且其数学期望 $E(X_k) = \mu_k$，方差 $D(X_k) = \sigma_k^2 > 0$ 存在，
> $k = 1, 2, \cdots$，记 $B_n = \sqrt{\sum\limits_{k=1}^{n} \sigma_k^2}$，若存在正数 δ，使得
>
> $$\lim_{n \to \infty} \frac{1}{B_n^{2+\delta}} \sum_{k=1}^{n} E\{|X_k - \mu_k|^{2+\delta}\} = 0.$$
>
> 则对任意 x，有
>
> $$\lim_{n \to \infty} P\left\{\frac{\sum\limits_{k=1}^{n} X_k - \sum\limits_{k=1}^{n} \mu_k}{B_n} \leq x\right\} = \int_{-\infty}^{x} \frac{1}{\sqrt{2\pi}} e^{-t^2/2} \mathrm{d}t = \Phi(x).$$

证明略，参见文献[5].

定理 5.2.3 表明，在定理的条件下，当 n 充分大时，随机变量

$$\frac{\sum\limits_{k=1}^{n} X_k - \sum\limits_{k=1}^{n} \mu_k}{B_n}$$

延安精神

近似地服从标准正态分布 $N(0,1)$，由此，$\sum_{k=1}^{n} X_k$ 近似地服从正态分布 $N\left(\sum_{k=1}^{n}\mu_k, B_n^2\right)$．这就是说，无论各个随机变量 X_k 服从什么分布，只要满足定理的条件，那么当 n 充分大时，他们的和 $\sum_{k=1}^{n} X_k$ 就近似地服从正态分布．这就是正态分布在概率论中占有重要地位的一个基本原因，也有助于解释为什么很多自然群体的经验频率呈现钟形曲线这一值得注意的事实．

习题 5

1. 随机变量 X 服从参数为 3 的泊松分布，应用切比雪夫不等式求 $P\{|X-3|\geqslant 2\}$ 的一个上界．

2. 设随机变量 X 和 Y 的数学期望分别为 -2 和 2，方差分别为 1 和 4，相关系数为 -0.5，利用切比雪夫不等式求 $P\{|X+Y|<6\}$ 的一个下界．

3. 设随机变量 X 的密度函数为

$$f(x)=\begin{cases}\dfrac{1}{n!}x^n e^{-x}, & x>0,\\ 0, & x\leqslant 0.\end{cases}$$

利用切比雪夫不等式证明：$P\{0<X<2(n+1)\}\geqslant\dfrac{n}{n+1}$．

4. 一种遗传病的隔代发病率为 10%，在得病家庭中取 500 户进行研究，利用切比雪夫不等式估计这 500 户中隔代发病的比例与发病率之差的绝对值小于 5% 的概率的下界．

5. (马尔可夫不等式) 设 $\alpha>0$，且 $E(|X-E(X)|^{\alpha})$ 存在，则对任意的 $\varepsilon>0$，均有

$$P\{|X-E(X)|\geqslant\varepsilon\}\leqslant\dfrac{E(|X-E(X)|^{\alpha})}{\varepsilon^{\alpha}}.$$ (仅就 X 为离散型随机变量和连续型随机变量的情形给出证明).

6. 设随机变量序列 $X_1,\cdots,X_n,\cdots$ 独立同分布，其共同的密度函数为

$$f(x)=\begin{cases}6x(1-x), & 0<x<1,\\ 0, & 其他.\end{cases}$$

求当 $n\to+\infty$ 时，$\dfrac{1}{n}\sum_{i=1}^{n}X_i$ 依概率收敛于哪个常数？

7. 已知 $X_1,X_2,\cdots,X_n,\cdots$ 是独立同分布的随机变量序列，都服从 $b(100,0.1)$，若当 $n\to+\infty$ 时，$\dfrac{1}{n}\sum_{i=1}^{n}X_i^2$ 依概率收敛于常数 a，求 a 值．

8. 已知 $X_1,X_2,\cdots,X_n,\cdots$ 是独立同分布的随机变量序列，都服从 $N(\mu,\sigma^2)$，令 $Y_n=X_{2n}-X_{2n-1}$，求当 $n\to+\infty$ 时，$\dfrac{1}{n}\sum_{i=1}^{n}Y_i^2$ 依概率收敛于哪个数？

9. 设随机变量序列 $\{X_n\}$ 相互独立，都服从参数为 λ 的泊松分布 $P(\lambda)$，则当 $n\to+\infty$ 时，$\dfrac{1}{n}\sum_{i=1}^{n}X_i(X_i-1)$ 依概率收敛于哪个常数？

10. 设随机变量序列 $X_1,\cdots,X_n,\cdots$ 独立同分布，且共同的密度函数为

$$f(x)=\begin{cases}e^{-(x-\alpha)}, & x>\alpha\\ 0, & x\leqslant\alpha\end{cases}$$

其中常数 $\alpha>0$，令 $Y_n=\min(X_1,X_2,\cdots,X_n)$．试证明 $Y_n\xrightarrow{P}\alpha$．

11. 设随机变量序列 $X_1,\cdots,X_n,\cdots$ 独立同分布，且共同的密度函数为

$$f(x)=\begin{cases}1/\alpha, & 0<x<\alpha,\\ 0, & 其他.\end{cases}$$

其中常数 $\alpha>0$，令 $Y_n=\max(X_1,X_2,\cdots,X_n)$．试证明 $Y_n\xrightarrow{P}\alpha$．

12. 设随机变量序列 $X_1,X_2,\cdots,X_n,\cdots$ 独立同分布，且 X_1 的期望和方差均存在．证明，当 $n\to+\infty$ 时，$\dfrac{2}{n(n+1)}\sum_{i=1}^{n}i\cdot X_i\xrightarrow{P}E(X_1)$．

13. 假设 $X_1,\cdots,X_n$ 独立同分布，已知 $E(X_i^k)=$

a_k, ($k = 1, 2, 3, 4$), 证明：当 n 充分大时, 随机变量 $Z_n = \dfrac{1}{n} \sum\limits_{i=1}^{n} X_i^2$ 近似服从正态分布, 并指出其分布参数.

14. 设随机变量序列 $X_1, \cdots, X_n, \cdots$ 相互独立, 都服从参数 $\lambda = 1$ 的泊松分布, 求 $\lim\limits_{n \to +\infty} P\{X_1 + \cdots + X_n \geq n + 2\sqrt{n}\}$.

15. 独立地掷一颗骰子 n 次, S_n 表示各次掷出的点数之和, 已知当 $n \to \infty$ 时, $\dfrac{6S_n - a}{b}$ 近似地服从标准正态分布, 求 a, b 的值.

16. 在某银行柜台, 有 50 个人在排队办理业务, 假定每个人办理业务所需要的时间 (单位: min) 的概率密度函数为

$$f(x) = \begin{cases} xe^{-x}, & x > 0, \\ 0, & x \leq 0. \end{cases}$$

求服务人员在一个半小时之内为所有人办理完业务的概率.

17. 计算机在进行加法时, 对每个加数取整, 所有的取整误差是相互独立的, 且它们都服从均匀分布 $U(-0.5, 0.5)$. (1) 若将 1200 个数相加, 问误差总和的绝对值超过 15 的概率是多少? (2) 至多多少个数加在一起使得误差总和的绝对值小于 10 的概率至少为 0.9.

18. 某蛋糕店共 A、B、C、D 四种蛋糕出售, 其价格分别为 10 元, 12 元, 15 元, 18 元, 顾客购买 A、B、C、D 四种蛋糕的概率分别为 0.2, 0.3, 0.4 和 0.1, 假设今天共有 600 位顾客, 每位顾客各购买了 1 份蛋糕, 且各位顾客的消费是相互独立的. (1) 求该日的营业额超过 8000 元的概率; (2) 求这一天售出 C 款蛋糕的份数多于 260 份的概率.

19. 某人每天乘坐公交车上班, 且其每天上班时等车时间服从均值为 5min 的指数分布, 若一年有 225 个工作日, 求他在一年中的工作日用于上班的等车时间超过 20h 的概率.

20. 一生产线生产的产品成箱包装, 每箱的重量是随机的, 假设每箱平均重量为 50kg, 标准差为 5kg, 若用最大载重量为 5t 的汽车承运, 问, 每辆车最多可以装多少箱才能保证不超载的概率大于 0.95.

21. 设某元件是某武器装备的关键部件, 当该元件失效后立即换上一个新的. 假定该元件的平均寿命为 100h, 标准差为 30h, 试问：应该准备多少个该种元件, 才能有 95% 以上的把握保证该装备连续运行 2000h 以上.

22. 对敌阵地进行 100 次炮击, 每次炮击中, 炮弹的命中发数的数学期望为 4, 方差为 2.25, 求在 100 次炮击中, 有 380 发到 420 发炮弹击中目标的概率.

23. 一本书有 10 万个印刷符号, 排版时每个符号被排错的概率为 0.001, 校对时每个排版错误被改正的概率为 0.96, 求在校对后符号被排错的个数多于 8 个的概率.

24. 某电子计算机主机有 100 个终端, 每个终端有 80% 的时间被使用, 若各个终端是否被使用是相互独立的, 试求至少有 15 个终端空闲的概率.

25. 将一枚均匀硬币独立地连续掷 1000 次, 用中心极限定理计算, 正面出现的次数大于 510 的概率.

26. 一个复杂系统由 n 个相互独立的部件组成, 每个部件能正常工作的概率为 0.9, 且必须至少有 80% 的部件正常工作才能使整个系统正常工作, 问 n 至少为多大才能使系统正常工作的概率不低于 0.95.

27. 假设某种型号的螺丝钉的重量是随机变量, 期望值为 50g, 标准差为 5g. 求 (1) 100 个螺丝钉一袋的重量超过 5.1kg 的概率; (2) 每箱螺丝钉装有 500 袋, 500 袋中最多有 4% 的重量超过 5.1kg 的概率.

28. 为确定某城市中吸烟者的比例 p, 任意调查 n 个人, 记其中吸烟人数为 m, 问 n 至少为多大才能保证 m/n 与 p 的差异小于 0.01 的概率大于 95%.

29. 某产品的合格品率为 99%, 问一箱中应该装多少个此种产品, 才能有 95% 的可能性使每箱中至少有 100 个合格产品.

30. 某小区有 2000 户居民, 每一户拥有的汽车数量是随机变量, 他们是相互独立的, 其数学期望为 0.9, 方差为 0.36, 问至少要配备多少个车位, 才能使车位充足的概率至少为 0.95.

第6章

数理统计的基本概念

▶ 数理统计的基本
概念

前面五章我们讲述了概率论的基本内容,随后五章将讲述数理统计的内容.在概率论中,我们所研究的随机变量,其概率分布都假设已知,在这一前提下研究随机变量的性质、特点及其规律.数理统计中,我们所研究的随机变量,其概率分布未知或者不完全知道,我们通过对所研究的随机变量进行独立重复观察得到观察值,利用所得到的这些观察值(即数据)对所研究的随机变量的分布进行推断.

概率论和数理统计是数学学科中紧密相连的两个学科.数理统计是以概率论作为理论基础研究如何有效地收集带有随机性的数据,并对随机数据进行整理和分析,以便对所考察的问题做出推断和预测,为采取一定的决策和行动提供依据和建议.因此,一个实际问题若涉及实际数据,我们便可以用数理统计的方法对实际数据进行统计分析.大英百科全书给统计学的定义是:"一门收集数据、分析数据,并根据数据进行推断的艺术和科学".

数理统计是应用数学中最重要、最活跃的学科之一,其研究内容非常丰富,且形成了多个分支,如回归分析、抽样调查、试验设计、可靠性统计、多元统计分析、非参数统计等等.由于随机现象无处不在,因此其应用越来越广泛深入,在国民经济和科学技术中的地位越来越重要.

本章主要介绍数理统计中的一些基本概念:总体、样本、统计量和抽样分布,并介绍统计中三大重要分布:χ^2分布、t分布和F分布及其抽样分布的几个重要定理,这些内容是后续章节学习的重要基础.

6.1 一些基本概念

6.1.1 总体和个体

定义 6.1.1(总体) 在一个统计问题中,把所研究问题涉及的研究对象全体组成的集合称为**总体**.

定义 6.1.2（个体）　组成总体的每个元素称为**个体**.

例如，一个工厂生产的某种电子元件全体组成总体，生产的每个该种电子元件是个体. 总体随研究范围而定，总体中所包含个体的个数称为**总体的容量**，容量为有限的总体称为**有限总体**，容量为无限的总体称为**无限总体**.

但是，实际问题中，我们关心的并不是总体或这些个体本身，而是关心与个体性能相联系的某一项（或某几项）数量指标以及这些数量指标在总体中的分布情况. 表征个体特征的量称为**数量指标**.

例 6.1.1　研究 100 万只某种电子元件的使用寿命，这 100 万只电子元件的使用寿命组成总体，而其中每个电子元件的寿命是个体.

例 6.1.2　研究某高校全体在读学生的身高和体重，该校全体在读学生的身高和体重组成**总体**，而其中每个学生的身高和体重是**个体**.

对于一个总体，用 X 表示其数量指标，由于每个个体的出现是随机的，那么每个个体上的数量指标的出现也带有随机性. 因此 X 是一个随机变量. 例如，例 6.1.1 中电子元件的使用寿命 X 便是一个随机变量. 此时，把总体与一个随机变量（如灯泡寿命）对应起来. 因此，对总体的研究转化为对表示总体的随机变量 X 的统计规律性的研究. 随机变量 X 的分布函数和数字特征也称为总体的分布函数和数字特征. 今后将不区分总体与相应的随机变量，统称为总体 X.

例 6.1.3　某种电子元件使用寿命这一总体是指数分布总体，指总体中个体的观察值是指数分布随机变量的值.

例 6.1.4　检查自动生产线上生产出来的零件是次品还是正品，定义随机变量 X 如下：

$$X = \begin{cases} 1, & \text{次品}, \\ 0, & \text{正品}. \end{cases}$$

这是一个参数为 p 的 0-1 分布的随机变量，其中 $p = P\{X = 1\}$ 为次品率. 我们将它说成 0-1 分布总体，指总体中个体的观察值是 0-1 分布随机变量的值.

注　当总体分布为指数分布时，称为指数分布总体；当总体分布为正态分布时，称为正态分布总体或正态总体；当总体分布为二项分布时，称为二项分布总体等.

6.1.2　样本和样本分布

1. 样本

在实际中，总体的分布一般是未知的或者只知道分布的形式但是其中的参数未知. 为了研究总体的分布，应对总体中的每个个体进行研究，但是要把总体中所有个体一一加以测定，实际中常常不可能或者不必要. 例如，研究某批电子元件寿命组成的总体时，若对每个电子元件的寿命一一加以测定获得电子元件的平均寿命，这是一个破坏性的试验，耗时耗费不现实. 一般需要从该总体中随机抽取一定数量的个体进行观测，这一过程称为**抽样**. 从总体中抽取一个个体，就是对总体 X 进行一次观察并记录其结果. 我们对总体 X 进行 n 次独立重复观察，将 n 次观察结果依次记为 $X_1, X_2, \cdots, X_n$. 由于某 n 次抽样与另外 n 次抽样所得的 $X_i (i = 1, 2, \cdots, n)$ 一般取不同的数值. 因此重复抽样中每一个 X_i 应该看作是一个随机变量. 另外，自然要求抽取出的 n 个个体能够很好地反映总体的信息. 最常用的一种抽样方法满足如下要求：

代表性：总体中的每一个个体 X_i 都有同等机会被抽取，即要求每个个体 X_i 与总体 X 有相同的分布，因此每一个被抽取的个体都具有代表性.

独立性：每一次抽样不影响下一次抽样的情况，即要求 X_1, $X_2, \cdots, X_n$ 相互独立.

由于抽样具有代表性和独立性，因此 $X_1, X_2, \cdots, X_n$ 是相互独立的随机变量且每个 X_i 都与总体 X 有相同的分布.

上述抽样方法称为**简单随机抽样**，利用简单随机抽样方法得到的样本，称为**简单随机样本**.

综上所述，给出如下定义：

> **定义 6.1.3**（样本）　设有一个总体 X，若 $X_1, X_2, \cdots, X_n$ 相互独立且每个 $X_i (i = 1, 2, \cdots, n)$ 与总体 X 有相同的分布，则称 $X_1,$ $X_2, \cdots, X_n$ 为从总体 X 中抽取的容量为 n 的**简单随机样本**，简称**样本**.

若总体 X 的分布函数为 $F(x)$，也称 $X_1, X_2, \cdots, X_n$ 为从总体分布 $F(x)$ 中抽取的容量为 n 的样本，记为 $X_1, X_2, \cdots, X_n$，且 $X_i \sim F(x)$. n 称为样本容量，样本 $X_1, X_2, \cdots, X_n$ 也可看做 n 维随机变量 $(X_1, X_2, \cdots, X_n)$. $X_1, X_2, \cdots, X_n$ 的观察值 $x_1, x_2, \cdots, x_n$ 称为样本值，

又称为 X 的 n 个独立的观察值. 若 $x_1,x_2,\cdots,x_n$ 与 $y_1,y_2,\cdots,y_n$ 都是相应于样本 $X_1,X_2,\cdots,X_n$ 的样本值, 一般来说, 它们是不相同的.

本书如不作特殊声明, 所提到的样本都是指简单随机样本.

2. 样本分布

样本作为多维随机变量有概率分布, 称这个概率分布为**样本分布**, 样本分布可由总体分布完全确定. 样本分布是样本受随机性影响最完整的描述.

设总体 X 的分布函数为 $F(x)$, 由于 $X_1,X_2,\cdots,X_n$ 相互独立且与总体 X 有相同的分布, 于是得到样本 $X_1,X_2,\cdots,X_n$ 的联合分布函数为

$$F^*(x_1,x_2,\cdots,x_n)=\prod_{i=1}^{n}F(x_i). \tag{6.1.1}$$

设总体 X 是离散型随机变量, 其分布列为 $f(x)=P\{X=x\}$, 则样本 $X_1,X_2,\cdots,X_n$ 的联合分布列是

$$P\{X_1=x_1,X_2=x_2,\cdots,X_n=x_n\}=\prod_{i=1}^{n}P\{X_i=x_i\}. \tag{6.1.2}$$

设总体 X 是连续型随机变量, 且具有概率密度函数 $f(x)$, 则样本 $X_1,X_2,\cdots,X_n$ 的联合概率密度函数是

$$f^*(x_1,x_2,\cdots,x_n)=\prod_{i=1}^{n}f(x_i). \tag{6.1.3}$$

例 6.1.5　设总体 $X\sim B(1,p)$, $0<p<1$, 即 $P\{X=x\}=p^x(1-p)^{1-x}$, 其中 $x=0$ 或 $x=1$,$X_1,X_2,\cdots,X_n$ 为从总体 X 中抽取的样本, 求样本 $X_1,X_2,\cdots,X_n$ 的联合分布列.

解　样本 $X_1,X_2,\cdots,X_n$ 的联合分布列为

$$P\{X_1=x_1,X_2=x_2,\cdots,X_n=x_n\}$$
$$=\prod_{i=1}^{n}P\{X_i=x_i\}=\prod_{i=1}^{n}p^{x_i}(1-p)^{1-x_i}$$
$$=p^{\sum_{i=1}^{n}x_i}(1-p)^{n-\sum_{i=1}^{n}x_i}=p^k(1-p)^{n-k},$$

其中 k 为观察值 $x_1,x_2,\cdots,x_n$ 中 1 的个数, $k=0,1,2,\cdots,n$.

例 6.1.6　设总体 $X\sim N(\mu,\sigma^2)$, $\mu\in\mathbf{R}$, $\sigma>0$, $X_1,X_2,\cdots,X_n$ 为从总体 X 中抽取的样本, 求样本 $X_1,X_2,\cdots,X_n$ 的联合概率密度函数.

解　由于 $X\sim N(\mu,\sigma^2)$, 其概率密度函数为

$$f(x;\mu,\sigma^2)=\frac{1}{\sqrt{2\pi}\,\sigma}\exp\left\{-\frac{(x-\mu)^2}{2\sigma^2}\right\}, \quad x\in\mathbf{R}.$$

因此，样本 $X_1, X_2, \cdots, X_n$ 的联合概率密度函数是

$$\prod_{i=1}^{n} f(x_i; \mu, \sigma^2) = \prod_{i=1}^{n} \frac{1}{\sqrt{2\pi}\,\sigma} \exp\left\{ -\frac{(x_i - \mu)^2}{2\sigma^2} \right\}$$

$$= \left(\frac{1}{\sqrt{2\pi}\,\sigma} \right)^n \exp\left\{ -\frac{1}{2\sigma^2} \sum_{i=1}^{n} (x_i - \mu)^2 \right\}.$$

*6.1.3 参数空间和分布族

例 6.1.5 中总体分布中的 p 以及例 6.1.6 中总体分布中的 μ 与 σ^2 都是确定分布的常数，这些常数的不同取值对应不同的总体分布，只要确定了常数的值，相应总体的分布也确定了. 数理统计中，称出现在总体分布中的常数为**参数**. 因此，μ, σ^2, p 都是参数，μ 和 σ^2 出现在同一分布中，常记做 $\boldsymbol{\theta} = (\mu, \sigma^2)$，称为**参数向量**. 参数 $\boldsymbol{\theta}$ 所有可能取值的全体构成的集合，称为**参数空间**，记为 $\boldsymbol{\Theta}$.

例 6.1.5 中，参数空间为 $\boldsymbol{\Theta} = \{p : 0 < p < 1\}$.

例 6.1.6 中，参数空间为 $\boldsymbol{\Theta} = \{(\mu, \sigma^2) : \mu \in \mathbf{R}, \sigma > 0\}$.

由于不同的参数值对应不同的总体分布，因此，参数空间中所有可能的参数值对应一族总体分布，称该分布族为**总体分布族**. 同样，不同的参数值对应不同的样本分布. 因此，参数空间中所有可能的参数值对应一族样本分布，称该分布族为**样本分布族**.

例 6.1.5 中，总体分布族为 $\{B(1, p) : 0 < p < 1\}$，其中参数 p 的每一个可能值对应于一个具体的分布.

样本分布族为 $\left\{ \prod_{i=1}^{n} P\{X_i = x_i; p\} : 0 < p < 1 \right\}$，其中参数 p 的每一个可能值对应于一个具体的分布.

例 6.1.6 中，总体分布族为 $\{N(\mu, \sigma^2) : \mu \in \mathbf{R}, \sigma > 0\}$，其中参数 (μ, σ^2) 的每一对可能值对应于一个具体的分布.

样本分布族为 $\left\{ \prod_{i=1}^{n} f(x_i; \mu, \sigma^2) : \mu \in \mathbf{R}, \sigma > 0 \right\}$，其中参数 (μ, σ^2) 的每一对可能值对应于一个具体的分布.

一般，设总体的概率密度函数（或分布列）为 $f(x; \boldsymbol{\theta})$，其中 $\boldsymbol{\theta}$ 为未知参数，参数空间为 $\boldsymbol{\Theta}$，总体分布族可以表示为

$$\{f(x; \boldsymbol{\theta}) : \boldsymbol{\theta} \in \boldsymbol{\Theta}\}. \tag{6.1.4}$$

样本分布族可以表示为

$$\left\{ \prod_{i=1}^{n} f(x_i; \boldsymbol{\theta}) : \boldsymbol{\theta} \in \boldsymbol{\Theta} \right\}. \tag{6.1.5}$$

其中参数 $\boldsymbol{\theta}$ 的每一个可能值对应于一个具体的分布.

常见的总体分布族有：

两点分布族 $\{B(1,p):0<p<1\}$；

二项分布族 $\{B(m,p):0<p<1\}$；

泊松分布族 $\{P(\lambda):\lambda>0\}$；

均匀分布族 $\{U(a,b):-\infty<a<b<\infty\}$；

指数分布族 $\{E(\lambda):\lambda>0\}$；

正态分布族 $\{N(\mu,\sigma^2):\mu\in\mathbf{R},\sigma^2>0\}$.

杂家名著《淮南子》中说过："以小明大，见一叶落，而知岁之将暮，睹瓶中之水，而知天下之寒". 事实上，"以小明大"就是通过小的部分来获取大的全体的信息，看到一片叶子落了，可以推断其他地方也在落叶，说明秋天可能到了，于是有了成语"一叶知秋"；看到瓶里的水结冰了，可以推断周围都在结冰，说明天气变冷了. 在古代，通过观测到的部分信息推断全体的信息称为"以小明大"，在今天就是数理统计推断要研究的内容.

数理统计是着手于"样本"，着眼于"总体"，其任务是用样本推断总体. 当总体分布完全已知时，不存在任何统计推断问题.

参数统计问题：总体的分布形式已知，但是其中若干参数未知，只需要对总体中的一些未知参数进行推断即可，这类问题称为**参数统计问题**. 如例 6.1.6 中总体为正态分布，参数 μ 和 σ^2 未知，只要对 μ 和 σ^2 作出推断即可. 第 7 章的参数估计和第 8 章的参数假设检验都属于参数统计问题.

非参数统计问题：总体的分布形式完全未知，或者只有一些一般性的限制. 例如，假定总体分布是离散型或连续型等，这类问题称为**非参数统计问题**. 第 8 章的非参数假设检验属于非参数统计问题.

6.2　统计量和抽样分布

数理统计中总体是我们研究的目标，而如前所述不能对总体中的每个个体一一加以观察，而是从总体中随机抽取一部分个体即样本，通过对样本的研究进一步研究总体. 数理统计的重要任务之一就是通过样本推断总体的特性. 但是由于样本中所含总体信息较为分散，有时显得杂乱无章，一般不宜直接用于统计推断. 因此，为将这些分散在样本中的有关总体的信息集中起来以反映总体的各种特征，常常要把样本中的信息进行整理、加工、提炼，集中样本中的有用信息，针对不同的研究问题构造样本的适当函数，再利用样本的函数进行统计推断.

▶ 统计量

6.2.1　统计量

> **定义 6.2.1**（统计量）　设 $X_1, X_2, \cdots, X_n$ 是来自总体 X 的样本，$T(X_1, X_2, \cdots, X_n)$ 为样本 $X_1, X_2, \cdots, X_n$ 的函数，且不含有任何未知参数，称 $T(X_1, X_2, \cdots, X_n)$ 为**统计量**.

如果 $x_1, x_2, \cdots, x_n$ 为样本 $X_1, X_2, \cdots, X_n$ 的观察值，称 $T(x_1, x_2, \cdots, x_n)$ 为统计量 $T(X_1, X_2, \cdots, X_n)$ 的一个观察值.

例 6.2.1　设总体 $X \sim N(\mu, \sigma^2)$，$\mu \in \mathbf{R}, \sigma > 0$，且 μ 未知，σ^2 已知，$X_1, X_2, \cdots, X_n$ 是来自总体 X 的样本，则

$$\overline{X} = \frac{1}{n} \sum_{i=1}^{n} X_i, \quad \frac{1}{n-1} \sum_{i=1}^{n} (X_i - \overline{X})^2$$ 都是统计量.

$$\frac{1}{n} \sum_{i=1}^{n} (X_i - \mu)^2, \quad \frac{1}{\sigma^2} \sum_{i=1}^{n} (X_i - \mu)^2$$ 含有未知参数 μ，都不是统计量.

下面介绍几个常用的统计量. 设 $X_1, X_2, \cdots, X_n$ 是来自总体 X 的容量为 n 的样本.

1. 样本均值

$\overline{X} = \dfrac{1}{n} \sum_{i=1}^{n} X_i$，反映了总体均值 $E(X)$ 的信息.

2. 样本方差

$S^2 = \dfrac{1}{n-1} \sum_{i=1}^{n} (X_i - \overline{X})^2$，反映了总体方差 $D(X)$ 的信息.

样本标准差 $S = \sqrt{\dfrac{1}{n-1} \sum_{i=1}^{n} (X_i - \overline{X})^2}$，反映了总体标准差 $\sqrt{D(X)}$ 的信息.

3. 样本 k 阶（原点）矩

$A_k = \dfrac{1}{n} \sum_{i=1}^{n} X_i^k, \ (k = 1, 2, \cdots)$，反映了总体 k 阶（原点）矩 $E(X^k)$ 的信息. 特别地，$k = 1$ 时，A_1 为样本均值.

4. 样本 k 阶中心矩

$B_k = \dfrac{1}{n} \sum_{i=1}^{n} (X_i - \overline{X})^k, (k = 2, 3, \cdots)$，反映了总体 k 阶中心矩 $E[(X - E(X))^k]$ 的信息.

特别地，$B_2 = \dfrac{n-1}{n} S^2 = \dfrac{1}{n} \sum_{i=1}^{n} (X_i - \overline{X})^2 \overset{\wedge}{=} S_n^2$.

我们没有称 S_n^2 为样本方差的原因是 S_n^2 不具有无偏性而 S^2 具有无偏性，这一点在第 7 章中会讲到.

设 $x_1, x_2, \cdots, x_n$ 为样本 $X_1, X_2, \cdots, X_n$ 的观察值，则

$$\bar{x} = \frac{1}{n} \sum_{i=1}^{n} x_i, \quad s^2 = \frac{1}{n-1} \sum_{i=1}^{n} (x_i - \bar{x})^2, \quad s = \sqrt{\frac{1}{n-1} \sum_{i=1}^{n} (x_i - \bar{x})^2},$$

$$a_k = \frac{1}{n} \sum_{i=1}^{n} x_i^k, \ (k = 1, 2, \cdots), \quad b_k = \frac{1}{n} \sum_{i=1}^{n} (x_i - \bar{x})^k, \ (k = 2, 3, \cdots)$$

分别称为样本均值，样本方差，样本标准差，样本 k 阶（原点）矩，样本 k 阶中心矩的观察值.

5. 顺序（次序）统计量

定义 6.2.2（顺序统计量）　设 $X_1, X_2, \cdots, X_n$ 是来自总体 X 的样本，将 $X_1, X_2, \cdots, X_n$ 按照从小到大排列为

$$X_{(1)} \leqslant X_{(2)} \leqslant \cdots \leqslant X_{(n)},$$

称 $(X_{(1)}, X_{(2)}, \cdots, X_{(n)})$ 为 $X_1, X_2, \cdots, X_n$ 的**顺序统计量**.

称 $X_{(k)}$，$1 \leqslant k \leqslant n$ 为**第 k 个顺序统计量**；

称 $X_{(1)} = \min_{1 \leqslant i \leqslant n} X_i = \min(X_1, X_2, \cdots, X_n)$ 为**最小顺序统计量**；

称 $X_{(n)} = \max_{1 \leqslant i \leqslant n} X_i = \max(X_1, X_2, \cdots, X_n)$ 为**最大顺序统计量**；

称 $R = X_{(n)} - X_{(1)}$ 为**样本极差**，反映了样本观察值的最大波动程度；

称 $\widetilde{X} = \begin{cases} X_{\left(\frac{n+1}{2}\right)}, & n = 2m+1, \\[2mm] \dfrac{1}{2}\left(X_{\left(\frac{n}{2}\right)} + X_{\left(\frac{n}{2}+1\right)}\right), & n = 2m \end{cases}$ 为**样本中位数**，它把样本

分为两部分，而样本中位数恰好是分界线.

由顺序统计量可以引入如下经验分布函数的概念.

定义 6.2.3（经验分布函数）　设 $X_1, X_2, \cdots, X_n$ 是来自总体 X 的样本，$(X_{(1)}, X_{(2)}, \cdots, X_{(n)})$ 为 $X_1, X_2, \cdots, X_n$ 的顺序统计量，对任意实数 x，定义

$$\begin{aligned} F_n(x) &= \frac{1}{n} \sum_{i=1}^{n} I_{\{X_i \leqslant x\}} \\ &= \begin{cases} 0, & x < x_{(1)}, \\[2mm] \dfrac{k}{n}, & x_{(k)} \leqslant x < x_{(k+1)}, \quad k = 1, 2, \cdots, n-1, \\[2mm] 1, & x \geqslant x_{(n)}, \end{cases} \end{aligned}$$

称函数 $F_n(x)$ 为 $X_1, X_2, \cdots, X_n$ 的经验分布函数.

定义中，$I_{\{X_i\leqslant x\}}=\begin{cases}1, & \text{当 } X_i\leqslant x,\\0, & \text{当 } X_i>x.\end{cases}$

易见，$F_n(x)$ 是单调不减且右连续的阶梯函数，其跳跃点恰好是样本的观察值，当 n 个观察值各不相同时，每个跳跃点的跳跃度均为 $1/n$，而且 $F_n(x)$ 满足

(1) $0\leqslant F_n(x)\leqslant 1$.

(2) $F_n(-\infty)=\lim\limits_{x\to-\infty}F_n(x)=0$, $F_n(+\infty)=\lim\limits_{x\to+\infty}F_n(x)=1$.

对每一个样本观察值 $x_1,x_2,\cdots,x_n$，$F_n(x)$ 作为 x 的函数，具备分布函数所要求的性质，因此 $F_n(x)$ 可视为一个分布函数，称之为经验分布函数.

例 6.2.2　有一组数据 19，22，13，11，16，17，求相应的经验分布函数.

解　把这些数据按照从小到大的顺序排列为 11，13，16，17，19，22，于是经验分布函数为

$$F_n(x)=\begin{cases}0, & x\in(-\infty,11),\\[1mm]\dfrac{1}{6}, & x\in[11,13),\\[1mm]\dfrac{2}{6}, & x\in[13,16),\\[1mm]\dfrac{3}{6}, & x\in[16,17),\\[1mm]\dfrac{4}{6}, & x\in[17,19),\\[1mm]\dfrac{5}{6}, & x\in[19,22),\\[1mm]1, & x\in[22,+\infty).\end{cases}$$

关于经验分布函数，格里汶科（Glivenko）于 1933 年证明了下面的定理.

格里汶科定理　设 $X_1,X_2,\cdots,X_n$ 为从总体 X 中抽取的样本，且总体 X 的分布函数为 $F(x)$，$F_n(x)$ 为其经验分布函数，记

$$D_n=\sup_{-\infty<x<+\infty}|F_n(x)-F(x)|,$$

则有

$$P\left\{\lim_{n\to+\infty}D_n=0\right\}=1.$$

证明参见茆诗松、王静龙所著《数理统计》.

该定理说明：当 n 充分大时，对于任一实数 x，经验分布函数 $F_n(x)$ 与总体分布函数 $F(x)$ 之差的绝对值一致地越来越小，这个事件发生的概率为 1.

根据**格里汶科定理**，经验分布函数是总体分布函数一个很好的近似. 因此，实际中可把经验分布函数当作总体分布函数 $F(x)$ 来使用.

6.2.2 **抽样分布**

统计量是样本 $(X_1, X_2, \cdots, X_n)$ 的函数，而样本是随机变量. 因此，统计量也是随机变量，统计量的分布称为**抽样分布**. 研究统计量的性质和评价一个统计推断的优良性，取决于抽样分布的性质. 近代统计学的创始人之一，英国统计学家费希尔 ($R. A. Fisher$) 把抽样分布、参数估计和假设检验列为统计推断的三个中心内容. 因此寻求抽样分布的理论和方法很重要.

本节给出在数理统计中占重要地位的三大分布：χ^2 分布、t 分布、F 分布，及其几个重要的抽样分布定理.

1. 三大重要分布

(1) χ^2 分布

▶️ 统计中的三大分布 1

> **定义 6.2.4**(χ^2 分布)　设 $X_1, X_2, \cdots, X_n$ 相互独立，且均服从 $N(0,1)$，称随机变量
> $$\chi^2 = X_1^2 + X_2^2 + \cdots + X_n^2 \qquad (6.2.1)$$
> 服从自由度为 n 的 χ^2 分布，记做 $\chi^2 \sim \chi^2(n)$，其中 n 为独立随机变量的个数.

设 $\chi^2 \sim \chi^2(n)$，则 χ^2 的概率密度函数为

$$f(x) = \begin{cases} \dfrac{1}{2^{n/2}\Gamma(n/2)} x^{n/2-1} \mathrm{e}^{-x/2}, & x > 0, \\ 0, & x \leqslant 0. \end{cases} \qquad (6.2.2)$$

其中伽马函数 $\Gamma(\alpha)$ 通过积分 $\Gamma(\alpha) = \displaystyle\int_0^{+\infty} x^{\alpha-1} \mathrm{e}^{-x} \mathrm{d}x$ ($\alpha > 0$) 定义.

作为特例，当 $n=2$ 时，其概率密度函数为

$$f(x) = \begin{cases} \dfrac{1}{2} \mathrm{e}^{-\frac{x}{2}}, & x > 0, \\ 0, & x \leqslant 0. \end{cases}$$

恰好是期望为 2 的指数分布.

图 6.2.1 画出了 $n=1,4,10,20$ 几种不同自由度的 χ^2 分布概率密度函数的图形.

χ^2 分布具有如下重要性质：

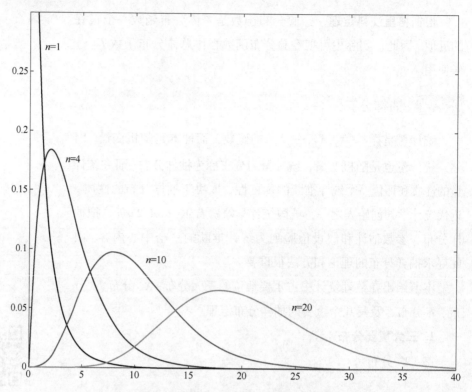

图 6.2.1　χ^2 分布的概率密度函数曲线

性质 1　设 $X_1,X_2,\cdots,X_n$ 独立同分布, 且 $X_1 \sim N(\mu,\sigma^2)$, $\mu \in \mathbf{R}$, $\sigma>0$, 则

$$\frac{1}{\sigma^2}\sum_{i=1}^{n}(X_i-\mu)^2 \sim \chi^2(n). \qquad (6.2.3)$$

证明　由于 $X_1,X_2,\cdots,X_n$ 独立同分布, 且 $X_i \sim N(\mu,\sigma^2)$, 令

$$Y_i=\frac{X_i-\mu}{\sigma}, \quad i=1,2,\cdots,n,$$

则 $Y_1,Y_2,\cdots,Y_n$ 独立同分布, 且 $Y_1 \sim N(0,1)$.

根据 χ^2 分布的定义, 得到

$$\sum_{i=1}^{n}Y_i^2=\frac{1}{\sigma^2}\sum_{i=1}^{n}(X_i-\mu)^2 \sim \chi^2(n).$$

性质 2　设 $X \sim \chi^2(n)$, 则 X 的数学期望和方差是 $E(X)=n$, $D(X)=2n$.

证明　根据 χ^2 分布的定义, X 可以表示为 $X=\sum_{i=1}^{n}X_i^2$, 其中 X_1, X_2, $\cdots$, X_n 独立同分布, $X_i \sim N(0,1)$, 则 $E(X_i)=0$, $E(X_i^2)=D(X_i)=1$.

$$D(X_i^2) = E(X_i^4) - [E(X_i^2)]^2 = 3 - 1 = 2, \quad i = 1, 2, \cdots n.$$

因此

$$E(X) = E\Big(\sum_{i=1}^{n} X_i^2\Big) = \sum_{i=1}^{n} E(X_i^2) = n,$$

$$D(X) = D\Big(\sum_{i=1}^{n} X_i^2\Big) = \sum_{i=1}^{n} D(X_i^2) = 2n.$$

性质 3(可加性) 设 $Z_1 \sim \chi^2(n_1)$,$Z_2 \sim \chi^2(n_2)$,且 Z_1 与 Z_2 相互独立,则

$$Z_1 + Z_2 \sim \chi^2(n_1 + n_2),$$

这个性质称为 χ^2 分布的可加性.

证明 由定义 $Z_1 = X_1^2 + X_2^2 + \cdots + X_{n_1}^2$,其中 $X_1, X_2, \cdots, X_{n_1}$ 独立同分布,且服从 $N(0,1)$,同理 $Z_2 = X_{n_1+1}^2 + X_{n_2+1}^2 + \cdots + X_{n_1+n_2}^2$,其中 $X_{n_1+1}, X_{n_1+2}, \cdots, X_{n_1+n_2}$ 独立同分布,且服从 $N(0,1)$,再由 Z_1 与 Z_2 相互独立得到 $X_1, X_2, \cdots, X_{n_1}, X_{n_1+1}, X_{n_1+2}, \cdots, X_{n_1+n_2}$ 独立同分布且服从 $N(0,1)$,因此

$$Z_1 + Z_2 = X_1^2 + X_2^2 + \cdots + X_{n_1}^2 + X_{n_1+1}^2 + X_{n_2+1}^2 + \cdots + X_{n_1+n_2}^2,$$

按照定义有 $Z_1 + Z_2 \sim \chi^2(n_1 + n_2)$.

推论 6.2.1 设 $Z_i \sim \chi^2(n_i)$,$i = 1, 2, \cdots, k$ 且相互独立,则

$$\sum_{i=1}^{k} Z_i \sim \chi^2\Big(\sum_{i=1}^{k} n_i\Big).$$

例 6.2.3 设总体 X 服从指数分布,其概率密度函数为

$$f(x) = \begin{cases} \lambda e^{-\lambda x}, & x > 0, \\ 0, & x \leqslant 0. \end{cases}$$

其中参数 $\lambda > 0$,$X_1, X_2, \cdots, X_n$ 是来自总体 X 的样本,

证明:$T = 2\lambda(X_1 + X_2 + \cdots + X_n) = 2n\lambda\overline{X} \sim \chi^2(2n)$.

证明 令 $Y_1 = 2\lambda X_1$,则 Y_1 的概率密度函数为

$$f_{Y_1}(y) = \begin{cases} \dfrac{1}{2} e^{-\frac{1}{2}y}, & y > 0, \\ 0, & y \leqslant 0. \end{cases}$$

恰好是自由度为 2 的 χ^2 分布. 又由 $X_1, X_2, \cdots, X_n$ 独立同分布得 $2\lambda X_1, 2\lambda X_2, \cdots, 2\lambda X_n$ 独立同分布且都服从自由度为 2 的 χ^2 分布. 因此根据 χ^2 分布的可加性,得到

$$T = 2\lambda(X_1 + X_2 + \cdots + X_n) = 2n\lambda\overline{X} \sim \chi^2(2n).$$

(2) t 分布

▶️ 统计中的三大分布 2

定义 6.2.5(t 分布) 设随机变量 $X \sim N(0,1)$ 和 $Y \sim \chi^2(n)$，且 X 与 Y 相互独立，则称随机变量

$$T = \frac{X}{\sqrt{Y/n}} \tag{6.2.4}$$

服从自由度为 n 的 t 分布，记做 $T \sim t(n)$，t 分布是英国统计学家 W. S. Gosset 在 1908 年以笔名 student 发表的论文中提出，故后人又称为学生氏(student)分布.

设随机变量 $T \sim t(n)$，则 T 的概率密度函数为

$$f(t) = \frac{\Gamma[(n+1)/2]}{\Gamma(n/2)\sqrt{n\pi}}(1+t^2/n)^{-(n+1)/2}, \quad -\infty < t < +\infty. \tag{6.2.5}$$

图 6.2.2 画出了 $n = 2,5$ 两种不同自由度的 t 分布概率密度函数的图形.

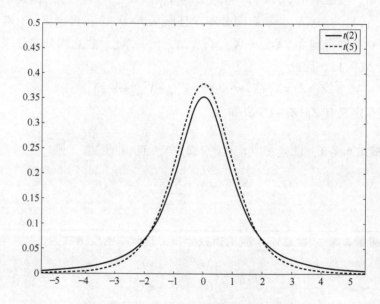

图 6.2.2 $t(2)$ 与 $t(5)$ 分布的概率密度曲线

t 分布具有如下重要性质：

性质 1 t 分布的密度函数关于 y 轴对称，且

$$\lim_{|t| \to +\infty} f(t) = 0.$$

性质 2 t 分布的密度函数形状是中间高，两边低，左右对称，与标准正态分布的概率密度函数图像类似，特别的

$$\lim_{n \to +\infty} f(t) = \frac{1}{\sqrt{2\pi}} e^{-t^2/2}.$$

当 n 足够大时，T 近似服从标准正态分布 $N(0,1)$. 实际上，当 $n>45$ 时，t 分布与标准正态分布几乎没有差异. 当 n 较小时，在尾部 t 分布比标准正态分布有更大的概率，如图 6.2.3 和图 6.2.4 所示.

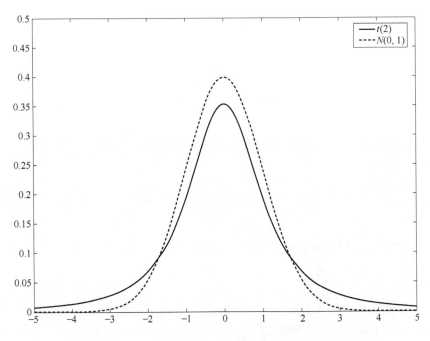

图 6.2.3　$t(2)$ 与 $N(0,1)$ 概率密度曲线的对比

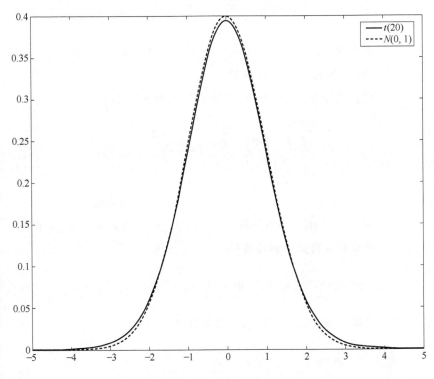

图 6.2.4　$t(20)$ 与 $N(0,1)$ 概率密度曲线的对比

性质3 设 $T \sim t(n)$，$n > 1$，则对于 $r < n$，$E(T^r)$ 存在，且

$$E(T^r) = \begin{cases} n^{\frac{r}{2}} \dfrac{\Gamma[(r+1)/2]\Gamma[(n-r)/2]}{\sqrt{\pi}\,\Gamma(n/2)}, & \text{当 } r \text{ 是偶数,} \\ 0, & \text{当 } r \text{ 是奇数.} \end{cases}$$

特别地，

$$\text{当 } n \geqslant 2 \text{ 时，} E(T) = 0,$$

$$\text{当 } n \geqslant 3 \text{ 时，} D(T) = \frac{n}{n-2}.$$

性质4 自由度为 1 的 t 分布称为柯西（Cauchy）分布，其密度函数为

$$f(x) = \frac{1}{\pi(1+x^2)}, \quad x \in \mathbf{R}.$$

柯西分布以它的数学期望和方差都不存在而著名.

（3）F 分布

定义 6.2.6（F 分布） 设随机变量 $X \sim \chi^2(m)$ 和 $Y \sim \chi^2(n)$，且 X 与 Y 相互独立，则称随机变量

$$F = \frac{X/m}{Y/n} \tag{6.2.6}$$

服从自由度为 (m, n) 的 F 分布，记做 $F \sim F(m, n)$，其中 m 称为第一自由度，n 称为第二自由度.

设随机变量 $F \sim F(m, n)$，则 F 的概率密度函数为

$$f(x) = \begin{cases} \dfrac{\Gamma\left(\dfrac{m+n}{2}\right)}{\Gamma\left(\dfrac{m}{2}\right)\Gamma\left(\dfrac{n}{2}\right)} \left(\dfrac{m}{n}\right)^{\frac{m}{2}} x^{\frac{m}{2}-1} \left(1+\dfrac{m}{n}x\right)^{-\frac{m+n}{2}}, & x > 0, \\ 0, & x \leqslant 0. \end{cases} \tag{6.2.7}$$

图 6.2.5 画出了几种不同自由度的 F 分布的概率密度函数的图形.
F 分布具有如下重要性质：

性质1 设 $X \sim F(m, n)$，则 $1/X \sim F(n, m)$.

证明 根据定义可以直接得到证明.

性质2 设 $T \sim t(n)$，则 $T^2 \sim F(1, n)$.

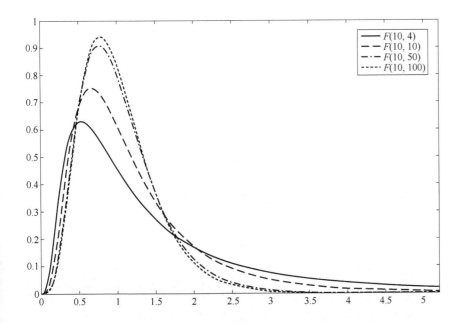

图 6.2.5　F 分布的概率密度函数曲线

证明　设 $T \sim t(n)$，根据 t 分布的定义，T 可以表示为

$$T = \frac{X}{\sqrt{Y/n}},$$

其中 $X \sim N(0,1)$ 和 $Y \sim \chi^2(n)$，且 X 与 Y 相互独立，于是

$$T^2 = \frac{X^2}{Y/n},$$

由于 $X^2 \sim \chi^2(1)$，且 X^2 与 Y 相互独立，因此

$$T^2 = \frac{X^2}{Y/n} \sim F(1,n).$$

2. 几个重要的抽样分布定理

本节介绍几个关于正态总体样本均值和样本方差分布的重要定理以及顺序统计量分布的定理，这些定理为以后各章的学习奠定了坚实的基础.

▶ 重要的抽样分布定理 1

引理 6.2.1　设 $X_1, X_2, \cdots, X_n$ 是来自总体 X 的一个样本，且 $E(X) = \mu, D(X) = \sigma^2, \overline{X} = \dfrac{1}{n}\sum_{i=1}^{n} X_i$ 和 $S^2 = \dfrac{1}{n-1}\sum_{i=1}^{n}(X_i - \overline{X})^2$ 分别为样本均值和样本方差，则

$$E(\overline{X}) = \mu, \; D(\overline{X}) = \frac{\sigma^2}{n}, \; E(S^2) = \sigma^2. \qquad (6.2.8)$$

证明 由于 X_1, $\cdots$, X_n 独立同分布，且 $E(X_1)=\mu$, $D(X_1)=\sigma^2$，因此

$$E(\overline{X}) = E\Big(\frac{1}{n}\sum_{i=1}^{n} X_i\Big) = \frac{1}{n}\sum_{i=1}^{n} E(X_i) = \mu,$$

$$D(\overline{X}) = D\Big(\frac{1}{n}\sum_{i=1}^{n} X_i\Big) = \frac{1}{n^2}\sum_{i=1}^{n} D(X_i) = \frac{\sigma^2}{n}.$$

$$E(S^2) = E\Big(\frac{1}{n-1}\sum_{i=1}^{n}(X_i - \overline{X})^2\Big)$$

$$= \frac{1}{n-1}\Big[\sum_{i=1}^{n} E(X_i - \mu)^2 - nE(\overline{X} - \mu)^2\Big]$$

$$= \frac{1}{n-1}\Big(\sum_{i=1}^{n}\sigma^2 - n\frac{\sigma^2}{n}\Big) = \sigma^2.$$

定理 6.2.1 设 $X_1, X_2, \cdots, X_n$ 是来自正态总体 $N(\mu, \sigma^2)$，$\mu \in \mathbf{R}$，$\sigma > 0$ 的样本，$\overline{X}$ 和 S^2 分别为样本均值和样本方差，则有

(1) $\overline{X} \sim N\Big(\mu, \dfrac{\sigma^2}{n}\Big)$，即 $\dfrac{\overline{X}-\mu}{\sigma/\sqrt{n}} \sim N(0,1)$;

(2) $\dfrac{(n-1)S^2}{\sigma^2} \sim \chi^2(n-1)$;

(3) $\overline{X}$ 和 S^2 相互独立.

证明 参见杨振海、张忠占所著《应用数理统计》.

定理 6.2.2 设 $X_1, X_2, \cdots, X_n$ 是来自正态总体 $N(\mu, \sigma^2)$ 的样本，$\overline{X}$ 和 S^2 分别为样本均值和样本方差，则有

$$T = \frac{\overline{X}-\mu}{S/\sqrt{n}} \sim t(n-1).$$

证明 由定理 6.2.1 知

$$\frac{\overline{X}-\mu}{\sigma/\sqrt{n}} \sim N(0,1), \qquad \frac{(n-1)S^2}{\sigma^2} \sim \chi^2(n-1),$$

且它们相互独立.

由 t 分布的定义，得到

$$\frac{\overline{X}-\mu}{\sigma/\sqrt{n}}\Big/\sqrt{\frac{(n-1)S^2}{\sigma^2(n-1)}} \sim t(n-1),$$

即 $\dfrac{\overline{X}-\mu}{S/\sqrt{n}} \sim t(n-1).$

重要的抽样分布定理 2

定理 6.2.3　设总体 $X \sim N(\mu_1, \sigma^2)$，总体 $Y \sim N(\mu_2, \sigma^2)$，且 X 与 Y 相互独立．$X_1, X_2, \cdots, X_m$ 是来自总体 X 的样本，$Y_1, Y_2, \cdots, Y_n$ 是来自总体 Y 的样本．$\overline{X} = \dfrac{1}{m} \sum\limits_{i=1}^{m} X_i$ 和 $\overline{Y} = \dfrac{1}{n} \sum\limits_{i=1}^{n} Y_i$ 分别是这两个样本的样本均值，$S_1^2 = \dfrac{1}{m-1} \sum\limits_{i=1}^{m} (X_i - \overline{X})^2$ 和 $S_2^2 = \dfrac{1}{n-1} \sum\limits_{i=1}^{n} (Y_i - \overline{Y})^2$ 分别是这两个样本的样本方差，则有

$$\frac{\overline{X} - \overline{Y} - (\mu_1 - \mu_2)}{S_\omega \sqrt{1/m + 1/n}} \sim t(m+n-2),$$

其中 $S_\omega^2 = \dfrac{(m-1)S_1^2 + (n-1)S_2^2}{m+n-2}$，$S_\omega = \sqrt{S_\omega^2}$．

证明　由定理 6.2.1 推出

$$U = \frac{(\overline{X} - \overline{Y}) - (\mu_1 - \mu_2)}{\sigma \sqrt{1/m + 1/n}} \sim N(0,1),$$

以及 $\dfrac{(m-1)S_1^2}{\sigma^2} \sim \chi^2(m-1)$，$\dfrac{(n-1)S_2^2}{\sigma^2} \sim \chi^2(n-1)$，且它们相互独立．则由 χ^2 分布的可加性得到

$$V = \frac{(m-1)S_1^2}{\sigma^2} + \frac{(n-1)S_2^2}{\sigma^2} \sim \chi^2(m+n-2).$$

根据定理 6.2.1 以及两样本的独立性可知 U 与 V 相互独立，因此由 t 分布的定义，得到

$$\frac{U}{\sqrt{V/(m+n-2)}} = \frac{(\overline{X} - \overline{Y}) - (\mu_1 - \mu_2)}{S_\omega \sqrt{1/m + 1/n}} \sim t(m+n-2),$$

其中 $S_\omega^2 = \dfrac{(m-1)s_1^2 + (n-1)s_2^2}{m+n-2}$，即

$$\frac{\overline{X} - \overline{Y} - (\mu_1 - \mu_2)}{S_\omega \sqrt{1/m + 1/n}} \sim t(m+n-2).$$

注意：定理 6.2.3 要求**两个总体的方差相等**．

定理 6.2.4　设总体 $X \sim N(\mu_1, \sigma_1^2)$，总体 $Y \sim N(\mu_2, \sigma_2^2)$，且 X 与 Y 相互独立．$X_1, X_2, \cdots, X_m$ 是来自总体 X 的样本，$Y_1, Y_2, \cdots, Y_n$ 是来自总体 Y 的样本．$\overline{X} = \dfrac{1}{m} \sum\limits_{i=1}^{m} X_i$ 和 $\overline{Y} = \dfrac{1}{n} \sum\limits_{i=1}^{n} Y_i$ 分别是这两个样本的样本均值，$S_1^2 = \dfrac{1}{m-1} \sum\limits_{i=1}^{m} (X_i - \overline{X})^2$ 和 $S_2^2 = \dfrac{1}{n-1} \sum\limits_{i=1}^{n} (Y_i - $

$\overline{Y})^2$ 分别是这两个样本的样本方差，则

$$\frac{S_1^2/S_2^2}{\sigma_1^2/\sigma_2^2} \sim F(m-1,n-1).$$

证明 由定理 6.2.1 可知

$$\frac{(m-1)S_1^2}{\sigma_1^2} \sim \chi^2(m-1), \quad \frac{(n-1)S_2^2}{\sigma_2^2} \sim \chi^2(n-1),$$

且它们相互独立，由 F 分布的定义得到

$$\frac{(m-1)S_1^2}{(m-1)\sigma_1^2} \Big/ \frac{(n-1)S_2^2}{(n-1)\sigma_2^2} \sim F(m-1,n-1),$$

即 $\dfrac{S_1^2/S_2^2}{\sigma_1^2/\sigma_2^2} \sim F(m-1,n-1).$

例 6.2.4 设 $X_1, X_2, \cdots, X_n$ 是来自正态总体 $N(\mu,\sigma^2)$ 的样本，又设 $X_{n+1} \sim N(\mu,\sigma^2)$，且 X_{n+1} 与 $X_1, X_2, \cdots, X_n$ 相互独立，$\overline{X} = \dfrac{1}{n}\sum\limits_{i=1}^{n} X_i$ 和 $S^2 = \dfrac{1}{n-1}\sum\limits_{i=1}^{n}(X_i - \overline{X})^2$ 分别是样本均值和样本方差，证明

$$T = \sqrt{\frac{n}{n+1}} \frac{\overline{X} - X_{n+1}}{S} \sim t(n-1).$$

证明 由定理 6.2.1，得

$$\overline{X} \sim N\left(\mu, \frac{\sigma^2}{n}\right), \quad \frac{(n-1)S^2}{\sigma^2} \sim \chi^2(n-1),$$

且它们相互独立.

由 $\overline{X}$ 与 X_{n+1} 相互独立，得到

$$E(\overline{X} - X_{n+1}) = E(\overline{X}) - E(X_{n+1}) = \mu - \mu = 0,$$

$$D(\overline{X} - X_{n+1}) = D(\overline{X}) + D(X_{n+1}) = \frac{1}{n}\sigma^2 + \sigma^2 = \frac{n+1}{n}\sigma^2.$$

根据相互独立正态随机变量的线性组合仍然服从正态分布，得到

$$\overline{X} - X_{n+1} \sim N\left(0, \frac{n+1}{n}\sigma^2\right),$$

从而 $\dfrac{\overline{X} - X_{n+1}}{\sqrt{\dfrac{n+1}{n}}\sigma} \sim N(0,1)$，而 $\overline{X} - X_{n+1}$ 与 $\dfrac{(n-1)S^2}{\sigma^2}$ 相互独立，因此由 t 分布的定义得

$$T = \frac{\overline{X} - X_{n+1}}{\sqrt{\dfrac{n+1}{n}}\sigma} \Big/ \sqrt{\frac{(n-1)S^2}{(n-1)\sigma^2}} = \sqrt{\frac{n}{n+1}} \frac{\overline{X} - X_{n+1}}{S} \sim t(n-1).$$

例 6.2.5　设总体 $X \sim N(1, \sigma^2)$，总体 $Y \sim N(2, \sigma^2)$，且 X 与 Y 相互独立，$X_1, X_2, \cdots, X_m$ 是来自总体 X 的样本，$Y_1, Y_2, \cdots, Y_n$ 是来自总体 Y 的样本. $\overline{X} = \dfrac{1}{m} \sum_{i=1}^{m} X_i$ 和 $\overline{Y} = \dfrac{1}{n} \sum_{i=1}^{n} Y_i$ 分别是样本均值，$S_1^2 = \dfrac{1}{m-1} \sum_{i=1}^{m} (X_i - \overline{X})^2$ 和 $S_2^2 = \dfrac{1}{n-1} \sum_{i=1}^{n} (Y_i - \overline{Y})^2$ 分别是样本方差，α 和 β 是两个固定的实数，求

$$\frac{\alpha(\overline{X}-1) + \beta(\overline{Y}-2)}{\sqrt{\dfrac{(m-1)S_1^2 + (n-1)S_2^2}{m+n-2}} \sqrt{\dfrac{\alpha^2}{m} + \dfrac{\beta^2}{n}}}$$

的分布.

解　由于总体 X 与总体 Y 相互独立，而 $X_1, X_2, \cdots, X_m$ 是来自总体 X 的样本，$Y_1, Y_2, \cdots, Y_n$ 是来自总体 Y 的样本，则两样本相互独立.

由于 $X \sim N(1, \sigma^2)$，$Y \sim N(2, \sigma^2)$，因此由定理 6.2.1 得到

$$\overline{X} \sim N\left(1, \frac{\sigma^2}{m}\right), \quad \overline{Y} \sim N\left(2, \frac{\sigma^2}{n}\right).$$

根据相互独立正态随机变量的线性组合仍然服从正态分布得到

$$U = \frac{\alpha(\overline{X}-1) + \beta(\overline{Y}-2)}{\sigma \sqrt{\dfrac{\alpha^2}{m} + \dfrac{\beta^2}{n}}} \sim N(0, 1).$$

根据定理 6.2.1，有

$$\frac{(m-1)S_1^2}{\sigma^2} \sim \chi^2(m-1), \quad \frac{(n-1)S_2^2}{\sigma^2} \sim \chi^2(n-1).$$

根据两样本的独立性和 χ^2 分布的可加性，得到

$$V = \frac{(m-1)S_1^2}{\sigma^2} + \frac{(n-1)S_2^2}{\sigma^2} \sim \chi^2(m+n-2).$$

根据两样本的独立性和定理 6.2.1，得 U 与 V 也相互独立.

因此，根据 t 分布的定义得到

$$\frac{U}{\sqrt{V/(m+n-2)}} = \frac{\alpha(\overline{X}-1) + \beta(\overline{Y}-2)}{\sqrt{\dfrac{(m-1)S_1^2 + (n-1)S_2^2}{m+n-2}} \sqrt{\dfrac{\alpha^2}{m} + \dfrac{\beta^2}{n}}} \sim t(m+n-2).$$

关于第 k 个顺序统计量 $X_{(k)}$，$1 \leqslant k \leqslant n$ 的分布，有如下定理：

定理 6.2.5　设 $X_1, X_2, \cdots, X_n$ 是来自总体 X 的样本，且 $X \sim F(x)$，$(X_{(1)}, X_{(2)}, \cdots, X_{(n)})$ 是顺序统计量，则对 $1 \leqslant k \leqslant n$，$X_{(k)}$ 的分布函数为

$$F_{(k)}(x) = P\{X_{(k)} \leqslant x\} = k\binom{n}{k} \int_0^{F(x)} t^{k-1}(1-t)^{n-k}\mathrm{d}t, \quad (6.2.9)$$

若总体 X 为连续型且有概率密度函数 $f(x)$，则 $X_{(k)}$ 的概率密度函数为

$$f_{(k)}(x) = F'_{(k)}(x) = k\binom{n}{k} F^{k-1}(x)\left[1-F(x)\right]^{n-k}f(x). \quad (6.2.10)$$

证明 参见杨振海、张忠占所著《应用数理统计》.

特别地，最小顺序统计量 $X_{(1)}$ 和最大顺序统计量 $X_{(n)}$ 的分布函数分别为

$$F_{(1)}(x) = P\{X_{(1)} \leqslant x\} = 1-\left[1-F(x)\right]^n, \quad (6.2.11)$$

$$F_{(n)}(x) = P\{X_{(n)} \leqslant x\} = \left[F(x)\right]^n. \quad (6.2.12)$$

若总体 X 为连续型且有概率密度函数 $f(x)$，则 $X_{(1)}$ 和 $X_{(n)}$ 的概率密度函数分别为

$$f_{(1)}(x) = n\left[1-F(x)\right]^{n-1}f(x), \quad (6.2.13)$$

$$f_{(n)}(x) = n\left[F(x)\right]^{n-1}f(x). \quad (6.2.14)$$

例 6.2.6 设 $X_1, X_2, \cdots, X_n$ 是来自总体 X 的样本，且 $X \sim U(0, \theta)$，$\theta > 0$，求 $X_{(1)}$，$X_{(n)}$ 的概率密度函数.

解 X_1 的分布函数为 $F(x) = \begin{cases} 0, & x \leqslant 0, \\ \dfrac{x}{\theta}, & 0 < x < \theta, \\ 1, & x \geqslant \theta. \end{cases}$

X_1 的概率密度函数为 $f(x) = \begin{cases} \dfrac{1}{\theta}, & 0 < x < \theta, \\ 0, & \text{其他}. \end{cases}$

根据式(6.2.13)得到 $X_{(1)}$ 的概率密度函数为

$$f_{(1)}(x) = \begin{cases} n\left(1-\dfrac{x}{\theta}\right)^{n-1}\dfrac{1}{\theta}, & 0 < x < \theta, \\ 0, & \text{其他}. \end{cases}$$

根据式(6.2.14)得到 $X_{(n)}$ 的概率密度函数为

$$f_{(n)}(x) = \begin{cases} \dfrac{nx^{n-1}}{\theta^n}, & 0 < x < \theta, \\ 0, & \text{其他}. \end{cases}$$

3. 分位数

本节介绍后面章节经常用到的分位数的概念.

▶ 分位数

定义 6.2.7（分位数） 设连续型随机变量 X 的分布函数为 $F(x)$，对于给定正实数 $\alpha(0<\alpha<1)$，称满足条件

$$P\{X > x_\alpha\} = \alpha \qquad (6.2.15)$$

的点 x_α 为 X 的概率分布的上 α **分位数**（或称上 α **分位点**）.

（1）标准正态分布的分位数

设 $X \sim N(0,1)$，标准正态分布的上 α 分位数通常用 z_α 表示，根据上 α 分位数的定义有

$$P\{X>z_\alpha\} = \alpha,$$

如图 6.2.6 所示.

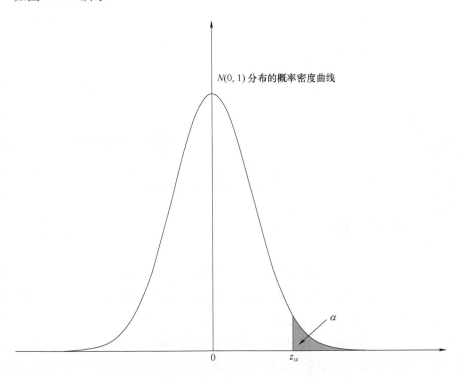

$N(0,1)$ 分布的概率密度曲线

α

$0 \qquad z_\alpha$

图 6.2.6 标准正态分布的上分位数 z_α

由于标准正态分布的密度函数图像关于 y 轴对称，因此有

$$z_{1-\alpha} = -z_\alpha.$$

后面常用到下面两个式子

$$P\{|Z|>z_{\alpha/2}\} = \alpha,$$

$$P\{|Z| \leqslant z_{\alpha/2}\} = 1-\alpha.$$

（2）χ^2 分布的分位数

设 $\chi^2 \sim \chi^2(n)$，χ^2 分布的上 α 分位数通常用 $\chi^2_\alpha(n)$ 表示，根据上 α 分位数的定义有

$$P\{\chi^2 > \chi^2_\alpha(n)\} = \alpha,$$

如图 6.2.7 所示.

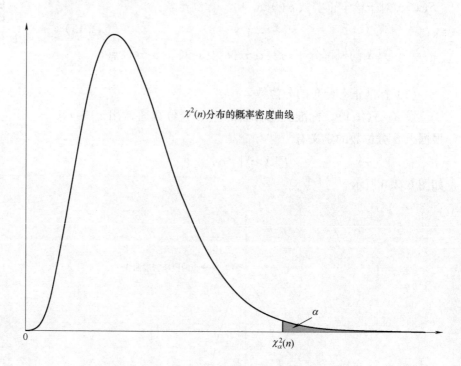

$\chi^2(n)$分布的概率密度曲线

图 6.2.7 χ^2 分布的上分位数 $\chi^2_\alpha(n)$

后面常用到下面两个式子

$$P\{\chi^2 > \chi^2_{\alpha/2}(n)\} + P\{\chi^2 < \chi^2_{1-\alpha/2}(n)\} = \alpha,$$

$$P\{\chi^2_{1-\alpha/2}(n) \leqslant \chi^2 \leqslant \chi^2_{\alpha/2}(n)\} = 1-\alpha.$$

对于不同的 α 和 n, 本书书末附表 3 给出了 $\chi^2_\alpha(n)$ 的值. 该表只详列到 $n = 45$ 时为止.

若 $\chi^2 \sim \chi^2(n)$, 当 n 充分大 $(n > 45)$ 时, 一般没有表可直接查 $\chi^2_\alpha(n)$ 的值, 费希尔证明了如下的近似公式

$$\chi^2_\alpha(n) \approx \frac{1}{2}(z_\alpha + \sqrt{2n-1})^2, \qquad (6.2.16)$$

其中 z_α 是标准正态分布的分位数. 利用式(6.2.16)可以求得 $n > 45$ 时 $\chi^2(n)$ 分布的上 α 分位数的近似值.

例 6.2.7　求 $\chi^2_{0.025}(60)$.

解　根据式(6.2.16)以及 $z_{0.025} = 1.96$, 得到

$$\chi^2_{0.025}(60) \approx \frac{1}{2}(z_{0.025} + \sqrt{119})^2 = 82.80.$$

（3）t 分布的分位数

设 $t \sim t(n)$, t 分布的上 α 分位数通常用 $t_\alpha(n)$ 表示, 根据上 α

分位数的定义有

$$P\{t > t_\alpha(n)\} = \alpha.$$

如图 6.2.8 所示.

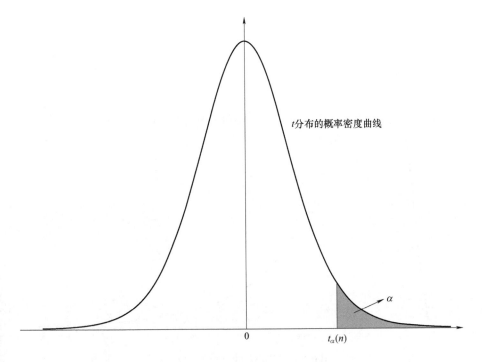

图 6.2.8　t 分布的上分位数 $t_\alpha(n)$

后面常用到下面两个式子

$$P\{|t| > t_{\alpha/2}(n)\} = \alpha,$$

$$P\{|t| \le t_{\alpha/2}(n)\} = 1-\alpha.$$

由 t 分布的上 α 分位数定义及 t 分布概率密度函数图形的对称性, 有

$$t_{1-\alpha}(n) = -t_\alpha(n).$$

对于不同的 α 和 n, 本书书末附表 4 给出了 $t_\alpha(n)$ 的值.

若 $t \sim t(n)$, 当 $n > 45$ 时, $t(n)$ 与标准正态分布很接近, 此时也可用如下近似公式计算分位数

$$t_\alpha(n) \approx z_\alpha. \tag{6.2.17}$$

其中 z_α 是标准正态分布的上分位数.

例 6.2.8　求 $t_{0.025}(200)$.

解　根据式 (6.2.17) 以及 $z_{0.025} = 1.96$, 得到

$$t_{0.025}(200) \approx z_{0.025} = 1.96.$$

(4) F 分布的分位数

设 $F \sim F(m,n)$, F 分布的上 α 分位数通常用 $F_\alpha(m,n)$ 表示,

根据上 α 分位数定义有

$$P\{F>F_{\alpha}(m,n)\}=\alpha,$$

如图 6.2.9 所示.

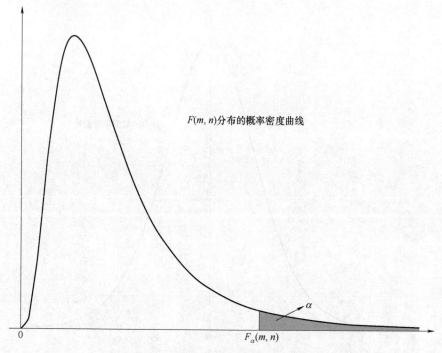

$F(m,n)$分布的概率密度曲线

图 6.2.9 F 分布的上分位数 $F_{\alpha}(m,n)$

后面常用到下面两个式子

$$P\{F>F_{\alpha/2}(m,n)\}+P\{F<F_{1-\alpha/2}(m,n)\}=\alpha,$$
$$P\{F_{1-\alpha/2}(m,n)\leqslant F\leqslant F_{\alpha/2}(m,n)\}=1-\alpha.$$

例 6.2.9 设 $X\sim F(m,n)$，则

$$F_{1-\alpha}(m,n)=\frac{1}{F_{\alpha}(n,m)},\qquad(6.2.18)$$

证明 记 $Y=\dfrac{1}{X}$，若 $X\sim F(m,n)$，根据上 α 分位数的定义，得到

$$1-\alpha=P\{X>F_{1-\alpha}(m,n)\}=P\left\{\frac{1}{X}<\frac{1}{F_{1-\alpha}(m,n)}\right\}$$
$$=P\left\{Y<\frac{1}{F_{1-\alpha}(m,n)}\right\}=1-P\left\{Y\geqslant\frac{1}{F_{1-\alpha}(m,n)}\right\}.$$

即

$$P\left\{Y\geqslant\frac{1}{F_{1-\alpha}(m,n)}\right\}=\alpha,$$

由于 $Y=\dfrac{1}{X}\sim F(n,m)$，因此 $F_{1-\alpha}(m,n)=\dfrac{1}{F_{\alpha}(n,m)}.$

对于不同的 α 和 m，n，本书书末附表 5 给出了 $F_{\alpha}(m,n)$ 的值. 式(6.2.18)常用来求 F 分布表中未列出的常用的上 α 分位数.

例 6.2.10 查表计算 $F_{0.95}(12,9)$

科技让通讯更便捷

解 不能直接查表求得 $F_{0.95}(12,9)$，但是查表可得到 $F_{0.05}(9,12)=2.80$，于是利用上述公式得到

$$F_{0.95}(12,9)=\frac{1}{F_{0.05}(9,12)}=\frac{1}{2.80}=0.357.$$

习题 6

1. 为了解统计学专业本科毕业生的就业情况，调查了北京地区 200 名 2020 年毕业的统计学专业本科生实习期满后的月薪情况，问该项调查研究的总体和样本分别是什么，样本容量是多少.

2. 学校关注并调查学生们的心理健康情况，从该学校中随机抽取 100 名学生进行心理健康测试，问该项调查研究的总体和样本分别是什么，样本容量是多少.

3. 设 $X_1,X_2,\cdots,X_n$ 是来自总体 X 的样本，在下列三种情况下，分别写出样本 $X_1,X_2,\cdots,X_n$ 的分布列或概率密度函数.

(1) 总体 X 服从几何分布，其分布列为 $P\{X=x\}=(1-p)^{x-1}p$，$0<p<1$，$x=1,2,\cdots$；

(2) 总体 X 服从指数分布，其概率密度函数为

$$f(x)=\begin{cases}\lambda e^{-\lambda x}, & x>0,\\ 0, & \text{其他},\end{cases}\text{其中}\ \lambda>0;$$

(3) 总体 X 的概率密度函数为 $f(x)=\dfrac{\lambda}{2}e^{-\lambda|x|}$，$-\infty<x<+\infty$，其中 $\lambda>0$.

4. 写出下列分布中的参数和参数空间.

(1) 两点分布 $B(1,p)$；(2) 二项分布 $B(m,p)$；(3) 泊松分布 $P(\lambda)$；(4) 均匀分布 $U(a,b)$；(5) 指数分布 $E(\lambda)$；(6) 正态分布 $N(\mu,\sigma^2)$.

5. 设 $X_1,X_2,\cdots,X_n$ 是来自总体 X 的样本，且 $X\sim N(\mu,\sigma^2)$，$\mu\in\mathbf{R}$，$\sigma>0$，其中 μ 已知，σ^2 未知，判断下列随机变量哪些是统计量哪些不是统计量.

$$\frac{1}{n}\sum_{i=1}^{n}X_i,\quad \frac{1}{\sigma^2}\sum_{i=1}^{n}(X_i-\overline{X})^2,$$

$$\frac{1}{\sigma^2}\sum_{i=1}^{n}X_i^2,\quad \frac{1}{n}\sum_{i=1}^{n}(X_i-\mu)^2.$$

6. 从一个总体中抽取了容量为 8 的样本，其观察值分别为 -3，-2.6，-1，0.5，1，2.2，2.5，3. 求经验分布函数.

7. 设 $X_1,X_2,\cdots,X_n$ 是来自总体 X 的样本，且 $X\sim P(\lambda)$，$\lambda>0$，求 $T=\sum_{i=1}^{n}X_i$ 的抽样分布.

8. 设 $X_1,X_2,\cdots,X_n$ 是来自总体 X 的样本，且 $X\sim B(1,p)$，$0<p<1$，求 $T=\sum_{i=1}^{n}X_i$ 的抽样分布.

9. 设 $X_1,X_2,\cdots,X_n$ 是来自总体 X 的样本，且 $X\sim N(\mu,\sigma^2)$，$\mu\in\mathbf{R}$，$\sigma^2>0$，求 $T=\sum_{i=1}^{n}X_i$ 的抽样分布.

10. 设 $X_1,X_2,\cdots,X_5$ 是来自总体 X 的样本，且 $X\sim N(0,1)$，

(1) 确定 a，b 使得 $a(X_1-2X_2+3X_3)^2+b(4X_4-5X_5)^2$ 服从 χ^2 分布，并指出自由度；

(2) 确定 c 使得 $c\sum_{i=1}^{3}X_i\Big/\sqrt{\sum_{i=4}^{5}X_i^2}$ 服从 t 分布，并指出自由度；

(3) 确定 d 使得 $d\sum_{i=1}^{3}X_i^2\Big/\sum_{i=4}^{5}X_i^2$ 服从 F 分布，并指出自由度.

11. 设 $X_1,X_2,\cdots,X_8$ 是来自正态总体 $N(\mu_1,\sigma^2)$ 的一个样本，$Y_1,Y_2,\cdots,Y_9$ 是来自正态总体 $N(\mu_2,\sigma^2)$ 的一个样本，且两个总体相互独立，$\overline{X}=\dfrac{1}{8}\sum_{i=1}^{8}X_i$，$\overline{Y}=\dfrac{1}{9}\sum_{j=1}^{9}Y_j$，$S_{\omega}^2=\dfrac{1}{15}\left[\sum_{i=1}^{8}(X_i-\overline{X})^2+\sum_{j=1}^{9}(Y_j-\overline{Y})^2\right]$.

证明：$T=\dfrac{\overline{X}-\overline{Y}-(\mu_1-\mu_2)}{S_{\omega}\sqrt{\dfrac{1}{8}+\dfrac{1}{9}}}\sim t(15)$.

12. 设总体 X 服从指数分布,且概率密度函数为
$$f(x) = \begin{cases} \lambda e^{-\lambda x}, & x>0, \\ 0, & \text{其他}, \end{cases}$$
其中 $\lambda > 0$, X_1, X_2, $\cdots$, X_n 是来自总体 X 的样本. 求 $E(\overline{X})$, $D(\overline{X})$, ES^2.

13. 设 $X_1, X_2, \cdots, X_n$ 是来自总体 X 的样本, 且 $X \sim N(\mu, \sigma^2)$, $\mu \in \mathbf{R}$, $\sigma^2 > 0$, 求 $E(\overline{X})$, $D(\overline{X})$, $E(S^2)$, $D(S^2)$.

14. 设 $X_1, X_2, \cdots, X_n$ 是来自总体 X 的样本, 且 $X \sim P(\lambda)$, $\lambda > 0$, 求 $E(\overline{X})$, $D(\overline{X})$, $E(S^2)$.

15. 设总体 X 服从指数分布, 其概率密度函数为 $f(x) = \begin{cases} \lambda e^{-\lambda x}, & x>0, \\ 0, & \text{其他}, \end{cases}$ 其中 $\lambda > 0$, $X_1, X_2, \cdots, X_n$ 是来自总体 X 的样本, 分别求顺序统计量 $X_{(1)}$ 的分布函数, 概率密度函数和 $EX_{(1)}$, $DX_{(1)}$.

16. 设 $X_1, X_2, \cdots, X_n$ 是来自总体 X 的样本, 且 $X \sim U(a, b)$, $a < b$, 分别求顺序统计量 $X_{(1)}$, $X_{(n)}$ 的概率密度函数.

17. 设随机变量 $X \sim t(n)$, $Y \sim F(1, n)$, 给定 $\alpha(0 < \alpha < 0.5)$, 常数 c 满足 $P\{X > c\} = \alpha$, 求 $P\{Y > c^2\}$ 的值.

18. 设 $X_1, X_2, \cdots, X_{36}$ 是来自总体 X 的一个样本, 总体 $X \sim N(\mu, \sigma^2)$, $\overline{X}$ 和 S^2 分别是样本均值和样本方差, 求常数 k 使得 $P\{\overline{X} > \mu + kS\} = 0.95$.

19. 设总体 $X \sim N(1, 9)$, $X_1, X_2, \cdots, X_9$ 是来自总体 X 的样本, 求

(1) $P\{\overline{X} > 2\}$, $P\{1 < \overline{X} < 2\}$;

(2) $P\{X_{(1)} > 4\}$, $P\{X_{(9)} < 4\}$.

20. 查表求如下上分位数:

(1) $z_{0.9}$, $z_{0.975}$, $z_{0.995}$, $z_{0.999}$, $z_{0.1}$, $z_{0.005}$;

(2) $\chi_{0.025}^2(8)$, $\chi_{0.1}^2(15)$, $\chi_{0.95}^2(18)$, $\chi_{0.995}^2(100)$;

(3) $t_{0.9}(10)$, $t_{0.99}(6)$, $t_{0.95}(60)$;

(4) $F_{0.9}(18, 7)$, $F_{0.99}(7, 10)$, $F_{0.95}(10, 10)$.

第7章
参数估计

数理统计的任务是根据样本所提供的信息，对总体的分布或分布的某些数字特征作推断. 最常见的统计推断问题是总体分布的类型已知，而它的某些参数未知. 例如，已知总体 X 服从正态分布 $N(0,\sigma^2)$，其中 $\sigma^2>0$ 未知，对未知参数 σ^2 作出估计，这类问题称为参数估计问题. 参数估计问题是利用样本 $X_1,X_2,\cdots,X_n$ 提供的信息，对总体中的未知参数或参数的函数作出估计. 参数估计分为点估计和区间估计两种.

本章主要讨论求点估计的方法、点估计的评选标准以及区间估计.

7.1 点估计

7.1.1 参数的点估计问题

设有一个总体 X，以 $f(x;\theta)$ 表示其概率密度函数(若总体为连续型)或其分布列(若总体为离散型)，其中 θ 为总体的未知参数，若 θ 为向量，表示该总体有多个未知参数. 请看下面的例子.

例 7.1.1 设总体 X 服从泊松分布 $P(\lambda)$，$\lambda>0$，它包含一个未知参数 $\theta=\lambda$，其分布列为 $f(x;\theta)=\dfrac{\lambda^x}{x!}e^{-\lambda}$，$x=0,1,2,\cdots$.

例 7.1.2 设总体 X 服从正态分布 $N(\mu,\sigma^2)$，$\mu\in\mathbf{R}$，$\sigma^2>0$，它包含两个未知参数 μ 和 σ^2，记 $\theta=(\mu,\sigma^2)$，其概率密度函数为

$$f(x;\mu,\sigma^2)=\frac{1}{\sqrt{2\pi}\,\sigma}\exp\left\{-\frac{1}{2\sigma^2}(x-\mu)^2\right\}, \quad -\infty<x<\infty.$$

参数点估计问题的一般提法是：为估计总体分布中的未知参数 θ，需要从总体中抽取样本 $X_1,X_2,\cdots,X_n$(前面已经提过，如不作特殊声明，样本 $X_1,X_2,\cdots,X_n$ 独立同分布，其共同分布是总体分布). 依据这些样本去估计参数 θ. 例如，为估计参数 θ，需

要构造合适的统计量 $\hat{\theta}(X_1, X_2, \cdots, X_n)$，每当有了样本观察值 $x_1, x_2, \cdots, x_n$，就可以算出统计量 $\hat{\theta}(X_1, X_2, \cdots, X_n)$ 的一个值 $\hat{\theta}(x_1, x_2, \cdots, x_n)$，称 $\hat{\theta}(x_1, x_2, \cdots, x_n)$ 为 θ 的估计值. 此时称统计量 $\hat{\theta}(X_1, X_2, \cdots, X_n)$ 为未知参数 θ 的估计量，简记为 $\hat{\theta}$. 由于未知参数 θ 和估计 $\hat{\theta}$ 都是实数轴上的一点，用 $\hat{\theta}$ 去估计 θ，等于用一个点去估计另外一个点，所以这样的估计称为**点估计**.

▶ 点估计的概念

> **定义 7.1.1**（点估计） 设总体 X 的分布为 $f(x, \theta)$，其中 θ 是未知参数，$X_1, X_2, \cdots, X_n$ 是来自总体 X 的样本，构造统计量 $\hat{\theta}(X_1, X_2, \cdots, X_n)$，对于样本观察值 $(x_1, x_2, \cdots, x_n)$，若将统计量的观察值 $\hat{\theta}(x_1, x_2, \cdots, x_n)$ 作为未知参数 θ 的值，则称 $\hat{\theta}(x_1, x_2, \cdots, x_n)$ 为参数 θ 的**估计值**，而统计量 $\hat{\theta}(X_1, X_2, \cdots, X_n)$ 称为参数 θ 的**估计量**. θ 的估计量和估计值常简记为 $\hat{\theta}$，在不引起混淆的情况下统称为 θ 的估计，这种估计称为**参数的点估计**.

若总体分布中含有 k 个未知参数 $\theta_1, \theta_2, \cdots, \theta_k$，则由样本建立 k 个不带任何未知参数的统计量

$$\hat{\theta}_i(X_1, X_2, \cdots, X_n), i = 1, 2, \cdots, k.$$

将它们分别作为 k 个未知参数 $\theta_1, \theta_2, \cdots, \theta_k$ 的点估计量.

下面介绍两种常见的求点估计的方法：矩估计法和最大似然估计法.

7.1.2 矩估计

矩估计法是英国统计学家卡尔·皮尔逊（K. Pearson）在 19 世纪末 20 世纪初的一系列文章中引进的. 我们首先介绍矩估计法的基本思想.

设总体 X 的分布为 $f(x; \theta_1, \theta_2, \cdots, \theta_k)$，（若总体 X 为连续型，$f(x; \theta_1, \theta_2, \cdots, \theta_k)$ 表示概率密度函数；若总体 X 为离散型，$f(x; \theta_1, \theta_2, \cdots, \theta_k)$ 表示分布列），$\theta_1, \theta_2, \cdots, \theta_k$ 为待估参数，假设总体 X 的前 k 阶原点矩，

$$\mu_m = E(X^m) = \int_{-\infty}^{+\infty} x^m f(x; \theta_1, \theta_2, \cdots, \theta_k) \, \mathrm{d}x,$$
$$m = 1, 2, \cdots, k. \quad (X \text{ 为连续型})$$

或

$$\mu_m = E(X^m) = \sum_{x_i} x_i^m f(x_i; \theta_1, \theta_2, \cdots, \theta_k),$$

$$m = 1,2,\cdots,k \quad (X \text{ 为离散型})$$

存在. 一般来说，它们是未知参数 $\theta_1,\theta_2,\cdots,\theta_k$ 的函数. 另一方面，根据大数定律，当样本容量 n 充分大时，样本的 m 阶原点矩 $A_m =$ $\frac{1}{n}\sum_{i=1}^{n} X_i^m$ 依概率收敛于相应的总体矩 $\mu_m = E(X^m)$，$(m=1,2,\cdots,k)$，样本矩的连续函数依概率收敛于相应的总体矩的连续函数. 我们用样本矩作为相应总体矩的估计量，样本矩的连续函数作为相应总体矩的连续函数的估计量，这种估计方法称为**矩估计法**.

▶️ 矩估计方法

设

$$\begin{cases} \mu_1 = \mu_1(\theta_1,\theta_2,\cdots,\theta_k), \\ \mu_2 = \mu_2(\theta_1,\theta_2,\cdots,\theta_k), \\ \vdots \\ \mu_k = \mu_k(\theta_1,\theta_2,\cdots,\theta_k), \end{cases} \qquad (7.1.1)$$

解得

$$\begin{cases} \theta_1 = \theta_1(\mu_1,\mu_2,\cdots,\mu_k), \\ \theta_2 = \theta_2(\mu_1,\mu_2,\cdots,\mu_k), \\ \vdots \\ \theta_k = \theta_k(\mu_1,\mu_2,\cdots,\mu_k) \end{cases} \qquad (7.1.2)$$

在式 $(7.1.2)$ 中，用 $A_m = \dfrac{1}{n}\sum_{i=1}^{n} X_i^m$，$m = 1$，$2$，$\cdots$，$k$. 分别代替式中的 μ_1，μ_2，$\cdots$，μ_k，以 $\hat{\theta}_m = \hat{\theta}_m(A_1$，$A_2$，$\cdots$，$A_k)$ $m = 1$，2，$\cdots$，k 分别作为 θ_m 的估计量. 这种估计量称为矩估计量，矩估计量的观察值称为矩估计值，在不引起混淆的情况下，统称为矩估计.

若要估计的是参数 $\theta_1,\theta_2,\cdots,\theta_k$ 的某个函数 $g(\theta_1,\theta_2,\cdots,\theta_k)$，则用

$$\hat{g} = g(\hat{\theta}_1,\hat{\theta}_2,\cdots,\hat{\theta}_k) \qquad (7.1.3)$$

去估计 $g(\theta_1,\theta_2,\cdots,\theta_k)$，由此给出的估计量称为 $g(\theta_1,\theta_2,\cdots,\theta_k)$ 的**矩估计**.

矩估计方法的基本思想是利用样本矩代替总体矩. 下面看几个具体的例子.

例 7.1.3　设总体 X 的概率密度函数为

$$f(x) = \begin{cases} (\theta+1)x^{\theta}, & 0<x<1, \\ 0, & \text{其他}, \end{cases} \quad \theta > -1 \text{ 是未知参数}.$$

$X_1,X_2,\cdots,X_n$ 是来自总体 X 的样本，求参数 θ 的矩估计.

解　总体 X 的一阶矩为

$$\mu_1 = E(X) = \int_{-\infty}^{+\infty} x f(x) \, \mathrm{d}x = (\theta + 1) \int_0^1 x^{\theta+1} \, \mathrm{d}x = \frac{\theta + 1}{\theta + 2}.$$

解得 $\theta = \dfrac{2\mu_1 - 1}{1 - \mu_1}$.

用 $A_1 = \overline{X} = \dfrac{1}{n} \sum_{i=1}^n X_i$ 代替 μ_1，得 θ 的矩估计为 $\hat{\theta} = \dfrac{2\overline{X} - 1}{1 - \overline{X}}$.

例 7.1.4   设总体 X 的均值 μ，方差 σ^2 都存在，且 $\sigma^2 > 0$，但 μ 和 σ^2 都未知，又设 $X_1, X_2, \cdots, X_n$ 是来自总体 X 的一个样本，求总体均值 μ 和总体方差 σ^2 的矩估计.

解   总体 X 的一阶矩 μ_1 和二阶矩 μ_2 分别为

$$\begin{cases} \mu_1 = E(X) = \mu, \\ \mu_2 = E(X^2) = D(X) + [E(X)]^2 = \sigma^2 + \mu^2. \end{cases}$$

解得

$$\begin{cases} \mu = \mu_1, \\ \sigma^2 = \mu_2 - \mu_1^2. \end{cases}$$

分别用 $A_1 = \dfrac{1}{n} \sum_{i=1}^n X_i = \overline{X}$，$A_2 = \dfrac{1}{n} \sum_{i=1}^n X_i^2$ 代替 μ_1，μ_2，得 μ 和 σ^2 的矩估计分别为

$$\begin{cases} \hat{\mu} = A_1 = \overline{X}, \\ \hat{\sigma}^2 = A_2 - A_1^2 = \dfrac{1}{n} \sum_{i=1}^n X_i^2 - \overline{X}^2 = \dfrac{1}{n} \sum_{i=1}^n (X_i - \overline{X})^2 = S_n^2. \end{cases}$$

$$(7.1.4)$$

注意   总体方差 σ^2 的矩估计不是样本方差 S^2 而是样本二阶中心矩 $\hat{\sigma}^2 = \dfrac{n-1}{n} S^2 = S_n^2$.

设 $X_1, X_2, \cdots, X_n$ 是来自总体 X 的一个样本，由例 7.1.4 可以推出如下几个结论：

（1）设总体 $X \sim B(1, p)$，其中 $p \, (0 < p < 1)$ 为未知参数，由于 $E(X) = p$，因此 p 的矩估计为

$$\hat{p} = \overline{X}. \tag{7.1.5}$$

（2）设总体 $X \sim B(N, p)$，其中 $N, p \, (0 < p < 1)$ 为未知参数，因为

$$\begin{cases} E(X) = Np, \\ D(X) = Np(1 - p). \end{cases}$$

列方程组

$$\begin{cases} Np = \overline{X}, \\ Np(1-p) = S_n^2. \end{cases}$$

解得 N, p 的矩估计分别为

$$\begin{cases} \hat{N} = \dfrac{\overline{X}^2}{\overline{X} - S_n^2}, \\ \hat{p} = 1 - \dfrac{S_n^2}{\overline{X}}. \end{cases} \tag{7.1.6}$$

（3）设总体 $X \sim P(\lambda)$，$\lambda > 0$ 为未知参数，由于 $E(X) = \lambda$，$D(X) = \lambda$，因此 λ 的矩估计为

$$\hat{\lambda} = \overline{X} \text{ 或者 } \hat{\lambda} = S_n^2. \tag{7.1.7}$$

一个参数 λ 有了两个不同的矩估计，即矩估计不唯一．实际中，一般选用阶数较低的样本矩．本例中，选用 $\overline{X}$ 作为参数 λ 的矩估计．

（4）设总体 $X \sim U[\theta_1, \theta_2]$，$\theta_1 < \theta_2$ 均为未知参数，由于

$$\begin{cases} E(X) = \dfrac{\theta_1 + \theta_2}{2}, \\ D(X) = \dfrac{(\theta_2 - \theta_1)^2}{12}. \end{cases}$$

所以由方程组

$$\begin{cases} \dfrac{\theta_1 + \theta_2}{2} = \overline{X}, \\ \dfrac{(\theta_2 - \theta_1)^2}{12} = S_n^2. \end{cases}$$

得 θ_1, θ_2 的矩估计分别为

$$\begin{cases} \hat{\theta}_1 = \overline{X} - \sqrt{3} S_n, \\ \hat{\theta}_2 = \overline{X} + \sqrt{3} S_n. \end{cases} \tag{7.1.8}$$

（5）设总体 $X \sim N(\mu, \sigma^2)$，$\mu \in \mathbf{R}$，$\sigma > 0$ 为未知参数，$E(X) = \mu$，$D(X) = \sigma^2$，因此 μ，σ^2 的矩估计分别为

$$\begin{cases} \hat{\mu} = \overline{X}, \\ \hat{\sigma}^2 = S_n^2. \end{cases} \tag{7.1.9}$$

矩估计方法简单、直观，由例 7.1.4 看出对总体均值和总体方差进行估计时，不需要知道总体的分布，但是要求总体的原点矩存在，而有些随机变量（如柯西分布）的原点矩不存在，因

此就不能用矩估计方法求点估计；此外，矩估计有时不唯一（如例 7.1.4 的结论(3)泊松分布中参数 λ 的矩估计不唯一），通常采取的原则是能用低阶矩处理的就不用高阶矩；样本矩的表达式同总体分布函数的表达式无关，它常常没有充分利用总体分布函数对参数所提供的信息，下面的最大似然估计法充分利用了总体分布函数对参数所提供的信息，也是一种常用的点估计方法.

7.1.3 最大似然估计

最大似然估计

最大似然估计方法是统计中最重要、应用最广泛的方法之一，该方法最初是由德国数学家高斯于 1821 年提出，但未得到重视. 英国统计学家费希尔在 1912 年再次提出了最大似然估计的思想并探讨了它的性质，从而使之得到广泛的研究和应用.

下面通过例子说明用最大似然方法确定未知参数估计的直观想法.

引例 某位同学与一位猎人一起外出打猎，一只野兔从前方窜过. 只听一声枪响，野兔应声倒下. 如果要你推测，是谁打中的呢?

分析 因为只发一枪便打中，猎人命中的概率一般大于这位同学命中的概率. 看来这一枪是猎人射中的. 该问题可以表述为，令 X 为打一枪的中弹数，则 $X \sim B(1,p)$，p 未知. 设想事先知道 p 只有两种可能：

$$p = 0.9 \text{ 或者 } p = 0.1.$$

即 $p \in \Theta = \{0.9, 0.1\}$. 两人中有一人打枪，估计这一枪是谁打的，即估计总体参数 p 的值.

当兔子中弹，即 $\{X = 1\}$ 发生了. 这时，若 $p = 0.9$，则 $P\{X = 1\} = 0.9$；若 $p = 0.1$，则 $P\{X = 1\} = 0.1$.

现已经有样本观察值 $x = 1$，什么样的参数使该样本观察值出现的可能性最大呢? 即根据样本观察值，选择参数 p 的估计 $\hat{p}$，使得样本在该样本观察值附近出现的可能性最大，此例中 $\hat{p} = 0.9$.

这种方法可以推广到一般情形：虽然参数 p 可取参数空间 Θ 中的所有值，但在给定样本观察值 $x_1, x_2, \cdots, x_n$ 后，不同的 p 值对应样本 $X_1, X_2, \cdots, X_n$ 落入 $x_1, x_2, \cdots, x_n$ 的邻域的概率大小也不同，既然在一次试验中观察到 $X_1, X_2, \cdots, X_n$ 取值 $x_1, x_2, \cdots, x_n$. 因此有理由认为 $X_1, X_2, \cdots, X_n$ 落入 $x_1, x_2, \cdots, x_n$ 的邻域中的概率较其他地

方大．哪一个参数使得 $X_1, X_2, \cdots, X_n$ 落入 $x_1, x_2, \cdots, x_n$ 的邻域中的概率最大，这个参数就是最可能的参数，我们用它作为参数的估计值，这就是**最大似然原理**.

我们分离散型和连续型两种情形讨论最大似然估计的求法.

1. 离散型

设总体 X 为离散型，其分布列为
$$P\{X=x\} = f(x;\theta),$$
其中 $\theta \in \Theta$，θ 为待估参数，Θ 是参数空间即参数 θ 的取值范围.

设 $X_1, X_2, \cdots, X_n$ 是来自总体 X 的样本，则样本 $X_1, X_2, \cdots, X_n$ 的分布列为
$$\prod_{i=1}^{n} f(x_i;\theta).$$
又设 $x_1, x_2, \cdots, x_n$ 是样本 $X_1, X_2, \cdots, X_n$ 的一个观察值，易知样本 $X_1, X_2, \cdots, X_n$ 取 $x_1, x_2, \cdots, x_n$ 的概率，即事件 $\{X_1=x_1, X_2=x_2, \cdots, X_n=x_n\}$ 发生的概率为
$$L(\theta) = L(\theta;x_1, \cdots, x_n) = \prod_{i=1}^{n} f(x_i;\theta), \quad \theta \in \Theta. \quad (7.1.10)$$
这一概率随 θ 的取值而变化，它是 θ 的函数，$L(\theta)$ 称为样本的**似然函数**.

由最大似然原理，**固定样本观察值** $x_1, x_2, \cdots, x_n$，在 θ 的取值范围 Θ 内挑选使似然函数 $L(\theta)$ 达到最大值的 $\hat{\theta}$ 作为参数 θ 的估计值，即取 $\hat{\theta}$ 使得
$$L(\hat{\theta};x_1, \cdots, x_n) = \max_{\theta \in \Theta} L(\theta;x_1, \cdots, x_n). \quad (7.1.11)$$
$\hat{\theta}$ 与 $x_1, x_2, \cdots, x_n$ 有关，记做 $\hat{\theta}(x_1, \cdots, x_n)$，称 $\hat{\theta}(x_1, \cdots, x_n)$ 为参数 θ 的**最大似然估计值**；称 $\hat{\theta}(X_1, X_2, \cdots, X_n)$ 为参数 θ 的**最大似然估计量**.

2. 连续型

设总体 X 为连续型，其概率密度函数为 $f(x;\theta)$，其中 $\theta \in \Theta$，θ 为待估参数，Θ 是参数空间. 设 $X_1, X_2, \cdots, X_n$ 是来自总体 X 的样本，则样本 $X_1, X_2, \cdots, X_n$ 的概率密度函数为
$$\prod_{i=1}^{n} f(x_i;\theta).$$
设 $x_1, x_2, \cdots, x_n$ 是样本 $X_1, X_2, \cdots, X_n$ 的一个观察值，则随机点 $(X_1, X_2, \cdots, X_n)$ 落在 $(x_1, x_2, \cdots, x_n)$ 的邻域（边长分别为 $\mathrm{d}x_1, \mathrm{d}x_2, \cdots, \mathrm{d}x_n$ 的 n 维立方体）内的概率近似为
$$\prod_{i=1}^{n} f(x_i;\theta)\,\mathrm{d}x_i. \quad (7.1.12)$$

这一概率随 θ 的取值而变化，它是 θ 的函数，取 θ 的估计值 $\hat{\theta}$ 使式(7.1.12)达到最大，但是 $\prod_{i=1}^{n} \mathrm{d}x_i$ 不随 θ 取值的变化而改变，故只需考虑

$$L(\theta) = L(\theta; x_1, \cdots, x_n) = \prod_{i=1}^{n} f(x_i; \theta), \quad \theta \in \Theta \quad (7.1.13)$$

的最大值，$L(\theta)$ 称为**样本的似然函数**.

若

$$L(\hat{\theta}; x_1, \cdots, x_n) = \max_{\theta \in \Theta} L(\theta; x_1, \cdots, x_n), \quad\quad (7.1.14)$$

则称 $\hat{\theta}(x_1, \cdots, x_n)$ 为参数 θ 的**最大似然估计值**，称 $\hat{\theta}(X_1, X_2, \cdots, X_n)$ 为参数 θ 的**最大似然估计量**.

下面将离散型和连续型两种情形总结给出如下定义.

定义 7.1.2(似然函数)　设总体 X 的概率密度函数(或分布列)为 $f(x; \theta)$，其中 θ 是未知参数，$X_1, X_2, \cdots, X_n$ 是来自总体 X 的样本，则样本 $X_1, X_2, \cdots, X_n$ 的联合概率密度函数(或分布列)为

$$f(x_1, x_2 \cdots x_n; \theta) = \prod_{i=1}^{n} f(x_i; \theta).$$

若已知样本观察值 $x_1, x_2, \cdots, x_n$，称

$$L(\theta) = L(\theta; x_1, \cdots, x_n) = \prod_{i=1}^{n} f(x_i; \theta) \quad\quad (7.1.15)$$

为样本的**似然函数**.

称

$$\ln L(\theta) = \ln L(\theta; x_1, \cdots, x_n) = \ln \prod_{i=1}^{n} f(x_i; \theta) \quad\quad (7.1.16)$$

为样本的**对数似然函数**.

定义 7.1.3(最大似然估计)　如果似然函数 $L(\theta; x_1, \cdots, x_n)$ 在 $\hat{\theta}$ 处达到最大值，即

$$L(\hat{\theta}; x_1, \cdots, x_n) = \max_{\theta \in \Theta} L(\theta; x_1, \cdots, x_n). \quad\quad (7.1.17)$$

$\hat{\theta}$ 与 $x_1, x_2, \cdots, x_n$ 有关，记为 $\hat{\theta}(x_1, x_2, \cdots, x_n)$，称 $\hat{\theta}(x_1, x_2, \cdots, x_n)$ 为参数 θ 的**最大似然估计值**；称 $\hat{\theta}(X_1, X_2, \cdots, X_n)$ 为参数 θ 的**最大似然估计量**. 在不引起混淆的情况下，统称为**最大似然估计**(Maximum Likelihood Estimator 简记为 MLE).

在很多情形下，分布列或者概率密度函数 $f(x,\theta)$ 关于 θ 可微，此时，$\hat{\theta}$ 可由下述方程求得

$$\frac{\mathrm{d}L(\theta)}{\mathrm{d}\theta} = 0,$$

该方程称为**似然方程**.

又因为 $L(\theta)$ 与 $\ln L(\theta)$ 在同一 θ 处取得极值，因此 θ 的最大似然估计也可由下述方程求得

$$\frac{\mathrm{d}\ln L(\theta)}{\mathrm{d}\theta} = 0,$$

该方程称为**对数似然方程**.

利用对数似然方程求解比较方便. 下面给出求最大似然估计的一般步骤：

（1）由总体分布导出样本的概率密度函数（或分布列）；

（2）把样本的概率密度函数（或分布列）中的自变量看作已知常数，而把参数 θ 看作自变量，得到似然函数 $L(\theta)$；

（3）求似然函数 $L(\theta)$ 的最大值点（常常转化为求对数似然函数 $\ln L(\theta)$ 的最大值点），得 θ 的最大似然估计（MLE）.

注意　当似然函数 $L(\theta)$ 不是 θ 的可微函数，此时需要用定义的方法求最大似然估计，如后面的例 7.1.10.

例 7.1.5　设 $X_1, X_2, \cdots, X_n$ 是来自总体 X 的样本，且 $X \sim B(1,p)$，其中 $p(0<p<1)$ 是未知参数，$x_1, x_2, \cdots, x_n$ 是样本的一个观察值，求参数 p 的最大似然估计.

解　X 的分布列为

$$P\{X=x\} = p^x(1-p)^{1-x}, x=0,1,$$

似然函数为

$$L(p) = \prod_{i=1}^{n} p^{x_i}(1-p)^{1-x_i} = p^{\sum\limits_{i=1}^{n} x_i}(1-p)^{n-\sum\limits_{i=1}^{n} x_i}.$$

对数似然函数为

$$\ln L(p) = \sum_{i=1}^{n} x_i \ln(p) + \left(n - \sum_{i=1}^{n} x_i\right) \ln(1-p).$$

对 p 求导并令导数为零，得对数似然方程为

$$\frac{\mathrm{d}\ln L(p)}{\mathrm{d}p} = \frac{1}{p}\sum_{i=1}^{n} x_i - \frac{1}{1-p}\left(n - \sum_{i=1}^{n} x_i\right) = 0,$$

解得 p 的最大似然估计值为

$$\hat{p} = \frac{1}{n}\sum_{i=1}^{n} x_i = \bar{x}.$$

p 的最大似然估计量为

$$\hat{p} = \frac{1}{n}\sum_{i=1}^{n} X_i = \overline{X}.$$

由例 7.1.4 的结论(1)和例 7.1.5 看到，两点分布中参数的矩估计和最大似然估计相同.

例 7.1.6 设 $X_1, X_2, \cdots, X_n$ 是来自总体 X 的样本，且 $X \sim P(\lambda)$，其中 $\lambda > 0$ 是未知参数，$x_1, x_2, \cdots, x_n$ 是样本的一个观察值，求参数 λ 的最大似然估计.

最大似然估计的解题步骤

解 对于泊松分布，其分布列为

$$P\{X = x\} = \frac{\lambda^x}{x!}\mathrm{e}^{-\lambda}, \quad x = 0, 1, 2, \cdots.$$

似然函数为

$$L(\lambda) = \prod_{i=1}^{n} P\{X = x_i\} = \prod_{i=1}^{n} \frac{\lambda^{x_i}}{x_i!}\mathrm{e}^{-\lambda} = \mathrm{e}^{-n\lambda}\prod_{i=1}^{n}\frac{\lambda^{x_i}}{x_i!}.$$

对数似然函数为

$$\ln L(\lambda) = -n\lambda + \sum_{i=1}^{n}\left[x_i\ln\lambda - \ln(x_i!)\right].$$

对 λ 求导并令导数为零，得对数似然方程为

$$\frac{\mathrm{d}\ln L(\lambda)}{\mathrm{d}\lambda} = -n + \sum_{i=1}^{n}\frac{x_i}{\lambda} = 0.$$

解得 λ 的最大似然估计值为

$$\hat{\lambda} = \frac{1}{n}\sum_{i=1}^{n} x_i = \bar{x}.$$

λ 的最大似然估计量为

$$\hat{\lambda} = \frac{1}{n}\sum_{i=1}^{n} X_i = \overline{X}.$$

由例 7.1.4 的结论(3)和例 7.1.6 看到，泊松分布中参数的矩估计和最大似然估计相同.

例 7.1.7 设总体 X 的概率密度函数为

$$f(x) = \begin{cases} (\theta+1)x^{\theta}, & 0 < x < 1, \\ 0, & \text{其他.} \end{cases} \quad \theta > -1 \text{ 是未知参数.}$$

$X_1, X_2, \cdots, X_n$ 是来自总体 X 的样本，$x_1, x_2, \cdots, x_n$ 是样本的一个观察值，求参数 θ 的最大似然估计.

解 似然函数为

$$L(\theta) = \prod_{i=1}^{n}(\theta+1)x_i^{\theta} = (\theta+1)^n\left(\prod_{i=1}^{n} x_i\right)^{\theta}.$$

对数似然函数为

$$\ln L(\theta) = n\ln(\theta+1) + \theta\sum_{i=1}^{n}\ln x_i$$

对 θ 求导并令导数为 0，得对数似然方程为

$$\frac{\mathrm{d}\ln L(\theta)}{\mathrm{d}\theta} = \frac{n}{\theta + 1} + \sum_{i=1}^{n} \ln x_i = 0.$$

解上述方程得 θ 的最大似然估计值为

$$\hat{\theta} = -\frac{n}{\displaystyle\sum_{i=1}^{n} \ln x_i} - 1,$$

θ 的最大似然估计量为

$$\hat{\theta} = -\frac{n}{\displaystyle\sum_{i=1}^{n} \ln X_i} - 1.$$

例 7.1.8　设 $X_1, X_2, \cdots, X_n$ 是来自指数分布总体 X 的样本，X 的概率密度函数为

$$f(x;\lambda) = \begin{cases} \lambda \mathrm{e}^{-\lambda x}, & x > 0, \\ 0, & x \leqslant 0. \end{cases}$$

其中 $\lambda > 0$ 是未知参数，$x_1, x_2, \cdots, x_n$ 是样本的一个观察值，求参数 λ 的最大似然估计.

解　似然函数为

$$L(\lambda) = \prod_{i=1}^{n} \lambda \mathrm{e}^{-\lambda x_i} = \lambda^n \mathrm{e}^{-\lambda \sum\limits_{i=1}^{n} x_i}.$$

对数似然函数为

$$\ln L(\lambda) = n\ln\lambda - \lambda \sum_{i=1}^{n} x_i.$$

对 λ 求导并令导数为零，得对数似然方程为

$$\frac{\mathrm{d}\ln L}{\mathrm{d}\lambda} = \frac{n}{\lambda} - \sum_{i=1}^{n} x_i = 0.$$

解得 λ 的最大似然估计值为

$$\hat{\lambda} = \frac{n}{\displaystyle\sum_{i=1}^{n} x_i} = \frac{1}{\bar{x}},$$

λ 的最大似然估计量为

$$\hat{\lambda} = \frac{n}{\displaystyle\sum_{i=1}^{n} X_i} = \frac{1}{\bar{X}}.$$

最大似然估计也适用于分布中含多个未知参数 $\theta_1, \theta_2, \cdots, \theta_k$ 的情况，此时，似然函数 $L(\theta)$ 是这些未知参数的函数. 若似然函数 $L(\theta; x_1, \cdots, x_n)$ 关于 $\theta = (\theta_1, \theta_2, \cdots, \theta_k)$ 各分量的偏导数都存在，则 $\theta_1, \theta_2, \cdots, \theta_k$ 的最大似然估计可由下述方程组求得

$$\frac{\partial L(\theta)}{\partial \theta_i} = 0, \ i = 1,2,\cdots,k.$$

该方程组称为**似然方程组**.

又因为 $L(\theta)$ 与 $\ln L(\theta)$ 在同一 θ 处取得极值，因此 $\theta_1,\theta_2,\cdots,\theta_k$ 的最大似然估计也可由下述方程组解得

$$\frac{\partial \ln L(\theta)}{\partial \theta_i} = 0, i = 1,2,\cdots,k.$$

该方程组称为**对数似然方程组**. 利用对数似然方程组求解更方便.

最大似然估计的不变性：设总体 X 的分布类型已知，其概率密度函数（或分布列）为 $f(x;\theta)$，$\theta=(\theta_1,\theta_2,\cdots,\theta_k)\in\Theta\subseteq\mathbf{R}^k$ 为未知参数，参数 $\theta=(\theta_1,\theta_2,\cdots,\theta_k)$ 的已知函数为 $g(\theta_1,\theta_2,\cdots,\theta_k)$，函数 $g(\cdot)$ 为微积分常见函数（包括：连续函数、可积函数、具有单值反函数的函数等）. 若 $\hat{\theta}_1,\hat{\theta}_2,\cdots,\hat{\theta}_k$ 分别为 $\theta_1,\theta_2,\cdots,\theta_k$ 的最大似然估计，则 $g(\hat{\theta}_1,\hat{\theta}_2,\cdots,\hat{\theta}_k)$ 是 $g(\theta_1,\theta_2,\cdots,\theta_k)$ 的最大似然估计.

例 7.1.9 设 $X_1,X_2,\cdots,X_n$ 是来自总体 X 的样本，且 $X\sim N(\mu,\sigma^2)$. 其中 $\mu\in\mathbf{R}$，$\sigma^2>0$ 是未知参数，$x_1,x_2,\cdots,x_n$ 是样本的一个观察值，求参数 $\mu,\sigma^2,\mu^2+\sigma^2$ 以及 σ 的最大似然估计.

解 X 的概率密度函数为

$$f(x;\mu,\sigma^2) = \frac{1}{\sqrt{2\pi}\,\sigma}\exp\left\{-\frac{1}{2\sigma^2}(x-\mu)^2\right\}.$$

似然函数为

$$\begin{aligned}
L(\mu,\sigma^2) &= \prod_{i=1}^{n}\frac{1}{\sqrt{2\pi}\,\sigma}\exp\left\{-\frac{1}{2\sigma^2}(x_i-\mu)^2\right\} \\
&= \frac{1}{(2\pi\sigma^2)^{n/2}}\exp\left\{-\frac{1}{2\sigma^2}\sum_{i=1}^{n}(x_i-\mu)^2\right\},
\end{aligned}$$

对数似然函数为

$$\ln L(\mu,\sigma^2) = -\frac{n}{2}\ln(2\pi) - \frac{n}{2}\ln(\sigma^2) - \frac{1}{2\sigma^2}\sum_{i=1}^{n}(x_i-\mu)^2.$$

对 μ，σ^2 分别求导并令导数为零，得对数似然方程组为

$$\begin{cases}
\dfrac{\partial \ln L}{\partial \mu} = \dfrac{1}{\sigma^2}\left[\sum\limits_{i=1}^{n}x_i - n\mu\right] = 0, \\[3mm]
\dfrac{\partial \ln L}{\partial \sigma^2} = -\dfrac{n}{2\sigma^2} + \dfrac{1}{2(\sigma^2)^2}\sum\limits_{i=1}^{n}(x_i-\mu)^2 = 0.
\end{cases}$$

解得 μ，σ^2 的最大似然估计值分别为

$$\begin{cases} \hat{\mu} = \dfrac{1}{n} \sum_{i=1}^{n} x_i = \bar{x}, \\[3mm] \hat{\sigma}^2 = \dfrac{1}{n} \sum_{i=1}^{n} (x_i - \bar{x})^2 = s_n^2. \end{cases}$$

μ，σ^2 的最大似然估计量分别为

$$\begin{cases} \hat{\mu} = \dfrac{1}{n} \sum_{i=1}^{n} X_i = \bar{X}, \\[3mm] \hat{\sigma}^2 = \dfrac{1}{n} \sum_{i=1}^{n} (X_i - \bar{X})^2 = S_n^2. \end{cases}$$

由最大似然估计的不变性，可得 $\mu^2 + \sigma^2$ 和 σ 的最大似然估计分别为

$$\widehat{(\mu^2 + \sigma^2)} = \bar{X}^2 + S_n^2 = \frac{1}{n} \sum_{i=1}^{n} X_i^2,$$

$$\hat{\sigma} = S_n = \sqrt{\frac{1}{n} \sum_{i=1}^{n} (X_i - \bar{X})^2}.$$

由例 7.1.4 的结论(5)和例 7.1.9 看到，正态分布中参数的矩估计和最大似然估计相同.

例 7.1.10　设 $X_1, X_2, \cdots, X_n$ 是来自总体 X 的样本，且 $X \sim U[\theta_1, \theta_2]$，其中 $\theta_1 < \theta_2$ 是未知参数，$x_1, x_2, \cdots, x_n$ 是样本的一个观察值，求参数 θ_1，θ_2 的最大似然估计.

解　总体 X 的概率密度函数为

$$f(x; \theta_1, \theta_2) = \begin{cases} \dfrac{1}{\theta_2 - \theta_1}, & \theta_1 \leqslant x \leqslant \theta_2, \\[2mm] 0, & 其他. \end{cases}$$

似然函数为

$$L(\theta_1, \theta_2) = \begin{cases} \dfrac{1}{(\theta_2 - \theta_1)^n}, & \theta_1 \leqslant x_i \leqslant \theta_2,\ i = 1, 2, \cdots, n, \\[2mm] 0, & 其他. \end{cases}$$

所以

$$\ln L(\theta_1, \theta_2) = -n \ln(\theta_2 - \theta_1).$$

对数似然方程组为

$$\begin{cases} \dfrac{\partial \ln L(\theta_1, \theta_2)}{\partial \theta_1} = \dfrac{n}{\theta_2 - \theta_1} = 0, \\[3mm] \dfrac{\partial \ln L(\theta_1, \theta_2)}{\partial \theta_2} = -\dfrac{n}{\theta_2 - \theta_1} = 0. \end{cases}$$

显然此方程组解不出 θ_1，θ_2.

我们用定义方法来求 θ_1，θ_2 的最大似然估计. 因为 $\theta_1 \leqslant x_1, \cdots,$

$x_n \leqslant \theta_2$ 等价于 $\theta_1 \leqslant x_{(1)} \leqslant x_{(n)} \leqslant \theta_2$，其中 $x_{(1)} = \min\{x_1, x_2, \cdots, x_n\}$，$x_{(n)} = \max\{x_1, x_2, \cdots, x_n\}$. 因此

$$L(\theta_1, \theta_2) = \begin{cases} \dfrac{1}{(\theta_2 - \theta_1)^n}, & \theta_1 \leqslant x_{(1)}, \theta_2 \geqslant x_{(n)}, \\ 0, & \text{其他}. \end{cases}$$

又因为 $\dfrac{1}{(\theta_2 - \theta_1)^n} \leqslant \dfrac{1}{(x_{(n)} - x_{(1)})^n}$，即 $L(\theta_1, \theta_2) \leqslant L(x_{(1)}, x_{(n)})$，$L(\theta_1, \theta_2)$ 在 $\theta_1 = x_{(1)}$，$\theta_2 = x_{(n)}$ 处取得最大值 $(x_{(n)} - x_{(1)})^{-n}$，因此 θ_1，θ_2 的最大似然估计值分别为

$$\hat{\theta}_1 = x_{(1)} = \min\{x_1, x_2, \cdots, x_n\}, \quad \hat{\theta}_2 = x_{(n)} = \max\{x_1, x_2, \cdots, x_n\}.$$

θ_1，θ_2 的最大似然估计量分别为

$$\hat{\theta}_1 = X_{(1)} = \min\{X_1, X_2, \cdots, X_n\}, \quad \hat{\theta}_2 = X_{(n)} = \max\{X_1, X_2, \cdots, X_n\}.$$

由例 7.1.4 的结论（4）和例 7.1.10 看到，均匀分布中参数的矩估计和最大似然估计不相同.

矩估计和最大似然估计是两种常用的点估计方法. 矩估计法只要求总体矩存在，对总体分布要求较少，最大似然法要求总体分布已知. 两种方法的结果有时一样，有时有差别，最大似然估计相对来说有更多的优良性.

7.2 估计量的评价标准

对于同一个未知参数，用不同的估计方法可能得到不同的估计量. 例如对于均匀分布 $U[\theta_1, \theta_2]$ 中的参数 θ_1 和 θ_2，用矩估计法和最大似然估计法所得到的估计不一样. 那么，究竟采用哪一个估计较好？用什么标准来评价估计量的优良性？这一节主要给出评价估计优良性的三个常用的评价标准.

▶️ 估计量的评价标准 1

7.2.1 无偏性

设总体 $X \sim f(x; \theta)$，其中 $\theta \in \Theta$ 为未知参数，$\hat{\theta}(X_1, X_2, \cdots, X_n)$ 是 θ 的一个估计量，它是一个随机变量，对于不同的样本值 $x_1, x_2, \cdots, x_n$，它有不同的估计值 $\hat{\theta}(x_1, x_2, \cdots, x_n)$. 这些估计值对于待估参数 θ 的真值，一般都存在一定的偏差，或者 $\hat{\theta}(x_1, x_2, \cdots, x_n) > \theta$ 或者 $\hat{\theta}(x_1, x_2, \cdots, x_n) < \theta$，前者偏大，后者偏小，若要求不出现偏差是不可能的. 但是当大量重复使用这个估计量 $\hat{\theta}$ 时，希望这些估计值的平均值接近或等于未知参数 θ 的真值，这就是无偏估计的直观想法. 下面给出无偏估计的定义.

定义 7.2.1(无偏性)　设 $\hat{\theta}(X_1, X_2, \cdots, X_n)$ 为未知参数 θ 的估计量，若对任意的 $\theta \in \Theta$，Θ 为参数空间，都有

$$E(\hat{\theta}(X_1, X_2, \cdots, X_n)) = \theta,$$

则称 $\hat{\theta}$ 为 θ 的**无偏估计**.

记 $E(\hat{\theta}(X_1, X_2, \cdots, X_n)) - \theta = b_n$，称 b_n 为估计 $\hat{\theta}(X_1, X_2, \cdots, X_n)$ 的**偏差**，如果 $b_n \neq 0$，称 $\hat{\theta}(X_1, X_2, \cdots, X_n)$ 为参数 θ 的**有偏估计**，若

$$\lim_{n \to +\infty} b_n = \lim_{n \to +\infty} [E\hat{\theta}(X_1, X_2, \cdots, X_n) - \theta] = 0,$$

称 $\hat{\theta}(X_1, X_2, \cdots, X_n)$ 为参数 θ 的**渐近无偏估计**.

当样本容量 n 充分大时，可把渐近无偏估计视作无偏估计.

例 7.2.1　设总体 X 的 k 阶(原点)矩 $\mu_k = E(X^k)$($k \geq 1$)存在，又设 $X_1, X_2, \cdots, X_n$ 是来自总体 X 的一个样本，证明：不论总体 X 服从什么分布，样本 k 阶(原点)矩 $\dfrac{1}{n}\sum\limits_{i=1}^{n} X_i^k$ 都是相应总体 k 阶(原点)矩 $E(X^k)$ 的无偏估计.

证明　由于样本 $X_1, X_2, \cdots, X_n$ 与总体 X 同分布，因此

$$E\left(\frac{1}{n}\sum_{i=1}^{n} X_i^k\right) = \frac{1}{n}\sum_{i=1}^{n} E(X_i^k) = E(X^k).$$

因此，样本 k 阶(原点)矩 $\dfrac{1}{n}\sum\limits_{i=1}^{n} X_i^k$ 是相应总体 k 阶(原点)矩 $E(X^k)$ 的无偏估计. 特别地，当 $k=1$ 时，样本均值 $\overline{X}$ 是总体均值 $E(X)$ 的无偏估计.

例 7.2.2　设 $X_1, X_2, \cdots, X_n$ 是来自总体 X 的一个样本，证明：不论总体 X 服从什么分布，若总体方差 $D(X) = \sigma^2$ 存在，则样本二阶中心矩 $S_n^2 = \dfrac{1}{n}\sum\limits_{i=1}^{n}(X_i - \overline{X})^2$ 是总体方差 σ^2 的有偏估计，而样本方差 $S^2 = \dfrac{1}{n-1}\sum\limits_{i=1}^{n}(X_i - \overline{X})^2$ 是总体方差 σ^2 的无偏估计.

证明　由于

$$S_n^2 = \frac{1}{n}\sum_{i=1}^{n}(X_i - \overline{X})^2$$

$$= \frac{1}{n}\sum_{i=1}^{n}(X_i - \mu + \mu - \overline{X})^2$$

$$= \frac{1}{n} \Big[\sum_{i=1}^{n} (X_i - \mu)^2 - n(\bar{X} - \mu)^2 \Big],$$

其中 $\mu = E(X)$.

故

$$E(S_n^2) = \frac{1}{n} \Big[\sum_{i=1}^{n} \sigma^2 - n \frac{\sigma^2}{n} \Big] = \frac{n-1}{n} \sigma^2,$$

而

$$E(S^2) = \frac{n}{n-1} E(S_n^2) = \sigma^2.$$

因此，样本二阶中心矩 S_n^2 是总体方差 σ^2 的有偏估计，而样本方差 S^2 是总体方差 σ^2 的无偏估计，这正是称 S^2 为样本方差的原因.

例 7.2.3　设总体 X 的概率密度函数为

$$f(x;\theta) = \begin{cases} \dfrac{1}{\theta} e^{-\frac{1}{\theta}x}, & x > 0, \\ 0, & x \leq 0. \end{cases}$$

$X_1, X_2, \cdots, X_n$ 是来自总体 X 的一个样本.

证明：$\bar{X}$ 和 $nU = n\{\min(X_1, X_2, \cdots, X_n)\}$ 都是 θ 的无偏估计.

证明　由于 $E(X) = \theta$，则 $E(\bar{X}) = E(X) = \theta$，因此 $\bar{X}$ 是 θ 的无偏估计.

由 X 的分布函数为 $F_X(x) = \begin{cases} 1 - e^{-x/\theta}, & x > 0, \\ 0, & x \leq 0. \end{cases}$ 得 $U = \min(X_1, X_2, \cdots, X_n)$ 的概率密度函数为

$$f_U(u) = \begin{cases} \dfrac{n}{\theta} e^{-\frac{n}{\theta}u}, & u > 0, \\ 0, & u \leq 0. \end{cases}$$

此时 U 服从指数分布，故 $E(nU) = nE(U) = n \dfrac{\theta}{n} = \theta$，因此，$nU = n\{\min(X_1, X_2, \cdots, X_n)\}$ 是 θ 的无偏估计.

例 7.2.4　设 $X_1, X_2, \cdots, X_n$ 是来自总体 X 的样本，总体均值为 $\mu = E(X)$，则易见 $\bar{X} = \dfrac{1}{n} \sum_{i=1}^{n} X_i$ 与 $\bar{X}' = \sum_{i=1}^{n} \alpha_i X_i$，其中 $\sum_{i=1}^{n} \alpha_i = 1$ 都是 μ 的无偏估计.

由例 7.2.3 和例 7.2.4 看到对同一个参数，往往不只有一个无偏估计. 因此仅要求估计具有无偏性是不够的，无偏性反映估计量所取数值在未知参数真值 θ 周围波动的情况，但没有反映出估计值波动的大小程度，而方差是反映随机变量取值在它的均值

附近分散或集中程度的一种度量. 因此, 一个好的估计量不仅应该是待估参数 θ 的无偏估计, 而且应该有尽可能小的方差. 这就是下面给出的有效性标准.

7.2.2 有效性

定义 7.2.2(有效性) 设 $\hat{\theta}_1$ 与 $\hat{\theta}_2$ 是未知参数 θ 的两个无偏估计, 而且对任意 $\theta \in \Theta$, 其中 Θ 为参数空间, 均有
$$D(\hat{\theta}_1) \leqslant D(\hat{\theta}_2),$$
且至少对某个 $\theta \in \Theta$ 上式中的不等号成立, 则称估计 $\hat{\theta}_1$ 比估计 $\hat{\theta}_2$ 有效.

▶ 估计量的评价标准 2

例 7.2.5 设总体 X 服从指数分布, 其概率密度函数为
$$f(x;\theta)=\begin{cases}\dfrac{1}{\theta}e^{-\frac{1}{\theta}x}, & x>0,\\ 0, & x\leqslant 0.\end{cases}$$
比较 $\overline{X}$ 和 $nU=n\{\min(X_1,X_2,\cdots,X_n)\}$ 的有效性.

解 由例 7.2.3 知 $\overline{X}$ 和 $nU=n\{\min(X_1,X_2,\cdots,X_n)\}$ 都是 θ 的无偏估计. 因为
$$D(\overline{X})=\frac{1}{n}D(X)=\frac{\theta^2}{n},$$
$$D(nU)=n^2D(U)=n^2\cdot\frac{\theta^2}{n^2}=\theta^2.$$

当 $n\geqslant 2$ 时, $D(\overline{X})<D(nU)$.

因此, $\overline{X}$ 比 $nU=n\{\min(X_1,X_2,\cdots,X_n)\}$ 有效.

例 7.2.6 设 $X_1,X_2,\cdots,X_n$ 是来自总体 X 的样本, 总体均值为 $E(X)=\mu$, 总体方差为 $D(X)=\sigma^2$, 试比较总体均值 μ 的两个估计 $\overline{X}=\dfrac{1}{n}\sum_{i=1}^{n}X_i$ 与 $\overline{X}'=\sum_{i=1}^{n}\alpha_iX_i$, 其中 $\sum_{i=1}^{n}\alpha_i=1$ 的有效性.

解 由例 7.2.4 知 $\overline{X}$ 与 $\overline{X}'$ 都是 μ 的无偏估计, 由于
$$\sum_{i=1}^{n}\alpha_i^2=\sum_{i=1}^{n}\left[\left(\alpha_i-\frac{1}{n}\right)+\frac{1}{n}\right]^2$$
$$=\sum_{i=1}^{n}\left(\alpha_i-\frac{1}{n}\right)^2+\frac{1}{n}\geqslant\frac{1}{n},$$

因此

$$D(\overline{X}') = \sum_{i=1}^{n} \alpha_i^2 D(X_i) = \sum_{i=1}^{n} \alpha_i^2 \sigma^2 \geqslant \frac{\sigma^2}{n} = D(\overline{X}),$$

等号成立当且仅当 $\alpha_1 = \alpha_2 = \cdots = \alpha_n = \dfrac{1}{n}$，因此 $\overline{X}$ 比 $\overline{X}'$ 有效.

7.2.3 相合性

总体参数 θ 的点估计 $\hat{\theta}(X_1, X_2, \cdots, X_n)$ 与样本容量 n 有关，前面讲的无偏性和有效性都是在样本容量 n 固定的前提下给出的点估计的评价标准. 当用 $\hat{\theta}$ 去估计 θ 时，自然要求当 n 越来越大时，一个估计量 $\hat{\theta}$ 的值越来越接近待估参数 θ 的真值，这就是下面的相合性的评价标准.

> **定义 7.2.3**（相合性） 设 $\hat{\theta}_n(X_1, X_2, \cdots, X_n)$ 为总体分布中未知参数 θ 的估计，$\theta \in \Theta$，Θ 为参数空间，若对于任意 $\theta \in \Theta$ 都满足对于任意 $\varepsilon > 0$，有
>
> $$\lim_{n \to +\infty} P_\theta \{ |\hat{\theta}_n - \theta| \geqslant \varepsilon \} = 0, \quad \forall \ \theta \in \Theta,$$
>
> 即
>
> $$\hat{\theta}_n \xrightarrow{P} \theta (n \to +\infty),$$
>
> 则称 $\hat{\theta}_n(X_1, X_2, \cdots, X_n)$ 为 θ 的**相合估计量**，也称估计 $\hat{\theta}_n(X_1, X_2, \cdots, X_n)$ 具有**相合性**.

例 7.2.7 根据大数定律，样本 k 阶矩 $A_k = \dfrac{1}{n} \sum_{i=1}^{n} X_i^k$ 是相应总体 k 阶矩 $\mu_k = E(X^k)$ 的相合估计（假定被估计的总体 k 阶矩存在）. 若待估参数是 $\theta = g(\mu_1, \mu_2, \cdots, \mu_k)$，其中 g 为连续函数，则 $\theta = g(\mu_1, \mu_2, \cdots, \mu_k)$ 的矩估计量 $\hat{\theta} = g(A_1, A_2, \cdots, A_k)$ 是 $\theta = g(\mu_1, \mu_2, \cdots, \mu_k)$ 的相合估计量.

特别地，样本均值 $\overline{X}$ 与样本二阶中心矩 S_n^2 分别是总体均值 $E(X)$ 与总体方差 $D(X)$ 的相合估计.

例 7.2.8 设总体 $X \sim U(0, \theta)$，$\theta > 0$，$X_1, X_2, \cdots, X_n$ 是来自总体 X 的样本，则 $\hat{\theta}_n = X_{(n)}$ 是 θ 的有偏估计，但它是相合的.

证明 $X_{(n)}$ 的概率密度函数为

$$f(x) = \begin{cases} \dfrac{n}{\theta^n} x^{n-1}, & 0 < x < \theta, \\ 0, & 其他. \end{cases}$$

由于 $E(X_{(n)}) = \dfrac{n}{n+1}\theta$，因此 $\hat{\theta}_n = X_{(n)}$ 是 θ 的有偏估计.

对任意 $\varepsilon > 0$，有

$$\lim_{n \to +\infty} P_\theta \{ |\hat{\theta}_n - \theta| \geq \varepsilon \} = \lim_{n \to +\infty} P_\theta \{ X_{(n)} \geq \theta + \varepsilon \cup X_{(n)} \leq \theta - \varepsilon \}$$

$$= \lim_{n \to +\infty} P_\theta \{ X_{(n)} \leq \theta - \varepsilon \}$$

$$= \lim_{n \to +\infty} \int_0^{\theta - \varepsilon} \frac{n}{\theta^n} x^{n-1} \mathrm{d}x$$

$$= \lim_{n \to +\infty} \left(\frac{\theta - \varepsilon}{\theta} \right)^n = 0.$$

因此 $\hat{\theta}_n = X_{(n)}$ 是 θ 的有偏估计，但它是相合的.

上述无偏性、有效性、相合性是评价点估计的一些基本的标准，其他标准可查阅相关文献，本书不做详细介绍.

7.3 区间估计

7.3.1 区间估计的基本概念和枢轴量法

1. 区间估计的基本概念

设 $\hat{\theta}(X_1, X_2, \cdots, X_n)$ 是未知参数 θ 的一个估计量，它是一个随机变量，对于一个样本观察值 $(x_1, x_2, \cdots, x_n)$，算得一个估计值 $\hat{\theta}(x_1, x_2, \cdots, x_n)$，点估计是取 $\theta \approx \hat{\theta}(x_1, x_2, \cdots, x_n)$. 一般地，$\hat{\theta}(x_1, x_2, \cdots, x_n)$ 与 θ 之间存在误差，我们当然希望给出这样的结果，有多大的可能参数 θ 在某一范围内，这个范围一般用区间的形式给出，这种形式的估计称为区间估计. 例如，有 98% 把握认为某部件正常工作的概率在 $0.93 \sim 0.98$ 等. 与点估计不同，区间估计给出了包含参数真值的范围以及可靠程度. 这样的区间称为置信区间，下面给出置信区间的概念.

定义 7.3.1（置信区间） 设总体 X 的分布函数为 $F(x;\theta)$，其中 θ 为未知参数，$\theta \in \Theta$，Θ 为参数空间，$X_1, X_2, \cdots, X_n$ 是来自总体 X 的一个样本. 若对事先给定的一个数 $\alpha (0 < \alpha < 1)$，存在两个统计量

$$\hat{\theta}_L = \hat{\theta}_L(X_1, X_2, \cdots, X_n), \hat{\theta}_U = \hat{\theta}_U(X_1, X_2, \cdots, X_n),$$

使得对任意 $\theta \in \Theta$，有

$$P\{\hat{\theta}_L \leq \theta \leq \hat{\theta}_U\} \geq 1 - \alpha.$$

▶ 置信区间的定义

则称随机区间 $[\hat{\theta}_L, \hat{\theta}_U]$ 为参数 θ 的**置信水平为 $1-\alpha$ 的置信区间**，称 $\hat{\theta}_U(X_1, X_2, \cdots, X_n)$ 为置信水平为 $1-\alpha$ 的置信区间的**置信上限**，称 $\hat{\theta}_L(X_1, X_2, \cdots, X_n)$ 为置信水平为 $1-\alpha$ 的置信区间的**置信下限**，$1-\alpha$ 称为**置信水平**.

通常 α 取 0.01，0.05，0.10 等值，可以视具体情况定.

注1 当 X 是连续型随机变量时，对于给定的 α，我们按照要求 $P\{\hat{\theta}_L \leq \theta \leq \hat{\theta}_U\} = 1-\alpha$ 求出置信区间. 当 X 是离散型随机变量时，对于给定的 α，常常找不到区间 $[\hat{\theta}_L, \hat{\theta}_U]$ 使得 $P\{\hat{\theta}_L \leq \theta \leq \hat{\theta}_U\} = 1-\alpha$，此时我们寻找区间 $[\hat{\theta}_L, \hat{\theta}_U]$，使得 $P\{\hat{\theta}_L \leq \theta \leq \hat{\theta}_U\}$ 至少为 $1-\alpha$，且尽可能接近 $1-\alpha$，之后进一步求出置信区间.

注2 每次抽样后，得到的区间是一个具体的区间. 比如，可能为 $[10, 15]$，这并不能说 $P_\theta\{10 \leq \theta \leq 15\} \geq 1-\alpha$，因为 $[10, 15]$ 是一个常数区间，不具有随机性. 事实上，置信区间 $[\hat{\theta}_L, \hat{\theta}_U]$ 是一个随机区间，对每次抽样来说，有时包含 θ，有时不包含 θ，但对置信水平 95% 的置信区间而言，粗略地说，在 100 次重复抽样得到的 100 个区间中，约有 95 个区间包含参数 θ 的真值.

注3 置信水平是区间估计的可靠性度量，在给定置信水平下，置信区间长度越短，其估计精度越高. 而可靠度和精度是相互矛盾的两个方面，可靠度要求越高，置信区间越长，此时精度越低. 理论上通常的原则是在保证可靠度下，求精度尽可能高的置信区间. 一般做法是，根据不同类型的问题，先确定一个较大的置信水平 $1-\alpha$，使得 $P_\theta\{\hat{\theta}_L \leq \theta \leq \hat{\theta}_U\} = 1-\alpha$，此时 $[\hat{\theta}_L, \hat{\theta}_U]$ 的取法仍然有任意多种，之后再从中选取一个平均长度最短的区间.

2. 置信区间的求法——枢轴量法

构造置信区间最常用的方法是枢轴量法，具体步骤是：

第一步 找一个与被估计量（即待估参数 θ）有关的统计量 $T(X_1, \cdots, X_n)$，一般选取参数 θ 的一个优良的点估计；

第二步 构造统计量 $T(X_1, \cdots, X_n)$ 和参数 θ 的一个函数 $G(T, \theta)$，要求 G 的分布与待估参数 θ 无关. 具有这种性质的函数 $G(T, \theta)$ 称为**枢轴量**；

第三步 对给定的置信水平 $1-\alpha (0 < \alpha < 1)$，选取两个常数 a 和 $b (a < b)$，使得

$$P_\theta\{a \leqslant G(T,\theta) \leqslant b\} = 1-\alpha;$$

第四步 如果不等式 $a \leqslant G(T,\theta) \leqslant b$ 可以等价变形为 $\hat{\theta}_L \leqslant \theta \leqslant \hat{\theta}_U$，则

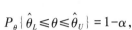 枢轴量法

$$P_\theta\{\hat{\theta}_L \leqslant \theta \leqslant \hat{\theta}_U\} = 1-\alpha,$$

那么区间 $[\hat{\theta}_L, \hat{\theta}_U]$ 就是参数 θ 的一个置信水平为 $1-\alpha$ 的置信区间.

注意：

1. 当 $G(T,\theta)$ 是 θ 的连续严格单调函数时，这两个不等式的等价变形总可以做到；

2. 若被估计量是待估参数 θ 的函数 $g(\theta)$，此时把枢轴量 $G(T,\theta)$ 换为 $G(T,g(\theta))$，不等式 $\hat{\theta}_L \leqslant \theta \leqslant \hat{\theta}_U$ 变形为 $\hat{g}_L(X_1,X_2,\cdots,X_n) \leqslant g(\theta) \leqslant \hat{g}_U(X_1,X_2,\cdots,X_n)$；

3. 在实际求置信区间时，经常选 a，b 满足

$$P_\theta\{G(T,\theta) \geqslant b\} = \frac{\alpha}{2}, \quad P_\theta\{G(T,\theta) \leqslant a\} = \frac{\alpha}{2}.$$

这是一种习惯做法，此时置信区间长度可以不必为最短.

在一些实际问题中，例如，对于电子元件的寿命，我们关心的是平均寿命的下限；而在考虑某种药品中杂质含量的均值时，我们关心的是均值的上限，由此给出如下单侧置信区间的概念.

定义 7.3.2（单侧置信区间） 设总体 X 的分布函数为 $F(x;\theta)$，其中 θ 为未知参数，$\theta \in \Theta$，Θ 为参数空间，$X_1, X_2, \cdots, X_n$ 是来自总体 X 的一个样本. 若对事先给定的一个数 $\alpha(0<\alpha<1)$，存在一个统计量 $\hat{\theta}_L = \hat{\theta}_L(X_1, X_2, \cdots, X_n)$ 使得对任意 $\theta \in \Theta$，有

$$P_\theta\{\hat{\theta}_L \leqslant \theta\} \geqslant 1-\alpha,$$

则称随机区间 $[\hat{\theta}_L, \infty)$ 为参数 θ 的**置信水平为 $1-\alpha$ 的单侧置信区间**，称 $\hat{\theta}_L(X_1, X_2, \cdots, X_n)$ 为置信水平为 $1-\alpha$ 的**单侧置信下限**.

若对事先给定的一个数 $\alpha(0<\alpha<1)$，存在一个统计量 $\hat{\theta}_U = \hat{\theta}_U(X_1, X_2, \cdots, X_n)$，若对任意 $\theta \in \Theta$，有

$$P_\theta\{\theta \leqslant \hat{\theta}_U(X_1, X_2, \cdots, X_n)\} \geqslant 1-\alpha,$$

则称随机区间 $(-\infty, \hat{\theta}_U]$ 为参数 θ 的**置信水平为 $1-\alpha$ 的单侧置信区间**，称 $\hat{\theta}_U(X_1, X_2, \cdots, X_n)$ 为置信水平为 $1-\alpha$ 的**单侧置信上限**.

单正态总体下参数
的置信区间

7.3.2 单个正态总体均值与方差的区间估计

1. 单个正态总体均值的区间估计

设总体 $X \sim N(\mu, \sigma^2)$，$\mu \in \mathbf{R}$，$\sigma > 0$，$X_1, X_2, \cdots, X_n$ 是来自总体 X 的样本，利用枢轴量法求参数 μ 的置信水平为 $1-\alpha$ 的置信区间.

我们分 σ^2 已知和 σ^2 未知两种情况来讨论.

(1) σ^2 已知.

由于 $\overline{X}$ 是参数 μ 的最大似然估计，且具有无偏性，构造 $\overline{X}$ 和参数 μ 的一个函数

$$Z = \frac{\overline{X} - \mu}{\sigma / \sqrt{n}}.$$

由于 $Z = \dfrac{\overline{X} - \mu}{\sigma / \sqrt{n}}$ 服从标准正态分布 $N(0,1)$，$N(0,1)$ 不依赖于任何未知参数，故取 Z 为枢轴量.

对给定 $\alpha(0 < \alpha < 1)$，取 a 和 $b (a < b)$ 满足

$$P\left\{ a \leqslant \frac{\overline{X} - \mu}{\sigma / \sqrt{n}} \leqslant b \right\} = 1 - \alpha.$$

由于标准正态分布是对称分布，要使区间平均长度最短，应有

$$P\{Z \leqslant a\} = P\{Z \geqslant b\} = \alpha/2,$$

故 $a = -z_{\alpha/2}$，$b = z_{\alpha/2}$.

不等式 $a = -z_{\alpha/2} \leqslant \dfrac{\overline{X} - \mu}{\sigma / \sqrt{n}} \leqslant z_{\alpha/2} = b$ 等价变形为

$$\overline{X} - \frac{\sigma}{\sqrt{n}} z_{\alpha/2} \leqslant \mu \leqslant \overline{X} + \frac{\sigma}{\sqrt{n}} z_{\alpha/2}.$$

从而 μ 的一个置信水平为 $1-\alpha$ 的置信区间为

$$\left[\overline{X} - \frac{\sigma}{\sqrt{n}} z_{\alpha/2}, \ \overline{X} + \frac{\sigma}{\sqrt{n}} z_{\alpha/2} \right]. \tag{7.3.1}$$

置信区间的长度为 $l_n = 2\dfrac{\sigma}{\sqrt{n}} z_{\alpha/2}$，关于置信区间做以下几点说明：

① l_n 越小，置信区间提供的信息越精确；

② 置信区间的中心是样本均值；

③ 置信水平 $1-\alpha$ 越大，则 $z_{\alpha/2}$ 越大. 因此，置信区间长度越长，精度越低；

④ 样本容量 n 越大，置信区间越短，精度越高；

⑤ σ 越大，则 l_n 越大，精度越低. 因为方差越大，随机影响越大，精度越低.

（2）σ^2 未知.

虽然 $\overline{X}$ 是参数 μ 的最大似然估计，且具有无偏性，但是不能

使用 $Z = \dfrac{\overline{X} - \mu}{\sigma/\sqrt{n}}$ 作为枢轴量，因为其中含有未知参数 σ^2. 我们用样

本标准差 S 代替总体标准差 σ，构造 $\overline{X}$ 和参数 μ 的一个函数

$$T = \frac{\overline{X} - \mu}{S/\sqrt{n}},$$

其中 $S^2 = \dfrac{1}{n-1} \sum_{i=1}^{n} (X_i - \overline{X})^2$.

由于 $T = \dfrac{\overline{X} - \mu}{S/\sqrt{n}}$ 服从 $t(n-1)$ 分布，$t(n-1)$ 分布不依赖于任何未

知参数，故取 $T = \dfrac{\overline{X} - \mu}{S/\sqrt{n}}$ 为枢轴量.

对给定 $\alpha(0 < \alpha < 1)$，取 a 和 $b(a < b)$ 满足

$$P\left\{ a \leqslant \frac{\overline{X} - \mu}{S/\sqrt{n}} \leqslant b \right\} = 1 - \alpha,$$

由于 t 分布是对称分布，要使区间平均长度最短，应有

$$P\{T \leqslant a\} = P\{T \geqslant b\} = \alpha/2,$$

故 $a = -t_{\alpha/2}(n-1)$，$b = t_{\alpha/2}(n-1)$.

不等式 $a = -t_{\alpha/2}(n-1) \leqslant \dfrac{\overline{X} - \mu}{S/\sqrt{n}} \leqslant t_{\alpha/2}(n-1) = b$ 等价变形为

$$\overline{X} - \frac{S}{\sqrt{n}} t_{\alpha/2}(n-1) \leqslant \mu \leqslant \overline{X} + \frac{S}{\sqrt{n}} t_{\alpha/2}(n-1).$$

从而 μ 的一个置信水平为 $1 - \alpha$ 的置信区间为

$$\left[\overline{X} - \frac{S}{\sqrt{n}} t_{\alpha/2}(n-1), \overline{X} + \frac{S}{\sqrt{n}} t_{\alpha/2}(n-1) \right]. \qquad (7.3.2)$$

例 7.3.1　根据长期经验知道某式枪弹底火壳二台高 X（如果读者对具体问题不熟悉，只需理解 X 是长度指标）服从正态分布 $N(\mu, \sigma^2)$，现在随机抽取底火壳 20 个，测得二台高 X 的结果（单位：mm）为

4.96　4.95　4.92　4.94　4.96　4.94　4.97　4.96　4.97　4.97
5.01　4.97　4.98　5.01　4.97　4.98　4.99　4.98　5.00　5.00

（1）当 $\sigma^2 = (0.017)^2$ 已知时，求底火壳二台高 X 的均值 $EX = \mu$ 的置信水平为 95% 的置信区间；

（2）当 σ^2 未知时，求底火壳二台高 X 的均值 $EX = \mu$ 的置信水

平为 99% 的置信区间.

解 (1) 因为 σ^2 已知, 因此底火壳二台高 X 的均值 μ 的置信区间形式为

$$\left[\overline{X}-\frac{\sigma}{\sqrt{n}}z_{\alpha/2},\overline{X}+\frac{\sigma}{\sqrt{n}}z_{\alpha/2}\right],$$

查表得 $z_{\alpha/2}=z_{0.025}=1.96$, 计算得 $\overline{x}=4.9715$, $n=20$, 代入上式得到 μ 的置信区间为 $[4.964,4.979]$. 这就是说, 我们有 95% 的把握断定区间 $[4.964,4.979]$ 包含底火壳二台高 X 的均值 $EX=\mu$.

(2) 因为 σ^2 未知, 因此底火壳二台高 X 的均值 μ 的置信区间形式为

$$\left[\overline{X}-\frac{S}{\sqrt{n}}t_{\alpha/2}(n-1),\overline{X}+\frac{S}{\sqrt{n}}t_{\alpha/2}(n-1)\right],$$

查表得 $t_{\alpha/2}(n-1)=t_{0.005}(19)=2.8609$, 计算得 $\overline{x}=4.9715$, $s^2=0.0237^2$, $n=20$, 代入上式得到 μ 的置信区间为 $[4.956,4.987]$.

2. 单个正态总体方差的区间估计

设总体 $X\sim N(\mu,\sigma^2)$, $\mu\in\mathbf{R}$, $\sigma>0$, $X_1,X_2,\cdots,X_n$ 是来自总体 X 的样本, 利用枢轴量法求参数 σ^2 的置信水平 $1-\alpha$ 的置信区间.

我们分 μ 已知和 μ 未知两种情形来讨论.

(1) μ 已知.

参数 σ^2 的无偏估计为 $\hat{\sigma}^2=\frac{1}{n}\sum_{i=1}^{n}(X_i-\mu)^2$, 构造 $\frac{1}{n}\sum_{i=1}^{n}(X_i-\mu)^2$ 和参数 σ^2 的一个函数

$$G=\frac{n\hat{\sigma}^2}{\sigma^2}=\frac{\sum_{i=1}^{n}(X_i-\mu)^2}{\sigma^2}.$$

由于 $G=\dfrac{\sum\limits_{i=1}^{n}(X_i-\mu)^2}{\sigma^2}$ 服从 $\chi^2(n)$ 分布, $\chi^2(n)$ 分布不依赖于任何未知参数, 故取 $G=\dfrac{\sum\limits_{i=1}^{n}(X_i-\mu)^2}{\sigma^2}$ 为枢轴量.

对给定的 $\alpha(0<\alpha<1)$, 取 a 和 $b(a<b)$ 满足

$$P\{a\leqslant G\leqslant b\}=1-\alpha,$$

即

$$P\{G<a\}+P\{G>b\}=\alpha.$$

满足上式的 a 和 b 有很多, 通常选取 a 和 b, 使得

$$P\{G<a\}=P\{G>b\}=\alpha/2,$$

故 $a = \chi^2_{1-\alpha/2}(n)$，$b = \chi^2_{\alpha/2}(n)$，于是有

$$P\{a \leqslant G \leqslant b\} = P\left\{\chi^2_{1-\alpha/2}(n) \leqslant \frac{\sum\limits_{i=1}^{n}(X_i - \mu)^2}{\sigma^2} \leqslant \chi^2_{\alpha/2}(n)\right\} = 1 - \alpha,$$

不等式 $\chi^2_{1-\alpha/2}(n) \leqslant \dfrac{\sum\limits_{i=1}^{n}(X_i - \mu)^2}{\sigma^2} \leqslant \chi^2_{\alpha/2}(n)$ 等价变形为

$$\frac{\sum\limits_{i=1}^{n}(X_i - \mu)^2}{\chi^2_{\alpha/2}(n)} \leqslant \sigma^2 \leqslant \frac{\sum\limits_{i=1}^{n}(X_i - \mu)^2}{\chi^2_{1-\alpha/2}(n)}.$$

从而 σ^2 的一个置信水平为 $1-\alpha$ 的置信区间为

$$\left[\frac{\sum\limits_{i=1}^{n}(X_i - \mu)^2}{\chi^2_{\alpha/2}(n)}, \frac{\sum\limits_{i=1}^{n}(X_i - \mu)^2}{\chi^2_{1-\alpha/2}(n)}\right]. \tag{7.3.3}$$

（2）μ 未知.

由于 μ 未知，不能用 $G = \dfrac{\sum\limits_{i=1}^{n}(X_i - \mu)^2}{\sigma^2}$ 作为枢轴量，而参数 σ^2 的无偏估计为 $S^2 = \dfrac{1}{n-1}\sum\limits_{i=1}^{n}(X_i - \overline{X})^2$，构造 S^2 和参数 σ^2 的一个函数

$$\chi^2 = \frac{(n-1)S^2}{\sigma^2}.$$

由于 $\chi^2 = \dfrac{(n-1)S^2}{\sigma^2}$ 服从 $\chi^2(n-1)$ 分布，$\chi^2(n-1)$ 分布不依赖于任何未知参数，故取 $\chi^2 = \dfrac{(n-1)S^2}{\sigma^2}$ 为枢轴量.

类似于式(7.3.3)的推导，得 σ^2 的一个置信水平为 $1-\alpha$ 的置信区间为

$$\left[\frac{(n-1)S^2}{\chi^2_{\alpha/2}(n-1)}, \frac{(n-1)S^2}{\chi^2_{1-\alpha/2}(n-1)}\right] = \left[\frac{\sum\limits_{i=1}^{n}(X_i - \overline{X})^2}{\chi^2_{\alpha/2}(n-1)}, \frac{\sum\limits_{i=1}^{n}(X_i - \overline{X})^2}{\chi^2_{1-\alpha/2}(n-1)}\right].$$

$$\tag{7.3.4}$$

标准差 σ 的一个置信水平为 $1-\alpha$ 的置信区间为

$$\left[\sqrt{\frac{(n-1)S^2}{\chi^2_{\alpha/2}(n-1)}}, \sqrt{\frac{(n-1)S^2}{\chi^2_{1-\alpha/2}(n-1)}}\right] = \left[\sqrt{\frac{\sum\limits_{i=1}^{n}(X_i - \overline{X})^2}{\chi^2_{\alpha/2}(n-1)}}, \sqrt{\frac{\sum\limits_{i=1}^{n}(X_i - \overline{X})^2}{\chi^2_{1-\alpha/2}(n-1)}}\right].$$

$$\tag{7.3.5}$$

单个正态总体未知参数的置信区间(置信水平为 $1-\alpha$)见表 7.3.1.

表 7.3.1 单个正态总体未知参数的置信区间

待估参数	其他参数	枢轴量	分布	置信区间
μ	σ^2 已知	$\dfrac{\bar{X}-\mu}{\sigma/\sqrt{n}}$	$N(0,1)$	$\left[\bar{X}-\dfrac{\sigma}{\sqrt{n}}z_{\alpha/2},\ \bar{X}+\dfrac{\sigma}{\sqrt{n}}z_{\alpha/2}\right]$
	σ^2 未知	$\dfrac{\bar{X}-\mu}{S/\sqrt{n}}$	$t(n-1)$	$\left[\bar{X}-\dfrac{S}{\sqrt{n}}t_{\alpha/2}(n-1),\right.$ $\left.\bar{X}+\dfrac{S}{\sqrt{n}}t_{\alpha/2}(n-1)\right]$
σ^2	μ 已知	$\dfrac{\sum\limits_{i=1}^{n}(X_i-\mu)^2}{\sigma^2}$	$\chi^2(n)$	$\left[\dfrac{\sum\limits_{i=1}^{n}(X_i-\mu)^2}{\chi_{\alpha/2}^2(n)},\ \dfrac{\sum\limits_{i=1}^{n}(X_i-\mu)^2}{\chi_{1-\alpha/2}^2(n)}\right]$
	μ 未知	$\dfrac{(n-1)S^2}{\sigma^2}$	$\chi^2(n-1)$	$\left[\dfrac{(n-1)S^2}{\chi_{\alpha/2}^2(n-1)},\ \dfrac{(n-1)S^2}{\chi_{1-\alpha/2}^2(n-1)}\right]$

例 7.3.2 某自动机床加工某种零件,已知零件长度服从正态分布 $N(\mu,\sigma^2)$,现在随机抽 16 个,测得长度的结果(单位:mm)为

12.15　12.12　12.01　12.08　12.09　12.16　12.03　12.01
12.06　12.13　12.07　12.11　12.08　12.01　12.03　12.06

求零件长度 X 的方差 σ^2 和标准差 σ 的置信水平为 95% 的置信区间.

解 均值 μ 未知,方差 σ^2 的置信水平 $1-\alpha$ 的置信区间形式为

$$\left[\dfrac{(n-1)S^2}{\chi_{\alpha/2}^2(n-1)},\ \dfrac{(n-1)S^2}{\chi_{1-\alpha/2}^2(n-1)}\right],$$

经计算得到 $\bar{x}=12.075$,$s^2=(0.0494)^2$,

由于 $\alpha=0.05$,查表得到 $\chi_{0.025}^2(15)=27.488$,$\chi_{0.975}^2(15)=6.262$,代入数据计算得到零件长度 X 的方差 σ^2 的置信水平为 95% 的置信区间为 $[0.00133,0.00585]$. 零件长度 X 的标准差 σ 的置信水平为 95% 的置信区间为 $[0.0365,0.0765]$.

7.3.3 两个正态总体均值差和方差比的置信区间

在实际问题中经常会遇到这样的问题,如果已知产品的某一特征指标服从正态分布,但是由于各种因素(例如原料、设备、操

作工人或生产过程的改变)的影响导致总体均值和总体方差发生了改变,我们需要了解变化的情况,因此有必要学习两个正态总体均值差和方差比的区间估计问题.

1. 两个正态总体均值差 $\mu_1-\mu_2$ 的置信区间

设总体 $X\sim N(\mu_1,\sigma_1^2)$,总体 $Y\sim N(\mu_2,\sigma_2^2)$,且 X 与 Y 相互独立,$X_1,X_2,\cdots,X_m$ 是来自总体 X 的样本,$Y_1,Y_2,\cdots,Y_n$ 是来自总体 Y 的样本. 记

$$\bar{X}=\frac{1}{m}\sum_{i=1}^m X_i,\quad S_1^2=\frac{1}{m-1}\sum_{i=1}^m(X_i-\bar{X})^2,$$

$$\bar{Y}=\frac{1}{n}\sum_{i=1}^n Y_i,\quad S_2^2=\frac{1}{n-1}\sum_{i=1}^n(Y_i-\bar{Y})^2.$$

我们分两种情况求均值差 $\mu_1-\mu_2$ 的置信水平为 $1-\alpha$ 的置信区间.

(1) σ_1^2,σ_2^2 均已知.

由于 $\mu_1-\mu_2$ 的无偏估计为 $\bar{X}-\bar{Y}$,构造 $\bar{X}-\bar{Y}$ 和参数 $\mu_1-\mu_2$ 的一个函数

$$Z=\frac{\bar{X}-\bar{Y}-(\mu_1-\mu_2)}{\sqrt{\sigma_1^2/m+\sigma_2^2/n}}.$$

且 $Z\sim N(0,1)$,标准正态分布 $N(0,1)$ 与参数无关,因此取 Z 为枢轴量.

类似于式(7.3.1)的推导,得均值差 $\mu_1-\mu_2$ 的一个置信水平为 $1-\alpha$ 的置信区间为

$$\left[\bar{X}-\bar{Y}-z_{\alpha/2}\sqrt{\sigma_1^2/m+\sigma_2^2/n},\bar{X}-\bar{Y}+z_{\alpha/2}\sqrt{\sigma_1^2/m+\sigma_2^2/n}\right].$$
$$(7.3.6)$$

(2) $\sigma_1^2=\sigma_2^2=\sigma^2$,但 σ^2 未知.

由于 $\mu_1-\mu_2$ 的无偏估计为 $\bar{X}-\bar{Y}$,构造 $\bar{X}-\bar{Y}$ 和参数 $\mu_1-\mu_2$ 的一个函数

$$T=\frac{\bar{X}-\bar{Y}-(\mu_1-\mu_2)}{S_\omega\sqrt{\dfrac{1}{m}+\dfrac{1}{n}}},$$

其中 $S_\omega=\sqrt{\dfrac{(m-1)S_1^2+(n-1)S_2^2}{m+n-2}}$,且 $T\sim t(m+n-2)$,$t(m+n-2)$ 分布与参数无关,因此取 T 为枢轴量.

类似于式(7.3.2)的推导,得均值差 $\mu_1-\mu_2$ 的一个置信水平为 $1-\alpha$ 的置信区间为

$$\left[\overline{X} - \overline{Y} - t_{\alpha/2}(m+n-2)S_{\omega}\sqrt{\frac{1}{m}+\frac{1}{n}}, \right.$$

$$\left. \overline{X} - \overline{Y} + t_{\alpha/2}(m+n-2)S_{\omega}\sqrt{\frac{1}{m}+\frac{1}{n}} \right]. \qquad (7.3.7)$$

2. 两个正态总体方差比 σ_1^2/σ_2^2 的置信区间

设总体 $X \sim N(\mu_1, \sigma_1^2)$，总体 $Y \sim N(\mu_2, \sigma_2^2)$，且 X 与 Y 相互独立，$X_1, X_2, \cdots, X_m$ 是来自总体 X 的样本，$Y_1, Y_2, \cdots, Y_n$ 是来自总体 Y 的样本. 记

$$\overline{X} = \frac{1}{m}\sum_{i=1}^{m} X_i, \quad S_1^2 = \frac{1}{m-1}\sum_{i=1}^{m}(X_i - \overline{X})^2,$$

$$\overline{Y} = \frac{1}{n}\sum_{i=1}^{n} Y_i, \quad S_2^2 = \frac{1}{n-1}\sum_{i=1}^{n}(Y_i - \overline{Y})^2.$$

我们分两种情形求 σ_1^2/σ_2^2 的置信水平 $1-\alpha$ 的置信区间.

（1）μ_1，μ_2 均已知.

由 σ_1^2，σ_2^2 的点估计 $\hat{\sigma}_1^2 = \frac{1}{m}\sum_{i=1}^{m}(X_i - \mu_1)^2$，$\hat{\sigma}_2^2 = \frac{1}{n}\sum_{i=1}^{n}(Y_i - \mu_2)^2$ 出发构造枢轴量

$$G = \frac{\dfrac{m\hat{\sigma}_1^2}{\sigma_1^2}\Big/ m}{\dfrac{n\hat{\sigma}_2^2}{\sigma_2^2}\Big/ n} = \frac{\hat{\sigma}_1^2/\hat{\sigma}_2^2}{\sigma_1^2/\sigma_2^2} \sim F(m,n).$$

对给定 $\alpha(0<\alpha<1)$，取 a 和 $b(a<b)$ 满足

$$P\{a \le G \le b\} = 1-\alpha.$$

即

$$P\{G<a\} + P\{G>b\} = \alpha.$$

满足上式的 a 和 b 有很多，通常选取 a 和 b，使得

$$P\{G<a\} = P\{G>b\} = \alpha/2.$$

故 $a = F_{1-\alpha/2}(m,n)$，$b = F_{\alpha/2}(m,n)$，于是有

$$P\{a \le G \le b\} = P\left\{ F_{1-\alpha/2}(m,n) \le \frac{\hat{\sigma}_1^2/\hat{\sigma}_2^2}{\sigma_1^2/\sigma_2^2} \le F_{\alpha/2}(m,n) \right\} = 1-\alpha.$$

从而方差比 σ_1^2/σ_2^2 的一个置信水平 $1-\alpha$ 的置信区间为

$$\left[\frac{\hat{\sigma}_1^2}{\hat{\sigma}_2^2}\frac{1}{F_{\alpha/2}(m,n)}, \frac{\hat{\sigma}_1^2}{\hat{\sigma}_2^2}\frac{1}{F_{1-\alpha/2}(m,n)} \right]. \qquad (7.3.8)$$

（2）μ_1，μ_2 均未知.

根据定理 6.2.4，构造枢轴量

$$F = \frac{S_1^2 / S_2^2}{\sigma_1^2 / \sigma_2^2} \sim F(m-1, n-1).$$

类似于式(7.3.8)的推导，得方差比 σ_1^2 / σ_2^2 的一个置信水平为 $1-\alpha$ 的置信区间为

$$\left[\frac{S_1^2}{S_2^2} \frac{1}{F_{\alpha/2}(m-1, n-1)}, \frac{S_1^2}{S_2^2} \frac{1}{F_{1-\alpha/2}(m-1, n-1)} \right]. \qquad (7.3.9)$$

两个正态总体均值差和方差比的置信区间（置信水平为 $1-\alpha$）见表 7.3.2.

表 7.3.2　两个正态总体均值差和方差比的置信区间

待估参数	其他参数	枢轴量	分布	置信区间
$\mu_1 - \mu_2$	σ_1^2, σ_2^2 均已知	$\dfrac{\overline{X} - \overline{Y} - (\mu_1 - \mu_2)}{\sqrt{\sigma_1^2/m + \sigma_2^2/n}}$	$N(0,1)$	$\left[\overline{X} - \overline{Y} - z_{\alpha/2}\sqrt{\sigma_1^2/m + \sigma_2^2/n}, \right.$ $\left. \overline{X} - \overline{Y} + z_{\alpha/2}\sqrt{\sigma_1^2/m + \sigma_2^2/n} \right]$
	$\sigma_1^2 = \sigma_2^2 = \sigma^2$ 但 σ^2 未知	$\dfrac{\overline{X} - \overline{Y} - (\mu_1 - \mu_2)}{S_\omega \sqrt{\dfrac{1}{m} + \dfrac{1}{n}}}$	$t(m+n-2)$	$\left[\overline{X} - \overline{Y} - t_{\alpha/2}(m+n-2) S_\omega \sqrt{\dfrac{1}{m} + \dfrac{1}{n}}, \right.$ $\left. \overline{X} - \overline{Y} + t_{\alpha/2}(m+n-2) S_\omega \sqrt{\dfrac{1}{m} + \dfrac{1}{n}} \right]$
$\dfrac{\sigma_1^2}{\sigma_2^2}$	μ_1, μ_2 均已知	$\dfrac{\hat{\sigma}_1^2 / \hat{\sigma}_2^2}{\sigma_1^2 / \sigma_2^2}$	$F(m,n)$	$\left[\dfrac{\hat{\sigma}_1^2}{\hat{\sigma}_2^2} \dfrac{1}{F_{\alpha/2}(m,n)}, \right.$ $\left. \dfrac{\hat{\sigma}_1^2}{\hat{\sigma}_2^2} \dfrac{1}{F_{1-\alpha/2}(m,n)} \right]$
	μ_1, μ_2 均未知	$\dfrac{S_1^2 / S_2^2}{\sigma_1^2 / \sigma_2^2}$	$F(m-1, n-1)$	$\left[\dfrac{S_1^2}{S_2^2} \dfrac{1}{F_{\alpha/2}(m-1, n-1)}, \right.$ $\left. \dfrac{S_1^2}{S_2^2} \dfrac{1}{F_{1-\alpha/2}(m-1, n-1)} \right]$

*7.3.4　非正态总体参数的区间估计

1. 均匀分布参数的区间估计

设总体 $X \sim U[0, \theta]$，$\theta > 0$，$X_1, X_2, \cdots, X_n$ 是来自总体 X 的样本，利用枢轴量法求参数 θ 的置信水平为 $1-\alpha$ 的置信区间.

已知最大顺序统计量 $X_{(n)}$ 是 θ 的最大似然估计，由于 $\dfrac{X_{(n)}}{\theta}$ 的概率密度函数为

$$f(y) = \begin{cases} ny^{n-1}, & 0 \leqslant y \leqslant 1, \\ 0, & \text{其他.} \end{cases}$$

$f(y)$ 与任何未知参数无关，故取枢轴量为

$$G(X_{(n)}, \theta) = \frac{X_{(n)}}{\theta}.$$

对给定 $\alpha(0 < \alpha < 1)$，只要取 a 和 $b(a < b)$ 满足

$$1 - \alpha = P\{a \leqslant G(X_{(n)}, \theta) \leqslant b\} = \int_a^b ny^{n-1}\mathrm{d}y = b^n - a^n,$$

即

$$b^n - a^n = 1 - \alpha.$$

而 $a \leqslant \dfrac{X_{(n)}}{\theta} \leqslant b$ 等价变形为 $\dfrac{X_{(n)}}{b} \leqslant \theta \leqslant \dfrac{X_{(n)}}{a}$.

考虑区间平均长度最短的精度要求，得到 $b = 1$，$a = \sqrt[n]{\alpha}$，从而在形如 $\left[\dfrac{X_{(n)}}{b}, \dfrac{X_{(n)}}{a}\right]$ 的置信水平 $1 - \alpha$ 的置信区间中，区间

$$\left[X_{(n)}, \frac{X_{(n)}}{\sqrt[n]{\alpha}}\right]$$

的平均长度最短.

2. 指数分布参数的区间估计

设总体 X 服从指数分布，其密度函数为 $f(x)$，且

$$f(x) = \begin{cases} \lambda \mathrm{e}^{-\lambda x}, & x > 0, \\ 0, & x \leqslant 0. \end{cases}$$

其中参数 $\lambda > 0$，$X_1, X_2, \cdots, X_n$ 是来自总体 X 的样本，利用枢轴量法求参数 λ 的置信水平为 $1 - \alpha$ 的置信区间.

参数 λ 的最大似然估计为 $\dfrac{1}{\bar{X}}$，由第 6 章例 6.2.3 得

$$G = 2\lambda(X_1 + X_2 + \cdots + X_n) = 2n\lambda\bar{X} \sim \chi^2(2n),$$

因此，取枢轴量为 $G = 2n\lambda\bar{X}$.

对给定 $\alpha(0 < \alpha < 1)$，取 a 和 $b(a < b)$ 满足

$$P\{a \leqslant G \leqslant b\} = 1 - \alpha.$$

类似于式 (7.3.3) 的推导，得 λ 的一个置信水平为 $1 - \alpha$ 的置信区间为

$$\left[\frac{\chi^2_{1-\alpha/2}(2n)}{2n\bar{X}}, \frac{\chi^2_{\alpha/2}(2n)}{2n\bar{X}}\right].$$

总体均值 $EX = \dfrac{1}{\lambda}$ 的一个置信水平为 $1 - \alpha$ 的置信区间为

$$\left[\frac{2n\overline{X}}{\chi^2_{\alpha/2}(2n)},\frac{2n\overline{X}}{\chi^2_{1-\alpha/2}(2n)}\right].$$

由上述区间估计的求法可看出，在枢轴量法中，枢轴量起到了轴心的作用，只要求出一个区间，使得枢轴量落在这个区间中的概率为 $1-\alpha$，就可以转化为参数的置信水平 $1-\alpha$ 的置信区间，这也是枢轴量这个名称的由来.

▶ 中国创造：笔头创新之路

习题 7

1. 设 $X_1,X_2,\cdots,X_n$ 是来自总体 X 的样本，X 的概率密度函数 $f(x)$ 如下所示，求其中未知参数的矩估计和最大似然估计.

(1) $f(x;\theta)=\begin{cases}(\theta+1)x^\theta, & 0<x<1,\\ 0, & \text{其他}.\end{cases}$ 其中 $\theta>-1$ 为未知参数；

(2) $f(x;\mu,\sigma^2)=\begin{cases}\dfrac{1}{\sqrt{2\pi}\,\sigma x}e^{-\frac{(\ln x-\mu)^2}{2\sigma^2}}, & x>0,\\ 0, & x\leq 0.\end{cases}$ 其中 $\mu\in\mathbf{R}$，$\sigma^2>0$ 为未知参数；

(3) $f(x;\theta)=\begin{cases}\lambda e^{-\lambda x}, & x>0,\\ 0, & x\leq 0.\end{cases}$ 其中 $\lambda>0$ 为未知参数；

(4) $f(x;\mu,\lambda)=\begin{cases}\lambda e^{-\lambda(x-\mu)}, & x\geq\mu,\\ 0, & \text{其他}.\end{cases}$ 其中 $\mu\in\mathbf{R}$，$\lambda>0$ 为未知参数；

(5) $f(x;\theta)=\begin{cases}1, & \theta-0.5\leq x\leq\theta+0.5,\\ 0, & \text{其他}.\end{cases}$ 其中 θ 为未知参数.

2. 设 $X_1,X_2,\cdots,X_n$ 是来自总体 X 的样本，且 X 的概率密度函数为 $f(x;\mu,\lambda)=\dfrac{1}{2}\lambda\exp\{-\lambda|x-\mu|\}$，$x\in\mathbf{R}$，求 μ，λ 的矩估计.

3. 甲、乙两个校对员彼此独立地对同一本书的样稿进行校对. 校完后，甲发现 a 个错字，乙发现 b 个错字，其中共同发现的错字有 c 个，试用矩估计法给出如下两个未知参数的估计

(1) 该书样稿的总错字个数；

(2) 未被发现的错字数.

4. 设 $X_1,X_2,\cdots,X_n$ 是来自正态总体 $N(\mu,\sigma^2)$ 的样本.

(1) 若 μ 未知，$\sigma>0$ 已知，求 μ 的最大似然估计；

(2) 若 μ 已知，$\sigma>0$ 未知，求 σ^2 的最大似然估计.

5. 设总体 X 服从泊松分布 $P(\lambda)$，$X_1,X_2,\cdots,X_n$ 是来自总体 X 的样本，现测得样本观察值为 2，1，3，1，1，5，1，1，0，1，3，2. 求参数 λ 的矩估计值和最大似然估计值.

6. (1) 设 $X_1,X_2,\cdots,X_n$ 是来自正态总体 $N(\mu,\sigma^2)$ 的样本，求 $P\{X\leq t\}$ 的最大似然估计（用标准正态分布函数 $\Phi(\cdot)$ 表示）.

(2) 设某种白炽灯泡的使用寿命 X 服从正态分布 $N(\mu,\sigma^2)$，其中 $\mu\in\mathbf{R}$，$\sigma>0$ 均未知，从某星期生产的该种灯泡中随机抽取 10 只，测得其寿命（单位：10^3h）为 1.07，0.92，0.90，0.80，1.13，0.98，0.95，1.16，1.20，0.95. 试用最大似然估计法估计该星期生产的灯泡能使用超过 $1.2\ 10^3\text{h}$ 的概率.

7. 为估计湖中的鱼数，从湖中捞出 1000 条鱼，标上记号后放回湖中，然后再捞出 150 条鱼发现其中有 10 条鱼有记号. 问湖中有多少条鱼，才能使 150 条鱼中出现 10 条带记号的鱼的概率最大？

8. 设 $X_1,X_2,\cdots,X_n$ 是来自正态总体 $N(\mu,\sigma^2)$ 的样本，求 c 使得 $c\sum_{i=1}^{n-1}(X_{i+1}-X_i)^2$ 是 σ^2 的无偏估计.

9. 设 $X_1,X_2,\cdots,X_n$ 是来自总体 X 的样本，且 $E(X)=\mu$，$D(X)=\sigma^2<+\infty$，证明 $\hat{\mu}=\dfrac{2}{n(n+1)}\sum_{i=1}^{n}iX_i$ 是总体均值 μ 的无偏估计和相合估计.

10. 设总体 $X\sim N(\mu,\sigma^2)$，X_1,X_2,X_3 是来自总体

X 的样本，证明下面的估计量

$$\hat{\mu_1}=\frac{1}{5}X_1+\frac{3}{10}X_2+\frac{1}{2}X_3,$$

$$\hat{\mu_2}=\frac{1}{3}X_1+\frac{1}{4}X_2+\frac{5}{12}X_3,$$

$$\hat{\mu_3}=\frac{1}{3}X_1+\frac{1}{6}X_2+\frac{1}{2}X_3$$

都是 μ 的无偏估计量，并说明它们哪个更有效.

11. 设 $X_1,X_2,\cdots,X_n$ 是来自总体 X 的样本，且 $X\sim U[0,\theta]$，证明 $\hat{\theta_1}=\frac{n+1}{n}X_{(n)}$，$\hat{\theta_2}=(n+1)X_{(1)}$ 都是参数 θ 的无偏估计，并指出哪个估计更有效.

12. 设晶体管的寿命 $X\sim N(\mu,\sigma^2)$，从中抽取 100 只做寿命试验，测得其平均寿命为 $\bar{x}=1000$h，标准差为 $s=40$h，求这批晶体管的平均寿命的置信水平为 95% 的置信区间.

13. 设某种清漆的干燥时间（单位：h）服从正态分布 $N(\mu,\sigma^2)$，现有 9 个样本观察值：6.3，5.7，5.8，5.0，7.0，6.0，5.6，6.1，6.5.

（1）若已知 $\sigma=0.6$，求 μ 的置信水平为 95% 的置信区间；

（2）若 σ 未知，求 μ 的置信水平为 95% 的置信区间.

14. 设某种白炽灯泡的使用寿命服从正态分布 $N(\mu,\sigma^2)$，测试 10 只灯泡寿命的均值为 $\bar{x}=1500$(h)，标准差为 $s=20$(h)，分别求 μ，σ^2 的置信水平为 95% 的置信区间.

15. 设一批零件的长度服从正态分布 $N(\mu,\sigma^2)$. 随机地从该批零件中抽取 16 个进行测量，测得其长度（单位：cm）为
2.14，2.10，2.13，2.15，2.13，2.12，2.13，2.10，
2.15，2.12，2.14，2.10，2.13，2.11，2.14，2.11

（1）若 $\sigma^2=0.01^2$，求 μ 的置信水平为 95% 的置信区间；

（2）若 σ^2 未知，求 μ 的置信水平为 95% 的置信区间；

（3）求 σ^2 的置信水平为 95% 的置信区间.

16. 设总体 X 服从正态分布 $N(\mu,\sigma^2)$，且 σ^2 已知，问样本容量 n 取多大时，才能使 μ 的置信水平为 $1-\alpha$ 的置信区间长度不大于 L.

17. 设总体 X 服从正态分布 $N(\mu,1)$，为使 μ 的置信水平为 95% 的置信区间长度不超过 1.2，样本容量应为多大？

18. 设 $X_1,X_2,\cdots,X_n$ 是来自总体 X 的样本，且 $X\sim f(x;\theta)$，其中 $f(x;\theta)=\frac{\theta}{x^2}$，$0<\theta\le x$，利用枢轴量法求 θ 的一个置信水平为 $1-\alpha$ 的置信区间.

19. 甲乙两组生产同种导线，随机地从甲组中抽取 4 根，随机地从乙组中抽取 5 根，测得它们的电阻值（单位：Ω）分别为

甲组导线：0.143，0.142，0.143，0.137；

乙组导线：0.140，0.142，0.136，0.138，0.140.

设甲乙两组生产的导线电阻值分别服从正态分布 $N(\mu_1,\sigma^2)$，$N(\mu_2,\sigma^2)$，其中 μ_1，μ_2，σ^2 均未知，并且它们相互独立. 求 $\mu_1-\mu_2$ 的置信水平为 95% 的置信区间.

20. 甲乙两位化验员独立地对某种聚合物的含氯量用相同的方法各测量 10 次，得样本方差分别为 $s_1^2=0.5419$ 和 $s_2^2=0.6065$. 设甲乙的测量数据都服从正态分布 $N(\mu_1,\sigma_1^2)$，$N(\mu_2,\sigma_2^2)$. 求方差比 σ_1^2/σ_2^2 的置信水平为 90% 的置信区间.

21. 设 $X_1,X_2,\cdots,X_n$ 是来自指数分布总体 X 的样本，X 的概率密度函数为 $f_1(x)=\begin{cases}\lambda_1 e^{-\lambda_1 x}, & x>0,\\ 0, & 其他.\end{cases}$ 其中 $\lambda_1>0$，设 $Y_1,Y_2,\cdots,Y_n$ 是来自指数分布总体 Y 的样本，Y 的概率密度函数为 $f_2(y)=\begin{cases}\lambda_2 e^{-\lambda_2 y}, & y>0,\\ 0, & 其他.\end{cases}$ 其中 $\lambda_2>0$，且两总体相互独立，求 λ_2/λ_1 的置信水平为 $1-\alpha$ 的置信区间.

22. 从某地区随机抽取成人男、女各 100 名，测量并计算得男子身高的平均值为 $\bar{x}=1.71$m，标准差为 $s_1=0.035$m；女子身高的平均值为 $\bar{y}=1.67$m，标准差为 $s_2=0.038$m. 设男、女身高均服从正态分布且方差相等. 求男女平均身高之差的置信水平为 95% 的置信区间.

23. 两台机床加工同一种零件，分别抽取 6 个和 9 个零件，测量其长度并算得样本方差分别为 $s_1^2=0.245$，$s_2^2=0.357$. 假定两台机床加工零件的长度都服从正态分布. 求两总体标准差之比 σ_1/σ_2 的置信水平为 95% 的置信区间.

24. 设某电子产品的寿命服从指数分布，其概

率密度函数为

$$f(x) = \begin{cases} \lambda e^{-\lambda x}, & x>0, \\ 0, & \text{其他.} \end{cases} \text{其中 } \lambda > 0,$$

现从该批产品中抽取容量为 9 的样本，测得寿命为（单位：10^3h）15，45，50，53，60，65，70，83，90. 求平均寿命 $\dfrac{1}{\lambda}$ 的置信水平为 90% 的置信区间和置信

上限、下限.

25. 参数的点估计和区间估计有什么区别.

26. 叙述矩估计和最大似然估计的基本思想及其二者的区别.

27. 评价一个点估计量的标准有哪些，同时对每一个标准进行详细说明.

第8章

假设检验

假设检验问题和依据

假设检验是统计推断的另一个重要组成部分，分为参数假设检验和非参数假设检验. 参数假设检验所处理的问题是：总体的分布类型已知，对总体分布中的未知参数提出某种假设，然后利用样本(即数据)对假设进行检验，最后根据检验的结果对所提出的假设作出成立与否的判断. 非参数假设检验是对总体分布函数的形式提出某种假设并利用样本进行检验.

本章介绍假设检验的基本概念和基本方法，正态总体参数的假设检验，非正态总体参数的假设检验，假设检验和区间估计的关系，非参数假设检验.

8.1 假设检验

首先看几个具体例子.

例 8.1.1 某车间生产的钢管直径 X 服从正态分布 $N(\mu, 0.5^2)$，其中 μ 未知，生产的钢管平均直径达到 100mm 符合规定要求. 现从一批钢管中随机抽取 10 根，测得其直径的平均值为 $\bar{x} = 100.15$mm，问生产的该批钢管是否符合规定要求？

例 8.1.2 有人断言某电视节目的收视率 p 为 30%，为判断该断言是否正确，随机抽取了 50 人，调查结果有 10 人观看该节目，问该断言是否合适？

例 8.1.3 根据以往经验，某建筑材料的抗断强度指标 X 服从正态分布，现在改变了该材料的生产配方并进行新的生产流程，从新材料中随机抽取 100 件测其抗断强度，问新材料的抗断强度指标 Y 是否仍服从正态分布？

这几个例子所代表的问题都是假设检验. 结合这几个例子，我们给出假设检验的基本概念和基本思想.

8.1.1 假设检验的基本概念

我们从例 8.1.1 出发给出假设检验的基本概念.

根据题意知，$X \sim N(\mu, \sigma_0^2)$，其中 $\sigma_0^2 = 0.5^2$ 已知，μ 未知，记 $\mu_0 = 100$，因此钢管是否符合要求是指平均直径是 $\mu = \mu_0$ 还是 $\mu \neq \mu_0$. 若相等就表示符合要求，否则就要进行停产检查. 根据以往经验，我们可先假设符合要求，即 $\mu = \mu_0$，称 "$\mu = \mu_0$" 为**原假设**或**零假设**，记为

$$H_0 : \mu = \mu_0.$$

由于这种假设是人为加上的，不是一定成立. 当原假设 H_0 不成立时，称 μ 的其他取值为**备择假设**或**对立假设**，可选 $\mu > \mu_0$，$\mu < \mu_0$，$\mu \neq \mu_0$，本例中取 "$\mu \neq \mu_0$" 为备择假设，并记为

$$H_1 : \mu \neq \mu_0.$$

现利用样本提供的信息（即数据）来检验原假设 $H_0 : \mu = \mu_0$ 成立还是备择假设 $H_1 : \mu \neq \mu_0$ 成立，这正是假设检验问题. 但如何利用样本的信息来检验呢？其基本思想是实际推断原理，也称小概率原理，即概率很小的事件在一次试验中几乎不可能发生. 我们先假定原假设 H_0 成立，然后在其成立的前提下，构造一个合适的小概率事件. 根据实际推断原理，在原假设 H_0 成立的基础上，若在一次具体抽样中这个小概率事件发生了，此时与小概率原理相矛盾，说明原假设 H_0 成立的假定是错误的；若小概率事件没有发生，则无法拒绝原假设 H_0. 此时，需要根据实际问题做进一步的研究.

由于要检验的假设是关于总体均值 μ，我们考虑利用样本均值 $\overline{X}$ 去判断. 例 8.1.1 中，$\overline{X}$ 是 μ 的无偏估计，如果原假设 $H_0 : \mu = \mu_0$ 成立，则 $\overline{X}$ 的观察值 $\overline{x}$ 与 μ_0 应很靠近，即 $|\overline{x} - \mu_0|$ 通常应很小. 若 $|\overline{x} - \mu_0|$ 较大，我们怀疑原假设 $H_0 : \mu = \mu_0$ 这个假定的正确性而拒绝原假设 H_0.

综上所述，在原假设 $H_0 : \mu = \mu_0$ 成立的条件下，$\{|\overline{X} - \mu_0| \geq C\}$ 应该是小概率事件，这里 C 是一个待选定的常数. 若小概率事件 $\{|\overline{X} - \mu_0| \geq C\}$ 在一次试验中发生了，我们就有理由怀疑 H_0 的正确性而拒绝 H_0. 因此在对 H_0 做判定时，若 $\overline{X}$ 的观察值 $\overline{x}$ 使 $|\overline{x} - \mu_0| \geq C$ 成立，则拒绝 H_0，否则无法拒绝 H_0.

现在关键的问题是如何选取常数 C？这与假设检验的两类错误有关. 我们拒绝原假设 H_0 的依据是在原假设 H_0 成立的基础上小概率事件发生了，虽然小概率事件在一次试验中几乎不发生，但并非绝对不发生. 做出决策的依据是一个样本值，由于样本的随机性，这种错误是无法避免的. 因此，如果事实是原假设 H_0 为真，但碰巧小概率事件还发生了，根据实际推断原理，我们应拒绝原假设 H_0，显然这一决策是错误的. 在统计学中，无论最终是

做出拒绝还是不拒绝原假设 H_0 的决定，都有可能犯错误. 原假设成立时拒绝原假设，称这类错误为**第一类错误（或弃真错误）**，其发生的概率称为**犯第一类错误的概率（或弃真概率）**，即

$$P\{犯第一类错误\} = P\{当 H_0 为真时拒绝 H_0\}.$$

▶ 假设检验的基本概念 1

原假设 H_0 本来不正确，但却接受了 H_0，称这类错误为**第二类错误（或取伪错误）**，其发生的概率称为**犯第二类错误的概率（或取伪概率）**，即

$$P\{犯第二类错误\} = P\{当 H_0 不为真时接受 H_0\}.$$

这两类错误都无法完全避免，那么我们希望犯两类错误的概率都越小越好，但是当样本容量 n 固定时，要使两类错误的概率同时变小是不可能的，而是减小其中一个，另一个就会增大，只有通过无限增大样本容量 n 才能实现，但实际上这是办不到的. 解决这一问题的一个原则是控制犯第一类错误的概率，使它不超过给定的一个数 α，α 的大小视具体情况而定. 然后在此约束下根据对犯第二类错误概率的实际要求选取适当的样本容量. 但具体实行这一原则还会有许多理论和实际上的困难，因而有时把这一原则简化成只对犯第一类错误的概率加以控制，而不考虑犯第二类错误的概率，称这种检验为**显著性检验**，并称犯第一类错误的最大概率 α 为假设检验的**显著性水平**. α 是事件给定的一个较小的数. 比如，取 α 为 0.1，0.05，0.01 等等. 做显著性检验时，拒绝原假设 H_0 是在概率意义下进行严格推理得到的结论.

回到例 8.1.1，由于当原假设 H_0 成立时，$\bar{X} \sim N(\mu_0, \sigma_0^2/n)$，从而有

$$\frac{\bar{X} - \mu_0}{\sigma_0/\sqrt{n}} \sim N(0,1).$$

对于给定的显著性水平 α，不妨设犯第一类错误的概率为 α，即

$$\alpha = P\{当 H_0 为真时拒绝 H_0\} = P\{|\bar{X} - \mu_0| \geq C\}$$

$$= P\left\{\frac{|\bar{X} - \mu_0|}{\sigma_0/\sqrt{n}} \geq \frac{C}{\sigma_0/\sqrt{n}}\right\} = P\left\{\frac{|\bar{X} - \mu_0|}{\sigma_0/\sqrt{n}} \geq k\right\}.$$

其中 $k = \dfrac{C}{\sigma_0/n}$，由标准正态分布分位数的定义，有

$$k = z_{\alpha/2}.$$

由于当原假设 H_0 成立时，$\left\{\dfrac{|\bar{X} - \mu_0|}{\sigma_0/\sqrt{n}} \geq z_{\alpha/2}\right\}$ 是概率为 α 的小概率事件，而小概率事件在一次试验中几乎不可能发生. 若在一

次试验中出现了 $\dfrac{|\bar{x}-\mu_0|}{\sigma_0/\sqrt{n}} \geqslant z_{\alpha/2}$，表明"原假设 H_0 成立"错误，因而

拒绝 H_0；反之，若在一次抽样中，得 $\dfrac{|\bar{x}-\mu_0|}{\sigma_0/\sqrt{n}} < z_{\alpha/2}$，就没有理由

拒绝原假设 H_0.

　　因此，由样本观察值计算得 $\overline{X}$ 的观察值 $\bar{x}$ 时，得到如下的检验法：

　　若 $\dfrac{|\bar{x}-\mu_0|}{\sigma_0/\sqrt{n}} \geqslant z_{\alpha/2}$，则拒绝原假设 H_0；

　　若 $\dfrac{|\bar{x}-\mu_0|}{\sigma_0/\sqrt{n}} < z_{\alpha/2}$，则不拒绝原假设 H_0.

　　对于例 8.1.1，$\bar{x}=100.15$，$\mu_0=100$，$\sigma_0^2=0.5^2$，$n=10$. 若取 $\alpha=0.05$，查表得 $z_{\alpha/2}=z_{0.025}=1.96$，因此

$$\frac{|\bar{x}-\mu_0|}{\sigma_0/\sqrt{n}} = \frac{|100.15-100|}{0.5/\sqrt{10}} \approx 0.95,$$

而 $0.95<1.96$，因此不能拒绝原假设 H_0，可以认为生产的该批钢管符合要求.

　　从假设检验的基本思想和例 8.1.1 中可看出，在做显著性检验时，拒绝原假设 H_0 是因为找到了矛盾，结论较为有说服力；而另一方面，由于没有对犯第二类错误的概率加以控制，所以接受原假设 H_0 并没有充分理由，我们之所以接受原假设 H_0 是因为没有充分的理由拒绝 H_0. 由此看出，原假设是处于被保护的地位，这也是符合实际情况的. 因为检查钢管直径是否符合要求要消耗大量的人力和物力，如果没有充分的理由来说明钢管直径不符合要求，一般是不进行检查的. 由于原假设 H_0 的特殊地位，进行检验时，通常是把有把握的、不能轻易改变的或存在已久的状态作为原假设. 另外，由于我们在做假设检验时，控制的是犯第一类错误的概率，因此我们选取后果严重的错误作为第一类错误，这也是选取原假设和备择假设的一个原则. 在实际问题中，情况比较复杂，如何选取原假设和备择假设没有一个绝对的标准，只能在实践工作中积累经验，根据实际情况去判断如何选取. 我们后面会在一些例题中对如何选取原假设和备择假设做相应的说明.

　　综上所述，关于假设检验的基本概念总结如下：

　　(1) **假设**：在一个假设检验问题中常涉及两个假设，所要检验的假设称为原假设或零假设，记为 H_0. 与 H_0 不相容的一个假设称为备择假设或对立假设，记为 H_1.

　　例 8.1.1 中，$H_0: \mu=100$；　　$H_1: \mu \neq 100$.

例 8.1.2 中，$H_0: p = 0.30$；　　$H_1: p \neq 0.30$.

例 8.1.3 中，$H_0: Y \sim N(\mu, \sigma^2)$；　　$H_1: Y$ 不服从正态分布.

（2）**检验**：根据从总体中抽取的样本和集中样本中的有关信息，对假设 H_0 的真伪进行判断，称为**检验**.

参数假设检验：在许多问题中，总体分布的类型已知，其中一个或几个参数未知，只要对这一个或几个参数的值做出假设并进行检验即可，这种仅涉及总体分布中未知参数的假设检验称为**参数假设检验**. 如：例 8.1.1 和例 8.1.2.

▶ 假设检验的基本概念 2

非参数假设检验：总体的分布类型未知，假设是针对总体的分布或分布的数字特征而提出，并进行检验，这类问题的检验不依赖于总体的分布，称为**非参数假设检验**. 如：例 8.1.3.

给定 H_0 和 H_1 就等于给定一个检验问题，记为检验问题 (H_0, H_1).

（3）**检验法则**：在检验问题 (H_0, H_1) 中，检验法则（简称检验法或检验）是设法把样本取值的空间 χ 划分为两个互不相交的子集 W 和 $\overline{W}$，这种划分不依赖未知参数，即 $\chi = W + \overline{W}$，使得当样本 $(X_1, X_2, \cdots, X_n)$ 的观察值 $(x_1, x_2, \cdots, x_n) \in W$ 时，拒绝原假设 H_0；当样本 $(X_1, X_2, \cdots, X_n)$ 的观察值 $(x_1, x_2, \cdots, x_n) \notin W$ 时，不拒绝原假设 H_0. W 称为检验的**拒绝域**（或否定域）.

（4）**两类错误**：用样本推断总体，实际上是用部分推断总体，因此可能做出正确的判断，也可能做出错误的判断. 正确的判断是原假设 H_0 成立时接受 H_0 或原假设 H_0 不成立时拒绝 H_0. 而错误的判断不外乎是下面两类：

第一类错误：原假设 H_0 为真时，却拒绝了 H_0，这类错误称为第一类错误（或弃真错误），其发生的概率称为犯第一类错误的概率（或弃真概率），即

▶ 假设检验的两类错误

$$P\{ 犯第一类错误 \} = P\{ 当 H_0 为真时拒绝 H_0 \}.$$

第二类错误：原假设 H_0 不为真时，却接受了 H_0，这类错误称为第二类错误（或取伪错误），其发生的概率称为犯第二类错误的概率（或取伪概率），即

$$P\{ 犯第二类错误 \} = P\{ 当 H_0 不为真时接受 H_0 \}.$$

犯两类错误的可能情况如表 8.1.1 所示：

表 8.1.1

判断	真实情况	
	H_0 为真	H_0 不为真
拒绝 H_0	第一类错误（弃真错误）	判断正确
不拒绝 H_0	判断正确	第二类错误（取伪错误）

8.1.2 假设检验的基本步骤

根据例 8.1.1 归纳出假设检验的基本步骤.

第一步 根据实际问题的要求和已知信息提出原假设 H_0 和备择假设 H_1

例 8.1.1 中, $H_0: \mu = 100$; $H_1: \mu \neq 100$.

第二步 构造检验统计量

设概率密度 $f(x; \theta)$ 的表达式已知, 通常是基于参数 θ 的最大似然估计 $\hat{\theta}$ 构造一个检验统计量 $T = T(X_1, X_2, \cdots, X_n)$, 并在原假设 H_0 成立下, 确定 T 的精确分布或渐近分布. 例 8.1.1 中, 检验统计量为 $T = \dfrac{\overline{X} - \mu_0}{\sigma_0 / \sqrt{n}}$.

第三步 确定拒绝域的形式

根据原假设 H_0 和备择假设 H_1 的形式, 分析并提出拒绝域的形式. 如例 8.1.1 中, 拒绝域的形式为 $W = \left\{ \dfrac{|\bar{x} - \mu_0|}{\sigma_0 / \sqrt{n}} \geq k \right\}$, 其中 k 称为临界点, 待定.

第四步 给定显著性水平 α 的值, 确定临界点 k.

由 $P\{$当 H_0 为真时拒绝 $H_0\} \leq \alpha$ 出发, 以此确定临界点 k, 从而也就确定了拒绝域. 如例 8.1.1 中, 临界值为 $k = z_{\alpha/2}$, 因此拒绝域为

$$W = \left\{ (x_1, x_2, \cdots, x_n) : \dfrac{|\bar{x} - \mu_0|}{\sigma_0 / \sqrt{n}} \geq z_{\alpha/2} \right\}.$$

第五步 根据样本观察值做出是否拒绝 H_0 的判断.

若样本观察值 $x_1, x_2, \cdots, x_n$ 落入拒绝域, 即 $(x_1, x_2, \cdots, x_n) \in W$, 则拒绝 H_0; 否则无法拒绝 H_0. 判断的基本原理是实际推断原理即小概率原理.

8.2 单个正态总体均值与方差的假设检验

正态分布是概率统计中最常用的分布, 关于它的两个参数的假设检验在实际中经常遇到. 例如, 要考察某食品包装生产线工作是否正常时, 需要检查包装食品的平均重量是否达到标准要求, 同时也要检查生产食品的生产线工作状态是否稳定. 前者是均值的检验问题, 后者是方差的检验问题.

设总体 $X \sim N(\mu, \sigma^2)$, $X_1, X_2, \cdots, X_n$ 是来自总体 X 的样本. 记

单个正态总体均值
与方差的假设检验

$$\overline{X} = \frac{1}{n}\sum_{i=1}^{n} X_i, \quad S^2 = \frac{1}{n-1}\sum_{i=1}^{n}(X_i - \overline{X})^2.$$

本节介绍单个正态总体均值 μ 和方差 σ^2 的假设检验问题. 首先讨论均值 μ 的检验问题, 现分方差 σ^2 已知和 σ^2 未知两种情形讨论.

8.2.1 单个正态总体方差已知, 均值的假设检验

▶ 单个正态总体方差已知, 均值的假设检验

当 $\sigma^2 = \sigma_0^2$ 已知时, 对给定的显著性水平 α, 关于正态总体均值 μ 可提出如下几种假设检验问题.

I　　$H_0: \mu = \mu_0, \quad H_1: \mu \neq \mu_0$;

II　　$H_0: \mu \leq \mu_0, \quad H_1: \mu > \mu_0$;

III　　$H_0: \mu \geq \mu_0, \quad H_1: \mu < \mu_0$.

其中 μ_0 为已知常数.

对于检验问题 I, 在 8.1.1 小节的例 8.1.1 中已经讨论过, 检验的拒绝域为

$$W = \left\{(x_1, x_2, \cdots, x_n): \frac{|\overline{x} - \mu_0|}{\sigma_0/\sqrt{n}} \geq z_{\alpha/2}\right\}.$$

其中 n 为样本容量, $z_{\alpha/2}$ 为标准正态分布的 $\alpha/2$ 分位数.

对于检验问题 I　$H_0: \mu = \mu_0$; $H_1: \mu \neq \mu_0$ 的检验为

若 $\dfrac{|\overline{x} - \mu_0|}{\sigma_0/\sqrt{n}} \geq z_{\alpha/2}$, 则拒绝原假设 H_0;

若 $\dfrac{|\overline{x} - \mu_0|}{\sigma_0/\sqrt{n}} < z_{\alpha/2}$, 则不拒绝原假设 H_0.

对于检验问题 II　$H_0: \mu \leq \mu_0$; $H_1: \mu > \mu_0$.

对于正态总体, 由于 $\overline{X}$ 是 μ 的无偏估计. 因此, 当 H_0 为真, 并考虑到备择假设 H_1, 当 $\overline{X} - \mu_0$ 的观察值 $\overline{x} - \mu_0$ 比较大, 即 $\overline{x} - \mu_0 \geq C$ 时, 应当拒绝原假设 H_0.

对于给定的显著性水平 α, 有

$$P\{\text{当 } H_0 \text{ 为真时拒绝 } H_0\} \leq \alpha.$$

由于当原假设 $H_0: \mu \leq \mu_0$ 成立时, 有

$$\frac{\overline{X} - \mu}{\sigma_0/\sqrt{n}} \geq \frac{\overline{X} - \mu_0}{\sigma_0/\sqrt{n}},$$

于是

$$\frac{\overline{X} - \mu_0}{\sigma_0/\sqrt{n}} \geq z_\alpha \Rightarrow \frac{\overline{X} - \mu}{\sigma_0/\sqrt{n}} \geq z_\alpha.$$

另一方面由于总体 $X \sim N(\mu, \sigma^2)$，且 $\sigma^2 = \sigma_0^2$，故

$$Z = \frac{\overline{X} - \mu}{\sigma_0 / \sqrt{n}} \sim N(0, 1).$$

从而

$$P\left\{\frac{\overline{X} - \mu_0}{\sigma_0 / \sqrt{n}} \geq z_\alpha\right\} \leq P\left\{\frac{\overline{X} - \mu}{\sigma_0 / \sqrt{n}} \geq z_\alpha\right\} = \alpha,$$

即 $\left\{\dfrac{\overline{X} - \mu_0}{\sigma_0 / \sqrt{n}} \geq z_\alpha\right\}$ 是 $H_0: \mu \leq \mu_0$ 成立时的小概率事件（概率不超过 α），

所以得到检验问题 II 的拒绝域为

$$W = \left\{(x_1, x_2, \cdots, x_n): \frac{\overline{x} - \mu_0}{\sigma_0 / \sqrt{n}} \geq z_\alpha\right\}.$$

因此，检验问题 II　$H_0: \mu \leq \mu_0$；$H_1: \mu > \mu_0$ 的检验法为：

若 $\dfrac{\overline{x} - \mu_0}{\sigma_0 / \sqrt{n}} \geq z_\alpha$，则拒绝原假设 H_0；

若 $\dfrac{\overline{x} - \mu_0}{\sigma_0 / \sqrt{n}} < z_\alpha$，则不拒绝原假设 H_0.

▶ 单侧检验

对于检验问题 III　$H_0: \mu \geq \mu_0$；$H_1: \mu < \mu_0$.

类似于检验问题 II 的讨论可得到检验的拒绝域为

$$W = \left\{(x_1, x_2, \cdots, x_n): \frac{\overline{x} - \mu_0}{\sigma_0 / \sqrt{n}} \leq -z_\alpha\right\}.$$

检验问题 I 的假设检验称为双边检验，检验问题 II 与检验问题 III 的假设检验称为单边检验. 检验问题 II 称为右边检验，检验问题 III 称为左边检验. 确定检验是双边检验还是单边检验取决于备择假设 H_1.

单个正态总体均值的假设检验中，当方差 σ^2 已知时，无论是双边检验还是单边检验，所选检验统计量都与标准正态分布有关，上述假设检验方法称为 **Z 检验法**，也称 **U 检验法**.

表 8.2.1　方差 σ^2 已知，单个正态总体均值 μ 的检验法（显著性水平为 α）

原假设 H_0	备择假设 H_1	检验统计量	拒绝域
$\mu = \mu_0$	$\mu \neq \mu_0$	$Z = \dfrac{\overline{X} - \mu_0}{\sigma_0 / \sqrt{n}}$	$\lvert z \rvert \geq z_{\alpha/2}$
$\mu \geq \mu_0$	$\mu < \mu_0$		$z \leq -z_\alpha$
$\mu \leq \mu_0$	$\mu > \mu_0$		$z \geq z_\alpha$

注意　拒绝域 $\{z \leq -z_\alpha\}$ 的不等号"$\leq$"的方向和备择假设"H_1: $\mu < \mu_0$"的不等号"$<$"的方向一致；拒绝域 $\{z \geq z_\alpha\}$ 的不等号"$\geq$"的

方向和备择假设"$H_1 : \mu > \mu_0$"的不等号">"的方向一致.

例 8.2.1   一台方差是 $0.8g^2$ 的自动包装机在流水线上包装袋装白糖,假定包装机包装的袋装白糖的重量 $X \sim N(\mu, \sigma^2)$. 按规定袋装白糖重量的均值应为 500g. 现随机抽取了 9 袋,测得其平均净重为 $\bar{x} = 499.31g$,在显著性水平 $\alpha = 0.05$ 下,问包装机包装的袋装白糖是否符合规定?

解   提出假设

$$H_0 : \mu = \mu_0 = 500 ; \quad H_1 : \mu \neq \mu_0 = 500.$$

检验统计量为

$$Z = \frac{\bar{X} - \mu_0}{\sigma_0 / \sqrt{n}}.$$

确定拒绝域:查表得 $z_{0.025} = 1.96$,拒绝域为

$$W = \left\{ (x_1, x_2, \cdots, x_n) : \frac{|\bar{x} - \mu_0|}{\sigma_0 / \sqrt{n}} \geqslant 1.96 \right\}.$$

计算得

$$\left| \frac{\bar{x} - \mu_0}{\sigma / \sqrt{n}} \right| = \left| \frac{499.31 - 500}{\sqrt{0.8} / \sqrt{9}} \right| = 2.31.$$

由于 $2.31 > 1.96$,因此拒绝原假设,即在显著性水平 $\alpha = 0.05$ 下,认为包装机包装的袋装白糖不符合规定.

例 8.2.2   某织物强力指标 X 的均值为 21kg. 改进工艺后生产一批织物,今从中取 30 件,测得均值为 $\bar{x} = 21.55$kg. 假设强力指标服从正态分布 $N(\mu, \sigma^2)$,且已知 $\sigma = 1.2$kg,在显著性水平 $\alpha = 0.01$ 下,问新生产织物比过去的织物强力是否有提高?

解   因为 $\bar{x} = 21.55 > 21$,我们怀疑新生产织物比过去的织物强力提高,即 $\mu > 21$ 的正确性,希望通过数据信息进行严格推理证实 $\mu > 21$,因此提出如下假设

$$H_0 : \mu \leqslant \mu_0 = 21 ; \quad H_1 : \mu > \mu_0 = 21,$$

进行检验.

检验统计量为

$$Z = \frac{\bar{X} - \mu_0}{\sigma_0 / \sqrt{n}}.$$

确定拒绝域:查表得 $z_{0.01} = 2.33$,拒绝域为

$$W = \left\{ (x_1, x_2, \cdots, x_n) : \frac{\bar{x} - \mu_0}{\sigma_0 / \sqrt{n}} \geqslant 2.33 \right\}.$$

计算得

$$\frac{\overline{x}-\mu_0}{\sigma/\sqrt{n}}=\frac{21.55-21}{1.2/\sqrt{30}}=2.51.$$

由于 2.51>2.33，因此拒绝原假设，即以显著性水平 $\alpha=0.01$ 认为新生产织物比过去的织物强力有提高.

例 8.2.3　设某种元件的寿命 X 服从正态分布 $N(\mu,100^2)$，要求该种元件的平均寿命不得低于 1000h. 生产者从一批该种元件中随机抽取 25 件，测得平均寿命为 950h，在显著性水平 $\alpha=0.05$ 下，判断这批元件是否合格？

解　由于 $\overline{x}=950<1000$，应用通过数据信息进行推理进行检验的方法，提出如下假设：

$$H_0:\mu\geqslant\mu_0=1000;\ H_1:\mu<\mu_0=1000.$$

检验统计量为

$$Z=\frac{\overline{X}-\mu_0}{\sigma_0/\sqrt{n}}.$$

确定拒绝域：查表得 $z_{0.05}=1.645$

$$W=\left\{(x_1,x_2,\cdots,x_n):\frac{\overline{x}-\mu_0}{\sigma_0/\sqrt{n}}\leqslant-1.645\right\}.$$

计算得

$$\frac{\overline{x}-\mu_0}{\sigma_0/\sqrt{n}}=\frac{950-1000}{100/\sqrt{25}}=-2.5.$$

由于 $-2.5<-1.645$，因此拒绝原假设，即在显著性水平 $\alpha=0.05$ 下认为这批元件不合格.

8.2.2　单个正态总体方差未知，均值的假设检验

实际问题中，方差 σ^2 已知的情形比较少见，一般只知 $X\sim N(\mu,\sigma^2)$，而其中 σ^2 未知. 当 σ^2 未知时，对给定的显著性水平 α，关于正态总体均值 μ 的常见假设检验问题仍提出如下三种.

$\quad$ I $\quad H_0:\mu=\mu_0,\quad H_1:\mu\neq\mu_0;\quad$（双边检验）
$\quad$ II $\quad H_0:\mu\leqslant\mu_0,\quad H_1:\mu>\mu_0;\quad$（右边检验）
$\quad$ III $\quad H_0:\mu\geqslant\mu_0,\quad H_1:\mu<\mu_0.\quad$（左边检验）

其中 μ_0 为已知常数.

我们主要推导检验问题 III $\quad H_0:\mu\geqslant\mu_0;H_1:\mu<\mu_0$ 的检验法.

对于正态总体 $N(\mu,\sigma^2)$，由于 $\overline{X}$ 是 μ 的无偏估计. 因此，当 H_0 成立时并考虑到备择假设 H_1，当 $\overline{X}-\mu_0$ 的观察值 $\overline{x}-\mu_0$ 比较小即

单个正态总体方差
未知，均值的假设
检验

$\bar{x}-\mu_0 \leqslant C$ 时，应当拒绝原假设 H_0. 对于给定的显著性水平 α，有

$$P\{当 H_0 为真时拒绝 H_0\} \leqslant \alpha.$$

当原假设 $H_0: \mu \geqslant \mu_0$ 成立时，8.2.1 小节中检验问题的检验统

计量 $Z = \dfrac{\bar{X}-\mu_0}{\sigma/\sqrt{n}}$ 已经不能用. 因为 Z 中含有未知参数 σ^2，它已经不

是一个统计量，所以此时要选取一个不含未知参数 σ^2 的统计量.

一个自然的想法是用样本方差 $S^2 = \dfrac{1}{n-1}\displaystyle\sum_{i=1}^{n}(X_i - \bar{X})^2$ 来代替总体

方差 σ^2，因此采用

$$\frac{\bar{X}-\mu_0}{S/\sqrt{n}}$$

作为检验统计量.

当原假设 $H_0: \mu \geqslant \mu_0$ 成立时，有

$$\frac{\bar{X}-\mu}{S/\sqrt{n}} \leqslant \frac{\bar{X}-\mu_0}{S/\sqrt{n}}.$$

于是有

$$\frac{\bar{X}-\mu_0}{S/\sqrt{n}} \leqslant -t_\alpha(n-1) \Rightarrow \frac{\bar{X}-\mu}{S/\sqrt{n}} \leqslant -t_\alpha(n-1).$$

从而，有

$$P\left\{\frac{\bar{X}-\mu_0}{S/\sqrt{n}} \leqslant -t_\alpha(n-1)\right\} \leqslant P\left\{\frac{\bar{X}-\mu}{S/\sqrt{n}} \leqslant -t_\alpha(n-1)\right\} = \alpha.$$

即 $\left\{\dfrac{\bar{X}-\mu_0}{S/\sqrt{n}} \leqslant -t_\alpha(n-1)\right\}$ 是 $H_0: \mu \geqslant \mu_0$ 为真时的小概率事件(概率不超

过 α)，所以得到检验问题Ⅲ的拒绝域为

$$W = \left\{(x_1, x_2, \cdots, x_n): \frac{\bar{x}-\mu_0}{s/\sqrt{n}} \leqslant -t_\alpha(n-1)\right\}.$$

因此，检验问题Ⅲ $H_0: \mu \geqslant \mu_0$，$H_1: \mu < \mu_0$ 的检验法为

若 $\dfrac{\bar{x}-\mu_0}{s/\sqrt{n}} \leqslant -t_\alpha(n-1)$，则拒绝原假设 H_0；

若 $\dfrac{\bar{x}-\mu_0}{s/\sqrt{n}} > -t_\alpha(n-1)$，则不拒绝原假设 H_0.

单个正态总体均值的假设检验中，当方差 σ^2 未知时，无论是
双边检验还是单边检验，所选统计量都与 t 分布有关，上述假设
检验方法称为 **t 检验法**.

表 8.2.2　方差 σ^2 未知，单个正态总体均值 μ 的检验法（显著性水平为 α）

原假设 H_0	备择假设 H_1	检验统计量	拒绝域
$\mu = \mu_0$	$\mu \neq \mu_0$	$t = \dfrac{\overline{X} - \mu_0}{S/\sqrt{n}}$	$\lvert t \rvert \geqslant t_{\alpha/2}(n-1)$
$\mu \geqslant \mu_0$	$\mu < \mu_0$		$t \leqslant -t_{\alpha}(n-1)$
$\mu \leqslant \mu_0$	$\mu > \mu_0$		$t \geqslant t_{\alpha}(n-1)$

例 8.2.4　某工厂生产的一种螺丝钉的长度 X（单位：mm）服从正态分布 $N(\mu, \sigma^2)$，σ^2 未知，规定其长度的均值是 32.5mm. 现从该厂生产的一批产品中抽取 6 件，得平均长度为 31.13mm，标准差为 1.12mm，在显著性水平 $\alpha = 0.01$ 下，问该工厂生产的这批螺丝钉的长度是否合格？

解　提出假设
$$H_0 : \mu = \mu_0 = 32.5, \quad H_1 : \mu \neq \mu_0 = 32.5.$$
检验统计量为
$$T = \frac{\overline{X} - \mu_0}{S/\sqrt{n}}.$$

确定拒绝域：查表得 $t_{\alpha/2}(n-1) = t_{0.005}(5) = 4.032$，拒绝域为
$$W = \left\{ (x_1, x_2, \cdots, x_n) : \frac{\lvert \overline{x} - \mu_0 \rvert}{s/\sqrt{n}} \geqslant 4.032 \right\}.$$

计算得
$$\left| \frac{\overline{x} - \mu_0}{s/\sqrt{6}} \right| = 2.996.$$

由于 2.996<4.032，因此不能拒绝原假设，可以认为工厂生产的这批螺丝钉的长度合格.

例 8.2.5　设某车间生产的钢管直径 X（单位：mm）服从正态分布 $N(\mu, \sigma^2)$. 现从一批钢管中随机抽取 10 根，测得其平均直径为 100.15mm，方差为 0.5783mm^2，给定显著性水平 $\alpha = 0.05$，检验假设 $H_0 : \mu = 100$，$H_1 : \mu > 100$.

解　检验统计量
$$t = \frac{\overline{X} - \mu_0}{S/\sqrt{n}}.$$

确定拒绝域：查表得到 $t_{0.05}(9) = 1.8331$，拒绝域为
$$W = \left\{ (x_1, x_2, \cdots, x_n) : \frac{\overline{x} - \mu_0}{s/\sqrt{n}} \geqslant 1.8331 \right\}.$$

由已知条件得 $\overline{x} = 100.15$，$s^2 = 0.5783$，因此

$$\frac{\bar{x}-\mu_0}{s/\sqrt{n}}=0.6238,$$

由于 0.6238<1.8331，因此不能拒绝原假设.

例 8.2.6   某厂生产小型发动机，其说明书上写着：这种小型发动机在正常负载下平均消耗电流不会超过 0.8A. 现随机抽取 16 台发动机试验，算得平均消耗电流为 0.92A，消耗电流的标准差为 0.32A. 假设发动机所消耗的电流服从正态分布 $N(\mu, \sigma^2)$，σ^2 未知，在显著性水平 $\alpha=0.05$ 下，对下面的假设进行检验.

(1) H_0：平均电流不超过 0.8，H_1：平均电流超过 0.8；

(2) H_0：平均电流不小于 0.8，H_1：平均电流小于 0.8.

解   (1) 假设 $H_0:\mu \leqslant \mu_0 = 0.8$，$H_1:\mu > \mu_0 = 0.8$.

检验统计量为

$$t=\frac{\bar{X}-\mu_0}{S/\sqrt{n}}.$$

确定拒绝域：查表得到 $t_{0.05}(15)=1.7531$，拒绝域为

$$W=\left\{(x_1,x_2,\cdots,x_n):\frac{\bar{x}-\mu_0}{s/\sqrt{n}}\geqslant 1.7531\right\}.$$

计算得 $\dfrac{\bar{x}-\mu_0}{s/\sqrt{n}}=1.5$.

由于 1.5<1.7531，因此不能拒绝原假设.

(2) 假设 $H_0:\mu \geqslant \mu_0 = 0.8$，$H_1:\mu < \mu_0 = 0.8$.

检验统计量为

$$t=\frac{\bar{X}-\mu_0}{S/\sqrt{n}}.$$

确定拒绝域：查表得到 $t_{0.05}(15)=1.7531$，拒绝域为

$$W=\left\{(x_1,x_2,\cdots,x_n):\frac{\bar{x}-\mu_0}{s/\sqrt{n}}\leqslant -1.7531\right\}.$$

计算得 $\dfrac{\bar{x}-\mu_0}{s/\sqrt{n}}=1.5$.

由于 1.5>-1.7531，因此不能拒绝原假设.

在例 8.2.6 中，对问题的提法不同（把哪个假设作为原假设），统计检验的结果也会不同. 第一种原假设的设置方法是不轻易否定厂方的结论，属于从厂方角度即把平均电流不超过 0.8 设为原假设，此时厂方说的是真的而被拒绝这种错误的概率很

小(不超过 0.05)；第二种原假设的设置方法是不轻易相信厂方的结论，属于把厂方的断言反过来设为原假设，属于从消费者的角度即把平均电流不小于 0.8 设为原假设，此时厂方说的是假的而被拒绝的概率很小(不超过 0.05). 由于假设检验是控制犯第一类错误的概率，因此拒绝原假设 H_0 的决策是有道理的. 而接受原假设 H_0 只是因为没有找到矛盾，根据目前的数据没有理由拒绝原假设.

例 8.2.4，例 8.2.5 和例 8.2.6 都没有拒绝原假设 H_0，也就是用数据信息无法证实我们的怀疑，这时不能轻易接受 H_0，因为犯第二类错误的概率会大. 实际问题中，我们需要通过增加样本容量的方法继续收集数据信息进一步检验，此时犯第二类错误的概率会减小.

下面讨论均值 μ 已知和 μ 未知两种情形下，方差 σ^2 的假设检验问题. 实际问题中常见的是均值 μ 未知情形下方差 σ^2 的检验问题，首先讨论这种情形.

8.2.3　单个正态总体均值未知，方差的假设检验

当 μ 未知时，对给定显著性水平 α，关于正态总体方差 σ^2 的常见假设检验问题有如下几种.

I　　$H_0:\sigma^2=\sigma_0^2$,　　$H_1:\sigma^2\neq\sigma_0^2$；　（双边检验）

II　　$H_0:\sigma^2\leqslant\sigma_0^2$,　　$H_1:\sigma^2>\sigma_0^2$；　（右边检验）

III　　$H_0:\sigma^2\geqslant\sigma_0^2$,　　$H_1:\sigma^2<\sigma_0^2$.　（左边检验）

▶ 单个正态总体均值未知，方差的假设检验

其中 σ_0^2 为已知常数，首先讨论检验问题 I　$H_0:\sigma^2=\sigma_0^2$,　$H_1:\sigma^2\neq\sigma_0^2$.

由于样本方差 S^2 是总体方差 σ^2 的无偏估计，当 $H_0:\sigma^2=\sigma_0^2$ 成立时，S^2 的观察值 s^2 与 σ_0^2 的比值 s^2/σ_0^2 应当接近于 1. 因此如果 s^2/σ_0^2 较大或者较小，应当拒绝原假设 H_0.

于是，取拒绝域的形式为

$$W=\left\{\frac{s^2}{\sigma_0^2}\leqslant C_1 \text{ 或} \frac{s^2}{\sigma_0^2}\geqslant C_2\right\}=\left\{\frac{(n-1)s^2}{\sigma_0^2}\leqslant k_1 \text{ 或} \frac{(n-1)s^2}{\sigma_0^2}\geqslant k_2\right\},$$

其中 k_1 为适当小的正数，k_2 为适当大的正数，且 $k_1<k_2$.

当 $H_0:\sigma^2=\sigma_0^2$ 成立时，有 $\chi^2=\dfrac{(n-1)S^2}{\sigma_0^2}\sim\chi^2(n-1)$，因此取 $\chi^2=\dfrac{(n-1)S^2}{\sigma_0^2}$ 作为检验统计量.

对于给定的显著性水平 α，有

$$P\left\{\text{当 } H_0 \text{ 为真时} \frac{(n-1)S^2}{\sigma_0^2} \leqslant k_1 \text{ 或} \frac{(n-1)S^2}{\sigma_0^2} \geqslant k_2\right\}$$

$$=P\left\{\text{当 } H_0 \text{ 为真时} \frac{(n-1)S^2}{\sigma_0^2} \leqslant k_1\right\}+P\left\{\text{当 } H_0 \text{ 为真时} \frac{(n-1)S^2}{\sigma_0^2} \geqslant k_2\right\}=\alpha.$$

为方便,取

$$P\left\{\frac{(n-1)S^2}{\sigma_0^2} \leqslant k_1\right\}=P\left\{\frac{(n-1)S^2}{\sigma_0^2} \geqslant k_2\right\}=\frac{\alpha}{2},$$

根据 χ^2 分布的上分位数定义,有

$$P\{\chi^2 \leqslant \chi_{1-\alpha/2}^2(n-1)\}=P\{\chi^2 \geqslant \chi_{\alpha/2}^2(n-1)\}=\frac{\alpha}{2}.$$

于是

$$k_1=\chi_{1-\alpha/2}^2(n-1), \quad k_2=\chi_{\alpha/2}^2(n-1).$$

由此得到检验问题 I 的拒绝域为

$$W=\left\{\frac{(n-1)s^2}{\sigma_0^2} \leqslant \chi_{1-\alpha/2}^2(n-1) \text{ 或} \frac{(n-1)s^2}{\sigma_0^2} \geqslant \chi_{\alpha/2}^2(n-1)\right\}.$$

因此,检验问题 I $\quad H_0:\sigma^2=\sigma_0^2, H_1:\sigma^2 \neq \sigma_0^2$ 的检验法为:

若 $\dfrac{(n-1)s^2}{\sigma_0^2} \leqslant \chi_{1-\alpha/2}^2(n-1)$ 或 $\dfrac{(n-1)s^2}{\sigma_0^2} \geqslant \chi_{\alpha/2}^2(n-1)$,则拒绝原假设 H_0;

若 $\chi_{1-\alpha/2}^2(n-1) < \dfrac{(n-1)s^2}{\sigma_0^2} < \chi_{\alpha/2}^2(n-1)$,则不拒绝原假设 H_0.

对于检验问题 II $\quad H_0:\sigma^2 \leqslant \sigma_0^2, H_1:\sigma^2 > \sigma_0^2$.

当 H_0 成立时并考虑到备择假设,S^2 的观察值 s^2 与 σ_0^2 的比值 s^2/σ_0^2 应当偏大. 于是,检验拒绝域的形式为

$$W=\left\{\frac{s^2}{\sigma_0^2} \geqslant C\right\}=\left\{\frac{(n-1)s^2}{\sigma_0^2} \geqslant k\right\}.$$

其中 k 为正数,$k=(n-1)C$ 待定.

当 $H_0:\sigma^2 \leqslant \sigma_0^2$ 成立时,有

$$\frac{(n-1)S^2}{\sigma_0^2} \leqslant \frac{(n-1)S^2}{\sigma^2},$$

由此得到

$$\frac{(n-1)S^2}{\sigma_0^2} \geqslant \chi_\alpha^2(n-1) \Rightarrow \frac{(n-1)S^2}{\sigma^2} \geqslant \chi_\alpha^2(n-1).$$

由于总体 $X \sim N(\mu,\sigma^2)$,故

$$\frac{(n-1)S^2}{\sigma^2} \sim \chi^2(n-1).$$

从而,有

$$P\left\{\frac{(n-1)S^2}{\sigma^2} \geqslant \chi_\alpha^2(n-1)\right\}=\alpha.$$

当 H_0 成立时, 有

$$P\left\{\frac{(n-1)S^2}{\sigma_0^2}\geq\chi_\alpha^2(n-1)\right\}\leq P\left\{\frac{(n-1)S^2}{\sigma^2}\geq\chi_\alpha^2(n-1)\right\}=\alpha.$$

由此得到检验问题 II 的拒绝域为

$$W=\left\{(x_1,x_2,\cdots,x_n):\frac{(n-1)s^2}{\sigma_0^2}\geq\chi_\alpha^2(n-1)\right\}.$$

因此, 检验问题 II $H_0:\sigma^2\leq\sigma_0^2$; $H_1:\sigma^2>\sigma_0^2$ 的检验法为:

若 $\dfrac{(n-1)s^2}{\sigma_0^2}\geq\chi_\alpha^2(n-1)$, 则拒绝原假设 H_0;

若 $\dfrac{(n-1)s^2}{\sigma_0^2}<\chi_\alpha^2(n-1)$, 则不拒绝原假设 H_0.

关于检验问题 III $H_0:\sigma^2\geq\sigma_0^2$; $H_1:\sigma^2<\sigma_0^2$, 与检验问题 II 的讨论类似, 结果参见表 8.2.3.

表 8.2.3 均值 μ 未知, 单个正态总体方差 σ^2 的检验法 (显著性水平为 α)

原假设 H_0	备择假设 H_1	检验统计量	拒绝域
$\sigma^2=\sigma_0^2$	$\sigma^2\neq\sigma_0^2$		$\chi^2\leq\chi_{1-\alpha/2}^2(n-1)$ 或 $\chi^2\geq\chi_{\alpha/2}^2(n-1)$
$\sigma^2\leq\sigma_0^2$	$\sigma^2>\sigma_0^2$	$\chi^2=\dfrac{(n-1)S^2}{\sigma_0^2}$	$\chi^2\geq\chi_\alpha^2(n-1)$
$\sigma^2\geq\sigma_0^2$	$\sigma^2<\sigma_0^2$		$\chi^2\leq\chi_{1-\alpha}^2(n-1)$

8.2.4 单个正态总体均值已知, 方差的假设检验

当 μ 未知时, 检验统计量为 $\chi^2=\dfrac{(n-1)S^2}{\sigma_0^2}=\dfrac{\sum\limits_{i=1}^n(X_i-\overline{X})^2}{\sigma_0^2}$,

当 $\mu=\mu_0$ 已知时, 自然用 μ_0 替换 $\overline{X}$ 得检验统计量 $\dfrac{\sum\limits_{i=1}^n(X_i-\mu_0)^2}{\sigma_0^2}$,

该统计量服从 $\chi^2(n)$ 分布, 在 $\mu=\mu_0$ 已知下, 关于方差的假设检验见表 8.2.4.

表 8.2.4 均值 μ 已知, 单个正态总体方差 σ^2 的检验法 (显著性水平为 α)

原假设 H_0	备择假设 H_1	检验统计量	拒绝域
$\sigma^2=\sigma_0^2$	$\sigma^2\neq\sigma_0^2$		$\chi^2\leq\chi_{1-\alpha/2}^2(n)$ 或 $\chi^2\geq\chi_{\alpha/2}^2(n)$
$\sigma^2\leq\sigma_0^2$	$\sigma^2>\sigma_0^2$	$\chi^2=\dfrac{\sum\limits_{i=1}^n(X_i-\mu_0)^2}{\sigma_0^2}$	$\chi^2\geq\chi_\alpha^2(n)$
$\sigma^2\geq\sigma_0^2$	$\sigma^2<\sigma_0^2$		$\chi^2\leq\chi_{1-\alpha}^2(n)$

单个正态总体方差的假设检验中，不论均值 μ 是已知还是未知，不论是双边检验还是单边检验，所选统计量都与 χ^2 分布有关，上述假设检验方法称为 **χ^2 检验法**.

例 8.2.7   某纺织车间生产的细纱支数服从正态分布，规定标准差是 1.2. 从某日生产的细纱中随机抽取 16 根，测量其支数，得其标准差为 2.1. 给定显著性水平 $\alpha = 0.05$，问细纱的均匀度是否符合规定?

解   提出假设

$$H_0 : \sigma^2 = 1.2^2, \quad H_1 : \sigma^2 \neq 1.2^2.$$

检验统计量

$$\chi^2 = \frac{(n-1)S^2}{1.2^2}.$$

确定拒绝域：查表得 $\chi^2_{0.025}(15) = 27.488$, $\chi^2_{1-0.025}(15) = 6.262$, 拒绝域为

$$W = \left\{ \frac{(n-1)s^2}{\sigma_0^2} \leqslant 6.262 \text{ 或 } \frac{(n-1)s^2}{\sigma_0^2} \geqslant 27.488 \right\}$$

经计算得

$$\frac{(n-1)s^2}{\sigma_0^2} = \frac{15 \times 2.1^2}{1.2^2} = 45.94.$$

由于 45.94>27.488，因此在显著性水平 $\alpha = 0.05$ 下拒绝原假设，认为细纱的均匀度不符合规定.

例 8.2.8   某种零件的长度服从正态分布，按规定其方差不得超过 0.016. 现从一批零件中随机抽取 25 件测量其长度，得样本方差为 0.025. 问能否由此判断这批零件合格? (取显著性水平 $\alpha = 0.01$, $\alpha = 0.05$).

解   提出假设

$$H_0 : \sigma^2 \leqslant 0.016, \quad H_1 : \sigma^2 > 0.016.$$

检验统计量

$$\chi^2 = \frac{(n-1)S^2}{\sigma_0^2}.$$

确定拒绝域：对于 $\alpha = 0.01$ 查表得 $\chi^2_{0.01}(24) = 42.98$, 拒绝域为

$$W = \left\{ \frac{(n-1)s^2}{\sigma_0^2} \geqslant 42.98 \right\}.$$

经计算得

$$\frac{(n-1)s^2}{\sigma_0^2} = \frac{24 \times 0.025}{0.016} = 37.5$$

由于 37.5<42.98，因此在显著性水平 $\alpha = 0.01$ 下不能拒绝原

假设,可以认为这批零件合格.

对于 $\alpha = 0.05$,查表得 $\chi^2_{0.05}(24) = 36.415$,拒绝域为

$$W = \left\{ \frac{(n-1)s^2}{\sigma_0^2} \geq 36.415 \right\}.$$

由于 $37.5 > 36.415$,因此在显著性水平 $\alpha = 0.05$ 下拒绝原假设,认为这批零件不合格.

例 8.2.8 说明:对原假设做出的判断,在不同的显著性水平下可以得到不同的检验结果. 这是因为降低犯第一类错误的概率,就会使得拒绝域减小,从而拒绝 H_0 的机会变小,接受 H_0 的机会变大. 因此对原假设 H_0 所作的判断,与所取显著性水平 α 的大小有关,α 越小越不容易拒绝原假设 H_0.

8.3 两个正态总体均值差与方差比的假设检验

实际中,经常会遇到比较两个总体的问题,本节介绍两个正态总体均值与方差的比较问题. 设总体 $X \sim N(\mu_1, \sigma_1^2)$,$X_1, X_2, \cdots, X_m$ 是来自总体 X 的样本,总体 $Y \sim N(\mu_2, \sigma_2^2)$,$Y_1, Y_2, \cdots, Y_n$ 是来自总体 Y 的样本,且两个样本相互独立,记

$$\overline{X} = \frac{1}{m} \sum_{i=1}^{m} X_i, \quad \overline{Y} = \frac{1}{n} \sum_{i=1}^{n} Y_i, \quad S_1^2 = \frac{1}{m-1} \sum_{i=1}^{m} (X_i - \overline{X})^2,$$

$$S_2^2 = \frac{1}{n-1} \sum_{i=1}^{n} (Y_i - \overline{Y})^2.$$

8.3.1 两个正态总体均值差的假设检验

关于 μ_1,μ_2,我们讨论如下几种假设检验问题.

$\quad$ I $\quad H_0: \mu_1 - \mu_2 = 0,\quad H_1: \mu_1 - \mu_2 \neq 0;$

$\quad$ II $\quad H_0: \mu_1 - \mu_2 \leq 0,\quad H_1: \mu_1 - \mu_2 > 0;$

$\quad$ III $\quad H_0: \mu_1 - \mu_2 \geq 0,\quad H_1: \mu_1 - \mu_2 < 0.$

对于假设检验问题 I,由于 $\overline{X} - \overline{Y}$ 是 $\mu_1 - \mu_2$ 的无偏估计. 因此,当原假设 H_0 成立时,$|\overline{X} - \overline{Y}|$ 的观察值 $|\overline{x} - \overline{y}|$ 通常应该比较小,若 $|\overline{x} - \overline{y}|$ 较大,即 $|\overline{x} - \overline{y}| \geq C$ 时,则应当拒绝原假设 H_0. 下面分三种情况讨论如何确定临界值 C.

(1) 方差 σ_1^2,σ_2^2 均已知.

由于当 H_0 成立时,有

$$Z = \frac{\overline{X}-\overline{Y}}{\sqrt{\sigma_1^2/m+\sigma_2^2/n}} \sim N(0,1).$$

从而对给定的显著性水平 α，有

$$\alpha = P\{ \text{当} H_0 \text{为真时} |\overline{X}-\overline{Y}| \geqslant C\}$$

$$= P\left\{ \frac{\overline{X}-\overline{Y}}{\sqrt{\sigma_1^2/m+\sigma_2^2/n}} \geqslant \frac{C}{\sqrt{\sigma_1^2/m+\sigma_2^2/n}} \right\}$$

$$= P\left\{ \frac{\overline{X}-\overline{Y}}{\sqrt{\sigma_1^2/m+\sigma_2^2/n}} \geqslant k \right\}. \quad \text{其中} k = \frac{C}{\sqrt{\dfrac{\sigma_1^2}{m}+\dfrac{\sigma_2^2}{n}}}$$

由标准正态分布分位数的定义，得到

$$k = z_{\alpha/2}.$$

因此在方差 σ_1^2，σ_2^2 均已知情形下，检验问题 I 的拒绝域为

$$W = \left\{ \frac{|\overline{x}-\overline{y}|}{\sqrt{\sigma_1^2/m+\sigma_2^2/n}} \geqslant z_{\alpha/2} \right\}.$$

于是，检验问题 I 的检验法为：

若 $\dfrac{|\overline{x}-\overline{y}|}{\sqrt{\sigma_1^2/m+\sigma_2^2/n}} \geqslant z_{\alpha/2}$，则拒绝原假设 H_0；若 $\dfrac{|\overline{x}-\overline{y}|}{\sqrt{\sigma_1^2/m+\sigma_2^2/n}} <$

$z_{\alpha/2}$，则不拒绝原假设 H_0.

（2）方差 $\sigma_1^2 = \sigma_2^2 = \sigma^2$ 未知.

根据定理 6.2.3，当 H_0 成立时，有

$$\frac{\overline{X}-\overline{Y}}{S_\omega \sqrt{1/m+1/n}} \sim t(m+n-2),$$

其中 $S_\omega^2 = \dfrac{(m-1)S_1^2+(n-1)S_2^2}{m+n-2}$，$S_\omega = \sqrt{S_\omega^2}$. 类似于 8.2.2 小节中 t 检验方法的推导，得方差 $\sigma_1^2 = \sigma_2^2 = \sigma^2$ 未知情形下，检验问题 I 的拒绝域为

$$W = \left\{ \frac{|\overline{x}-\overline{y}|}{s_\omega \sqrt{1/m+1/n}} \geqslant t_{\alpha/2}(m+n-2) \right\}.$$

于是，检验问题 I 的检验法为：

若 $\dfrac{\overline{x}-\overline{y}}{s_\omega \sqrt{1/m+1/n}} \geqslant t_{\alpha/2}(m+n-2)$，则拒绝原假设 H_0；若

$\dfrac{\overline{x}-\overline{y}}{s_\omega \sqrt{1/m+1/n}} < t_{\alpha/2}(m+n-2)$，则不拒绝原假设 H_0.

注意 这种情况要求两总体方差相等，对于两总体方差不相等的情形，我们只对如下的配对试验问题给出检验法.

表 8.3.1　两正态总体均值差的检验法(显著性水平为 α)

原假设 H_0	备择假设 H_1	σ_1^2, σ_2^2 均已知	$\sigma_1^2=\sigma_2^2=\sigma^2$ 未知
		在显著性水平 α 下拒绝 H_0, 若	
$\mu_1-\mu_2=0$	$\mu_1-\mu_2\neq0$	$\dfrac{\|\bar{x}-\bar{y}\|}{\sqrt{\sigma_1^2/m+\sigma_2^2/n}}\geq z_{\alpha/2}$	$\dfrac{\|\bar{x}-\bar{y}\|}{s_\omega\sqrt{1/m+1/n}}$ $\geq t_{\alpha/2}(m+n-2)$
$\mu_1-\mu_2\leq0$	$\mu_1-\mu_2>0$	$\dfrac{\bar{x}-\bar{y}}{\sqrt{\sigma_1^2/m+\sigma_2^2/n}}\geq z_\alpha$	$\dfrac{\bar{x}-\bar{y}}{s_\omega\sqrt{1/m+1/n}}$ $\geq t_\alpha(m+n-2)$
$\mu_1-\mu_2\geq0$	$\mu_1-\mu_2<0$	$\dfrac{\bar{x}-\bar{y}}{\sqrt{\sigma_1^2/m+\sigma_2^2/n}}\leq -z_\alpha$	$\dfrac{\bar{x}-\bar{y}}{s_\omega\sqrt{1/m+1/n}}$ $\leq -t_\alpha(m+n-2)$

　　一般来说, 两个正态总体均值差的显著性检验, 其实际意义是一种选优的统计方法, 至于多个正态总体均值之间差异的显著性检验, 在第 10 章方差分析中会进一步介绍.

例 8.3.1　设甲乙两厂生产同样的灯泡, 其寿命分别服从正态分布 $N(\mu_1,90^2)$ 与 $N(\mu_2,96^2)$, 现从两厂生产的灯泡中随机地各取 60 只, 测得平均寿命甲厂为 1150h, 乙厂为 1100h, 在显著性水平 $\alpha=0.05$ 下, 能否认为两厂生产的灯泡寿命无显著差异?

解　提出假设

$$H_0:\mu_1=\mu_2,\quad H_1:\mu_1\neq\mu_2.$$

检验统计量为

$$Z=\frac{\bar{X}-\bar{Y}}{\sqrt{\sigma_1^2/m+\sigma_2^2/n}}.$$

确定拒绝域: 查表得到 $z_{0.025}=1.96$, 拒绝域为

$$W=\left\{(x_1,x_2,\cdots,x_n):\frac{\|\bar{x}-\bar{y}\|}{\sqrt{\sigma_1^2/m+\sigma_2^2/n}}\geq1.96\right\}.$$

计算得

$$\frac{\|\bar{x}-\bar{y}\|}{\sqrt{\sigma_1^2/m+\sigma_2^2/n}}=\frac{\|1150-1100\|}{\sqrt{90^2/60+96^2/60}}=2.94.$$

　　由于 2.94>1.96, 因此拒绝原假设, 即认为两厂生产的灯泡寿命有显著差异.

8.3.2　两个正态总体方差比的假设检验

　　对给定的显著性水平 α, 关于两个正态总体的方差 σ_1^2 与 σ_2^2,

常见的假设检验问题有如下几种.

$$\text{I}\quad H_0:\sigma_1^2=\sigma_2^2,\quad H_1:\sigma_1^2\neq\sigma_2^2;$$

$$\text{II}\quad H_0:\sigma_1^2\leqslant\sigma_2^2,\quad H_1:\sigma_1^2>\sigma_2^2;$$

$$\text{III}\quad H_0:\sigma_1^2\geqslant\sigma_2^2,\quad H_1:\sigma_1^2<\sigma_2^2.$$

我们分下面两种情形分别讨论上述假设检验问题.

（1）均值 μ_1，μ_2 均未知.

关于检验问题 I. 因为当 $H_0:\sigma_1^2=\sigma_2^2$ 成立时，即 $\sigma_1^2/\sigma_2^2=1$ 时，由于样本方差 S_1^2，S_2^2 分别为总体方差 σ_1^2，σ_2^2 的无偏估计，因此比值 S_1^2/S_2^2 的观察值 s_1^2/s_2^2 应该接近 1. 若比值 s_1^2/s_2^2 偏大或者偏小，应该拒绝 H_0. 于是，检验问题 I 的拒绝域形式为

$$W=\left\{\frac{s_1^2}{s_2^2}\leqslant C_1\ \text{或}\ \frac{s_1^2}{s_2^2}\geqslant C_2\right\}.$$

其中常数 C_1 为适当小的正数，C_2 为适当大的正数，且 $C_1<C_2$，由显著性水平 α 确定. 于是

$$P\left\{\text{当}\ H_0\ \text{为真时}\ \frac{S_1^2}{S_2^2}\leqslant C_1\ \text{或}\ \frac{S_1^2}{S_2^2}\geqslant C_2\right\}=\alpha.$$

即

$$P\left\{\text{当}\ H_0\ \text{为真时}\ \frac{S_1^2}{S_2^2}\leqslant C_1\right\}+P\left\{\text{当}\ H_0\ \text{为真时}\ \frac{S_1^2}{S_2^2}\geqslant C_2\right\}=\alpha.$$

为方便，常取

$$P\left\{\text{当}\ H_0\ \text{为真时}\ \frac{S_1^2}{S_2^2}\leqslant C_1\right\}=P\left\{\text{当}\ H_0\ \text{为真时}\ \frac{S_1^2}{S_2^2}\geqslant C_2\right\}=\frac{\alpha}{2}.$$

根据定理 6.2.4，得到

$$\frac{S_1^2/S_2^2}{\sigma_1^2/\sigma_2^2}\sim F(m-1,n-1).$$

当 $H_0:\sigma_1^2=\sigma_2^2$ 成立时，有

$$\frac{S_1^2}{S_2^2}\sim F(m-1,n-1).$$

由 F 分布的上分位数的定义，得到

$$P\left\{\frac{S_1^2}{S_2^2}\leqslant F_{1-\alpha/2}(m-1,n-1)\right\}=P\left\{\frac{S_1^2}{S_2^2}\geqslant F_{\alpha/2}(m-1,n-1)\right\}=\frac{\alpha}{2}.$$

检验问题 I 的拒绝域为

$$W=\left\{\frac{s_1^2}{s_2^2}\leqslant F_{1-\alpha/2}(m-1,n-1)\ \text{或}\ \frac{s_1^2}{s_2^2}\geqslant F_{\alpha/2}(m-1,n-1)\right\},$$

于是，对给定的显著性水平 α，检验问题 I 的检验法为：

若 $\dfrac{s_1^2}{s_2^2}\leqslant F_{1-\alpha/2}(m-1,n-1)$ 或 $\dfrac{s_1^2}{s_2^2}\geqslant F_{\alpha/2}(m-1,n-1)$，则拒绝原假设 H_0；

若 $F_{1-\alpha/2}(m-1,n-1)<\dfrac{s_1^2}{s_2^2}<F_{\alpha/2}(m-1,n-1)$，则不拒绝原假设 H_0.

关于检验问题 II，与检验问题 I 的分析类似，拒绝域的形式应为

$$W=\left\{\dfrac{S_1^2}{S_2^2}\geq C\right\},$$

其中 C 由显著性水平 α 确定.

关于检验问题 III，拒绝域的形式应为

$$W=\left\{\dfrac{S_1^2}{S_2^2}\leq C\right\},$$

其中 C 由显著性水平 α 确定. 具体结论参见表 8.3.2.

（2）均值 μ_1，μ_2 已知.

当 μ_1，μ_2 已知时，采用检验统计量

$$\dfrac{\dfrac{1}{m}\sum_{i=1}^{m}(X_i-\mu_1)^2}{\dfrac{1}{n}\sum_{i=1}^{n}(Y_i-\mu_2)^2}\sim F(m,n),$$

所有 3 个检验问题的检验方法与 μ_1，μ_2 未知时完全类似，这里就不再重复，只把结论列在表 8.3.2 中，应用上 μ_1，μ_2 未知情形常见，而已知情形很少见.

表 8.3.2　两正态总体方差比的检验法（显著性水平为 α）

原假设 H_0	备择假设 H_1	μ_1，μ_2 均已知	μ_1，μ_2 均未知
		在显著性水平 α 下拒绝 H_0，若	
$\sigma_1^2=\sigma_2^2$	$\sigma_1^2\neq\sigma_2^2$	$\dfrac{\dfrac{1}{m}\sum_{i=1}^{m}(X_i-\mu_1)^2}{\dfrac{1}{n}\sum_{i=1}^{n}(Y_i-\mu_2)^2}\geq F_{\alpha/2}(m,n)$ 或 $\dfrac{\dfrac{1}{m}\sum_{i=1}^{m}(X_i-\mu_1)^2}{\dfrac{1}{n}\sum_{i=1}^{n}(Y_i-\mu_2)^2}\leq F_{1-\alpha/2}(m,n)$	$\dfrac{s_1^2}{s_2^2}\geq F_{\alpha/2}(m-1,n-1)$ 或 $\dfrac{s_1^2}{s_2^2}\leq F_{1-\alpha/2}(m-1,n-1)$
$\sigma_1^2\leq\sigma_2^2$	$\sigma_1^2>\sigma_2^2$	$\dfrac{\dfrac{1}{m}\sum_{i=1}^{m}(X_i-\mu_1)^2}{\dfrac{1}{n}\sum_{i=1}^{n}(Y_i-\mu_2)^2}\geq F_{\alpha}(m,n)$	$\dfrac{s_1^2}{s_2^2}\geq F_{\alpha}(m-1,n-1)$
$\sigma_1^2\geq\sigma_2^2$	$\sigma_1^2<\sigma_2^2$	$\dfrac{\dfrac{1}{m}\sum_{i=1}^{m}(X_i-\mu_1)^2}{\dfrac{1}{n}\sum_{i=1}^{n}(Y_i-\mu_2)^2}\leq F_{1-\alpha}(m,n)$	$\dfrac{s_1^2}{s_2^2}\leq F_{1-\alpha}(m-1,n-1)$

两个正态总体方差比的假设检验中，不论均值 μ_1，μ_2 是已知还是未知，不论是双边检验还是单边检验，所用检验统计量都与 F 分布有关，上述检验方法称为 F 检验法．

例 8.3.2　甲乙两台机器加工同种零件，分别从两台机器加工的零件中随机抽取 8 个和 9 个测量其直径，得样本均值分别为 $\bar{x}=14.5$，$\bar{y}=15$，样本方差分别为 $s_1^2=0.345$，$s_2^2=0.375$．假定零件直径分别服从正态分布 $N(\mu_1,\sigma_1^2)$，$N(\mu_2,\sigma_2^2)$．问这两台机器生产的零件直径

（1）方差是否相等？（$\alpha=0.10$）；

（2）均值是否相等？（$\alpha=0.10$）．

解　（1）提出假设

$$H_0:\sigma_1^2=\sigma_2^2,\quad H_1:\sigma_1^2\neq\sigma_2^2.$$

检验统计量为 $\dfrac{S_1^2}{S_2^2}$．

确定拒绝域：查表得到 $F_{0.05}(7,8)=3.50$，$F_{0.95}(7,8)=\dfrac{1}{F_{0.05}(8,7)}=\dfrac{1}{3.73}=0.27$，拒绝域为

$$W=\left\{\frac{s_1^2}{s_2^2}\geqslant 3.50\ \text{或}\ \frac{s_1^2}{s_2^2}\leqslant 0.27\right\}.$$

计算得

$$\frac{s_1^2}{s_2^2}=\frac{0.345}{0.375}=0.92.$$

由于 $0.27<0.92<3.50$，因此不能拒绝原假设，可以认为两台机器生产的零件直径的方差相等．

（2）提出假设

$$H_0:\mu_1=\mu_2,\quad H_1:\mu_1\neq\mu_2.$$

根据（1）得到两台机器生产的零件直径的方差相等，故取检验统计量为

$$\frac{\overline{X}-\overline{Y}}{S_\omega\sqrt{1/m+1/n}}.$$

确定拒绝域：查表得到 $t_{0.05}(15)=1.7531$，拒绝域为

$$W=\left\{\frac{|\bar{x}-\bar{y}|}{s_\omega\sqrt{1/m+1/n}}\geqslant 1.7531\right\}.$$

计算得

$$s_\omega^2=\frac{(m-1)s_1^2+(n-1)s_2^2}{m+n-2}=0.361,$$

$$\frac{|\bar{x}-\bar{y}|}{s_\omega\sqrt{1/m+1/n}}=\frac{|14.5-15|}{\sqrt{0.361}\sqrt{1/8+1/9}}=1.71.$$

由于 1.71<1.7531，因此不能拒绝原假设，可以认为两台机器生产的零件直径的均值相等.

例 8.3.3　分别用国产测量仪器和进口同类测量仪器测量某物体 11 次，分别得 11 个数据. 计算得两组数据的样本方差分别为 $s_1^2=1.15$，$s_2^2=3.90$. 假定国产和进口测量仪器的测量值分别服从正态分布 $N(\mu_1,\sigma_1^2)$，$N(\mu_2,\sigma_2^2)$. 在显著性水平 $\alpha=0.05$ 下，问国产测量仪器是否比进口的同类测量仪器好？

解　初步认为 $\sigma_1^2<\sigma_2^2$，即国产的测量仪器比进口同类测量仪器好，但是做出判断要谨慎，需要通过数据信息进行严格逻辑推理从而做出判断.

提出假设
$$H_0:\sigma_1^2=\sigma_2^2,\quad H_1:\sigma_1^2<\sigma_2^2.$$

检验统计量为 $\dfrac{S_1^2}{S_2^2}$.

拒绝域为：查表得 $F_{0.95}(10,10)=\dfrac{1}{F_{0.05}(10,10)}=\dfrac{1}{2.98}=0.336$，

$$W=\left\{\frac{s_1^2}{s_2^2}\leqslant 0.336\right\}.$$

计算得
$$\frac{s_1^2}{s_2^2}=\frac{1.15}{3.90}=0.295.$$

由于 0.295<0.336，因此拒绝原假设，即认为国产测量仪器比进口的同类测量仪器好.

*8.4　非正态总体参数的假设检验

8.4.1　指数分布参数的假设检验

设总体 X 服从指数分布，其概率密度函数为
$$f(x)=\begin{cases}\lambda e^{-\lambda x}, & x>0,\\ 0, & x\leqslant 0.\end{cases}$$

其中 $\lambda>0$ 为未知参数，$X_1,X_2,\cdots,X_n$ 是来自总体 X 的样本. 此时对参数 λ 可提出如下几种假设检验问题

Ⅰ　$H_0:\lambda=\lambda_0$，$H_1:\lambda\neq\lambda_0$；

Ⅱ　$H_0:\lambda\leqslant\lambda_0$，$H_1:\lambda>\lambda_0$；

Ⅲ　$H_0:\lambda\geqslant\lambda_0$，$H_1:\lambda<\lambda_0$.

其中 λ_0 为已知常数.

关于检验问题 I，由于 $\overline{X}$ 是 $\dfrac{1}{\lambda}$ 的无偏估计，因此

$$\frac{\overline{X}}{1/\lambda} = \lambda\,\overline{X} \text{应当接近 1.}$$

故当原假设 $H_0 : \lambda = \lambda_0$ 成立时，$\lambda_0 \overline{X}$ 的观察值 $\lambda_0 \bar{x}$ 通常接近 1，既不太大也不太小，故检验问题 I 的拒绝域应取为

$$W = \{\lambda_0 \bar{x} \leqslant C_1 \text{ 或 } \lambda_0 \bar{x} \geqslant C_2\}.$$

其中 C_1 为适当小的正数，C_2 为适当大的正数，且 $C_1 < C_2$，由显著性水平 α 确定.

根据例 6.2.3，有

$$2n\lambda\,\overline{X} \sim \chi^2(2n).$$

因此当 $H_0 : \lambda = \lambda_0$ 成立时

$$2n\lambda_0\overline{X} \sim \chi^2(2n).$$

于是对给定的显著性水平 α

$$\alpha = P\{\text{当 } H_0 \text{ 为真时 } \lambda_0\overline{X} \leqslant C_1 \text{ 或 } \lambda_0\overline{X} \geqslant C_2\}$$

$$= P\{\text{当 } H_0 \text{ 为真时 } 2n\lambda_0\overline{X} \leqslant k_1\} + P\{\text{当 } H_0 \text{ 为真时 } 2n\lambda_0\overline{X} \geqslant k_2\}.$$

为方便，常取

$$\frac{\alpha}{2} = P\{\text{当 } H_0 \text{ 为真时 } 2n\lambda_0\overline{X} \leqslant k_1\} = P\{\text{当 } H_0 \text{ 为真时 } 2n\lambda_0\overline{X} \geqslant k_2\}.$$

其中 $k_1 = 2nC_1$，$k_2 = 2nC_2$.

根据 χ^2 分布上分位数的定义，得到

$$k_1 = \chi^2_{1-\alpha/2}(2n), \qquad k_2 = \chi^2_{\alpha/2}(2n).$$

因此检验问题 I 的拒绝域为

$$W = \{2n\lambda_0\bar{x} \leqslant \chi^2_{1-\alpha/2}(2n) \text{ 或 } 2n\lambda_0\bar{x} \geqslant \chi^2_{\alpha/2}(2n)\},$$

于是，检验问题 I 的检验法为：

若 $2n\lambda_0\bar{x} \leqslant \chi^2_{1-\alpha/2}(2n)$ 或 $2n\lambda_0\bar{x} \geqslant \chi^2_{\alpha/2}(2n)$，则拒绝原假设 H_0；

若 $\chi^2_{1-\alpha/2}(2n) < 2n\lambda_0\bar{x} < \chi^2_{\alpha/2}(2n)$，则不拒绝原假设 H_0.

对于检验问题 II. 由于 $\overline{X}$ 是 $\dfrac{1}{\lambda}$ 的无偏估计，当 $H_0 : \lambda \leqslant \lambda_0$ 成立时并考虑备择假设 H_1，检验问题 II 的拒绝域形式应该为

$$W = \{\lambda_0 \bar{x} \leqslant C\} = \{2n\lambda_0 \bar{x} \leqslant k\}.$$

其中 k 为常数，$k = 2nC$，由显著性水平 α 确定. 当 $H_0 : \lambda \leqslant \lambda_0$ 成立时

$$2n\lambda_0\overline{X} \geqslant 2n\lambda\,\overline{X} \sim \chi^2(2n).$$

且

$$P\{\text{当}\ H_0\ \text{为真时}\ 2n\lambda_0\overline{X}\leqslant k\}\leqslant P\{\text{当}\ H_0\ \text{为真时}\ 2n\lambda\overline{X}\leqslant k\}.$$

令

$$P\{\text{当}\ H_0\ \text{为真时}\ 2n\lambda\overline{X}\leqslant k\}=\alpha,$$

根据 χ^2 分布上分位数的定义，得到 $k=\chi^2_{1-\alpha}(2n)$，因此当 H_0 成立时

$$P\{\text{当}\ H_0\ \text{为真时}\ 2n\lambda_0\overline{X}\leqslant\chi^2_{1-\alpha}(2n)\}\leqslant\alpha.$$

从而检验问题 Ⅱ 的拒绝域为

$$W=\{2n\lambda_0\overline{x}\leqslant\chi^2_{1-\alpha}(2n)\}.$$

关于检验问题 Ⅲ，类似于 Ⅱ 的讨论，得检验的拒绝域为

$$W=\{2n\lambda_0\overline{x}\geqslant\chi^2_{\alpha}(2n)\}.$$

8.4.2　两点分布参数的假设检验

前面讨论的假设检验问题，利用有关分布的特性构造了各种检验统计量，并利用与检验统计量有关的随机变量的精确分布，求出了具有指定水平的检验. 然而，检验总体参数的统计量的精确分布，通常很难找到或者很复杂不便于使用. 此时，往往借助于 n 充分大时统计量的极限分布对总体参数做近似检验，而这种检验所用的样本必须是大样本. 没有一个标准可用来决定样本容量多大就算是大样本，因为这与所采用的统计量趋于它的极限分布的速度快慢有关. 一般地，n 越大近似检验就越好，而且使用上至少要求 n 不小于 30 最好大于 50 或者 100.

本章开始曾以电视节目收视率的问题引入了假设检验的基本概念. 事实上此类问题是关于两点分布和二项分布中参数 p 的假设检验问题. 现关于这类问题进行一般的讨论.

设总体 X 服从两点分布，即 $X\sim B(1,p)$，$0<p<1$，$X_1,X_2,\cdots,X_n$ 是来自总体 X 的样本，对给定的显著性水平 α，检验假设

$$H_0:p=p_0,\quad H_1:p\neq p_0.$$

其中 p_0 是已知常数，且 $0<p_0<1$.

由于 $\sum\limits_{i=1}^{n}X_i\sim B(n,p)$，由中心极限定理，当 $H_0:p=p_0$ 成立时，统计量

$$Z=\frac{\sum\limits_{i=1}^{n}X_i-np_0}{\sqrt{np_0(1-p_0)}}=\frac{\overline{X}-p_0}{\sqrt{p_0(1-p_0)/n}}$$

的极限分布为标准正态分布，即当 $n\to+\infty$ 时，有

$$Z=\frac{\overline{X}-p_0}{\sqrt{p_0(1-p_0)/n}}\sim N(0,1).$$

于是当 H_0 成立且 n 充分大(一般要求 $n \geqslant 30$)时,近似地有

$$P\left\{\frac{|\bar{X}-p_0|}{\sqrt{p_0(1-p_0)/n}} \geqslant z_{\alpha/2}\right\} = \alpha.$$

因此检验问题 $H_0:p=p_0$, $H_1:p \neq p_0$ 的检验法为:

若 $\dfrac{|\bar{x}-p_0|}{\sqrt{p_0(1-p_0)/n}} \geqslant z_{\alpha/2}$, 则拒绝原假设 H_0;

若 $\dfrac{|\bar{x}-p_0|}{\sqrt{p_0(1-p_0)/n}} < z_{\alpha/2}$, 则不拒绝原假设 H_0.

对于检验问题 $H_0:p \leqslant p_0$, $H_1:p>p_0$ 的检验法为:

若 $\dfrac{\bar{x}-p_0}{\sqrt{p_0(1-p_0)/n}} \geqslant z_\alpha$, 则拒绝原假设 H_0; 若 $\dfrac{\bar{x}-p_0}{\sqrt{p_0(1-p_0)/n}} < z_\alpha$,

则不拒绝原假设 H_0.

对于检验问题 $H_0:p \geqslant p_0$, $H_1:p<p_0$ 的检验法为:

若 $\dfrac{\bar{x}-p_0}{\sqrt{p_0(1-p_0)/n}} \leqslant -z_\alpha$, 则拒绝原假设 H_0;

若 $\dfrac{\bar{x}-p_0}{\sqrt{p_0(1-p_0)/n}} > -z_\alpha$, 则不拒绝原假设 H_0.

例 8.4.1   有人断言某电视节目的收视率 p 为 30%,为判断该断言正确与否,随机抽取了 50 人,调查结果有 10 人观看该节目,在显著性水平 $\alpha=0.05$ 下,问该断言是否合适?

解   提出假设

$$H_0:p=0.30, \quad H_1:p \neq 0.30.$$

检验统计量为

$$Z=\frac{\bar{X}-p_0}{\sqrt{p_0(1-p_0)/n}},$$

确定拒绝域 $W=\left\{\dfrac{|\bar{x}-p_0|}{\sqrt{p_0(1-p_0)/n}} \geqslant z_{\alpha/2}\right\}$.

这里 $n=50$, $\bar{x}=10/50=0.2$, $z_{\alpha/2}=z_{0.025}=1.96$, 计算得

$$\frac{|\bar{x}-p_0|}{\sqrt{p_0(1-p_0)/n}}=1.54.$$

由于 $1.54<1.96$, 没有落入拒绝域,可以认为电视节目的收视率是 30%.

8.5 假设检验与置信区间的关系

假设检验和置信区间之间有密切的关系. 首先,构造假设检

验法则的步骤与构造置信区间的方法类似;其次,置信水平 $1-\alpha$ 的置信区间与显著性水平为 α 的检验的接受域之间有内在的关系.

考虑单个正态总体 $N(\mu,\sigma^2)$,方差 $\sigma^2=\sigma_0^2$ 已知情形下均值 μ 的检验问题.

$$H_0:\mu=\mu_0,\ H_1:\mu\neq\mu_0.$$

检验的接受域为

$$\left\{(X_1,X_2,\cdots,X_n):\frac{\sqrt{n}\mid \bar{X}-\mu_0\mid}{\sigma_0}<z_{\alpha/2}\right\}.\qquad(8.5.1)$$

而当方差 $\sigma^2=\sigma_0^2$ 已知时,均值 μ 的置信水平为 $1-\alpha$ 的置信区间为

$$\left(\bar{X}-\frac{\sigma_0}{\sqrt{n}}z_{\alpha/2},\ \bar{X}+\frac{\sigma_0}{\sqrt{n}}z_{\alpha/2}\right).\qquad(8.5.2)$$

对于固定样本 $X_1,X_2,\cdots,X_n$,使得样本落入式(8.5.1)形式的接受域的所有 μ_0 值全体形成集合

$$\left\{\mu_0:\bar{X}\pm\frac{\sigma_0}{\sqrt{n}}z_{\alpha/2}\right\},$$

这恰好是置信区间(8.5.2).

由上例看出,置信区间与假设检验是从不同角度来描述同一问题.虽然这是一个特例,但具有普遍意义.

根据检验问题 $H_0:\theta=\theta_0$;$H_1:\theta\neq\theta_0$ 的显著性水平 α 的检验的接受域可构造 θ 的置信水平为 $1-\alpha$ 的置信区间,反之也成立.另外,单边假设检验问题与置信限之间也有类似的关系,考虑检验问题

$$H_0:\theta\leqslant\theta_0,\ H_1:\theta>\theta_0,$$

可得 θ 的置信水平为 $1-\alpha$ 的置信下限;考虑检验问题

$$H_0:\theta\geqslant\theta_0,\ H_1:\theta<\theta_0,$$

可得 θ 的置信水平为 $1-\alpha$ 的置信上限.

*8.6　非参数假设检验

本章前几节介绍的参数假设检验是已知总体分布的类型而对总体的未知参数进行假设检验.有些实际问题中,可以根据已有的知识确定总体的分布,比如:测量仪器的误差服从正态分布;电话交换台单位时间内收到用户的呼叫次数服从泊松分布等.这类知识一般需要很长时间的积累或需要了解相关问题的背景知识作为基础.但在很多新问题的研究中,常常不能预先知道总体的分布,这时在进行参数假设检验之前,先要对总体的分布类型进行假设检验,此类问题称为**非参数检验**问题.这里所研究的检验

是如何用样本去拟合总体分布，所以又称为**分布拟合检验**.

实际问题中，有时也考虑两总体是否相互独立，总体分布是否相同，从而提出相同性检验，独立性检验等. 这些检验也属于非参数假设检验. 本节我们介绍几个应用上比较重要的非参数检验法.

8.6.1　拟合优度检验

拟合优度检验是用来检验样本与某个分布的拟合是否有显著差异的一种统计方法. 拟合的含义是根据样本找出适合于总体的分布.

设总体 X 的分布函数是 $F(x)$，考虑如下假设检验问题

$$H_0 : F(x) = F_0(x), \quad H_1 : F(x) \neq F_0(x). \tag{8.6.1}$$

其中 $F_0(x)$ 为某个已知的分布函数，$F_0(x)$ 中可以含有未知参数，也可以不含有未知参数.

针对一个实际问题，这个已知分布函数 $F_0(x)$ 是怎样提出来的? 一般是根据实践经验给出. 统计上，由样本观察值 $(x_1, x_2, \cdots, x_n)$ 做经验分布函数 $F_n(x)$ 的图形，从中看出总体 X 可能服从的分布.

χ^2 拟合优度检验的基本做法如下：

把数轴 $(-\infty, +\infty)$ 划分为互不相交的 k 个区间

$$I_1 = (a_0, a_1], I_2 = (a_1, a_2], \cdots, I_k = (a_{k-1}, a_k],$$

其中 a_0 可取 $-\infty$，a_k 可取 $+\infty$.

设 $(X_1, X_2, \cdots, X_n)$ 是来自总体 X 的样本，而 $(x_1, x_2, \cdots, x_n)$ 是其样本观察值. 以 n_j 表示样本观察值 $(x_1, x_2, \cdots, x_n)$ 落入区间 I_j 的个数，则

$$\sum_{j=1}^{k} n_j = n.$$

记 p_j 为随机变量 X 落到区间 I_j 的概率，即

$$p_j = P\{X \in I_j\}, \ j = 1, 2, \cdots, k.$$

设事件 $A_j = \{$随机变量 X 落到区间 $I_j\}$，事件 A_j 发生的概率就是 p_j，把 $(x_1, x_2, \cdots, x_n)$ 作为一个 n 重独立重复试验的结果，则在这 n 重独立重复试验中事件 A_j 发生的频率为 n_j/n.

当原假设 $H_0 : F(x) = F_0(x)$ 成立时

$$p_j = P\{X \in I_j\} = F_0(a_j) - F_0(a_{j-1}), \ j = 1, 2, \cdots, k.$$

根据伯努利大数定律，频率是概率的反映，所以当 H_0 成立且 n 充分大时，事件 A_j 发生的频率 n_j/n 与 A_j 发生的概率 $p_j(j = 1, 2, \cdots, k)$ 的差异应该比较小，因此

$$\sum_{j=1}^{k} \left(\frac{n_j}{n} - p_j \right)^2$$

也应该比较小.

若 $\sum_{j=1}^{k} \left(\frac{n_j}{n} - p_j \right)^2$ 比较大，自然认为 H_0 不成立，由于频率 n_j/n

与概率 $p_j(j=1,2,\cdots,k)$ 本身数值较小，皮尔逊(Karl Pearson)构造了一个检验统计量

$$\chi^2 = \sum_{j=1}^{k} \left(\frac{n_j}{n} - p_j \right)^2 \frac{n}{p_j} = \sum_{j=1}^{k} \frac{(n_j - np_j)^2}{np_j}, \qquad (8.6.2)$$

其中 n_j 称为实际频数，np_j 称为样本$(X_1,X_2,\cdots,X_n)$落入区间 I_j 的理论频数. χ^2 为实际频数与原假设成立下的理论频数差异平方的加权和. 它反映了样本与假设的分布之间的拟合程度. 该统计量称为皮尔逊 χ^2 统计量.

该统计量能够较好地反映频率与概率之间的差异. 有了样本观察值$(x_1,x_2,\cdots,x_n)$，若统计量 χ^2 的观察值过大即 $\chi^2 \geqslant C$，其中 C 是一个正常数，拒绝原假设 H_0，否则接受原假设 H_0.

此时，会提出另外一个问题，统计量 χ^2 服从什么分布? 皮尔逊于 1900 年证明了如下重要结果.

定理 8.6.1(皮尔逊(1900)) 设 $F_0(x)$ 为总体的真实分布，当 H_0 成立时，则由式(8.6.2)确定的统计量，当 $n \to +\infty$ 时，有

$$\chi^2 = \sum_{j=1}^{k} \frac{(n_j - np_j)^2}{np_j} \xrightarrow{L} \chi^2(k-1),$$

记号 $n_j, k, p_j(j=1,2,\cdots,k)$ 如前所述，$\xrightarrow{L}$ 表示依分布收敛，即 χ^2 的分布收敛到自由度为 $k-1$ 的 χ^2 分布

进一步，如果 $F_0(x)$ 中含有未知参数，有如下定理：

定理 8.6.2(费希尔(1924)) 设 $F_0(x;\theta_1,\theta_2,\cdots,\theta_r)$ 为总体的真实分布，其中 $\theta_1,\theta_2,\cdots,\theta_r$ 为 r 个未知参数. 在 $F_0(x;\theta_1,\theta_2,\cdots,\theta_r)$ 中用 $\theta_1,\theta_2,\cdots,\theta_r$ 的最大似然估计量 $\hat{\theta}_1,\hat{\theta}_2,\cdots,\hat{\theta}_r$ 代替 $\theta_1,\theta_2,\cdots,\theta_r$ 得 $F_0(x;\hat{\theta}_1,\hat{\theta}_2,\cdots,\hat{\theta}_r)$，使得 $F_0(x)$ 中不含有任何未知参数，计算 $p_j(j=1,2,\cdots,k)$，得

$$\hat{p}_j = F_0(a_j;\hat{\theta}_1,\hat{\theta}_2,\cdots,\hat{\theta}_r) - F_0(a_{j-1};\hat{\theta}_1,\hat{\theta}_2,\cdots,\hat{\theta}_r), \quad j=1,2,\cdots,k.$$

当 $n \to +\infty$ 时，有

$$\chi^2 = \sum_{j=1}^{k} \frac{(n_j - n\hat{p}_j)^2}{n\hat{p}_j} \xrightarrow{L} \chi^2(k - r - 1).$$

记号 n_j, k 如前所述，r 表示 $F_0(x)$ 中所含未知参数的个数.

若 $F_0(x)$ 中不含有任何未知参数，即 $r=0$，则 $\hat{p}_j$ 应记做 $p_j(j=1,2,\cdots,k)$，定理仍然成立.

定理 8.6.1 和定理 8.6.2 的证明参见陈希孺《数理统计引论》.

根据定理 8.6.2 确定临界值 C，对于给定的显著性水平 α，有

$$\alpha = P\{拒绝 H_0 \mid H_0 为真\} = P\{当 H_0 为真时, \chi^2 \geq C\},$$

由于 $P\{\chi^2 \geq \chi_\alpha^2(k-r-1)\} = \alpha$，从而 $C = \chi_\alpha^2(k-r-1)$. 因此，检验的拒绝域为

$$W = \left\{ \sum_{j=1}^{k} \frac{(n_j - n\hat{p}_j)^2}{n\hat{p}_j} \geq \chi_\alpha^2(k - r - 1) \right\}. \tag{8.6.3}$$

对于给定的显著性水平 α，检验问题

$$H_0 : F(x) = F_0(x), \quad H_1 : F(x) \neq F_0(x)$$

的检验法为：

若 $\chi^2 = \sum_{j=1}^{k} \dfrac{(n_j - n\hat{p}_j)^2}{n\hat{p}_j} \geq \chi_\alpha^2(k - r - 1)$，则拒绝 H_0；

若 $\chi^2 = \sum_{j=1}^{k} \dfrac{(n_j - n\hat{p}_j)^2}{n\hat{p}_j} < \chi_\alpha^2(k - r - 1)$，则不拒绝 H_0.

综上所述，皮尔逊-χ^2 拟合优度检验的基本步骤是：

1. 用最大似然估计法求出 $F_0(x; \theta_1, \theta_2, \cdots, \theta_r)$ 中所有未知参数 $\theta_1, \theta_2, \cdots, \theta_r$ 的估计值 $\hat{\theta}_1, \hat{\theta}_2, \cdots, \hat{\theta}_r$；

2. 把总体 X 的取值范围划分为 k 个互不相交的区间

$$I_1 = (a_0, a_1], \ I_2 = (a_1, a_2], \cdots, I_k = (a_{k-1}, a_k].$$

其中 a_0 可取 $-\infty$，a_k 可取 $+\infty$. k 要取得合适，若 k 太小会使得检验粗糙，若 k 太大会增大随机误差. 通常样本容量 n 大，k 可稍大一些，但一般应取 $5 \leq k \leq 16$，而且每个区间包含不少于 5 个数据，数据个数小于 5 的区间并入相邻区间；

3. 当原假设 H_0 成立即 $F(x) = F_0(x)$ 时，计算

$$\hat{p}_j = F_0(a_j; \hat{\theta}_1, \hat{\theta}_2, \cdots, \hat{\theta}_r) - F_0(a_{j-1}; \hat{\theta}_1, \hat{\theta}_2, \cdots, \hat{\theta}_r), \quad j = 1, 2, \cdots, k.$$

4. 根据样本观察值 $(x_1, x_2, \cdots, x_n)$，算出落在区间 $(a_{j-1}, a_j]$ 中的实际频数 n_j；

5. 计算统计量 χ^2 的观察值

$$\chi^2 = \sum_{j=1}^{k} \frac{(n_j - n\hat{p}_j)^2}{n\hat{p}_j}.$$

6. 根据给定的显著性水平 α，查 χ^2 分布的上分位数表得 $\chi_\alpha^2(k\text{-}r\text{-}1)$，其中 k 为分组个数，r 为 $F_0(x)$ 中所含未知参数的个数；

7. 若 $\chi^2 = \sum\limits_{j=1}^{k} \dfrac{(n_j - n\hat{p}_j)^2}{n\hat{p}_j} \geqslant \chi_\alpha^2(k-r-1)$，则拒绝原假设 H_0，

即认为总体分布与原假设的分布有显著差异；若 $\chi^2 = \sum\limits_{j=1}^{k} \dfrac{(n_j - n\hat{p}_j)^2}{n\hat{p}_j} < \chi_\alpha^2(k-r-1)$，则接受原假设 H_0，即认为总体分布与原假设的分布无显著差异.

皮尔逊-χ^2 拟合优度检验应用很广泛，它可以用来检验总体服从任何已知分布的假设. 因为所用 χ^2 检验统计量渐近服从 χ^2 分布，因此一般要求 $n \geqslant 50$.

例 8.6.1 孟德尔豌豆试验中，发现黄色豌豆有 25 个，绿色豌豆有 11 个，试在显著性水平 $\alpha = 0.05$ 下检验黄色豌豆与绿色豌豆数目之比为 3:1 是否成立.

解 定义随机变量

$$X = \begin{cases} 1, & \text{若豌豆为黄色,} \\ 0, & \text{若豌豆为绿色.} \end{cases}$$

记 $P\{X=1\} = p_1$，$P\{X=0\} = p_2$，则提出如下假设

$$H_0 : p_1 = \frac{3}{4}, \quad p_2 = \frac{1}{4}.$$

列表计算如下：

豌豆颜色	实际频数 n_j	概率 p_j	理论频数 np_j
黄色	25	3/4	27
绿色	11	1/4	9
总和	36	1	36

计算得

$$\chi^2 = \sum_{j=1}^{2} \frac{(n_j - np_j)^2}{np_j} = 0.593.$$

查表得 $\chi_{0.05}^2(1) = 3.842$，由于 $0.593 < 3.842$，因此在显著性水平 $\alpha = 0.05$ 下接受原假设，即认为黄色豌豆与绿色豌豆数目之比为 3:1.

8.6.2 独立性检验

设二维总体 (X, Y) 的分布函数为 $F(x, y)$，X，Y 的边缘分布函数分别为 $F_1(x)$，$F_2(y)$. X，Y 相互独立等价于对任意 $x \in \mathbf{R}$，$y \in \mathbf{R}$，有

$$F(x,y) = F_1(x)F_2(y).$$

因此检验 X, Y 相互独立等价于检验假设

$$H_0 : F(x,y) = F_1(x)F_2(y), \quad H_1 : F(x,y) \neq F_1(x)F_2(y). \quad (8.6.4)$$

设 $(X_1, Y_1), (X_2, Y_2), \cdots, (X_n, Y_n)$ 是来自二维总体 (X, Y) 的样本，相应的样本观察值为 (x_1, y_1), $(x_2, y_2), \cdots, (x_n, y_n)$，将 (X, Y) 可能取值的范围分成 r 个和 s 个互不相交的小区间 $A_1, A_2, \cdots, A_r$ 和 $B_1, B_2, \cdots, B_s$，用 d_{ik} 表示横向第 $i (1 \leqslant i \leqslant r)$ 个与纵向第 $k (1 \leqslant k \leqslant s)$ 个小区间构成的小区域，n_{ik} 表示样本观察值 (x_i, y_j) 落入小区间 d_{ik} 的个数，记

$$n_{i \cdot} = \sum_{k=1}^{s} n_{ik}, \quad n_{\cdot k} = \sum_{i=1}^{r} n_{ik}.$$

则

$$\sum_{i=1}^{r} \sum_{k=1}^{s} n_{ik} = \sum_{i=1}^{r} n_{i \cdot} = \sum_{k=1}^{s} n_{\cdot k} = n.$$

于是，全部观察结果可列成如下二维 $r \times s$ 列联表

n_{ik} $\diagdown$ k i	1	2	$\cdots$	s	$n_{i \cdot}$
1	n_{11}	n_{12}	$\cdots$	n_{1s}	$n_{1 \cdot}$
2	n_{21}	n_{22}	$\cdots$	n_{2s}	$n_{2 \cdot}$
$\vdots$	$\vdots$	$\vdots$	$\vdots$	$\vdots$	$\vdots$
r	n_{r1}	n_{r2}	$\cdots$	n_{rs}	$n_{r \cdot}$
$n_{\cdot k}$	$n_{\cdot 1}$	$n_{\cdot 2}$	$\cdots$	$n_{\cdot s}$	n

记样本 (X_i, Y_j) 落入小区域 d_{ik} 的概率为 p_{ik}，且记

$$p_{i \cdot} = \sum_{k=1}^{s} p_{ik}, \quad p_{\cdot k} = \sum_{i=1}^{r} p_{ik}.$$

显然有
$$\sum_{i=1}^{r} \sum_{k=1}^{s} p_{ik} = \sum_{i=1}^{r} p_{i \cdot} = \sum_{k=1}^{s} p_{\cdot k} = 1$$

于是式(8.6.4)等价于：

$$H_0 : p_{ik} = p_{i \cdot} p_{\cdot k} \quad 对所有的 (i, k) 都成立；$$

$$H_1 : p_{ik} \neq p_{i \cdot} p_{\cdot k} \quad 至少对某个 (i, k) 不成立.$$

由于

$$p_{r \cdot} + \sum_{i=1}^{r-1} p_{i \cdot} = 1, \quad p_{\cdot s} + \sum_{k=1}^{s-1} p_{\cdot k} = 1.$$

因此只需估计 $r+s-2$ 个独立的未知参数 $p_{1 \cdot}, p_{2 \cdot}, \cdots, p_{(r-1) \cdot}$ 与 $p_{\cdot 1}, p_{\cdot 2}, \cdots, p_{\cdot (s-1)}$. 利用最大似然估计方法估计这些未知参数，计算可得 $p_{1 \cdot}, p_{2 \cdot}, \cdots, p_{r \cdot}$ 与 $p_{\cdot 1}, p_{\cdot 2}, \cdots, p_{\cdot s}$ 的最大似然估计分别为

$$\begin{cases} \hat{p}_{i\cdot} = \dfrac{n_{i\cdot}}{n}, \ i = 1,2,\cdots,r, \\[3mm] \hat{p}_{\cdot k} = \dfrac{n_{\cdot k}}{n}, \ k = 1,2,\cdots,s. \end{cases} \quad (8.6.5)$$

利用定理 8.6.2，可得当 $H_0 : p_{ik} = p_{i\cdot} p_{\cdot k}$ 成立时，对于充分大的 n 有

$$\chi^2 = \sum_{i=1}^{r} \sum_{k=1}^{s} \frac{(n_{ik} - n\hat{p}_{ik})^2}{n\hat{p}_{ik}} = \sum_{i=1}^{r} \sum_{k=1}^{s} \frac{\left(n_{ik} - (n_{i\cdot} n_{\cdot k})/n\right)^2}{(n_{i\cdot} n_{\cdot k})/n}$$

$$= n\left(\sum_{i=1}^{r} \sum_{k=1}^{s} \frac{(n_{ik})^2}{n_{i\cdot} n_{\cdot k}} - 1 \right) \xrightarrow{L} \chi^2\big((r-1)(s-1) \big).$$

$$(8.6.6)$$

由于当 $H_0 : p_{ik} = p_{i\cdot} p_{\cdot k}$ 成立时，χ^2 的值通常偏小，所以拒绝域的形式为

$$W = \{ \chi^2 \geqslant C \}$$

对给定的显著性水平 α，根据

$$\alpha = P\{ \chi^2 \geqslant C \mid H_0 \text{ 为真} \}.$$

可得

$$C = \chi_\alpha^2\big((r-1)(s-1) \big).$$

于是，检验的拒绝域为

$$W = \left\{ n\left(\sum_{i=1}^{r} \sum_{k=1}^{s} \frac{(n_{ik})^2}{n_{i\cdot} n_{\cdot k}} - 1 \right) \geqslant \chi_\alpha^2\big((r-1)(s-1) \big) \right\}. \quad (8.6.7)$$

因此列联表独立性检验的检验法为若 $n\left(\displaystyle\sum_{i=1}^{r} \sum_{k=1}^{s} \frac{(n_{ik})^2}{n_{i\cdot} n_{\cdot k}} - 1 \right) \geqslant$

$\chi_\alpha^2\big((r-1)(s-1) \big)$，则拒绝 H_0，即认为 X 与 Y 不独立；若 $n\left(\displaystyle\sum_{i=1}^{r} \sum_{k=1}^{s} \frac{(n_{ik})^2}{n_{i\cdot} n_{\cdot k}} - 1 \right) < \chi_\alpha^2\big((r-1)(s-1) \big)$，则接受 H_0，即认为 X 与 Y 相互独立.

例 8.6.2 有 1000 人按照性别与色盲分类如下

	正常	色盲	合计
男	442	38	480
女	514	6	520
合计	956	44	1000

试在显著性水平 $\alpha = 0.01$ 下检验色盲与性别的关系?

解 提出假设

H_0 : 色盲与性别相互独立.

检验统计量

$$\chi^2 = n\left(\sum_{i=1}^{2} \sum_{k=1}^{2} \frac{(n_{ik})^2}{n_{i.}n_{.k}} - 1 \right) \xrightarrow{L} \chi^2(1).$$

确定拒绝域: $W = \left\{ n\left(\sum_{i=1}^{2} \sum_{k=1}^{2} \frac{(n_{ik})^2}{n_{i.}n_{.k}} - 1 \right) \geqslant \chi_{0.01}^2(1) \right\}.$

这里 $n = 1000$, $\chi_{0.01}^2(1) = 6.637$, 计算得

$$n\left(\sum_{i=1}^{2} \sum_{k=1}^{2} \frac{(n_{ik})^2}{n_{i.}n_{.k}} - 1 \right)$$

$$= 1000\left(\frac{(n_{11})^2}{n_{1.}n_{.1}} + \frac{(n_{12})^2}{n_{1.}n_{.2}} + \frac{(n_{21})^2}{n_{2.}n_{.1}} + \frac{(n_{22})^2}{n_{2.}n_{.2}} - 1 \right)$$

$$= 27.2.$$

由于 $27.2 > 6.635$, 因此拒绝原假设, 表明色盲与性别有关系.

在许多实际问题中, 经常会要求比较两个总体的分布是否相等.

设 $F_1(x)$ 和 $F_2(x)$ 分别为总体 X 和总体 Y 的分布函数, 现在要检验假设

$$H_0 : F_1(x) = F_2(x). \tag{8.6.8}$$

如果 $F_1(x)$ 和 $F_2(x)$ 是同一种分布函数(如同为指数分布, 同为正态分布, 同为二项分布等), 这个问题可归结为两总体参数是否相等的参数假设检验问题. 但是如果对 $F_1(x)$ 和 $F_2(x)$ 完全未知, 就只能用非参数方法检验, 下面介绍几种分布是否相同的检验方法.

8.6.3　符号检验

符号检验法是以成对观察数据差的符号为基础进行检验. 设 X 与 Y 是两个连续型总体, 分别具有分布函数 $F_1(x)$ 与 $F_2(x)$, 现从两总体中分别抽取容量都为 n 的样本 $(X_1, X_2, \cdots, X_n)$ 与 $(Y_1, Y_2, \cdots, Y_n)$, 且两样本相互独立, 对给定的显著性水平 α, 检验假设

$$H_0 : F_1(x) = F_2(x), \quad -\infty < x < +\infty.$$

由于

$$P\{X_i = Y_i\} + P\{X_i > Y_i\} + P\{X_i < Y_i\} = 1.$$

当 H_0 成立时, X_i, Y_i 是独立同分布的连续型随机变量, 于是

$$P\{X_i > Y_i\} = \iint_{x>y} \mathrm{d}F_1(x)\,\mathrm{d}F_2(y) = \frac{1}{2},$$

$$P\{X_i < Y_i\} = \frac{1}{2},$$

$$P\{X_i = Y_i\} = 0.$$

因此, 不失一般性, 可假定 $X_i \neq Y_i$, $i = 1, 2, \cdots, n.$

定义二元函数

$$z = f(x,y) = \begin{cases} 1, & x > y, \\ 0, & x < y. \end{cases}$$

则随机变量 $Z_i = f(X_i, Y_i) \sim B\left(1, \frac{1}{2}\right)$，由两样本的独立性，可知当原假设 H_0 成立时 $Z_1, Z_2, \cdots, Z_n$ 相互独立，且均服从两点分布 $B\left(1, \frac{1}{2}\right)$. 由两点分布 $B\left(1, \frac{1}{2}\right)$ 的可加性，得到

$$\sum_{i=1}^{n} Z_i \sim B\left(n, \frac{1}{2}\right),$$

则 $E\left(\sum\limits_{i=1}^{n} Z_i\right) = \dfrac{n}{2}$，$D\left(\sum\limits_{i=1}^{n} Z_i\right) = \dfrac{n}{4}$.

规定：$\{X_i > Y_i\}$ 记为"$+$"，而"$+$"的个数记为 n_+；

$\{X_i < Y_i\}$ 记为"$-$"，而"$-$"的个数记为 n_-.

上面已经得到 $P\{X_i = Y_i\} = 0$，对于样本观察值来说，个别 $x_i = y_i$ 的情况也可能出现，此时，把这些值从样本观察值中剔除，相应样本容量 n 减少，记为 $N = n_+ + n_-$. 当 H_0 成立时，$n_+ = \sum\limits_{i=1}^{N} Z_i \sim B\left(N, \frac{1}{2}\right)$，同理 $n_- \sim B\left(N, \frac{1}{2}\right)$.

因此，如果选取 n_+ 作为统计量，当 H_0 成立时，n_+ 取较大或者较小值的可能性较小. 于是对给定的显著性水平 α，可以确定临界值 C_1 和 C_2，它们分别是使

$$P\{n_+ \leqslant C\} = \sum_{i=0}^{C} \binom{N}{i} \left(\frac{1}{2}\right)^{N} \leqslant \frac{\alpha}{2} \qquad (8.6.9)$$

成立的最大的 C 值和使

$$P\{n_+ \geqslant C\} = \sum_{i=C}^{N} \binom{N}{i} \left(\frac{1}{2}\right)^{N} \leqslant \frac{\alpha}{2} \qquad (8.6.10)$$

成立的最小的 C 值.

于是对给定的显著性水平 α，当 $n_+ \leqslant C_1$ 或 $n_+ \geqslant C_2$ 时，则拒绝 H_0；当 $C_1 < n_+ < C_2$ 时，则接受 H_0.

由于 $\sum\limits_{i=0}^{C} \binom{N}{i} \left(\frac{1}{2}\right)^{N} = \sum\limits_{i=0}^{C} \binom{N}{N-i} \left(\frac{1}{2}\right)^{N} = \sum\limits_{i=N-C}^{N} \binom{N}{i} \left(\frac{1}{2}\right)^{N}$，

因此，使式 $(8.6.10)$ 成立的最大的 C 值 C_1，也就是使

$$P\{n_+ \geqslant N - C\} = \sum_{i=N-C}^{N} \binom{N}{i} \left(\frac{1}{2}\right)^{N} \leqslant \frac{\alpha}{2}$$

成立的最大的 C 值，比较得到

$$N - C_1 = C_2.$$

根据上面的分析，对给定的显著性水平 α，检验法为：

当 $n_+ \leqslant C_1$ 或 $n_+ \geqslant N - C_1$ 时，则拒绝 H_0；

当 $C_1 < n_+ < N - C_1$ 时，则接受 H_0.

由于 $N = n_+ + n_-$，故也可取 n_- 作为统计量，此时检验法为：

当 $n_- \leqslant C_1$ 或 $n_- \geqslant N - C_1$ 时，则拒绝 H_0；

当 $C_1 < n_- < N - C_1$ 时，则接受 H_0.

也可同时取 n_+ 和 n_- 作为统计量，此时检验法为：

当 $n_+ \leqslant C_1$ 和 $n_- \leqslant C_1$ 有一个成立时，即 $\min(n_+, n_-) \leqslant C_1$，则拒绝 H_0；

当 $n_+ > C_1$ 和 $n_- > C_1$ 同时成立时，即 $\min(n_+, n_-) > C_1$，则接受 H_0.

书末附表 6 列出了 N 从 1 到 90 的情形下 C_1 的值. 当 $N > 90$ 时，可以通过下面的方法考虑定出临界值 C_1.

因为 $n_+ = \sum_{i=1}^{N} Z_i \sim B\left(N, \dfrac{1}{2}\right)$，所以

$$E(n_+) = \frac{N}{2}, \quad D(n_+) = \frac{N}{4}.$$

根据中心极限定理，当 $N \to +\infty$ 时，

$$Z = \frac{2n_+ - N}{\sqrt{N}} \xrightarrow{\ L\ } N(0, 1).$$

对给定的显著性水平 α，检验法为：

当 $|Z| = \left| \dfrac{2n_+ - N}{\sqrt{N}} \right| \geqslant z_{\alpha/2}$ 时，则拒绝 H_0；

当 $|Z| = \left| \dfrac{2n_+ - N}{\sqrt{N}} \right| < z_{\alpha/2}$ 时，则不拒绝 H_0.

例 8.6.3 某工厂有 A，B 两个化验室，每天同时从工厂的冷却水中取样，测定水中的含氯量，下表是 11 天的记录，试问两个化验室的测定结果在显著性水平 $\alpha = 0.05$ 下是否有显著性差异？

日期	1	2	3	4	5	6	7	8	9	10	11
A	1.15	1.86	0.76	1.82	1.14	1.65	1.92	1.01	1.12	0.90	1.40
B	1.00	1.90	0.90	1.80	1.20	1.70	1.95	1.02	1.23	0.97	1.52
符号	+	−	−	+	−	−	−	−	−	−	−

解 提出假设 $H_0: F_1(x) = F_2(x)$，$H_1: F_1(x) \neq F_2(x)$.

其中 $F_1(x)$，$F_2(x)$ 分别是 A、B 两个化验室测定水中含氯量

的分布函数.

由于 $n_+ = 2$，$n_- = 9$，$n_0 = 0$，$N = 11$，对于显著性水平 $\alpha = 0.05$，查符号检验表得 $C_1 = 1$，$C_2 = 10$，由于

$$C_1 = 1 < n_+ = 2 < C_2 = 10.$$

因此，接受原假设 $H_0 : F_1(x) = F_2(x)$，即认为两个化验室的测定结果在显著性水平 $\alpha = 0.05$ 下没有显著性差异.

符号检验也可以用来检验总体的分位数，我们通过一个例子来说明.

例 8.6.4 从某总体中随机抽取 10 个样本，得样本观察值为 2.14，2.08，2.13，2.15，2.16，2.18，2.23，2.10，2.22，2.20，在显著性水平 $\alpha = 0.05$ 下，问是否可以认为该总体的中位数 θ 为 2.15？

解 提出假设

$$H_0 : \theta = 2.15, \quad H_1 : \theta \neq 2.15.$$

考虑差数 $x_i - 2.15$ 的符号

x_i	2.14	2.08	2.13	2.15	2.16	2.18	2.23	2.10	2.22	2.20
$x_i - 2.15$ 的符号	−	−	−	0	+	+	+	−	+	+

由于 $n_+ = 5$，$n_- = 4$，$n_0 = 1$，$N = 9$，对于显著性水平 $\alpha = 0.05$，查符号检验表得 $C_1 = 1$，$C_2 = 8$，由于

$$C_1 = 1 < n_+ = 5 < C_2 = 8,$$

因此，接受原假设 $H_0 : \theta = 2.15$，即可以认为该总体的中位数为 2.15.

符号检验法利用符号将非参数检验转化为参数检验，其最大优点是简单、直观，并且不要求被检验量所服从的分布已知，用符号代替数值计算简便. 缺点是要求数据成对出现，而且由于遗弃了数据的真实数值代之以符号，没有充分利用样本所提供的信息，使得检验的精度较差. 下面介绍的秩和检验在一定程度上弥补了上述缺陷.

8.6.4 秩和检验

设 X 与 Y 是两个连续型总体，分别具有分布函数 $F_1(x)$ 和 $F_2(x)$. 现从两总体中各抽取容量分别为 m 和 n 的样本 $(X_1, X_2, \cdots, X_m)$ 和 $(Y_1, Y_2, \cdots, Y_n)$，且两样本相互独立. 在显著性水平 α 下，检验假设

$$H_0 : F_1(x) = F_2(x), \quad -\infty < x < +\infty.$$

下面利用秩和检验法进行检验.

> **定义 8.6.1**（秩统计量）　设 $(X_1, X_2, \cdots, X_n)$ 是来自连续型总体 X 的一个样本，$(x_1, x_2, \cdots, x_n)$ 是相应的样本观察值，将 $(x_1, x_2, \cdots, x_n)$ 按照数值由小到大排列为
>
> $$x_{(1)} < x_{(2)} < \cdots < x_{(n)}.$$
>
> 如果 $x_i = x_{(k)}$，则 X_i 的秩为 k，记做 $R_i = k, i = 1, 2, \cdots, n$.

样本 X_i 的秩是该样本在全部样本中由小到大的顺序号. 最小的样本秩为 1，最大的秩为 n. 任何只与样本的秩有关的统计量称为**秩统计量**，基于秩统计量的统计推断方法称为**秩方法**.

X_i 的秩就是按照观察值由小到大排列后 x_i 所占位置的顺序号，在重复抽样中，R_i 将取不同的数值，是一个随机变量. 如果出现若干个 x 相同的情形，则定义它们的秩为各秩的平均值. 例如，若样本依次排列为

$$1, \ 1, \ 2, \ 2, \ 2, \ 3.$$

则 2 个 1 的秩都是 $\dfrac{1+2}{2} = 1.5$；3 个 2 的秩都是 $\dfrac{3+4+5}{3} = 4$；3 的秩为 6.

两样本秩和检验法的基本步骤和基本思想是：

（1）将两样本 $(X_1, X_2, \cdots, X_m)$ 和 $(Y_1, Y_2, \cdots, Y_n)$ 按照由小到大顺序排列为

$$Z_1 \leqslant Z_2 \leqslant \cdots \leqslant Z_{m+n}.$$

X_i 的秩为 $R_i (i = 1, 2, \cdots, m)$，$Y_j$ 的秩记为 $S_j (j = 1, 2, \cdots, n)$，如此得到的秩代替原来的样本，于是得到两个新的样本为

$$R_1, R_2, \cdots, R_m; \ S_1, S_2, \cdots, S_n.$$

（2）比较两个样本容量的大小，选出其中较小的，如果 $m = n$，则任选一个，不失一般性，不妨假定 $m \leqslant n$. 取容量为 m 的那个样本，把该样本的秩加起来得到秩和

$$T = \sum_{i=1}^{m} R_i,$$

类似地，记第二个样本的秩和为 $U = \sum_{j=1}^{n} S_j$，显然有

$$T + U = \frac{1}{2}(m+n)(m+n+1),$$

$$\frac{1}{2}m(m+1) \leqslant T \leqslant \frac{1}{2}m(m+2n+1).$$

（3）如果 H_0 成立，此时这两个样本来自同一总体，那么两个样本在混合样本的顺序统计量中应该比较均匀地混合在一起，即第一个样本的秩应该随机地均匀地分散排列于第二个样本之间，因此 T 的取值不应该太大也不应该太小，否则就该怀疑 H_0 是否成立，因此 H_0 的拒绝域为

$$W = \{T \leqslant C_1 \text{ 或 } T \geqslant C_2\}.$$

其中 C_1 为适当小的正数，C_2 为适当大的正数，且 $C_1 < C_2$，由显著性水平 α 确定. 当 α 给定后，有

$$P\{H_0 \text{ 为真时}, T \leqslant C_1 \text{ 或 } T \geqslant C_2\} = \alpha.$$

一般地，取 C_1，C_2 满足

$$P\{H_0 \text{ 为真时}, T \leqslant C_1\} = P\{H_0 \text{ 为真时}, T \geqslant C_2\} = \frac{\alpha}{2},$$

可查表得到 C_1，C_2 的值，书末附表 7 是秩和检验表，给定 α 可查表得到 C_1，C_2.

检验法列表如表 8.6.1（$m \leqslant n$）.

表 8.6.1　秩和检验法（显著性水平为 α）

H_0	H_1	拒绝域
$F_1(x) = F_2(x)$	$F_1(x) \neq F_2(x)$	$T \leqslant C_1 \text{ 或 } T \geqslant C_2$
$F_1(x) \leqslant F_2(x)$	$F_1(x) > F_2(x)$	$T \geqslant C_2$
$F_1(x) \geqslant F_2(x)$	$F_1(x) < F_2(x)$	$T \leqslant C_1$

秩和检验表只列出 $m \leqslant 10$，$n \leqslant 10$ 的情形，大于 10 时，可利用统计量 T 的渐近分布去计算其临界值，维尔柯逊（F. Wilcoxon）在 1945 年证明了下面的极限定理.

若 $F_1(x) = F_2(x)$，且 m，n 都充分大时，有

$$T^* = \frac{T - m(m+n+1)/2}{\sqrt{mn(m+n+1)/12}} \xrightarrow{L} N(0,1).$$

依此可以在 m，n 都很大时，按照给定的显著性水平 α，确定临界值.

检验法列表如表 8.6.2（$m \leqslant n$）.

表 8.6.2　秩和检验法（显著性水平为 α）

H_0	H_1	拒绝域
$F_1(x) = F_2(x)$	$F_1(x) \neq F_2(x)$	$\lvert T^* \rvert \geqslant z_{\alpha/2}$
$F_1(x) \leqslant F_2(x)$	$F_1(x) > F_2(x)$	$T^* \geqslant z_\alpha$
$F_1(x) \geqslant F_2(x)$	$F_1(x) < F_2(x)$	$T^* \leqslant -z_\alpha$

例 8.6.5 为比较野生和人工培植的某种药材的有效成分含量，一中药厂分别对野生和人工培植的药材分别做了 5 次和 7 次试验，测得有效成分含量为

野生 (X_i)：77.3，81.0，79.1，82.1，80.0；

人工培植 (Y_j)：78.4，76.0，78.1，77.3，72.4，77.4，76.7.

在显著性水平 $\alpha = 0.05$ 下，问这两种药材的有效成分含量是否相同？

解 将两种数据混合，按由小到大排列

秩	1	2	3	4, 5	6	7	8	9	10	11	12
X_i				77.3				79.1	80.0	81.0	82.1
Y_j	72.4	76.0	76.7	77.3	77.4	78.1	78.4				

计算得

$$T = 4.5 + 9 + 10 + 11 + 12 = 46.5.$$

由于 $m = 5$，$n = 7$，$\alpha = 0.05$，查表得 $C_1 = 22$，$C_2 = 43$.

由于

$$T = 46.5 > C_2 = 43.$$

因此，认为两种药材的有效成分含量不相同，而且野生药材的有效成分含量高于人工培植药材的有效成分含量.

例 8.6.6 甲乙两组生产同种导线，随机地从甲组中抽取 4 根，随机地从乙组中抽取 5 根，测得它们的电阻值（单位：Ω）分别为

甲组导线：0.140，0.142，0.143，0.137；

乙组导线：0.140，0.142，0.136，0.138，0.141.

在显著性水平 $\alpha = 0.05$ 下，问甲乙两组生产的导线电阻值的分布有无显著差异？

解 提出假设

$$H_0 : F_1(x) = F_2(x), \quad H_1 : F_1(x) \neq F_2(x).$$

其中 $F_1(x)$，$F_2(x)$ 分别为甲乙两组导线电阻值的分布函数.

将两组数据混合，按由小到大排列

秩	1	2	3	4, 5	6	7, 8	9
甲		0.137		0.140		0.142	0.143
乙	0.136		0.138	0.140	0.141	0.142	

计算得

$$T = 2 + 4.5 + 7.5 + 9 = 23.$$

由 $m = 4$，$n = 5$，$\alpha = 0.05$，查表得 $C_1 = 13$，$C_2 = 27$.

由于

$$C_1 = 13 < T = 23 < C_2 = 27,$$

因此，接受原假设，可以认为甲乙两组生产的导线电阻值的分布无显著差异.

▶ 轨道上的交通

习题 8

1. 从标准差为 $\sigma = 5.2$ 的正态总体 $N(\mu, \sigma^2)$ 中随机抽取容量为 16 的样本，计算得样本均值为 $\bar{x} = 27.56$，在显著性水平 $\alpha = 0.05$ 下，能否认为总体均值 $\mu = 26$？

2. 正常生产情况下某种零件的重量服从正态分布 $N(54, 0.75)$. 在某日生产的零件中随机取 10 件测得重量（单位：kg）如下：54.2，52.1，55.0，55.8，55.3，54.2，55.1，54.0，55.1，53.8. 如果标准差不变，在显著性水平 $\alpha = 0.05$ 下，问该日生产的零件的平均重量较正常情况是否有显著差异？

3. 要求一种元件的平均使用寿命不得低于 1000h，生产者从这种元件中随机抽取 25 件，测得其寿命的平均值为 950h. 已知该种元件的寿命服从标准差为 $\sigma = 100h$ 的正态分布，在显著性水平 $\alpha = 0.05$ 下，判断这批元件是否合格？

4. 设某批矿砂的镍含量（单位:%）的测定值总体 X 服从正态分布，从中随机地抽取 5 个样品，测定镍含量为 3.25，3.27，3.24，3.26，3.24. 在显著性水平 $\alpha = 0.05$ 下，能否认为这批矿砂镍含量的均值为 3.25%？

5. 设 $X_1, X_2, \cdots, X_{25}$ 是来自正态总体 $N(\mu, 3^2)$ 的一个样本，其中参数 μ 未知. 对检验假设 $H_0: \mu = \mu_0$，$H_1: \mu \neq \mu_0 (\mu_0$ 已知)，取如下拒绝域：$\{|\bar{x} - \mu_0| \geq c\}$，其中 $\bar{x}$ 为样本均值.

（1）求 c；（显著性水平 $\alpha = 0.05$）

（2）求 $\mu = \mu_1 (\mu_1 \neq \mu_0)$ 时犯第二类错误的概率（用标准正态分布函数 $\Phi(\cdot)$ 表示）.

6. 设 $X_1, X_2, \cdots, X_n$ 是来自正态总体 $N(\mu, 1)$ 的一个样本，检验假设 $H_0: \mu = 0$；$H_1: \mu = 1$ 的拒绝域为 $W = \{\bar{x} \geq 0.98\}$.

（1）若 $n = 4$，求该检验犯第一类错误的概率和犯第二类错误的概率；

（2）若要使该检验犯第一类错误的概率不超过 0.01，样本容量 n 最少取多少？

7. 设样本 X（容量为 1）取自具有概率密度函数 $f(x)$ 的总体，现有关于总体的两个假设如下

$$H_0: f(x) = \begin{cases} 1, & 0 < x < 1, \\ 0, & 其他. \end{cases} \quad H_1: f(x) = \begin{cases} 2x, & 0 < x < 1, \\ 0, & 其他. \end{cases}$$

该检验的拒绝域为 $W = \left\{ X > \dfrac{2}{3} \right\}$，求该检验犯第一类错误的概率和犯第二类错误的概率.

8. 某厂生产某种型号的电机，其寿命长期以来服从方差为 $\sigma^2 = 2500 (h^2)$ 的正态分布，现有一批这种电机，从它的生产情况来看寿命的波动性有所改变. 现随机抽取 26 台电机，测得其寿命的样本方差为 $s^2 = 4600 (h^2)$. 在显著性水平 $\alpha = 0.05$ 下，根据这一数据能否推断这批电机寿命的波动性较以往有显著变化？

9. 某电工器材公司生产一种熔丝，测量其熔化时间，依通常情况方差为 400. 现某天生产的产品中任取容量为 25 的样本，计算得熔化时间的平均值为 $\bar{x} = 62.24$，样本方差为 $s^2 = 476.22$. 假定熔化时间服从正态分布 $N(\mu, \sigma^2)$，在显著性水平 $\alpha = 0.01$ 下，问这天生产的熔丝熔化时间的分散度与通常情况有无显著差异？

10. 已知维尼纶纤度在正常情况下服从正态分布 $N(\mu, \sigma^2)$，且 $\sigma = 0.048$. 从某天的产品中任取 5 根纤维，测得其纤度为 1.32，1.55，1.36，1.40，1.44，在显著性水平 $\alpha = 0.05$ 下，问这天的标准差是否正常？

11. 测定某种溶液的水分，由它的 10 个测量值算得样本均值为 $\bar{x} = 0.452\%$，样本标准差为 $s = 0.037\%$. 设测量值的总体服从正态分布 $N(\mu, \sigma^2)$，在显著性水平 $\alpha = 0.05$ 下，分别检验假设

（1）$H_0: \mu \geq 0.5\%$，$H_1: \mu < 0.5\%$；

(2) $H_0:\sigma \geqslant 0.04\%$, $H_1:\sigma<0.04\%$.

12. 随机从一批零件中抽取 16 个进行测量，测得其长度（单位：cm）为 2.14，2.10，2.13，2.15，2.13，2.12，2.13，2.10，2.15，2.12，2.14，2.10，2.13，2.11，2.14，2.11. 假定该零件长度服从正态分布 $N(\mu,\sigma^2)$.

（1）若 $\sigma^2=0.01^2$，在显著性水平 $\alpha=0.05$ 下，检验 $H_0:\mu=2.15$，$H_1:\mu \neq 2.15$；

（2）若 σ^2 未知，在显著性水平 $\alpha=0.05$ 下，检验 $H_0:\mu=2.15$，$H_1:\mu \neq 2.15$；

（3）在显著性水平 $\alpha=0.05$ 下，检验 $H_0:\sigma^2=0.01^2$，$H_1:\sigma^2 \neq 0.01^2$.

13. 测量某物体的重量 10 次，得样本均值为 $\bar{x}=10.05$，样本方差为 $s^2=0.0576$. 假定该物体的重量服从正态分布 $N(\mu,\sigma^2)$.

（1）若 $\sigma^2=0.2^2$，在显著性水平 $\alpha=0.05$ 下，检验 $H_0:\mu=10$，$H_1:\mu>10$；

（2）若 σ^2 未知，在显著性水平 $\alpha=0.05$ 下，检验 $H_0:\mu=10$，$H_1:\mu>10$；

（3）在显著性水平 $\alpha=0.05$ 下，检验 $H_0:\sigma^2 \geqslant 0.25^2$，$H_1:\sigma^2<0.25^2$.

14. 甲乙两组生产同种导线，随机从甲组中抽取 4 根，随机从乙组中抽取 5 根，测得它们的电阻值（单位：Ω）分别为

甲组导线：0.143，0.142，0.143，0.137；

乙组导线：0.140，0.142，0.136，0.138，0.140.

设甲乙两组生产的导线电阻值分别服从正态分布 $N(\mu_1,\sigma^2)$，$N(\mu_2,\sigma^2)$，其中 μ_1,μ_2,σ^2 均未知，且它们相互独立，在显著性水平 $\alpha=0.05$ 下，检验 $H_0:\mu_1=\mu_2$；$H_1:\mu_1 \neq \mu_2$.

15. 比较甲乙两种棉花品种的优劣，假设用它们纺出的棉纱强度分别服从正态分布 $N(\mu_1,\sigma_1^2)$，$N(\mu_2,\sigma_2^2)$，试验者分别从这两种棉纱中抽取样本 $X_1,X_2,\cdots,X_{100}$，$Y_1,Y_2,\cdots,Y_{50}$，得样本均值和样本方差分别为 $\bar{x}=5.6$，$\bar{y}=5.2$，$s_1^2=4$，$s_2^2=2.56$.

（1）若 $\sigma_1^2=2.2^2$，$\sigma_2^2=1.8^2$，在显著性水平 $\alpha=0.05$ 下，检验 $H_0:\mu_1 \leqslant \mu_2$；$H_1:\mu_1>\mu_2$；

（2）若 $\sigma_1^2=\sigma_2^2$ 未知，在显著性水平 $\alpha=0.05$ 下，检验 $H_0:\mu_1 \leqslant \mu_2$；$H_1:\mu_1>\mu_2$.

16. 某化工厂为提高某种化工产品的得率（单位：%），提出两种方案，为研究哪一种方案更能提高得率，分别用两种工艺各进行 10 次试验，获得数据如下：

甲方案得率：68.1，62.4，64.3，65.5，66.7，67.3，64.7，68.4，66.0，66.2；

乙方案得率：69.1，71.0，69.1，70.0，67.3，70.2，69.1，69.1，72.1，67.3.

假设两种方案的得率分别服从正态分布 $N(\mu_1,\sigma_1^2)$，$N(\mu_2,\sigma_2^2)$ 且相互独立，在显著性水平 $\alpha=0.01$ 下，问乙方案是否比甲方案显著提高得率？

17. 比较甲乙两种橡胶轮胎的耐磨性，假定甲、乙两种轮胎的磨损量分别服从正态分布 $N(\mu_1,\sigma_1^2)$，$N(\mu_2,\sigma_2^2)$ 且相互独立. 现从甲乙两种轮胎中各抽取 8 个，各取一个组成一对，再随机抽取 8 架飞机，将 8 对轮胎随机配给 8 架飞机做耐磨实验，进行了一定时间的起落飞行后，测得轮胎磨损量（单位：mg）数据如下：

甲：4900，5220，5500，6020，6340，7660，8650，4870；

乙：4930，4900，5140，5700，6110，6880，7930，5010.

在显著性水平 $\alpha=0.05$ 下，问这两种轮胎的耐磨性能有无显著差异？

18. 冶炼某种金属有甲乙两种相互独立的方法，利用甲种方法得 13 个数据，计算得样本均值和样本方差分别为 $\bar{x}=25$，$s_1^2=5.76$，利用乙种方法得 10 个数据，计算得样本均值和样本方差分别为 $\bar{y}=22$，$s_2^2=1.96$，且假设产品杂质含量分别服从正态分布 $N(\mu_1,\sigma_1^2)$，$N(\mu_2,\sigma_2^2)$. 在显著性水平 $\alpha=0.10$ 下，检验这两种方法生产的产品所含杂质的波动性是否有显著差异.

19. 甲乙两位化验员独立地对某种聚合物的含氯量用相同的方法各测量 10 次，得样本方差分别为 $s_1^2=0.5419$，$s_2^2=0.6065$. 设甲乙测量数据分别服从正态分布 $N(\mu_1,\sigma_1^2)$，$N(\mu_2,\sigma_2^2)$. 在显著性水平 $\alpha=0.10$ 下，检验 $H_0:\sigma_1^2=\sigma_2^2$，$H_1:\sigma_1^2 \neq \sigma_2^2$.

20. 对两批同类电子元件的电阻（单位：Ω）进行测试，各抽取 6 件测得结果如下：

第一批：0.140，0.138，0.143，0.142，0.144，0.137；

第二批：0. 135，0. 140，0. 142，0. 136，0. 138，0. 140.

已知两批元件的电阻分别服从正态分布 $N(\mu_1, \sigma_1^2)$ 和 $N(\mu_2, \sigma_2^2)$，在显著性水平 $\alpha = 0.05$ 下，分别检验

（1）两批元件电阻的方差是否相等；

（2）两批元件的平均电阻有无显著差异.

21. 某市随机抽取 1000 个家庭，调查其中有 450 家拥有电脑，p 表示该市拥有电脑家庭的比例，在显著性水平 $\alpha = 0.05$ 下，检验假设 $H_0: p = 0.5$；$H_1: p \neq 0.5$.

22. 某人抛掷一枚硬币 500 次，共出现正面向上次数 245 次，反面向上次数 255 次，在显著性水平 $\alpha = 0.05$ 下，检验这枚硬币是否均匀.

23. 某电话交换台在一小时内接到用户呼叫的次数按照每分钟记录如下

呼叫次数	0	1	2	3	4	5	6	≥7
频数 n_i	8	16	17	10	6	2	1	0

在显著性水平 $\alpha = 0.05$ 下，检验观察数据是否服从泊松分布？

24. 从某总体抽得 12 个样本，测得样本观察值为

13. 2，12. 9，13. 5，11. 8，12. 3，12. 7，13. 3，12. 0，13. 1，14. 1，12. 2，15. 2，

在显著性水平 $\alpha = 0.05$ 下，问是否可以认为该总体的中位数为 13. 2？

25. 测得甲乙两个工厂生产的某种白炽灯的寿命 X，Y 的观察值（单位：kh）如下：

X：1. 37，1. 28，1. 71，1. 86，1. 62，1. 27；

Y：1. 64，1. 68，1. 91，1. 74，1. 69，1. 68.

在显著性水平 $\alpha = 0.05$ 下，问根据样本观察值能否认为甲乙两厂生产的白炽灯的寿命服从相同的分布？

26. 鉴别甲乙两厂生产的同种肥料的质量，分别从两厂生产的肥料中随机抽取容量为 $m = 11$，$n = 12$ 的样本，测得有效成分的含量分别为：

甲：7，52，49，14，22，36，40，48，36，27，19；

乙：39，12，21，24，9，4，17，7，10，18，20，5.

在显著性水平 $\alpha = 0.05$ 下，问能否判断两厂的肥料质量有显著差异？

27. 某公司的考勤员对该公司员工五个月的缺勤记录如下：

日期	星期一	星期二	星期三	星期四	星期五
缺勤数	304	176	139	141	130

在显著性水平 $\alpha = 0.05$ 下，问能否判断星期一的缺勤是其他工作日缺勤的两倍？

28. 从某厂甲乙两班中各随机抽查 9 人和 10 人调查其劳动生产率（单位：件/h），结果如下：

甲：28，33，39，40，41，42，45，46，47；

乙：34，40，41，42，43，44，46，48，49，52.

在显著性水平 $\alpha = 0.05$ 下，问两个班的劳动生产率是否有显著差异？

29. 叙述假设检验的基本思想和基本步骤.

30. 通过第 7 章和第 8 章的学习，说明 χ^2 分布，t 分布，F 分布在统计推断中有何用处.

第 9 章
回归分析

9.1 回归分析概述

9.1.1 回归名称的由来

回归分析是研究变量之间相互依赖关系的一种统计方法，是数理统计学中应用最广泛的分支之一.

回归分析的基本思想以及"回归"名称的由来最初是由英国生物学家兼统计学家高尔顿(Francis Galton)提出. 他从一千多对父母身高与其子女身高的数据分析中得出：当父亲身高很高时，儿子的身高并不像期待的那样高，而要稍矮一些，有向同龄人平均身高靠拢的现象；而当父亲身高很矮时，儿子的身高要比预期的高，也有向同龄人平均身高靠拢的现象. 正是因为儿子的身高有回到同龄人平均身高的这种趋势，才使人类的身高在一定时间内相对稳定，没有出现父辈个子高其子女更高，父辈个子矮其子女更矮的两极分化现象，说明后代的平均身高向中心靠拢了，这种现象称为回归，这就是"回归"一词的最初含义.

他的方法及思想在后人的研究中得到了极大的发展，逐步发展成为数理统计学中一个庞大的分支，就是回归分析. 尽管"回归"这个名称的由来具有特定的含义，但是在一般情况下，"回归"已经不再具有原来的意义.

9.1.2 回归分析研究的内容

现实世界中常常会遇到许多相互联系相互制约的变量，变量之间的关系一般可分为如下两种.

1. 确定性关系

变量之间的关系可以用函数关系来表达，例如圆的面积 S 与半径 r 之间的关系：$S=\pi r^2$，即为一种确定性关系.

2. 非确定性关系——相关关系

变量 x 与变量 y 之间有一定的关系，但没有达到通过变量 x 严格确定变量 y 的程度，例如

（1）人的体重 y 与身高 x 之间的关系，一般来说，身高高一些，体重也要重一些，但身高不能严格地确定体重，即同样身高的人，体重可能不同.

（2）人的血压 y 与年龄 x 之间的关系，不可能由一个人的年龄完全确定他的血压. 一般来说，人的年龄越大，血压也要高一些，但年龄相同者，血压未必相同.

（3）水稻的亩产量 y 与其施肥量 x_1，播种量 x_2，种子 x_3 等有一定的关系，但是由 x_1, x_2, x_3 不能严格确定 y，即 x_1, x_2, x_3 取相同的数值时，亩产量 y 可取不同的数值.

上述几个例子中的变量之间都存在一定的关系，而且是一种非确定性关系，称这类关系为**相关关系**.

上述身高 x，年龄 x，施肥量 x_1、播种量 x_2、种子 x_3 都是可以在一定范围内随意的取指定数值，是可控变量，称为**自变量**. 而体重 y，血压 y，亩产量 y 都是不可控变量，称为**因变量**. 因变量 y 是随机变量，自变量 x 可以是随机变量也可以是非随机变量，通常假定 x 是非随机变量，本书也做此假定. 研究一个随机变量与一个（或几个）自变量之间相关关系的统计分析方法称为**回归分析**. 只有一个自变量的回归分析称为一元回归分析，多于一个自变量的回归分析称为多元回归分析.

本章主要介绍一元线性回归分析和多元线性回归分析.

9.2　一元线性回归

首先看一个例子.

例 9.2.1　测量 12 名成年女子身高 x（单位：cm）和体重 y（单位：kg）所得数据如下

身高 x_i	153	155	156	157	159	159	160	160	162	163	164	166
体重 y_i	47	49	50	53	52	53	52	54	55	56	57	58

为研究这些数据之间的规律，我们以身高 x 作为横坐标，体重 y 作为纵坐标，将这些数据点 (x_i, y_i) 描在直角坐标系上，如图 9.2.1 所示.

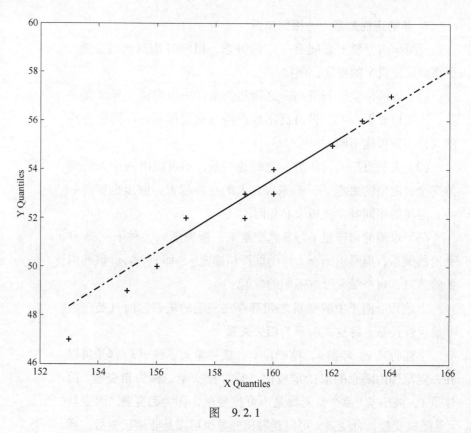

图 9.2.1

由图 9.2.1 可以看出，这些数据点大致落在一条直线附近．这说明体重 y 和身高 x 之间的关系大致可以看作是直线关系，不过这些点又不完全在一条直线上，这说明体重 y 和身高 x 之间的关系不是一种确定性关系．事实上，体重 y 除了与身高 x 有一定的关系外还受到其他一些因素的影响．因此，我们可以认为 y 与 x 之间的关系由两部分组成，一部分是由于 x 的变化引起 y 线性变化的部分，记为 $\beta_0+\beta_1 x$，而另一部分是由其他一切随机因素引起的，记为 ε．因此，可以假定 y 与 x 之间有如下的关系

$$y=\beta_0+\beta_1 x+\varepsilon.$$

其中 β_0，β_1 是未知参数，而 ε 为其他因素对变量 y 的影响．该模型是下面我们要介绍的一元线性回归模型．

9.2.1 一元线性回归模型

若随机变量 y 与自变量 x 满足

$$\begin{cases} y = \beta_0 + \beta_1 x + \varepsilon, \\ E(\varepsilon) = 0, \ D(\varepsilon) = \sigma^2, \end{cases} \tag{9.2.1}$$

或

$$\begin{cases} y = \beta_0 + \beta_1 x + \varepsilon, \\ \varepsilon \sim N(0, \sigma^2). \end{cases} \tag{9.2.2}$$

其中 β_0，β_1，σ^2 为未知参数，称式(9.2.1)或式(9.2.2)为**一元线性回归模型**. β_0 称为**回归常数**，β_1 称为**回归系数**，ε 称为**随机误差**.

在模型(9.2.1)下，给定 x 时可以得到

$$E(y) = \beta_0 + \beta_1 x, \quad D(y) = \sigma^2, \qquad (9.2.3)$$

称 $E(y)$ 为 y 关于 x 的**回归函数**.

在模型(9.2.2)下，不仅可以得到式(9.2.3)，而且有

$$y \sim N(\beta_0 + \beta_1 x, \sigma^2). \qquad (9.2.4)$$

模型(9.2.1)或模型(9.2.2)将实际问题中变量 x 与变量 y 之间的关系用两部分描述，一部分是由于 x 的变化引起 y 线性变化的部分，即 $\beta_0 + \beta_1 x$；另一部分是由其他一切随机因素引起的，记为 ε. 模型(9.2.1)与模型(9.2.2)的差别在于对误差 ε 的假定不同.

模型(9.2.1)或模型(9.2.2)中 β_0，β_1，σ^2 均是未知参数，从而回归模型也未知，需要对参数 β_0，β_1，σ^2 进行估计，为此进行若干次独立的试验，得到 n 组样本观察值

$$(x_1, y_1), (x_2, y_2), \cdots, (x_n, y_n).$$

如果它们满足模型(9.2.1)，则有

$$\begin{cases} y_1 = \beta_0 + \beta_1 x_1 + \varepsilon_1, \\ y_2 = \beta_0 + \beta_1 x_2 + \varepsilon_2, \\ \vdots \qquad \vdots \\ y_n = \beta_0 + \beta_1 x_n + \varepsilon_n, \\ \varepsilon_1, \varepsilon_2, \cdots, \varepsilon_n \ \text{相互独立，且} \ E(\varepsilon_i) = 0, D(\varepsilon_i) = \sigma^2, i = 1, 2, \cdots, n. \end{cases}$$

$$(9.2.5)$$

如果它们满足模型(9.2.2)，则有

$$\begin{cases} y_1 = \beta_0 + \beta_1 x_1 + \varepsilon_1, \\ y_2 = \beta_0 + \beta_1 x_2 + \varepsilon_2, \\ \vdots \qquad \vdots \\ y_n = \beta_0 + \beta_1 x_n + \varepsilon_n, \\ \varepsilon_1, \varepsilon_2, \cdots, \varepsilon_n \ \text{独立同分布，且} \ \varepsilon_1 \sim N(0, \sigma^2). \end{cases} \qquad (9.2.6)$$

其中 β_0，β_1，σ^2 均为未知参数，式(9.2.5)或式(9.2.6)称为**一元样本线性回归模型**.

在模型(9.2.5)下，得到 $y_1, y_2, \cdots, y_n$ 相互独立，且

$$E(y_i) = \beta_0 + \beta_1 x_i, \quad D(y_i) = \sigma^2, \quad i = 1, 2, \cdots, n. \ (9.2.7)$$

称 $E(y_i)$ 为**回归值**，它从平均意义上说明了 y 与 x 之间的统计规律性. 例如，在研究水稻的亩产量 y 与施肥量 x 的关系中，我们最关

心的是当施肥量 x 确定后，水稻的平均亩产量是多少.

在模型(9.2.6)下，得到 $y_1, y_2, \cdots, y_n$ 相互独立，且

$$y_i \sim N(\beta_0 + \beta_1 x_i, \sigma^2), \quad i = 1, 2, \cdots, n. \tag{9.2.8}$$

式(9.2.1)或式(9.2.2)的理论线性回归模型与式(9.2.5)或式(9.2.6)的样本线性回归模型是等价的，因而不加区分将二者统称为一元线性回归模型.

把样本观察值 $(x_1, y_1), (x_2, y_2), \cdots, (x_n, y_n)$ 作为平面直角坐标系的 n 个点描出来，得到的图像称为**散点图**. 图9.2.1就是一个散点图.

对一元线性回归模型，我们需要研究如下几个问题：

(1) 根据样本观察值 $(x_1, y_1), (x_2, y_2), \cdots, (x_n, y_n)$ 估计未知参数 $\beta_0, \beta_1, \sigma^2$，从而建立 y 与 x 之间的关系式；

(2) 对建立的关系式进行统计假设检验；

(3) 对变量 y 进行预测和对自变量 x 进行控制.

下面我们对这几个问题分别加以讨论.

9.2.2 未知参数的估计

本小节介绍估计未知参数 β_0，β_1，σ^2 的两种方法：最小二乘估计法和最大似然估计法.

1. 最小二乘估计法

假定随机变量 y 与自变量 x 满足线性回归模型(9.2.1). 对每个样本观察值 $(x_i, y_i), i = 1, 2, \cdots, n$，最小二乘估计法的基本思想是考虑观察值 y_i 与其回归值 $E(y_i) = \beta_0 + \beta_1 x_i$ 的误差 $\varepsilon_i = y_i - (\beta_0 + \beta_1 x_i)$ 越小越好. 综合考虑 n 个误差值，定义误差平方和

$$Q(\beta_0, \beta_1) = \sum_{i=1}^{n} \varepsilon_i^2 = \sum_{i=1}^{n} (y_i - \beta_0 - \beta_1 x_i)^2. \tag{9.2.9}$$

最小二乘法就是寻求参数 β_0 和 β_1 的估计值 $\hat{\beta}_0$ 和 $\hat{\beta}_1$ 使 $Q(\beta_0, \beta_1)$ 达到最小，即求 β_0 和 β_1 使得

$$Q(\hat{\beta}_0, \hat{\beta}_1) = \sum_{i=1}^{n} (y_i - \hat{\beta}_0 - \hat{\beta}_1 x_i)^2 = \min_{\beta_0, \beta_1} \sum_{i=1}^{n} (y_i - \beta_0 - \beta_1 x_i)^2.$$

$$\tag{9.2.10}$$

依照式(9.2.10)求出的 $\hat{\beta}_0$，$\hat{\beta}_1$ 称为 β_0，β_1 的最小二乘估计(Least Square Estimator 简记为 LSE).

选取 β_0, β_1 使 $Q(\beta_0, \beta_1)$ 达到最小相当于在所有直线中找出一条直线使得该直线在误差平方和 $Q(\beta_0, \beta_1)$ 的标准下与所有数据点拟合最好.

利用微积分学知识，不难证明 $Q(\beta_0, \beta_1)$ 的最小值存在，将 $Q(\beta_0, \beta_1)$ 关于 β_0, β_1 分别求导并令它们为零，得到如下方程组

$$
\begin{cases}
\dfrac{\partial Q}{\partial \beta_0} = -2\sum_{i=1}^{n}(y_i - \beta_0 - \beta_1 x_i) = 0, \\[3mm]
\dfrac{\partial Q}{\partial \beta_1} = -2\sum_{i=1}^{n}(y_i - \beta_0 - \beta_1 x_i)x_i = 0.
\end{cases}
\tag{9.2.11}
$$

整理得关于 β_0, β_1 的一个线性方程组

$$
\begin{cases}
\beta_0 + \beta_1 \bar{x} = \bar{y}, \\[3mm]
\beta_0 \bar{x} + \dfrac{1}{n}\sum_{i=1}^{n}x_i^2 \beta_1 = \dfrac{1}{n}\sum_{i=1}^{n}x_i y_i.
\end{cases}
\tag{9.2.12}
$$

其中 $\bar{x} = \dfrac{1}{n}\sum_{i=1}^{n}x_i$, $\bar{y} = \dfrac{1}{n}\sum_{i=1}^{n}y_i$, 方程组 $(9.2.12)$ 称为**正规方程组**.

由于 $x_1, x_2, \cdots, x_n$ 不全相等，正规方程组的系数行列式

$$
\begin{vmatrix}
1 & \bar{x} \\[3mm]
\bar{x} & \dfrac{1}{n}\sum_{i=1}^{n}x_i^2
\end{vmatrix}
= \frac{1}{n}\sum_{i=1}^{n}x_i^2 - \bar{x}^2 = \frac{1}{n}\sum_{i=1}^{n}(x_i - \bar{x})^2 \neq 0.
$$

故正规方程组存在唯一解，解得

$$
\begin{cases}
\hat{\beta}_0 = \bar{y} - \hat{\beta}_1 \bar{x}, \\[3mm]
\hat{\beta}_1 = \dfrac{\sum\limits_{i=1}^{n}(x_i - \bar{x})(y_i - \bar{y})}{\sum\limits_{i=1}^{n}(x_i - \bar{x})^2}.
\end{cases}
\tag{9.2.13}
$$

$\hat{\beta}_0$, $\hat{\beta}_1$ 分别称为 β_0, β_1 的**最小二乘估计值**(这里求参数估计所用的方法称为**最小二乘估计法**). 称 $\hat{y} = \hat{\beta}_0 + \hat{\beta}_1 x$ 为 y 关于 x 的经验回归方程，简称**回归方程**，其图形称为**回归直线**. 称 $\hat{y}_i = \hat{\beta}_0 + \hat{\beta}_1 x_i$ 为 $y_i(i = 1, 2, \cdots, n)$ 的**估计值**，也称为拟合值. $\hat{\varepsilon}_i = y_i - \hat{y}_i = y_i - (\hat{\beta}_0 + \hat{\beta}_1 x_i)$ 为 x_i 处的观测值 y_i 与其拟合值 $\hat{y}_i(i = 1, 2, \cdots, n)$ 的差，称为**残差**，视作误差的估计，且 $\sum_{i=1}^{n}\hat{\varepsilon}_i = 0$.

由 $\hat{\beta}_0 = \bar{y} - \hat{\beta}_1 \bar{x}$，得 $\bar{y} = \hat{\beta}_0 + \hat{\beta}_1 \bar{x}$，可知回归直线 $\hat{y} = \hat{\beta}_0 + \hat{\beta}_1 x$ 过点 $(\bar{x}, \bar{y})$. $(\bar{x}, \bar{y})$ 是 n 个样本观测值 $(x_1, y_1), (x_2, y_2), \cdots, (x_n, y_n)$ 的重心，即回归直线通过样本的重心.

在一元线性回归模型 $(9.2.5)$ 中，误差 ε_i 的方差 σ^2 称为**误差方差**，它反映了模型误差的大小. 通过极小化 $Q(\beta_0, \beta_1)$ 不能求得误差方差 σ^2 的估计，一般用

$$\hat{\sigma}^2 = \frac{1}{n} \sum_{i=1}^{n} (y_i - \hat{\beta}_0 - \hat{\beta}_1 x_i)^2 = \frac{1}{n} \sum_{i=1}^{n} \hat{\varepsilon}_i^2 \qquad (9.2.14)$$

作为 σ^2 的一个估计.

除了最小二乘估计法, 下面的最大似然估计法也可用来求未知参数 β_0, β_1, σ^2 的估计.

2. 最大似然估计法

当模型 (9.2.6) 成立时, $y_i \sim N(\beta_0 + \beta_1 x_i, \sigma^2)$, 且 $y_1, y_2, \cdots, y_n$ 相互独立, 因此 $y_1, y_2, \cdots, y_n$ 的似然函数为

$$
\begin{aligned}
L(\beta_0, \beta_1, \sigma^2) &= \prod_{i=1}^{n} \frac{1}{\sqrt{2\pi}\sigma} \exp\left\{ -\frac{1}{2\sigma^2}(y_i - \beta_0 - \beta_1 x_i)^2 \right\} \\
&= (2\pi\sigma^2)^{-\frac{n}{2}} \exp\left\{ -\frac{1}{2\sigma^2} \sum_{i=1}^{n} (y_i - \beta_0 - \beta_1 x_i)^2 \right\}.
\end{aligned}
$$

对数似然函数为

$$\ln L(\beta_0, \beta_1, \sigma^2) = -\frac{n}{2}\ln(2\pi) - \frac{n}{2}\ln(\sigma^2) - \frac{1}{2\sigma^2} \sum_{i=1}^{n} (y_i - \beta_0 - \beta_1 x_i)^2.$$

分别对 β_0, β_1, σ^2 求偏导并令其为零, 得

$$
\begin{cases}
\dfrac{\partial \ln L}{\partial \beta_0} = \dfrac{1}{\sigma^2} \sum_{i=1}^{n} (y_i - \beta_0 - \beta_1 x_i) = 0, \\[2mm]
\dfrac{\partial \ln L}{\partial \beta_1} = \dfrac{1}{\sigma^2} \sum_{i=1}^{n} (y_i - \beta_0 - \beta_1 x_i) x_i = 0, \\[2mm]
\dfrac{\partial \ln L}{\partial \sigma^2} = -\dfrac{n}{2\sigma^2} + \dfrac{1}{2\sigma^4} \sum_{i=1}^{n} (y_i - \beta_0 - \beta_1 x_i)^2 = 0.
\end{cases}
\qquad (9.2.15)
$$

解得 β_0, β_1, σ^2 的最大似然估计分别为

$$
\begin{cases}
\hat{\beta}_0 = \bar{y} - \hat{\beta}_1 \bar{x}, \\[2mm]
\hat{\beta}_1 = \dfrac{\sum_{i=1}^{n} (x_i - \bar{x})(y_i - \bar{y})}{\sum_{i=1}^{n} (x_i - \bar{x})^2}, \\[4mm]
\hat{\sigma}^2 = \dfrac{1}{n} \sum_{i=1}^{n} (y_i - \hat{\beta}_0 - \hat{\beta}_1 x_i)^2 = \dfrac{1}{n} \sum_{i=1}^{n} \hat{\varepsilon}_i^2.
\end{cases}
\qquad (9.2.16)
$$

其中 $\bar{x} = \dfrac{1}{n} \sum_{i=1}^{n} x_i$, $\bar{y} = \dfrac{1}{n} \sum_{i=1}^{n} y_i$.

注意: 最大似然估计是在 $\varepsilon_i \sim N(0, \sigma^2)$ 的正态性假定下求得的, 而最小二乘估计方法中不需要正态性这一假定即可得到未知参数的估计, 因此最小二乘估计在建立回归模型时比最大似然估计应用更为广泛.

为计算方便, 引进下面几个常用的记号.

$$I_{xx} = \sum_{i=1}^{n} (x_i - \bar{x})^2 = \sum_{i=1}^{n} x_i^2 - n\bar{x}^2 = \sum_{i=1}^{n} (x_i - \bar{x})x_i;$$

$$I_{xy} = \sum_{i=1}^{n} (x_i - \bar{x})(y_i - \bar{y}) = \sum_{i=1}^{n} x_i y_i - n\bar{x} \cdot \bar{y} = \sum_{i=1}^{n} (x_i - \bar{x})y_i;$$

$$I_{yy} = \sum_{i=1}^{n} (y_i - \bar{y})^2 = \sum_{i=1}^{n} y_i^2 - n\bar{y}^2 = \sum_{i=1}^{n} (y_i - \bar{y})y_i.$$

此时 β_0, β_1 的最小二乘估计可改写为

$$\begin{cases} \hat{\beta}_0 = \bar{y} - \hat{\beta}_1 \bar{x}, \\ \hat{\beta}_1 = \dfrac{I_{xy}}{I_{xx}}. \end{cases} \tag{9.2.17}$$

3. 估计的性质

在一元线性回归模型(9.2.1)下, 估计 $\hat{\beta}_0$, $\hat{\beta}_1$, $\hat{\sigma}^2$ 具有如下性质:

> **性质 1**(线性性)　估计量 $\hat{\beta}_0$, $\hat{\beta}_1$ 是随机变量 y_i 的线性函数.

　　证明　由于

$$\hat{\beta}_1 = \frac{\sum_{i=1}^{n} (x_i - \bar{x})(y_i - \bar{y})}{\sum_{i=1}^{n} (x_i - \bar{x})^2} = \sum_{i=1}^{n} \frac{x_i - \bar{x}}{\sum_{i=1}^{n} (x_i - \bar{x})^2} y_i,$$

其中 $\dfrac{x_i - \bar{x}}{\sum_{i=1}^{n} (x_i - \bar{x})^2}$ 关于 y_i 是常数. 因此, $\hat{\beta}_1$ 是 y_i 的线性组合.

　　而

$$\begin{aligned} \hat{\beta}_0 &= \bar{y} - \hat{\beta}_1 \bar{x} \\ &= \frac{1}{n} \sum_{i=1}^{n} y_i - \sum_{i=1}^{n} \frac{(x_i - \bar{x})\bar{x}}{\sum_{i=1}^{n} (x_i - \bar{x})^2} y_i \\ &= \sum_{i=1}^{n} \left(\frac{1}{n} - \frac{(x_i - \bar{x})\bar{x}}{\sum_{i=1}^{n} (x_i - \bar{x})^2} \right) y_i, \end{aligned}$$

故 $\hat{\beta}_0$ 也是 y_i 的线性组合.　　　　　　　　　　　　　　　　　　(证毕)

> **性质 2**(无偏性)　估计量 $\hat{\beta}_0$, $\hat{\beta}_1$ 分别是 β_0, β_1 的无偏估计.

证明 由于 x_i 是非随机变量，且

$$y_i = \beta_0 + \beta_1 x_i + \varepsilon_i, \quad E(\varepsilon_i) = 0,$$

因此，$E(y_i) = \beta_0 + \beta_1 x_i$.

而

$$E(\hat{\beta}_1) = \sum_{i=1}^{n} \frac{x_i - \bar{x}}{\sum\limits_{i=1}^{n} (x_i - \bar{x})^2} E(y_i) = \sum_{i=1}^{n} \frac{x_i - \bar{x}}{\sum\limits_{i=1}^{n} (x_i - \bar{x})^2} (\beta_0 + \beta_1 x_i) = \beta_1,$$

又

$$E(\hat{\beta}_0) = E(\bar{y}) - \bar{x} E(\hat{\beta}_1) = \beta_0 + \beta_1 \bar{x} - \bar{x}\beta_1 = \beta_0,$$

因此，$\hat{\beta}_0$，$\hat{\beta}_1$ 分别是 β_0，β_1 的无偏估计. （证毕）

性质 3

$$D(\hat{\beta}_0) = \left(\frac{1}{n} + \frac{\bar{x}^2}{I_{xx}} \right) \sigma^2,$$

$$D(\hat{\beta}_1) = \frac{1}{I_{xx}} \sigma^2.$$

证明 利用性质 1 可知 $\hat{\beta}_1$ 是 $y_1, y_2, \cdots, y_n$ 的线性组合，而 $y_i = \beta_0 + \beta_1 x_i + \varepsilon_i$，$\varepsilon_1, \varepsilon_2, \cdots, \varepsilon_n$ 相互独立，且 $E(\varepsilon_i) = 0$，$D(\varepsilon_i) = \sigma^2$，$i = 1, 2, \cdots, n$.
故 $y_1, y_2, \cdots, y_n$ 也是相互独立的随机变量，且 $D(y_i) = \sigma^2$，因此

$$D(\hat{\beta}_1) = D\left(\sum_{i=1}^{n} \frac{x_i - \bar{x}}{\sum\limits_{i=1}^{n} (x_i - \bar{x})^2} y_i \right) = \frac{1}{I_{xx}^2} I_{xx} D(y_i) = \frac{1}{I_{xx}} \sigma^2.$$

利用性质 1 知 $\hat{\beta}_0$ 也是独立随机变量 $y_1, y_2, \cdots, y_n$ 的线性组合，因此

$$D(\hat{\beta}_0) = D\left[\sum_{i=1}^{n} \left(\frac{1}{n} - \frac{(x_i - \bar{x}) \bar{x}}{\sum\limits_{i=1}^{n} (x_i - \bar{x})^2} \right) y_i \right] = \left(\frac{1}{n} + \frac{\bar{x}^2}{I_{xx}} \right) \sigma^2. \text{（证毕）}$$

注 方差的大小反映了随机变量取值的波动程度，因而 $D(\hat{\beta}_0)$ 和 $D(\hat{\beta}_1)$ 分别反映了估计量 $\hat{\beta}_0$，$\hat{\beta}_1$ 的波动大小和估计的精度. 由性质 3，$\hat{\beta}_0$ 和 $\hat{\beta}_1$ 的方差不仅与随机误差的方差 σ^2 有关而且和自变量 x 取值的波动程度有关，另外 $\hat{\beta}_0$ 的方差还和样本数据的个数 n 有关. 显然数据个数 n 越大，$D(\hat{\beta}_0)$ 越小.

综上所述，要想使估计量 $\hat{\beta}_0$，$\hat{\beta}_1$ 更稳定，在收集数据时，应考虑自变量 x 的取值尽可能分散些，样本容量也尽可能取大一些，

数据太少时估计量的稳定性不会太好.

> **性质 4** $\dfrac{n}{n-2}\hat{\sigma}^2$ 是 σ^2 的无偏估计.

证明 由于

$$
\begin{aligned}
\hat{\sigma}^2 &= \frac{1}{n}\sum_{i=1}^{n}(y_i-\hat{\beta}_0-\hat{\beta}_1 x_i)^2 \\
&= \frac{1}{n}\sum_{i=1}^{n}\left(y_i-\bar{y}-\hat{\beta}_1(x_i-\bar{x})\right)^2 \\
&= \frac{1}{n}\sum_{i=1}^{n}\left((y_i-\bar{y})^2-2\frac{I_{xy}}{I_{xx}}(x_i-\bar{x})(y_i-\bar{y})+\frac{I_{xy}^2}{I_{xx}^2}(x_i-\bar{x})^2\right) \\
&= \frac{1}{n}\left(I_{yy}-2\frac{I_{xy}^2}{I_{xx}}+\frac{I_{xy}^2}{I_{xx}}\right) \\
&= \frac{1}{n}\left(I_{yy}-\frac{I_{xy}^2}{I_{xx}}\right)=\frac{1}{n}(I_{yy}-\hat{\beta}_1^2 I_{xx}).
\end{aligned}
\tag{9.2.18}
$$

故

$$
E(\hat{\sigma}^2)=\frac{1}{n}\big[E(I_{yy})-E(\hat{\beta}_1^2 I_{xx})\big].
$$

注意

$$
\begin{aligned}
E(I_{yy}) &= E\Big(\sum_{i=1}^{n}(y_i-\bar{y})^2\Big)=E\Big(\sum_{i=1}^{n}y_i^2-n\bar{y}^2\Big) \\
&= \sum_{i=1}^{n}\big[D(y_i)+(Ey_i)^2\big]-n\big[D(\bar{y})+(E\bar{y})^2\big] \\
&= \sum_{i=1}^{n}\big[\sigma^2+(\beta_0+\beta_1 x_i)^2\big]-n\Big[\frac{\sigma^2}{n}+(\beta_0+\beta_1\bar{x})^2\Big] \\
&= (n-1)\sigma^2+\beta_1^2 I_{xx}. \\
E(\hat{\beta}_1^2 I_{xx}) &= I_{xx}\big[D(\hat{\beta}_1)+(E\hat{\beta}_1)^2\big]=I_{xx}\Big(\frac{\sigma^2}{I_{xx}}+\beta_1^2\Big) \\
&= \sigma^2+\beta_1^2 I_{xx}.
\end{aligned}
$$

于是, 有

$$
E(\hat{\sigma}^2)=\frac{1}{n}\big[(n-1)\sigma^2+\beta_1^2 I_{xx}-\sigma^2-\beta_1^2 I_{xx}\big]=\frac{n-2}{n}\sigma^2,
$$

因此 $\dfrac{n}{n-2}\hat{\sigma}^2$ 是 σ^2 的无偏估计. （证毕）

在一元线性回归模型(9.2.2)下, 估计 $\hat{\beta}_0,\hat{\beta}_1,\hat{\sigma}^2$ 具有如下性质.

性质 5

$$\hat{\beta}_0 \sim N\left(\beta_0, \left(\frac{1}{n}+\frac{\overline{x}^2}{I_{xx}}\right)\sigma^2\right),$$

$$\hat{\beta}_1 \sim N\left(\beta_1, \frac{1}{I_{xx}}\sigma^2\right).$$

证明 利用性质 1 可知 $\hat{\beta}_1$ 是 $y_1, y_2, \cdots, y_n$ 的线性组合，而 $y_i = \beta_0 + \beta_1 x_i + \varepsilon_i$，$\varepsilon_1, \varepsilon_2, \cdots, \varepsilon_n$ 独立同分布，且 $\varepsilon_1 \sim N(0, \sigma^2)$，故 $y_1, y_2, \cdots, y_n$ 是相互独立的正态变量，因此 $\hat{\beta}_1$ 也是正态变量，由性质 2 知其均值为 $E(\hat{\beta}_1) = \beta_1$，由性质 3 知其方差为 $D(\hat{\beta}_1) = \frac{1}{I_{xx}}\sigma^2$，因此

$$\hat{\beta}_1 \sim N\left(\beta_1, \frac{1}{I_{xx}}\sigma^2\right).$$

利用性质 1 知 $\hat{\beta}_0$ 是独立正态随机变量 $y_1, y_2, \cdots, y_n$ 的线性组合，故 $\hat{\beta}_0$ 服从正态分布. 由性质 2 知其均值为 $E(\hat{\beta}_0) = \beta_0$，由性质 3 知其方差为 $D(\hat{\beta}_0) = \left(\frac{1}{n}+\frac{\overline{x}^2}{I_{xx}}\right)\sigma^2$，因此

$$\hat{\beta}_0 \sim N\left(\beta_0, \left(\frac{1}{n}+\frac{\overline{x}^2}{I_{xx}}\right)\sigma^2\right). \qquad \text{（证毕）}$$

性质 6 $\dfrac{n\hat{\sigma}^2}{\sigma^2} \sim \chi^2(n-2)$，且 $\hat{\sigma}^2$ 与 $\hat{\beta}_0$，$\hat{\beta}_1$ 相互独立.

证明 参见杨振海，张忠占所著《应用数理统计》.

例 9.2.1（续） 试求例 9.2.1 中体重 y 关于身高 x 的回归方程.

解 根据数据计算得

$$\sum_{i=1}^{12} x_i = 1914, \quad \sum_{i=1}^{12} x_i^2 = 305446, \quad \sum_{i=1}^{12} y_i = 636, \quad \sum_{i=1}^{12} y_i^2 = 33826,$$

$$\sum_{i=1}^{12} x_i y_i = 101576$$

$$I_{xx} = \sum_{i=1}^{12} x_i^2 - n\overline{x}^2 = 163, \quad I_{xy} = \sum_{i=1}^{12} x_i y_i - n\overline{x} \cdot \overline{y} = 134,$$

$$I_{yy} = \sum_{i=1}^{12} y_i^2 - n\overline{y}^2 = 118.$$

代入式（9.2.17），得

$$\begin{cases} \hat{\beta}_0 = -78.12, \\ \hat{\beta}_1 = 0.82. \end{cases}$$

所求回归方程为

$$\hat{y} = -78.12 + 0.82x.$$

图 9.2.1 中的直线即为原始数据散点所拟合的直线.

9.2.3 显著性检验

前面几小节的结果都是在 y 关于 x 的回归是 x 的线性函数这个假定下得到的, 而且根据 n 次观测的数据 $(x_1, y_1), (x_2, y_2), \cdots, (x_n, y_n)$ 建立了回归方程 $\hat{y} = \hat{\beta}_0 + \hat{\beta}_1 x$. 事实上, 此时不能立即用其进行分析和预测. 因为 $\hat{y} = \hat{\beta}_0 + \hat{\beta}_1 x$ 是否真正描述了 y 与 x 之间所存在的关系还不能确定. 从根本上讲, 需要通过实践来回答回归方程所描述变量之间关系的合理性, 也可以运用如下几种统计方法对回归方程进行检验. 根据已得数据, 我们主要考虑模型 (9.2.2) 是否与实际相符的几种检验方法.

1. t 检验

在回归分析中, t 检验用于检验回归系数 β_1 的显著性. 当 β_1 的绝对值越大, y 随 x 的变化越明显; 当 β_1 的绝对值越小, y 随 x 的变化越不明显; 特别地, 当 $\beta_1 = 0$ 时, y 与 x 之间没有线性关系, 此时建立回归方程没有意义. 因此, 判定模型 (9.2.2) 是否与实际相符, 需要考虑假设检验问题

$$H_0 : \beta_1 = 0, \ H_1 : \beta_1 \neq 0.$$

当原假设成立时, 理论回归直线 $y = \beta_0 + \beta_1 x + \varepsilon$ 的斜率为 0, 表明因变量 y 与自变量 x 之间并无线性相关关系. 当原假设 $H_0 : \beta_1 = 0$ 被拒绝时, 认为线性回归效果是显著的, 即因变量 y 与自变量 x 之间存在显著的线性相关关系.

利用性质 5 和性质 6, 得到

$$\hat{\beta}_1 \sim N\left(\beta_1, \frac{1}{I_{xx}}\sigma^2\right), \quad \frac{n\hat{\sigma}^2}{\sigma^2} \sim \chi^2(n-2).$$

且二者相互独立, 于是当原假设 $H_0 : \beta_1 = 0$ 成立时

$$t = \frac{\dfrac{\hat{\beta}_1 - \beta_1}{\sigma/\sqrt{I_{xx}}}}{\sqrt{\dfrac{n\hat{\sigma}^2/\sigma^2}{n-2}}} \overset{H_0}{=} \frac{\hat{\beta}_1 \sqrt{I_{xx}}}{\sqrt{\hat{\sigma}^2}} \sqrt{\frac{n-2}{n}} \sim t(n-2).$$

$\overset{H_0}{=}$ 表示原假设 H_0 成立时, 等号成立.

对于给定的显著性水平 α:

当 $|t| \geqslant t_{\alpha/2}(n-2)$ 时，拒绝 $H_0: \beta_1 = 0$，认为线性回归效果显著，即 y 与 x 之间存在显著的线性相关关系；

当 $|t| < t_{\alpha/2}(n-2)$ 时，不拒绝 $H_0: \beta_1 = 0$，认为线性回归效果不显著，即 y 与 x 之间不存在显著的线性相关关系.

2. F 检验

因变量 y 的观察值 $y_1, y_2, \cdots, y_n$ 是不完全相同的，之所以不同，可能由于如下两个原因：一是随机因素 ε 引起的，如随机误差；另一个是由自变量 x 的变化引起 y 的变化. 为此，考虑平方和分解

$$S_T = \sum_{i=1}^{n} (y_i - \bar{y})^2 = \sum_{i=1}^{n} (y_i - \hat{y}_i)^2 + \sum_{i=1}^{n} (\hat{y}_i - \bar{y})^2 \triangleq S_e + S_R.$$

其中交叉项

$$\sum_{i=1}^{n} (y_i - \hat{y}_i)(\hat{y}_i - \bar{y})$$

$$= \sum_{i=1}^{n} (y_i - \hat{\beta}_0 - \hat{\beta}_1 x_i)(\hat{\beta}_0 + \hat{\beta}_1 x_i - \bar{y})$$

$$= (\hat{\beta}_0 - \bar{y}) \sum_{i=1}^{n} (y_i - \hat{\beta}_0 - \hat{\beta}_1 x_i) + \hat{\beta}_1 \sum_{i=1}^{n} (y_i - \hat{\beta}_0 - \hat{\beta}_1 x_i) x_i = 0.$$

其中 $S_T = \sum_{i=1}^{n} (y_i - \bar{y})^2$ 称为总变差平方和；

$$S_e = \sum_{i=1}^{n} (y_i - \hat{y}_i)^2 = n\hat{\sigma}^2 \text{ 称为残差平方和；}$$

$$S_R = \sum_{i=1}^{n} (\hat{y}_i - \bar{y})^2 = \sum_{i=1}^{n} \hat{\beta}_1^2 (x_i - \bar{x})^2 = \hat{\beta}_1^2 I_{xx} \text{ 称为回归平方和.}$$

由 S_T 平方和分解式可知，总变差平方和分解为残差平方和与回归平方和两部分的和.

总变差平方和 S_T 表示 $y_1, y_2, \cdots, y_n$ 和它们平均值 $\bar{y}$ 的变差平方和，S_T 越大表明 n 个观测值 $y_1, y_2, \cdots, y_n$ 的波动越大，即 y_i 之间越分散，反之 S_T 越小表明 $y_1, y_2, \cdots, y_n$ 的数值波动越小，即 y_i 之间越接近.

残差平方和 S_e 描述了误差方差波动的大小，反映了除掉由 x 之外的未加控制的因素引起的波动，即随机因素引起的波动.

由于 $\dfrac{1}{n} \sum_{i=1}^{n} \hat{y}_i = \dfrac{1}{n} \sum_{i=1}^{n} (\hat{\beta}_0 + \hat{\beta}_1 x_i) = \hat{\beta}_0 + \hat{\beta}_1 \bar{x} = \bar{y}$，即 $\hat{y}_1, \hat{y}_2, \cdots, \hat{y}_n$ 的平均值也是 $\bar{y}$，因此回归平方和 S_R 表示 $\hat{y}_1, \hat{y}_2, \cdots, \hat{y}_n$ 与它们的平均值 $\bar{y}$ 的变差平方和，反映了 $\hat{y}_1, \hat{y}_2, \cdots, \hat{y}_n$ 的分散程度. 又 $S_R = \hat{\beta}_1^2 I_{xx}$，即 S_R 与回归直线斜率的平方成正比，反映了回归方程确定后，$\hat{y}_1, \hat{y}_2, \cdots, \hat{y}_n$ 的分散性由自变量 $x_1, x_2, \cdots, x_n$ 的分散性引起.

注意　由于 $S_T = S_e + S_R$，当 S_T 给定后，S_R 越大，则 S_e 越小，说明 x 对 y 的线性影响越显著；而 S_R 越小，S_e 越大，x 对 y 的线性影响越不显著. 因此，比值 $\dfrac{S_R}{S_e}$ 反映了 x 对 y 线性影响的显著性.

由 $S_R = \hat{\beta}_1^2 I_{xx}$ 以及性质 5，在 $H_0 : \beta_1 = 0$ 成立时

$$\hat{\beta}_1 \overset{H_0}{\sim} N\left(0, \frac{1}{I_{xx}}\sigma^2\right).$$

因此

$$\frac{S_R}{\sigma^2} \overset{H_0}{\sim} \chi^2(1).$$

利用性质 6 及 $S_e = \sum_{i=1}^{n} (y_i - \hat{y}_i)^2 = n\hat{\sigma}^2$，可得

$$\frac{S_e}{\sigma^2} \sim \chi^2(n-2).$$

且 $\dfrac{S_R}{\sigma^2}$ 与 S_e 相互独立，因此

$$F = \frac{S_R}{S_e/(n-2)} \overset{H_0}{\sim} F(1, n-2).$$

对于给定的显著性水平 α

当 $F \geqslant F_\alpha(1, n-2)$ 时，拒绝 $H_0 : \beta_1 = 0$，认为线性回归效果显著，即 y 与 x 之间存在显著的线性相关关系；

当 $F < F_\alpha(1, n-2)$ 时，不拒绝 $H_0 : \beta_1 = 0$，认为线性回归效果不显著，即 y 与 x 之间不存在显著的线性相关关系.

上述分析方法叫方差分析法，上面的检验可通过如下方差分析表 9.2.1 给出. 第一列表示各个平方和的来源，第二列表示各个平方和，第三列表示各个平方和的自由度，第四列是各平方和除以其自由度，方差分析中称为均方和. 关于方差分析法，第 10 章会做详细介绍.

表 9.2.1　方差分析

来源	平方和	自由度	均方和	F 值	显著性
回归	S_R	1	S_R		
残差	S_e	$n-2$	$S_e/(n-2)$	$F = \dfrac{S_R}{S_e/(n-2)}$	
总变差	S_T	$n-1$			

3. r 检验

由于一元线性回归模型讨论的是变量 x 与变量 y 之间的线性关系，因此也可以用变量 x 与变量 y 之间的相关系数来检验回归方程的显著性.

设 $(x_1, y_1), (x_2, y_2), \cdots, (x_n, y_n)$ 是 (x, y) 的 n 组样本观察值，称

$$r = \frac{\sum_{i=1}^{n} (x_i - \bar{x})(y_i - \bar{y})}{\sqrt{\sum_{i=1}^{n} (x_i - \bar{x})^2 \sum_{i=1}^{n} (y_i - \bar{y})^2}} \triangleq \frac{I_{xy}}{\sqrt{I_{xx}}\sqrt{I_{yy}}},$$

为 x 与 y 的**相关系数**，其中 I_{xy}，I_{xx}，I_{yy} 与前面定义相同.

相关系数 r 是表示 x 与 y 线性关系密切程度的量，其取值范围为 $|r| \leqslant 1$.

由于

$$r = \frac{I_{xy}}{\sqrt{I_{xx}}\sqrt{I_{yy}}} = \hat{\beta}_1 \sqrt{\frac{I_{xx}}{I_{yy}}}.$$

所以

$$r^2 = \hat{\beta}_1^2 \frac{I_{xx}}{I_{yy}} = \frac{S_R}{S_T} = 1 - \frac{S_e}{S_T}.$$

它表示由于 y 随 x 的线性变化引起的变差（回归平方和）与总变差（总变差平方和）的比值. 下面对 r 的不同取值作一些解释.

（1）当 $r = 0$ 时，即 $\hat{\beta}_1 = 0$，此时回归直线平行于 x 轴，说明 x 与 y 之间不存在线性相关关系，这时散点图的分布无规则；

（2）当 $0 < |r| < 1$ 时，为大多数情形，此时 x 与 y 之间存在一定的线性相关关系；当 $r > 0$，即 $\hat{\beta}_1 > 0$ 时，散点图上点的纵坐标呈递增趋势，称 x 与 y 正相关；当 $r < 0$，即 $\hat{\beta}_1 < 0$ 时，散点图上点的纵坐标呈递减趋势，称 x 与 y 负相关；

（3）当 $|r|$ 越接近 1，散点图上的点越靠近回归直线，即 x 与 y 之间的线性关系越强；若 $|r| = 1$，即有 $S_e = 0$ 及 $S_R = S_T$，表明 x 与 y 之间存在确定的线性关系；当 $|r| = 1$，称 x 与 y 之间完全相关；$r = 1$，称 x 与 y 之间完全正相关；$r = -1$，称 x 与 y 之间完全负相关.

当 S_T 固定时，$|r|$ 越大说明 S_R 越大，S_e 越小，从而说明 x 与 y 之间的线性相关程度越密切；$|r|$ 越小说明 S_R 越小，S_e 越大，从而说明 x 与 y 之间的线性相关程度越弱. 对于给定的显著性水平

α，有相关系数的临界值表(书末附表 8)，可用其检验 x 与 y 之间的线性相关关系，此检验法称为 **r 检验法**，检验法则为当 $|r| \geqslant r_\alpha$，拒绝 $H_0 : \beta_1 = 0$，认为线性回归效果显著；当 $|r| < r_\alpha$，接受 $H_0 : \beta_1 = 0$，认为线性回归效果不显著.

例 9.2.1(续) 取显著性水平 $\alpha = 0.05$，试根据上述 3 种检验方法检验例题 9.2.1 中回归方程的显著性.

解 (1) t 检验法. 检验统计量为

$$t = \frac{\hat{\beta}_1 \sqrt{I_{xx}}}{\sqrt{\hat{\sigma}^2}} \sqrt{\frac{n-2}{n}} \overset{H_0}{\sim} t(n-2).$$

而且由式(9.2.18)得到 $\hat{\sigma}^2 = \frac{1}{n}\left(I_{yy} - \frac{I_{xy}^2}{I_{xx}}\right) = 0.65$，因此

$$t = 11.85.$$

查表得 $t_{0.025}(10) = 2.228$，由于 $11.85 > 2.228$，因此拒绝 $H_0 : \beta_1 = 0$，即认为线性回归效果显著.

(2) F 检验法. 检验统计量为

$$F = \frac{S_R}{S_e / (n-2)} \overset{H_0}{\sim} F(1, n-2).$$

由于 $S_R = \hat{\beta}_1^2 I_{xx} = 110.16$，$S_e = n\hat{\sigma}^2 = 7.84$，因此

$$F = 140.51.$$

查表得 $F_{0.05}(1,10) = 4.96$，由于 $140.51 > 4.96$，因此拒绝 $H_0 : \beta_1 = 0$，即认为线性回归效果显著.

(3) r 检验法. 检验统计量为

$$r^2 = \hat{\beta}_1^2 \frac{I_{xx}}{I_{yy}}.$$

计算得

$$|r| = 0.97.$$

查表得 $r_{0.05} = 0.5760$，由于 $0.97 > 0.5760$，因此拒绝 $H_0 : \beta_1 = 0$，即认为线性回归效果显著.

三种检验方法得到的结论一致，这不是一个特殊现象. 事实上，对于一元线性回归模型，这三种检验之间存在一定的关系.

4. 三种检验的关系

对于一元线性回归模型，这三种检验的结果是完全一致的.

由 t 分布与 F 分布的关系

$$t^2(n) = F(1, n)$$

可知，t 检验与 F 检验是完全一致的.

另外，r 检验与 F 检验也是一致的，事实上

$$F = \frac{S_R}{S_e/(n-2)} = \frac{r^2 S_T}{(1-r^2)S_T/(n-2)} = (n-2)\frac{r^2}{1-r^2},$$

由此得 $F \geqslant F_\alpha(1,n-2)$ 等价于 $(n-2)\frac{r^2}{1-r^2} \geqslant F_\alpha(1,n-2)$，即

$$|r| \geqslant \sqrt{\frac{1}{1+(n-2)/F_\alpha(1,n-2)}} \overset{\Delta}{=} r_\alpha.$$

因此 F 检验法与 r 检验法的拒绝域是一样的.

综上所述，三种检验法是一致的.

9.2.4　预测和控制

经过回归方程的显著性检验认为回归方程 $\hat{y}=\hat{\beta}_0+\hat{\beta}_1 x$ 确实能够刻画 x 与 y 之间的相关关系后. 下一步就是如何利用回归方程 $\hat{y}=\hat{\beta}_0+\hat{\beta}_1 x$ 进行预测和控制的问题.

预测就是对给定的 x 值 x_0 预测它所对应的 y_0 的估计值以及它的取值范围；而控制就是当 y 在某一范围 $[y_1,y_2]$ 内取值时，如何控制 x 的取值范围.

1. 预测

预测分两种情况：点预测和区间预测.

（1）点预测

假定在 $x=x_0$ 处理论回归方程 $y=\beta_0+\beta_1 x+\varepsilon$ 成立，于是在 $x=x_0$ 处因变量 y 的对应值 y_0 满足

$$y_0=\beta_0+\beta_1 x_0+\varepsilon_0.$$

现在估计 y_0.

预测中的估计问题与第七章中的参数估计不同，现在被估计的 y_0 是一个随机变量. 点预测就是根据观察值 $(x_1,y_1),(x_2,y_2),\cdots,(x_n,y_n)$ 来预测 y_0 的取值，利用

$$\hat{y}_0 = \hat{\beta}_0 + \hat{\beta}_1 x_0$$

作为 y_0 的预测值. 这样做是合理的，因为

$$E(\hat{y}_0) = E(\hat{\beta}_0 + \hat{\beta}_1 x_0) = \beta_0 + \beta_1 x_0 = E(y_0),$$

这表明 $\hat{y}_0$ 可以作为 y_0 的点估计，而且是 y_0 的数学期望 $E(y_0)$ 的无偏估计.

（2）区间预测

区间预测就是求 y_0 的区间估计问题，即求以一定的置信水平预测与 x_0 对应的 y_0 的取值范围. 在讨论区间预测时，要假定误差 ε 服从正态分布，即 $\varepsilon_1,\varepsilon_2,\cdots,\varepsilon_n$ 和 ε_0 都服从正态分布 $N(0,\sigma^2)$

且相互独立，即在模型(9.2.2)和模型(9.2.6)下讨论区间预测问题．我们先证明一个定理.

定理 9.2.1 在一元线性回归模型(9.2.2)中，假定 x 取值 x_0 即 $x = x_0$ 时，y 取值为 y_0，则

$$\frac{\hat{y}_0 - y_0}{\hat{\sigma}\sqrt{1 + \frac{1}{n} + \frac{(x_0 - \bar{x})^2}{I_{xx}}}}\sqrt{\frac{n-2}{n}} \sim t(n-2).$$

证明 由于

$$\hat{y}_0 = \hat{\beta}_0 + \hat{\beta}_1 x_0 = \bar{y} + \hat{\beta}_1(x_0 - \bar{x}) = \sum_{i=1}^{n}\left(\frac{1}{n} + \frac{(x_i - \bar{x})(x_0 - \bar{x})}{I_{xx}}\right)y_i,$$

于是 $\hat{y}_0$ 是相互独立正态随机变量 $y_1, y_2, \cdots, y_n$ 的线性组合，因而 $\hat{y}_0$ 也服从正态分布，且

$$E(\hat{y}_0) = \beta_0 + \beta_1 x_0,$$

$$D(\hat{y}_0) = \sum_{i=1}^{n}\left(\frac{1}{n} + \frac{(x_i - \bar{x})(x_0 - \bar{x})}{I_{xx}}\right)^2 D(y_i) = \left(\frac{1}{n} + \frac{(x_0 - \bar{x})^2}{I_{xx}}\right)\sigma^2.$$

即

$$\hat{y}_0 \sim N\left(\beta_0 + \beta_1 x_0, \left[\frac{1}{n} + \frac{(x_0 - \bar{x})^2}{I_{xx}}\right]\sigma^2\right).$$

因 $y_0, y_1, y_2, \cdots, y_n$ 相互独立，且 $\hat{y}_0$ 是 $y_1, y_2, \cdots, y_n$ 的函数，于是 $\hat{y}_0$ 与 y_0 也相互独立，而且

$$y_0 \sim N(\beta_0 + \beta_1 x_0, \sigma^2),$$

因此

$$\hat{y}_0 - y_0 \sim N\left(0, \left[1 + \frac{1}{n} + \frac{(x_0 - \bar{x})^2}{I_{xx}}\right]\sigma^2\right).$$

利用性质 6，可得 $\frac{n\hat{\sigma}^2}{\sigma^2} \sim \chi^2(n-2)$，且 $\hat{\sigma}^2$ 与 $\hat{\beta}_0$，$\hat{\beta}_1$ 相互独立.

因此，$\hat{\sigma}^2$ 与 $\hat{y}_0$ 也相互独立，又 $\hat{\sigma}^2$ 是 $y_1, y_2, \cdots, y_n$ 的函数，故 $\hat{\sigma}^2$ 也与 y_0 相互独立．于是，$\hat{\sigma}^2$ 与 $\hat{y}_0 - y_0$ 相互独立，根据 t 分布的定义得到

$$\frac{\hat{y}_0 - y_0}{\hat{\sigma}\sqrt{1 + \frac{1}{n} + \frac{(x_0 - \bar{x})^2}{I_{xx}}}}\sqrt{\frac{n-2}{n}} \sim t(n-2). \qquad \text{（证毕）}$$

根据定理 9.2.1，对于给定的显著性水平 $\alpha(0 < \alpha < 1)$，有

$$P\left\{\frac{|\hat{y}_0 - y_0|}{\hat{\sigma}\sqrt{1+\dfrac{1}{n}+\dfrac{(x_0-\overline{x})^2}{I_{xx}}}}\sqrt{\frac{n-2}{n}} \leqslant t_{\alpha/2}(n-2)\right\} = 1-\alpha.$$

等价地有

$$P\{y_0 \in [\hat{y}_0 - u, \hat{y}_0 + u]\} = 1-\alpha.$$

其中 $u = t_{\alpha/2}(n-2)\hat{\sigma}\sqrt{1+\dfrac{1}{n}+\dfrac{(x_0-\overline{x})^2}{I_{xx}}}\sqrt{\dfrac{n}{n-2}}$.

于是，y_0 的 $1-\alpha$ 预测区间为

$$\left[\hat{y}_0 - t_{\alpha/2}(n-2)\hat{\sigma}\sqrt{1+\frac{1}{n}+\frac{(x_0-\overline{x})^2}{I_{xx}}}\sqrt{\frac{n}{n-2}},\right.$$

$$\left.\hat{y}_0 + t_{\alpha/2}(n-2)\hat{\sigma}\sqrt{1+\frac{1}{n}+\frac{(x_0-\overline{x})^2}{I_{xx}}}\sqrt{\frac{n}{n-2}}\right]. \tag{9.2.19}$$

由式(9.2.19)看出，这个预测区间是以点预测 $\hat{y}_0$ 为中心，长度为 $2t_{\alpha/2}(n-2)\hat{\sigma}\sqrt{1+\dfrac{1}{n}+\dfrac{(x_0-\overline{x})^2}{I_{xx}}}\sqrt{\dfrac{n}{n-2}}$ 的一个区间.

对于给定的样本观察值及 $1-\alpha$，当 I_{xx} 越大或 x_0 越靠近 $\overline{x}$，则预测区间的长度越短，预测精度越高；否则，预测精度越低.

当 x_0 离 $\overline{x}$ 不太远且 n 较大时，$t_{\alpha/2}(n-2) \approx z_{\alpha/2}$，而 $\sqrt{1+\dfrac{1}{n}+\dfrac{(x_0-\overline{x})^2}{I_{xx}}} \approx 1$，于是 y_0 的 $1-\alpha$ 预测区间近似为

$$\left[\hat{y}_0 - z_{\alpha/2}\hat{\sigma}\sqrt{\frac{n}{n-2}},\ \hat{y}_0 + z_{\alpha/2}\hat{\sigma}\sqrt{\frac{n}{n-2}}\right].$$

因此，y_0 的 95% 预测区间近似为

$$\left[\hat{y}_0 - 2\hat{\sigma}\sqrt{\frac{n}{n-2}},\ \hat{y}_0 + 2\hat{\sigma}\sqrt{\frac{n}{n-2}}\right].$$

y_0 的 99% 预测区间近似为

$$\left[\hat{y}_0 - 3\hat{\sigma}\sqrt{\frac{n}{n-2}},\ \hat{y}_0 + 3\hat{\sigma}\sqrt{\frac{n}{n-2}}\right].$$

预测精度与如下一些量有关系：

(1) $\hat{\sigma}$ 的大小. $\hat{\sigma}$ 越小，预测越精确. 在模型正确的前提下，$\hat{\sigma}$ 的大小主要由误差方差确定. 因此，误差方差越大，预测越不精确；

(2) 样本容量 n 越大，预测一般越精确；

(3) 当 x_0 接近 $\overline{x}$ 时，预测越精确；x_0 远离 $\overline{x}$ 时，预测越不精确；

（4）$I_{xx} = \sum_{i=1}^{n} (x_i - \bar{x})^2$ 的值越大，预测越精确. 特别地，当 I_{xx} 越大，$\hat{\beta}_0$，$\hat{\beta}_1$ 的方差越小，估计越精确. 因此，应该选 $x_1, x_2, \cdots, x_n$ 尽可能的分散使得 I_{xx} 尽量大.

例 9.2.1（续） 取 $\alpha = 0.05$，$x_0 = 160$，试求 y_0 的预测区间.

解 根据数据计算得

$$\hat{y}_0 = \hat{\beta}_0 + \hat{\beta}_1 x_0 = 53.08, \quad \hat{\sigma}^2 = 0.65, \quad I_{xx} = 163,$$ 查表得 $t_{0.025}(10) = 2.228$，将所得数据代入式（9.2.19）得 y_0 的预测区间为

$$[53.08 - 2.05, 53.08 + 2.05] = [51.03, 55.13].$$

2. 控制

控制问题相当于预测的反问题. 控制问题就是求观察值 y 在某区间 $[y_1, y_2]$ 内变化时，相应的控制 x 在什么范围？即如何控制自变量 x 的值才能以 $1 - \alpha$ 的概率保证把 y 控制在 $y_1 \le y \le y_2$ 中，即

$$P\{y_1 \le y \le y_2\} = 1 - \alpha.$$

其中 $\alpha(0 < \alpha < 1)$ 是事先给定的较小的正数.

我们通常用近似的预测区间来确定 x. 令

$$\begin{cases} \hat{y}_0 - z_{\alpha/2} \hat{\sigma} \sqrt{n/(n-2)} = \hat{\beta}_0 + \hat{\beta}_1 x_0 - z_{\alpha/2} \hat{\sigma} \sqrt{n/(n-2)} \ge y_1, \\ \hat{y}_0 + z_{\alpha/2} \hat{\sigma} \sqrt{n/(n-2)} = \hat{\beta}_0 + \hat{\beta}_1 x_0 + z_{\alpha/2} \hat{\sigma} \sqrt{n/(n-2)} \le y_2. \end{cases}$$

当 $\hat{\beta}_1 > 0$ 时，得

$$\frac{y_1 - \hat{\beta}_0 + z_{\alpha/2} \hat{\sigma} \sqrt{n/(n-2)}}{\hat{\beta}_1} \le x \le \frac{y_2 - \hat{\beta}_0 - z_{\alpha/2} \hat{\sigma} \sqrt{n/(n-2)}}{\hat{\beta}_1};$$

当 $\hat{\beta}_1 < 0$ 时，得

$$\frac{y_2 - \hat{\beta}_0 - z_{\alpha/2} \hat{\sigma} \sqrt{n/(n-2)}}{\hat{\beta}_1} \le x \le \frac{y_1 - \hat{\beta}_0 + z_{\alpha/2} \hat{\sigma} \sqrt{n/(n-2)}}{\hat{\beta}_1}.$$

例 9.2.2 某研究获得如下数据

x	2.75	2.70	2.69	2.68	2.68	2.67	2.66	2.64	2.63	2.59
y	2.08	2.05	2.05	2.00	2.03	2.03	2.02	1.99	1.99	1.98

（1）建立 y 关于 x 的回归方程并求误差方差的估计 $\hat{\sigma}^2$？

（2）在显著性水平 $\alpha = 0.05$ 下，对 y 和 x 作线性假设显著性检验？

（3）求在 $x = 2.71$ 时，y 的 95% 预测区间？

解 （1）根据数据计算得

$$\sum_{i=1}^{10} x_i = 26.69, \quad \sum_{i=1}^{10} x_i^2 = 71.2525, \quad \sum_{i=1}^{10} y_i = 20.22, \quad \sum_{i=1}^{10} y_i^2 = 40.8942,$$

$$\sum_{i=1}^{10} x_i y_i = 53.9787, \quad I_{xx} = \sum_{i=1}^{10} x_i^2 - n\bar{x}^2 = 0.01689, \quad I_{xy} = \sum_{i=1}^{10} x_i y_i - n\bar{x} \cdot \bar{y} =$$

$$0.01152, \quad I_{yy} = \sum_{i=1}^{10} y_i^2 - n\bar{y}^2 = 0.00936.$$

代入式(9.2.17)，得

$$\begin{cases} \hat{\beta}_0 = 0.20, \\ \hat{\beta}_1 = 0.68. \end{cases}$$

所求回归方程为

$$\hat{y} = 0.20 + 0.68x.$$

由式(9.2.18)得到 σ^2 的估计为

$$\hat{\sigma}^2 = \frac{1}{n}\left(I_{yy} - \frac{I_{xy}^2}{I_{xx}}\right) = 0.00015.$$

（2）t 检验法. 检验统计量为

$$t = \frac{\hat{\beta}_1 \sqrt{I_{xx}}}{\sqrt{\hat{\sigma}^2}} \sqrt{\frac{n-2}{n}} \overset{H_0}{\sim} t(n-2).$$

计算得

$$t = 6.47.$$

查表得 $t_{0.025}(8) = 2.3060$，由于 $6.47 > 2.3060$，因此拒绝 $H_0: \beta_1 = 0$，即认为线性回归效果显著.

（3）根据数据计算得 $\hat{y}_0 = \hat{\beta}_0 + \hat{\beta}_1 x_0 = 2.04$，$\hat{\sigma}^2 = 0.00015$，$I_{xx} = 0.01689$，查表得 $t_{0.025}(8) = 2.3060$，将所得数据代入式(9.2.19) 得 y_0 的预测区间为

$$[2.04 - 0.03, 2.04 + 0.03] = [2.01, 2.07].$$

9.3 多元线性回归

上一节讨论了一元线性回归，但在实际问题中，影响因变量的自变量往往不止一个，此时需要考虑多个自变量的回归分析问题. 本节讨论最简单而又最具普遍性的多元线性回归分析问题. 多元线性回归分析的原理与一元线性回归分析的原理完全相同，但是计算量要比一元情形大很多，手工计算不太现实而且费时费力. 建议利用计算机完成相关问题的计算，而且关于多元线性回归分析的计算已经有一些标准程序可供参考.

9.3.1　多元线性回归模型

设随机变量 y 与自变量 $x_1, x_2, \cdots, x_p$ 满足关系式

$$\begin{cases} y = \beta_0 + \beta_1 x_1 + \beta_2 x_2 + \cdots + \beta_p x_p + \varepsilon, \\ E(\varepsilon) = 0, D(\varepsilon) = \sigma^2, \end{cases} \qquad (9.3.1)$$

或

$$\begin{cases} y = \beta_0 + \beta_1 x_1 + \beta_2 x_2 + \cdots + \beta_p x_p + \varepsilon, \\ \varepsilon \sim N(0, \sigma^2). \end{cases} \qquad (9.3.2)$$

其中 $\beta_0, \beta_1, \cdots, \beta_p, \sigma^2$ 均为未知参数，且 $p \geq 2$，称式 (9.3.1) 或式 (9.3.2) 为 p **元线性回归模型**. 自变量 $x_1, x_2, \cdots, x_p$ 是已知的确定性变量，β_0 称为回归常数，$\beta_1, \beta_2, \cdots, \beta_p$ 称为**回归系数**，y 是随机变量称为**解释变量**或因变量.

在模型 (9.3.1) 下可以得到

$$E(y) = \beta_0 + \beta_1 x_1 + \beta_2 x_2 + \cdots + \beta_p x_p, \quad D(y) = \sigma^2. \quad (9.3.3)$$

称 $E(y)$ 为 y 关于 $x_1, x_2, \cdots, x_p$ 的**回归函数**.

在模型 (9.3.2) 下不仅可以得到式 (9.3.3)，而且有

$$y \sim N(\beta_0 + \beta_1 x_1 + \beta_2 x_2 + \cdots + \beta_p x_p, \sigma^2). \quad (9.3.4)$$

针对一个实际问题，如果获得 n 组观测数据 $(x_{i1}, x_{i2}, \cdots, x_{ip}; y_i)$ $i = 1, 2, \cdots, n$，则线性回归模型 (9.3.1) 可以表示为

$$\begin{cases} y_1 = \beta_0 + \beta_1 x_{11} + \beta_2 x_{12} + \cdots + \beta_p x_{1p} + \varepsilon_1, \\ y_2 = \beta_0 + \beta_1 x_{21} + \beta_2 x_{22} + \cdots + \beta_p x_{2p} + \varepsilon_2, \\ \vdots \\ y_n = \beta_0 + \beta_1 x_{n1} + \beta_2 x_{n2} + \cdots + \beta_p x_{np} + \varepsilon_n, \\ \varepsilon_1, \varepsilon_2, \cdots, \varepsilon_n \text{ 相互独立, 且 } E(\varepsilon_i) = 0, D(\varepsilon_i) = \sigma^2, i = 1, 2, \cdots, n. \end{cases} \quad (9.3.5)$$

线性回归模型 (9.3.2) 可以表示为

$$\begin{cases} y_1 = \beta_0 + \beta_1 x_{11} + \beta_2 x_{12} + \cdots + \beta_p x_{1p} + \varepsilon_1, \\ y_2 = \beta_0 + \beta_1 x_{21} + \beta_2 x_{22} + \cdots + \beta_p x_{2p} + \varepsilon_2, \\ \vdots \\ y_n = \beta_0 + \beta_1 x_{n1} + \beta_2 x_{n2} + \cdots + \beta_p x_{np} + \varepsilon_n, \\ \varepsilon_1, \varepsilon_2, \cdots, \varepsilon_n \text{ 独立同分布, 且 } \varepsilon_i \sim N(0, \sigma^2), i = 1, 2 \cdots n. \end{cases}$$
$$(9.3.6)$$

其中 $\beta_0, \beta_1, \cdots, \beta_p, \sigma^2$ 均为未知参数，则式 (9.3.5) 或式 (9.3.6) 称为 p **元样本线性回归模型**. (9.3.1) 或 (9.3.2) 的理论线性回归模型和式 (9.3.5) 或式 (9.3.6) 的样本线性回归模型不加区分统称为 p 元线性回归模型.

模型 (9.3.5) 或式 (9.3.6) 也可表示成矩阵形式. 令

$$Y = \begin{pmatrix} y_1 \\ y_2 \\ \vdots \\ y_n \end{pmatrix}, \quad X = \begin{pmatrix} 1 & x_{11} & x_{12} & \cdots & x_{1p} \\ 1 & x_{21} & x_{22} & \cdots & x_{2p} \\ \vdots & \vdots & \vdots & & \vdots \\ 1 & x_{n1} & x_{n2} & \cdots & x_{np} \end{pmatrix}_{n \times (p+1)}, \quad \boldsymbol{\beta} = \begin{pmatrix} \beta_0 \\ \beta_1 \\ \vdots \\ \beta_p \end{pmatrix}, \quad \boldsymbol{\varepsilon} = \begin{pmatrix} \varepsilon_1 \\ \varepsilon_2 \\ \vdots \\ \varepsilon_n \end{pmatrix}.$$

则模型(9.3.5)或模型(9.3.6)可写成如下矩阵形式:

$$\begin{cases} Y = X\boldsymbol{\beta} + \boldsymbol{\varepsilon}, \\ E(\boldsymbol{\varepsilon}) = 0, \ D(\boldsymbol{\varepsilon}) = \sigma^2 I_n. \end{cases} \tag{9.3.7}$$

或

$$\begin{cases} Y = X\boldsymbol{\beta} + \boldsymbol{\varepsilon}, \\ \boldsymbol{\varepsilon} \sim N(0, \sigma^2 I_n). \end{cases} \tag{9.3.8}$$

其中, I_n 是 n 阶单位矩阵, 矩阵 X 是一个 $n \times (p+1)$ 矩阵, 称其为**设计矩阵**. 一般总要求观测次数 n 应大于需估计参数的个数, 即 $n > p+1$, 并且假定 X 列满秩即 $\mathrm{rank}(X) = p+1$. 实际问题中, X 的元素是预先设定并可以控制的, 人的主观因素可作用于其中, 故称其为设计矩阵.

9.3.2 未知参数的估计

1. 最小二乘估计

多元线性回归模型中未知参数 $\beta_0, \beta_1, \cdots, \beta_p, \sigma^2$ 的估计与一元线性回归模型中参数估计的原理一样, 仍然可以采用最小二乘估计法.

假定随机变量 y 与 p 个自变量 $x_1, x_2, \cdots, x_p$ 之间存在线性相关关系, 即满足 p 元线性回归模型(9.3.1). 最小二乘估计法是根据 n 组样本观察值 $(x_{i1}, x_{i2}, \cdots, x_{ip}; y_i)$, $i = 1, 2, \cdots, n$, 求参数 $\beta_0, \beta_1, \cdots, \beta_p$ 的估计值 $\hat{\beta}_0, \hat{\beta}_1, \cdots, \hat{\beta}_p$ 使得误差平方和

$$Q(\beta_0, \beta_1, \cdots, \beta_p) = \sum_{i=1}^{n} (y_i - \beta_0 - \beta_1 x_{i1} - \beta_2 x_{i2} - \cdots - \beta_p x_{ip})^2 \tag{9.3.9}$$

达到最小, 即寻求 $\hat{\beta}_0, \hat{\beta}_1, \cdots, \hat{\beta}_p$ 满足

$$\begin{aligned} Q(\hat{\beta}_0, \hat{\beta}_1, \cdots, \hat{\beta}_p) &= (Y - X\hat{\boldsymbol{\beta}})^{\mathrm{T}} (Y - X\hat{\boldsymbol{\beta}}) \\ &= \sum_{i=1}^{n} (y_i - \hat{\beta}_0 - \hat{\beta}_1 x_{i1} - \hat{\beta}_2 x_{i2} - \cdots - \hat{\beta}_p x_{ip})^2 \\ &= \min_{\beta_0, \beta_1, \cdots, \beta_p} \sum_{i=1}^{n} (y_i - \beta_0 - \beta_1 x_{i1} - \beta_2 x_{i2} - \cdots - \\ &\quad \beta_p x_{ip})^2. \end{aligned} \tag{9.3.10}$$

依照式(9.3.10)求出的 $\hat{\beta}_0, \hat{\beta}_1, \cdots, \hat{\beta}_p$ 称为参数 $\beta_0, \beta_1, \cdots, \beta_p$ 的

最小二乘估计. 由式(9.3.10)看出求 $\hat{\beta}_0, \hat{\beta}_1, \cdots, \hat{\beta}_p$ 是一个求极值的问题, 由于 Q 是关于 $\beta_0, \beta_1, \cdots, \beta_p$ 的非负二次函数, 因而它的最小值总存在. 根据微积分中求极值的原理, $\hat{\beta}_0, \hat{\beta}_1, \cdots, \hat{\beta}_p$ 应满足下列方程组

$$\begin{cases} \dfrac{\partial Q}{\partial \beta_0} = -2\sum_{i=1}^{n}(y_i - \beta_0 - \beta_1 x_{i1} - \beta_2 x_{i2} - \cdots - \beta_p x_{ip}) = 0, \\[2mm] \dfrac{\partial Q}{\partial \beta_1} = -2\sum_{i=1}^{n}(y_i - \beta_0 - \beta_1 x_{i1} - \beta_2 x_{i2} - \cdots - \beta_p x_{ip})x_{i1} = 0, \\[2mm] \dfrac{\partial Q}{\partial \beta_2} = -2\sum_{i=1}^{n}(y_i - \beta_0 - \beta_1 x_{i1} - \beta_2 x_{i2} - \cdots - \beta_p x_{ip})x_{i2} = 0, \\[2mm] \quad\vdots \\[2mm] \dfrac{\partial Q}{\partial \beta_p} = -2\sum_{i=1}^{n}(y_i - \beta_0 - \beta_1 x_{i1} - \beta_2 x_{i2} - \cdots - \beta_p x_{ip})x_{ip} = 0. \end{cases}$$

$$(9.3.11)$$

经过整理得到如下的正规方程组

$$\begin{cases} n\beta_0 + \beta_1 \sum_{i=1}^{n} x_{i1} + \beta_2 \sum_{i=1}^{n} x_{i2} + \cdots + \beta_p \sum_{i=1}^{n} x_{ip} = \sum_{i=1}^{n} y_i, \\[2mm] \beta_0 \sum_{i=1}^{n} x_{i1} + \beta_1 \sum x_{i1}^2 + \beta_2 \sum_{i=1}^{n} x_{i1}x_{i2} + \cdots + \beta_p \sum_{i=1}^{n} x_{i1}x_{ip} = \sum_{i=1}^{n} x_{i1}y_i, \\[2mm] \beta_0 \sum_{i=1}^{n} x_{i2} + \beta_1 \sum_{i=1}^{n} x_{i1}x_{i2} + \beta_2 \sum_{i=1}^{n} x_{i2}^2 + \cdots + \beta_p \sum_{i=1}^{n} x_{i2}x_{ip} = \sum_{i=1}^{n} x_{i2}y_i, \\[2mm] \quad\vdots \\[2mm] \beta_0 \sum_{i=1}^{n} x_{ip} + \beta_1 \sum_{i=1}^{n} x_{i1}x_{ip} + \beta_2 \sum_{i=1}^{n} x_{i2}x_{ip} + \cdots + \beta_p \sum_{i=1}^{n} x_{ip}^2 = \sum_{i=1}^{n} x_{ip}y_i. \end{cases}$$

$$(9.3.12)$$

正规方程组的解 $\hat{\beta}_0, \hat{\beta}_1, \cdots, \hat{\beta}_p$ 是 $\beta_0, \beta_1, \cdots, \beta_p$ 的最小二乘估计.

下面将正规方程组用矩阵形式表示. 由于

$$\boldsymbol{X}^{\mathrm{T}}\boldsymbol{X} = \begin{pmatrix} n & \sum_{i=1}^{n} x_{i1} & \sum_{i=1}^{n} x_{i2} & \cdots & \sum_{i=1}^{n} x_{ip} \\ \sum_{i=1}^{n} x_{i1} & \sum x_{i1}^2 & \sum_{i=1}^{n} x_{i1}x_{i2} & \cdots & \sum_{i=1}^{n} x_{i1}x_{ip} \\ \vdots & \vdots & \vdots & & \vdots \\ \sum_{i=1}^{n} x_{ip} & \sum_{i=1}^{n} x_{ip}x_{i1} & \sum_{i=1}^{n} x_{ip}x_{i2} & \cdots & \sum_{i=1}^{n} x_{ip}^2 \end{pmatrix},$$

$$X^{\mathrm{T}}Y = \begin{pmatrix} 1 & 1 & 1 & \cdots & 1 \\ x_{11} & x_{21} & x_{31} & \cdots & x_{n1} \\ \vdots & \vdots & \vdots & & \vdots \\ x_{1p} & x_{2p} & x_{3p} & \cdots & x_{np} \end{pmatrix} \begin{pmatrix} y_1 \\ y_2 \\ \vdots \\ y_n \end{pmatrix} = \begin{pmatrix} \sum\limits_{i=1}^{n} y_i \\ \sum\limits_{i=1}^{n} x_{i1}y_i \\ \vdots \\ \sum\limits_{i=1}^{n} x_{ip}y_i \end{pmatrix},$$

因此，正规方程组(9.3.12)用矩阵表示为

$$X^{\mathrm{T}}X\boldsymbol{\beta} = X^{\mathrm{T}}Y. \tag{9.3.13}$$

当 $X^{\mathrm{T}}X$ 的逆矩阵 $(X^{\mathrm{T}}X)^{-1}$ 存在时，得 $\beta_0, \beta_1, \cdots, \beta_p$ 的唯一解为

$$\hat{\boldsymbol{\beta}} = (X^{\mathrm{T}}X)^{-1}X^{\mathrm{T}}Y, \tag{9.3.14}$$

可以证明式(9.3.14)确定的 $\hat{\boldsymbol{\beta}}$ 确实是 $Q(\beta_0, \beta_1, \cdots, \beta_p)$ 的最小值点，因此 $\hat{\boldsymbol{\beta}}$ 是 $\boldsymbol{\beta}$ 的最小二乘估计.

称 $\hat{y} = \hat{\beta}_0 + \hat{\beta}_1 x_1 + \hat{\beta}_2 x_2 + \cdots + \hat{\beta}_p x_p$ 为 p 元经验线性回归方程，简称**回归方程**.

2. 最大似然估计

多元线性回归系数的最大似然估计与一元线性回归时求最大似然估计的想法一样，对于式(9.3.8)所表示的模型

$$\begin{cases} Y = X\boldsymbol{\beta} + \boldsymbol{\varepsilon}, \\ \boldsymbol{\varepsilon} \sim N(0, \sigma^2 I_n), \end{cases}$$

此时 Y 的分布为 $Y \sim N(X\boldsymbol{\beta}, \sigma^2 I_n)$.

似然函数为

$$L(\beta_0, \beta_1, \cdots, \beta_p, \sigma^2) = \left(\frac{1}{2\pi\sigma^2}\right)^{n/2} \exp\left\{-\frac{1}{2\sigma^2}(Y - X\boldsymbol{\beta})^{\mathrm{T}}(Y - X\boldsymbol{\beta})\right\}. \tag{9.3.15}$$

对数似然函数为

$$\ln L(\beta_0, \beta_1, \cdots, \beta_p, \sigma^2) = -\frac{n}{2}\ln(2\pi) - \frac{n}{2}\ln(\sigma^2) -$$
$$\frac{1}{2\sigma^2}(Y - X\boldsymbol{\beta})^{\mathrm{T}}(Y - X\boldsymbol{\beta}). \tag{9.3.16}$$

式(9.3.16)中只有最后一项含有参数 $\boldsymbol{\beta} = (\beta_0, \beta_1, \cdots, \beta_p)^{\mathrm{T}}$，使式(9.3.16)达到最大等价于使 $(Y - X\boldsymbol{\beta})^{\mathrm{T}}(Y - X\boldsymbol{\beta})$ 达到最小，这与最小二乘估计一样. 因此 $\boldsymbol{\beta} = (\beta_0, \beta_1, \cdots, \beta_p)^{\mathrm{T}}$ 的最大似然估计与最小二乘估计完全相同，当 $X^{\mathrm{T}}X$ 的逆矩阵 $(X^{\mathrm{T}}X)^{-1}$ 存在时

$$\hat{\boldsymbol{\beta}} = (X^{\mathrm{T}}X)^{-1}X^{\mathrm{T}}Y,$$

误差方差 σ^2 的最大似然估计为

$$\hat{\sigma}^2 = \frac{1}{n}(\boldsymbol{Y} - \hat{\boldsymbol{Y}})^{\mathrm{T}}(\boldsymbol{Y} - \hat{\boldsymbol{Y}}) \tag{9.3.17}$$

3. 参数估计的性质

在 p 元线性回归模型(9.3.1)下，有如下三条性质成立.

性质 1（线性）　估计量 $\hat{\boldsymbol{\beta}}$ 为随机变量 Y 的线性变换.

证明　由于 $\hat{\boldsymbol{\beta}} = (\boldsymbol{X}^{\mathrm{T}}\boldsymbol{X})^{-1}\boldsymbol{X}^{\mathrm{T}}\boldsymbol{Y}$，而 $\boldsymbol{X}$ 是固定的设计矩阵，因此，$\hat{\boldsymbol{\beta}}$ 为随机变量 Y 的线性变换.　　（证毕）

性质 2（无偏性）　估计量 $\hat{\boldsymbol{\beta}}$ 是 $\boldsymbol{\beta}$ 的无偏估计.

证明　由于

$$
\begin{aligned}
E(\hat{\boldsymbol{\beta}}) &= E((\boldsymbol{X}^{\mathrm{T}}\boldsymbol{X})^{-1}\boldsymbol{X}^{\mathrm{T}}\boldsymbol{Y}) = (\boldsymbol{X}^{\mathrm{T}}\boldsymbol{X})^{-1}\boldsymbol{X}^{\mathrm{T}}E(\boldsymbol{Y})\\
&= (\boldsymbol{X}^{\mathrm{T}}\boldsymbol{X})^{-1}\boldsymbol{X}^{\mathrm{T}}E(\boldsymbol{X}\boldsymbol{\beta}+\boldsymbol{\varepsilon}) = (\boldsymbol{X}^{\mathrm{T}}\boldsymbol{X})^{-1}\boldsymbol{X}^{\mathrm{T}}\boldsymbol{X}\boldsymbol{\beta} = \boldsymbol{\beta}.
\end{aligned}
$$

因此 $\hat{\boldsymbol{\beta}}$ 是 $\boldsymbol{\beta}$ 的无偏估计.　　（证毕）

这两条性质与一元线性回归模型中估计 $\hat{\beta}_0$ 和 $\hat{\beta}_1$ 的线性性质和无偏性质完全相同.

性质 3　$D(\hat{\boldsymbol{\beta}}) = (\boldsymbol{X}^{\mathrm{T}}\boldsymbol{X})^{-1}\sigma^2.$

证明

$$
\begin{aligned}
D(\hat{\boldsymbol{\beta}}) &= \mathrm{Cov}(\hat{\boldsymbol{\beta}},\hat{\boldsymbol{\beta}}) = \mathrm{Cov}((\boldsymbol{X}^{\mathrm{T}}\boldsymbol{X})^{-1}\boldsymbol{X}^{\mathrm{T}}\boldsymbol{Y}, (\boldsymbol{X}^{\mathrm{T}}\boldsymbol{X})^{-1}\boldsymbol{X}^{\mathrm{T}}\boldsymbol{Y})\\
&= (\boldsymbol{X}^{T}\boldsymbol{X})^{-1}\boldsymbol{X}^{\mathrm{T}}\mathrm{Cov}(\boldsymbol{Y},\boldsymbol{Y})\boldsymbol{X}(\boldsymbol{X}^{\mathrm{T}}\boldsymbol{X})^{-1}\\
&= (\boldsymbol{X}^{\mathrm{T}}\boldsymbol{X})^{-1}\boldsymbol{X}^{\mathrm{T}}\sigma^2\boldsymbol{X}(\boldsymbol{X}^{\mathrm{T}}\boldsymbol{X})^{-1}\\
&= (\boldsymbol{X}^{\mathrm{T}}\boldsymbol{X})^{-1}\sigma^2.
\end{aligned}
$$

（证毕）

性质 4　在 p 元线性回归模型(9.3.2)下，有

(1) $\hat{\boldsymbol{\beta}} \sim N(\boldsymbol{\beta}, (\boldsymbol{X}^{\mathrm{T}}\boldsymbol{X})^{-1}\sigma^2)$，$\hat{\beta}_i \sim N(\beta_i, c_{ii}\sigma^2)$，其中 $c_{ii}(i=1, 2, \cdots, p)$ 是矩阵 $(\boldsymbol{X}^{\mathrm{T}}\boldsymbol{X})^{-1}$ 主对角线上的第 $i+1$ 个元素；

(2) $\dfrac{n\hat{\sigma}^2}{\sigma^2} \sim \chi^2(n-p-1)$，且 $\hat{\sigma}^2$ 与 $\hat{\boldsymbol{\beta}} = (\hat{\beta}_0, \hat{\beta}_1, \cdots, \hat{\beta}_p)^{\mathrm{T}}$ 相互独立.

证明　参见周纪芗《回归分析》.

9.3.3 回归方程的显著性检验

与一元线性回归分析类似，在求回归方程之前必须先解决 y 与 p 个自变量 $x_1, x_2, \cdots, x_p$ 之间是否存在线性相关关系的问题，这个问题可以归结为自变量 $x_1, x_2, \cdots, x_p$ 从整体上对随机变量 y 是否有明显的影响. 也就是检验 p 个回归系数 $\beta_1, \beta_2, \cdots, \beta_p$ 是否全为 0，若全为 0，则认为线性关系不显著；若不全为 0，则认为线性关系显著. 为此，考虑假设检验问题

$$H_0 : \beta_1 = \beta_2 = \cdots = \beta_p = 0. \tag{9.3.18}$$

现在通过平方和分解方法来检验假设 H_0.

考虑平方和分解

$$S_T = \sum_{i=1}^{n} (y_i - \bar{y})^2 = \sum_{i=1}^{n} (y_i - \hat{y}_i)^2 + \sum_{i=1}^{n} (\hat{y}_i - \bar{y})^2 \triangleq S_e + S_R.$$

其中 $S_T = \sum_{i=1}^{n} (y_i - \bar{y})^2$ 称为总变差平方和，它反映了数据 $y_1, y_2, \cdots, y_n$ 的波动性，即这些数据的分散程度；

$S_e = \sum_{i=1}^{n} (y_i - \hat{y}_i)^2$ 称为残差平方和，它表示扣除了 $x_1, x_2, \cdots, x_p$ 对 y 的影响之外的剩余因素对 $y_1, y_2, \cdots, y_n$ 分散程度的作用；

$S_R = \sum_{i=1}^{n} (\hat{y}_i - \bar{y})^2$ 称为回归平方和，反映了 $\hat{y}_1, \hat{y}_2, \cdots, \hat{y}_n$ 的波动程度.

通过上述平方和分解式，把引起 $y_1, y_2, \cdots, y_n$ 之间波动程度的原因在数值上基本分开了. 与一元线性回归类似，可以考虑利用比值 S_R / S_e 来检验假设 H_0.

定理 9.3.1   在 p 元线性回归模型 (9.3.2) 下，有

(1) $\dfrac{S_e}{\sigma^2} \sim \chi^2(n-p-1)$，且 S_e 与 $(\hat{\beta}_1, \hat{\beta}_2, \cdots, \hat{\beta}_p)$ 相互独立；

(2) H_0 成立时，$\dfrac{S_R}{\sigma^2} \sim \chi^2(p)$，且 S_R 与 S_e 相互独立.

证明   参见周纪芗《回归分析》.

根据定理 9.3.1，构造 F 检验统计量

$$F = \frac{S_R / p}{S_e / (n - p - 1)}.$$

当 $H_0 : \beta_1 = \beta_2 = \cdots = \beta_p = 0$ 成立时，$F \sim F(p, n-p-1)$. H_0 不成立时，F 有偏大的趋势. 因此，对于给定显著性水平 α；

当 $F \geqslant F_\alpha(p, n-p-1)$，则拒绝 H_0，认为在显著性水平 α 下，y

与 $x_1,x_2,\cdots,x_p$ 之间存在显著的线性相关关系;

当 $F<F_\alpha(p,\ n-p-1)$,则不拒绝 H_0,认为在显著性水平 α 下,y 与 $x_1,x_2,\cdots,x_p$ 之间不存在显著的线性相关关系.

上述讨论总结在如下方差分析表 9.3.1 中.

表 9.3.1　方差分析表

来源	平方和	自由度	均方和	F 值	显著性
回归	S_R	p	S_R/p	$F=\dfrac{S_R/p}{S_e/(n-p-1)}$	
残差	S_e	$n-p-1$	$S_e/(n-p-1)$		
总变差	S_T	$n-1$			

9.3.4 回归系数的显著性检验

在多元线性回归分析中,回归方程的显著性并不意味着每个自变量对因变量 y 的影响都是显著的,实际上,某些回归系数仍有可能接近于零,若某 $\beta_i(i=1,2,\cdots,p)$ 接近于零,说明 $x_i(i=1,2,\cdots,p)$ 的变化对 y 的影响很小,甚至我们可以把 $x_i(i=1,2,\cdots,p)$ 从回归方程中去掉,从而得到更为简单的线性回归方程. 因此在拒绝假设(9.3.18)之后,需要进一步对每个自变量 $x_i(i=1,2,\cdots,p)$ 进行显著性检验.

如果某个自变量 $x_i(i=1,2,\cdots,p)$ 对 y 的作用不显著,在回归模型中它的系数 β_i 等于零. 因此,检验变量 x_i 是否显著等价于检验假设

$$H_{0i}:\beta_i=0,\ i=1,2,\cdots,p.$$

若 H_{0i} 被接受,则表明 x_i 对 y 的影响不显著;若 H_{0i} 被拒绝,则表明 x_i 对 y 确有一定的影响.

由性质 4 以及定理 9.3.1 知

$$\hat{\beta}_i\sim N(\beta_i,c_{ii}\sigma^2),\quad i=1,2,\cdots,p.$$
$$\frac{S_e}{\sigma^2}\sim\chi^2(n-p-1).$$

且 S_e 与 $\hat{\beta}_i$ 相互独立.

据此,构造 t 检验统计量. 当 H_{0i} 成立时,有

$$t_i=\frac{\hat{\beta}_i}{\sqrt{c_{ii}S_e}}\sqrt{n-p-1}\ \overset{H_0}{\sim}\ t(n-p-1).$$

对给定的显著性水平 α:

当 $|t_i|\geq t_{\alpha/2}(n-p-1)$ 时,则拒绝 H_{0i},即认为 x_i 对 y 的线性影响显著;

风力发电

当 $|t_i| < t_{\alpha/2}(n-p-1)$ 时，则不拒绝 H_{0i}，即认为 x_i 对 y 的线性影响不显著．

对于回归分析的深入讨论，可以参阅文献何晓群，刘文卿编《应用回归分析》．

习题 9

1. 从某大学男生中随机抽取 10 名，测得其身高（单位：cm）和体重（单位：kg）的数值如下表所示

身高 x	170	173	180	185	168	165	177	165	178	182
体重 y	66	66	68	72	63	62	68	59	69	71

（1）求 y 关于 x 的回归方程以及误差方差的估计 $\hat{\sigma}^2$；

（2）在显著性水平 $\alpha = 0.05$ 下，对 y 和 x 做线性假设显著性检验；

（3）若回归效果显著，求在 $x = 175$ 时，y 的 95% 预测区间．

2. 从试验中获得 x 与 y 的一组观测值如下表所示：

x	5	10	15	20	30	50	60	70	90	110
y	6	10	11	13	15	20	22	25	28	30

（1）求 y 关于 x 的回归方程以及误差方差的估计 $\hat{\sigma}^2$；

（2）在显著性水平 $\alpha = 0.05$ 下，对 y 和 x 做线性假设显著性检验；

（3）若回归效果显著，求在 $x = 80$ 时，y 的 95% 预测区间．

3. 随机抽取 10 个家庭，调查他们家庭的月收入（单位：百元）和月支出（单位：百元），数值如下表所示：

收入 x	30	35	38	25	40	32	26	29	36	20
支出 y	28	30	35	18	38	28	25	24	31	15

（1）求 y 关于 x 的回归方程以及误差方差的估计 $\hat{\sigma}^2$；

（2）在显著性水平 $\alpha = 0.05$ 下，对 y 和 x 做线性假设显著性检验；

（3）若回归效果显著，求在 $x = 31$ 时，y 的 95% 预测区间．

4. 在硝酸钠（$NaNO_3$）溶液的试验中，测得在不同温度 x 下，溶解于 100 份水中的硝酸钠份数 y 的数据如下表所示：

温度 x	0	4	10	15	20	28	36	38	50	68
份数 y	66.5	71.0	76.5	80.6	86.6	92.8	99.5	105	113.4	125.0

（1）求 y 关于 x 的回归方程以及误差方差的估计 $\hat{\sigma}^2$；

（2）在显著性水平 $\alpha = 0.05$ 下，对 y 和 x 作线性假设显著性检验；

（3）若回归效果显著，求在 $x = 35$ 时，y 的 95% 预测区间．

5. 一项关于水稻亩产量的研究中，从 10 个农场获得水稻亩产量 y 与施肥量 x_1，播种量 x_2 的数据如下表所示：

施肥量 x_1	38	39	40	41	42	43	44	46	47	48
播种量 x_2	50	50	52	56	60	64	58	63	62	61
亩产量 y	50	51	55	59	62	64	66	68	69	71

（1）试求 y 关于 x_1，x_2 的回归方程以及误差方差的估计 $\hat{\sigma}^2$；

（2）在显著性水平 $\alpha = 0.05$ 下，对回归方程做显著性检验；

（3）在显著性水平 $\alpha = 0.05$ 下，对各回归系数做显著性检验．

6. 某种水泥在凝固过程中释放出的热量（单位：K/g）y 可能与如下四种化学成分有关

x_1：$3CaO. Al_2O_3$ 的含量（%）；

x_2：$3CaO . SiO_2$ 的含量(%)；

x_3：$4CaO . Al_2O_3 . Fe_2O_3$ 的含量(%)；

x_4：$2CaO . SiO_2$ 的含量(%)．

测得 12 组数据如下表所示：

	1	2	3	4	5	6	7	8	9	10	11	12
x_1	8	2	10	12	7	11	4	1	3	20	1	12
x_2	25	28	57	30	52	55	70	31	53	48	40	68
x_3	6	16	8	9	6	10	17	22	18	4	23	9
x_4	60	51	20	46	33	21	6	44	22	26	34	11
y	78.4	74.2	104.3	87.5	96	109	102.8	72.5	93.2	115.4	83.6	113.5

（1）求 y 关于 x_1, x_2, x_3, x_4 的回归方程以及误差方差的估计 $\hat{\sigma}^2$；

（2）在显著性水平 $\alpha = 0.05$ 下，对回归方程做显著性检验；

（3）在显著性水平 $\alpha = 0.05$ 下，对各回归系数做显著性检验．

7. 叙述一元线性回归模型的基本假设．

8. 回归分析中关于误差的基本假定有哪些；在利用回归模型进行预测时影响预测精度的因素有哪些．

第 10 章
方差分析

第 9 章回归分析中，我们曾经提过方差分析的概念．方差分析是数理统计的基本方法之一，是英国统计学家费希尔（R. A. Fisher）在 20 世纪 20 年代创立的．当时，他在英国一个农业试验站工作，需要进行许多田间试验，为分析试验的结果，他发明了方差分析方法．之后，方差分析方法被应用于其他领域，尤其是工业试验数据的分析中．经过几十年的发展，内容已经非常丰富，应用也很广泛．

方差分析主要研究自变量（因素）与因变量（随机变量）之间的相关关系，但是与回归分析不同之处在于其主要研究某个因素对因变量是否有显著的影响．例如，在气候、水利、土壤等条件相同时，想搞清楚几种不同的水稻优良品种对水稻的单位面积产量是否有显著的影响，从中选出对某地区来说最优的水稻品种，这就是一个典型的方差分析问题．方差分析法是通过试验获得的数据之间的差异分析推断试验中各个因素所起作用的一种统计方法．我们主要介绍单因素方差分析和双因素方差分析．

10.1 单因素方差分析

10.1.1 因素与水平

首先看一个例子．

例 10.1.1 为考察用来处理水稻种子的四种不同药剂对水稻生长的影响，选择一块各种条件（如气候、水利、土壤等）基本均匀的土地，将其分成 16 块．在每四块试验地里种下用同一种药剂处理过的水稻种子．试验结果—苗高由表 10.1.1 给出．

表 10.1.1　不同药剂处理的苗高

苗高　　药剂 田块	A_1	A_2	A_3	A_4
1	20	21	20	22
2	19	24	18	25
3	16	26	19	27
4	13	25	15	26

　　试验的指标是苗高，其中药剂为影响苗高数据的原因称为**因素**，不同的四种药剂就是这个因素的四个不同**水平**，分别记为 A_1，A_2，A_3，A_4.

　　因素：试验中，影响试验结果的原因（或条件）很多，称影响试验结果的原因（或条件）为**因素**. 用大写字母 $A,B,C,\cdots$ 表示.

　　因素可以是定量的也可以是定性的. 因素对试验结果的影响主要表现在因素所处水平的状态发生变化时，试验结果也随之发生变化.

　　水平：试验中因素所处的不同状态称为**水平**. 因素 A 的 r 个不同水平用 A_1，A_2，$\cdots$，A_r 表示.

　　各因素对试验结果的影响一般是不同的，而且一个因素不同水平对试验结果的影响也是不同的.

10.1.2　数学模型

1. 单因素试验

　　试验中固定其他因素，只考虑一个因素 A 对试验结果的影响，而且因素 A 在试验中取 r 个不同水平，记为 A_1，A_2，$\cdots$，A_r，这类试验称为 **r 个水平的单因素试验.**

　　例 10.1.1 中气候、水利、土壤等基本均匀，即这些条件都相同，影响苗高的只有药剂这一个因素，四种不同药剂是四个不同水平，因此例 10.1.1 的试验是四个水平的单因素试验. 试验目的是考察不同药剂对平均苗高是否有显著的影响.

　　本节讨论单因素试验. 我们就例 10.1.1 来讨论，例 10.1.1 中在因素的每一个水平下进行独立试验，其结果是一个随机变量，表 10.1.1 中的数据可以看成来自四个不同总体 X_1,X_2,X_3,X_4（每个水平对应一个总体）的样本观测值，每个试验的结果记为 X_{ij}，$i,j=1,2,3,4$，各个总体的均值分别记为 μ_1,μ_2,μ_3,μ_4，按照试验的目

的，需要检验假设

$$H_0:\mu_1=\mu_2=\mu_3=\mu_4;\ H_1:\mu_1,\mu_2,\mu_3,\mu_4\ 不全相等,$$

进一步假设各个总体均服从正态分布，且方差都相等，但是参数均未知．这时问题就变为检验方差相同的多个正态总体均值是否相等的问题．方差分析是检验同方差的多个正态总体均值是否相等的一种统计方法.

2. 数学模型

在每个水平 $A_i(i=1,2,\cdots,r)$ 上重复做 k 次试验，试验结果如表 10.1.2 所示，这类试验称为**单因素等重复试验**.

表 10.1.2　单因素等重复试验表

试验结果＼水平　重复	A_1	A_2	$\cdots$	A_i	$\cdots$	A_r
1	X_{11}	X_{21}	$\cdots$	X_{i1}	$\cdots$	X_{r1}
2	X_{12}	X_{22}	$\cdots$	X_{i2}	$\cdots$	X_{r2}
$\vdots$	$\vdots$	$\vdots$		$\vdots$		$\vdots$
j	X_{1j}	X_{2j}	$\cdots$	X_{ij}	$\cdots$	X_{rj}
$\vdots$	$\vdots$	$\vdots$		$\vdots$		$\vdots$
k	X_{1k}	X_{2k}	$\cdots$	X_{jk}	$\cdots$	X_{rk}

其中 X_{ij} 表示在水平 A_i 下第 j 次试验的试验结果，$i=1,2,\cdots,r$；$j=1,2,\cdots,k$. 例 10.1.1 的试验是单因素等重复试验.

我们要根据这些数据 X_{ij} 判断当因素取 r 个不同水平时，各水平下的试验结果是否有显著性差异．该问题的数学模型描述如下：

（1）假定水平 A_i 对应的总体 X_i 服从正态分布 $N(\mu_i,\sigma^2)$，$i=1,2,\cdots,r$，其中 μ_i，σ^2 均未知．注意，方差分析中要求 r 个总体的方差相同．**方差相同是进行方差分析的前提.**

（2）从总体 X_i 中抽取容量为 k 的样本 $(X_{i1},X_{i2},\cdots,X_{ik})$，$i=1,2,\cdots,r$，$k$ 个样本相互独立.

由于 X_{ij} 取自总体 X_i，故 $X_{ij}\sim N(\mu_i,\sigma^2)$，$i=1,2,\cdots,r$；$j=1,2,\cdots,k$. 此时，$X_{ij}$ 可表示为总体 X_i 的均值与随机误差 ε_{ij} 之和，即

$$\begin{cases} X_{ij}=\mu_i+\varepsilon_{ij},\\ \varepsilon_{ij}\ 独立同分布,且\ \varepsilon_{ij}\sim N(0,\sigma^2),\\ i=1,2,\cdots,r;\ j=1,2,\cdots,k. \end{cases}\qquad(10.1.1)$$

为方便，把参数形式改变一下，记

$$\mu = \frac{1}{r}\sum_{i=1}^{r}\mu_i, \alpha_i = \mu_i - \mu, i = 1,2,\cdots,r. \qquad (10.1.2)$$

μ 称为总平均，α_i 称为第 i 个水平 A_i 对试验结果的效应，它反映水平 A_i 对试验结果纯作用的大小. 易见，$\sum_{i=1}^{r}\alpha_i = \sum_{i=1}^{r}(\mu_i - \mu) = \sum_{i=1}^{r}\mu_i - r\mu = 0.$

此时，式(10.1.1)可以写成

$$\begin{cases} X_{ij} = \mu + \alpha_i + \varepsilon_{ij}, \\ \varepsilon_{ij} \text{ 独立同分布，且 } \varepsilon_{ij} \sim N(0,\sigma^2), \\ \sum_{i=1}^{r}\alpha_i = 0, i = 1,2,\cdots,r; j = 1,2,\cdots,k. \end{cases} \qquad (10.1.3)$$

称式(10.1.1)或式(10.1.3)为**单因素等重复方差分析的数学模型**，其中 μ，$\alpha_1, \alpha_2, \cdots, \alpha_r$ 为未知参数.

10.1.3 统计分析

方差分析的任务是通过试验获得的数据 X_{ij} 检验 r 个总体 $N(\mu_1,\sigma^2)$，$N(\mu_2,\sigma^2)$，$\cdots$，$N(\mu_r,\sigma^2)$ 的均值是否相等，即对模型(10.1.1)，检验假设

$$H_0:\mu_1 = \mu_2 = \cdots = \mu_r; \quad H_1:\mu_1,\mu_2,\cdots,\mu_r \text{ 不全相等} \qquad (10.1.4)$$

等价于对模型(10.1.3)，检验假设

$$H_0:\alpha_1 = \alpha_2 = \cdots = \alpha_r = 0; \quad H_1:\alpha_1,\alpha_2,\cdots,\alpha_r \text{ 不全为零} \qquad (10.1.5)$$

为推导出检验假设(10.1.4)或假设(10.1.5)的检验统计量，首先分析引起数据 X_{ij} 波动的原因，这里有两个原因. 回到例10.1.1，根据表10.1.1中的数据，不同药剂处理过的种子，其平均苗高是有差异的. 第二种药剂和第四种药剂处理过的水稻苗高明显高于另外两种药剂处理过的水稻苗高. 此外，用同一种药剂处理的四块试验田中水稻苗高之间也有差异. 造成这些差异的原因有两个方面：一是因素 A 取不同水平引起的差异，称这类差异为 A 的变差；一是随机波动引起的差异，称为试验误差. 推广到一般情形，当 H_0 成立时，$X_{ij} \sim N(\mu,\sigma^2)$，$i = 1,2,\cdots,r; j = 1,2,\cdots,k$，引起 X_{ij} 不同的原因是由重复试验中的随机误差造成；当 H_0 不成立时，$X_{ij} \sim N(\mu_i,\sigma^2)$，各个 X_{ij} 的均值不同，当然其取值也不一样，即引起 X_{ij} 不同的原因是因素 A 取不同水平造成的. 我们希望

用一个量刻画各个 X_{ij} 之间的波动程度，并且把引起 X_{ij} 波动的两个不同原因区分开，这就是方差分析的平方和分解法. 记

$$\overline{X} = \frac{1}{kr}\sum_{i=1}^{r}\sum_{j=1}^{k}X_{ij}, \quad \overline{\varepsilon} = \frac{1}{kr}\sum_{i=1}^{r}\sum_{j=1}^{k}\varepsilon_{ij},$$

$$\overline{X}_i = \frac{1}{k}\sum_{j=1}^{k}X_{ij}, \quad \overline{\varepsilon}_i = \frac{1}{k}\sum_{j=1}^{k}\varepsilon_{ij}, \quad S_i^2 = \frac{1}{k}\sum_{j=1}^{k}(X_{ij} - \overline{X}_i)^2, i = 1,2,\cdots,r.$$

考虑平方和分解法.

$$\begin{aligned}
S_T &= \sum_{i=1}^{r}\sum_{j=1}^{k}(X_{ij} - \overline{X})^2 \\
&= \sum_{i=1}^{r}\sum_{j=1}^{k}(X_{ij} - \overline{X}_i + \overline{X}_i - \overline{X})^2 \\
&= \sum_{i=1}^{r}\sum_{j=1}^{k}\left[(X_{ij} - \overline{X}_i)^2 + 2(X_{ij} - \overline{X}_i)(\overline{X}_i - \overline{X}) + (\overline{X}_i - \overline{X})^2\right] \\
&= \sum_{i=1}^{r}\sum_{j=1}^{k}(X_{ij} - \overline{X}_i)^2 + \sum_{i=1}^{r}k(\overline{X}_i - \overline{X})^2 \\
&= S_e + S_A.
\end{aligned} \tag{10.1.6}$$

交叉项为

$$2\sum_{i=1}^{r}\sum_{j=1}^{k}(X_{ij} - \overline{X}_i)(\overline{X}_i - \overline{X}) = 2\sum_{i=1}^{r}\left[(\overline{X}_i - \overline{X})\left(\sum_{j=1}^{k}X_{ij} - k\overline{X}_i\right)\right] = 0.$$

其中 $S_T = \sum_{i=1}^{r}\sum_{j=1}^{k}(X_{ij} - \overline{X})^2$ 称为**总变差平方和**，反映了全部数据 X_{ij} 波动程度的大小. $S_e = \sum_{i=1}^{r}\sum_{j=1}^{k}(X_{ij} - \overline{X}_i)^2 = k\sum_{i=1}^{r}S_i^2 = \sum_{i=1}^{r}\sum_{j=1}^{k}(\varepsilon_{ij} - \overline{\varepsilon}_i)^2$ 称为**随机误差的平方和**也称为**组内平方和**，反映了随机误差的作用引起数据 X_{ij} 的波动. $S_A = \sum_{i=1}^{r}k(\overline{X}_i - \overline{X})^2 = \sum_{i=1}^{r}k\overline{X}_i^2 - kr\overline{X}^2 = \sum_{i=1}^{r}k(\alpha_i + \overline{\varepsilon}_i - \overline{\varepsilon})^2$ 称为**因素 A 的偏差平方和**也称为**组间平方和**，反映了因素 A 的各个水平不同作用引起数据 X_{ij} 的波动大小.

由式($10.1.6$)，总变差平方和分解为随机误差的平方和与因素 A 的偏差平方和两部分的和. 现考察 S_T, S_e, S_A 的分布.

定理 10.1.1　在单因素等重复方差分析模型中

（1）$\dfrac{S_e}{\sigma^2} \sim \chi^2(r(k-1))$；

（2）当原假设 H_0 成立时，$\dfrac{S_A}{\sigma^2} \sim \chi^2(r-1)$ 且 S_e 与 S_A 相互独立，因而

$$F = \frac{S_A/(r-1)}{S_e/r(k-1)} \sim F(r-1, r(k-1)).$$

证明　（1）由于 $X_{ij} \sim N(\mu_i, \sigma^2)$，$i = 1, 2, \cdots, r$；$j = 1, 2, \cdots, k$.
因此

$$\frac{1}{\sigma^2} \sum_{j=1}^{k} (X_{ij} - \overline{X}_i)^2 \sim \chi^2(k-1) \quad i = 1, 2, \cdots, r.$$

又由 X_{ij}，$i = 1, 2, \cdots, r$；$j = 1, 2, \cdots, k$ 相互独立以及 χ^2 分布的可加性，得

$$\frac{S_e}{\sigma^2} = \frac{1}{\sigma^2} \sum_{i=1}^{r} \sum_{j=1}^{k} (X_{ij} - \overline{X}_i)^2 \sim \chi^2(r(k-1)).$$

（2）当 $H_0: \mu_1 = \mu_2 = \cdots = \mu_r$ 即 $H_0: \alpha_1 = \alpha_2 = \cdots = \alpha_r = 0$ 成立时，有

$$X_{ij} \sim N(\mu, \sigma^2), i = 1, 2, \cdots, r; j = 1, 2, \cdots, k.$$

注意 $S_T = S_e + S_A$，$\frac{S_T}{\sigma^2} = \frac{S_e}{\sigma^2} + \frac{S_A}{\sigma^2}$. 易见，$\frac{S_e}{\sigma^2}$ 的秩为 $r(k-1)$，$\frac{S_A}{\sigma^2}$ 的秩为 $r-1$，$\frac{S_T}{\sigma^2}$ 的秩为 $kr-1$，而且 $r(k-1) + r - 1 = kr - 1$，S_e 与 S_A 相互独立，且

$$\frac{S_A}{\sigma^2} \overset{H_0}{\sim} \chi^2(r-1).$$

由 F 分布的定义，得到

$$F = \frac{S_A/(r-1)}{S_e/r(k-1)} \sim F(r-1, r(k-1)). \qquad （证毕）$$

根据定理 10.1.1，构造检验统计量

$$F = \frac{S_A/(r-1)}{S_e/r(k-1)} \overset{H_0}{\sim} F(r-1, r(k-1)).$$

注意，F 值因 S_A 增大有偏大的趋势，从而可以利用 F 统计量来检验假设 H_0. 对于给定显著性水平 α，检验假设 $H_0: \mu_1 = \mu_2 = \cdots = \mu_r$ 或 $H_0: \alpha_1 = \alpha_2 = \cdots = \alpha_r = 0$ 的检验法则为

当 $F \geqslant F_\alpha(r-1, r(k-1))$ 时，拒绝 H_0，即认为因素 A 对试验结果有显著影响；

当 $F < F_\alpha(r-1, r(k-1))$ 时，不拒绝 H_0，即认为因素 A 对试验结果没有显著影响.

综上所述，方差分析表如表 10.1.3 所示：

表 10.1.3   单因素等重复试验方差分析表

方差来源	平方和	自由度	均方和	F 值	显著性
因素 A	$S_A = \sum_{i=1}^{r} k(\overline{X}_i - \overline{X})^2$	$r-1$	$S_A/(r-1)$	$F = \dfrac{S_A/(r-1)}{S_e/r(k-1)}$	
误差 E	$S_e = \sum_{i=1}^{r} \sum_{j=1}^{k} (X_{ij} - \overline{X}_i)^2$	$r(k-1)$	$S_e/r(k-1)$		
总和 T	$S_T = \sum_{i=1}^{r} \sum_{j=1}^{k} (X_{ij} - \overline{X})^2$ $S_T = S_e + S_A$	$kr-1$			

方差分析表中，一般规定：若取显著性水平 $\alpha = 0.005$，且拒绝 H_0，即 $F \geqslant F_{0.005}(r-1, k(r-1))$，则称因素 A 的影响高度显著，记做"$**$"；若取 $\alpha = 0.01$，且拒绝 H_0，但取 $\alpha = 0.005$ 时不拒绝 H_0，即

$$F_{0.005}(r-1, k(r-1)) \geqslant F \geqslant F_{0.01}(r-1, k(r-1)).$$

则称因素 A 的影响显著，记做"$*$".

注：对一个问题进行方差分析，必须要求该问题满足方差分析模型的三个条件：

（1）被检验的各个总体均服从正态分布；

（2）各个总体的方差相等；

（3）各次试验相互独立.

关于条件(3)试验的独立性，很容易做到；关于条件（1），被检验的各个总体是否服从正态分布，可利用第 8 章提到的非参数检验法进行检验；关于条件（2）方差相等的检验，可参阅庄楚强，吴亚森著《应用数理统计基础》中的相关内容.

例 10.1.1（续）   根据例 10.1.1 的数据计算得到表 10.1.4.

表 10.1.4   例 10.1.1 的计算表

苗高 药剂 田块	A_1	A_2	A_3	A_4	
1	20	21	20	22	
2	19	24	18	25	
3	16	26	19	27	
4	13	25	15	26	
总和 T_i	68	96	72	100	$T = 336$
平均 $\overline{X}_i$	17	24	18	25	$\overline{X} = 21$

计算得 $r=4$，$k=4$，$S_T = \sum\limits_{i=1}^{k} \sum\limits_{j=1}^{r} X_{ij}^2 - kr\overline{X}^2 = 272$，$S_A = \sum\limits_{i=1}^{r} k\overline{X}_i^2 - kr\overline{X}^2 =$
200，$S_e = S_T - S_A = 72$.

$$F = \frac{S_A/(r-1)}{S_e/r(k-1)} = 11.11.$$

对显著性水平 $\alpha=0.01$，$\alpha=0.05$ 查表得到 $F_{0.01}(3,12)=5.95$，
$F_{0.05}(3,12)=3.49$，由于 $11.11>5.95>3.49$，拒绝原假设，因此因素 A（药剂）对苗高有显著影响，即认为不同药剂对水稻生长有显著影响.

上述计算结果整理成如表 10.1.5 所示的方差分析表.

表 10.1.5　例 10.1.1 的方差分析表

方差来源	平方和	自由度	均方和	F 值	显著性
因素 A	200	3	66.67	11.11	＊ ＊
误差 E	72	12	6		
总和	272	15			

单因素不等重复试验方差分析

在 r 个水平的单因素试验中，设因素 A 的 r 个水平分别为 A_1，$A_2,\cdots,A_r$，如果各个水平上重复试验次数不全相等，分别为 n_1，$n_2,\cdots,n_r$，试验结果如表 10.1.6 所示，则称该试验为**单因素不等重复试验**. 试验总次数为 $n = \sum\limits_{i=1}^{r} n_i$.

表 10.1.6　单因素不等重复试验表

试验结果水平＼重复	A_1	A_2	$\cdots$	A_i	$\cdots$	A_r
1	X_{11}	X_{21}	$\cdots$	X_{i1}	$\cdots$	X_{r1}
2	X_{12}	X_{22}	$\cdots$	X_{i2}	$\cdots$	X_{r2}
$\vdots$	$\vdots$	$\vdots$		$\vdots$		$\vdots$
n_i	X_{1n_i}	X_{2n_i}	$\cdots$	X_{in_i}	$\cdots$	X_{rn_i}

类似于单因素等重复试验方差分析，我们直接给出下面的结论.

记

$$\overline{X}_i = \frac{1}{n_i} \sum_{j=1}^{n_i} X_{ij}, i = 1,2,\cdots,r, \quad \overline{X} = \frac{1}{n} \sum_{i=1}^{r} \sum_{j=1}^{n_i} X_{ij}.$$

总变差平方和：$S_T = \sum\limits_{i=1}^{r} \sum\limits_{j=1}^{n_i} (X_{ij} - \overline{X})^2 = \sum\limits_{i=1}^{r} \sum\limits_{j=1}^{n_i} X_{ij}^2 - n\overline{X}^2$，反映了

全部数据 X_{ij} 波动程度的大小.

组间平方和：$S_A = \sum_{i=1}^{r} n_i(\overline{X}_i - \overline{X})^2 = \sum_{i=1}^{r} n_i \overline{X}_i^2 - n\overline{X}^2$，反映了因素 A 的各个水平不同作用引起数据 X_{ij} 的波动.

组内平方和：$S_e = \sum_{i=1}^{r} \sum_{j=1}^{n_i} (X_{ij} - \overline{X}_i)^2$，反映了由于随机误差的作用引起数据 X_{ij} 的波动，且 $S_T = S_A + S_e$.

检验的假设仍然为

$$H_0: \mu_1 = \mu_2 = \cdots = \mu_r; \quad H_1: \mu_1, \mu_2, \cdots, \mu_r \text{ 不全相等.}$$

等价于检验假设

$$H_0: \alpha_1 = \alpha_2 = \cdots = \alpha_r = 0; \quad H_1: \alpha_1, \alpha_2, \cdots, \alpha_r \text{ 不全为零.}$$

构造检验统计量

$$F = \frac{S_A/(r-1)}{S_e/(n-r)} \overset{H_0}{\sim} F(r-1, n-r).$$

检验法则为

当 $F \geqslant F_\alpha(r-1, n-r)$ 时，拒绝 H_0，即认为因素 A 对试验结果有显著影响；

当 $F < F_\alpha(r-1, n-r)$ 时，不拒绝 H_0，即认为因素 A 对试验结果没有显著影响.

综上所述，列方差分析表如表 10.1.7 所示：

表 10.1.7 单因素不等重复试验方差分析表

方差来源	平方和	自由度	均方和	F 值	显著性
因素 A	S_A	$r-1$	$S_A/(r-1)$		
误差 E	S_e	$n-r$	$S_e/(n-r)$	$F = \dfrac{S_A/(r-1)}{S_e/(n-r)}$	
总和 T	S_T $S_T = S_e + S_A$	$n-1$			

例 10.1.2 某灯泡厂用四种不同配料方案制成的灯丝生产了四批灯泡，在每批灯泡中随机抽取若干个灯泡测其使用寿命（单位：10^3h），所得数据如表 10.1.8 所示：

表 10.1.8

使用寿命 灯丝 灯泡	A_1	A_2	A_3	A_4
1	1.6	1.58	1.45	1.52
2	1.61	1.60	1.50	1.53

（续）

使用寿命 灯丝 灯泡	A_1	A_2	A_3	A_4	
3	1.65	1.62	1.55	1.57	
4	1.7	1.67	1.62	1.60	
5	1.75	1.74	1.65	1.68	
6	1.72		1.70	1.7	
7	1.8		1.73		
8			1.80		
总和 T_i	11.83	8.21	13	9.60	$T=42.64$
平均 $\overline{X}_i$	1.69	1.642	1.625	1.6	$\overline{X}=1.64$

计算得 $r=4$，$n_1=7$，$n_2=5$，$n_3=8$，$n_4=6$，$n=26$，$S_T=\sum\limits_{i=1}^{r}\sum\limits_{j=1}^{n_i}X_{ij}^2-$
$n\overline{X}^2=0.2066$，$S_A=\sum\limits_{i=1}^{r}n_i\overline{X}_i^2-n\overline{X}^2=0.02892$，$S_e=S_T-S_A=$
0.17768.

$$F=\frac{S_A/(r-1)}{S_e/(n-r)}=1.19.$$

对显著性水平 $\alpha=0.05$ 查表得到 $F_{0.05}(3,22)=3.05$，由于
$1.19<3.05$，故接受原假设. 因此因素 A（灯丝）对灯泡使用寿命无
显著影响，即用四种不同的配料方案对灯泡使用寿命没有显著
影响.

上述计算结果整理成如表 10.1.9 所示的方差分析表.

表 10.1.9　例 10.1.2 的方差分析表

方差来源	平方和	自由度	均方和	F 值	显著性
因素 A	0.02892	3	0.00964	1.19	无显著影响
误差 E	0.17768	22	0.0081		
总和	0.2066	25			

10.2　双因素方差分析

10.2.1　数学模型

在很多实际问题中，影响试验结果的因素可能不止一个，而
是两个或者更多个. 此时，要分析因素所起的作用，需要用到多

因素方差分析. 本节主要介绍两因素方差分析.

设在某试验中，有两个因素 A 和 B 影响试验结果. 为考察因素 A 和因素 B 对试验结果的影响是否显著，取因素 A 的 r 个水平 $A_1, A_2, \cdots, A_r$，因素 B 的 s 个水平 $B_1, B_2, \cdots, B_s$. $r \times s$ 个不同水平组合记为 $A_i B_j (i = 1, 2, \cdots, r; j = 1, 2, \cdots, s)$，在水平组合 $A_i B_j$ 下的试验结果用 X_{ij} 表示. 假定 X_{ij} 相互独立且服从正态分布 $N(\mu_{ij}, \sigma^2)$，$i = 1, 2, \cdots, r; j = 1, 2, \cdots, s$. 此外，也假定在每个水平组合 $A_i B_j$ 下进行了 t 次独立重复试验，每次试验结果用 $X_{ijk} (i = 1, 2, \cdots, r; j = 1, 2, \cdots, s; k = 1, 2, \cdots, t)$ 表示. 我们可以把 $X_{ijk} (i = 1, 2, \cdots, r; j = 1, 2, \cdots, s; k = 1, 2, \cdots, t)$ 看作是从总体 X_{ij} 中抽取的容量为 t 的样本. 所有试验结果见表 10.2.1.

表 10.2.1　双因素等重复试验表

因素 B ＼ 因素 A	A_1	$\cdots$	A_i	$\cdots$	A_r
B_1	$X_{111}, X_{112}, \cdots, X_{11t}$	$\cdots$	$X_{i11}, X_{i12}, \cdots, X_{i1t}$	$\cdots$	$X_{r11}, X_{r12}, \cdots, X_{r1t}$
$\vdots$	$\vdots$		$\vdots$		$\vdots$
B_j	$X_{1j1}, X_{1j2}, \cdots, X_{1jt}$	$\cdots$	$X_{ij1}, X_{ij2}, \cdots, X_{ijt}$	$\cdots$	$X_{rj1}, X_{rj2}, \cdots, X_{rjt}$
$\vdots$	$\vdots$		$\vdots$		$\vdots$
B_s	$X_{1s1}, X_{1s2}, \cdots, X_{1st}$	$\cdots$	$X_{is1}, X_{is2}, \cdots, X_{ist}$	$\cdots$	$X_{rs1}, X_{rs2}, \cdots, X_{rst}$

其中 $X_{ijk} (i = 1, 2, \cdots, r; j = 1, 2, \cdots, s; k = 1, 2, \cdots, t)$ 表示在水平组合 $A_i B_j$ 下第 k 次试验的结果.

在上述假定下 X_{ijk} 取自总体 X_{ij}，故

$$X_{ijk} \sim N(\mu_{ij}, \sigma^2) \quad i = 1, 2, \cdots, r; j = 1, 2, \cdots, s; k = 1, 2, \cdots, t,$$

且各 X_{ijk} 相互独立.

此时，X_{ijk} 可表示为 X_{ij} 的均值与随机误差 ε_{ijk} 之和，即

$$\begin{cases} X_{ijk} = \mu_{ij} + \varepsilon_{ijk}, \\ \varepsilon_{ijk} \text{ 独立同分布，且 } \varepsilon_{ijk} \sim N(0, \sigma^2), \\ i = 1, 2, \cdots, r; j = 1, 2, \cdots, s; k = 1, 2, \cdots, t. \end{cases} \tag{10.2.1}$$

记

$$\begin{cases} \mu = \dfrac{1}{rs} \sum_{i=1}^{r} \sum_{j=1}^{s} \mu_{ij}, \\ \mu_{i\cdot} = \dfrac{1}{s} \sum_{j=1}^{s} \mu_{ij}, \alpha_i = \mu_{i\cdot} - \mu, i = 1, 2, \cdots, r, \\ \mu_{\cdot j} = \dfrac{1}{r} \sum_{i=1}^{r} \mu_{ij}, \beta_j = \mu_{\cdot j} - \mu, j = 1, 2, \cdots, s. \end{cases} \tag{10.2.2}$$

其中

μ 称为总平均;

α_i 称为因素 A 的第 i 个水平对试验结果的效应,即反映水平 A_i 对试验结果作用的大小;

β_j 称为因素 B 的第 j 个水平对试验结果的效应,即反映水平 B_j 对试验结果作用的大小.

易证 $\sum\limits_{i=1}^{r}\alpha_i=0,\quad \sum\limits_{j=1}^{s}\beta_j=0,\quad$ 且

$$\begin{aligned}\mu_{ij}&=\mu+(\mu_{i.}-\mu)+(\mu_{.j}-\mu)+(\mu_{ij}-\mu_{i.}-\mu_{.j}+\mu)\\&=\mu+\alpha_i+\beta_j+\gamma_{ij},\end{aligned}\tag{10.2.3}$$

其中

$$\gamma_{ij}=\mu_{ij}-\mu_{i.}-\mu_{.j}+\mu=(\mu_{ij}-\mu)-\alpha_i-\beta_j,\tag{10.2.4}$$

称为因素 A 的第 i 个水平与因素 B 的第 j 个水平的**交互效应**,满足

$$\sum\limits_{i=1}^{r}\gamma_{ij}=0,j=1,2,\cdots,s,\ \sum\limits_{j=1}^{s}\gamma_{ij}=0,i=1,2,\cdots,r.$$

$\mu_{ij}-\mu$ 表示水平组合 A_iB_j 对试验结果的总效应,而总效应减去 A_i 的效应 α_i 及 B_j 的效应 β_j 所得之差 γ_{ij} 就是水平组合 A_iB_j 对试验结果的交互效应.

在两个因素的试验中,不仅每个因素单独对试验结果起作用,往往两个因素联合起来起作用.实际中,这种作用称为两个因素的交互作用.例如,农业中只施氮肥增产 10kg,只施磷肥增产 5kg,但是同时施氮肥磷肥增产 40kg,大大超过了单独施氮肥和磷肥之和 15kg,这表明两种肥料同时使用产生了交互作用使得产量增加.

下面分两种情况进行讨论:

若 $\gamma_{ij}=0(i=1,2,\cdots,r;j=1,2,\cdots,s)$,此时对 A_i 与 B_j 的各种组合只做一次试验,记其结果为 $X_{ij}(i=1,2,\cdots,r;j=1,2,\cdots,s)$,则

$$\begin{cases}X_{ij}=\mu+\alpha_i+\beta_j+\varepsilon_{ij},\\\varepsilon_{ij}\ 独立同分布,且\ \varepsilon_{ij}\sim N(0,\sigma^2),\\\sum\limits_{i=1}^{r}\alpha_i=0,\sum\limits_{j=1}^{s}\beta_j=0,\\i=1,2,\cdots,r;j=1,2,\cdots,s.\end{cases}\tag{10.2.5}$$

其中 $\mu,\alpha_i,\beta_j(i=1,2,\cdots,r;j=1,2,\cdots,s)$ 为未知参数,这种模型称为**无交互作用的双因素方差分析模型**.

若 $\gamma_{ij}\neq0(i=1,2,\cdots,r;j=1,2,\cdots,s)$,此时对 A_i 与 B_j 的每一种水平组合进行 t 次重复试验,每次试验结果记为 $X_{ijk}(i=1,2,\cdots,r;j=1,2,\cdots,s;k=1,2,\cdots,t)$,则称

$$
\begin{cases}
X_{ijk} = \mu + \alpha_i + \beta_j + \gamma_{ij} + \varepsilon_{ijk}, \\
\varepsilon_{ijk} \text{ 独立同分布, 且 } \varepsilon_{ijk} \sim N(0, \sigma^2), \\
\sum_{i=1}^{r} \alpha_i = 0, \sum_{j=1}^{s} \beta_j = 0, \sum_{i=1}^{r} \gamma_{ij} = \sum_{j=1}^{s} \gamma_{ij} = 0, \\
i = 1, 2, \cdots, r; j = 1, 2, \cdots, s; k = 1, 2, \cdots, t,
\end{cases}
\tag{10.2.6}
$$

为有交互作用的双因素方差分析模型.

对模型 $(10.2.5)$, 与单因素方差分析模型类似, 我们要检验的假设为

$$
\begin{cases}
H_{01}: \alpha_1 = \alpha_2 = \cdots = \alpha_r = 0, \\
H_{02}: \beta_1 = \beta_2 = \cdots = \beta_s = 0.
\end{cases}
\tag{10.2.7}
$$

等价于检验假设

$$
H_0: \mu_{ij} \text{ 全相等}, \quad i = 1, 2, \cdots, r; j = 1, 2, \cdots, s. \tag{10.2.8}
$$

若检验结果拒绝 H_{01} 或拒绝 H_{02}, 那么认为因素 A 或因素 B 对试验结果有显著影响; 若检验结果对 H_{01} 与 H_{02} 均不拒绝, 那么认为因素 A 与因素 B 对试验结果无显著影响.

对模型 $(10.2.6)$, 我们要检验的假设为

$$
\begin{cases}
H_{01}: \alpha_1 = \alpha_2 = \cdots = \alpha_r = 0, \\
H_{02}: \beta_1 = \beta_2 = \cdots = \beta_s = 0, \\
H_{03}: \gamma_{ij} = 0, i = 1, 2, \cdots, r; j = 1, 2, \cdots, s.
\end{cases}
\tag{10.2.9}
$$

等价于

$$
H_0: \mu_{ij} \text{ 全相等}, i = 1, 2, \cdots, r; j = 1, 2, \cdots, s. \tag{10.2.10}
$$

与单因素方差分析类似, 仍然利用平方和分解法进行检验.

10.2.2 统计分析

1. 无交互作用的两因素方差分析

记

$$
\overline{X} = \frac{1}{rs} \sum_{i=1}^{r} \sum_{j=1}^{s} X_{ij}, \quad \overline{\varepsilon} = \frac{1}{rs} \sum_{i=1}^{r} \sum_{j=1}^{s} \varepsilon_{ij},
$$

$$
\overline{X}_{i\cdot} = \frac{1}{s} \sum_{j=1}^{s} X_{ij}, \quad \overline{\varepsilon}_{i\cdot} = \frac{1}{s} \sum_{j=1}^{s} \varepsilon_{ij}, \quad i = 1, 2, \cdots, r,
$$

$$
\overline{X}_{\cdot j} = \frac{1}{r} \sum_{i=1}^{r} X_{ij}, \quad \overline{\varepsilon}_{\cdot j} = \frac{1}{r} \sum_{i=1}^{r} \varepsilon_{ij}, \quad j = 1, 2, \cdots, s.
$$

考虑平方和分解

$$
S_T = \sum_{i=1}^{r} \sum_{j=1}^{s} (X_{ij} - \overline{X})^2
$$

$$
= \sum_{i=1}^{r} \sum_{j=1}^{s} \left[(X_{ij} - \overline{X}_{i\cdot} - \overline{X}_{\cdot j} + \overline{X}) + (\overline{X}_{i\cdot} - \overline{X}) + (\overline{X}_{\cdot j} - \overline{X}) \right]^2
$$

$$= \sum_{i=1}^{r} \sum_{j=1}^{s} (X_{ij} - \overline{X}_{i.} - \overline{X}_{.j} + \overline{X})^2 + s \sum_{i=1}^{r} (\overline{X}_{i.} - \overline{X})^2 + r \sum_{j=1}^{s} (\overline{X}_{.j} - \overline{X})^2$$

$$\hat{=} S_e + S_A + S_B. \tag{10.2.11}$$

其中所有交叉项均为 0,事实上

$$\sum_{i=1}^{r} \sum_{j=1}^{s} (X_{ij} - \overline{X}_{i.} - \overline{X}_{.j} + \overline{X})(\overline{X}_{i.} - \overline{X})$$

$$= \sum_{i=1}^{r} \left[(\overline{X}_{i.} - \overline{X}) \left(\sum_{j=1}^{s} X_{ij} - s\overline{X}_{i.} - \sum_{j=1}^{s} \overline{X}_{.j} + s\overline{X} \right) \right] = 0,$$

$$\sum_{i=1}^{r} \sum_{j=1}^{s} (X_{ij} - \overline{X}_{i.} - \overline{X}_{.j} + \overline{X})(\overline{X}_{.j} - \overline{X})$$

$$= \sum_{j=1}^{s} \left[(\overline{X}_{.j} - \overline{X}) \left(\sum_{i=1}^{r} X_{ij} - \sum_{i=1}^{r} \overline{X}_{i.} - r\overline{X}_{.j} + r\overline{X} \right) \right] = 0,$$

$$\sum_{i=1}^{r} \sum_{j=1}^{s} (\overline{X}_{i.} - \overline{X})(\overline{X}_{.j} - \overline{X})$$

$$= \sum_{i=1}^{r} \left[(\overline{X}_{i.} - \overline{X}) \left(\sum_{j=1}^{s} (\overline{X}_{.j} - \overline{X}) \right) \right] = 0.$$

$S_T = \sum_{i=1}^{r} \sum_{j=1}^{s} (X_{ij} - \overline{X})^2$ 称为**总变差平方和**,反映了全部数据的波动.

$S_e = \sum_{i=1}^{r} \sum_{j=1}^{s} (X_{ij} - \overline{X}_{i.} - \overline{X}_{.j} + \overline{X})^2 = \sum_{i=1}^{r} \sum_{j=1}^{s} (\varepsilon_{ij} - \overline{\varepsilon}_{i.} - \overline{\varepsilon}_{.j} + \overline{\varepsilon})^2$ 称为**误差平方和**,反映了随机误差引起数据的波动程度.

$S_A = s \sum_{i=1}^{r} (\overline{X}_{i.} - \overline{X})^2 = s \sum_{i=1}^{r} (\alpha_i + \overline{\varepsilon}_{i.} - \overline{\varepsilon})^2$ 称为**因素 A 的变差平方和**,反映了因素 A 取各个不同水平引起数据的波动.

$S_B = r \sum_{j=1}^{s} (\overline{X}_{.j} - \overline{X})^2 = r \sum_{j=1}^{s} (\beta_j + \overline{\varepsilon}_{.j} - \overline{\varepsilon})^2$ 称为**因素 B 的变差平方和**,反映了因素 B 取各个不同水平引起数据的波动.

下面的定理给出了各变差平方和的分布.

定理 10.2.1 在无交互作用方差分析模型(10.2.5)中

(1) H_{01},H_{02} 成立时,$\dfrac{S_T}{\sigma^2} \sim \chi^2(rs-1)$;

(2) $\dfrac{S_e}{\sigma^2} \sim \chi^2((r-1)(s-1))$;

(3) H_{01} 成立时,$\dfrac{S_A}{\sigma^2} \sim \chi^2(r-1)$,且 S_A 与 S_e 相互独立,则

$$F_A = \frac{S_A/(r-1)}{S_e/(r-1)(s-1)} \overset{H_{01}}{\sim} F(r-1,(r-1)(s-1));$$

（4）H_{02} 成立时，$\dfrac{S_B}{\sigma^2} \sim \chi^2(s-1)$，且 S_B 与 S_e 相互独立，则

$$F_B = \frac{S_B/(s-1)}{S_e/(r-1)(s-1)} \overset{H_{02}}{\sim} F(s-1,(r-1)(s-1)).$$

请读者自己证明定理 10.2.1.

根据定理 10.2.1，构造检验统计量

$$F_A = \frac{S_A}{S_e/(s-1)} \overset{H_{01}}{\sim} F(r-1,(r-1)(s-1)),$$

$$F_B = \frac{S_B}{S_e/(r-1)} \overset{H_{02}}{\sim} F(s-1,(r-1)(s-1)),$$

分别检验假设 H_{01} 与 H_{02}. 对给定的显著性水平 α，检验法则为

当 $F_A \geqslant F_\alpha(r-1,(r-1)(s-1))$ 时，拒绝 H_{01}，即认为因素 A 对试验结果有显著的影响，否则不拒绝 H_{01}；

当 $F_B \geqslant F_\alpha(s-1,(r-1)(s-1))$ 时，拒绝 H_{02}，即认为因素 B 对试验结果有显著的影响，否则不拒绝 H_{02}.

综上所述，方差分析表如表 10.2.2 所示.

表 10.2.2　无交互作用的双因素方差分析表

方差来源	平方和	自由度	均方和	F 值	显著性
因素 A	$S_A = s\sum\limits_{i=1}^{r}(\bar{X}_{i\cdot}-\bar{X})^2$	$r-1$	$S_A/(r-1)$	$F_A = \dfrac{S_A}{S_e/(s-1)}$	
因素 B	$S_B = r\sum\limits_{j=1}^{s}(\bar{X}_{\cdot j}-\bar{X})^2$	$s-1$	$S_B/(s-1)$	$F_B = \dfrac{S_B}{S_e/(r-1)}$	
误差 E	$S_e = \sum\limits_{i=1}^{r}\sum\limits_{j=1}^{s}$ $(X_{ij}-\bar{X}_{i\cdot}-\bar{X}_{\cdot j}+\bar{X})^2$	$(r-1)(s-1)$	$\dfrac{S_e/}{(r-1)(s-1)}$		
总和 T	$S_T = \sum\limits_{i=1}^{r}\sum\limits_{j=1}^{s}(X_{ij}-\bar{X})^2$ $S_T = S_e + S_A + S_B$	$rs-1$			

例 10.2.1　设甲乙丙丁四个工人操作机器 Ⅰ，Ⅱ，Ⅲ 各一天，其日生产量如表 10.2.3 所示. 试问不同工人和机器对产品的产量是否有显著影响？（$\alpha=0.05$）

表 10. 2. 3

日产量 工人 机器	甲	乙	丙	丁	$\sum\limits_{i=1}^{4} X_{ij}$	$\overline{X}_{\cdot j}$
I	50	48	49	53	200	50
II	63	54	57	58	232	58
III	52	43	41	48	184	46
$\sum\limits_{j=1}^{3} X_{ij}$	165	145	147	159	$T = 616$	
$\overline{X}_{i\cdot}$	55	48.3	49	53		$\overline{X} = 51.3$

解 这里视工人为因素 A,机器为因素 B,则

$$r = 4, \quad s = 3, \quad S_T = \sum_{i=1}^{r} \sum_{j=1}^{s} X_{ij}^2 - rs\overline{X}^2 = 428.67,$$

$$S_A = s \sum_{i=1}^{r} (\overline{X}_{i\cdot} - \overline{X})^2 = 92,$$

$$S_B = r \sum_{j=1}^{s} (\overline{X}_{\cdot j} - \overline{X})^2 = 298.67, \quad S_e = S_T - S_A - S_B = 38.$$

查表得 $F_{0.05}(3,6) = 4.76$,$F_{0.05}(2,6) = 5.14$,因此得如表 10. 2. 4所示方差分析表.

表 10. 2. 4 例 10. 2. 1 的方差分析表

方差来源	平方和	自由度	均方和	F 值	显著性
因素 A	92	3	30.67	4.85	*
因素 B	298.67	2	149.34	23.59	* *
误差 E	38	6	6.33		
总和 T	428.67	11			

由于 $F_A = 4.85 > F_{0.05}(3,6) = 4.76$,$F_B = 23.59 > F_{0.05}(2,6) = 5.14$,故因素 A 和因素 B 对试验结果的影响都是显著的,即使取 $\alpha = 0.01$,$F_{0.01}(2,6) = 10.93$,于是因素 B 的影响是高度显著的. 该结果说明工人与机器对产品产量都有显著影响,特别机器对产品产量有高度显著的影响.

2. 有交互作用的两因素方差分析

记

$$\overline{X} = \frac{1}{rst} \sum_{i=1}^{r} \sum_{j=1}^{s} \sum_{k=1}^{t} X_{ijk}, \quad \overline{\varepsilon} = \frac{1}{rst} \sum_{i=1}^{r} \sum_{j=1}^{s} \sum_{k=1}^{t} \varepsilon_{ijk}.$$

$$\overline{X}_{ij\cdot} = \frac{1}{t} \sum_{k=1}^{t} X_{ijk}, \quad \overline{\varepsilon}_{ij\cdot} = \frac{1}{t} \sum_{k=1}^{t} \varepsilon_{ijk}, \quad i = 1, 2, \cdots, r, \; j = 1, 2, \cdots, s.$$

$$\overline{X}_{i\cdot\cdot} = \frac{1}{st}\sum_{j=1}^{s}\sum_{k=1}^{t}X_{ijk}, \quad \overline{\varepsilon}_{i\cdot\cdot} = \frac{1}{st}\sum_{j=1}^{s}\sum_{k=1}^{t}\varepsilon_{ijk}, \quad i=1,2,\cdots,r.$$

$$\overline{X}_{\cdot j\cdot} = \frac{1}{rt}\sum_{i=1}^{r}\sum_{k=1}^{t}X_{ijk}, \quad \overline{\varepsilon}_{\cdot j\cdot} = \frac{1}{rt}\sum_{i=1}^{r}\sum_{k=1}^{t}\varepsilon_{ijk}, \quad j=1,2,\cdots,s.$$

考虑平方和分解

$$\begin{aligned}
S_T &= \sum_{i=1}^{r}\sum_{j=1}^{s}\sum_{k=1}^{t}(X_{ijk}-\overline{X})^2 \\
&= \sum_{i=1}^{r}\sum_{j=1}^{s}\sum_{k=1}^{t}\big[(X_{ijk}-\overline{X}_{ij\cdot})+(\overline{X}_{i\cdot\cdot}-\overline{X})+(\overline{X}_{\cdot j\cdot}-\overline{X})+ \\
&\quad (\overline{X}_{ij\cdot}-\overline{X}_{i\cdot\cdot}-\overline{X}_{\cdot j\cdot}+\overline{X})\big]^2 \\
&= \sum_{i=1}^{r}\sum_{j=1}^{s}\sum_{k=1}^{t}(X_{ijk}-\overline{X}_{ij\cdot})^2+st\sum_{i=1}^{r}(\overline{X}_{i\cdot\cdot}-\overline{X})^2+ \\
&\quad rt\sum_{j=1}^{s}(\overline{X}_{\cdot j\cdot}-\overline{X})^2+t\sum_{i=1}^{r}\sum_{j=1}^{s}(\overline{X}_{ij\cdot}-\overline{X}_{i\cdot\cdot}-\overline{X}_{\cdot j\cdot}+\overline{X})^2 \\
&\triangleq S_e+S_A+S_B+S_{A\times B}.
\end{aligned}$$

其中所有交叉项均为 0，请读者自己证明.

$S_T = \sum_{i=1}^{r}\sum_{j=1}^{s}\sum_{k=1}^{t}(X_{ijk}-\overline{X})^2$ 称为**总变差平方和**，反映了全部数据的波动.

$S_e = \sum_{i=1}^{r}\sum_{j=1}^{s}\sum_{k=1}^{t}(X_{ijk}-\overline{X}_{ij\cdot})^2 = \sum_{i=1}^{r}\sum_{j=1}^{s}\sum_{k=1}^{t}(\varepsilon_{ijk}-\overline{\varepsilon}_{ij\cdot})^2$ 称为**误差平方和**，反映了随机误差引起数据的波动.

$S_A = st\sum_{i=1}^{r}(\overline{X}_{i\cdot\cdot}-\overline{X})^2 = st\sum_{i=1}^{r}(\alpha_i+\overline{\varepsilon}_{i\cdot\cdot}-\overline{\varepsilon})^2$ 称为**因素 A 的变差平方和**，主要反映了因素 A 取各个不同水平引起数据的波动，而常数 st 是每个水平 A_i 在各个水平搭配中出现 st 次.

$S_B = rt\sum_{j=1}^{s}(\overline{X}_{\cdot j\cdot}-\overline{X})^2 = rt\sum_{i=1}^{r}(\beta_j+\overline{\varepsilon}_{\cdot j\cdot}-\overline{\varepsilon})^2$ 称为**因素 B 的变差平方和**，主要反映了因素 B 取各个不同水平引起数据的波动，而常数 rt 是每个水平 B_j 在各个水平搭配中出现 rt 次.

$S_{A\times B} = t\sum_{i=1}^{r}\sum_{j=1}^{s}(\overline{X}_{ij\cdot}-\overline{X}_{i\cdot\cdot}-\overline{X}_{\cdot j\cdot}+\overline{X})^2 = t\sum_{i=1}^{r}\sum_{j=1}^{s}(\gamma_{ij}+\overline{\varepsilon}_{ij\cdot}-\overline{\varepsilon}_{i\cdot\cdot}-\overline{\varepsilon}_{\cdot j\cdot}+\overline{\varepsilon})^2$ 称为**交互作用的变差平方和**，主要反映了因素 A 与因素 B 交互作用引起数据的波动大小.

同前述一样，不加证明地给出如下结论.

定理 10.2.2 在交互作用方差分析模型(10.2.6)中

(1) $\dfrac{S_e}{\sigma^2}\sim\chi^2(rs(t-1))$；

（2）H_{01} 成立时，$\dfrac{S_A}{\sigma^2} \sim \chi^2(r-1)$，且 S_A 与 S_e 相互独立，则

$$F_A = \frac{S_A/(r-1)}{S_e/rs(t-1)} \overset{H_{01}}{\sim} F(r-1, rs(t-1));$$

（3）H_{02} 成立时，$\dfrac{S_B}{\sigma^2} \sim \chi^2(s-1)$，且 S_B 与 S_e 相互独立，则

$$F_B = \frac{S_B/(s-1)}{S_e/rs(t-1)} \overset{H_{02}}{\sim} F(s-1, rs(t-1));$$

（4）H_{03} 成立时，$\dfrac{S_{A\times B}}{\sigma^2} \sim \chi^2((r-1)(s-1))$，且 $S_{A\times B}$ 与 S_e 相互独立，则

$$F_{A\times B} = \frac{S_{A\times B}/(r-1)(s-1)}{S_e/rs(t-1)} \overset{H_{03}}{\sim} F((r-1)(s-1), rs(t-1)).$$

根据定理 10.2.2，构造检验统计量

$$F_A = \frac{S_A/(r-1)}{S_e/rs(t-1)} \overset{H_{01}}{\sim} F(r-1, rs(t-1)).$$

$$F_B = \frac{S_B/(s-1)}{S_e/rs(t-1)} \overset{H_{02}}{\sim} F(s-1, rs(t-1)).$$

$$F_{A\times B} = \frac{S_{A\times B}/(r-1)(s-1)}{S_e/rs(t-1)} \overset{H_{03}}{\sim} F((r-1)(s-1), rs(t-1)).$$

分别检验假设 H_{01}，H_{02} 与 H_{03}. 对于给定的显著性水平 α，检验法则为

当 $F_A \geqslant F_\alpha(r-1, rs(t-1))$ 时，拒绝 H_{01}，即认为因素 A 对试验结果有显著的影响，否则不拒绝 H_{01}；

当 $F_B \geqslant F_\alpha(s-1, rs(t-1))$ 时，拒绝 H_{02}，即认为因素 B 对试验结果有显著的影响，否则不拒绝 H_{02}；

当 $F_{A\times B} \geqslant F_\alpha((r-1)(s-1), rs(t-1))$ 时，拒绝 H_{03}，即认为交互作用 $A\times B$ 对试验结果有显著的影响，否则不拒绝 H_{03}，认为交互作用的影响不显著.

综上所述，方差分析表如表 10.2.5 所示：

表 10.2.5　有交互作用的双因素方差分析表

方差来源	平方和	自由度	均方和	F 值	显著性
因素 A	S_A	$r-1$	$S_A/(r-1)$	$F_A = \dfrac{S_A/(r-1)}{S_e/rs(t-1)}$	

（续）

方差来源	平方和	自由度	均方和	F 值	显著性
因素 B	S_B	$s-1$	$S_B/(s-1)$	$F_B = \dfrac{S_B/(s-1)}{S_e/rs(t-1)}$	
$A\times B$	$S_{A\times B}$	$(r-1)(s-1)$	$S_{A\times B}/(r-1)(s-1)$	$F_{A\times B} = \dfrac{S_{A\times B}/(r-1)(s-1)}{S_e/rs(t-1)}$	
误差 E	S_e	$rs(t-1)$	$S_e/rs(t-1)$		
总和 T	S_T	$rst-1$			

例 10.2.2　一化工厂为提高某化工产品的转化率，选了三种不同浓度和四种不同温度条件下做试验，为考虑浓度与温度的相互作用，在浓度与温度的每一种水平组合下各做 3 次试验，得转化率如表 10.2.6 所示.

表 10.2.6

温度＼浓度	A_1	A_2	A_3
B_1	90,85,85	85,82,80	80,86,83
B_2	86,86,86	83,82,80	90,85,80
B_3	88,86,85	85,80,80	80,80,80
B_4	86,85,82	80,82,80	80,85,90

对给定显著性水平 $\alpha=0.05$，试分析

（1）不同浓度对转化率是否有显著影响？

（2）不同温度对转化率是否有显著影响？

（3）浓度和温度之间的交互作用对转化率是否有显著影响？

解　这里视浓度为因素 A，温度为因素 B，则

$$r=3,\ s=4,\ t=3,\ \overline{X}_{ij\cdot}=\frac{1}{t}\sum_{k=1}^{t}X_{ijk},i=1,2,\cdots,r,j=1,2,\cdots,s.$$

$$\overline{X}_{i\cdot\cdot}=\frac{1}{st}\sum_{j=1}^{s}\sum_{k=1}^{t}X_{ijk},\quad i=1,2,\cdots,r,\ \overline{X}_{\cdot j\cdot}=\frac{1}{rt}\sum_{i=1}^{r}\sum_{k=1}^{t}X_{ijk},\quad j=1,2,\cdots,s.$$

$$S_T=\sum_{i=1}^{r}\sum_{j=1}^{s}\sum_{k=1}^{t}X_{ijk}^2-rst\overline{X}^2=358.89,S_A=st\sum_{i=1}^{r}(\overline{X}_{i\cdot\cdot}-\overline{X})^2=110.06.$$

$$S_B=rt\sum_{j=1}^{s}(\overline{X}_{\cdot j\cdot}-\overline{X})^2=13.33,$$

$$S_{A\times B}=t\sum_{i=1}^{r}\sum_{j=1}^{s}(\overline{X}_{ij\cdot}-\overline{X}_{i\cdot\cdot}-\overline{X}_{\cdot j\cdot}+\overline{X})^2=50.83.$$

$$S_e=S_T-S_A-S_B-S_{A\times B}=358.89-110.06-13.33-50.83=184.67.$$

方差分析表如表 10.2.7 所示.

表 10.2.7 例 10.2.2 的方差分析表

方差来源	平方和	自由度	均方和	F 值	显著性
因素 A	110.06	2	55.03	7.16	*
因素 B	13.33	3	4.44	0.58	无
$A \times B$	50.83	6	8.47	1.10	无
误差 E	184.67	24	7.69		
总和 T	358.89	35			

中国创造：海水稻

查表得 $F_{0.05}(2,24) = 3.40$，$F_{0.05}(3,24) = 3.01$，$F_{0.05}(6,24) = 2.51$，

由于 $F_A = 7.16 > F_{0.05}(2,24) = 3.40$，$F_B = 0.58 < F_{0.05}(3,24) = 3.01$，$F_{A \times B} = 1.10 < F_{0.05}(6,24) = 2.51$，因此不同浓度对转化率有显著影响，不同温度对转化率没有显著影响，浓度和温度之间的交互作用对转化率没有显著影响.

习题 10

1. 四位教师，对同一个班的英语试卷评分，分数记录如下表所示：

分数\教师\学号	A_1	A_2	A_3	A_4
1	73	85	80	71
2	89	76	76	65
3	82	44	20	100
4	45	92	90	91
5	82	50	70	68
6	70	85	65	80
7	60	75	85	70
8	66	79	76	76
9	49	60	60	63
10	99	77	70	87
11	60	98	66	55
12	70	85	93	78
13		92	66	90

在显著性水平 $\alpha = 0.05$ 下，分析四位教师所给平均分数是否有显著差异？

2. 四台机器 A_1, A_2, A_3, A_4 生产同种产品，对每台机器观察 5 天的日产量如下表所示：

产量\机器\天	A_1	A_2	A_3	A_4
1	41	65	42	40
2	48	67	48	50
3	42	64	50	52
4	57	70	51	51
5	49	68	46	46

在显著性水平 $\alpha = 0.05$ 下，分析四台机器生产的产品日产量是否存在显著差异？

3. 四个工厂生产某种产品 A，为研究各工厂生产的产品特征值是否存在差异，每个工厂各抽取了三个产品，测定其特征值如下表所示：

特征值\工厂\产品	A_1	A_2	A_3	A_4
1	25.5	25.5	27.5	28.0
2	26.5	24.5	25.5	28.5
3	27.0	23.5	26.5	29.0

在显著性水平 $\alpha = 0.05$ 下，分析四个工厂生产的产品是否存在显著差异？

4. 三个工人 A_1, A_2, A_3 分别在四台不同的机器

B_1, B_2, B_3, B_4 上生产同种产品，得到 3 天的日产量如下表所示：

机器 \ 工人	A_1	A_2	A_3
B_1	15,15,17	19,19,15	16,18,21
B_2	16,16,17	15,15,16	19,22,22
B_3	15,16,17	16,17,19	18,19,19
B_4	18,20,23	18,17,19	17,17,17

在显著性水平 $\alpha = 0.05$ 下，分析

（1）工人之间是否有显著差异？

（2）机器之间是否有显著差异？

（3）工人和机器之间的交互作用是否有显著差异？

5. 叙述方差分析的基本思想；方差分析的基本假定有哪些；叙述单因素方差分析的基本步骤.

6. 试述回归分析和方差分析的不同之处.

附表 1　常见的概率分布

分布	参数	分布列或概率密度函数	数学期望	方差
0-1 分布（两点分布）	$0<p<1$	$P\{X=k\}=p^k(1-p)^{1-k}$ $k=0,1$	p	$p(1-p)$
二项分布	$n\geqslant 1$ $0<p<1$	$P\{X=k\}=\binom{n}{k}p^k(1-p)^{n-k}$ $k=0,1,2,\cdots,n$	np	$np(1-p)$
泊松分布	$\lambda>0$	$P\{X=k\}=\dfrac{\lambda^k}{k!}\mathrm{e}^{-\lambda}$ $k=0,1,2,\cdots$	λ	λ
几何分布	$0<p<1$	$P\{X=k\}=p(1-p)^{k-1}$ $k=1,2,\cdots$	$\dfrac{1}{p}$	$\dfrac{1-p}{p^2}$
超几何分布	N,M,n $(M\leqslant N,n\leqslant N)$ 均为非负整数	$P\{X=k\}=\binom{M}{k}\binom{N-M}{n-k}\Big/\binom{N}{n}$ $\max(0,M+n-N)\leqslant k\leqslant\min(M,n)$	$\dfrac{nM}{N}$	$\dfrac{nM(N-M)(N-n)}{N^2(N-1)}$
均匀分布	$a<b$	$f(x)=\begin{cases}\dfrac{1}{b-a}, & a<x<b, \\ 0, & 其他.\end{cases}$	$\dfrac{a+b}{2}$	$\dfrac{(b-a)^2}{12}$
正态分布（高斯分布）	$\mu\in\mathbf{R}$ $\sigma>0$	$f(x)=\dfrac{1}{\sqrt{2\pi}\,\sigma}\mathrm{e}^{-\frac{1}{2\sigma^2}(x-\mu)^2}$ $-\infty<x<+\infty$	μ	σ^2
对数正态分布	$\mu\in\mathbf{R}$ $\sigma>0$	$f(x)=\begin{cases}\dfrac{1}{\sqrt{2\pi}\,\sigma x}\mathrm{e}^{-\frac{(\ln x-\mu)^2}{2\sigma^2}}, & x>0, \\ 0, & x\leqslant 0.\end{cases}$	$\mathrm{e}^{\mu+\frac{\sigma^2}{2}}$	$\mathrm{e}^{2\mu+\sigma^2}(\mathrm{e}^{\sigma^2}-1)$
指数分布	$\lambda>0$	$f(x)=\begin{cases}\lambda\mathrm{e}^{-\lambda x}, & x>0, \\ 0, & x\leqslant 0.\end{cases}$	$\dfrac{1}{\lambda}$	$\dfrac{1}{\lambda^2}$
χ^2 分布	$n\geqslant 1$	$f(x;n)=\begin{cases}\dfrac{1}{2^{\frac{n}{2}}\Gamma\left(\dfrac{n}{2}\right)}x^{\frac{n}{2}-1}\mathrm{e}^{-\frac{x}{2}}, & x>0, \\ 0, & x\leqslant 0.\end{cases}$	n	$2n$

（续）

分布	参数	分布列或概率密度函数	数学期望	方差
t 分布	$n \geqslant 1$	$f(x) = \dfrac{\Gamma\left(\dfrac{n+1}{2}\right)}{\sqrt{n\pi}\,\Gamma\left(\dfrac{n}{2}\right)}\left(1+\dfrac{x^2}{n}\right)^{-\frac{n+1}{2}}$ $-\infty < x < +\infty$	$0\,(n>1)$	$\dfrac{n}{n-2}\,(n>2)$
F 分布	m, n	$f(x;m,n)=$ $\begin{cases} \dfrac{\Gamma\left(\dfrac{m+n}{2}\right)}{\Gamma\left(\dfrac{m}{2}\right)\Gamma\left(\dfrac{n}{2}\right)}\left(\dfrac{m}{n}\right)^{\frac{m}{2}}x^{\frac{m}{2}-1}\left(1+\dfrac{m}{n}x\right)^{-\frac{m+n}{2}}, & x>0, \\ 0, & x \leqslant 0. \end{cases}$	$\dfrac{n}{n-2}\,(n>2)$	$\dfrac{2n^2(m+n-2)}{m(n-2)^2(n-4)}$ $(n>4)$
伽玛分布	$\alpha>0$ $\lambda>0$	$f(x)=\begin{cases} \dfrac{\lambda^{\alpha}}{\Gamma(\alpha)}x^{\alpha-1}e^{-\lambda x}, & x>0, \\ 0, & x \leqslant 0. \end{cases}$	$\dfrac{\alpha}{\lambda}$	$\dfrac{\alpha}{\lambda^2}$
贝塔分布	$\alpha>0$ $\beta>0$	$f(x)=\begin{cases} \dfrac{\Gamma(\alpha+\beta)}{\Gamma(\alpha)\Gamma(\beta)}x^{\alpha-1}(1-x)^{\beta-1}, & 0<x<1, \\ 0, & 其他. \end{cases}$	$\dfrac{\alpha}{\alpha+\beta}$	$\dfrac{\alpha\beta}{(\alpha+\beta)^2(\alpha+\beta+1)}$
柯西分布	$\mu \in \mathbf{R}, \lambda>0$	$f(x)=\dfrac{\lambda}{\pi(\lambda^2+(x-\mu)^2)}, -\infty < x < +\infty$	不存在	不存在

附表 2　标准正态分布表

$$\Phi(x) = \frac{1}{\sqrt{2\pi}} \int_{-\infty}^{x} e^{-\frac{t^2}{2}} dt$$

x	0.00	0.01	0.02	0.03	0.04	0.05	0.06	0.07	0.08	0.09
0.0	0.5000	0.5040	0.5080	0.5120	0.5160	0.5199	0.5239	0.5279	0.5319	0.5359
0.1	0.5398	0.5438	0.5478	0.5517	0.5557	0.5596	0.5636	0.5675	0.5714	0.5753
0.2	0.5793	0.5832	0.5871	0.5910	0.5948	0.5987	0.6026	0.6064	0.6103	0.6141
0.3	0.6179	0.6217	0.6255	0.6293	0.6331	0.6368	0.6406	0.6443	0.6480	0.6517
0.4	0.6554	0.6591	0.6628	0.6664	0.6700	0.6736	0.6772	0.6808	0.6844	0.6879
0.5	0.6915	0.6950	0.6985	0.7019	0.7054	0.7088	0.7123	0.7157	0.7190	0.7224
0.6	0.7257	0.7291	0.7324	0.7357	0.7389	0.7422	0.7454	0.7486	0.7517	0.7549
0.7	0.7580	0.7611	0.7642	0.7673	0.7704	0.7734	0.7764	0.7794	0.7823	0.7852
0.8	0.7881	0.7910	0.7939	0.7967	0.7995	0.8023	0.8051	0.8078	0.8106	0.8133
0.9	0.8159	0.8186	0.8212	0.8238	0.8264	0.8289	0.8315	0.8340	0.8365	0.8389
1.0	0.8413	0.8438	0.8461	0.8485	0.8508	0.8531	0.8554	0.8577	0.8599	0.8621
1.1	0.8643	0.8665	0.8686	0.8708	0.8729	0.8749	0.8770	0.8790	0.8810	0.8830
1.2	0.8849	0.8869	0.8888	0.8907	0.8925	0.8944	0.8962	0.8980	0.8997	0.90147
1.3	0.90320	0.90490	0.90658	0.90824	0.90988	0.91149	0.91309	0.91466	0.91621	0.91774
1.4	0.91924	0.92073	0.92220	0.92364	0.92507	0.92647	0.92785	0.92922	0.93056	0.93189
1.5	0.93319	0.93448	0.93574	0.93699	0.93822	0.93943	0.94062	0.94179	0.94295	0.94408
1.6	0.94520	0.94630	0.94738	0.94845	0.94950	0.95053	0.95154	0.95254	0.95352	0.95449
1.7	0.95543	0.95637	0.95728	0.95818	0.95907	0.95994	0.96080	0.96164	0.96246	0.96327
1.8	0.96407	0.96485	0.96562	0.96638	0.96712	0.96784	0.96856	0.96926	0.96995	0.97062
1.9	0.97128	0.97193	0.97257	0.97320	0.97381	0.97441	0.97500	0.97558	0.97615	0.97670
2.0	0.97725	0.97778	0.97831	0.97882	0.97932	0.97982	0.98030	0.98077	0.98124	0.98169
2.1	0.98214	0.98257	0.98300	0.98341	0.98382	0.98422	0.98461	0.98500	0.98537	0.98574
2.2	0.98610	0.98645	0.98679	0.98713	0.98745	0.98778	0.98809	0.98840	0.98870	0.98899
2.3	0.98928	0.98956	0.98983	$0.9^2 0097$	$0.9^2 0358$	$0.9^2 0613$	$0.9^2 0863$	$0.9^2 1106$	$0.9^2 1344$	$0.9^2 1576$
2.4	$0.9^2 1802$	$0.9^2 2024$	$0.9^2 2240$	$0.9^2 2451$	$0.9^2 2656$	$0.9^2 2857$	$0.9^2 3053$	$0.9^2 3244$	$0.9^2 3431$	$0.9^2 3613$
2.5	$0.9^2 3790$	0.993963	$0.9^2 4132$	$0.9^2 4297$	$0.9^2 4457$	$0.9^2 4614$	$0.9^2 4766$	$0.9^2 4915$	$0.9^2 5060$	$0.9^2 5201$
2.6	$0.9^2 5339$	0.995473	$0.9^2 5604$	$0.9^2 5731$	$0.9^2 5855$	$0.9^2 5975$	$0.9^2 6093$	$0.9^2 6207$	$0.9^2 6319$	$0.9^2 6427$
2.7	$0.9^2 6533$	0.996636	$0.9^2 6736$	$0.9^2 6833$	$0.9^2 6928$	$0.9^2 7020$	$0.9^2 7110$	$0.9^2 7197$	$0.9^2 7282$	$0.9^2 7365$

（续）

x	0.00	0.01	0.02	0.03	0.04	0.05	0.06	0.07	0.08	0.09
2.8	0.9^27445	0.997523	0.9^27599	0.9^27673	0.9^27744	0.9^27814	0.9^27882	0.9^27948	0.9^28012	0.9^28074
2.9	0.9^28134	0.998193	0.9^28250	0.9^28305	0.9^28359	0.9^28411	0.9^28462	0.9^28511	0.9^28559	0.9^28605
3.0	0.9^28650	0.9^28694	0.9^28736	0.9^28777	0.9^28817	0.9^28856	0.9^28893	0.9^28930	0.9^28965	0.9^28999
3.1	0.9^30324	0.9^30646	0.9^30957	0.9^31260	0.9^31553	0.9^31836	0.9^32112	0.9^32378	0.9^32636	0.9^32886
3.2	0.9^33129	0.9^33363	0.9^33590	0.9^33810	0.9^34024	0.9^34230	0.9^34429	0.9^34623	0.9^34810	0.9^34991
3.3	0.9^35166	0.9^35335	0.9^35499	0.9^35658	0.9^35811	0.9^35959	0.9^36103	0.9^36242	0.9^36376	0.9^36505
3.4	0.9^36631	0.9^36752	0.9^36869	0.9^36982	0.9^37091	0.9^37197	0.9^37299	0.9^37398	0.9^37493	0.9^37585
3.5	0.9^37674	0.9^37759	0.9^37842	0.9^37922	0.9^37999	0.9^38074	0.9^38146	0.9^38215	0.9^38282	0.9^38347
3.6	0.9^38409	0.9^38469	0.9^38527	0.9^38583	0.9^38637	0.9^38689	0.9^38739	0.9^38787	0.9^38834	0.9^38879
3.7	0.9^38922	0.9^38964	0.9^400389	0.9^404260	0.9^407990	0.9^411583	0.9^415043	0.9^418376	0.9^421586	0.9^424676
3.8	0.9^427652	0.9^430517	0.9^433274	0.9^435928	0.9^438483	0.9^440941	0.9^443306	0.9^445582	0.9^447772	0.9^449878
3.9	0.9^451904	0.9^453852	0.9^455726	0.9^457527	0.9^459259	0.9^460924	0.9^462525	0.9^464064	0.9^465542	0.9^466963
4.0	0.9^468329	0.9^469641	0.9^470901	0.9^472112	0.9^473274	0.9^474391	0.9^475464	0.9^476493	0.9^477482	0.9^478431
4.1	0.9^479342	0.9^480217	0.9^481056	0.9^481862	0.9^482635	0.9^483376	0.9^484088	0.9^484770	0.9^485425	0.9^486052
4.2	0.9^486654	0.9^487231	0.9^487785	0.9^488315	0.9^488824	0.9^489311	0.9^489779	0.9^50226	0.9^50655	0.9^51066
4.3	0.9^51460	0.9^51837	0.9^52199	0.9^52545	0.9^52876	0.9^53193	0.9^53497	0.9^53788	0.9^54066	0.9^54332
4.4	0.9^54587	0.9^54831	0.9^55065	0.9^55288	0.9^55502	0.9^55706	0.9^55902	0.9^56089	0.9^56268	0.9^56439
4.5	0.9^56602	0.9^56759	0.9^56908	0.9^57051	0.9^57187	0.9^57318	0.9^57442	0.9^57561	0.9^57675	0.9^57784
4.6	0.9^57888	0.9^57987	0.9^58081	0.9^58172	0.9^58258	0.9^58340	0.9^58419	0.9^58494	0.9^58566	0.9^58634
4.7	0.9^58699	0.9^58761	0.9^58821	0.9^58877	0.9^58931	0.9^58983	0.9^60320	0.9^60789	0.9^61235	0.9^61661
4.8	0.9^62067	0.9^62453	0.9^62822	0.9^63173	0.9^63508	0.9^63827	0.9^64131	0.9^64420	0.9^64696	0.9^64958
4.9	0.9^65208	0.9^65446	0.9^65673	0.9^65889	0.9^66094	0.9^66289	0.9^66475	0.9^66652	0.9^66821	0.9^66981

本表各栏数字中的 9^2，9^3，9^4，9^5，9^6 分别表示 99，999，9999，99999，999999. 例如 0.9^427652 为 0.999927652.

附表3　χ^2 分布上分位数表

$$P\{\chi^2 > \chi^2_\alpha(n)\} = \alpha$$

n \ α	0.995	0.99	0.975	0.95	0.90	0.75
1	0.000	0.000	0.001	0.004	0.016	0.102
2	0.010	0.020	0.051	0.103	0.211	0.575
3	0.072	0.115	0.216	0.352	0.584	1.213
4	0.207	0.297	0.484	0.711	1.064	1.923
5	0.412	0.554	0.831	1.146	1.610	2.675
6	0.676	0.872	1.237	1.635	2.204	3.455
7	0.989	1.239	1.690	2.167	2.833	4.255
8	1.344	1.647	2.180	2.733	3.490	5.071
9	1.735	2.088	2.700	3.325	4.168	5.899
10	2.156	2.558	3.247	3.940	4.865	6.737
11	2.603	3.054	3.816	4.575	5.578	7.584
12	3.074	3.571	4.404	5.226	6.304	8.438
13	3.565	4.107	5.009	5.892	7.042	9.299
14	4.075	4.660	5.629	6.571	7.790	10.165
15	4.601	5.229	6.262	7.261	8.547	11.037
16	5.142	5.812	6.908	7.962	9.312	11.912
17	5.697	6.408	7.564	8.672	10.085	12.792
18	6.265	7.015	8.231	9.391	10.865	13.675
19	6.844	7.633	8.907	10.117	11.651	14.562
20	7.434	8.260	9.591	10.851	12.443	15.452
21	8.034	8.897	10.283	11.591	13.240	16.344
22	8.643	9.543	10.982	12.338	14.041	17.240
23	9.260	10.196	11.689	13.091	14.848	18.137
24	9.886	10.856	12.401	13.848	15.659	19.037
25	10.520	11.524	13.120	14.611	16.473	19.939
26	11.160	12.198	13.844	15.379	17.292	20.843
27	11.808	12.879	14.573	16.151	18.114	21.749
28	12.461	13.565	15.308	16.928	18.939	22.657
29	13.121	14.256	16.047	17.708	19.768	23.567
30	13.787	14.953	16.791	18.493	20.599	24.478

（续）

n＼α	0.995	0.99	0.975	0.95	0.90	0.75
31	14.458	15.655	17.539	19.281	21.434	25.390
32	15.134	16.362	18.291	20.072	22.271	26.304
33	15.815	17.074	19.047	20.867	23.110	27.219
34	16.501	17.789	19.806	21.664	23.952	28.136
35	17.192	18.509	20.569	22.465	24.797	29.054
36	17.887	19.233	21.336	23.269	25.643	29.973
37	18.586	19.960	22.106	24.075	26.492	30.893
38	19.289	20.691	22.878	24.884	27.343	31.815
39	19.996	21.426	23.654	25.695	28.196	32.737
40	20.707	22.164	24.433	26.509	29.051	33.660
41	21.421	22.906	25.215	27.326	29.907	34.585
42	22.138	23.650	25.999	28.144	30.765	35.510
43	22.859	24.398	26.785	28.965	31.625	36.436
44	23.584	25.148	27.575	29.787	32.487	37.363
45	24.311	25.901	28.366	30.612	33.350	38.291

n＼α	0.25	0.10	0.05	0.025	0.01	0.005
1	1.323	2.706	3.842	5.025	6.637	7.882
2	2.773	4.605	5.992	7.378	9.210	10.597
3	4.108	6.251	7.815	9.348	11.345	12.838
4	5.385	7.779	9.488	11.143	13.277	14.860
5	6.626	9.236	11.070	12.833	15.086	16.750
6	7.841	10.645	12.592	14.449	16.812	18.548
7	9.037	12.017	14.067	16.013	18.475	20.278
8	10.219	13.362	15.507	17.535	20.090	21.955
9	11.389	14.684	16.919	19.023	21.666	23.589
10	12.549	15.987	18.307	20.483	23.209	25.188
11	13.701	17.275	19.675	21.920	24.725	26.757
12	14.845	18.549	21.026	23.337	26.217	28.300
13	15.984	19.812	22.362	24.736	27.688	29.819
14	17.117	21.064	23.685	26.119	29.141	31.319
15	18.245	22.307	24.996	27.488	30.578	32.801

（续）

α \ n	0.25	0.10	0.05	0.025	0.01	0.005
16	19.369	23.542	26.296	28.845	32.000	34.267
17	20.489	24.769	27.587	30.191	33.409	35.718
18	21.605	25.989	28.869	31.526	34.805	37.156
19	22.718	27.204	30.144	32.852	36.191	38.582
20	23.828	28.412	31.410	34.170	37.566	39.997
21	24.935	29.615	32.671	35.479	38.932	41.401
22	26.039	30.813	33.924	36.781	40.289	42.796
23	27.141	32.007	35.172	38.076	41.638	44.181
24	28.241	33.196	36.415	39.364	42.980	45.559
25	29.339	34.382	37.652	40.646	44.314	46.928
26	30.435	35.563	38.885	41.923	45.642	48.290
27	31.528	36.741	40.113	43.195	46.963	49.645
28	32.620	37.916	41.337	44.461	48.278	50.993
29	33.711	39.087	42.557	45.722	49.588	52.336
30	34.800	40.256	43.773	46.979	50.892	53.672
31	35.887	41.422	44.985	48.232	52.191	55.003
32	36.973	42.585	46.194	49.480	53.486	56.328
33	38.058	43.745	47.400	50.725	54.776	57.648
34	39.141	44.903	48.602	51.966	56.061	58.964
35	40.223	46.059	49.802	53.203	57.342	60.275
36	41.304	47.212	50.998	54.437	58.619	61.581
37	42.383	48.363	52.192	55.668	59.893	62.883
38	43.462	49.513	53.384	56.896	61.162	64.181
39	44.539	50.660	54.572	58.120	62.428	65.476
40	45.616	51.805	55.758	59.342	63.691	66.766
41	46.692	52.949	56.942	60.561	64.950	68.053
42	47.766	54.090	58.124	61.777	66.206	69.336
43	48.840	55.230	59.304	62.990	67.459	70.616
44	49.913	56.369	60.481	64.201	68.710	71.893
45	50.985	57.505	61.656	65.410	69.957	73.166

附表4 t 分布上分位数表

$$P\{t>t_\alpha(n)\}=\alpha$$

α n	0.45	0.40	0.35	0.30	0.25	0.20	0.15	0.10	0.05	0.025	0.01	0.005	0.0005
1	0.1584	0.3249	0.5095	0.7265	1.0000	1.3764	1.9626	3.0777	6.3138	12.7060	31.8210	63.6570	636.6200
2	0.1421	0.2887	0.4448	0.6172	0.8165	1.0607	1.3862	1.8856	2.9200	4.3027	6.9646	9.9248	31.5990
3	0.1366	0.2767	0.4242	0.5844	0.7649	0.9785	1.2498	1.6377	2.3534	3.1824	4.5407	5.8409	12.9240
4	0.1338	0.2707	0.4142	0.5687	0.7407	0.9410	1.1896	1.5332	2.1318	2.7764	3.7469	4.6041	8.6103
5	0.1322	0.2672	0.4082	0.5594	0.7267	0.9195	1.1558	1.4759	2.0150	2.5706	3.3649	4.0321	6.8688
6	0.1311	0.2648	0.4043	0.5534	0.7176	0.9057	1.1342	1.4398	1.9432	2.4469	3.1427	3.7074	5.9588
7	0.1303	0.2632	0.4015	0.5491	0.7111	0.8960	1.1192	1.4149	1.8946	2.3646	2.9980	3.4995	5.4079
8	0.1297	0.2619	0.3995	0.5459	0.7064	0.8889	1.1081	1.3968	1.8595	2.3060	2.8965	3.3554	5.0413
9	0.1293	0.2610	0.3979	0.5435	0.7027	0.8834	1.0997	1.3830	1.8331	2.2622	2.8214	3.2498	4.7809
10	0.1289	0.2602	0.3966	0.5415	0.6998	0.8791	1.0931	1.3722	1.8125	2.2281	2.7638	3.1693	4.5869
11	0.1286	0.2596	0.3956	0.5399	0.6975	0.8755	1.0877	1.3634	1.7959	2.2010	2.7181	3.1058	4.4370
12	0.1284	0.2590	0.3947	0.5386	0.6955	0.8726	1.0832	1.3562	1.7823	2.1788	2.6810	3.0545	4.3178
13	0.1281	0.2586	0.3940	0.5375	0.6938	0.8702	1.0795	1.3502	1.7709	2.1604	2.6503	3.0123	4.2208
14	0.1280	0.2582	0.3933	0.5366	0.6924	0.8681	1.0763	1.3450	1.7613	2.1448	2.6245	2.9768	4.1405
15	0.1278	0.2579	0.3928	0.5357	0.6912	0.8662	1.0735	1.3406	1.7531	2.1314	2.6025	2.9467	4.0728
16	0.1277	0.2576	0.3923	0.5350	0.6901	0.8647	1.0711	1.3368	1.7459	2.1199	2.5835	2.9208	4.0150
17	0.1276	0.2574	0.3919	0.5344	0.6892	0.8633	1.0690	1.3334	1.7396	2.1098	2.5669	2.8982	3.9651
18	0.1275	0.2571	0.3915	0.5338	0.6884	0.8621	1.0672	1.3304	1.7341	2.1009	2.5524	2.8784	3.9216
19	0.1274	0.2569	0.3912	0.5333	0.6876	0.8610	1.0655	1.3277	1.7291	2.0930	2.5395	2.8609	3.8834
20	0.1273	0.2567	0.3909	0.5329	0.6870	0.8600	1.0640	1.3253	1.7247	2.0860	2.5280	2.8453	3.8495
21	0.1272	0.2566	0.3906	0.5325	0.6864	0.8591	1.0627	1.3232	1.7207	2.0796	2.5176	2.8314	3.8193
22	0.1271	0.2564	0.3904	0.5321	0.6858	0.8583	1.0614	1.3212	1.7171	2.0739	2.5083	2.8188	3.7921
23	0.1271	0.2563	0.3902	0.5318	0.6853	0.8575	1.0603	1.3195	1.7139	2.0687	2.4999	2.8073	3.7676
24	0.1270	0.2562	0.3900	0.5314	0.6849	0.8569	1.0593	1.3178	1.7109	2.0639	2.4922	2.7969	3.7454
25	0.1269	0.2561	0.3898	0.5312	0.6844	0.8562	1.0584	1.3163	1.7081	2.0595	2.4851	2.7874	3.7251
26	0.1269	0.2560	0.3896	0.5309	0.6840	0.8557	1.0575	1.3150	1.7056	2.0555	2.4786	2.7787	3.7066
27	0.1269	0.2559	0.3895	0.5307	0.6837	0.8551	1.0567	1.3137	1.7033	2.0518	2.4727	2.7707	3.6896
28	0.1268	0.2558	0.3893	0.5304	0.6834	0.8547	1.0560	1.3125	1.7011	2.0484	2.4671	2.7633	3.6739
29	0.1268	0.2557	0.3892	0.5302	0.6830	0.8542	1.0553	1.3114	1.6991	2.0452	2.4620	2.7564	3.6594

（续）

α n	0.45	0.40	0.35	0.30	0.25	0.20	0.15	0.10	0.05	0.025	0.01	0.005	0.0005
30	0.1267	0.2556	0.3890	0.5300	0.6828	0.8538	1.0547	1.3104	1.6973	2.0423	2.4573	2.7500	3.6460
31	0.1267	0.2555	0.3889	0.5298	0.6825	0.8534	1.0541	1.3095	1.6955	2.0395	2.4528	2.7440	3.6335
32	0.1267	0.2555	0.3888	0.5297	0.6822	0.8530	1.0535	1.3086	1.6939	2.0369	2.4487	2.7385	3.6218
33	0.1266	0.2554	0.3887	0.5295	0.6820	0.8527	1.0530	1.3077	1.6924	2.0345	2.4448	2.7333	3.6109
34	0.1266	0.2553	0.3886	0.5294	0.6818	0.8523	1.0525	1.3070	1.6909	2.0322	2.4411	2.7284	3.6007
35	0.1266	0.2553	0.3885	0.5292	0.6816	0.8520	1.0520	1.3062	1.6896	2.0301	2.4377	2.7238	3.5911
36	0.1266	0.2552	0.3884	0.5291	0.6814	0.8517	1.0516	1.3055	1.6883	2.0281	2.4345	2.7195	3.5821
37	0.1265	0.2552	0.3883	0.5290	0.6812	0.8514	1.0512	1.3049	1.6871	2.0262	2.4314	2.7154	3.5737
38	0.1265	0.2551	0.3883	0.5288	0.6810	0.8512	1.0508	1.3042	1.6860	2.0244	2.4286	2.7116	3.5657
39	0.1265	0.2551	0.3882	0.5287	0.6808	0.8509	1.0504	1.3036	1.6849	2.0227	2.4258	2.7079	3.5581
40	0.1265	0.2550	0.3881	0.5286	0.6807	0.8507	1.0500	1.3031	1.6839	2.0211	2.4233	2.7045	3.5510
41	0.1264	0.2550	0.3880	0.5285	0.6805	0.8505	1.0497	1.3025	1.6829	2.0195	2.4208	2.7012	3.5442
42	0.1264	0.2550	0.3880	0.5284	0.6804	0.8503	1.0494	1.3020	1.6820	2.0181	2.4185	2.6981	3.5377
43	0.1264	0.2549	0.3879	0.5283	0.6802	0.8501	1.0491	1.3016	1.6811	2.0167	2.4163	2.6951	3.5316
44	0.1264	0.2549	0.3879	0.5282	0.6801	0.8499	1.0488	1.3011	1.6802	2.0154	2.4141	2.6923	3.5258
45	0.1264	0.2549	0.3878	0.5281	0.6800	0.8497	1.0485	1.3006	1.6794	2.0141	2.4121	2.6896	3.5203
60	0.1262	0.2545	0.3872	0.5272	0.6786	0.8477	1.0455	1.2958	1.6706	2.0003	2.3901	2.6603	3.4602
120	0.1259	0.2539	0.3862	0.5258	0.6765	0.8446	1.0409	1.2886	1.6577	1.9799	2.3578	2.6174	3.3735

附表5 *F* 分布上分位数表

$$P\{F>F_\alpha(m,n)\}=\alpha$$

$\alpha=0.10$

m\n	1	2	3	4	5	6	7	8	9	10	12	14	16	18	20
1	39.86	49.50	53.59	55.83	57.24	58.20	58.91	59.44	59.86	60.20	60.71	61.07	61.35	61.57	61.74
2	8.53	9.00	9.16	9.24	9.29	9.33	9.35	9.37	9.38	9.39	9.41	9.42	9.43	9.44	9.44
3	5.54	5.46	5.39	5.34	5.31	5.28	5.27	5.25	5.24	5.23	5.22	5.20	5.20	5.19	5.18
4	4.54	4.32	4.19	4.11	4.05	4.01	3.98	3.95	3.94	3.92	3.90	3.88	3.86	3.85	3.84
5	4.06	3.78	3.62	3.52	3.45	3.40	3.37	3.34	3.32	3.30	3.27	3.25	3.23	3.22	3.21
6	3.78	3.46	3.29	3.18	3.11	3.05	3.01	2.98	2.96	2.94	2.90	2.88	2.86	2.85	2.84
7	3.59	3.26	3.07	2.96	2.88	2.83	2.78	2.75	2.72	2.70	2.67	2.64	2.62	2.61	2.59
8	3.46	3.11	2.92	2.81	2.73	2.67	2.62	2.59	2.56	2.54	2.50	2.48	2.45	2.44	2.42
9	3.36	3.01	2.81	2.69	2.61	2.55	2.51	2.47	2.44	2.42	2.38	2.35	2.33	2.31	2.30
10	3.29	2.92	2.73	2.61	2.52	2.46	2.41	2.38	2.35	2.32	2.28	2.26	2.23	2.22	2.20
11	3.23	2.86	2.66	2.54	2.45	2.39	2.34	2.30	2.27	2.25	2.21	2.18	2.16	2.14	2.12
12	3.18	2.81	2.61	2.48	2.39	2.33	2.28	2.24	2.21	2.19	2.15	2.12	2.09	2.08	2.06
13	3.14	2.76	2.56	2.43	2.35	2.28	2.23	2.20	2.16	2.14	2.10	2.07	2.04	2.02	2.01
14	3.10	2.73	2.52	2.39	2.31	2.24	2.19	2.15	2.12	2.10	2.05	2.02	2.00	1.98	1.96
15	3.07	2.70	2.49	2.36	2.27	2.21	2.16	2.12	2.09	2.06	2.02	1.99	1.96	1.94	1.92
16	3.05	2.67	2.46	2.33	2.24	2.18	2.13	2.09	2.06	2.03	1.99	1.95	1.93	1.91	1.89
17	3.03	2.64	2.44	2.31	2.22	2.15	2.10	2.06	2.03	2.00	1.96	1.93	1.90	1.88	1.86
18	3.01	2.62	2.42	2.29	2.20	2.13	2.08	2.04	2.00	1.98	1.93	1.90	1.87	1.85	1.84
19	2.99	2.61	2.40	2.27	2.18	2.11	2.06	2.02	1.98	1.96	1.91	1.88	1.85	1.83	1.81
20	2.97	2.59	2.38	2.25	2.16	2.09	2.04	2.00	1.96	1.94	1.89	1.86	1.83	1.81	1.79
21	2.96	2.57	2.36	2.23	2.14	2.08	2.02	1.98	1.95	1.92	1.88	1.84	1.81	1.79	1.78
22	2.95	2.56	2.35	2.22	2.13	2.06	2.01	1.97	1.93	1.90	1.86	1.83	1.80	1.78	1.76
23	2.94	2.55	2.34	2.21	2.11	2.05	1.99	1.95	1.92	1.89	1.85	1.81	1.78	1.76	1.74
24	2.93	2.54	2.33	2.19	2.10	2.04	1.98	1.94	1.91	1.88	1.83	1.80	1.77	1.75	1.73
25	2.92	2.53	2.32	2.18	2.09	2.02	1.97	1.93	1.89	1.87	1.82	1.79	1.76	1.74	1.72
26	2.91	2.52	2.31	2.17	2.08	2.01	1.96	1.92	1.88	1.86	1.81	1.77	1.75	1.72	1.71
27	2.90	2.51	2.30	2.17	2.07	2.00	1.95	1.91	1.87	1.85	1.80	1.76	1.74	1.71	1.70
28	2.89	2.50	2.29	2.16	2.06	2.00	1.94	1.90	1.87	1.84	1.79	1.75	1.73	1.70	1.69

$\alpha = 0.10$ （续）

n＼m	1	2	3	4	5	6	7	8	9	10	12	14	16	18	20
29	2.89	2.50	2.28	2.15	2.06	1.99	1.93	1.89	1.86	1.83	1.78	1.75	1.72	1.69	1.68
30	2.88	2.49	2.28	2.14	2.05	1.98	1.93	1.88	1.85	1.82	1.77	1.74	1.71	1.69	1.67
31	2.87	2.48	2.27	2.14	2.04	1.97	1.92	1.88	1.84	1.81	1.77	1.73	1.70	1.68	1.66
32	2.87	2.48	2.26	2.13	2.04	1.97	1.91	1.87	1.83	1.81	1.76	1.72	1.69	1.67	1.65
33	2.86	2.47	2.26	2.12	2.03	1.96	1.91	1.86	1.83	1.80	1.75	1.72	1.69	1.66	1.64
34	2.86	2.47	2.25	2.12	2.02	1.96	1.90	1.86	1.82	1.79	1.75	1.71	1.68	1.66	1.64
35	2.85	2.46	2.25	2.11	2.02	1.95	1.90	1.85	1.82	1.79	1.74	1.70	1.67	1.65	1.63
36	2.85	2.46	2.24	2.11	2.01	1.94	1.89	1.85	1.81	1.78	1.73	1.70	1.67	1.65	1.63
37	2.85	2.45	2.24	2.10	2.01	1.94	1.89	1.84	1.81	1.78	1.73	1.69	1.66	1.64	1.62
38	2.84	2.45	2.23	2.10	2.01	1.94	1.88	1.84	1.80	1.77	1.72	1.69	1.66	1.63	1.61
39	2.84	2.44	2.23	2.09	2.00	1.93	1.88	1.83	1.80	1.77	1.72	1.68	1.65	1.63	1.61
40	2.84	2.44	2.23	2.09	2.00	1.93	1.87	1.83	1.79	1.76	1.71	1.68	1.65	1.62	1.61
41	2.83	2.44	2.22	2.09	1.99	1.92	1.87	1.82	1.79	1.76	1.71	1.67	1.64	1.62	1.60
42	2.83	2.43	2.22	2.08	1.99	1.92	1.86	1.82	1.79	1.75	1.71	1.67	1.64	1.62	1.60
43	2.83	2.43	2.22	2.08	1.99	1.92	1.86	1.82	1.78	1.75	1.70	1.67	1.64	1.61	1.59
44	2.82	2.43	2.21	2.08	1.98	1.91	1.86	1.81	1.78	1.75	1.70	1.66	1.63	1.61	1.59
45	2.82	2.42	2.21	2.07	1.98	1.91	1.85	1.81	1.77	1.74	1.70	1.66	1.63	1.60	1.58
46	2.82	2.42	2.21	2.07	1.98	1.91	1.85	1.81	1.77	1.74	1.69	1.65	1.63	1.60	1.58
47	2.82	2.42	2.20	2.07	1.97	1.90	1.85	1.80	1.77	1.74	1.69	1.65	1.62	1.60	1.58
48	2.81	2.42	2.20	2.07	1.97	1.90	1.85	1.80	1.77	1.73	1.69	1.65	1.62	1.59	1.57
49	2.81	2.41	2.20	2.06	1.97	1.90	1.84	1.80	1.76	1.73	1.68	1.65	1.62	1.59	1.57
50	2.81	2.41	2.20	2.06	1.97	1.90	1.84	1.80	1.76	1.73	1.68	1.64	1.61	1.59	1.57
55	2.80	2.40	2.19	2.05	1.95	1.88	1.83	1.78	1.75	1.72	1.67	1.63	1.60	1.58	1.55
60	2.79	2.39	2.18	2.04	1.95	1.87	1.82	1.77	1.74	1.71	1.66	1.62	1.59	1.56	1.54
80	2.77	2.37	2.15	2.02	1.92	1.85	1.79	1.75	1.71	1.68	1.63	1.59	1.56	1.53	1.51
100	2.76	2.36	2.14	2.00	1.91	1.83	1.78	1.73	1.69	1.66	1.61	1.57	1.54	1.52	1.49
200	2.73	2.33	2.11	1.97	1.88	1.80	1.75	1.70	1.66	1.63	1.58	1.54	1.51	1.48	1.46
300	2.72	2.32	2.10	1.96	1.87	1.79	1.74	1.69	1.65	1.62	1.57	1.53	1.49	1.47	1.45
400	2.72	2.32	2.10	1.96	1.86	1.79	1.73	1.69	1.65	1.61	1.56	1.52	1.49	1.46	1.44
500	2.72	2.31	2.09	1.96	1.86	1.79	1.73	1.68	1.64	1.61	1.56	1.52	1.49	1.46	1.44
$+\infty$	2.71	2.30	2.08	1.94	1.85	1.77	1.72	1.67	1.63	1.60	1.55	1.50	1.47	1.44	1.42

$\alpha = 0.10$ （续）

m / n	22	24	26	28	30	35	40	45	50	60	80	100	200	500	$+\infty$
1	61.88	62.00	62.10	62.19	62.27	62.42	62.53	62.62	62.69	62.79	62.93	63.01	63.17	63.26	63.36
2	9.45	9.45	9.45	9.46	9.46	9.46	9.47	9.47	9.47	9.47	9.48	9.48	9.49	9.49	9.49
3	5.18	5.18	5.17	5.17	5.17	5.16	5.16	5.16	5.15	5.15	5.15	5.14	5.14	5.14	5.13
4	3.84	3.83	3.83	3.82	3.82	3.81	3.80	3.80	3.80	3.79	3.78	3.78	3.77	3.76	3.76
5	3.20	3.19	3.18	3.18	3.17	3.16	3.16	3.15	3.15	3.14	3.13	3.13	3.12	3.11	3.11
6	2.83	2.82	2.81	2.81	2.80	2.79	2.78	2.77	2.77	2.76	2.75	2.75	2.73	2.73	2.72
7	2.58	2.58	2.57	2.56	2.56	2.54	2.54	2.53	2.52	2.51	2.50	2.50	2.48	2.48	2.47
8	2.41	2.40	2.40	2.39	2.38	2.37	2.36	2.35	2.35	2.34	2.33	2.32	2.31	2.30	2.29
9	2.29	2.28	2.27	2.26	2.25	2.24	2.23	2.22	2.22	2.21	2.20	2.19	2.17	2.17	2.16
10	2.19	2.18	2.17	2.16	2.16	2.14	2.13	2.12	2.12	2.11	2.09	2.09	2.07	2.06	2.06
11	2.11	2.10	2.09	2.08	2.08	2.06	2.05	2.04	2.04	2.03	2.01	2.01	1.99	1.98	1.97
12	2.05	2.04	2.03	2.02	2.01	2.00	1.99	1.98	1.97	1.96	1.95	1.94	1.92	1.91	1.90
13	1.99	1.98	1.97	1.96	1.96	1.94	1.93	1.92	1.92	1.90	1.89	1.88	1.86	1.85	1.85
14	1.95	1.94	1.93	1.92	1.91	1.90	1.89	1.88	1.87	1.86	1.84	1.83	1.82	1.80	1.80
15	1.91	1.90	1.89	1.88	1.87	1.86	1.85	1.84	1.83	1.82	1.80	1.79	1.77	1.76	1.76
16	1.88	1.87	1.86	1.85	1.84	1.82	1.81	1.80	1.79	1.78	1.77	1.76	1.74	1.73	1.72
17	1.85	1.84	1.83	1.82	1.81	1.79	1.78	1.77	1.76	1.75	1.74	1.73	1.71	1.69	1.69
18	1.82	1.81	1.80	1.79	1.78	1.77	1.75	1.74	1.74	1.72	1.71	1.70	1.68	1.67	1.66
19	1.80	1.79	1.78	1.77	1.76	1.74	1.73	1.72	1.71	1.70	1.68	1.67	1.65	1.64	1.63
20	1.78	1.77	1.76	1.75	1.74	1.72	1.71	1.70	1.69	1.68	1.66	1.65	1.63	1.62	1.61
21	1.76	1.75	1.74	1.73	1.72	1.70	1.69	1.68	1.67	1.66	1.64	1.63	1.61	1.60	1.59
22	1.74	1.73	1.72	1.71	1.70	1.68	1.67	1.66	1.65	1.64	1.62	1.61	1.59	1.58	1.57
23	1.73	1.72	1.70	1.70	1.69	1.67	1.66	1.64	1.64	1.62	1.61	1.59	1.57	1.56	1.55
24	1.71	1.70	1.69	1.68	1.67	1.65	1.64	1.63	1.62	1.61	1.59	1.58	1.56	1.54	1.53
25	1.70	1.69	1.68	1.67	1.66	1.64	1.63	1.62	1.61	1.59	1.58	1.56	1.54	1.53	1.52
26	1.69	1.68	1.67	1.66	1.65	1.63	1.61	1.60	1.59	1.58	1.56	1.55	1.53	1.51	1.50
27	1.68	1.67	1.65	1.64	1.64	1.62	1.60	1.59	1.58	1.57	1.55	1.54	1.52	1.50	1.49
28	1.67	1.66	1.64	1.63	1.63	1.61	1.59	1.58	1.57	1.56	1.54	1.53	1.50	1.49	1.48
29	1.66	1.65	1.63	1.62	1.62	1.60	1.58	1.57	1.56	1.55	1.53	1.52	1.49	1.48	1.47
30	1.65	1.64	1.63	1.62	1.61	1.59	1.57	1.56	1.55	1.54	1.52	1.51	1.48	1.47	1.46
31	1.64	1.63	1.62	1.61	1.60	1.58	1.56	1.55	1.54	1.53	1.51	1.50	1.47	1.46	1.45

$\alpha = 0.10$ （续）

m \ n	22	24	26	28	30	35	40	45	50	60	80	100	200	500	$+\infty$
32	1.64	1.62	1.61	1.60	1.59	1.57	1.56	1.54	1.53	1.52	1.50	1.49	1.46	1.45	1.44
33	1.63	1.61	1.60	1.59	1.58	1.56	1.55	1.54	1.53	1.51	1.49	1.48	1.46	1.44	1.43
34	1.62	1.61	1.60	1.59	1.58	1.56	1.54	1.53	1.52	1.50	1.48	1.47	1.45	1.43	1.42
35	1.62	1.60	1.59	1.58	1.57	1.55	1.53	1.52	1.51	1.50	1.48	1.47	1.44	1.42	1.41
36	1.61	1.60	1.58	1.57	1.56	1.54	1.53	1.52	1.51	1.49	1.47	1.46	1.43	1.42	1.40
37	1.60	1.59	1.58	1.57	1.56	1.54	1.52	1.51	1.50	1.48	1.46	1.45	1.43	1.41	1.40
38	1.60	1.58	1.57	1.56	1.55	1.53	1.52	1.50	1.49	1.48	1.46	1.45	1.42	1.40	1.39
39	1.59	1.58	1.57	1.56	1.55	1.53	1.51	1.50	1.49	1.47	1.45	1.44	1.41	1.40	1.38
40	1.59	1.57	1.56	1.55	1.54	1.52	1.51	1.49	1.48	1.47	1.45	1.43	1.41	1.39	1.38
41	1.58	1.57	1.56	1.55	1.54	1.52	1.50	1.49	1.48	1.46	1.44	1.43	1.40	1.38	1.37
42	1.58	1.57	1.55	1.54	1.53	1.51	1.50	1.48	1.47	1.46	1.44	1.42	1.40	1.38	1.37
43	1.58	1.56	1.55	1.54	1.53	1.51	1.49	1.48	1.47	1.45	1.43	1.42	1.39	1.37	1.36
44	1.57	1.56	1.54	1.53	1.52	1.50	1.49	1.47	1.46	1.45	1.43	1.41	1.39	1.37	1.35
45	1.57	1.55	1.54	1.53	1.52	1.50	1.48	1.47	1.46	1.44	1.42	1.41	1.38	1.36	1.35
46	1.56	1.55	1.54	1.53	1.52	1.50	1.48	1.47	1.46	1.44	1.42	1.40	1.38	1.36	1.34
47	1.56	1.55	1.53	1.52	1.51	1.49	1.48	1.46	1.45	1.44	1.41	1.40	1.37	1.35	1.34
48	1.56	1.54	1.53	1.52	1.51	1.49	1.47	1.46	1.45	1.43	1.41	1.40	1.37	1.35	1.34
49	1.55	1.54	1.53	1.52	1.51	1.48	1.47	1.46	1.44	1.43	1.41	1.39	1.36	1.34	1.33
50	1.55	1.54	1.52	1.51	1.50	1.48	1.46	1.45	1.44	1.42	1.40	1.39	1.36	1.34	1.33
55	1.54	1.52	1.51	1.50	1.49	1.47	1.45	1.44	1.43	1.41	1.39	1.37	1.34	1.32	1.31
60	1.53	1.51	1.50	1.49	1.48	1.45	1.44	1.42	1.41	1.40	1.37	1.36	1.33	1.31	1.29
80	1.49	1.48	1.47	1.45	1.44	1.42	1.40	1.39	1.38	1.36	1.33	1.32	1.28	1.26	1.24
100	1.48	1.46	1.45	1.43	1.42	1.40	1.38	1.37	1.35	1.34	1.31	1.29	1.26	1.23	1.21
200	1.44	1.42	1.41	1.39	1.38	1.36	1.34	1.32	1.31	1.29	1.26	1.24	1.20	1.17	1.14
300	1.43	1.41	1.39	1.38	1.37	1.34	1.32	1.31	1.29	1.27	1.24	1.22	1.18	1.14	1.12
400	1.42	1.40	1.39	1.37	1.36	1.34	1.32	1.30	1.29	1.26	1.23	1.21	1.17	1.13	1.10
500	1.42	1.40	1.38	1.37	1.36	1.33	1.31	1.30	1.28	1.26	1.23	1.21	1.16	1.12	1.09
$+\infty$	1.40	1.38	1.37	1.35	1.34	1.32	1.30	1.28	1.26	1.24	1.21	1.19	1.13	1.08	1.00

$\alpha = 0.05$ （续）

n \ m	1	2	3	4	5	6	7	8	9	10	12	14	16	18	20
1	161.45	199.50	215.71	224.58	230.16	233.99	236.77	238.88	240.54	241.88	243.91	245.36	246.46	247.32	248.01
2	18.51	19.00	19.16	19.25	19.30	19.33	19.35	19.37	19.39	19.40	19.41	19.42	19.43	19.44	19.45
3	10.13	9.55	9.28	9.12	9.01	8.94	8.89	8.85	8.81	8.79	8.74	8.71	8.69	8.67	8.66
4	7.71	6.94	6.59	6.39	6.26	6.16	6.09	6.04	6.00	5.96	5.91	5.87	5.84	5.82	5.80
5	6.61	5.79	5.41	5.19	5.05	4.95	4.88	4.82	4.77	4.74	4.68	4.64	4.60	4.58	4.56
6	5.99	5.14	4.76	4.53	4.39	4.28	4.21	4.15	4.10	4.06	4.00	3.96	3.92	3.90	3.87
7	5.59	4.74	4.35	4.12	3.97	3.87	3.79	3.73	3.68	3.64	3.57	3.53	3.49	3.47	3.44
8	5.32	4.46	4.07	3.84	3.69	3.58	3.50	3.44	3.39	3.35	3.28	3.24	3.20	3.17	3.15
9	5.12	4.26	3.86	3.63	3.48	3.37	3.29	3.23	3.18	3.14	3.07	3.03	2.99	2.96	2.94
10	4.96	4.10	3.71	3.48	3.33	3.22	3.14	3.07	3.02	2.98	2.91	2.86	2.83	2.80	2.77
11	4.84	3.98	3.59	3.36	3.20	3.09	3.01	2.95	2.90	2.85	2.79	2.74	2.70	2.67	2.65
12	4.75	3.89	3.49	3.26	3.11	3.00	2.91	2.85	2.80	2.75	2.69	2.64	2.60	2.57	2.54
13	4.67	3.81	3.41	3.18	3.03	2.92	2.83	2.77	2.71	2.67	2.60	2.55	2.51	2.48	2.46
14	4.60	3.74	3.34	3.11	2.96	2.85	2.76	2.70	2.65	2.60	2.53	2.48	2.44	2.41	2.39
15	4.54	3.68	3.29	3.06	2.90	2.79	2.71	2.64	2.59	2.54	2.48	2.42	2.38	2.35	2.33
16	4.49	3.63	3.24	3.01	2.85	2.74	2.66	2.59	2.54	2.49	2.42	2.37	2.33	2.30	2.28
17	4.45	3.59	3.20	2.96	2.81	2.70	2.61	2.55	2.49	2.45	2.38	2.33	2.29	2.26	2.23
18	4.41	3.55	3.16	2.93	2.77	2.66	2.58	2.51	2.46	2.41	2.34	2.29	2.25	2.22	2.19
19	4.38	3.52	3.13	2.90	2.74	2.63	2.54	2.48	2.42	2.38	2.31	2.26	2.21	2.18	2.16
20	4.35	3.49	3.10	2.87	2.71	2.60	2.51	2.45	2.39	2.35	2.28	2.23	2.18	2.15	2.12
21	4.32	3.47	3.07	2.84	2.68	2.57	2.49	2.42	2.37	2.32	2.25	2.20	2.16	2.12	2.10
22	4.30	3.44	3.05	2.82	2.66	2.55	2.46	2.40	2.34	2.30	2.23	2.17	2.13	2.10	2.07
23	4.28	3.42	3.03	2.80	2.64	2.53	2.44	2.37	2.32	2.27	2.20	2.15	2.11	2.08	2.05
24	4.26	3.40	3.01	2.78	2.62	2.51	2.42	2.36	2.30	2.25	2.18	2.13	2.09	2.05	2.03
25	4.24	3.39	2.99	2.76	2.60	2.49	2.40	2.34	2.28	2.24	2.16	2.11	2.07	2.04	2.01
26	4.23	3.37	2.98	2.74	2.59	2.47	2.39	2.32	2.27	2.22	2.15	2.09	2.05	2.02	1.99
27	4.21	3.35	2.96	2.73	2.57	2.46	2.37	2.31	2.25	2.20	2.13	2.08	2.04	2.00	1.97
28	4.20	3.34	2.95	2.71	2.56	2.45	2.36	2.29	2.24	2.19	2.12	2.06	2.02	1.99	1.96
29	4.18	3.33	2.93	2.70	2.55	2.43	2.35	2.28	2.22	2.18	2.10	2.05	2.01	1.97	1.94
30	4.17	3.32	2.92	2.69	2.53	2.42	2.33	2.27	2.21	2.16	2.09	2.04	1.99	1.96	1.93
31	4.16	3.30	2.91	2.68	2.52	2.41	2.32	2.25	2.20	2.15	2.08	2.03	1.98	1.95	1.92

$\alpha = 0.05$ 　　　　　　　　　　　　　　　　　　　　　　　　　　　（续）

m / n	1	2	3	4	5	6	7	8	9	10	12	14	16	18	20
32	4.15	3.29	2.90	2.67	2.51	2.40	2.31	2.24	2.19	2.14	2.07	2.01	1.97	1.94	1.91
33	4.14	3.28	2.89	2.66	2.50	2.39	2.30	2.23	2.18	2.13	2.06	2.00	1.96	1.93	1.90
34	4.13	3.28	2.88	2.65	2.49	2.38	2.29	2.23	2.17	2.12	2.05	1.99	1.95	1.92	1.89
35	4.12	3.27	2.87	2.64	2.49	2.37	2.29	2.22	2.16	2.11	2.04	1.99	1.94	1.91	1.88
36	4.11	3.26	2.87	2.63	2.48	2.36	2.28	2.21	2.15	2.11	2.03	1.98	1.93	1.90	1.87
37	4.11	3.25	2.86	2.63	2.47	2.36	2.27	2.20	2.14	2.10	2.02	1.97	1.93	1.89	1.86
38	4.10	3.24	2.85	2.62	2.46	2.35	2.26	2.19	2.14	2.09	2.02	1.96	1.92	1.88	1.85
39	4.09	3.24	2.85	2.61	2.46	2.34	2.26	2.19	2.13	2.08	2.01	1.95	1.91	1.88	1.85
40	4.08	3.23	2.84	2.61	2.45	2.34	2.25	2.18	2.12	2.08	2.00	1.95	1.90	1.87	1.84
41	4.08	3.23	2.83	2.60	2.44	2.33	2.24	2.17	2.12	2.07	2.00	1.94	1.90	1.86	1.83
42	4.07	3.22	2.83	2.59	2.44	2.32	2.24	2.17	2.11	2.07	1.99	1.94	1.89	1.86	1.83
43	4.07	3.21	2.82	2.59	2.43	2.32	2.23	2.16	2.11	2.06	1.99	1.93	1.89	1.85	1.82
44	4.06	3.21	2.82	2.58	2.43	2.31	2.23	2.16	2.10	2.05	1.98	1.92	1.88	1.84	1.81
45	4.06	3.20	2.81	2.58	2.42	2.31	2.22	2.15	2.10	2.05	1.97	1.92	1.87	1.84	1.81
46	4.05	3.20	2.81	2.57	2.42	2.30	2.22	2.15	2.09	2.04	1.97	1.91	1.87	1.83	1.80
47	4.05	3.20	2.80	2.57	2.41	2.30	2.21	2.14	2.09	2.04	1.96	1.91	1.86	1.83	1.80
48	4.04	3.19	2.80	2.57	2.41	2.29	2.21	2.14	2.08	2.03	1.96	1.90	1.86	1.82	1.79
49	4.04	3.19	2.79	2.56	2.40	2.29	2.20	2.13	2.08	2.03	1.96	1.90	1.85	1.82	1.79
50	4.03	3.18	2.79	2.56	2.40	2.29	2.20	2.13	2.07	2.03	1.95	1.89	1.85	1.81	1.78
55	4.02	3.17	2.77	2.54	2.38	2.27	2.18	2.11	2.06	2.01	1.93	1.88	1.83	1.79	1.76
60	4.00	3.15	2.76	2.53	2.37	2.25	2.17	2.10	2.04	1.99	1.92	1.86	1.82	1.78	1.75
80	3.96	3.11	2.72	2.49	2.33	2.21	2.13	2.06	2.00	1.95	1.88	1.82	1.77	1.73	1.70
100	3.94	3.09	2.70	2.46	2.31	2.19	2.10	2.03	1.97	1.93	1.85	1.79	1.75	1.71	1.68
200	3.89	3.04	2.65	2.42	2.26	2.14	2.06	1.98	1.93	1.88	1.80	1.74	1.69	1.66	1.62
300	3.87	3.03	2.63	2.40	2.24	2.13	2.04	1.97	1.91	1.86	1.78	1.72	1.68	1.64	1.61
400	3.86	3.02	2.63	2.39	2.24	2.12	2.03	1.96	1.90	1.85	1.78	1.72	1.67	1.63	1.60
500	3.86	3.01	2.62	2.39	2.23	2.12	2.03	1.96	1.90	1.85	1.77	1.71	1.66	1.62	1.59
$+\infty$	3.84	3.00	2.61	2.37	2.21	2.10	2.01	1.94	1.88	1.83	1.75	1.69	1.64	1.60	1.57

$\alpha = 0.05$ (续)

m\n	22	24	26	28	30	35	40	45	50	60	80	100	200	500	$+\infty$
1	248.58	249.05	249.45	249.80	250.10	250.69	251.14	251.49	251.77	252.20	252.72	253.04	253.68	254.06	254.72
2	19.45	19.45	19.46	19.46	19.46	19.47	19.47	19.47	19.48	19.48	19.48	19.49	19.49	19.49	19.50
3	8.65	8.64	8.63	8.62	8.62	8.60	8.59	8.59	8.58	8.57	8.56	8.55	8.54	8.53	8.53
4	5.79	5.77	5.76	5.75	5.75	5.73	5.72	5.71	5.70	5.69	5.67	5.66	5.65	5.64	5.63
5	4.54	4.53	4.52	4.50	4.50	4.48	4.46	4.45	4.44	4.43	4.42	4.41	4.39	4.37	4.37
6	3.86	3.84	3.83	3.82	3.81	3.79	3.77	3.76	3.75	3.74	3.72	3.71	3.69	3.68	3.67
7	3.43	3.41	3.40	3.39	3.38	3.36	3.34	3.33	3.32	3.30	3.29	3.27	3.25	3.24	3.23
8	3.13	3.12	3.10	3.09	3.08	3.06	3.04	3.03	3.02	3.01	2.99	2.97	2.95	2.94	2.93
9	2.92	2.90	2.89	2.87	2.86	2.84	2.83	2.81	2.80	2.79	2.77	2.76	2.73	2.72	2.71
10	2.75	2.74	2.72	2.71	2.70	2.68	2.66	2.65	2.64	2.62	2.60	2.59	2.56	2.55	2.54
11	2.63	2.61	2.59	2.58	2.57	2.55	2.53	2.52	2.51	2.49	2.47	2.46	2.43	2.42	2.40
12	2.52	2.51	2.49	2.48	2.47	2.44	2.43	2.41	2.40	2.38	2.36	2.35	2.32	2.31	2.30
13	2.44	2.42	2.41	2.39	2.38	2.36	2.34	2.33	2.31	2.30	2.27	2.26	2.23	2.22	2.21
14	2.37	2.35	2.33	2.32	2.31	2.28	2.27	2.25	2.24	2.22	2.20	2.19	2.16	2.14	2.13
15	2.31	2.29	2.27	2.26	2.25	2.22	2.20	2.19	2.18	2.16	2.14	2.12	2.10	2.08	2.07
16	2.25	2.24	2.22	2.21	2.19	2.17	2.15	2.14	2.12	2.11	2.08	2.07	2.04	2.02	2.01
17	2.21	2.19	2.17	2.16	2.15	2.12	2.10	2.09	2.08	2.06	2.03	2.02	1.99	1.97	1.96
18	2.17	2.15	2.13	2.12	2.11	2.08	2.06	2.05	2.04	2.02	1.99	1.98	1.95	1.93	1.92
19	2.13	2.11	2.10	2.08	2.07	2.05	2.03	2.01	2.00	1.98	1.96	1.94	1.91	1.89	1.88
20	2.10	2.08	2.07	2.05	2.04	2.01	1.99	1.98	1.97	1.95	1.92	1.91	1.88	1.86	1.84
21	2.07	2.05	2.04	2.02	2.01	1.98	1.96	1.95	1.94	1.92	1.89	1.88	1.84	1.83	1.81
22	2.05	2.03	2.01	2.00	1.98	1.96	1.94	1.92	1.91	1.89	1.86	1.85	1.82	1.80	1.78
23	2.02	2.01	1.99	1.97	1.96	1.93	1.91	1.90	1.88	1.86	1.84	1.82	1.79	1.77	1.76
24	2.00	1.98	1.97	1.95	1.94	1.91	1.89	1.88	1.86	1.84	1.82	1.80	1.77	1.75	1.73
25	1.98	1.96	1.95	1.93	1.92	1.89	1.87	1.86	1.84	1.82	1.80	1.78	1.75	1.73	1.71
26	1.97	1.95	1.93	1.91	1.90	1.87	1.85	1.84	1.82	1.80	1.78	1.76	1.73	1.71	1.69
27	1.95	1.93	1.91	1.90	1.88	1.86	1.84	1.82	1.81	1.79	1.76	1.74	1.71	1.69	1.67
28	1.93	1.91	1.90	1.88	1.87	1.84	1.82	1.80	1.79	1.77	1.74	1.73	1.69	1.67	1.65
29	1.92	1.90	1.88	1.87	1.85	1.83	1.81	1.79	1.77	1.75	1.73	1.71	1.67	1.65	1.64
30	1.91	1.89	1.87	1.85	1.84	1.81	1.79	1.77	1.76	1.74	1.71	1.70	1.66	1.64	1.62
31	1.90	1.88	1.86	1.84	1.83	1.80	1.78	1.76	1.75	1.73	1.70	1.68	1.65	1.62	1.61

$\alpha = 0.05$

n \ m	22	24	26	28	30	35	40	45	50	60	80	100	200	500	$+\infty$
32	1.88	1.86	1.85	1.83	1.82	1.79	1.77	1.75	1.74	1.71	1.69	1.67	1.63	1.61	1.59
33	1.87	1.85	1.84	1.82	1.81	1.78	1.76	1.74	1.72	1.70	1.67	1.66	1.62	1.60	1.58
34	1.86	1.84	1.82	1.81	1.80	1.77	1.75	1.73	1.71	1.69	1.66	1.65	1.61	1.59	1.57
35	1.85	1.83	1.82	1.80	1.79	1.76	1.74	1.72	1.70	1.68	1.65	1.63	1.60	1.57	1.56
36	1.85	1.82	1.81	1.79	1.78	1.75	1.73	1.71	1.69	1.67	1.64	1.62	1.59	1.56	1.55
37	1.84	1.82	1.80	1.78	1.77	1.74	1.72	1.70	1.68	1.66	1.63	1.62	1.58	1.55	1.54
38	1.83	1.81	1.79	1.77	1.76	1.73	1.71	1.69	1.68	1.65	1.62	1.61	1.57	1.54	1.53
39	1.82	1.80	1.78	1.77	1.75	1.72	1.70	1.68	1.67	1.65	1.62	1.60	1.56	1.53	1.52
40	1.81	1.79	1.77	1.76	1.74	1.72	1.69	1.67	1.66	1.64	1.61	1.59	1.55	1.53	1.51
41	1.81	1.79	1.77	1.75	1.74	1.71	1.69	1.67	1.65	1.63	1.60	1.58	1.54	1.52	1.50
42	1.80	1.78	1.76	1.75	1.73	1.70	1.68	1.66	1.65	1.62	1.59	1.57	1.53	1.51	1.49
43	1.79	1.77	1.75	1.74	1.72	1.70	1.67	1.65	1.64	1.62	1.59	1.57	1.53	1.50	1.48
44	1.79	1.77	1.75	1.73	1.72	1.69	1.67	1.65	1.63	1.61	1.58	1.56	1.52	1.49	1.48
45	1.78	1.76	1.74	1.73	1.71	1.68	1.66	1.64	1.63	1.60	1.57	1.55	1.51	1.49	1.47
46	1.78	1.76	1.74	1.72	1.71	1.68	1.65	1.64	1.62	1.60	1.57	1.55	1.51	1.48	1.46
47	1.77	1.75	1.73	1.72	1.70	1.67	1.65	1.63	1.62	1.59	1.56	1.54	1.50	1.47	1.46
48	1.77	1.75	1.73	1.71	1.70	1.67	1.64	1.62	1.61	1.59	1.56	1.54	1.49	1.47	1.45
49	1.76	1.74	1.72	1.71	1.69	1.66	1.64	1.62	1.60	1.58	1.55	1.53	1.49	1.46	1.44
50	1.76	1.74	1.72	1.70	1.69	1.66	1.63	1.61	1.60	1.58	1.54	1.52	1.48	1.46	1.44
55	1.74	1.72	1.70	1.68	1.67	1.64	1.61	1.59	1.58	1.55	1.52	1.50	1.46	1.43	1.41
60	1.72	1.70	1.68	1.66	1.65	1.62	1.59	1.57	1.56	1.53	1.50	1.48	1.44	1.41	1.39
80	1.68	1.65	1.63	1.62	1.60	1.57	1.54	1.52	1.51	1.48	1.45	1.43	1.38	1.35	1.32
100	1.65	1.63	1.61	1.59	1.57	1.54	1.52	1.49	1.48	1.45	1.41	1.39	1.34	1.31	1.28
200	1.60	1.57	1.55	1.53	1.52	1.48	1.46	1.43	1.41	1.39	1.35	1.32	1.26	1.22	1.19
300	1.58	1.55	1.53	1.51	1.50	1.46	1.43	1.41	1.39	1.36	1.32	1.30	1.23	1.19	1.15
400	1.57	1.54	1.52	1.50	1.49	1.45	1.42	1.40	1.38	1.35	1.31	1.28	1.22	1.17	1.13
500	1.56	1.54	1.52	1.50	1.48	1.45	1.42	1.40	1.38	1.35	1.30	1.28	1.21	1.16	1.11
$+\infty$	1.54	1.52	1.50	1.48	1.46	1.42	1.39	1.37	1.35	1.32	1.27	1.24	1.17	1.11	1.00

$\alpha = 0.025$

（续）

n \ m	1	2	3	4	5	6	7	8	9	10	12	14	16	18	20
1	647.7900	799.5000	864.1600	899.5800	921.8500	937.1100	948.2200	956.6600	963.2800	968.6300	976.7100	982.5300	986.9200	990.3500	993.1000
2	38.5060	39.0000	39.1650	39.2480	39.2980	39.3310	39.3550	39.3730	39.3870	39.3980	39.4150	39.4270	39.4350	39.4420	39.4480
3	17.4430	16.0440	15.4390	15.1010	14.8850	14.7350	14.6240	14.5400	14.4730	14.4190	14.3370	14.2770	14.2320	14.1960	14.1670
4	12.2180	10.6490	9.9792	9.6045	9.3645	9.1973	9.0741	8.9796	8.9047	8.8439	8.7512	8.6838	8.6326	8.5924	8.5599
5	10.0070	8.4336	7.7636	7.3879	7.1464	6.9777	6.8531	6.7572	6.6811	6.6192	6.5245	6.4556	6.4032	6.3619	6.3286
6	8.8131	7.2599	6.5988	6.2272	5.9876	5.8198	5.6955	5.5996	5.5234	5.4613	5.3662	5.2968	5.2439	5.2021	5.1684
7	8.0727	6.5415	5.8898	5.5226	5.2852	5.1186	4.9949	4.8993	4.8232	4.7611	4.6658	4.5961	4.5428	4.5008	4.4667
8	7.5709	6.0595	5.4160	5.0526	4.8173	4.6517	4.5286	4.4333	4.3572	4.2951	4.1997	4.1297	4.0761	4.0338	3.9995
9	7.2093	5.7147	5.0781	4.7181	4.4844	4.3197	4.1970	4.1020	4.0260	3.9639	3.8682	3.7980	3.7441	3.7015	3.6669
10	6.9367	5.4564	4.8256	4.4683	4.2361	4.0721	3.9498	3.8549	3.7790	3.7168	3.6209	3.5504	3.4963	3.4534	3.4185
11	6.7241	5.2559	4.6300	4.2751	4.0440	3.8807	3.7586	3.6638	3.5879	3.5257	3.4296	3.3588	3.3044	3.2612	3.2261
12	6.5538	5.0959	4.4742	4.1212	3.8911	3.7283	3.6065	3.5118	3.4358	3.3736	3.2773	3.2062	3.1515	3.1081	3.0728
13	6.4143	4.9653	4.3472	3.9959	3.7667	3.6043	3.4827	3.3880	3.3120	3.2497	3.1532	3.0819	3.0269	2.9832	2.9477
14	6.2979	4.8567	4.2417	3.8919	3.6634	3.5014	3.3799	3.2853	3.2093	3.1469	3.0502	2.9786	2.9234	2.8795	2.8437
15	6.1995	4.7650	4.1528	3.8043	3.5764	3.4147	3.2934	3.1987	3.1227	3.0602	2.9633	2.8915	2.8360	2.7919	2.7559
16	6.1151	4.6867	4.0768	3.7294	3.5021	3.3406	3.2194	3.1248	3.0488	2.9862	2.8890	2.8170	2.7614	2.7170	2.6808
17	6.0420	4.6189	4.0112	3.6648	3.4379	3.2767	3.1556	3.0610	2.9849	2.9222	2.8249	2.7526	2.6968	2.6522	2.6158
18	5.9781	4.5597	3.9539	3.6083	3.3820	3.2209	3.0999	3.0053	2.9291	2.8664	2.7689	2.6964	2.6404	2.5956	2.5590
19	5.9216	4.5075	3.9034	3.5587	3.3327	3.1718	3.0509	2.9563	2.8801	2.8172	2.7196	2.6469	2.5907	2.5457	2.5089
20	5.8715	4.4613	3.8587	3.5147	3.2891	3.1283	3.0074	2.9128	2.8365	2.7737	2.6758	2.6030	2.5465	2.5014	2.4645
21	5.8266	4.4199	3.8188	3.4754	3.2501	3.0895	2.9686	2.8740	2.7977	2.7348	2.6368	2.5638	2.5071	2.4618	2.4247
22	5.7863	4.3828	3.7829	3.4401	3.2151	3.0546	2.9338	2.8392	2.7628	2.6998	2.6017	2.5285	2.4717	2.4262	2.3890
23	5.7498	4.3492	3.7505	3.4083	3.1835	3.0232	2.9023	2.8077	2.7313	2.6682	2.5699	2.4966	2.4396	2.3940	2.3567
24	5.7166	4.3187	3.7211	3.3794	3.1548	2.9946	2.8738	2.7791	2.7027	2.6396	2.5411	2.4677	2.4105	2.3648	2.3273
25	5.6864	4.2909	3.6943	3.3530	3.1287	2.9685	2.8478	2.7531	2.6766	2.6135	2.5149	2.4413	2.3840	2.3381	2.3005
26	5.6586	4.2655	3.6697	3.3289	3.1048	2.9447	2.8240	2.7293	2.6528	2.5896	2.4908	2.4171	2.3597	2.3137	2.2759
27	5.6331	4.2421	3.6472	3.3067	3.0828	2.9228	2.8021	2.7074	2.6309	2.5676	2.4688	2.3949	2.3373	2.2912	2.2533
28	5.6096	4.2205	3.6264	3.2863	3.0626	2.9027	2.7820	2.6872	2.6106	2.5473	2.4484	2.3743	2.3167	2.2704	2.2324
29	5.5878	4.2006	3.6072	3.2674	3.0438	2.8840	2.7633	2.6686	2.5919	2.5286	2.4295	2.3554	2.2976	2.2512	2.2131
30	5.5675	4.1821	3.5894	3.2499	3.0265	2.8667	2.7460	2.6513	2.5746	2.5112	2.4120	2.3378	2.2799	2.2334	2.1952
31	5.5487	4.1648	3.5728	3.2336	3.0103	2.8506	2.7299	2.6352	2.5585	2.4950	2.3958	2.3214	2.2634	2.2168	2.1785

$\alpha = 0.025$　　　　　　　　　　　　　　　　　　　　　　　　　　　（续）

n\m	1	2	3	4	5	6	7	8	9	10	12	14	16	18	20
32	5.5311	4.1488	3.5573	3.2185	2.9953	2.8356	2.7150	2.6202	2.5434	2.4799	2.3806	2.3061	2.2480	2.2013	2.1629
33	5.5147	4.1338	3.5429	3.2043	2.9812	2.8216	2.7009	2.6061	2.5294	2.4658	2.3664	2.2918	2.2336	2.1868	2.1483
34	5.4993	4.1197	3.5293	3.1910	2.9680	2.8085	2.6878	2.5930	2.5162	2.4526	2.3531	2.2784	2.2201	2.1732	2.1346
35	5.4848	4.1065	3.5166	3.1785	2.9557	2.7961	2.6755	2.5807	2.5039	2.4403	2.3406	2.2659	2.2075	2.1605	2.1218
36	5.4712	4.0941	3.5047	3.1668	2.9440	2.7846	2.6639	2.5691	2.4922	2.4286	2.3289	2.2540	2.1956	2.1485	2.1097
37	5.4584	4.0824	3.4934	3.1557	2.9331	2.7736	2.6530	2.5581	2.4813	2.4176	2.3178	2.2429	2.1843	2.1372	2.0983
38	5.4463	4.0713	3.4828	3.1453	2.9227	2.7633	2.6427	2.5478	2.4710	2.4072	2.3074	2.2324	2.1737	2.1265	2.0875
39	5.4348	4.0609	3.4728	3.1354	2.9130	2.7536	2.6330	2.5381	2.4612	2.3974	2.2975	2.2224	2.1637	2.1164	2.0774
40	5.4239	4.0510	3.4633	3.1261	2.9037	2.7444	2.6238	2.5289	2.4519	2.3882	2.2882	2.2130	2.1542	2.1068	2.0677
41	5.4136	4.0416	3.4542	3.1173	2.8950	2.7356	2.6150	2.5201	2.4432	2.3794	2.2793	2.2040	2.1452	2.0977	2.0586
42	5.4039	4.0327	3.4457	3.1089	2.8866	2.7273	2.6068	2.5118	2.4348	2.3710	2.2709	2.1956	2.1366	2.0891	2.0499
43	5.3946	4.0242	3.4376	3.1009	2.8787	2.7195	2.5989	2.5039	2.4269	2.3631	2.2629	2.1875	2.1285	2.0809	2.0416
44	5.3857	4.0162	3.4298	3.0933	2.8712	2.7120	2.5914	2.4964	2.4194	2.3555	2.2552	2.1798	2.1207	2.0730	2.0337
45	5.3773	4.0085	3.4224	3.0860	2.8640	2.7048	2.5842	2.4892	2.4122	2.3483	2.2480	2.1725	2.1133	2.0656	2.0262
46	5.3692	4.0012	3.4154	3.0791	2.8572	2.6980	2.5774	2.4824	2.4054	2.3414	2.2410	2.1655	2.1063	2.0585	2.0190
47	5.3615	3.9942	3.4087	3.0725	2.8506	2.6915	2.5709	2.4759	2.3988	2.3348	2.2344	2.1588	2.0995	2.0517	2.0122
48	5.3541	3.9875	3.4022	3.0662	2.8444	2.6852	2.5646	2.4696	2.3925	2.3286	2.2281	2.1524	2.0931	2.0452	2.0056
49	5.3471	3.9811	3.3961	3.0602	2.8384	2.6793	2.5587	2.4637	2.3866	2.3226	2.2220	2.1463	2.0869	2.0389	1.9993
50	5.3403	3.9749	3.3902	3.0544	2.8327	2.6736	2.5530	2.4579	2.3808	2.3168	2.2162	2.1404	2.0810	2.0330	1.9933
55	5.3104	3.9477	3.3641	3.0288	2.8073	2.6483	2.5277	2.4326	2.3554	2.2913	2.1905	2.1144	2.0547	2.0065	1.9666
60	5.2856	3.9253	3.3425	3.0077	2.7863	2.6274	2.5068	2.4117	2.3344	2.2702	2.1692	2.0929	2.0330	1.9846	1.9445
80	5.2184	3.8643	3.2841	2.9504	2.7295	2.5708	2.4502	2.3549	2.2775	2.2130	2.1115	2.0346	1.9741	1.9250	1.8843
100	5.1786	3.8284	3.2496	2.9166	2.6961	2.5374	2.4168	2.3215	2.2439	2.1793	2.0773	2.0001	1.9391	1.8897	1.8486
200	5.1004	3.7578	3.1820	2.8503	2.6304	2.4720	2.3513	2.2558	2.1780	2.1130	2.0103	1.9322	1.8704	1.8200	1.7780
300	5.0747	3.7346	3.1599	2.8286	2.6089	2.4505	2.3299	2.2343	2.1563	2.0913	1.9883	1.9098	1.8477	1.7970	1.7547
400	5.0619	3.7231	3.1489	2.8179	2.5983	2.4399	2.3192	2.2236	2.1456	2.0805	1.9773	1.8987	1.8364	1.7856	1.7431
500	5.0543	3.7162	3.1423	2.8114	2.5919	2.4335	2.3129	2.2172	2.1392	2.0740	1.9708	1.8921	1.8297	1.7787	1.7362
$+\infty$	5.0240	3.6890	3.1163	2.7859	2.5666	2.4084	2.2877	2.1919	2.1138	2.0484	1.9449	1.8658	1.8030	1.7516	1.7086

$\alpha = 0.025$ （续）

m n	22	24	26	28	30	35	40	45	50	60	80	100	200	500	$+\infty$
1	995.3600	997.2500	998.8500	1000.20	1001.40	1003.80	1005.60	1007.00	1008.10	1009.80	1011.90	1013.20	1015.70	1017.20	1018.30
2	39.4520	39.4560	39.4590	39.4620	39.4650	39.4690	39.4730	39.4760	39.4780	39.4810	39.4850	39.4880	39.4930	39.4960	39.4980
3	14.1440	14.1240	14.1070	14.0930	14.0810	14.0550	14.0370	14.0220	14.0100	13.9920	13.9700	13.9560	13.9290	13.9130	13.9020
4	8.5332	8.5109	8.4919	8.4755	8.4613	8.4327	8.4111	8.3943	8.3808	8.3604	8.3349	8.3195	8.2885	8.2698	8.2574
5	6.3011	6.2780	6.2584	6.2416	6.2269	6.1973	6.1750	6.1576	6.1436	6.1225	6.0960	6.0800	6.0478	6.0283	6.0154
6	5.1406	5.1172	5.0973	5.0802	5.0652	5.0352	5.0125	4.9947	4.9804	4.9589	4.9318	4.9154	4.8824	4.8625	4.8492
7	4.4386	4.4150	4.3949	4.3775	4.3624	4.3319	4.3089	4.2908	4.2763	4.2544	4.2268	4.2101	4.1764	4.1560	4.1424
8	3.9711	3.9472	3.9269	3.9093	3.8940	3.8632	3.8398	3.8215	3.8067	3.7844	3.7563	3.7393	3.7050	3.6842	3.6702
9	3.6383	3.6142	3.5936	3.5759	3.5604	3.5292	3.5055	3.4869	3.4719	3.4493	3.4207	3.4034	3.3684	3.3471	3.3329
10	3.3897	3.3654	3.3446	3.3267	3.3110	3.2794	3.2554	3.2366	3.2214	3.1984	3.1694	3.1517	3.1161	3.0944	3.0799
11	3.1970	3.1725	3.1516	3.1334	3.1176	3.0856	3.0613	3.0422	3.0268	3.0035	2.9740	2.9561	2.9198	2.8977	2.8829
12	3.0434	3.0187	2.9976	2.9793	2.9633	2.9309	2.9063	2.8870	2.8714	2.8478	2.8178	2.7996	2.7626	2.7401	2.7250
13	2.9181	2.8932	2.8719	2.8534	2.8372	2.8046	2.7797	2.7601	2.7443	2.7204	2.6900	2.6715	2.6339	2.6109	2.5955
14	2.8139	2.7888	2.7673	2.7487	2.7324	2.6994	2.6742	2.6544	2.6384	2.6142	2.5833	2.5646	2.5264	2.5030	2.4873
15	2.7260	2.7006	2.6790	2.6602	2.6437	2.6104	2.5850	2.5650	2.5488	2.5242	2.4930	2.4739	2.4352	2.4114	2.3954
16	2.6507	2.6252	2.6033	2.5844	2.5678	2.5342	2.5085	2.4883	2.4719	2.4471	2.4154	2.3961	2.3567	2.3326	2.3163
17	2.5855	2.5598	2.5378	2.5187	2.5020	2.4681	2.4422	2.4218	2.4053	2.3801	2.3481	2.3285	2.2886	2.2640	2.2475
18	2.5285	2.5027	2.4806	2.4613	2.4445	2.4103	2.3842	2.3635	2.3468	2.3214	2.2890	2.2692	2.2287	2.2038	2.1870
19	2.4783	2.4523	2.4300	2.4107	2.3937	2.3593	2.3329	2.3121	2.2952	2.2696	2.2368	2.2167	2.1757	2.1504	2.1334
20	2.4337	2.4076	2.3851	2.3657	2.3486	2.3139	2.2873	2.2663	2.2493	2.2234	2.1902	2.1699	2.1284	2.1027	2.0854
21	2.3938	2.3675	2.3450	2.3254	2.3082	2.2733	2.2465	2.2253	2.2081	2.1819	2.1485	2.1280	2.0859	2.0599	2.0423
22	2.3579	2.3315	2.3088	2.2891	2.2718	2.2366	2.2097	2.1883	2.1710	2.1446	2.1108	2.0901	2.0475	2.0211	2.0033
23	2.3254	2.2989	2.2761	2.2563	2.2389	2.2035	2.1763	2.1548	2.1374	2.1107	2.0766	2.0557	2.0126	1.9859	1.9678
24	2.2959	2.2693	2.2464	2.2265	2.2090	2.1733	2.1460	2.1243	2.1067	2.0799	2.0454	2.0243	1.9807	1.9537	1.9354
25	2.2690	2.2422	2.2192	2.1992	2.1816	2.1458	2.1183	2.0964	2.0787	2.0516	2.0169	1.9955	1.9515	1.9242	1.9056
26	2.2443	2.2174	2.1943	2.1742	2.1565	2.1205	2.0928	2.0708	2.0530	2.0257	1.9907	1.9691	1.9246	1.8970	1.8782
27	2.2216	2.1946	2.1714	2.1512	2.1334	2.0972	2.0693	2.0472	2.0293	2.0018	1.9665	1.9447	1.8998	1.8718	1.8528
28	2.2006	2.1735	2.1502	2.1299	2.1121	2.0757	2.0477	2.0254	2.0073	1.9797	1.9441	1.9221	1.8767	1.8485	1.8292
29	2.1812	2.1540	2.1306	2.1102	2.0923	2.0557	2.0276	2.0052	1.9870	1.9591	1.9232	1.9011	1.8553	1.8268	1.8073
30	2.1631	2.1359	2.1124	2.0919	2.0739	2.0372	2.0089	1.9864	1.9681	1.9400	1.9039	1.8816	1.8354	1.8065	1.7868
31	2.1463	2.1190	2.0954	2.0749	2.0568	2.0199	1.9914	1.9688	1.9504	1.9222	1.8858	1.8633	1.8167	1.7875	1.7676

$\alpha = 0.025$ （续）

n \\ m	22	24	26	28	30	35	40	45	50	60	80	100	200	500	$+\infty$
32	2.1307	2.1032	2.0796	2.0590	2.0408	2.0037	1.9752	1.9524	1.9339	1.9055	1.8689	1.8462	1.7992	1.7697	1.7496
33	2.1160	2.0885	2.0648	2.0441	2.0259	1.9886	1.9599	1.9371	1.9184	1.8899	1.8530	1.8302	1.7828	1.7530	1.7327
34	2.1022	2.0747	2.0509	2.0301	2.0118	1.9744	1.9456	1.9226	1.9039	1.8752	1.8381	1.8151	1.7673	1.7373	1.7167
35	2.0893	2.0617	2.0378	2.0170	1.9986	1.9611	1.9321	1.9090	1.8902	1.8613	1.8240	1.8009	1.7527	1.7224	1.7017
36	2.0772	2.0494	2.0255	2.0046	1.9862	1.9485	1.9194	1.8963	1.8773	1.8483	1.8107	1.7874	1.7389	1.7084	1.6874
37	2.0657	2.0379	2.0139	1.9929	1.9745	1.9366	1.9074	1.8842	1.8652	1.8360	1.7982	1.7748	1.7259	1.6951	1.6739
38	2.0548	2.0270	2.0029	1.9819	1.9634	1.9254	1.8961	1.8727	1.8536	1.8243	1.7863	1.7627	1.7135	1.6824	1.6611
39	2.0446	2.0166	1.9925	1.9714	1.9529	1.9148	1.8854	1.8619	1.8427	1.8133	1.7751	1.7513	1.7018	1.6704	1.6489
40	2.0349	2.0069	1.9827	1.9615	1.9429	1.9047	1.8752	1.8516	1.8324	1.8028	1.7644	1.7405	1.6906	1.6590	1.6372
41	2.0257	1.9976	1.9733	1.9521	1.9335	1.8952	1.8655	1.8419	1.8225	1.7928	1.7542	1.7302	1.6799	1.6481	1.6262
42	2.0169	1.9888	1.9645	1.9432	1.9245	1.8861	1.8563	1.8326	1.8132	1.7833	1.7445	1.7204	1.6698	1.6377	1.6156
43	2.0086	1.9804	1.9560	1.9347	1.9159	1.8774	1.8476	1.8237	1.8043	1.7743	1.7353	1.7110	1.6601	1.6278	1.6055
44	2.0006	1.9724	1.9480	1.9266	1.9078	1.8692	1.8392	1.8153	1.7958	1.7656	1.7265	1.7021	1.6509	1.6183	1.5958
45	1.9930	1.9647	1.9403	1.9189	1.9000	1.8613	1.8313	1.8073	1.7876	1.7574	1.7181	1.6935	1.6420	1.6092	1.5865
46	1.9858	1.9575	1.9329	1.9115	1.8926	1.8537	1.8236	1.7996	1.7799	1.7495	1.7100	1.6853	1.6335	1.6005	1.5776
47	1.9789	1.9505	1.9259	1.9044	1.8855	1.8465	1.8164	1.7922	1.7724	1.7420	1.7023	1.6775	1.6254	1.5921	1.5691
48	1.9723	1.9438	1.9192	1.8977	1.8787	1.8397	1.8094	1.7852	1.7653	1.7347	1.6949	1.6700	1.6176	1.5841	1.5609
49	1.9660	1.9375	1.9128	1.8912	1.8722	1.8331	1.8027	1.7784	1.7585	1.7278	1.6878	1.6628	1.6101	1.5764	1.5530
50	1.9599	1.9313	1.9066	1.8850	1.8659	1.8267	1.7963	1.7719	1.7520	1.7211	1.6810	1.6558	1.6029	1.5689	1.5454
55	1.9330	1.9042	1.8793	1.8575	1.8382	1.7986	1.7678	1.7431	1.7228	1.6915	1.6506	1.6249	1.5706	1.5356	1.5112
60	1.9106	1.8817	1.8566	1.8346	1.8152	1.7752	1.7440	1.7191	1.6985	1.6668	1.6252	1.5990	1.5435	1.5075	1.4823
80	1.8499	1.8204	1.7947	1.7722	1.7523	1.7112	1.6790	1.6532	1.6318	1.5987	1.5549	1.5271	1.4674	1.4280	1.3999
100	1.8138	1.7839	1.7579	1.7351	1.7148	1.6729	1.6401	1.6136	1.5917	1.5575	1.5122	1.4833	1.4203	1.3781	1.3475
200	1.7424	1.7117	1.6849	1.6613	1.6403	1.5966	1.5621	1.5341	1.5108	1.4742	1.4248	1.3927	1.3204	1.2691	1.2293
300	1.7188	1.6878	1.6607	1.6368	1.6155	1.5711	1.5360	1.5074	1.4836	1.4459	1.3948	1.3613	1.2845	1.2280	1.1818
400	1.7070	1.6758	1.6486	1.6245	1.6031	1.5584	1.5230	1.4940	1.4699	1.4317	1.3796	1.3453	1.2658	1.2058	1.1548
500	1.7000	1.6687	1.6414	1.6172	1.5957	1.5508	1.5151	1.4860	1.4616	1.4231	1.3704	1.3356	1.2543	1.1918	1.1369
$+\infty$	1.6720	1.6403	1.6126	1.5880	1.5661	1.5202	1.4837	1.4537	1.4286	1.3885	1.3330	1.2958	1.2055	1.1281	1.0000

α=0.01 （续）

m\n	1	2	3	4	5	6	7	8	9	10	12	14	16	18	20
1	4052.20	4999.50	5403.40	5624.60	5763.60	5859.00	5928.40	5981.10	6022.50	6055.80	6106.30	6142.70	6170.10	6191.50	6208.70
2	98.50	99.00	99.17	99.25	99.30	99.33	99.36	99.37	99.39	99.40	99.42	99.43	99.44	99.44	99.45
3	34.12	30.82	29.46	28.71	28.24	27.91	27.67	27.49	27.35	27.23	27.05	26.92	26.83	26.75	26.69
4	21.20	18.00	16.69	15.98	15.52	15.21	14.98	14.80	14.66	14.55	14.37	14.25	14.15	14.08	14.02
5	16.26	13.27	12.06	11.39	10.97	10.67	10.46	10.29	10.16	10.05	9.89	9.77	9.68	9.61	9.55
6	13.75	10.93	9.78	9.15	8.75	8.47	8.26	8.10	7.98	7.87	7.72	7.60	7.52	7.45	7.40
7	12.25	9.55	8.45	7.85	7.46	7.19	6.99	6.84	6.72	6.62	6.47	6.36	6.28	6.21	6.16
8	11.26	8.65	7.59	7.01	6.63	6.37	6.18	6.03	5.91	5.81	5.67	5.56	5.48	5.41	5.36
9	10.56	8.02	6.99	6.42	6.06	5.80	5.61	5.47	5.35	5.26	5.11	5.01	4.92	4.86	4.81
10	10.04	7.56	6.55	5.99	5.64	5.39	5.20	5.06	4.94	4.85	4.71	4.60	4.52	4.46	4.41
11	9.65	7.21	6.22	5.67	5.32	5.07	4.89	4.74	4.63	4.54	4.40	4.29	4.21	4.15	4.10
12	9.33	6.93	5.95	5.41	5.06	4.82	4.64	4.50	4.39	4.30	4.16	4.05	3.97	3.91	3.86
13	9.07	6.70	5.74	5.21	4.86	4.62	4.44	4.30	4.19	4.10	3.96	3.86	3.78	3.72	3.66
14	8.86	6.51	5.56	5.04	4.70	4.46	4.28	4.14	4.03	3.94	3.80	3.70	3.62	3.56	3.51
15	8.68	6.36	5.42	4.89	4.56	4.32	4.14	4.00	3.89	3.80	3.67	3.56	3.49	3.42	3.37
16	8.53	6.23	5.29	4.77	4.44	4.20	4.03	3.89	3.78	3.69	3.55	3.45	3.37	3.31	3.26
17	8.40	6.11	5.19	4.67	4.34	4.10	3.93	3.79	3.68	3.59	3.46	3.35	3.27	3.21	3.16
18	8.29	6.01	5.09	4.58	4.25	4.01	3.84	3.71	3.60	3.51	3.37	3.27	3.19	3.13	3.08
19	8.18	5.93	5.01	4.50	4.17	3.94	3.77	3.63	3.52	3.43	3.30	3.19	3.12	3.05	3.00
20	8.10	5.85	4.94	4.43	4.10	3.87	3.70	3.56	3.46	3.37	3.23	3.13	3.05	2.99	2.94
21	8.02	5.78	4.87	4.37	4.04	3.81	3.64	3.51	3.40	3.31	3.17	3.07	2.99	2.93	2.88
22	7.95	5.72	4.82	4.31	3.99	3.76	3.59	3.45	3.35	3.26	3.12	3.02	2.94	2.88	2.83
23	7.88	5.66	4.76	4.26	3.94	3.71	3.54	3.41	3.30	3.21	3.07	2.97	2.89	2.83	2.78
24	7.82	5.61	4.72	4.22	3.90	3.67	3.50	3.36	3.26	3.17	3.03	2.93	2.85	2.79	2.74
25	7.77	5.57	4.68	4.18	3.86	3.63	3.46	3.32	3.22	3.13	2.99	2.89	2.81	2.75	2.70
26	7.72	5.53	4.64	4.14	3.82	3.59	3.42	3.29	3.18	3.09	2.96	2.86	2.78	2.72	2.66
27	7.68	5.49	4.60	4.11	3.78	3.56	3.39	3.26	3.15	3.06	2.93	2.82	2.75	2.68	2.63
28	7.64	5.45	4.57	4.07	3.75	3.53	3.36	3.23	3.12	3.03	2.90	2.79	2.72	2.65	2.60
29	7.60	5.42	4.54	4.04	3.73	3.50	3.33	3.20	3.09	3.00	2.87	2.77	2.69	2.63	2.57
30	7.56	5.39	4.51	4.02	3.70	3.47	3.30	3.17	3.07	2.98	2.84	2.74	2.66	2.60	2.55
31	7.53	5.36	4.48	3.99	3.67	3.45	3.28	3.15	3.04	2.96	2.82	2.72	2.64	2.58	2.52

$\alpha=0.01$ （续）

m n	1	2	3	4	5	6	7	8	9	10	12	14	16	18	20
32	7.50	5.34	4.46	3.97	3.65	3.43	3.26	3.13	3.02	2.93	2.80	2.70	2.62	2.55	2.50
33	7.47	5.31	4.44	3.95	3.63	3.41	3.24	3.11	3.00	2.91	2.78	2.68	2.60	2.53	2.48
34	7.44	5.29	4.42	3.93	3.61	3.39	3.22	3.09	2.98	2.89	2.76	2.66	2.58	2.51	2.46
35	7.42	5.27	4.40	3.91	3.59	3.37	3.20	3.07	2.96	2.88	2.74	2.64	2.56	2.50	2.44
36	7.40	5.25	4.38	3.89	3.57	3.35	3.18	3.05	2.95	2.86	2.72	2.62	2.54	2.48	2.43
37	7.37	5.23	4.36	3.87	3.56	3.33	3.17	3.04	2.93	2.84	2.71	2.61	2.53	2.46	2.41
38	7.35	5.21	4.34	3.86	3.54	3.32	3.15	3.02	2.92	2.83	2.69	2.59	2.51	2.45	2.40
39	7.33	5.19	4.33	3.84	3.53	3.30	3.14	3.01	2.90	2.81	2.68	2.58	2.50	2.43	2.38
40	7.31	5.18	4.31	3.83	3.51	3.29	3.12	2.99	2.89	2.80	2.66	2.56	2.48	2.42	2.37
41	7.30	5.16	4.30	3.81	3.50	3.28	3.11	2.98	2.87	2.79	2.65	2.55	2.47	2.41	2.36
42	7.28	5.15	4.29	3.80	3.49	3.27	3.10	2.97	2.86	2.78	2.64	2.54	2.46	2.40	2.34
43	7.26	5.14	4.27	3.79	3.48	3.25	3.09	2.96	2.85	2.76	2.63	2.53	2.45	2.38	2.33
44	7.25	5.12	4.26	3.78	3.47	3.24	3.08	2.95	2.84	2.75	2.62	2.52	2.44	2.37	2.32
45	7.23	5.11	4.25	3.77	3.45	3.23	3.07	2.94	2.83	2.74	2.61	2.51	2.43	2.36	2.31
46	7.22	5.10	4.24	3.76	3.44	3.22	3.06	2.93	2.82	2.73	2.60	2.50	2.42	2.35	2.30
47	7.21	5.09	4.23	3.75	3.43	3.21	3.05	2.92	2.81	2.72	2.59	2.49	2.41	2.34	2.29
48	7.19	5.08	4.22	3.74	3.43	3.20	3.04	2.91	2.80	2.72	2.58	2.48	2.40	2.33	2.28
49	7.18	5.07	4.21	3.73	3.42	3.19	3.03	2.90	2.79	2.71	2.57	2.47	2.39	2.33	2.27
50	7.17	5.06	4.20	3.72	3.41	3.19	3.02	2.89	2.79	2.70	2.56	2.46	2.38	2.32	2.27
55	7.12	5.01	4.16	3.68	3.37	3.15	2.98	2.85	2.75	2.66	2.53	2.42	2.35	2.28	2.23
60	7.08	4.98	4.13	3.65	3.34	3.12	2.95	2.82	2.72	2.63	2.50	2.39	2.31	2.25	2.20
80	6.96	4.88	4.04	3.56	3.26	3.04	2.87	2.74	2.64	2.55	2.42	2.31	2.23	2.17	2.12
100	6.90	4.82	3.98	3.51	3.21	2.99	2.82	2.69	2.59	2.50	2.37	2.27	2.19	2.12	2.07
200	6.76	4.71	3.88	3.41	3.11	2.89	2.73	2.60	2.50	2.41	2.27	2.17	2.09	2.03	1.97
300	6.72	4.68	3.85	3.38	3.08	2.86	2.70	2.57	2.47	2.38	2.24	2.14	2.06	1.99	1.94
400	6.70	4.66	3.83	3.37	3.06	2.85	2.68	2.56	2.45	2.37	2.23	2.13	2.05	1.98	1.92
500	6.69	4.65	3.82	3.36	3.05	2.84	2.68	2.55	2.44	2.36	2.22	2.12	2.04	1.97	1.92
$+\infty$	6.64	4.61	3.78	3.32	3.02	2.80	2.64	2.51	2.41	2.32	2.18	2.08	2.00	1.93	1.88

$\alpha = 0.01$ （续）

m \ n	22	24	26	28	30	35	40	45	50	60	80	100	200	500	$+\infty$
1	6222.80	6234.60	6244.60	6253.20	6260.60	6275.60	6286.80	6295.50	6302.50	6313.00	6326.20	6334.10	6350.00	6362.30	6366.00
2	99.45	99.46	99.46	99.46	99.47	99.47	99.47	99.48	99.48	99.48	99.49	99.49	99.49	99.50	99.50
3	26.64	26.60	26.56	26.53	26.51	26.45	26.41	26.38	26.35	26.32	26.27	26.24	26.18	26.15	26.13
4	13.97	13.93	13.89	13.86	13.84	13.79	13.75	13.71	13.69	13.65	13.61	13.58	13.52	13.49	13.46
5	9.51	9.47	9.43	9.40	9.38	9.33	9.29	9.26	9.24	9.20	9.16	9.13	9.08	9.04	9.02
6	7.35	7.31	7.28	7.25	7.23	7.18	7.14	7.11	7.09	7.06	7.01	6.99	6.93	6.90	6.88
7	6.11	6.07	6.04	6.02	5.99	5.94	5.91	5.88	5.86	5.82	5.78	5.75	5.70	5.67	5.65
8	5.32	5.28	5.25	5.22	5.20	5.15	5.12	5.09	5.07	5.03	4.99	4.96	4.91	4.88	4.86
9	4.77	4.73	4.70	4.67	4.65	4.60	4.57	4.54	4.52	4.48	4.44	4.42	4.36	4.33	4.31
10	4.36	4.33	4.30	4.27	4.25	4.20	4.17	4.14	4.12	4.08	4.04	4.01	3.96	3.93	3.91
11	4.06	4.02	3.99	3.96	3.94	3.89	3.86	3.83	3.81	3.78	3.73	3.71	3.66	3.62	3.60
12	3.82	3.78	3.75	3.72	3.70	3.65	3.62	3.59	3.57	3.54	3.49	3.47	3.41	3.38	3.36
13	3.62	3.59	3.56	3.53	3.51	3.46	3.43	3.40	3.38	3.34	3.30	3.27	3.22	3.19	3.17
14	3.46	3.43	3.40	3.37	3.35	3.30	3.27	3.24	3.22	3.18	3.14	3.11	3.06	3.03	3.00
15	3.33	3.29	3.26	3.24	3.21	3.17	3.13	3.10	3.08	3.05	3.00	2.98	2.92	2.89	2.87
16	3.22	3.18	3.15	3.12	3.10	3.05	3.02	2.99	2.97	2.93	2.89	2.86	2.81	2.78	2.75
17	3.12	3.08	3.05	3.03	3.00	2.96	2.92	2.89	2.87	2.83	2.79	2.76	2.71	2.68	2.65
18	3.03	3.00	2.97	2.94	2.92	2.87	2.84	2.81	2.78	2.75	2.71	2.68	2.62	2.59	2.57
19	2.96	2.92	2.89	2.87	2.84	2.80	2.76	2.73	2.71	2.67	2.63	2.60	2.55	2.51	2.49
20	2.90	2.86	2.83	2.80	2.78	2.73	2.69	2.67	2.64	2.61	2.56	2.54	2.48	2.44	2.42
21	2.84	2.80	2.77	2.74	2.72	2.67	2.64	2.61	2.58	2.55	2.50	2.48	2.42	2.38	2.36
22	2.78	2.75	2.72	2.69	2.67	2.62	2.58	2.55	2.53	2.50	2.45	2.42	2.36	2.33	2.31
23	2.74	2.70	2.67	2.64	2.62	2.57	2.54	2.51	2.48	2.45	2.40	2.37	2.32	2.28	2.26
24	2.70	2.66	2.63	2.60	2.58	2.53	2.49	2.46	2.44	2.40	2.36	2.33	2.27	2.24	2.21
25	2.66	2.62	2.59	2.56	2.54	2.49	2.45	2.42	2.40	2.36	2.32	2.29	2.23	2.19	2.17
26	2.62	2.58	2.55	2.53	2.50	2.45	2.42	2.39	2.36	2.33	2.28	2.25	2.19	2.16	2.13
27	2.59	2.55	2.52	2.49	2.47	2.42	2.38	2.35	2.33	2.29	2.25	2.22	2.16	2.12	2.10
28	2.56	2.52	2.49	2.46	2.44	2.39	2.35	2.32	2.30	2.26	2.22	2.19	2.13	2.09	2.06
29	2.53	2.49	2.46	2.44	2.41	2.36	2.33	2.30	2.27	2.23	2.19	2.16	2.10	2.06	2.03
30	2.51	2.47	2.44	2.41	2.39	2.34	2.30	2.27	2.25	2.21	2.16	2.13	2.07	2.03	2.01
31	2.48	2.45	2.41	2.39	2.36	2.31	2.27	2.24	2.22	2.18	2.14	2.11	2.04	2.01	1.98

$\alpha = 0.01$ （续）

m / n	22	24	26	28	30	35	40	45	50	60	80	100	200	500	$+\infty$
32	2.46	2.42	2.39	2.36	2.34	2.29	2.25	2.22	2.20	2.16	2.11	2.08	2.02	1.98	1.96
33	2.44	2.40	2.37	2.34	2.32	2.27	2.23	2.20	2.18	2.14	2.09	2.06	2.00	1.96	1.93
34	2.42	2.38	2.35	2.32	2.30	2.25	2.21	2.18	2.16	2.12	2.07	2.04	1.98	1.94	1.91
35	2.40	2.36	2.33	2.31	2.28	2.23	2.19	2.16	2.14	2.10	2.05	2.02	1.96	1.92	1.89
36	2.38	2.35	2.32	2.29	2.26	2.21	2.18	2.14	2.12	2.08	2.03	2.00	1.94	1.90	1.87
37	2.37	2.33	2.30	2.27	2.25	2.20	2.16	2.13	2.10	2.06	2.02	1.98	1.92	1.88	1.85
38	2.35	2.32	2.28	2.26	2.23	2.18	2.14	2.11	2.09	2.05	2.00	1.97	1.90	1.86	1.84
39	2.34	2.30	2.27	2.24	2.22	2.17	2.13	2.10	2.07	2.03	1.98	1.95	1.89	1.85	1.82
40	2.33	2.29	2.26	2.23	2.20	2.15	2.11	2.08	2.06	2.02	1.97	1.94	1.87	1.83	1.80
41	2.31	2.28	2.24	2.22	2.19	2.14	2.10	2.07	2.04	2.01	1.96	1.92	1.86	1.82	1.79
42	2.30	2.26	2.23	2.20	2.18	2.13	2.09	2.06	2.03	1.99	1.94	1.91	1.85	1.80	1.78
43	2.29	2.25	2.22	2.19	2.17	2.12	2.08	2.05	2.02	1.98	1.93	1.90	1.83	1.79	1.76
44	2.28	2.24	2.21	2.18	2.16	2.10	2.07	2.03	2.01	1.97	1.92	1.89	1.82	1.78	1.75
45	2.27	2.23	2.20	2.17	2.14	2.09	2.05	2.02	2.00	1.96	1.91	1.88	1.81	1.77	1.74
46	2.26	2.22	2.19	2.16	2.13	2.08	2.04	2.01	1.99	1.95	1.90	1.86	1.80	1.76	1.73
47	2.25	2.21	2.18	2.15	2.12	2.07	2.03	2.00	1.98	1.94	1.89	1.85	1.79	1.74	1.71
48	2.24	2.20	2.17	2.14	2.12	2.06	2.02	1.99	1.97	1.93	1.88	1.84	1.78	1.73	1.70
49	2.23	2.19	2.16	2.13	2.11	2.05	2.02	1.98	1.96	1.92	1.87	1.83	1.77	1.72	1.69
50	2.22	2.18	2.15	2.12	2.10	2.05	2.01	1.97	1.95	1.91	1.86	1.82	1.76	1.71	1.68
55	2.18	2.15	2.11	2.08	2.06	2.01	1.97	1.94	1.91	1.87	1.82	1.78	1.71	1.67	1.64
60	2.15	2.12	2.08	2.05	2.03	1.98	1.94	1.90	1.88	1.84	1.78	1.75	1.68	1.63	1.60
80	2.07	2.03	2.00	1.97	1.94	1.89	1.85	1.82	1.79	1.75	1.69	1.65	1.58	1.53	1.49
100	2.02	1.98	1.95	1.92	1.89	1.84	1.80	1.76	1.74	1.69	1.63	1.60	1.52	1.47	1.43
200	1.93	1.89	1.85	1.82	1.79	1.74	1.69	1.66	1.63	1.58	1.52	1.48	1.39	1.33	1.28
300	1.89	1.85	1.82	1.79	1.76	1.70	1.66	1.62	1.59	1.55	1.48	1.44	1.35	1.28	1.22
400	1.88	1.84	1.80	1.77	1.75	1.69	1.64	1.61	1.58	1.53	1.46	1.42	1.32	1.25	1.19
500	1.87	1.83	1.79	1.76	1.74	1.68	1.63	1.60	1.57	1.52	1.45	1.41	1.31	1.23	1.16
$+\infty$	1.83	1.79	1.76	1.72	1.70	1.64	1.59	1.55	1.52	1.47	1.40	1.36	1.25	1.15	1.00

$\alpha = 0.005$ （续）

n \ m	1	2	3	4	5	6	7	8	9	10	12	14	16	18	20
1	16211	20000	21615	22500	23056	23437	23715	23925	24091	24224	24426	24572	24681	24767	24836
2	198.50	199.00	199.17	199.25	199.30	199.33	199.36	199.37	199.39	199.40	199.42	199.43	199.44	199.44	199.45
3	55.5520	49.7990	47.4670	46.1950	45.3920	44.8380	44.4340	44.1260	43.8820	43.6860	43.3870	43.1720	43.0080	42.8800	42.7780
4	31.3330	26.2840	24.2590	23.1550	22.4560	21.9750	21.6220	21.3520	21.1390	20.9670	20.7050	20.5150	20.3710	20.2580	20.1670
5	22.7850	18.3140	16.5300	15.5560	14.9400	14.5130	14.2000	13.9610	13.7720	13.6180	13.3840	13.2150	13.0860	12.9850	12.9030
6	18.6350	14.5440	12.9170	12.0280	11.4640	11.0730	10.7860	10.5660	10.3910	10.2500	10.0340	9.8774	9.7582	9.6644	9.5888
7	16.2360	12.4040	10.8820	10.0500	9.5221	9.1553	8.8854	8.6781	8.5138	8.3803	8.1764	8.0279	7.9148	7.8258	7.7540
8	14.6880	11.0420	9.5965	8.8051	8.3018	7.9520	7.6941	7.4959	7.3386	7.2106	7.0149	6.8721	6.7633	6.6775	6.6082
9	13.6140	10.1070	8.7171	7.9559	7.4712	7.1339	6.8849	6.6933	6.5411	6.4172	6.2274	6.0887	5.9829	5.8994	5.8318
10	12.8260	9.4270	8.0807	7.3428	6.8724	6.5446	6.3025	6.1159	5.9676	5.8467	5.6613	5.5257	5.4221	5.3403	5.2740
11	12.2260	8.9122	7.6004	6.8809	6.4217	6.1016	5.8648	5.6821	5.5368	5.4183	5.2363	5.1031	5.0011	4.9205	4.8552
12	11.7540	8.5096	7.2258	6.5211	6.0711	5.7570	5.5245	5.3451	5.2021	5.0855	4.9062	4.7748	4.6741	4.5945	4.5299
13	11.3740	8.1865	6.9258	6.2335	5.7910	5.4819	5.2529	5.0761	4.9351	4.8199	4.6429	4.5129	4.4132	4.3344	4.2703
14	11.0600	7.9216	6.6804	5.9984	5.5623	5.2574	5.0313	4.8566	4.7173	4.6034	4.4281	4.2993	4.2005	4.1221	4.0585
15	10.7980	7.7008	6.4760	5.8029	5.3721	5.0708	4.8473	4.6744	4.5364	4.4235	4.2497	4.1219	4.0237	3.9459	3.8826
16	10.5750	7.5138	6.3034	5.6378	5.2117	4.9134	4.6920	4.5207	4.3838	4.2719	4.0994	3.9723	3.8747	3.7972	3.7342
17	10.3840	7.3536	6.1556	5.4967	5.0746	4.7789	4.5594	4.3894	4.2535	4.1424	3.9709	3.8445	3.7473	3.6701	3.6073
18	10.2180	7.2148	6.0278	5.3746	4.9560	4.6627	4.4448	4.2759	4.1410	4.0305	3.8599	3.7341	3.6373	3.5603	3.4977
19	10.0730	7.0935	5.9161	5.2681	4.8526	4.5614	4.3448	4.1770	4.0428	3.9329	3.7631	3.6378	3.5412	3.4645	3.4020
20	9.9439	6.9865	5.8177	5.1743	4.7616	4.4721	4.2569	4.0900	3.9564	3.8470	3.6779	3.5530	3.4568	3.3802	3.3178
21	9.8295	6.8914	5.7304	5.0911	4.6809	4.3931	4.1789	4.0128	3.8799	3.7709	3.6024	3.4779	3.3818	3.3054	3.2431
22	9.7271	6.8064	5.6524	5.0168	4.6088	4.3225	4.1094	3.9440	3.8116	3.7030	3.5350	3.4108	3.3150	3.2387	3.1764
23	9.6348	6.7300	5.5823	4.9500	4.5441	4.2591	4.0469	3.8822	3.7502	3.6420	3.4745	3.3506	3.2549	3.1787	3.1165
24	9.5513	6.6609	5.5190	4.8898	4.4857	4.2019	3.9905	3.8264	3.6949	3.5870	3.4199	3.2962	3.2007	3.1246	3.0624
25	9.4753	6.5982	5.4615	4.8351	4.4327	4.1500	3.9394	3.7758	3.6447	3.5370	3.3704	3.2469	3.1515	3.0754	3.0133
26	9.4059	6.5409	5.4091	4.7852	4.3844	4.1027	3.8928	3.7297	3.5989	3.4916	3.3252	3.2020	3.1067	3.0306	2.9685
27	9.3423	6.4885	5.3611	4.7396	4.3402	4.0594	3.8501	3.6875	3.5571	3.4499	3.2839	3.1608	3.0656	2.9896	2.9275
28	9.2838	6.4403	5.3170	4.6977	4.2996	4.0197	3.8110	3.6487	3.5186	3.4117	3.2460	3.1231	3.0279	2.9520	2.8899
29	9.2297	6.3958	5.2764	4.6591	4.2622	3.9831	3.7749	3.6131	3.4832	3.3765	3.2110	3.0882	2.9932	2.9173	2.8551
30	9.1797	6.3547	5.2388	4.6234	4.2276	3.9492	3.7416	3.5801	3.4505	3.3440	3.1787	3.0560	2.9611	2.8852	2.8230
31	9.1332	6.3165	5.2039	4.5902	4.1955	3.9178	3.7106	3.5495	3.4201	3.3138	3.1488	3.0262	2.9313	2.8554	2.7933

$\alpha = 0.005$　　　　　　　　　　　　　　　　　　　　　　　　　　　　　　（续）

n＼m	1	2	3	4	5	6	7	8	9	10	12	14	16	18	20
32	9.0899	6.2810	5.1715	4.5594	4.1657	3.8886	3.6819	3.5210	3.3919	3.2857	3.1209	2.9984	2.9036	2.8277	2.7656
33	9.0495	6.2478	5.1412	4.5307	4.1379	3.8615	3.6551	3.4945	3.3656	3.2596	3.0949	2.9726	2.8777	2.8019	2.7397
34	9.0117	6.2169	5.1130	4.5039	4.1119	3.8360	3.6301	3.4698	3.3410	3.2351	3.0707	2.9484	2.8536	2.7777	2.7156
35	8.9763	6.1878	5.0865	4.4788	4.0876	3.8123	3.6066	3.4466	3.3180	3.2123	3.0480	2.9258	2.8310	2.7551	2.6930
36	8.9430	6.1606	5.0616	4.4552	4.0648	3.7899	3.5847	3.4248	3.2965	3.1908	3.0267	2.9045	2.8098	2.7339	2.6717
37	8.9117	6.1350	5.0383	4.4330	4.0433	3.7689	3.5640	3.4044	3.2762	3.1706	3.0066	2.8845	2.7898	2.7140	2.6518
38	8.8821	6.1108	5.0163	4.4121	4.0231	3.7492	3.5445	3.3851	3.2570	3.1516	2.9877	2.8657	2.7710	2.6952	2.6330
39	8.8542	6.0880	4.9955	4.3924	4.0041	3.7305	3.5262	3.3670	3.2390	3.1337	2.9699	2.8480	2.7533	2.6774	2.6152
40	8.8279	6.0664	4.9758	4.3738	3.9860	3.7129	3.5088	3.3498	3.2220	3.1167	2.9531	2.8312	2.7365	2.6607	2.5984
41	8.8029	6.0460	4.9572	4.3561	3.9690	3.6962	3.4924	3.3335	3.2059	3.1007	2.9372	2.8153	2.7207	2.6448	2.5825
42	8.7791	6.0266	4.9396	4.3394	3.9528	3.6804	3.4768	3.3181	3.1906	3.0855	2.9221	2.8003	2.7056	2.6297	2.5675
43	8.7566	6.0083	4.9229	4.3236	3.9375	3.6654	3.4620	3.3035	3.1761	3.0711	2.9077	2.7860	2.6913	2.6155	2.5531
44	8.7352	5.9908	4.9070	4.3085	3.9229	3.6511	3.4480	3.2896	3.1623	3.0574	2.8941	2.7724	2.6778	2.6019	2.5395
45	8.7148	5.9741	4.8918	4.2941	3.9090	3.6376	3.4346	3.2764	3.1492	3.0443	2.8811	2.7595	2.6648	2.5889	2.5266
46	8.6953	5.9583	4.8774	4.2804	3.8958	3.6246	3.4219	3.2638	3.1367	3.0319	2.8688	2.7471	2.6525	2.5766	2.5142
47	8.6767	5.9431	4.8636	4.2674	3.8832	3.6123	3.4097	3.2518	3.1247	3.0200	2.8570	2.7354	2.6408	2.5649	2.5025
48	8.6590	5.9287	4.8505	4.2549	3.8711	3.6005	3.3981	3.2403	3.1133	3.0087	2.8458	2.7242	2.6295	2.5536	2.4912
49	8.6420	5.9148	4.8379	4.2430	3.8596	3.5893	3.3871	3.2294	3.1025	2.9979	2.8350	2.7134	2.6188	2.5429	2.4805
50	8.6258	5.9016	4.8259	4.2316	3.8486	3.5785	3.3765	3.2189	3.0920	2.9875	2.8247	2.7032	2.6086	2.5326	2.4702
55	8.5539	5.8431	4.7727	4.1813	3.8000	3.5309	3.3296	3.1725	3.0461	2.9418	2.7792	2.6578	2.5632	2.4872	2.4247
60	8.4946	5.7950	4.7290	4.1399	3.7599	3.4918	3.2911	3.1344	3.0083	2.9042	2.7419	2.6205	2.5259	2.4498	2.3872
80	8.3346	5.6652	4.6113	4.0285	3.6524	3.3867	3.1876	3.0320	2.9066	2.8031	2.6413	2.5201	2.4254	2.3492	2.2862
100	8.2406	5.5892	4.5424	3.9634	3.5895	3.3252	3.1271	2.9722	2.8472	2.7440	2.5825	2.4614	2.3666	2.2902	2.2270
200	8.0572	5.4412	4.4084	3.8368	3.4674	3.2059	3.0097	2.8560	2.7319	2.6292	2.4683	2.3472	2.2521	2.1753	2.1116
300	7.9973	5.3930	4.3649	3.7957	3.4277	3.1672	2.9716	2.8183	2.6945	2.5919	2.4311	2.3100	2.2149	2.1378	2.0739
400	7.9676	5.3691	4.3433	3.7754	3.4081	3.1480	2.9527	2.7996	2.6759	2.5735	2.4128	2.2916	2.1964	2.1193	2.0553
500	7.9498	5.3549	4.3304	3.7632	3.3963	3.1366	2.9414	2.7885	2.6649	2.5625	2.4018	2.2806	2.1854	2.1082	2.0441
$+\infty$	7.8798	5.2986	4.2796	3.7153	3.3502	3.0915	2.8970	2.7446	2.6213	2.5190	2.3585	2.2373	2.1419	2.0645	2.0001

$\alpha = 0.005$ （续）

n \ m	22	24	26	28	30	35	40	45	50	60	80	100	200	500	$+\infty$
1	24892	24940	24980	25014	25044	25103	25148	25183	25211	25253	25306	25346	25410	25448	25465
2	199.45	199.46	199.46	199.46	199.47	199.47	199.47	199.48	199.48	199.48	199.49	199.49	199.49	199.50	199.50
3	42.6930	42.6220	42.5620	42.5110	42.4660	42.3760	42.3080	42.2550	42.2130	42.1490	42.0700	42.0220	41.9250	41.8670	41.8280
4	20.0930	20.0300	19.9770	19.9310	19.8920	19.8120	19.7520	19.7050	19.6670	19.6110	19.5400	19.4970	19.4110	19.3590	19.3250
5	12.8360	12.7800	12.7320	12.6910	12.6560	12.5840	12.5300	12.4870	12.4540	12.4020	12.3380	12.3000	12.2220	12.1750	12.1440
6	9.5264	9.4742	9.4298	9.3915	9.3582	9.2913	9.2408	9.2014	9.1697	9.1219	9.0619	9.0257	8.9528	8.9088	8.8795
7	7.6947	7.6450	7.6027	7.5662	7.5345	7.4707	7.4224	7.3847	7.3544	7.3088	7.2513	7.2165	7.1466	7.1044	7.0762
8	6.5510	6.5029	6.4620	6.4268	6.3961	6.3343	6.2875	6.2510	6.2215	6.1772	6.1213	6.0875	6.0194	5.9782	5.9507
9	5.7760	5.7292	5.6892	5.6548	5.6248	5.5643	5.5186	5.4827	5.4539	5.4104	5.3555	5.3223	5.2554	5.2148	5.1877
10	5.2192	5.1732	5.1339	5.1001	5.0706	5.0110	4.9659	4.9306	4.9022	4.8592	4.8050	4.7721	4.7058	4.6656	4.6387
11	4.8012	4.7557	4.7170	4.6835	4.6543	4.5955	4.5508	4.5158	4.4876	4.4450	4.3912	4.3585	4.2926	4.2525	4.2257
12	4.4765	4.4314	4.3930	4.3599	4.3309	4.2725	4.2282	4.1934	4.1653	4.1229	4.0693	4.0368	3.9709	3.9309	3.9041
13	4.2173	4.1726	4.1344	4.1015	4.0727	4.0146	3.9704	3.9358	3.9078	3.8655	3.8120	3.7795	3.7136	3.6735	3.6467
14	4.0058	3.9614	3.9234	3.8906	3.8619	3.8040	3.7600	3.7254	3.6975	3.6552	3.6017	3.5692	3.5032	3.4630	3.4360
15	3.8301	3.7859	3.7480	3.7153	3.6867	3.6289	3.5850	3.5504	3.5225	3.4803	3.4267	3.3941	3.3279	3.2875	3.2604
16	3.6819	3.6378	3.6000	3.5674	3.5389	3.4811	3.4372	3.4026	3.3747	3.3324	3.2787	3.2460	3.1796	3.1389	3.1116
17	3.5552	3.5112	3.4735	3.4409	3.4124	3.3547	3.3108	3.2762	3.2482	3.2058	3.1520	3.1192	3.0524	3.0115	2.9841
18	3.4456	3.4017	3.3641	3.3315	3.3030	3.2453	3.2014	3.1667	3.1387	3.0962	3.0422	3.0093	2.9421	2.9010	2.8733
19	3.3500	3.3062	3.2686	3.2360	3.2075	3.1498	3.1058	3.0711	3.0430	3.0004	2.9462	2.9131	2.8456	2.8042	2.7763
20	3.2659	3.2220	3.1845	3.1519	3.1234	3.0656	3.0215	2.9868	2.9586	2.9159	2.8614	2.8282	2.7603	2.7186	2.6905
21	3.1912	3.1474	3.1098	3.0773	3.0488	2.9909	2.9467	2.9119	2.8837	2.8408	2.7861	2.7527	2.6845	2.6425	2.6141
22	3.1246	3.0807	3.0432	3.0106	2.9821	2.9241	2.8799	2.8449	2.8167	2.7736	2.7187	2.6852	2.6165	2.5742	2.5456
23	3.0647	3.0208	2.9833	2.9507	2.9221	2.8641	2.8197	2.7847	2.7564	2.7132	2.6581	2.6243	2.5552	2.5126	2.4838
24	3.0106	2.9667	2.9291	2.8965	2.8679	2.8098	2.7654	2.7303	2.7018	2.6585	2.6031	2.5692	2.4997	2.4568	2.4278
25	2.9615	2.9176	2.8800	2.8473	2.8187	2.7605	2.7160	2.6808	2.6522	2.6088	2.5532	2.5191	2.4492	2.4059	2.3767
26	2.9167	2.8728	2.8352	2.8025	2.7738	2.7155	2.6709	2.6356	2.6070	2.5633	2.5075	2.4733	2.4029	2.3594	2.3298
27	2.8757	2.8318	2.7941	2.7614	2.7327	2.6743	2.6296	2.5942	2.5655	2.5217	2.4656	2.4312	2.3604	2.3166	2.2868
28	2.8380	2.7941	2.7564	2.7236	2.6949	2.6364	2.5916	2.5561	2.5273	2.4834	2.4270	2.3925	2.3213	2.2771	2.2471
29	2.8033	2.7594	2.7216	2.6888	2.6600	2.6015	2.5565	2.5209	2.4921	2.4479	2.3914	2.3566	2.2850	2.2405	2.2103
30	2.7712	2.7272	2.6894	2.6566	2.6278	2.5691	2.5241	2.4884	2.4594	2.4151	2.3584	2.3234	2.2514	2.2066	2.1762
31	2.7414	2.6974	2.6596	2.6267	2.5978	2.5390	2.4939	2.4581	2.4291	2.3847	2.3277	2.2926	2.2201	2.1750	2.1443

$\alpha = 0.005$ （续）

m\n	22	24	26	28	30	35	40	45	50	60	80	100	200	500	$+\infty$
32	2.7137	2.6696	2.6318	2.5989	2.5700	2.5111	2.4658	2.4300	2.4008	2.3563	2.2990	2.2638	2.1909	2.1455	2.1146
33	2.6878	2.6438	2.6059	2.5729	2.5440	2.4850	2.4396	2.4037	2.3745	2.3298	2.2723	2.2369	2.1636	2.1179	2.0867
34	2.6636	2.6196	2.5816	2.5486	2.5197	2.4606	2.4151	2.3791	2.3498	2.3049	2.2473	2.2117	2.1380	2.0920	2.0606
35	2.6410	2.5969	2.5589	2.5259	2.4969	2.4377	2.3922	2.3560	2.3266	2.2816	2.2237	2.1880	2.1140	2.0676	2.0360
36	2.6197	2.5756	2.5376	2.5045	2.4755	2.4162	2.3706	2.3344	2.3049	2.2597	2.2016	2.1657	2.0913	2.0447	2.0128
37	2.5998	2.5556	2.5175	2.4844	2.4553	2.3959	2.3502	2.3139	2.2844	2.2391	2.1808	2.1447	2.0699	2.0230	1.9909
38	2.5809	2.5367	2.4986	2.4655	2.4364	2.3769	2.3311	2.2947	2.2651	2.2197	2.1611	2.1249	2.0497	2.0025	1.9702
39	2.5631	2.5189	2.4808	2.4476	2.4184	2.3588	2.3130	2.2765	2.2468	2.2013	2.1425	2.1062	2.0306	1.9831	1.9506
40	2.5463	2.5020	2.4639	2.4307	2.4015	2.3418	2.2958	2.2593	2.2295	2.1838	2.1249	2.0884	2.0125	1.9647	1.9319
41	2.5304	2.4861	2.4479	2.4147	2.3854	2.3257	2.2796	2.2430	2.2131	2.1673	2.1082	2.0715	1.9952	1.9472	1.9142
42	2.5153	2.4710	2.4328	2.3995	2.3702	2.3103	2.2642	2.2275	2.1976	2.1517	2.0923	2.0555	1.9789	1.9305	1.8973
43	2.5010	2.4566	2.4184	2.3850	2.3557	2.2958	2.2496	2.2128	2.1828	2.1367	2.0772	2.0403	1.9633	1.9147	1.8812
44	2.4873	2.4429	2.4047	2.3713	2.3420	2.2819	2.2356	2.1988	2.1687	2.1225	2.0628	2.0258	1.9484	1.8995	1.8659
45	2.4744	2.4299	2.3916	2.3582	2.3288	2.2687	2.2224	2.1854	2.1553	2.1090	2.0491	2.0119	1.9342	1.8850	1.8512
46	2.4620	2.4175	2.3792	2.3458	2.3164	2.2562	2.2097	2.1727	2.1425	2.0961	2.0360	1.9987	1.9206	1.8712	1.8371
47	2.4502	2.4057	2.3673	2.3339	2.3044	2.2442	2.1976	2.1606	2.1303	2.0838	2.0235	1.9861	1.9077	1.8580	1.8237
48	2.4389	2.3944	2.3560	2.3225	2.2930	2.2327	2.1861	2.1489	2.1186	2.0720	2.0115	1.9740	1.8952	1.8453	1.8108
49	2.4281	2.3836	2.3451	2.3116	2.2821	2.2217	2.1750	2.1378	2.1074	2.0607	2.0001	1.9624	1.8833	1.8331	1.7984
50	2.4178	2.3732	2.3348	2.3012	2.2717	2.2112	2.1644	2.1272	2.0967	2.0499	1.9891	1.9512	1.8719	1.8214	1.7865
55	2.3722	2.3275	2.2889	2.2552	2.2255	2.1647	2.1176	2.0800	2.0492	2.0019	1.9403	1.9019	1.8210	1.7692	1.7333
60	2.3346	2.2898	2.2511	2.2172	2.1874	2.1263	2.0789	2.0410	2.0100	1.9622	1.8998	1.8609	1.7785	1.7256	1.6887
80	2.2333	2.1881	2.1489	2.1147	2.0845	2.0223	1.9739	1.9352	1.9033	1.8540	1.7892	1.7484	1.6611	1.6041	1.5636
100	2.1738	2.1283	2.0889	2.0544	2.0239	1.9610	1.9119	1.8725	1.8400	1.7896	1.7231	1.6809	1.5897	1.5291	1.4855
200	2.0578	2.0116	1.9715	1.9363	1.9051	1.8404	1.7897	1.7487	1.7147	1.6614	1.5902	1.5442	1.4416	1.3694	1.3140
300	2.0199	1.9735	1.9331	1.8976	1.8661	1.8008	1.7494	1.7077	1.6731	1.6187	1.5453	1.4976	1.3894	1.3106	1.2469
400	2.0011	1.9546	1.9140	1.8784	1.8468	1.7811	1.7293	1.6872	1.6523	1.5972	1.5228	1.4741	1.3624	1.2792	1.2092
500	1.9899	1.9432	1.9026	1.8669	1.8352	1.7692	1.7172	1.6750	1.6398	1.5843	1.5091	1.4598	1.3459	1.2596	1.1844
$+\infty$	1.9455	1.8985	1.8575	1.8214	1.7893	1.7224	1.6694	1.6262	1.5900	1.5328	1.4543	1.4020	1.2767	1.1709	1.0000

附表6 符号检验表

$$使得 \sum_{i=0}^{c} \binom{N}{i} \left(\frac{1}{2}\right)^{N} \leq \frac{\alpha}{2} \text{ 成立的最大的 } c \text{ 值}$$

N	α				N	α			
	0.01	0.05	0.10	0.25		0.01	0.05	0.10	0.25
1	—	—	—	—	30	7	9	10	11
2	—	—	—	—	31	7	9	10	11
3	—	—	—	0	32	8	9	10	12
4	—	—	—	0	33	8	10	11	12
5	—	—	0	0	34	9	10	11	13
6	—	0	0	1	35	9	11	12	13
7	0	0	0	1	36	9	11	12	14
8	0	0	1	1	37	10	12	13	14
9	0	1	1	2	38	10	12	13	14
10	0	1	1	2	39	11	12	13	15
11	0	1	2	3	40	11	13	14	15
12	1	2	2	3	41	11	13	14	16
13	1	2	3	3	42	12	14	15	16
14	1	2	3	4	43	12	14	15	17
15	2	3	3	4	44	13	15	16	17
16	2	3	4	5	45	13	15	16	18
17	2	4	4	5	46	13	15	16	18
18	3	4	5	6	47	14	16	17	19
19	3	4	5	6	48	14	16	17	19
20	3	5	5	6	49	15	17	18	19
21	4	5	6	7	50	15	17	18	20
22	4	5	6	7	51	15	18	19	20
23	4	6	7	8	52	16	18	19	21
24	5	6	7	8	53	16	18	20	21
25	5	7	7	9	54	17	19	20	22
26	6	7	8	9	55	17	19	20	22
27	6	7	8	10	56	17	20	21	23
28	6	8	9	10	57	18	20	21	23
29	7	8	9	10	58	18	21	22	24

（续）

N	α				N	α			
	0.01	0.05	0.10	0.25		0.01	0.05	0.10	0.25
59	19	21	22	24	75	25	28	29	32
60	19	21	23	25	76	26	28	30	32
61	20	22	23	25	77	26	29	30	32
62	20	22	24	25	78	27	29	31	33
63	20	23	24	26	79	27	30	31	33
64	21	23	24	26	80	28	30	32	34
65	21	24	25	27	81	28	31	32	34
66	22	24	25	27	82	28	31	33	35
67	22	25	26	28	83	29	32	33	35
68	22	25	26	28	84	29	32	33	36
69	23	25	27	29	85	30	32	34	36
70	23	26	27	29	86	30	33	34	37
71	24	26	28	30	87	31	33	35	37
72	24	27	28	30	88	31	34	35	38
73	25	27	28	31	89	31	34	36	38
74	25	28	29	31	90	32	35	36	39

附表 7 **秩和检验表**

$$P\{C_1 < T < C_2\} = 1 - \alpha$$

m	n	$\alpha = 0.05$		$\alpha = 0.025$		m	n	$\alpha = 0.05$		$\alpha = 0.025$	
		C_1	C_2	C_1	C_2			C_1	C_2	C_1	C_2
2	4	3	11	—	—	5	5	19	36	18	37
2	5	3	13	—	—	5	6	20	40	19	41
2	6	4	14	3	15	5	7	22	43	20	45
2	7	4	16	3	17	5	8	23	47	21	49
2	8	4	18	3	19	5	9	25	50	22	53
2	9	4	20	3	21	5	10	26	54	24	56
2	10	5	21	4	22	6	6	28	50	26	52
3	3	6	15	—	—	6	7	30	54	28	56
3	4	7	17	6	18	6	8	32	58	29	61
3	5	7	20	6	21	6	9	33	63	31	65
3	6	8	22	7	23	6	10	35	67	33	69
3	7	9	24	8	25	7	7	39	66	37	68
3	8	9	27	8	28	7	8	41	71	39	73
3	9	10	29	9	30	7	9	43	76	41	78
3	10	11	31	9	33	7	10	46	80	43	83
4	4	12	24	11	25	8	8	52	84	49	87
4	5	13	27	12	28	8	9	54	90	51	93
4	6	14	30	12	32	8	10	57	95	54	98
4	7	15	33	13	35	9	9	66	105	63	108
4	8	16	36	14	38	9	10	69	111	66	114
4	9	17	39	15	41	10	10	83	127	79	131
4	10	18	42	16	44						

附表 8　相关系数临界值表

$$P\{\,|r|>r_\alpha\,\}=\alpha$$

n−2 \ α	0.25	0.10	0.05	0.01
1	0.92388	0.98769	0.99692	0.99988
2	0.75000	0.90000	0.95000	0.99000
3	0.63471	0.80538	0.87834	0.95873
4	0.55787	0.72930	0.81140	0.91720
5	0.50289	0.66944	0.75449	0.87453
6	0.46124	0.62149	0.70674	0.83434
7	0.42837	0.58220	0.66638	0.79768
8	0.40160	0.54936	0.63190	0.76460
9	0.37927	0.52140	0.60207	0.73478
10	0.36027	0.49726	0.57598	0.70788
11	0.34385	0.47616	0.55294	0.68353
12	0.32948	0.45750	0.53241	0.66138
13	0.31677	0.44086	0.51398	0.64114
14	0.30542	0.42590	0.49731	0.62259
15	0.29522	0.41236	0.48215	0.60551
16	0.28596	0.40003	0.46828	0.58972
17	0.27752	0.38873	0.45553	0.57507
18	0.26979	0.37834	0.44376	0.56143
19	0.26267	0.36874	0.43286	0.54871
20	0.25609	0.35983	0.42271	0.53680
21	0.24997	0.35153	0.41325	0.52562
22	0.24428	0.34378	0.40438	0.51510
23	0.23895	0.33653	0.39607	0.50518
24	0.23396	0.32970	0.38824	0.49581
25	0.22927	0.32328	0.38086	0.48693
26	0.22485	0.31722	0.37389	0.47851
27	0.22067	0.31149	0.36728	0.47051
28	0.21673	0.30605	0.36101	0.46289
29	0.21298	0.30090	0.35505	0.45563
30	0.20942	0.29599	0.34937	0.44870

（续）

$n-2$ \\ α	0.25	0.10	0.05	0.01
31	0.20603	0.29132	0.34396	0.44207
32	0.20281	0.28686	0.33879	0.43573
33	0.19973	0.28259	0.33385	0.42965
34	0.19679	0.27852	0.32911	0.42381
35	0.19397	0.27461	0.32457	0.41821
36	0.19127	0.27086	0.32022	0.41282
37	0.18868	0.26727	0.31603	0.40764
38	0.18619	0.26381	0.31201	0.40264
39	0.18380	0.26048	0.30813	0.39782
40	0.18150	0.25728	0.30439	0.39317
41	0.17928	0.25419	0.30079	0.38868
42	0.17715	0.25121	0.29732	0.38434
43	0.17508	0.24833	0.29395	0.38014
44	0.17309	0.24555	0.29071	0.37608
45	0.17116	0.24286	0.28756	0.37214
46	0.16930	0.24026	0.28452	0.36832
47	0.16749	0.23773	0.28157	0.36462
48	0.16575	0.23529	0.27871	0.36103
49	0.16405	0.23292	0.27594	0.35754
50	0.16241	0.23062	0.27324	0.35415
55	0.15488	0.22006	0.26087	0.33854
60	0.14830	0.21083	0.25004	0.32482
80	0.12848	0.18292	0.21719	0.28296
100	0.11494	0.16378	0.19460	0.25398
200	0.08131	0.11606	0.13810	0.18086
300	0.06640	0.09483	0.11289	0.14802
400	0.05751	0.08215	0.09782	0.12834
500	0.05144	0.07350	0.08753	0.11487

附表 9　泊松分布分布函数表

$$F(x) = P\{X \leqslant x\} = \sum_{k=0}^{[x]} \frac{e^{-\lambda}\lambda^k}{k!}$$

x	λ															
	0.1	0.2	0.3	0.4	0.5	0.6	0.7	0.8	0.9	1.0	1.1	1.2	1.3	1.4	1.5	1.6
0	0.9048	0.8187	0.7408	0.6703	0.6065	0.5488	0.4966	0.4493	0.4066	0.3679	0.3329	0.3012	0.2725	0.2466	0.2231	0.2019
1	0.9953	0.9825	0.9631	0.9384	0.9098	0.8781	0.8442	0.8088	0.7725	0.7358	0.6990	0.6626	0.6268	0.5918	0.5578	0.5249
2	0.9998	0.9989	0.9964	0.9921	0.9856	0.9769	0.9659	0.9526	0.9371	0.9197	0.9004	0.8795	0.8571	0.8335	0.8088	0.7834
3	1.0000	0.9999	0.9997	0.9992	0.9982	0.9966	0.9942	0.9909	0.9865	0.9810	0.9743	0.9662	0.9569	0.9463	0.9344	0.9212
4	1.0000	1.0000	1.0000	0.9999	0.9998	0.9996	0.9992	0.9986	0.9977	0.9963	0.9946	0.9923	0.9893	0.9857	0.9814	0.9763
5	1.0000	1.0000	1.0000	1.0000	1.0000	1.0000	0.9999	0.9998	0.9997	0.9994	0.9990	0.9985	0.9978	0.9968	0.9955	0.9940
6	1.0000	1.0000	1.0000	1.0000	1.0000	1.0000	1.0000	1.0000	0.9999	0.9999	0.9997	0.9996	0.9994	0.9991	0.9987
7	1.0000	1.0000	1.0000	1.0000	1.0000	1.0000	1.0000	1.0000	1.0000	1.0000	1.0000	1.0000	0.9999	0.9999	0.9998	0.9997
8	1.0000	1.0000	1.0000	1.0000	1.0000	1.0000	1.0000	1.0000	1.0000	1.0000	1.0000	1.0000	1.0000	1.0000	1.0000	1.0000

x	λ													
	1.7	1.8	1.9	2.0	2.1	2.2	2.3	2.4	2.5	2.6	2.7	2.8	2.9	3.0
0	0.1827	0.1653	0.1496	0.1353	0.1225	0.1108	0.1003	0.0907	0.0821	0.0743	0.0672	0.0608	0.0550	0.0498
1	0.4932	0.4628	0.4337	0.4060	0.3796	0.3546	0.3309	0.3084	0.2873	0.2674	0.2487	0.2311	0.2146	0.1991
2	0.7572	0.7306	0.7037	0.6767	0.6496	0.6227	0.5960	0.5697	0.5438	0.5184	0.4936	0.4695	0.4460	0.4232
3	0.9068	0.8913	0.8747	0.8571	0.8386	0.8194	0.7993	0.7787	0.7576	0.7360	0.7141	0.6919	0.6696	0.6472
4	0.9704	0.9636	0.9559	0.9473	0.9379	0.9275	0.9162	0.9041	0.8912	0.8774	0.8629	0.8477	0.8318	0.8153
5	0.9920	0.9896	0.9868	0.9834	0.9796	0.9751	0.9700	0.9643	0.9580	0.9510	0.9433	0.9349	0.9258	0.9161
6	0.9981	0.9974	0.9966	0.9955	0.9941	0.9925	0.9906	0.9884	0.9858	0.9828	0.9794	0.9756	0.9713	0.9665
7	0.9996	0.9994	0.9992	0.9989	0.9985	0.9980	0.9974	0.9967	0.9958	0.9947	0.9934	0.9919	0.9901	0.9881
8	0.9999	0.9999	0.9998	0.9998	0.9997	0.9995	0.9994	0.9991	0.9989	0.9985	0.9981	0.9976	0.9969	0.9962
9	1.0000	1.0000	1.0000	1.0000	0.9999	0.9999	0.9999	0.9998	0.9997	0.9996	0.9995	0.9993	0.9991	0.9989
10	1.0000	1.0000	1.0000	1.0000	1.0000	1.0000	1.0000	1.0000	0.9999	0.9999	0.9999	0.9998	0.9998	0.9997
11	1.0000	1.0000	1.0000	1.0000	1.0000	1.0000	1.0000	1.0000	1.0000	1.0000	1.0000	1.0000	0.9999	0.9999
12	1.0000	1.0000	1.0000	1.0000	1.0000	1.0000	1.0000	1.0000	1.0000	1.0000	1.0000	1.0000	1.0000	1.0000
13	1.0000	1.0000	1.0000	1.0000	1.0000	1.0000	1.0000	1.0000	1.0000	1.0000	1.0000	1.0000	1.0000	1.0000
14	1.0000	1.0000	1.0000	1.0000	1.0000	1.0000	1.0000	1.0000	1.0000	1.0000	1.0000	1.0000	1.0000	1.0000

x	λ															
	3.1	3.2	3.3	3.4	3.5	3.6	3.7	3.8	3.9	4.0	4.5	5	5.5	6	6.5	7
0	0.0450	0.0408	0.0369	0.0334	0.0302	0.0273	0.0247	0.0224	0.0202	0.0183	0.0111	0.0067	0.0041	0.0025	0.0015	0.0009
1	0.1847	0.1712	0.1586	0.1468	0.1359	0.1257	0.1162	0.1074	0.0992	0.0916	0.0611	0.0404	0.0266	0.0174	0.0113	0.0073
2	0.4012	0.3799	0.3594	0.3397	0.3208	0.3027	0.2854	0.2689	0.2531	0.2381	0.1736	0.1247	0.0884	0.0620	0.0430	0.0296
3	0.6248	0.6025	0.5803	0.5584	0.5366	0.5152	0.4942	0.4735	0.4532	0.4335	0.3423	0.2650	0.2017	0.1512	0.1118	0.0818
4	0.7982	0.7806	0.7626	0.7442	0.7254	0.7064	0.6872	0.6678	0.6484	0.6288	0.5321	0.4405	0.3575	0.2851	0.2237	0.1730
5	0.9057	0.8946	0.8829	0.8705	0.8576	0.8441	0.8301	0.8156	0.8006	0.7851	0.7029	0.6160	0.5289	0.4457	0.3690	0.3007
6	0.9612	0.9554	0.9490	0.9421	0.9347	0.9267	0.9182	0.9091	0.8995	0.8893	0.8311	0.7622	0.6860	0.6063	0.5265	0.4497

（续）

x	λ															
	3.1	3.2	3.3	3.4	3.5	3.6	3.7	3.8	3.9	4.0	4.5	5	5.5	6	6.5	7
7	0.9858	0.9832	0.9802	0.9769	0.9733	0.9692	0.9648	0.9599	0.9546	0.9489	0.9134	0.8666	0.8095	0.7440	0.6728	0.5987
8	0.9953	0.9943	0.9931	0.9917	0.9901	0.9883	0.9863	0.9840	0.9815	0.9786	0.9597	0.9319	0.8944	0.8472	0.7916	0.7291
9	0.9986	0.9982	0.9978	0.9973	0.9967	0.9960	0.9952	0.9942	0.9931	0.9919	0.9829	0.9682	0.9462	0.9161	0.8774	0.8305
10	0.9996	0.9995	0.9994	0.9992	0.9990	0.9987	0.9984	0.9981	0.9977	0.9972	0.9933	0.9863	0.9747	0.9574	0.9332	0.9015
11	0.9999	0.9999	0.9998	0.9998	0.9997	0.9996	0.9995	0.9994	0.9993	0.9991	0.9976	0.9945	0.9890	0.9799	0.9661	0.9467
12	1.0000	1.0000	1.0000	0.9999	0.9999	0.9999	0.9999	0.9998	0.9998	0.9997	0.9992	0.9980	0.9955	0.9912	0.9840	0.9730
13	1.0000	1.0000	1.0000	1.0000	1.0000	1.0000	1.0000	1.0000	0.9999	0.9999	0.9997	0.9993	0.9983	0.9964	0.9929	0.9872
14	1.0000	1.0000	1.0000	1.0000	1.0000	1.0000	1.0000	1.0000	1.0000	1.0000	0.9999	0.9998	0.9994	0.9986	0.9970	0.9943
15	1.0000	1.0000	1.0000	1.0000	1.0000	1.0000	1.0000	1.0000	1.0000	1.0000	1.0000	0.9999	0.9998	0.9995	0.9988	0.9976
16	1.0000	1.0000	1.0000	1.0000	1.0000	1.0000	1.0000	1.0000	1.0000	1.0000	1.0000	1.0000	0.9999	0.9998	0.9996	0.9990
17	1.0000	1.0000	1.0000	1.0000	1.0000	1.0000	1.0000	1.0000	1.0000	1.0000	1.0000	1.0000	1.0000	0.9999	0.9998	0.9996
18	1.0000	1.0000	1.0000	1.0000	1.0000	1.0000	1.0000	1.0000	1.0000	1.0000	1.0000	1.0000	1.0000	1.0000	0.9999	0.9999
19	1.0000	1.0000	1.0000	1.0000	1.0000	1.0000	1.0000	1.0000	1.0000	1.0000	1.0000	1.0000	1.0000	1.0000	1.0000	1.0000
20	1.0000	1.0000	1.0000	1.0000	1.0000	1.0000	1.0000	1.0000	1.0000	1.0000	1.0000	1.0000	1.0000	1.0000	1.0000	1.0000
21	1.0000	1.0000	1.0000	1.0000	1.0000	1.0000	1.0000	1.0000	1.0000	1.0000	1.0000	1.0000	1.0000	1.0000	1.0000	1.0000
22	1.0000	1.0000	1.0000	1.0000	1.0000	1.0000	1.0000	1.0000	1.0000	1.0000	1.0000	1.0000	1.0000	1.0000	1.0000	1.0000
23	1.0000	1.0000	1.0000	1.0000	1.0000	1.0000	1.0000	1.0000	1.0000	1.0000	1.0000	1.0000	1.0000	1.0000	1.0000	1.0000

x	λ													
	7.5	8	8.5	9	10	11	12	13	14	15	16	17	18	19
0	0.0006	0.0003	0.0002	0.0001	0.0000	0.0000	0.0000	0.0000	0.0000	0.0000	0.0000	0.0000	0.0000	0.0000
1	0.0047	0.0030	0.0019	0.0012	0.0005	0.0002	0.0001	0.0000	0.0000	0.0000	0.0000	0.0000	0.0000	0.0000
2	0.0203	0.0138	0.0093	0.0062	0.0028	0.0012	0.0005	0.0002	0.0001	0.0000	0.0000	0.0000	0.0000	0.0000
3	0.0591	0.0424	0.0301	0.0212	0.0103	0.0049	0.0023	0.0011	0.0005	0.0002	0.0001	0.0000	0.0000	0.0000
4	0.1321	0.0996	0.0744	0.0550	0.0293	0.0151	0.0076	0.0037	0.0018	0.0009	0.0004	0.0002	0.0001	0.0000
5	0.2414	0.1912	0.1496	0.1157	0.0671	0.0375	0.0203	0.0107	0.0055	0.0028	0.0014	0.0007	0.0003	0.0002
6	0.3782	0.3134	0.2562	0.2068	0.1301	0.0786	0.0458	0.0259	0.0142	0.0076	0.0040	0.0021	0.0010	0.0005
7	0.5246	0.4530	0.3856	0.3239	0.2202	0.1432	0.0895	0.0540	0.0316	0.0180	0.0100	0.0054	0.0029	0.0015
8	0.6620	0.5925	0.5231	0.4557	0.3328	0.2320	0.1550	0.0998	0.0621	0.0374	0.0220	0.0126	0.0071	0.0039
9	0.7764	0.7166	0.6530	0.5874	0.4579	0.3405	0.2424	0.1658	0.1094	0.0699	0.0433	0.0261	0.0154	0.0089
10	0.8622	0.8159	0.7634	0.7060	0.5830	0.4599	0.3472	0.2517	0.1757	0.1185	0.0774	0.0491	0.0304	0.0183
11	0.9208	0.8881	0.8487	0.8030	0.6968	0.5793	0.4616	0.3532	0.2600	0.1848	0.1270	0.0847	0.0549	0.0347
12	0.9573	0.9362	0.9091	0.8758	0.7916	0.6887	0.5760	0.4631	0.3585	0.2676	0.1931	0.1350	0.0917	0.0606
13	0.9784	0.9658	0.9486	0.9261	0.8645	0.7813	0.6815	0.5730	0.4644	0.3632	0.2745	0.2009	0.1426	0.0984
14	0.9897	0.9827	0.9726	0.9585	0.9165	0.8540	0.7720	0.6751	0.5704	0.4657	0.3675	0.2808	0.2081	0.1497
15	0.9954	0.9918	0.9862	0.9780	0.9513	0.9074	0.8444	0.7636	0.6694	0.5681	0.4667	0.3715	0.2867	0.2148
16	0.9980	0.9963	0.9934	0.9889	0.9730	0.9441	0.8987	0.8355	0.7559	0.6641	0.5660	0.4677	0.3751	0.2920
17	0.9992	0.9984	0.9970	0.9947	0.9857	0.9678	0.9370	0.8905	0.8272	0.7489	0.6593	0.5640	0.4686	0.3784
18	0.9997	0.9993	0.9987	0.9976	0.9928	0.9823	0.9626	0.9302	0.8826	0.8195	0.7423	0.6550	0.5622	0.4695
19	0.9999	0.9997	0.9995	0.9989	0.9965	0.9907	0.9787	0.9573	0.9235	0.8752	0.8122	0.7363	0.6509	0.5606

（续）

x	λ													
	7.5	8	8.5	9	10	11	12	13	14	15	16	17	18	19
20	1.0000	0.9999	0.9998	0.9996	0.9984	0.9953	0.9884	0.9750	0.9521	0.9170	0.8682	0.8055	0.7307	0.6472
21	1.0000	1.0000	0.9999	0.9998	0.9993	0.9977	0.9939	0.9859	0.9712	0.9469	0.9108	0.8615	0.7991	0.7255
22	1.0000	1.0000	1.0000	0.9999	0.9997	0.9990	0.9970	0.9924	0.9833	0.9673	0.9418	0.9047	0.8551	0.7931
23	1.0000	1.0000	1.0000	1.0000	0.9999	0.9995	0.9985	0.9960	0.9907	0.9805	0.9633	0.9367	0.8989	0.8490
24	1.0000	1.0000	1.0000	1.0000	1.0000	0.9998	0.9993	0.9980	0.9950	0.9888	0.9777	0.9594	0.9317	0.8933
25	1.0000	1.0000	1.0000	1.0000	1.0000	0.9999	0.9997	0.9990	0.9974	0.9938	0.9869	0.9748	0.9554	0.9269
26	1.0000	1.0000	1.0000	1.0000	1.0000	1.0000	0.9999	0.9995	0.9987	0.9967	0.9925	0.9848	0.9718	0.9514
27	1.0000	1.0000	1.0000	1.0000	1.0000	1.0000	0.9999	0.9998	0.9994	0.9983	0.9959	0.9912	0.9827	0.9687
28	1.0000	1.0000	1.0000	1.0000	1.0000	1.0000	1.0000	0.9999	0.9997	0.9991	0.9978	0.9950	0.9897	0.9805
29	1.0000	1.0000	1.0000	1.0000	1.0000	1.0000	1.0000	1.0000	0.9999	0.9996	0.9989	0.9973	0.9941	0.9882
30	1.0000	1.0000	1.0000	1.0000	1.0000	1.0000	1.0000	1.0000	0.9999	0.9998	0.9994	0.9986	0.9967	0.9930
31	1.0000	1.0000	1.0000	1.0000	1.0000	1.0000	1.0000	1.0000	1.0000	0.9999	0.9997	0.9993	0.9982	0.9960
32	1.0000	1.0000	1.0000	1.0000	1.0000	1.0000	1.0000	1.0000	1.0000	1.0000	0.9999	0.9996	0.9990	0.9978
33	1.0000	1.0000	1.0000	1.0000	1.0000	1.0000	1.0000	1.0000	1.0000	1.0000	0.9999	0.9998	0.9995	0.9988
34	1.0000	1.0000	1.0000	1.0000	1.0000	1.0000	1.0000	1.0000	1.0000	1.0000	1.0000	0.9999	0.9998	0.9994
35	1.0000	1.0000	1.0000	1.0000	1.0000	1.0000	1.0000	1.0000	1.0000	1.0000	1.0000	1.0000	0.9999	0.9997
36	1.0000	1.0000	1.0000	1.0000	1.0000	1.0000	1.0000	1.0000	1.0000	1.0000	1.0000	1.0000	0.9999	0.9998
37	1.0000	1.0000	1.0000	1.0000	1.0000	1.0000	1.0000	1.0000	1.0000	1.0000	1.0000	1.0000	1.0000	0.9999
38	1.0000	1.0000	1.0000	1.0000	1.0000	1.0000	1.0000	1.0000	1.0000	1.0000	1.0000	1.0000	1.0000	1.0000

部分习题参考答案与提示

习题 1

1. (1) $S = \{(红、红)(红、白)(红、黑)(白、白)(白、红)(白、黑)(黑, 红)(黑、白)(黑、黑)\}$;

(2) $S = \{(红、白)(红、黑)(白、红)(白、黑)(黑, 红)(黑、白)\}$;

(3) $S = \{3,4,5,\cdots,18\}$; (4) $S = \{2,3,4,\cdots\}$;

(5) $S = \{t : t \geqslant 0\}$; (6) $S = \{(x,y) \mid (x,y) \in G \subseteq \mathbf{R}^2\}$.

2. $S = \{(正面,1),(正面,2)(正面,3)(正面,4)(正面,5)(正面,6)(反面,正面)(反面,反面)\}$.

3. (1) $A_1 A_2 \overline{A}_3 \overline{A}_4$ 或者 $A_1 A_2 - A_3 - A_4$; (2) $A_1 A_2 A_3 A_4$; (3) $A_1 \cup A_2 \cup A_3 \cup A_4$; (4) $A_1 \overline{A}_2 \overline{A}_3 \overline{A}_4 \cup \overline{A}_1 A_2 \overline{A}_3 \overline{A}_4 \cup \overline{A}_1 \overline{A}_2 A_3 \overline{A}_4 \cup \overline{A}_1 \overline{A}_2 \overline{A}_3 A_4$; (5) $A_1 A_2 \cup A_1 A_3 \cup A_1 A_4 \cup A_2 A_3 \cup A_2 A_4 \cup A_3 A_4$; (6) $\overline{A}_1 \cup \overline{A}_2 \cup \overline{A}_3 \cup \overline{A}_4$ 或者 $\overline{A_1 A_2 A_3 A_4}$.

4. (1) 第一次和第二次都没有命中;

(2) 第二次命中而第一次和第三次都没有命中;

(3) 第二次第三次至少有一次没有命中;

(4) 至少命中两次;

(5) 第三次命中且第 1 次和第 2 次都没有命中.

5. 0.504.

6. 0.468.

7. (1) $\dfrac{13}{28}$; (2) $\dfrac{25}{28}$.

8. (1) $\dfrac{C_{2n-1}^{n-1} C_{2n}^1 + C_{2n-1}^1 C_{2n}^{n-1}}{C_{4n-1}^n}$; (2) $1 - \dfrac{C_{2n-1}^n}{C_{4n-1}^n}$; (3) $1 - \dfrac{C_{2n-1}^n}{C_{4n-1}^n} - \dfrac{C_{2n-1}^{n-1} C_{2n}^1}{C_{4n-1}^n}$.

9. (1) $\dfrac{C_{12}^{10} 10!}{12^{10}}$; (2) $\dfrac{C_{12}^2 (2^{10} - 2)}{12^{10}}$.

10. (1) $\dfrac{(n-1)^r}{n^r}$; (2) $1 - \dfrac{2(n-1)^r}{n^r} + \dfrac{(n-2)^r}{n^r}$.

11. $\dfrac{19}{36}, \dfrac{1}{18}$. 12. $\dfrac{13}{21}$. 13. $1 - \dfrac{C_{20}^5}{C_{35}^5}$. 14. $\dfrac{1}{2} + \dfrac{1}{2}\ln 2$. 15. $\dfrac{1}{4}$.

16. (1) $\dfrac{1}{25}$; (2) $\dfrac{12}{25}$. 17. $1 - p$. 18. 0.3. 19. 0.5.

20. $\dfrac{3}{8}$. 　21. 0. 8；0. 7. 　22. $1-\dfrac{1}{2!}+\cdots+(-1)^{m-1}\dfrac{1}{m!}+\cdots+(-1)^{n-1}\dfrac{1}{n!}$. 　23. 略.

24. 当$P(AB)=P(A)$时,取得最大值, 最大值为0. 6；当$P(A\cup B)=1$时,取得最小值, 最小值为0. 3.

25. 0. 75. 　26. （1）1/3；（2）1/2. 　27. 0. 2. 　28. 0. 24；0. 424.

29. （1）0. 988；（2）0. 829. 　30. 0. 18. 　31. 略. 　32. 略.

33. 独立. 　34. 1/4. 　35. $1-\dfrac{1}{3\sqrt{2}}$. 　36. 3/4. 　37. （1）0. 72；（2）0. 98；（3）0. 26.

38. （1）0. 92；（2）20/23. 　39. （1）0. 5；（2）$\dfrac{8}{15}$ 　40. $\dfrac{p_1}{p_1+p_2-p_1p_2}$；$\dfrac{(1-p_1)p_2}{p_1+p_2-p_1p_2}$.

41. （1）0. 84；（2）6. 　42. （1）$1-0.98^{20}$；（2）149. 　43. （1）$\prod\limits_{i=1}^{n}(1-p_i)$；（2）$1-\prod\limits_{i=1}^{n}(1-p_i)$.

44. 略. 　45. 略.

46. $p_1(p_2p_3+p_4p_5-p_2p_3p_4p_5)$；$p_3(p_1+p_4-p_1p_4)(p_2+p_5-p_2p_5)+(1-p_3)(p_1p_2+p_4p_5-p_1p_2p_4p_5)$.

47. （1）0. 96；（2）0. 5. 　48. （1）0. 725；（2）0. 9379. 　49. 黑球.

50. （1）0. 943；（2）0. 848. 　51. 0. 76. 　52. （1）4/35；（2）26/35. 　53. 0. 4545.

54. $1-\left(1-\dfrac{4p}{5}\right)^{n}$. 　55. 0. 8928. 　56. 0. 9806. 　57. 乙.

习题 2

1.

X	0	1	2
P	15/22	10/33	1/66

2.

X	0	1	2
P	4/5	8/45	1/45

3.

X	0	1	2	3
P	1/30	7/20	1/2	7/60

4.

X	2	3	4
P	0.2	0.4	0.4

5.

X	3	4	5
P	0.1	0.3	0.6

6.

X	4	5	6	7
P	1/35	4/35	2/7	4/7

7. (1) 0.4；(2) 0.4. 8. 1/4；1/8. 9. (1) 2；(2) $\dfrac{1}{e^2-1}$；(3) 18.

10. (1) 0.2048；(2) 0.7373；(3) 0.05792. 11. 2. 12. 0.000127. 13. 19/27

14. 0.6918. 15. 2/3.

16. (1) $P\{X=k\}=C_{k-1}^{r-1}p^r(1-p)^{k-r}$, $k=r,r+1,\cdots$;

(2) $P\{X=k\}=C_{k-1}^{29}0.7^{30}0.3^{k-30}$, $k=30,31,\cdots$.

17. $X\sim P(\lambda p)$, $Y\sim P(\lambda(1-p))$. 18. 0.8886. 19. 0.9863.

20. $F(x)=\begin{cases}0, & x<3,\\ 0.1, & 3\leqslant x<4,\\ 0.4, & 4\leqslant x<5,\\ 1, & x\geqslant 5.\end{cases}$

21.

X	-2	0	2	4
P	0.1	0.3	0.3	0.3

0.4, 0.7, 0.6, 0.9, 6/7

22. (1) 1, 0; (2) $1-2e^{-1}$. 23. (1) 不是；(2) 是. 24. 略. 25. 略. 26. 略.

27. (1) 1；(2) -1；(3) $f(x)=\begin{cases}xe^{-x^2/2}, & x>0,\\ 0, & x\leqslant 0,\end{cases}$ $e^{-1/2}-e^{-2}$.

28. (1) 1；(2) $f(x)=\begin{cases}\dfrac{1}{2}\sin\dfrac{x}{2}, & 0<x<\pi,\\ 0, & \text{其他};\end{cases}$ (3) 0.5.

29. (1) 0, 1/4, 1；(2) 1/4；(3) $f(x)=\begin{cases}\dfrac{1}{2}(x-1), & 1\leqslant x\leqslant 3,\\ 0, & \text{其他}.\end{cases}$

30. $F(x)=\begin{cases}0, & x<-1,\\[2pt] \dfrac{x^2}{2}+x+\dfrac{1}{2}, & -1\leqslant x<0,\\[2pt] -\dfrac{x^2}{2}+x+\dfrac{1}{2}, & 0\leqslant x<1,\\[2pt] 1, & x\geqslant 1.\end{cases}$

31. (1) $\dfrac{1}{2}$；(2) $1-\dfrac{1}{2}e^{-1}-\dfrac{1}{2}e^{-2}$；(3) $F(x)=\begin{cases}\dfrac{1}{2}e^x, & x\leqslant 0,\\[2pt] 1-\dfrac{1}{2}e^{-x}, & x>0.\end{cases}$

32. (1) $\dfrac{1}{2}$；(2) $F(x)=\begin{cases}0, & x\leqslant 0,\\[2pt] 1-\dfrac{1}{2}x^2e^{-\frac{x^2}{2}}-e^{-\frac{x^2}{2}}, & x>0;\end{cases}$ (3) $1-9e^{-8}$.

33. （1）$\dfrac{1}{2}$；（2）$F(x)=\begin{cases}\dfrac{1}{2}\mathrm{e}^x, & x<0, \\[2mm] \dfrac{1}{2}+\dfrac{1}{4}x, & 0\leqslant x<2, \\[2mm] 1, & x\geqslant 2;\end{cases}$　（3）$1-\dfrac{1}{2}\mathrm{e}^{-3}$.

34. 5/32.　35. 5/9.　36. （1）$\mathrm{e}^{-1/2}$；（2）$\mathrm{e}^{-1/2}$；（3）$b(20,\mathrm{e}^{-1/2})$.

37. $1-(1-\mathrm{e}^{-2})^5$.　38. 0.152.　39. （1）e^{-1}；（2）$\mathrm{e}^{-1}-\mathrm{e}^{-2}$.

40. （1）0.5328；（2）0.6977；（3）3；（4）0.44.

41. （1）0.0455；（2）0.0059；（3）0.9999.　42. （1）70，14.93；（2）0.9336.

43. 0.8186.　44. 0.6384.　45. 0.95.　46. 不变.　47. $\sigma=\dfrac{2}{\sqrt{\ln 3}}$.

48. （1）$\dfrac{1}{\sqrt{\pi}}$；（2）0.5.　49. （1）2，$-1-\dfrac{1}{2}\ln\pi$；（2）0.9545.

50.

（1）

Y_1	$-\pi$	0	π
P	0.25	0.5	0.25

（2）

Y_2	-1	0	1
P	0.25	0.5	0.25

（3）

Y_3	0	1
P	0.5	0.5

51.

Y	0	1
P	$1-2\mathrm{e}^{-1}$	$2\mathrm{e}^{-1}$

52. （1）提示：X 与 $-X$ 同分布；（2）$Y\sim N(0,1)$.

53.

Y	-1	1
P	0.5	0.5

54. $f_Y(y)=\dfrac{3(1-y)^2}{\pi(1+(1-y)^6)}$.

55. （1）$U(0,1)$；（2）$f_Y(y)=\begin{cases}1/y, & 1<y<\mathrm{e}, \\ 0, & 其他;\end{cases}$

（3）$f_Y(y)=\begin{cases}\dfrac{1}{2}\mathrm{e}^{-y/2}, & y>0, \\[2mm] 0, & y\leqslant 0;\end{cases}$　（4）$f_Y(y)=\begin{cases}\mathrm{e}^{-y}, & y>0, \\ 0, & y\leqslant 0.\end{cases}$

56. （1）$N(b,a^2)$；　　（2）$f_Y(y)=\begin{cases}\sqrt{\dfrac{2}{\pi}}\,e^{-y^2/2}, & y>0,\\[2mm] 0, & y\leqslant 0;\end{cases}$

（3）$f_Y(y)=\begin{cases}\dfrac{1}{\sqrt{2\pi}\,y}e^{-(\ln y)^2/2}, & y>0,\\[2mm] 0, & y\leqslant 0.\end{cases}$

57. （1）$f_Y(y)=\begin{cases}1/y^2, & y>1,\\ 0, & y\leqslant 1;\end{cases}$　　（2）$f_Y(y)=\begin{cases}\dfrac{1}{2\sqrt{y}}e^{-\sqrt{y}}, & y>0.\\[2mm] 0, & y\leqslant 0;\end{cases}$

（3）$f_Y(y)=\begin{cases}0, & y\leqslant 0\\[2mm]\dfrac{1}{2\sqrt{y}}e^{-2}(e^{-\sqrt{y}}+e^{\sqrt{y}}), & 0<y<4,\\[2mm]\dfrac{1}{2\sqrt{y}}e^{-2}e^{-\sqrt{y}}, & y\geqslant 4;\end{cases}$　（4）$U(0,1)$.

58. 略.

59. $f_Y(y)=\begin{cases}\dfrac{2}{\pi\sqrt{1-y^2}}, & 0<y<1,\\[2mm] 0, & 其他.\end{cases}$

60. $F_Y(y)=\begin{cases}0, & y<1,\\ y^3/27, & 1\leqslant y<2,\\ 8/27, & 2\leqslant y<3,\\ 1, & y\geqslant 3.\end{cases}$　图像略.

习题 3

1.

X_2＼X_1	0	1	2
0	2/15	2/9	2/45
1	2/9	2/9	1/18
2	2/45	1/18	0

两次取到的球颜色相同的概率为 16/45.

2.

Y＼X	0	1	2
0	0	0	2/75
1	0	8/45	16/75
2	1/15	16/45	4/25

3.

X_2 \ X_1	0	1
0	0.1	0.8
1	0.1	0

4. (1) $P\{Y=m \mid X=n\} = C_n^m p^m (1-p)^{n-m}$, $m \leqslant n$;

(2) $P\{Y=m, X=n\} = C_n^m p^m (1-p)^{n-m} \dfrac{e^{-\lambda}}{n!} \lambda^n$, $m=0,1,\cdots,n$; $n=0,1,\cdots$.

5. (1) $\dfrac{1}{2}$; (2) $\dfrac{1}{2} - \dfrac{3}{2} e^{-2}$.

6. (1) $1/8$; (2) $2/3$; (3) $25/32$.

7. (1) 12; (2) 0; (3) $F(x,y) = \begin{cases} (1-e^{-3x})(1-e^{-4y}), & x>0, \ y>0, \\ 0, & \text{其他}; \end{cases}$ (4) $1-e^{-3}-e^{-8}+e^{-11}$.

8.

Y \ X	-1	1
-1	0.25	0.5
1	0	0.25

9.

V \ U	0	1
0	0.25	0.25
1	0	0.5

10. $F_X(x) = \begin{cases} 0, & x \leqslant 0, \\ 2x-x^2, & 0 < x \leqslant 1, \\ 1, & x > 1. \end{cases}$　$F_Y(y) = \begin{cases} 0, & y \leqslant 0, \\ y^2, & 0 < y \leqslant 1, \\ 1, & y > 1. \end{cases}$

11. (1) $a=0.2$;

(2)

X	-1	0	2
P	0.5	0.4	0.1

Y	1	2
P	0.6	0.4

12. $P\{X=n\} = \dfrac{14^n}{n!} e^{-14}$, $n=0,1,\cdots$; $P\{Y=m\} = \dfrac{7.14^m}{m!} e^{-7.14}$, $m=0,1,\cdots$.

13. $f_X(x) = \begin{cases} \dfrac{1}{2}x, & 0<x<2, \\ 0, & \text{其他}. \end{cases}$ $f_Y(y) = \begin{cases} e^{-y}, & y>0, \\ 0, & y\leqslant 0. \end{cases}$

14. $f_X(x) = \begin{cases} e^{-x}, & x>0, \\ 0, & \text{其他}. \end{cases}$ $f_Y(y) = \begin{cases} ye^{-y}, & y>0, \\ 0, & \text{其他}. \end{cases}$

15. $f_X(x) = \begin{cases} \dfrac{5}{8}(1-x^4), & -1<x<1 \\ 0, & \text{其他}. \end{cases}$ $f_Y(y) = \begin{cases} \dfrac{5\sqrt{1-y}\,(1+2y)}{6}, & 0<y<1, \\ 0, & \text{其他}. \end{cases}$

16. $f_X(x) = \begin{cases} 6(x-x^2), & 0<x<1, \\ 0, & \text{其他}. \end{cases}$ $f_Y(y) = \begin{cases} 6(\sqrt{y}-y), & 0<y<1, \\ 0, & \text{其他}. \end{cases}$

17. 略.

18. $a = \dfrac{1}{9}$, $b = \dfrac{1}{9}$.

19. (1) $A = 0.2$, $B = 0.1$; (2) 不独立.

20.

X \ Y	y_1	y_2	y_3	$P(X=x_i)$
x_1	1/8	3/8	1/4	3/4
x_2	1/24	1/8	1/12	1/4
$P(Y=y_j)$	1/6	1/2	1/3	1

21. 不独立.

22. 独立.

23. (1) $f(x,y) = \begin{cases} e^{-y}, & 0<x<1, y>0, \\ 0, & \text{其他}; \end{cases}$ (2) e^{-1}; (3) e^{-1}

24. (1) $f(x,y) = \begin{cases} 1/2, & (x,y) \in G, \\ 0, & \text{其他}; \end{cases}$ (2) $f_X(x) = \begin{cases} \dfrac{1}{2x}, & 1<x<e^2, \\ 0, & \text{其他}; \end{cases}$

$f_Y(y) = \begin{cases} \dfrac{1}{2}(e^2-1), & 0<y<e^{-2}, \\ \dfrac{1}{2}\left(\dfrac{1}{y}-1\right), & e^{-2}\leqslant y<1, \\ 0, & \text{其他}; \end{cases}$

(3) 不独立, 因为在区域 G 中, $f(x,y) \neq f_X(x)f_Y(y)$.

25. (1) $f_X(x) = \begin{cases} 1+x, & -1<x<0, \\ 1-x, & 0<x<1, \\ 0, & \text{其他}; \end{cases}$ $f_Y(y) = \begin{cases} 2y, & 0<y<1, \\ 0, & \text{其他}. \end{cases}$ (2) 不独立.

26. (1)独立, (2)、(3)、(4)不独立

27. 略.

28.

（1）

Y \ X	0	1	2	3
1	0	3/8	3/8	0
3	1/8	0	0	1/8

（2）

$X \mid Y=1$	1	2
P	0.5	0.5

（3）

$Y \mid X=1$	1
P	1

29. （1）当 $0<y<1$ 时，

$$f_{X \mid Y}(x \mid y)=\begin{cases}\dfrac{3}{2}x^2 y^{-3/2}, & -\sqrt{y}<x<\sqrt{y}, \\ 0, & \text{其他}.\end{cases} \qquad f_{X \mid Y}\left(x \mid y=\dfrac{1}{2}\right)=\begin{cases}3\sqrt{2}x^2, & -\dfrac{1}{\sqrt{2}}<x<\dfrac{1}{\sqrt{2}}, \\ 0, & \text{其他}.\end{cases}$$

（2）当 $-1<x<1$ 时，

$$f_{Y \mid X}(y \mid x)=\begin{cases}\dfrac{2y}{1-x^4}, & x^2<y<1, \\ 0, & \text{其他}.\end{cases} \qquad f_{Y \mid X}\left(y \mid x=\dfrac{1}{2}\right)=\begin{cases}\dfrac{32}{15}y, & \dfrac{1}{4}<y<1. \\ 0, & \text{其他}.\end{cases}$$

（3）$1, \dfrac{7}{15}$.

30. （1）$f(x,y)=\begin{cases}x, & 0<y<x^{-1},0<x<1, \\ 0, & \text{其他；}\end{cases}$ 　（2）$f_Y(y)=\begin{cases}1/2, & 0<y<1, \\ 1/(2y^2), & y\geqslant 1, \\ 0, & y\leqslant 0.\end{cases}$

31.

（1）

$X+Y$	0	1	2
P	0.2	0.4	0.4

（2）

XY	0	1
P	0.8	0.2

（3）

$\min(X,Y)$	0	1
P	0.8	0.2

（4）

$\max(X,Y)$	0	1	2
P	0.2	0.6	0.2

32.

$X+Y$	0	1	2	3	4
P	1/9	1/3	13/36	1/6	1/36

33.

Z	0	1
P	0.25	0.75

34.

(1)

Y_2 \\ Y_1	0	1
0	$p(1-p)$	$p(1-p)$
1	$p(1-p)$	$1-3p(1-p)$

(2)

Z	0	1
P	$3p(1-p)$	$1-3p(1-p)$

35. $f_Z(z)=\begin{cases}3z-\dfrac{3}{2}z^2, & 1<z<2,\\[2mm] 0, & \text{其他}.\end{cases}$

36. $f_Z(z)=\begin{cases}\dfrac{1}{4}(1+z), & 0<z<2,\\[2mm] 0, & \text{其他}.\end{cases}$

37. $f_Z(z)=\begin{cases}2(z+e^{-z}-1), & 0<z<1,\\ 2e^{-z}, & z\geqslant 1,\\ 0, & \text{其他}.\end{cases}$

38. (1) $f_1(x)=\begin{cases}\dfrac{x^3 e^{-x}}{6}, & x>0,\\[2mm] 0, & x\leqslant 0;\end{cases}$ (2) $f_2(x)=\begin{cases}\dfrac{x^5 e^{-x}}{5!}, & x>0,\\[2mm] 0, & x\leqslant 0.\end{cases}$

39. (1) $f_1(x)=\dfrac{1}{2\sqrt{\pi}}e^{-\frac{(x-1)^2}{4}}$; (2) $f_2(x)=\dfrac{1}{2\sqrt{\pi}}e^{-\frac{(x+1)^2}{4}}$.

40. $f_Z(z)=\dfrac{1}{2\sqrt{3\pi}}e^{-\frac{(z-6)^2}{12}}$.

41. $f_Z(z)=\dfrac{1}{2}e^{-|z|}$.

42.

(1)

M	1	2	3
P	1/9	1/3	5/9

(2)

N	1	2	3
P	5/9	1/3	1/9

(3)

N \ M	1	2	3
1	1/9	2/9	2/9
2	0	1/9	2/9
3	0	0	1/9

43.

Z	0	1
P	1/4	3/4

44. （1）独立；

（2）$f_Z(z) = \begin{cases} \dfrac{7}{6} - \dfrac{1}{3}z, & 1<z<3, \\ 0, & 其他. \end{cases}$

45. （1）不独立；

（2）$f_M(z) = \begin{cases} 3z^2, & 0<z<1, \\ 0, & 其他. \end{cases}$

46. $f_Z(z) = \begin{cases} 1, & 0<z<1, \\ 0, & 其他. \end{cases}$

习题 4

1. （1）0.5；（2）5；（3）2.25.

2. 7.8. 3. 1.2. 4. 1. 5. 0.652.

6. 因为 $\displaystyle\sum_{n=1}^{\infty} |(-1)^n \cdot 2^n| \frac{1}{2^n} = \sum_{n=1}^{\infty} 1 = \infty$，所以 X 的数学期望不存在.

7. （1）0；（2）1/6. 8. （1）1/6；（2）10/9. 9. 0，2. 10. 1，$\dfrac{13}{2}$.

11. （1）1，2/3；（2）3/8. 12. 16. 13. 1/3，8/9. 14. （1）0；（2）$\dfrac{1}{2}$.

15. 5，$\dfrac{2}{25}$. 16. 18.4. 17. （1）0.7；（2）3.31. 18. $\dfrac{2}{9}$. 19. $11 - \dfrac{1}{2}\ln\dfrac{25}{21}$.

20. $\dfrac{1}{\pi}\ln2 + \dfrac{1}{2}$，$\dfrac{1}{\pi}(2-\ln2) - \dfrac{1}{\pi^2}(\ln2)^2 - \dfrac{1}{4}$.

21. 9. 22. $2e^2$. 23. $e^{\mu + \frac{\sigma^2}{2}}$，$e^{2\mu + \sigma^2}(e^{\sigma^2} - 1)$.

24. $\dfrac{n}{n+1}$，$\dfrac{1}{n+1}$，$\dfrac{n}{(n+2)(n+1)^2}$，$\dfrac{n}{(n+2)(n+1)^2}$.

25. $-\dfrac{1}{2}+\dfrac{1}{2}\ln\dfrac{1}{2}$, $\dfrac{1}{4}(\ln2)^2+\dfrac{1}{2}\ln2+\dfrac{3}{4}$. 26. (1) 2, 0; (2) 5. 27. $\dfrac{13}{12}$, $\dfrac{35}{144}$

28. 1, 5/3. 29. $f(z)=\dfrac{1}{2\sqrt{11\pi}}e^{-\frac{(z-4)^2}{44}}$. 30. $\sqrt{\dfrac{2}{\pi}}$, $1-\dfrac{2}{\pi}$, $\dfrac{1}{\sqrt{2\pi}}$, $-\dfrac{1}{\sqrt{2\pi}}$, 0, $\sqrt{\dfrac{2}{\pi}}$, 0.

31. $\dfrac{na}{a+b}$. 32. 6903. 33. $sNp-Nc$. 34. 21.

35. $\dfrac{2(nN-\sigma^2-n^2)}{N(N-1)}$. 36. (1) 0; (2) 1/8, 1/4; (3) 不一定独立. 37. 2.

38. (1) 11/9; (2) 1. 39. $-\dfrac{1}{29}$. 40. $\dfrac{\sqrt{2}}{2}$. 41. $25-2\sqrt{6}$. 42. $\dfrac{\sqrt{15}}{4}$. 43. $\dfrac{\sqrt{5}}{3}$. 44. $\dfrac{3}{\sqrt{17}}$.

45. 4. 46. 29. 47. 12, 46. 48. (1) $\dfrac{1}{3}$, 7; (2) $\dfrac{2}{\sqrt{7}}$; (3) 不独立, 因为 X 和 Z 相关.

49. (1) 1/18; (2) $-1/2$. 50. 略.

51. (1) 0, 2; (2) 0, 不相关; (3) 不独立, 提示: 对固定的 $x>0$, 证明联合分布函数在 (x,x) 处的取值不等于边缘分布的乘积.

52. (1) $N(-2,14)$; (2) -8, 4.

习题 5

1. 3/4. 2. 11/12. 3. 略. 4. 116/125. 5. 略.

6. 1/2. 7. 109. 8. $2\sigma^2$ 9. λ^2.

10. 提示: 先求 $Y_n=\min(X_1,X_2,\cdots,X_n)$ 的密度函数, 利用依概率收敛的定义证明.

11. 提示: 先求 $Y_n=\max(X_1,X_2,\cdots,X_n)$ 的密度函数, 利用依概率收敛的定义证明.

12. 提示: 利用切比雪夫不等式证明.

13. a_2, $\dfrac{a_4-a_2^2}{n}$. 14. 0.0228. 15. $21n$, $\sqrt{105n}$. 16. 0.1587.

17. (1) 0.1336; (2) 447. 18. (1) 0.7454; (2) 0.04746. 19. 0.1587.

20. 98. 21. 23. 22. 0.8164. 23. 0.0227. 24. 0.8944. 25. 0.2643.

26. 25. 27. (1) 0.0228; (2) 0.9946. 28. 9604. 29. 103. 30. 1845.

习题 6

1. 总体: 北京地区 2020 年毕业的统计学专业本科生实习期满后的月薪.

样本: 被调查的北京地区 200 名 2020 年毕业的统计学专业本科生实习期满后的月薪.

样本容量: 200.

2. 总体: 该校学生们的心理健康情况.

样本: 该校 100 名学生的心理健康情况.

样本容量: 100.

3. (1) $P\{X_1=x_1,\cdots,X_n=x_n\}=(1-p)^{\sum_{i=1}^{n}x_i-n}p^n$, $x_i=1,2\cdots,i=1,2,\cdots,n$.

（2）$f(x_1,x_2,\cdots,x_n)=\begin{cases}\lambda^n e^{-\lambda\sum\limits_{i=1}^{n}x_i}, & x_i>0,i=1,2,\cdots,n \\ 0, & \text{其他.}\end{cases}$ 其中 $\lambda>0$，

（3）$f(x_1,x_2,\cdots,x_n)=\left(\dfrac{\lambda}{2}\right)^n e^{-\lambda\sum\limits_{i=1}^{n}|x_i|}$，　$-\infty<x_i<+\infty,i=1,2,\cdots,n$，其中 $\lambda>0$.

4. （1）参数为 p，参数空间为 $\Theta=\{p:0<p<1\}$；

（2）参数为 m，p，参数空间为 $\Theta=\{(m,p):m=1,2,\cdots,0<p<1\}$；

（3）参数为 λ，参数空间为 $\Theta=\{\lambda:\lambda>0\}$；

（4）参数为 a，b，参数空间为 $\Theta=\{(a,b):-\infty<a<b<+\infty\}$；

（5）参数为 λ，参数空间为 $\Theta=\{\lambda:\lambda>0\}$；

（6）参数为 μ，σ，参数空间为 $\Theta=\{(\mu,\sigma):-\infty<\mu<+\infty,\sigma>0\}$.

5. $\dfrac{1}{n}\sum\limits_{i=1}^{n}X_i$ 和 $\dfrac{1}{n}\sum\limits_{i=1}^{n}(X_i-\mu)^2$ 是统计量；

$\dfrac{1}{\sigma^2}\sum\limits_{i=1}^{n}(X_i-\overline{X})^2$ 和 $\dfrac{1}{\sigma^2}\sum\limits_{i=1}^{n}X_i^2$ 不是统计量.

6. $F_n(x)=\begin{cases}0, & x\in(-\infty,-3), \\ \dfrac{1}{8}, & x\in[-3,-2.6), \\ \dfrac{2}{8}, & x\in[-2.6,-1), \\ \dfrac{3}{8}, & x\in[-1,0.5), \\ \dfrac{4}{8}, & x\in[0.5,1), \\ \dfrac{5}{8}, & x\in[1,2.2), \\ \dfrac{6}{8}, & x\in[2.2,2.5), \\ \dfrac{7}{8}, & x\in[2.5,3), \\ 1, & x\in[3,+\infty).\end{cases}$

7. 泊松分布 $P(n\lambda)$.

8. 二项分布 $B(n,p)$.

9. 正态分布 $N(n\mu,n\sigma^2)$.

10. （1）$a=\dfrac{1}{14},b=\dfrac{1}{41}$，自由度为 2；（2）$c=\dfrac{\sqrt{6}}{3}$ 或 $c=-\dfrac{\sqrt{6}}{3}$，自由度为 2；

（3）$d=\dfrac{2}{3}$，自由度为 $(3,2)$.

11. 略.

12. $\dfrac{1}{\lambda}$, $\dfrac{1}{n\lambda^2}$, $\dfrac{1}{\lambda^2}$.

13. μ, $\dfrac{\sigma^2}{n}$, σ^2, $\dfrac{2\sigma^4}{n-1}$.

14. λ, $\dfrac{\lambda}{n}$, λ.

15. 分布函数为 $F_1(x)=\begin{cases}1-\mathrm{e}^{-n\lambda x}, & x>0,\\ 0, & \text{其他}.\end{cases}$

概率密度函数为 $f_1(x)=\begin{cases}n\lambda\mathrm{e}^{-n\lambda x}, & x>0,\\ 0, & \text{其他}.\end{cases}$

$EX_{(1)}=\dfrac{1}{n\lambda}$, $DX_{(1)}=\dfrac{1}{(n\lambda)^2}$.

16. $X_{(1)}$ 的概率密度函数为 $f_1(x)=\begin{cases}\dfrac{n(b-x)^{n-1}}{(b-a)^n}, & a<x<b,\\ 0, & \text{其他}.\end{cases}$

$X_{(n)}$ 的概率密度函数为 $f_n(x)=\begin{cases}\dfrac{n(x-a)^{n-1}}{(b-a)^n}, & a<x<b,\\ 0, & \text{其他}.\end{cases}$

17. 2α.

18. -0.2816.

19. (1) 0.1587, 0.3413; (2) $(0.1587)^9$, $(0.8413)^9$.

20. 略.

习题 7

1. (1) 矩估计为 $\hat{\theta}=\dfrac{2\overline{X}-1}{1-\overline{X}}$, 最大似然估计为 $\hat{\theta}=-\dfrac{n}{\sum\limits_{i=1}^{n}\ln X_i}-1$.

(2) 矩估计为 $\hat{\mu}=\dfrac{1}{n}\sum\limits_{i=1}^{n}\ln X_i$, $\hat{\sigma}^2=\dfrac{1}{n}\sum\limits_{i=1}^{n}\left(\ln X_i-\dfrac{1}{n}\sum\limits_{i=1}^{n}\ln X_i\right)^2$.

最大似然估计为 $\hat{\mu}=\dfrac{1}{n}\sum\limits_{i=1}^{n}\ln X_i$, $\hat{\sigma}^2=\dfrac{1}{n}\sum\limits_{i=1}^{n}(\ln X_i-\dfrac{1}{n}\sum\limits_{i=1}^{n}\ln X_i)^2$.

(3) 矩估计为 $\hat{\lambda}=\dfrac{1}{\overline{X}}$, 最大似然估计为 $\hat{\lambda}=\dfrac{1}{\overline{X}}$.

(4) 矩估计为 $\hat{\mu}=\overline{X}-\sqrt{\dfrac{1}{n}\sum\limits_{i=1}^{n}(X_i-\overline{X})^2}$, $\hat{\lambda}=\sqrt{\dfrac{1}{\dfrac{1}{n}\sum\limits_{i=1}^{n}(X_i-\overline{X})^2}}$.

最大似然估计为 $\hat{\mu}=\min(X_1,X_2,\cdots,X_n)$, $\hat{\lambda}=\dfrac{1}{\overline{X}-\min(X_1,X_2,\cdots,X_n)}$.

(5) 矩估计为 $\hat{\theta} = \overline{X}$, 最大似然估计为 $[X_{(n)} - 0.5, X_{(1)} + 0.5]$ 中的任意值, 其中 $X_{(n)} = \max(X_1, X_2, \cdots, X_n)$, $X_{(1)} = \min(X_1, X_2, \cdots, X_n)$.

2. $\hat{\mu} = \overline{X}$, $\hat{\lambda} = \sqrt{\dfrac{2}{\dfrac{1}{n}\sum\limits_{i=1}^{n}(X_i - \overline{X})^2}}$.

3. (1) $\dfrac{ab}{c}$; (2) $\dfrac{ab}{c} - a - b + c$.

4. (1) $\hat{\mu} = \overline{X}$; (2) $\hat{\sigma}^2 = \dfrac{1}{n}\sum\limits_{i=1}^{n}(X_i - \mu)^2$.

5. 1.75, 1.75.

6. (1) $\varPhi\left(\dfrac{t - \overline{X}}{\sqrt{\dfrac{1}{n}\sum\limits_{i=1}^{n}(X_i - \overline{X})^2}}\right)$; (2) 0.0559.

7. 15000.

8. $\dfrac{1}{2(n-1)}$.

9. 略.

10. $\hat{\mu}_2$ 更有效.

11. $\hat{\theta}_1$ 更有效.

12. $[992.16, 1007.84]$.

13. (1) $[5.608, 6.392]$; (2) $[5.558, 6.442]$.

14. $[1485.69, 1514.31]$, $[189.24, 1333.33]$.

15. (1) $[2.1201, 2.1299]$; (2) $[2.1159, 2.1341]$; (3) $[0.000160, 0.000703]$.

16. $n = \begin{cases} \left(\dfrac{2\sigma}{L}z_{\alpha/2}\right)^2, & \text{若}\left(\dfrac{2\sigma}{L}z_{\alpha/2}\right)^2 \text{为整数,} \\[3mm] \left[\left(\dfrac{2\sigma}{L}z_{\alpha/2}\right)^2\right] + 1, & \text{若}\left(\dfrac{2\sigma}{L}z_{\alpha/2}\right)^2 \text{不是整数.} \end{cases}$

17. 11.

18. $[\alpha^{1/n}X_{(1)}, X_{(1)}]$, 其中 $X_{(1)} = \min(X_1, X_2, \cdots, X_n)$.

19. $[-0.002, 0.006]$.

20. $[0.2810, 2.8413]$.

21. $\left[\dfrac{\overline{X}}{\overline{Y}}F_{1-\alpha/2}(2n,\ 2n), \dfrac{\overline{X}}{\overline{Y}}F_{\alpha/2}(2n,\ 2n)\right]$.

22. $[0.0299, 0.0501]$.

23. $[0.377, 2.153]$.

24. $[36.787, 113.087]$, 97.75, 40.86.

25~27. 略.

习题 8

1. 能认为总体均值 $\mu = 26$.

2. 无显著差异.

3. 这批元件不合格.

4. 能认为这批矿砂的均值为 3.25%.

5. (1) 1.176; (2) $\Phi\left(\dfrac{5}{3}(c+\mu_0-\mu_1)\right) - \Phi\left(\dfrac{5}{3}(-c+\mu_0-\mu_1)\right)$.

6. (1) 0.025, 0.484; (2) 6.

7. $\dfrac{1}{3}$; $\dfrac{4}{9}$.

8. 电机寿命的波动性较以往有显著变化.

9. 熔丝熔化时间的分散度与通常情况无显著差异.

10. 不正常.

11. (1) 认为 H_1: $\mu < 0.5\%$ 成立; (2) 认为 H_0: $\sigma \geqslant 0.04\%$ 成立.

12. (1) 认为 H_1: $\mu \neq 2.15$ 成立;

(2) 认为 H_1: $\mu \neq 2.15$ 成立;

(3) 认为 H_1: $\sigma^2 \neq 0.01^2$ 成立.

13. (1) 认为 H_0: $\mu = 10$ 成立;

(2) 认为 H_0: $\mu = 10$ 成立;

(3) 认为 H_0: $\sigma^2 \geqslant 0.25^2$ 成立.

14. 认为 H_0: $\mu_1 = \mu_2$ 成立.

15. (1) 认为 H_0: $\mu_1 \leqslant \mu_2$ 成立;

(2) 认为 H_0: $\mu_1 \leqslant \mu_2$ 成立.

16. 乙方案比甲方案显著提高得率.

17. 两种轮胎的耐磨性能有显著差异.

18. 两种方法生产的产品所含杂质的波动性无显著差异.

19. 认为 H_0: $\sigma_1^2 = \sigma_2^2$ 成立.

20. (1) 两批元件电阻的方差相等;

(2) 两批元件的平均电阻无显著差异.

21. 认为 H_1: $p \neq 0.5$ 成立.

22. 硬币均匀.

23. 服从泊松分布.

24. 可以认为该总体的中位数为 13.2.

25. 甲乙两厂生产的白炽灯的寿命服从相同的分布.

26. 两厂的肥料质量有显著差异.

27. 星期一的缺勤是其他工作日缺勤的两倍.

28. 两个班的劳动生产率无显著差异.

29. 略.

30. 略.

习题 9

1. （1）$y=-28.94+0.547x$，$\hat{\sigma}^2=1.26$；

（2）线性回归效果显著；

（3）$[63.75,69.82]$.

2. （1）$y=7.696+0.224x$，$\hat{\sigma}^2=1.904$；

（2）线性回归效果显著；

（3）$[21.72,29.51]$.

3. （1）$y=-6.4813+1.083x$，$\hat{\sigma}^2=2.8409$；

（2）线性回归效果显著；

（3）$[22.53,31.65]$.

4. （1）$y=67.945+0.8827x$，$\hat{\sigma}^2=2.669$；

（2）线性回归效果显著；

（3）$[94.39,103.29]$.

5. （1）$y=-30.577+1.554x_1+0.444x_2$，$\hat{\sigma}^2=1.673$；

（2）线性回归方程效果显著；

（3）回归系数效果均显著.

6. （1）$y=81.333+1.385x_1+0.315x_2-0.102x_3-0.353x_4$，$\hat{\sigma}^2=5.963$；

（2）线性回归方程效果显著；

（3）回归系数效果均不显著.

7. 略.

8. 略.

习题 10

1. 四位教师所给平均分数无显著差异.

2. 四台机器生产的产品日产量有显著差异.

3. 四个工厂生产的产品有显著差异.

4. （1）工人之间有显著差异；

（2）机器之间无显著差异；

（3）工人和机器之间的交互作用有显著差异.

5. 略.

6. 略.

参 考 文 献

[1] 李贤平. 概率论基础[M]. 3 版. 北京：高等教育出版社，2010.

[2] 陈希孺. 概率论与数理统计[M]. 合肥：中国科学技术大学出版社，2017.

[3] KENKEL L. Introductory Statistics for Management and Economics[M]. 4th ed. Washington：Duxtury Press，1996.

[4] 茆诗松，程依明，濮晓龙. 概率论与数理统计[M]. 2 版. 北京：高等教育出版社，2011.

[5] 王梓坤. 概率论基础及其应用[M]. 北京：北京师范大学出版社，2018.

[6] 盛骤，谢式千，潘承毅. 概率论与数理统计[M]. 4 版. 北京：高等教育出版社，2017.

[7] 李汉龙，隋英，李选海. 概率论与数理统计典型题解答指南[M]. 北京：机械工业出版社，2019.

[8] 胡庆军. 概率论与数理统计学习指导[M]. 北京：清华大学出版社，2014.

[9] 毛纲源. 概率论与数理统计解题方法技巧归纳[M]. 武汉：华中理工大学出版社，1999.

[10] 同济大学数学系. 概率论与数理统计[M]. 北京：人民邮电出版社，2017.

[11] 杨鹏飞. 概率论与数理统计[M]. 北京：北京大学出版社，2016.

[12] 王式安. 概率论与数理统计辅导讲义[M]. 西安：西安交通大学出版社，2019.

[13] 张帼奋，张奕. 概率论与数理统计[M]. 北京：高等教育出版社，2018.

[14] 杨德宝. 工科概率统计[M]. 3 版. 北京：北京理工大学出版社，2007.

[15] 方开泰，许建伦. 统计分布[M]. 北京：高等教育出版社，2016.

[16] 茆诗松，王静龙，濮晓龙. 高等数理统计[M]. 2 版. 北京：高等教育出版社，2006.

[17] 魏宗舒，等. 概率论与数理统计教程[M]. 北京：高等教育出版社，1983.

[18] 王松桂，程维虎，高旅端. 概率论与数理统计[M]. 2 版. 北京：科学出版社，2000.

[19] 杨振海，张忠占. 应用数理统计[M]. 北京：北京工业大学出版社，2005.

[20] 庄楚强，吴亚森. 应用数理统计基础[M]. 广州：华南理工大学出版社，2002.

[21] 茆诗松，王静龙. 数理统计[M]. 上海：华东师范大学出版社，1990.

[22] 陈希孺. 数理统计引论[M]. 北京：科学出版社，1981.

[23] 刘璋温. 概率纸论说[M]. 北京：科学出版社，1980.

[24] 李舰，海恩. 统计之美[M]. 北京：电子工业出版社，2019.

[25] 何晓群，刘文卿. 应用回归分析[M]. 北京：中国人民大学出版社，2001.

[26] 周纪芗. 回归分析[M]. 上海：华东师范大学出版社，1993.

[27] 王式安. 数理统计[M]. 北京：北京理工大学出版社，1995.

[28] 贾俊平. 统计学[M]. 北京：清华大学出版社，2004.

[29] 郑明，陈子毅，汪嘉冈. 数理统计讲义[M]. 上海：复旦大学出版社，2006.

[30] 赵颖. 应用数理统计[M]. 北京：北京理工大学出版社，2008.

[31] 韦来生. 数理统计[M]. 北京：科学出版社，2015.